全国高等教育自学考试指定教材

工程力学（机械）

2023 年版

［含：工程力学（机械）自学考试大纲］

全国高等教育自学考试指导委员会　组编

主编　水小平　张　强

参编　白若阳

机械工业出版社

本教材是根据全国高等教育自学考试指导委员会最新制定的《工程力学（机械）自学考试大纲》的要求编写的，分上、下两卷（上卷为理论力学，下卷为材料力学）共20章及附录。其中第1~10章为理论力学的内容，第11~20章为材料力学的内容。本教材中配有较丰富的例题和习题。为了帮助读者更好地掌握课程内容，提高解题能力，本教材的每章都配备了主要内容的PPT和所有习题的详细解答，读者可以通过配套电子资源进行学习。

本教材可作为高等教育自学考试机械制造及自动化（专科）、机电一体化技术（专科）的自学考试用书，也可作为各类成人高等教育“工程力学”课程的参考书，还可供“工程力学”课程的辅导教师和有关工程技术人员参考。

图书在版编目（CIP）数据

工程力学：机械/全国高等教育自学考试指导委员会组编；水小平，张强主编 . —北京：机械工业出版社，2023. 10（2025. 9 重印）
全国高等教育自学考试指定教材
ISBN 978-7-111-73862-6

Ⅰ. ①工… Ⅱ. ①全… ②水… ③张… Ⅲ. ①工程力学-高等教育-自学考试-自学参考资料 Ⅳ. ①TB12

中国国家版本馆 CIP 数据核字（2023）第 168272 号

机械工业出版社（北京市百万庄大街 22 号　邮政编码 100037）
策划编辑：何文军　　　　　责任编辑：何文军　宫晓梅
责任校对：龚思文　张　征　责任印制：刘　媛
北京中兴印刷有限公司印刷
2025 年 9 月第 1 版第 2 次印刷
184mm×260mm · 21. 75 印张 · 535 千字
标准书号：ISBN 978-7-111-73862-6
定价：69. 00 元

电话服务　　　　　　　　　网络服务
客服电话：010-88361066　　机　工　官　网：www. cmpbook. com
　　　　　010-88379833　　机　工　官　博：weibo. com/cmp1952
　　　　　010-68326294　　金　　书　　网：www. golden-book. com

机工教育服务网：www. cmpedu. com

组 编 前 言

21世纪是一个变幻难测的世纪，是一个催人奋进的时代。科学技术飞速发展，知识更替日新月异。希望、困惑、机遇、挑战，随时随地都有可能出现在每一个社会成员的生活之中。抓住机遇，寻求发展，迎接挑战，适应变化的制胜法宝就是学习——依靠自己学习、终生学习。

作为我国高等教育组成部分的自学考试，其职责就是在高等教育这个水平上倡导自学、鼓励自学、帮助自学、推动自学，为每一个自学者铺就成才之路。组织编写供读者学习的教材就是履行这个职责的重要环节。毫无疑问，这种教材应当适合自学，应当有利于学习者掌握和了解新知识、新信息，有利于学习者增强创新意识，培养实践能力，形成自学能力，也有利于学习者学以致用，解决实际工作中所遇到的问题。具有如此特点的书，我们虽然沿用了“教材”这个概念，但它与那种仅供教师讲、学生听，教师不讲、学生不懂，以“教”为中心的教科书相比，已经在内容安排、编写体例、行文风格等方面都大不相同了。希望读者对此有所了解，以便从一开始就树立起依靠自己学习的坚定信念，不断探索适合自己的学习方法，充分利用自己已有的知识基础和实际工作经验，最大限度地发挥自己的潜能，达到学习的目标。

欢迎读者提出意见和建议。

祝每一位读者自学成功。

全国高等教育自学考试指导委员会

2022年8月

目　录

全国高等教育自学考试

工程力学（机械）
自学考试大纲

全国高等教育自学考试指导委员会　制定

大 纲 前 言

为了适应社会主义现代化建设事业的需要，鼓励自学成才，我国在 20 世纪 80 年代初建立了高等教育自学考试制度。高等教育自学考试是个人自学，社会助学和国家考试相结合的一种高等教育形式。应考者通过规定的专业课程考试并经思想品德鉴定达到毕业要求的，可获得毕业证书；国家承认学历并按照规定享有与普通高等学校毕业生同等的有关待遇。经过 40 多年的发展，高等教育自学考试为国家培养造就了大批专门人才。

课程自学考试大纲是规范自学者学习范围，要求和考试标准的文件。它是按照专业考试计划的要求，具体指导个人自学、社会助学、国家考试及编写教材的依据。

为更新教育观念，深化教学内容方式、考试制度、质量评价制度改革，更好地提高自学考试人才培养的质量，全国考委各专业委员会按照专业考试计划的要求，组织编写了课程自学考试大纲。

新编写的大纲，在层次上，本科参照一般普通高校本科水平，专科参照一般普通高校专科或高职院校的水平；在内容上，及时反映学科的发展变化以及自然科学和社会科学近年来研究的成果，以更好地指导应考者学习使用。

全国高等教育自学考试指导委员会

2023 年 5 月

Ⅰ. 课程性质与课程目标

一、课程性质和特点

“工程力学（机械）”是一门研究物体机械运动规律以及构件承载能力的课程。它是近代工程技术的重要理论基础之一，也是机械类、交通类等相关专业必考的一门技术基础课。它为“机械设计基础”“机械制造”等后续课程提供必需的力学基础，同时也担负着培养学生分析并解决简单工程力学问题能力的任务。

二、课程目标

根据机械类、交通类等相关专业自学考试计划的要求，本课程包括理论力学和材料力学的有关内容。理论力学研究物体机械运动的一般规律，它包括静力学、运动学和动力学三部分；材料力学研究构件的承载能力，它包括强度、刚度和稳定性计算等内容。

根据机械类、交通类等相关专业自学考试培养目标（专科层次的应用型人才）的需要，本课程内容的安排和讲授以必需、够用为度，侧重于应用能力的培养。本课程的基本要求是：

1. 深刻理解本课程的基本知识、基本概念和基本理论，掌握由此导出的重要力学定理和计算公式，学会处理简单工程力学问题的思路和方法。

2. 通过本课程的学习，初步学会应用理论力学的基本理论和方法来分析并解决从工程实际中抽象出来的力学问题，既能对简单的结构进行静力学分析和计算，又能对简单的机构进行初步的运动学、动力学的分析和计算。

3. 在本课程的教学过程中，学会从工程实际或试验中获取信息，以建立杆件受力与变形方面的基本理论，并能对简单的受力构件进行初步的强度、刚度和稳定性分析及承载能力的计算。

4. 结合本课程的特点，培养学生正确的抽象、推理、分析、判断等逻辑思维能力，以及表达能力、计算能力和自学能力，达到融会贯通所学知识、激发创新思维、逐步形成灵活应用基础理论知识来分析并解决工程实际问题的能力这一最终目的。

三、与相关课程的联系和区别

学习本课程前应先修完“高等数学”“线性代数”“大学物理”“机械制图”等课程。本课程是大学生接触到的第一门力学类工程课程，课程内容的安排旨在为学生搭建从理论模型过渡到工程实际的桥梁，使学生建立准确的力学概念，具备良好的理论基础，掌握初步的分析和计算能力，能够解决工程实际中简单的力学问题，并为后续的“机械设计基础”“机械制造”等工程课程奠定必要基础。

四、课程的重点和难点

本课程的重点是：力在坐标轴上的投影和力对坐标轴的矩，力的平移定理，常见的约束及其约束力，平面力系简化的分析计算，合力矩定理，平面桁架的内力计算，物体的重心、质心和形心的概念及其求法，同向线分布载荷的合力；点的速度和加速度在直角坐标系和自然轴系下的表示，刚体平移的性质，定轴转动刚体上点的速度、加速度与刚体的角速度、角加速度的关系，平面运动刚体的速度瞬心的确定，同一平面运动刚体上两点速度关系、速度投影定理，复合运动的概念（包括点的绝对运动、点的相对运动和动系的牵连运动及其关系），动点和动系的选择，点的速度合成定理；质点在惯性参照系下运动微分方程的建立和求解，质点系的质量分布和特征量的定义，具有质量对称性刚体的惯量主轴，均质细直杆、均质圆盘、均质细圆环对形心轴的转动惯量，刚体转动惯量的平行移轴公式，刚体系动量的计算，平移、定轴转动刚体对定点的动量矩的计算，质点系动量定理和质点系动量守恒定律、质心运动定理和质心运动守恒定律，质点系对定轴的动量矩定理，质点系对定轴的动量矩守恒定律，定轴转动刚体的运动微分方程，几种常见力的功，平移、定轴转动、平面运动刚体的动能计算，质点系动能定理，质点系机械能守恒定律；材料力学的研究对象和四个基本假设，材料力学的三大研究任务，杆件的四种基本变形形式，杆件内力的分类，应力的概念，杆件的轴力方程和轴力图，轴向拉压杆件的应力和变形，正应变的概念，常温静载下材料的基本力学性能，轴向拉压杆件的强度条件，应力集中的概念，连接件剪切应力和挤压应力的工程实用计算，圆轴的扭矩方程和扭矩图，圆轴扭转时的应力和变形，切应力互等定理，切应变的概念，梁的剪力方程和剪力图，梁的弯矩方程和弯矩图，弯曲变形的基本概念与分类，纯弯曲时的正应力的计算公式，剪切弯曲时的正应力与切应力的计算公式，梁弯曲时的强度条件，梁弯曲位移计算的积分法和叠加法，变形体在一点处的应力状态的概念，平面应力状态的分析法和图解法——莫尔圆，主应力与主方向的概念，三向应力状态分析和最大切应力计算，广义胡克定律，常用的四种强度理论及其强度条件的表达式，组合变形的概念，准确判断组合变形时可能的危险截面、可能的危险点并根据某个强度理论正确计算危险点的相当应力，压杆稳定的概念，典型支承条件下的理想细长压杆临界应力的欧拉公式，压杆柔度的计算，压杆临界应力总图，冲击载荷的概念及其应用能量法分析计算时的基本假设，结构在铅垂冲击和水平冲击时的动荷因素和动应力、动位移的计算。

本课程的难点是：物体的受力分析和受力图，物系的平衡，带静摩擦的平衡问题的求解；平面运动刚体的角速度，平面运动刚体的速度分析，点的速度合成定理的应用和分析方法，质点系质心运动定理和对定轴的动量矩定理的应用，质点系动能定理积分形式的应用，质点系机械能守恒定律的应用，轴向拉压杆件的强度和刚度的计算，圆轴扭转时强度和刚度的计算，利用微分关系绘制梁的剪力图和弯矩图，梁的强度计算，梁的刚度条件，单元体三个主应力和三个主方向的计算，最大切应力和最大切应变的计算，广义胡克定律的应用，杆件轴向拉压与弯曲的强度计算，圆轴拉压与扭转的强度计算，圆轴弯曲与扭转的强度计算，圆轴拉压、弯曲与扭转的强度计算，压杆稳定性的计算，铅垂冲击和水平冲击时动应力和动位移的计算。

Ⅱ. 考核目标

为了明确自学考试范围，本大纲在自学要求的基础上，更具体地规定了各章的考核目标，包括考核知识点和考核要求。在考核要求中又规定了“识记”“领会”“简单应用”“综合应用”四个能力层次的要求，它们之间是递升的关系，后者建立在前者的基础上。这四个能力层次的要求如下：

1. 识记：要求考生能够识别和记忆本课程中有关考核知识点的主要内容（如定义、定理、定律、原理、公式、表达式、重要结论、特点、性质、应用范围及解题方法的步骤等），并能根据考试要求，做出正确的表述、选择和判断。

2. 领会：要求考生在识记的基础上，对本课程中有关考核知识点的概念、定理、公式、原理等能够有一定的理解和领悟，熟悉它与有关知识点的联系和区别，并能根据考试要求，做出正确的解释、说明、判断和论述。

3. 简单应用：要求考生在领会的基础上，能够运用本课程中考核要求的少量知识点分析和解决简单的应用问题，如简单的计算、分析和绘图等。

4. 综合应用：要求考生在简单应用的基础上，能够运用本课程中考核要求的多个知识点解决较复杂的应用问题，如综合的计算、分析和绘图等。

Ⅲ. 每章要点

上卷　理论力学

第一篇　静力学

第1章　静力学的基本概念

一、学习目的与自学要求

学习目的：在理解静力学基本概念和常见约束的性质及其表示的基础上，掌握对研究对象进行受力分析的方法，能正确计算表示力系作用效应的两个特征量——力系的主矢和力系对某点的主矩。

自学要求：作用在刚体上的力的三要素——力的大小、方向和作用线；力偶是一个基本的力学量，它只能使刚体发生转动效应；力系平衡的基本公理和力系等效的基本性质是静力学的基础；取研究对象的分离体并画其受力图则是进行力学分析的基本功。通过本章的学习，要求掌握力和力矩、力偶和力偶矩的概念，理解力系的主矢和对某点主矩的概念；熟练地计算力矩和力偶矩、力系的主矢和对某点的主矩；熟悉约束的基本类型和简图及其约束力的画法；熟练掌握对单个物体和简单物体系统进行受力分析的方法并能正确画出受力图。

二、课程内容

1. 静力学的任务。
2. 力在坐标轴上的投影，力对点的矩和对轴的矩。
3. 力系的主矢和力系对某点的主矩。
4. 力偶与力偶矩，力偶的性质。
5. 力系平衡的基本公理和力系等效的基本性质。
6. 力的平移定理。
7. 常见的约束及其约束力。
8. 研究对象的分离体和受力图。

三、考核知识点与考核要求

1. 静力学的任务和基本概念，要求达到“识记”层次。

（1）能了解静力学的任务。

（2）能正确表达：力、力对坐标轴的投影、力对点的矩和对轴的矩、力偶和力偶矩、合力与分力、约束与约束力、质点、刚体、刚体系统、外力与内力、平衡力系、等效力系等概念。

2. 力偶与力偶矩，力偶的性质，力系平衡的基本公理和力系等效的基本性质，约束的基本类型和其约束力，要求达到“领会”层次。

（1）理解力偶、力偶矩的概念及力偶的基本性质，能阐明力与力偶、力矩与力偶矩的异同，能根据力偶的概念说明力偶的两个力对任一轴投影为零，力偶对任一点的矩恒相等并称之为力偶矩，明白力偶是由力偶矩描述的。

(2) 掌握二力平衡公理、加减平衡力系公理、刚化原理、作用力与反作用力定律的内容，能正确掌握力在刚体上的可传性、力的平行四边形法则及其四个推论（三力平衡汇交定理、汇交力系存在合力定理、合力矩定理、主矢不为零的平行力系存在合力），力的平移定理，力偶等效定理和力偶的合成定理。

(3) 了解力系平衡的基本公理和力系等效的基本性质在物体的受力分析、力系简化和力系平衡问题中的应用，能掌握二力平衡同作用力与反作用力的区别。

(4) 掌握工程中常用的几种约束类型及相应约束力的画法。

(5) 熟悉二力杆（二力构件）的特点，会判别物体系统中的二力杆（二力构件），并画出其所受约束力的作用线。

3. 力的分解和投影、力对点的矩和对轴的矩、分离体和受力图，要求达到“简单应用”层次。

(1) 能熟练地将力沿直角坐标轴分解和在直角坐标轴上投影，并了解二者的区别与联系。

(2) 能熟练地应用力矩的定义式和合力矩定理计算力对点的矩和对轴的矩。

(3) 能对指定的分离体正确地画出受力图。

(4) 能应用三力平衡汇交定理、平行力系平衡、力偶系平衡确定未知力的作用线方位，正确画出受力图。

四、本章重点和难点

本章的重点是力在坐标轴上的投影和力对坐标轴的矩的计算，力偶的概念和性质，物体和物体系统的受力分析并画受力图。难点是力系的主矢和对某点主矩的概念；分析物体系统的受力，特别是各类约束及其约束力的正确分析和二力杆（二力构件）的确定，正确画出研究对象的受力图。

第2章　平面力系的简化

一、学习目的与自学要求

学习目的：平面力系的简化是平面力系的平衡和平面物体系统动力学研究的基础。

自学要求：平面汇交力系和平面力偶系是平面基本力系，平面任意力系是平面力系中最一般的情况，平面汇交力系和平面力偶系的简化是研究平面任意力系简化的基础。通过本章学习，要求理解应用力的平移定理将平面任意力系向一点简化的方法及简化最简结果的计算。

二、课程内容

1. 平面汇交力系和平面力偶系称为平面基本力系。

2. 平面任意力系向平面内任意简化中心简化，一般得到一个力（过简化中心）和一个力偶，分别取决于力系的主矢和对简化中心的主矩。

3. 根据主矢和主矩的取值情况，平面任意力系最终简化为零力系（平衡力系）、合力偶或合力。

4. 平面任意力系简化的最简结果的分析计算。

5. 三角形分布载荷和矩形分布载荷的简化结果。

三、考核知识点与考核要求

1. 平面任意力系向一点简化，要求达到“领会”层次。

（1）清楚平面任意力系向一点简化的依据和结果。

（2）理解力系的主矢和对简化点的主矩与力系向一点简化结果的关系，从而理解为何称力系的主矢和对某点的主矩是力系的特征量。

（3）固定端约束力系的等效力系。

2. 平面力系的简化计算，要求达到“简单应用”层次。

（1）对给定的平面力系会计算其简化结果。

（2）三角形分布载荷和矩形分布载荷的简化结果：作用于整根直杆上的三角形分布载荷可简化为一个作用于离端点 O（此处载荷集度为零）的距离为杆长三分之二处（作用线过三角形载荷的形心），大小等于三角形面积的一个合力；作用于整根直杆上的均布载荷（矩形载荷）可简化为一个作用于杆中点处（作用线过矩形的形心），大小等于矩形面积的一个合力。

四、本章重点和难点

本章的重点和难点是平面任意力系简化的最简结果的分析计算。

第 3 章　平面力系的平衡

一、学习目的与自学要求

学习目的：利用平面力系的平衡方程解决工程中平面结构平衡或平衡机构的相关计算问题。

自学要求：工程上许多静力学问题都可以归结为平面任意力系的平衡，平面汇交力系的平衡、平面力偶系的平衡、平面平行力系的平衡都是其特殊情况。通过本章的学习，了解简单静定和静不定（超静定）问题的概念及其判别方法；掌握求解单个静定刚体和简单静定刚体系统平衡问题的方法和步骤，并能熟练地应用平衡方程进行计算；了解简单静定平面桁架求解的节点法和截面法；了解滑动摩擦的概念，能求解考虑静滑动摩擦的简单平衡问题。

二、课程内容

1. 平面任意力系的平衡条件和平衡方程。
2. 平衡方程在平面力系作用下单个刚体和刚体系统平衡问题中的应用。
3. 平面桁架内力的计算。
4. 带摩擦的平衡问题。

三、考核知识点与考核要求

1. 平面汇交力系的平衡、平面力偶系的平衡，要求达到“简单应用”层次。

（1）掌握平面汇交力系平衡问题求解的解析法。

（2）掌握平面力偶问题的求解。

2. 平面任意力系和平面平行力系的平衡方程，要求达到“综合应用”层次。

（1）掌握平面任意力系平衡方程的基本形式、二矩式和三矩式，并知道二矩式和三矩式必须有的附加条件。

（2）掌握平面平行力系平衡方程的基本形式及二矩式，并知道二矩式必须有的附加条件。

（3）熟练地应用平面任意力系和平面平行力系的平衡方程求解单个物体和简单物体系统的平衡问题。

3. 简单平面桁架的内力计算，要求达到“综合应用”层次。

（1）能用节点法计算平面桁架的内力。

（2）能用截面法求解指定杆件的内力。

4. 考虑静滑动摩擦的平衡问题，要求达到“综合应用”层次。

（1）清楚动滑动摩擦力、静滑动摩擦力、最大静摩擦力、摩擦角及摩擦自锁的概念。

（2）能表述库仑摩擦定律及静摩擦力的特征。

（3）能求解考虑静滑动摩擦的单个物体和简单物体系统的平衡问题：判别物体是否处于平衡状态，求解物体处于临界平衡状态下的平衡问题。

四、本章重点和难点

本章的重点是单个物体和简单物体系统平衡问题的求解。难点是复杂物体系统平衡问题的求解和考虑静滑动摩擦力的物体平衡问题的求解。

第4章　空间力系的平衡及物体的重心、质心和形心

一、学习目的与自学要求

学习目的：利用空间力系的平衡方程解决工程中空间力系作用下物体的平衡问题，理解重心、质心、形心的含义。

自学要求：空间力系是物体受力最一般也是最复杂的情况，本章只进行简单的讨论，要求了解处理空间力系平衡问题的基本方法。通过本章的学习，要求了解空间各种力系的平衡方程；能求解单个刚体在空间力系作用下的平衡问题；理解重心、质心、形心的概念，能应用分割法求平面组合图形的形心。

二、课程内容

1. 空间任意力系平衡的充要条件。

2. 空间任意力系、空间汇交力系、空间力偶系、空间平行力系的平衡方程。

3. 空间力系平衡方程的应用。

4. 物体的重心、质心和形心的概念。

三、考核知识点与考核要求

1. 空间力系的平衡方程，要求达到“简单应用”层次。

能应用空间力系的平衡方程求解单个物体的平衡问题。

2. 物体的重心、质心、形心，要求达到“简单应用”层次。

（1）理解一般物体的重心、质心和形心的概念。

（2）能应用分割法求平面组合图形的形心坐标。

四、本章重点和难点

本章的重点和难点是空间力系的平衡问题求解；平面组合图形的形心位置的计算。

第二篇　运动学

第5章　点的运动学

一、学习目的与自学要求

学习目的：熟练掌握点的一般运动及其在常用的直角坐标描述方法和弧坐标（自然坐

标）描述方法。

自学要求：点的运动学是质点动力学的基础知识。通过本章的学习，要求理解点的运动方程、轨迹、速度和加速度的物理意义；掌握用直角坐标法和弧坐标法（自然坐标法）建立点的运动方程，并进一步求解点的速度和加速度。

二、课程内容

1. 点的运动描述方法和点的运动方程、轨迹、速度、加速度。

2. 用直角坐标法描述点的运动。

3. 用弧坐标法（自然坐标法）描述点的运动。

三、考核知识点与考核要求

1. 点的运动描述，要求达到“领会”层次。

理解点的运动方程、轨迹、速度和加速度的物理意义。

2. 用直角坐标法和弧坐标法（自然坐标法）求解点的运动，要求达到“简单应用”层次。

（1）清楚应用直角坐标法和弧坐标法（自然坐标法）的条件。

（2）理解点的运动方程和点的轨迹方程之间的关系。

（3）能根据点的运动方程计算点的速度和加速度，并正确理解切向加速度和法向加速度的物理意义。

（4）能应用特殊运动（匀速与匀变速直线运动、匀速与匀变速曲线运动）的公式计算点的速度和加速度。

四、本章重点和难点

本章的重点是点在做平面运动时，能用直角坐标法和弧坐标法（自然坐标法）建立点的运动方程以及求解点的速度和加速度。难点是用弧坐标法（自然坐标法）求点的切向加速度和法向加速度。

第6章　刚体的基本运动

一、学习目的与自学要求

学习目的：熟练掌握刚体基本运动的特点和其上点的速度、加速度的计算。

自学要求：刚体的基本运动是刚体的平面运动和刚体动力学的基础。通过本章的学习，要求理解刚体平行移动（简称平移或平动）、定轴转动的概念及其特征，并能正确地判别刚体的平移和定轴转动；能熟练地计算平移和定轴转动刚体上各点的速度、加速度。

二、课程内容

1. 刚体平移、定轴转动的概念。

2. 刚体平移、定轴转动的特征。

3. 刚体定轴转动的转动方程、角速度、角加速度，定轴转动刚体上各点的速度和加速度。

三、考核知识点与考核要求

1. 刚体的平移、刚体定轴转动的概念，要求达到“识记”层次。

能正确叙述刚体的平移和定轴转动的定义。

2. 刚体平移、定轴转动的特征，要求达到“领会”层次。

（1）能正确表述平移刚体的特征；能判别各种形式的平移（直线平移和曲线平移）；能理解平移刚体可归结为其上一点的运动来研究。

（2）能正确理解定轴转动刚体上各点的运动特征，以及各点的速度与加速度的分布特点。

（3）能判别机构中平移和定轴转动的构件。

（4）能正确理解定轴转动刚体的转角、角速度、角加速度之间的关系，理解不能单凭角加速度的正、负判别刚体是做加速转动还是减速转动。

3. 圆弧平移刚体上点的速度和加速度，刚体定轴转动的转动方程、角速度、角加速度，定轴转动刚体上各点的速度、加速度，要求达到“简单应用”层次。

（1）能正确计算圆弧平移刚体上点的速度和法向加速度、切向加速度。

（2）能熟练地应用转动方程求解定轴转动刚体的角速度和角加速度。

（3）能熟练地通过角速度、角加速度，计算定轴转动刚体上任一点的速度和加速度（法向加速度和切向加速度）。

四、本章重点和难点

本章重点是理解刚体平移和刚体绕定轴转动的定义及特点，定轴转动刚体上各点的速度、加速度的计算。难点是判别刚体的曲线平移（特殊情况是圆弧平移）及其上点的速度和加速度（包括法向加速度和切向加速度）的计算。

第 7 章　刚体的平面运动

一、学习目的与自学要求

学习目的：平面运动刚体研究的简化和运动描述方法，能理解并掌握平面运动刚体的速度分析方法（速度瞬心法、两点速度关系法、速度投影定理法）。

自学要求：理解刚体的平面运动是指刚体上任一点在运动过程中到某固定平面的距离始终保持不变的刚体运动形式。平面运动刚体上任意一点的运动轨迹都是平面曲线，刚体上垂直于各点所在的运动平面的直线做平移运动，该直线上各点运动规律完全相同，刚体的平面运动可简化为平面图形在自身所在平面内的运动。通过本章的学习，要求理解平面运动刚体的运动方程、角速度、速度瞬心以及其上两点的速度关系、速度投影定理及其物理含义。

二、课程内容

1. 平面运动刚体的研究简化及其运动方程。

2. 平面运动刚体的角速度和角加速度的定义及其计算。

3. 平面运动刚体速度瞬心的概念、确定方法及其在刚体平面运动的速度分析中的应用。

4. 平面运动刚体上两点的速度关系和速度投影定理及其应用。

三、考核知识点与考核要求

1. 刚体平面运动的定义、速度瞬心的定义及速度瞬心的确定方法、速度瞬心法在刚体平面运动速度分析中的计算式、两点速度关系式、速度投影定理的表达式，要求达到“识记”层次。

（1）平面运动刚体上各点的运动轨迹为平面曲线，这些平面曲线所在的平面相互平行或重合。

（2）通过找速度瞬心的过程理解刚体的一般平面运动在某一瞬时不是瞬时定轴转动（角速度不为零）就是瞬时平移（角速度为零）。

（3）能正确写出速度瞬心法、两点速度关系、速度投影定理的计算式。

2. 刚体的平面运动可简化为平面图形在其自身所在平面内的运动，刚体的运动方程、刚体角速度的定义、瞬时平移、瞬时定轴转动、平面图形上两点速度关系的各项含义，要求达到“领会”层次。

（1）能够理解平面运动刚体可以简化为平面图形在其自身平面内的运动。

（2）平面图形的位置可由其上某固连直线 AB 的位置确定，即由点 A 的位置和直线 AB 与惯性空间某固定方向的夹角（称为方位角）确定。

（3）平面图形的角速度、角加速度分别为平面图形方位角对时间的一阶导数、二阶导数。

（4）瞬时平移与平移的区别、瞬时定轴转动与定轴转动的区别。

（5）同一平面图形上某点 B 的速度等于基点 A 的速度与该平面图形以其角速度绕点 A 转动时点 B 所具有的速度的矢量和。

3. 确定平面一般运动刚体速度瞬心的位置，要求达到“简单应用”层次。

应用速度瞬心的概念确定一般平面运动刚体的速度瞬心位置，判定其在某瞬时是瞬时定轴转动（速度瞬心为平面图形上某个确定点）还是瞬时平移（速度瞬心在无穷远处）。

4. 求平面运动刚体的角速度和其上点的速度，要求达到“综合应用”层次。

能灵活应用速度瞬心法、两点速度关系式的几何法或两点速度关系式的投影法、速度投影定理对平面运动刚体进行速度分析。

四、本章重点和难点

本章重点是理解平面运动刚体的运动描述，平面运动刚体方位角的定义以及平面运动刚体的角速度的正确计算，熟练掌握求平面运动刚体上点的速度的速度瞬心法、速度投影定理和两点速度关系法（基点法），并对其进行灵活运用。难点是平面运动刚体角速度和角加速度的概念及其正确计算。

第 8 章　点的复合运动

一、学习目的与自学要求

学习目的：理解点的复合运动的概念，矢量的绝对导数和相对导数的关系，并熟练掌握点的复合运动的速度分析方法。

自学要求：本章介绍了点的复合运动的概念和分析方法，包括动点相对于定系的运动称为绝对运动、动点相对于动系的运动称为相对运动、动系相对于定系的运动称为牵连运动。绝对运动可视为相对运动和牵连运动的合成运动。动点相对于定系运动所具有的速度称为绝对速度；动点相对于动系运动所具有的速度称为相对速度；动系上与动点重合的点称为牵连点，牵连点相对于定系的速度称为动点的牵连速度。点的速度合成定理是指动点的绝对速度等于其相对速度和牵连速度的矢量和。通过本章的学习能够熟练地应用点的速度合成定理的矢量式正确地画出速度合成的平行四边形，从而应用该定理计算工程实际中包含点的复合运动的平面机构的速度分析。

二、课程内容

1. 点的复合运动的基本概念。

2. 变矢量的绝对导数、相对导数及其关系。

3. 点的速度合成定理及其应用。

三、考核知识点与考核要求

1. 动点、动系的选择，三种运动，三种速度，要求达到“识记”层次。

（1）动点、动系的选择原则是动点、动系不能选择在一个刚体上，动点的相对轨迹尽可能简单，最好为直线或圆弧。

（2）绝对运动、相对运动、牵连运动的定义。

（3）点的绝对速度、相对速度、牵连速度的定义。

2. 点的运动与分解的概念、三种运动之间的关系，要求达到“领会”层次。

（1）点的绝对运动可以分解为相对运动和牵连运动，或点的相对运动和牵连运动可以合成为绝对运动。

（2）绝对运动、相对运动均是指点的运动，牵连运动则是指刚体的运动。

（3）牵连点与牵连速度的概念。

（4）三种速度的矢量关系式与速度合成平行四边形的关系。

3. 通过点的速度合成定理对包含点的复合运动的平面机构进行速度分析，要求达到“综合应用”层次。

一般是通过点的速度合成定理几何法（平行四边形中三角形关系）求解点的合成运动问题，特别是解决工程实际中已知主动件的运动求解从动件的运动问题。

四、本章重点和难点

本章重点是点的合成运动的基本概念和点的速度合成定理的应用。难点是恰当地选择动点与动系，掌握相对速度和牵连速度的概念，正确写出相对速度和牵连速度。

第三篇　动力学

第 9 章　动量原理

一、学习目的与自学要求

学习目的：掌握质点系动量、质点系对定点的动量矩的计算方法；掌握质点系动量定理和质点系动量守恒定律、质心运动定理和质心运动守恒定律、质点系对定轴的动量矩定理和质点系对定轴的动量矩守恒定律的应用。

自学要求：本章介绍了质点和质点系的动量定理和动量矩定理。质点系的动量等于质点系的总质量与其质心速度的乘积，质点系的动量对时间的一阶导数等于作用于其上的外力系的主矢，质点系的总质量与其质心加速度的乘积等于作用于其上外力系的主矢。质点系对某点的动量矩等于质点系中所有质点对该点的动量矩的矢量和，质点系对定轴的动量矩对时间的一阶导数等于作用于其上的外力系的各力对同一轴的矩的代数和。

二、课程内容

1. 质点的运动微分方程和动量定理。

2. 质点系的动量定理、质心运动定理、动量守恒定律、质心运动守恒定律。

3. 刚体的转动惯量及其平行轴定理。

4. 刚体和刚体系的动量、刚体对定点的动量矩。

5. 刚体对定轴的动量矩定理和定轴转动刚体的运动微分方程。

三、考核知识点与考核要求

1. 质点动力学基本方程、刚体的转动惯量的概念及其计算式、刚体的动量和对定点的动量矩计算式，要求达到“识记”层次。

（1）质点动力学基本方程的两种投影式——直角坐标形式和自然坐标形式的质点运动微分方程。

（2）刚体转动惯量的概念及定义式，刚体回转半径的定义及其与转动惯量的关系式，均质细直杆、均质圆盘、均质细圆环对质心轴转动惯量的计算式。

（3）刚体的动量和对定点的动量矩计算式。

2. 质点动力学两类问题的求解、刚体对定轴的转动惯量的计算、刚体或刚体系的动量、刚体对定点的动量矩计算，要求达到“简单应用”层次。

（1）应用直角坐标形式或自然坐标形式的质点运动微分方程求解质点的两类问题——已知运动求力、已知力和运动的初始条件求运动。重点是第一类问题。

（2）应用转动惯量的平行轴定理计算刚体对定轴的转动惯量。

（3）熟练计算刚体或刚体系统的动量。

（4）熟练计算刚体对定点的动量矩。

3. 动量守恒、质心运动守恒、对定轴的动量矩守恒、定轴转动刚体或其与平移刚体的组合系统的动力学问题的求解，要求达到“综合应用”层次。

（1）利用刚体系统的动量在某方向（如水平方向）上投影守恒、质心运动守恒、对某转轴（如铅垂转轴）的动量矩守恒计算相关的动力学问题。

（2）应用质心运动定理和对定轴的动量矩定理求解定轴转动刚体或其与平移刚体的组合系统的动力学问题。

四、本章重点和难点

本章重点是质心运动定理和对定轴的动量矩定理、质点系的动量守恒定律、刚体或刚体系的质心运动守恒定律。难点是应用动力学基本方程求解定轴转动刚体或其与平移刚体的组合系统的动力学问题。

第 10 章　动能定理

一、学习目的与自学要求

学习目的：掌握平面运动刚体系统的动能的正确计算方法、常见力的功的正确计算方法，熟练运用动能定理的积分形式或机械能守恒定律求解有关平面系统的动力学问题。

自学要求：本章主要介绍了功、动能的概念，动能定理，有势力的势能和机械能守恒定律，并应用动能定理的积分形式、机械能守恒定律求解质点和刚体的动力学问题。通过本章的学习，要求正确理解功和动能的概念，熟悉其定义式；熟练地计算常力、常力偶、弹簧的弹性力的功及质点和平移刚体、定轴转动刚体、平面运动刚体的动能；熟练地应用动能定理的积分形式或机械能守恒定律求解简单系统速度层次的动力学问题。

二、课程内容

1. 力的元功和有限功。

2. 质点和刚体的动能。

3. 动能定理的微分和积分形式。

4. 机械能守恒定律。

三、考核知识点与考核要求

1. 力的功、刚体的动能、有势力的势能的计算，要求达到“简单应用”层次。

(1) 熟记功的定义式，能熟练计算常见力（常力、弹簧的弹性力、作用于转动刚体上的常力偶）的功。

(2) 熟记质点和质点系动能的定义式，能熟练地计算平移刚体、定轴转动刚体、平面运动刚体的动能。

(3) 熟记有势力的势能的计算式，能熟练计算重力势能、弹性势能。

2. 动能定理的积分形式或机械能守恒定理，要求达到“综合应用”层次。

能应用动能定理的积分形式或机械能守恒定律求解平移刚体、定轴转动刚体、平面运动刚体及其简单组合体的速度层次的动力学问题。

四、本章重点和难点

本章重点是功、有势力的势能和物体动能的计算。难点是应用动能定理的积分形式或机械能守恒定律求解平移刚体、定轴转动刚体、平面运动刚体及其简单组合体的动力学问题。

下卷　材料力学

第 11 章　材料力学的基本概念

一、学习目的与自学要求

学习目的：通过材料力学基本概念的介绍，了解材料力学的研究对象和研究方法，理解材料力学的四个基本假设，明确材料力学的三大基本任务。

自学要求：本章主要介绍材料力学的一些基本概念。通过本章的学习，要求了解材料力学的任务及其主要的研究对象和杆件变形的四种基本形式；理解内力、应力等基本概念；掌握用截面法求内力的方法和步骤。

二、课程内容

1. 材料力学的任务。

2. 材料力学的研究对象。

3. 变形固体的基本假设。

4. 杆件变形的基本形式。

5. 内力与应力。

三、考核知识点与考核要求

1. 材料力学的任务、变形固体的基本假设、杆件变形的基本形式，要求达到“识记”层次。

（1）掌握构件的强度、刚度和稳定性的概念。

（2）了解材料力学的研究对象和研究任务。

（3）了解连续、均匀和各向同性的内容和作用。

（4）认识弹性变形与塑性变形的差别。

（5）理解小变形的概念及其在计算杆件内力和变形时的作用。

（6）明确材料力学的主要研究对象是杆件，其变形有轴向拉伸与压缩、剪切、扭转和弯曲这四种基本形式。

2. 内力与应力，要求达到“领会”层次。

（1）清楚构件某截面上某点的正应力和切应力的定义及常用单位。

（2）掌握用截面法求内力的方法和步骤。

（3）理解内力与应力的区别与联系。

四、本章重点和难点

本章重点是杆件内力是按照杆件的四种基本变形进行分类的，掌握杆件内力计算的截面法的步骤。难点是应力的概念和应力与内力的关系。

第 12 章　杆的轴向拉伸与压缩

一、学习目的与自学要求

学习目的：轴向拉压是杆件四种基本变形中最简单的一种，但对其研究和分析的思路体现了“材料力学”课程的研究方法和特点。本章介绍了对轴向拉压杆件的应力、变形的分析过程和典型材料的常规力学性能试验结果，给出了杆件轴向拉压的强度、刚度的计算方法。

自学要求：本章主要介绍了轴向拉压的基本概念和研究内容。轴向拉伸与压缩是杆件变形基本形式的一种，其特征是：作用于杆件上的外力合力作用线与杆件轴线重合，杆件变形是沿轴线方向的伸长或缩短；轴力是轴向拉伸与压缩时杆件的内力，轴力的作用线与杆件轴线重合，确定轴力的基本方法是截面法，拉伸时轴力为正，压缩时轴力为负；轴向拉伸或压缩的平面假设：该假设认为变形前原为平面的横截面，变形后仍保持为平面，并仍垂直于杆件轴线，即变形时两横截面间发生轴线方向的相对平移；轴向变形：轴向拉伸与压缩时，杆件两横截面间距离的改变量；轴向线应变：轴向变形量与横截面间原始距离之比；横向变形：轴向拉伸或压缩时，杆件横向尺寸的改变量；横向线应变：横向变形量与横向原始尺寸之比。拉伸和压缩时材料的力学性能：低碳钢拉伸试验历经弹性阶段、屈服阶段、强化阶段和局部收缩四个阶段，试件最后被拉力拉断时实际是被最大切应力剪断的，其主要力学性能指标有：比例极限、弹性极限、屈服极限、强度极限、弹性模量、延伸率及断面收缩率；工程中将延伸率大于或等于 5% 的材料称为塑性材料，延伸率小于 5% 的材料称为脆性材料；低碳钢是典型的塑性材料，由塑性材料制成的构件，当应力达到屈服极限时即因塑性变形过大而失去正常工作能力，屈服极限是塑性材料的极限应力，塑性材料压缩时的屈服极限与拉伸时基本相同；铸铁是典型的脆性材料，直至试件被拉应力拉断前，变形都很小，强度极限是脆性材料的极限应力，铸铁压缩时最终是被最大切应力剪断的，铸铁压缩时的强度极限是拉伸时的 3 ~ 5 倍。本章给出了拉压杆的强度条件及其应用、拉压杆的变形计算，介绍了简单拉压静不定（超静定）问题的求解方法、应力集中的概念、连接件的剪切应力与挤压应力的假定实用计算等。通过本章的学习，要求了解直杆在拉伸或压缩时的受力和变形的特点；塑性材料和脆性材料在拉伸和压缩时的力学性能；会用截面法求轴力并绘制轴力图；掌握拉压杆件的应力和变形的计算；能熟练应用强度条件求解拉压杆件强度计算的三类问题；了解拉压超静定问题的概念、特点及其求解方法。

二、课程内容

1. 直杆拉伸与压缩的概念。

2. 直杆拉伸和压缩时横截面上的内力和应力。

3. 材料在拉伸和压缩时的力学性能。

4. 直杆拉伸和压缩时的强度计算。

5. 直杆拉伸和压缩时的变形计算。

6. 简单的拉压静不定（超静定）问题的求解。

7. 应力集中概念。

8. 连接件的剪切应力与挤压应力的假定实用计算。

三、考核知识点与考核要求

1. 直杆拉伸和压缩的概念，要求达到“识记”层次。

能表述直杆拉伸和压缩时的受力和变形特征。

2. 直杆拉伸和压缩时横截面上的内力和应力，要求达到“简单应用”层次。

（1）能熟练地应用截面法求横截面上的轴力，并正确地画出轴力图，确定危险截面。

（2）掌握拉伸和压缩时横截面上的正应力分布规律和公式，并能用其计算横截面上的应力。

3. 材料在拉伸和压缩时的力学性能，要求达到“识记”层次。

（1）能正确表述塑性材料比例极限、弹性极限、屈服极限和强度极限的定义。

（2）能正确表述材料的塑性指标的定义，并了解塑性材料与脆性材料力学性能的主要区别。

（3）清楚材料极限应力的定义，能正确确定塑性材料和脆性材料的极限应力。

（4）知道许用应力的概念及其与极限应力的关系。

4. 直杆拉伸和压缩时的强度计算，要求达到“综合应用”层次。

熟记拉伸和压缩的强度条件，并能熟练地对单个拉压杆件进行强度计算（包括强度校核、截面设计和求许可载荷）。

5. 直杆拉伸和压缩时的变形，要求达到“简单应用”层次。

（1）理解轴向线应变与横向线应变的定义及在弹性范围内二者的关系。

（2）理解弹性模量的物理意义及其量纲，能表述胡克定律及其适用范围。

（3）能应用胡克定律计算直杆受多个轴向外力时的变形。

6. 简单的拉压静不定（超静定）问题，要求达到“领会”层次。

（1）能判别拉压杆件的静定和静不定（超静定）问题，并确定静不定（超静定）的次数。

（2）理解静不定（超静定）问题的主要特点，了解求解静不定（超静定）问题的方法。

7. 应力集中概念，要求达到“识记”层次。

了解应力集中的现象及理论应力集中因数的概念。

8. 连接件的剪切应力与挤压应力的假定实用计算，要求达到“简单应用”层次。

（1）会计算连接件的剪切面积和有效挤压面积，以及计算连接件的剪切应力和挤压应力。

（2）能用剪切强度条件和挤压强度条件对简单的连接件进行强度计算。

四、本章重点和难点

本章重点是拉压杆件的内力、应力、强度和变形计算，以及低碳钢的应力-应变曲线图及其特征。难点是拉压静不定（超静定）问题的求解。

第 13 章　圆轴的扭转

一、学习目的与自学要求

学习目的：了解圆轴扭转时的变形几何特点及圆轴扭转的平面假设，熟悉扭转切应力的分布特点，能熟练应用扭转切应力及扭转变形的计算公式，并利用切应力强度条件和刚度条件进行强度、刚度计算。

自学要求：本章主要介绍圆轴扭转的基本概念和研究内容。扭转是杆件变形基本形式中的一种，其特征为外力偶作用在垂直于圆轴轴线的平面内，圆轴的任意两个横截面绕轴线做相对转动；扭矩是圆轴扭转时的内力，规定扭矩矢量方向指向横截面的外法线方向时扭矩为正，反之扭矩为负；扭转角：圆轴扭转时，其任意两个横截面绕轴线发生相对转动的角度；纯剪切应力状态：长方形微元体的一对表面上无应力作用，其余四个表面上只有切应力而无正应力作用的状态；切应力互等定理：在微元体的两个互相垂直的表面上，垂直于它们的公共棱边的切应力数值相等，其方向共同指向或共同背离该公共棱边；切应变：在切应力作用下，微元体互相垂直的棱边所夹直角的改变量；剪切胡克定律：当切应力不超过材料的剪切比例极限时，切应力与切应变成正比，切应变前的系数称为材料的切变模量；圆轴受扭转时的外力偶矩和扭矩的计算，切应力和强度的计算，扭转角和扭转刚度条件的计算。通过本章的学习，要求了解圆轴扭转的受力和变形特征，能应用截面法求扭矩并绘制扭矩图，熟练掌握圆轴扭转时的应力和强度计算，掌握圆轴扭转时的变形和刚度的计算。

二、课程内容

1. 圆轴扭转的概念。
2. 扭转外力偶矩的计算。
3. 扭矩和扭矩图。
4. 圆轴扭转的切应力和强度条件。
5. 圆轴扭转的变形和刚度条件。
6. 简单圆轴扭转静不定（超静定）问题的求解。

三、考核知识点与考核要求

1. 扭转的概念，要求达到“识记”层次。

能说明扭转的受力和变形的特征及扭转角的定义。

2. 扭转外力偶矩的计算，要求达到“简单应用”层次。

（1）能根据皮带轮皮带上的张力或齿轮轮齿上的作用力计算作用在轴上的外力偶矩。

（2）能根据轴的转速和所传递的功率计算作用在轴上的扭转外力偶矩。

3. 扭矩和扭矩图，要求达到“简单应用”层次。

（1）能应用截面法计算圆轴的扭矩并绘制扭矩图。

（2）对于有两个以上从动轮的圆轴，能根据强度的要求合理安排从动轮和主动轮的位置。

4. 圆轴扭转的应力和变形，要求达到“简单应用”层次。

（1）熟记实心和空心圆截面的极惯性矩、扭转截面系数的计算公式。

（2）掌握扭转切应力在实心和空心圆截面上的分布规律，并能说明空心圆轴比实心圆轴合理的原因。

（3）能用扭转切应力公式计算横截面上指定点的切应力和最大切应力。

（4）能应用扭转角的公式计算圆轴受多个扭转外力偶矩时的变形。

5. 圆轴扭转的强度和刚度条件，要求达到“综合应用”层次。

（1）能熟练应用圆轴扭转的强度条件对圆轴进行强度计算。

（2）能应用圆轴扭转的刚度条件对圆轴进行刚度计算。

四、本章重点和难点

本章重点是扭矩计算、绘制扭矩图，圆轴受扭时的强度与刚度计算。难点是理解圆轴扭转的应力与变形，圆轴扭转的简单静不定（超静定）问题的求解。

第 14 章　梁的弯曲内力

一、学习目的与自学要求

学习目的：梁发生弯曲变形时其横截面上有剪力和弯矩，能够熟练写出梁的内力方程，熟练利用内力与载荷集度的微分关系绘制梁的剪力图和弯矩图。

自学要求：本章主要介绍了对称弯曲的基本概念和弯曲内力——剪力和弯矩的计算方法，以及内力图——剪力图和弯矩图的绘制办法。弯曲是杆件基本变形的一种，其受力特点是杆件上作用了垂直于轴线的集中力、分布载荷或作用面位于包含杆件轴线的纵向平面内的外力偶；弯曲时杆件的主要变形特点是轴线的形状从直线变为曲线（或曲线的曲率发生改变），发生弯曲变形的杆件常称为梁；对称弯曲：工程上常见的大部分受弯杆件的横截面都有一根对称轴，从而整个杆件有一个包含杆件轴线的纵向对称面，当作用于杆件上的全部外力系都等效作用在纵向对称面内时，横截面上的内力作用线只有位于这一纵向对称面内的剪力和弯矩，而弯曲变形后的轴线也是位于这一对称面内的平面曲线，这类弯曲称为对称弯曲，对称弯曲是工程中最常见的一种弯曲；剪力和弯矩：弯曲时杆件横截面上的分布内力系一般可简化为两个内力分量，剪力是与横截面相切的分布内力系的合力，弯矩是与横截面垂直的分布内力系的合力偶矩，确定剪力和弯矩的基本方法是截面法，水平梁剪力和弯矩的正负号规定为：剪力使横截面所在的水平梁微段发生顺时针转动趋势时为正，反之为负；弯矩使横截面所在的水平梁微段发生凹面朝上（或使横截面所在的水平梁微段上侧的纵向纤维受压）的弯曲变形时为正，反之为负；将剪力与弯矩表示为横截面位置坐标的函数，以集中力、集中力偶及分布载荷集度函数的突变点为分段点（对应的横截面称为控制面），逐段用截面法建立剪力方程与弯矩方程。梁横截面上内力——剪力、弯矩的计算是梁强度和刚度分析的重要基础。通过本章的学习，对在简单载荷作用下的静定梁，要求熟练地掌握指定截面上剪力和弯矩的计算，能根据剪力方程和弯矩方程绘制梁的剪力图和弯矩图；掌握梁的剪力、弯矩和所受分布载荷集度之间的微分关系及其应用。

二、课程内容

1. 直梁对称弯曲的概念。

2. 水平直梁弯曲内力——剪力和弯矩及其正负号的规定。

3. 剪力方程和弯矩方程、剪力图和弯矩图。

4. 直梁的剪力、弯矩和所受分布载荷集度之间的微分关系及其应用。

三、考核知识点与考核要求

1. 直梁对称弯曲的概念，要求达到“识记”层次。

（1）了解直梁对称弯曲的变形特点及其发生条件。

（2）了解静定梁的基本形式——悬臂梁、简支梁、外伸梁。

2. 水平梁的弯曲内力——剪力和弯矩的正负号规定，要求达到“简单应用”层次。

（1）理解并熟记水平梁剪力和弯矩的正负号规定。

（2）对在简单载荷作用下的静定梁，能熟练地应用截面法求指定横截面的剪力值和弯矩值。

3. 剪力方程和弯矩方程、剪力图和弯矩图，要求达到“综合应用”层次。

（1）对在简单载荷作用下的静定梁，能熟练地应用截面法列出梁的剪力、弯矩方程。

（2）对在简单载荷作用下的静定梁，能熟练绘制梁的剪力图和弯矩图，并确定梁上绝对值最大的剪力和弯矩及其所在的横截面位置。

4. 利用直梁的剪力、弯矩和所受分布载荷集度之间的微分关系快速绘制剪力图和弯矩图，要求达到“综合应用”层次。

（1）能理解直梁的剪力、弯矩和所受分布载荷集度之间的微分关系。

（2）通过计算控制面上剪力值和弯矩值，并利用梁的剪力、弯矩和所受分布载荷集度之间的微分关系快速绘制直梁的剪力图和弯矩图。

四、本章重点和难点

本章的重点是剪力、弯矩的计算和剪力图、弯矩图的绘制。难点是计算控制面上剪力值和弯矩值，并利用梁的剪力、弯矩和所受分布载荷集度之间的微分关系快速绘制梁的剪力图和弯矩图。

第 15 章　梁的弯曲应力

一、学习目的与自学要求

学习目的：受弯构件在工程实际中大量应用，因此梁的弯曲应力是工程力学的主要内容之一，通过掌握弯曲问题的正应力强度条件和切应力强度条件熟练对梁进行弯曲强度计算。

自学要求：本章主要介绍了弯曲变形的基本假设、弯曲正应力的计算公式和基本特点、几类形状横截面的最大剪应力发生位置和大小，弯曲强度条件及弯曲强度问题的计算。纯弯曲是指横截面上剪力为零、仅有弯矩的弯曲情形，剪切弯曲（或横力弯曲）是指横截面上既有剪力又有弯矩的弯曲情形。纯弯曲变形的基本假设：①变形后梁的横截面仍保持平面且与梁轴线正交，这称为梁弯曲的平面假定；②梁内与轴线平行的各纵向纤维之间无相互挤压，这称为单向受力假定。水平梁弯曲变形，当弯矩为正时，上部纵向纤维缩短，下部纵向纤维伸长，中间必有一层长度不变的纵向过渡层（称为梁的中性层）。中性层与横截面的交线称为横截面的中性轴。为保证梁具有足够的强度，梁中的最大弯曲正应力应不超过材料的许用应力（对拉压不同性材料还应区分弯曲拉应力和弯曲压应力分别进行校核）；对薄壁结构梁，所在横截面剪力较大、弯矩很小的梁，存在焊缝、铆钉连接面及胶接面的梁，还应同时考虑相应的弯曲切应力不超过其许用切应力的条件。通过本章学习，要求了解纯弯曲和剪切弯曲的区别；对于受简单载荷作用的静定梁，应用弯曲正应力强度条件和弯曲切应力强度条件对梁进行强度校核、截面设计和许可载荷确定这三类强度问题的计算；根据梁的应力分布特点及材料特性，采用中空、薄壁及关于中性轴对称（对于塑性材料）或不对称（对于脆性材料）等合理的横截面形状和尺寸，最大限度地利用材料；有条件下合理配置载荷加力点和约束位置，以减小最大弯矩；采用等强度梁设计使梁各横截面的最大正应力尽可能相等。

二、课程内容

1. 直梁纯弯曲时的正应力。

2. 横截面惯性矩的计算。

3. 弯曲正应力强度计算。

4. 弯曲切应力。

5. 提高弯曲强度的主要措施。

三、考核知识点与考核要求

1. 直梁纯弯曲时的正应力，要求达到“简单应用”层次。

（1）了解纯弯曲和横力弯曲的区别。

（2）了解中性轴的定义及其物理含义。

（3）能根据弯矩与中性层曲率间的关系说明弯曲刚度的物理意义。

（4）掌握弯曲正应力在横截面上的分布规律，并能熟练地应用弯曲正应力公式计算横截面上指定点的正应力和最大正应力。

2. 横截面对中性轴的惯性矩计算，要求达到“简单应用”层次。

（1）能熟练计算矩形、圆形和薄壁圆环形横截面对中性轴的惯性矩和抗弯截面系数。

（2）能用平行移轴公式计算简单组合横截面对中性轴的惯性矩。

3. 弯曲正应力强度计算，要求达到“综合应用”层次。

（1）了解剪切弯曲下，弯曲正应力公式的使用条件。

（2）对于受简单载荷作用下的静定梁，能熟练地应用弯曲正应力强度条件解决强度校核、截面设计和确定许可载荷这三类强度计算问题。

4. 弯曲切应力，要求达到“识记”层次。

（1）了解矩形、圆形、薄壁圆环形截面和工字形截面最大弯曲切应力所在的位置及其计算式。

（2）了解需要对梁进行弯曲切应力强度校核的情况。

5. 提高弯曲强度的主要措施，要求达到“领会”层次。

能应用弯曲理论的知识，说明提高梁的弯曲强度的主要途径和合理横截面选择应考虑的因素。

四、本章重点和难点

本章的重点是对简单图形中性轴的惯性矩和静矩的计算，梁的弯曲最大正应力和最大切应力的计算。难点是弯曲强度三类问题的计算。

第 16 章　梁的弯曲变形

一、学习目的与自学要求

学习目的：了解梁的挠曲线近似微分方程的推导过程，掌握计算弯曲位移的积分法和叠加法，掌握弯曲问题的刚度条件及梁的刚度计算。

自学要求：本章主要介绍了由弯矩产生的弯曲变形及其计算方法。弯曲变形时，由梁各横截面形心形成的在梁纵向对称面内的曲线称为梁的挠曲线；弯曲变形时，梁横截面形心沿与梁的轴线垂直方向的线位移称为挠度；弯曲变形时，梁横截面相对其原来的位置转过的角度称为转角；积分法是计算梁的变形的基本方法，将挠曲线近似微分方程对轴向坐标积分，即得梁的转角方程；再次积分，即得梁的挠曲线方程；运算中出现的积分常数，可根据梁在支座截面处的已知位移（边界条件）和积分分段截面处的位移连续（挠度相等、转角相等）条件确定；叠加法是一种基于叠加原理的辅助计算方法，只要符合线弹性和小变形条件，在几个载荷同时作用下，梁的某一横截面发生的挠度或转角等于各个载荷分别单独作用时同一横截面发生的挠度或转角的代数和；根据梁上载荷的形式，可分为载荷叠加法和逐段变形效果叠加法（只有两段时，常称为逐段刚化法）。通过本章的学习，要求了解挠度和转角的概念；了解积分法求变形时，根据边界条件（支座约束）和挠曲线的连续光滑条件确定积分常数的方法；掌握借助悬臂梁和简支梁在典型载荷作用下有关横截面的挠度或转角表格，用叠加法计算梁变形的方法；能用变形比较法求解梁的简单静不定（超静定）问题；掌握梁的刚度计算和提高弯曲刚度的措施。

二、课程内容

1. 梁的横截面挠度和转角。
2. 梁的挠曲线近似微分方程。
3. 用积分法求梁的弯曲变形。
4. 用叠加法求梁的弯曲变形。
5. 弯曲刚度计算。
6. 简单静不定（超静定）梁问题的求解。
7. 提高弯曲刚度的主要措施。

三、考核知识点与考核要求

1. 挠曲线、转角和挠度，要求达到“识记”层次。

（1）了解挠曲线、转角和挠度的定义。

（2）了解转角方程与挠度方程的关系。

（3）了解挠曲线近似微分方程的表达式及其适用条件。

2. 用积分法求梁的变形，要求达到“领会”层次。

（1）理解梁在铰支座，活动铰支座，链杆、固定端，弹性支座处的位移边界条件。

（2）清楚积分常数的确定方法。

3. 用叠加法求梁的变形，要求达到“简单应用”层次。

（1）能利用悬臂梁和简支梁在典型载荷作用下有关横截面的挠度或转角表格计算简单静定梁在指定横截面的挠度和转角。

（2）能利用悬臂梁和简支梁在典型载荷作用下有关横截面的挠度或转角表格分析和计

算简单静定梁的最大挠度和最大转角及其所在横截面的位置。

4. 弯曲刚度计算，要求达到“简单应用”层次。

能应用弯曲刚度条件对梁进行刚度校核。

5. 简单静不定（超静定）梁问题的求解，要求达到“综合应用”层次。

会区别静定梁和静不定（超静定）梁，并确定静不定（超静定）的次数。能用变形比较法求解简单的一次静不定（超静定）梁的支座约束力。

6. 提高弯曲刚度的主要措施，要求达到“领会”层次。

理解影响弯曲变形的主要因素，掌握减小弯曲变形的主要措施。

四、本章重点和难点

本章重点是用叠加法求梁的变形。难点是用变形比较法求解简单静不定（超静定）梁。

第 17 章　应力状态理论与强度理论

一、学习目的与自学要求

学习目的：通过一点处单元体及应力状态的定义，熟练掌握工程中常见的平面应力状态应力分析的解析法和图解法，能熟练应用广义胡克定律分析应力和应变之间的关系，熟练掌握四种强度理论及其适用条件。

自学要求：本章主要介绍了一点处的应力状态、广义胡克定律和强度理论。受力构件内某一点处在各个不同方位截面上的正应力和切应力情况称为一点处的应力状态；为研究某点的应力状态，围绕该点用相互正交的三对平面截取出的一个微小长方体称为单元体；主平面：单元体中切应力为零的截面；主应力：主平面上的正应力；主方向：主平面的外法线方向。应力状态的分类：只有一个主应力不为零称为单向应力状态，只有两个主应力不为零称为二向应力状态（平面应力状态），三个主应力都不为零称为三向应力状态（空间应力状态）。通过本章的学习，要求建立一点处应力状态的概念，会求二向应力状态和特殊的三向应力状态（已知一个主应力时）的三个主应力、三个主方向、最大切应力；掌握关于正应变与正应力之间关系、切应变与切应力之间关系的广义胡克定律及其简单应用；掌握常用的四个强度理论，即最大拉应力理论（第一强度理论）、最大拉应变理论（第二强度理论）、最大切应力理论（第三强度理论）、畸变能密度理论（第四强度理论）及其应用。应力状态理论和强度理论的概念较抽象，考生应注意对有关概念、理论和方法的理解。

二、课程内容

1. 一点处的应力状态及其分类。

2. 二向应力状态（平面应力状态）的应力分析。

3. 三向应力状态（空间应力状态）的基本概念。

4. 四个常用的强度理论及其表达式。

三、考核知识点与考核要求

1. 一点处应力状态的概念，要求达到“识记”层次。

(1) 一点处应力状态的定义。

(2) 主平面与主应力的定义。

(3) 应力状态的分类方法和类型。

2. 二向应力状态（平面应力状态）的应力圆，要求达到“领会”层次。

（1）应力圆的含义及画法。

（2）应力圆上点的坐标与单元体斜截面上应力的关系。

3. 二向应力状态（平面应力状态）的应力分析，要求达到“简单应用”层次。

（1）用分析法（计算公式）或应力圆法计算指定斜截面上的正应力与切应力。

（2）用分析法（计算公式）或应力圆法计算单元体斜截面上的正应力的极大值和极小值及对应的斜截面的法向，计算切应力的极大值和极小值及对应的斜截面的法向。

（3）会求三个主应力，并确定应力状态的类型。

4. 复杂应力状态下一点处的最大切应力，要求达到“简单应用”层次。

将一点处的三个主应力按照代数值排序，并由最大切应力计算式求出该点处的最大切应力。

5. 广义胡克定律，要求达到“简单应用”层次。

熟练掌握某方向的线应变与正应变或主应变与主应力之间的关系，并能正确计算。

6. 四个强度理论的内容和适用范围，要求达到“领会”层次。

（1）四个强度理论的基本观点及各自的适用范围。

（2）在工程计算中选用强度理论的一般原则。

7. 由强度理论计算相当应力，要求达到“简单应用”层次。

熟练地按照常用的四个强度理论正确计算其相当应力。

四、本章重点和难点

本章的重点是一点处的应力状态，主应力、主方向、最大切应力的计算，广义胡克定律，四个强度理论。难点是四个强度理论相当应力的正确计算。

第 18 章　组合变形杆件的强度问题

一、学习目的与自学要求

学习目的：理解组合变形的定义，熟练应用内力分析方法判断结构各部分包含的基本变形及组合变形形式；熟练掌握组合变形强度分析的思路及步骤（分解、分算、叠加），熟练掌握典型的组合变形形式［杆件的轴向拉伸（或压缩）与对称弯曲的组合变形，圆轴的轴向拉伸（或压缩）与扭转组合变形，圆轴的弯曲与扭转组合变形，以及圆轴的轴向拉伸（或压缩）、弯曲与扭转的组合变形］的强度计算。

自学要求：本章主要介绍了组合变形的强度分析和计算问题，包括杆件轴向拉伸（或压缩）与对称弯曲的组合变形，圆轴的轴向拉伸（或压缩）与扭转的组合变形，圆轴的弯曲与扭转的组合变形，以及圆轴的轴向拉伸（或压缩）、弯曲与扭转的组合变形。组合变形是指杆件发生两种或两种以上都不可忽略的基本变形的情形。组合变形强度问题的基本分析方法及其步骤如下：①将作用于杆件上的外载荷进行适当分解，使得分解后的每组载荷只对应一种基本变形；②对每一种基本变形进行内力分析，画内力图，由各内力图判定杆件危险截面上危险点的位置；③根据叠加原理确定危险点处的应力状态；④选用适当的强度理论进行组合变形的强度计算。通过本章的学习，要求掌握分析组合变形问题的叠加法，理解危险截面、危险点的概念。

二、课程内容

1. 组合变形的概念。

2. 组合变形强度问题的基本分析方法及其步骤。

3. 杆件轴向拉伸（或压缩）与对称弯曲的组合变形的强度计算。

4. 圆轴轴向拉伸（或压缩）与扭转的组合变形的强度计算。

5. 圆轴弯曲与扭转的组合变形的强度计算。

6. 圆轴的轴向拉伸（或压缩）、弯曲与扭转的组合变形的强度计算。

三、考核知识点与考核要求

1. 组合变形的概念，要求达到“领会”层次。

（1）理解用叠加原理求解组合变形强度问题的方法和步骤。

（2）能分析判断受力的杆件或结构中各杆（或杆段）发生了哪些基本变形及组合变形的类型。

（3）理解危险截面、危险点的概念。

2. 杆件拉伸（压缩）与弯曲组合变形时的强度计算，要求达到“简单应用”层次。

（1）能分析判断杆件轴向拉伸（压缩）与弯曲组合变形问题，并应用叠加法对其进行强度计算。

（2）能分析判断偏心拉伸（压缩）问题，并应用叠加法对其进行强度校核（仅限于力的作用点位于横截面一根对称轴上的情况）。

3. 圆轴轴向拉伸（压缩）与扭转组合变形时的强度计算，要求达到“简单应用”层次。

能分析判断圆轴轴向拉伸（压缩）与扭转的组合变形问题，并应用叠加法对其按照第三或第四强度理论进行强度计算。

4. 圆轴弯曲与扭转组合变形时的强度计算，要求达到“综合应用”层次。

（1）熟记圆轴受弯曲与扭转组合变形时第三和第四强度理论的强度条件。

（2）能应用第三或第四强度理论对圆轴受弯曲与扭转的组合变形进行强度计算。

5. 圆轴轴向拉伸（压缩）、弯曲与扭转组合变形时的强度计算，要求达到“综合应用”层次。

能应用第三或第四强度理论对圆轴轴向拉伸（压缩）、弯曲、扭转组合变形进行强度计算。

四、本章重点和难点

本章的重点是利用分析组合变形强度问题的叠加法、确定危险截面和危险点，并采用合适强度理论进行强度计算。难点是圆轴受弯曲与扭转组合变形时的强度计算，圆轴受拉压、弯曲与扭转组合变形时的强度计算。

第 19 章　压杆稳定

一、学习目的与自学要求

学习目的：掌握稳定性的基本概念及压杆稳定性问题的研究思路和主要方法；熟练掌握四种典型支承条件下不同柔度范围压杆的临界压力、临界应力的欧拉公式及直线经验公式，并能依据稳定性条件对结构进行稳定性校核。

自学要求：稳定性是构件安全工作的三个要素之一。本章只讨论压杆的稳定性，压杆的稳定性计算与构件的强度计算和刚度计算一样占有重要地位。当两端受轴向压力的直杆的载荷达到或超过一定限度时，压杆失去其保持直线形状平衡能力的现象称为压杆失稳；临界载荷是指在压杆所受载荷由小到大增大的过程中，使压杆的直线形状平衡由稳定转变为不稳定的载荷值，也就是使压杆在微小弯曲状态下能保持平衡的载荷值。计算压杆的柔度是解决压杆稳定性问题的关键，按照压杆柔度将压杆分为大柔度压杆（细长压杆）、中柔度压杆（中长压杆）、小柔度压杆（短粗压杆）。三类压杆用于计算临界应力的公式也不同，大柔度压杆发生弹性失稳，用欧拉公式确定临界应力；中柔度压杆发生弹塑性失稳，用直线经验公式确定其临界应力；小柔度压杆发生强度失效，按照轴向压缩的强度条件计算临界应力。

二、课程内容

1. 压杆稳定的概念。
2. 细长压杆的欧拉公式。
3. 临界应力总图。
4. 压杆的稳定性计算。
5. 提高压杆稳定性的措施。

三、考核知识点与考核要求

1. 压杆稳定的概念，要求达到“识记”层次。

（1）能了解压杆的失稳现象。

（2）能理解稳定平衡和不稳定平衡的概念。

（3）能表述临界载荷的定义。

2. 细长压杆的欧拉公式，要求达到“领会”层次。

（1）能掌握细长压杆欧拉公式的普遍形式。

（2）能理解不同杆端约束、杆长、横截面的形状与尺寸对压杆临界载荷的影响。

（3）能理解长度因数的含义，熟记几种典型杆端约束长度因数的数值。

3. 三类压杆临界应力，要求达到“简单应用”层次。

（1）能理解压杆柔度的物理意义，熟记其表达式和欧拉公式的适用范围。

（2）能根据柔度的大小，判别压杆的类型。

（3）掌握三类压杆临界应力的表达式，并能计算相应的临界应力和临界载荷。

4. 压杆的稳定性条件及其应用，要求达到“综合应用”层次。

会应用压杆的稳定性条件对压杆进行稳定性计算，包括压杆的稳定性校核、设计压杆的横截面尺寸、求许可载荷三方面内容。

5. 提高压杆稳定性的措施，要求达到“领会”层次。

能了解影响压杆稳定性的主要因素和提高压杆稳定性的主要措施。

四、本章重点和难点

本章的重点是压杆类型的判别。难点是正确计算临界应力或临界载荷，并对压杆进行正确的稳定性计算。

第 20 章　冲击载荷

一、学习目的与自学要求

学习目的：了解运用能量守恒方法对线弹性结构受铅垂冲击和水平冲击时动荷因数的推导过程；掌握结构受铅垂冲击和水平冲击时动应力和动位移的计算。

自学要求：通过本章的学习，要求了解冲击载荷、动应力、动变形和动荷因数的概念；掌握结构受铅垂冲击和水平冲击时的动荷因素、动应力和动变形的计算；了解提高结构抵抗冲击能力的措施。

二、课程内容

1. 冲击载荷、动应力、动变形和动荷因数的概念。
2. 结构受铅垂冲击时的动荷因素、动应力和由动变形引起的动位移。
3. 结构受水平冲击时的动荷因素、动应力和由动变形引起的动位移。
4. 提高结构抵抗冲击能力的措施。

三、考核知识点与考核要求

1. 冲击载荷、动应力、动变形和动荷因数的概念，要求达到“识记”层次。

（1）了解冲击载荷与静载荷的区别。

（2）了解动荷因数、动应力和动变形的概念，以及其与静应力、静变形之间的关系。

2. 结构受铅垂冲击和水平冲击时的动荷因素、动应力和动变形的计算，要求达到“简单应用”层次。

（1）掌握结构受自由落体冲击时的动荷因数的计算，理解自由落体冲击的动荷因数表达式中静位移的物理意义和正确计算。

（2）掌握结构受水平冲击时的动荷因数的计算，理解水平冲击的动荷因数表达式中静位移的物理意义并对其进行正确计算。

（3）理解突加载荷和静载荷的区别。

（4）能应用动荷因数公式计算结构在受自由落体冲击和水平冲击时的动应力和由动变形引起的动位移（动挠度和动转角）。

3. 提高结构抵抗冲击能力的措施，要求达到“识记”层次。

了解影响结构冲击应力的因素和降低冲击应力的主要途径。

四、本章重点和难点

本章的重点是理解动荷因数的意义并对其进行正确计算。难点是结构在受到铅垂冲击（自由落体为最常见情形）和水平冲击时结构的动应力和由动变形引起的动位移的计算。

Ⅳ. 关于大纲的说明与考核实施要求

一、课程自学考试大纲的目的和作用

课程自学考试大纲是根据专业自学考试计划的要求，结合自学考试的特点而确定的。其目的是对个人自学、社会助学和课程考试命题进行指导和规定。

课程自学考试大纲明确了课程学习的内容以及深广度，规定了课程自学考试的范围和标准。因此，它是编写自学考试教材和辅导书的依据，是社会助学组织进行自学辅导的依据，是自学者学习教材、掌握课程内容知识范围和程度的依据，也是进行自学考试命题的依据。

二、课程自学考试大纲与教材的关系

课程自学考试大纲是进行学习和考核的依据，教材是学习掌握课程知识的基本内容与范围，教材的内容是大纲所规定的课程知识和内容的扩展。课程内容在教材中可以体现一定的深度或难度，但大纲对考核的要求一定要适当。

大纲与教材所体现的课程内容应基本一致；大纲里面的课程内容和考核知识点，教材里一般也要有。而反过来教材里有的内容，大纲里就不一定体现。

三、关于自学教材

《工程力学（机械）》，全国高等教育自学考试指导委员会组编，水小平、张强主编，机械工业出版社出版，2023 年版。

四、关于自学要求和自学方法的指导

本大纲是依据专业基本规范和专业培养目标而确定的，明确了课程的基本内容，以及对基本内容掌握的程度。大纲中的考核知识点构成了课程内容的主体部分。因此，大纲中所列的考核知识点与考核要求是高等教育自学考试考核的主要参照内容。

为有效地指导个人自学和社会助学，本大纲已指明了各章的重点和难点。

本课程共 5 个学分。

根据学习对象在职业余自学的情况，结合本课程的特点特提出以下几点具有规律性或代表性的学习方法，以便更好地指导考生进行自学。

1. 在学习每一章内容之前，应先认真了解本自学考试大纲对该章各考核知识点的考核要求，做到心中有数，合理安排各个知识点的学习。

2. 要认真、仔细阅读教材，掌握每一个知识点。对基本概念要深刻理解其提出的背景，以及其与其他概念之间的联系；对基本理论要反复思考、彻底弄懂，了解它的要点、成立的条件和实际意义；对基本方法要结合例题，加以领会贯通、牢固掌握。对主要公式要在弄清其适用范围和各量所代表的物理意义的基础上，加以记忆并会应用。

3. 在阅读完教材的基础上，一定要做足够数量的习题，这是深入理解基本概念和定理、巩固所学知识、培养分析解决实际问题能力的一个重要环节，必须高度重视。在解题的过程中，若遇到疑难，应反复阅读教材及自学辅导书，尽量做到独立解决。解题过程要注意书写规范，提高计算正确性。

4. 本课程静力学、运动学、动力学和材料力学这几部分的知识是紧密联系的。静力学是学习动力学和材料力学的基础，运动学是学习动力学的基础。

静力学的重点是平面力系问题、物体的受力分析（取分离体和画受力图）和应用平衡方程求约束力。这部分的知识必须牢固掌握，才能进一步学习动力学和材料力学。

运动学和动力学最基本的是刚体的平移和定轴转动及其相应的运动学方程和动力学方程，只有将这两种基本运动弄懂，才能进而研究刚体的平面运动、点的复合运动等更复杂的运动。

材料力学中，拉伸与压缩、剪切、扭转和弯曲等基本变形的强度和刚度问题是基础，其中弯曲内力、应力和变形是基本变形的重点。掌握基本变形的知识、理论和公式至关重要，它们是解决组合变形问题的基础，也是学好材料力学的关键。

在材料力学中，仅动应力与动力学有直接联系。所以学完静力学后，在继续学习运动学和动力学的同时，即可开始学习材料力学。

五、应考指导

1. 如何学习

良好的计划和组织是自学学习成功的法宝。如果考生正在接受培训学习，一定要跟紧课程并完成作业。若有不理解的内容或不会做的习题，要及时请教教师。若有缺课需及时补上。对于自学者，要制订切实可行的学习计划，并按照计划保质保量完成学习任务。阅读课本时可以做读书笔记，如有需要重点注意的内容，可以用彩笔来标注，可以在空白处记录对学习有帮助的相关网站等。

2. 如何考试

卷面整洁非常重要。书写工整，段落与间距合理，卷面赏心悦目有助于教师评分。对于选择题，可先将明显错误或不合理的选项排除，再考虑余下的选项。做题时要先易后难，要认真看题中的已知条件和题目要求，并厘清解题思路再做题，注意不要漏题。

3. 如何处理紧张情绪

要不惧怕失败，正面思考，克服患得患失的心理。如果有条件，可请教已经通过该科目考试的考生，吸取他们的成功经验。在考试中若感觉紧张，不要忙于动笔，先设法使自己冷静下来，做深呼吸放松，这有助于使头脑清醒，缓解紧张情绪。考试前合理膳食，适当调整作息时间，保持旺盛精力，尽可能以最佳状态应试。

有的考生担心自己一紧张会忘记所学内容，不妨试试下列方法：尝试考试之前，根据考试大纲的要求将课程内容总结为记忆线索，进入考场之前，将记忆线索记在纸条上，但不能将纸条带进考场。当阅读考卷时，一旦有了思路就快速记下。按自己的步调进行答卷，合理安排每部分考题的时间。

六、对社会助学的要求

1. 参加助学的教师应熟悉自学考试大纲和指定的自学教材，特别要准确理解考核要求中对各知识点所规定的能力层次要求，以便辅导时，做到心中有数、有的放矢。

2. 辅导时，应以自学考试大纲为依据，指定的教材为基础，不要随意增删内容，也不要提高或降低要求，防止与自学考试大纲脱节，失去助学的作用。

3. 根据本课程以力学运算为主的特点，助学教师应在全面辅导的基础上，针对每一章考核要求中关于简单应用和综合应用的问题，选择典型例题，讲清楚基本概念、定理、公式，分析解题思路，讨论计算方法和解题技巧，重点和难点要讲透，着重培养和提高考生分析、解决实际问题的能力。不要猜题、押题。

4. 要使考生认识到辅导课只能起到领进门的作用，听懂不等于真懂，关键还在于自己练习，应要求考生课后抓紧复习，认真做题。

七、对考核内容的说明

1. 本课程要求考生学习和掌握的知识点内容都作为考核的内容。课程中各章的内容均由若干知识点组成，在自学考试中成为考核知识点。因此，课程自学考试大纲中所规定的考试内容是以分解为考核知识点的方式给出的。由于各知识点在课程中的地位、作用以及知识自身的特点不同，自学考试将对各知识点分别按四个认知层次确定其考核要求。

2. 课程分为理论力学、材料力学两个部分，考卷中两部分考题各占50%。

八、关于考试命题的若干规定

1. 考试方法为闭卷笔试。考试时间为150分钟。本课程考试可携带尺子、圆规等必要的绘图工具和没有存储功能的计算器。试题题量应以中等水平的考生在规定时间内答完全部试题为度。评分采用百分制，60分为及格。

2. 本大纲各章所规定的考核知识点都属于考核的内容。考试命题既要覆盖到章，又要避免面面俱到。要注意突出课程的重点、章节重点，加大重点内容的覆盖度。

3. 命题不应有超出大纲中考核知识点范围的题目，考核目标不得高于大纲中所规定的相应的最高能力层次要求。命题应着重考核考生对基本概念、基本知识和基本理论是否了解或掌握，对基本方法是否会用或熟练。不应出与基本要求不符的偏题或怪题。

4. 在本课程试卷中，不同能力层次要求的试题所占分数的比例大致为：识记占20%，领会占20%，简单应用占30%，综合应用占30%。

5. 要合理安排试题的难易程度。试题的难度可分为易、较易、较难和难四个等级。每份试卷中四个等级的试题所占的分数比例依次为2∶3∶3∶2。必须注意，试题的难度与能力层次不是一个概念。在各能力层次中都存在不同难度的问题。

6. 本课程考试命题的主要题型有单项选择题、填空题、计算题和综合题。在命题工作中必须按照本课程大纲中所规定的题型命制，考试试卷使用的题型可以略少，但不能超出本课程对题型的规定，具体请参见本大纲参考样卷。

V. 参考样卷

一、单项选择题：本大题共10小题，每小题2分，共20分。在每小题列出的备选项中只有一项是最符合题目要求的，请将其选出。

1. 重力为P的均质直杆AB水平静止放置于图示位置，斜面的倾角为30°，若不计各接触处摩擦，则固定铰支座B对杆的约束力的大小是（　　）。

A. $\frac{1}{2}P$　　B. $\frac{\sqrt{3}}{2}P$

C. $\frac{\sqrt{3}}{3}P$　　D. $\sqrt{3}P$

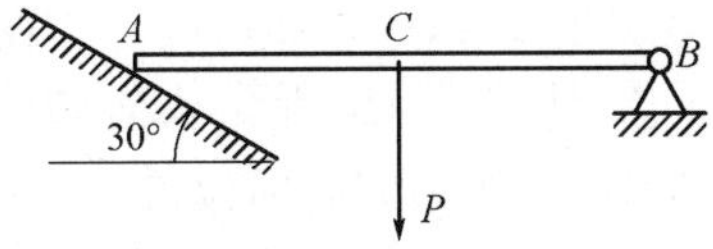

题1图

2. 主动力$\boldsymbol{F}$分别作用在图a、b所示两个直角弯杆所在平面上，则它们对点O的力矩（　　）。

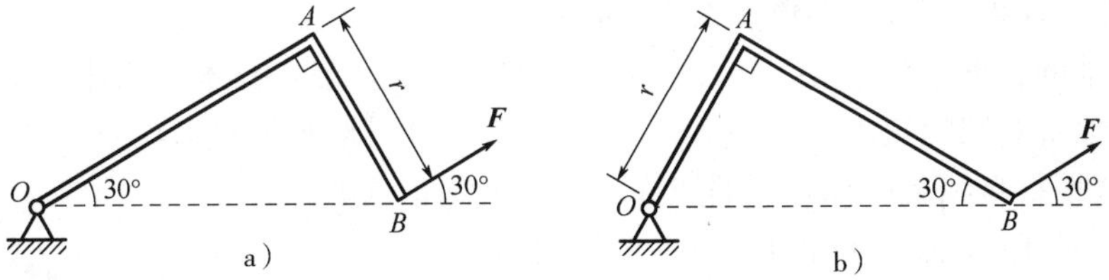

题2图

A. 大小不等，但转向相同　　B. 大小相等，但转向相反

C. 大小不等，转向也不同　　D. 大小相等，转向也相同

3. 图示平面结构由两根直角弯杆铰接而成，并作用图示铅垂主动力$\boldsymbol{F}$，若不计各构件自重和各接触处摩擦，则固定铰支座A对杆AC的约束力的方向为（　　）。

A. 铅垂向上　　B. 水平向左　　C. 沿$\overrightarrow{CA}$方向　　D. 沿$\overrightarrow{AC}$方向

4. 如图所示，在铅垂面内单摆的绳长为l，摆球A（可视为质点）的质量为m，若柔绳在与铅垂线成30°夹角的图示位置无初速度释放，则在释放瞬时摆球的加速度大小为（　　）（g为重力加速度的大小）。

A. g　　B. $\frac{\sqrt{3}}{2}g$　　C. $\frac{1}{2}g$　　D. $\frac{1}{4}g$

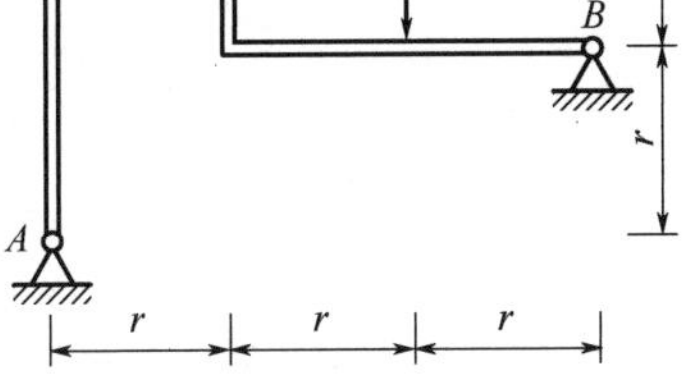

题3图

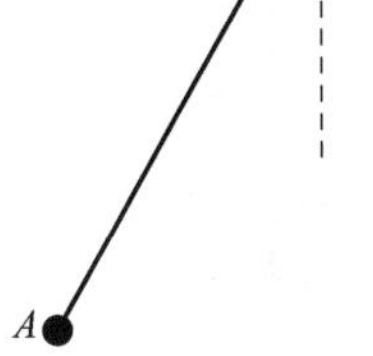

题4图

5. 关于材料的力学性能，下列结论正确的是（　　）。

A. 脆性材料的抗拉能力低于其抗压能力　B. 脆性材料的抗拉能力高于其抗压能力

C. 塑性材料的抗拉能力低于其抗压能力　D. 塑性材料的抗拉能力高于其抗压能力

6. 如图所示的等截面直杆两端固定，无外力及初始应力作用。当整根杆的温度均匀升高时，杆内任意横截面上任意点的正应力和正应变分别为（　　）。

A. $\sigma \neq 0$，$\varepsilon \neq 0$　B. $\sigma \neq 0$，$\varepsilon = 0$

C. $\sigma = 0$，$\varepsilon = 0$　D. $\sigma = 0$，$\varepsilon \neq 0$

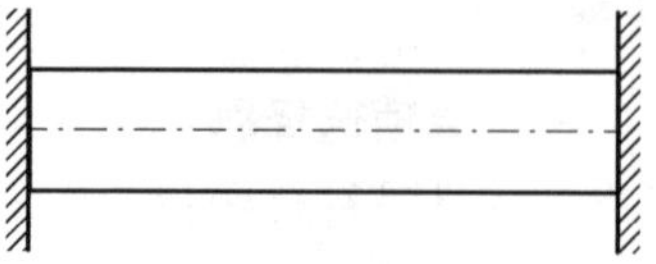

题 6 图

7. 外伸梁 AD 所受载荷如图所示，若改变集中力偶 M_e 所作用的截面位置，则（　　）。

A. 剪力图和弯矩图均改变

B. 剪力图改变，弯矩图不变

C. 剪力图不变，弯矩图改变

D. 剪力图和弯矩图均不改变

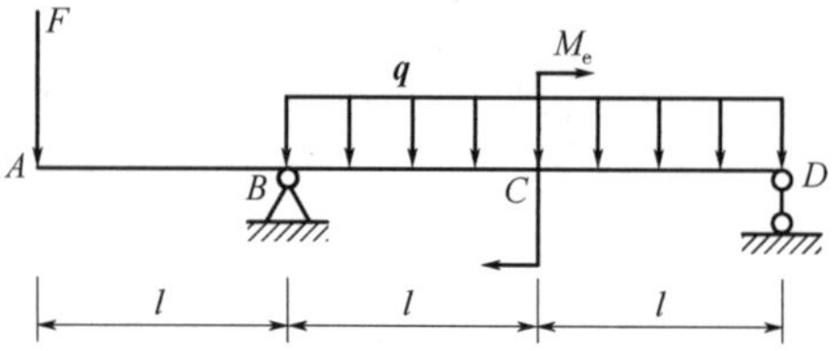

题 7 图

8. 与实心圆轴单位长度扭转角 φ' 无关的量是（　　）。

A. 圆轴的长度　B. 圆轴的横截面大小

C. 圆轴所受到的扭矩　D. 圆轴的材料常数

9. 关于两根材料和柔度都相同的压杆，以下说法正确的是（　　）。

A. 两杆的临界应力和临界载荷一定都相等

B. 两杆的临界应力和临界载荷都不一定相等

C. 两杆的临界应力一定相等，而临界载荷不一定相等

D. 两杆的临界应力不一定相等，而临界载荷一定相等

10. 简支梁在其中间截面处受自由落体冲击，现设计了四种不同的受冲击形式，其中各弹簧的刚度系数均为 k，则动荷因数最小的冲击形式是（　　）。

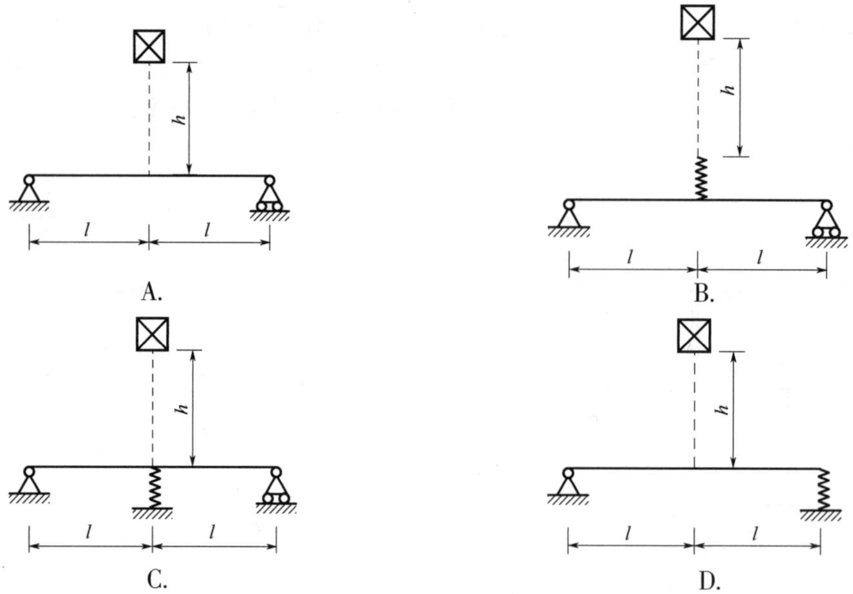

题 10 图

二、填空题：本大题共 15 小题，每小题 2 分，共 30 分。

11. 如图所示，物块 A 重 $P=5\text{kN}$，与水平地面间的摩擦角为 $\varphi=40°$，若将与铅垂线成 60°夹角的推力 $F=5\text{kN}$ 作用于物块上，则物块处于______状态。

12. 沿边长如图所示的长方体的对角线 AB 作用主动力 $\boldsymbol{F}$，则该力对 z 轴的投影为______。

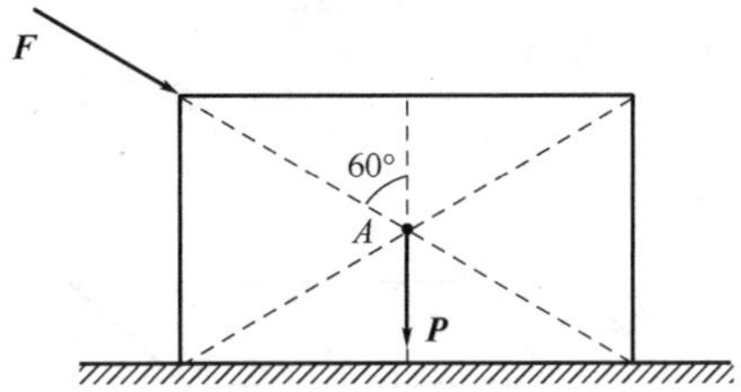

题 11 图

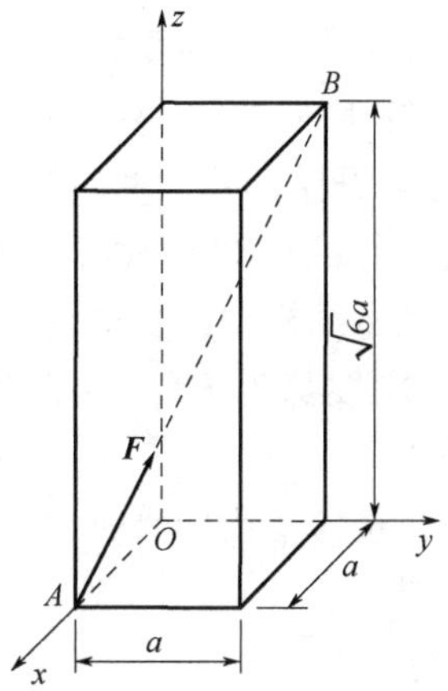

题 12 图

13. 图示一平衡的平面任意力系，在平衡方程 $\sum F_x=0,\sum M_A=0,\sum M_B=0$ 中（A、B 两个矩心的连线与投影轴 x 垂直），有______个方程是独立的。

14. 半径为 $R=\sqrt{2}l$ 的四分之一圆板与长度都为 l 的直杆 O_1A、O_2B 铰接成图示平面机构，$O_1O_2=2l$，杆 O_1A 以匀角速度 $\boldsymbol{\omega}$ 绕定轴 O_1 做顺时针转动，则在图示位置圆板的最高点 E 的加速度的大小等于______。

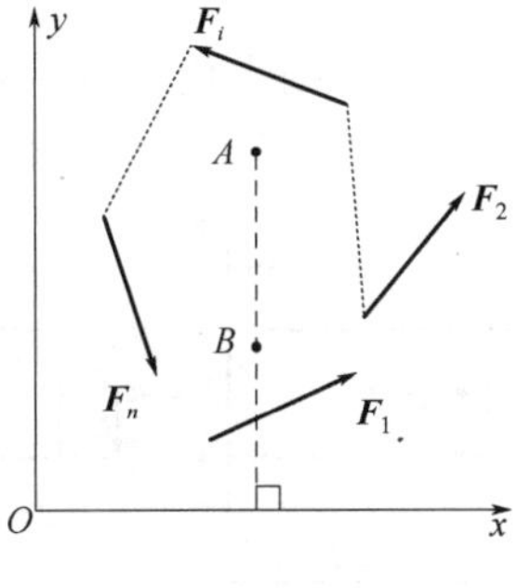

题 13 图

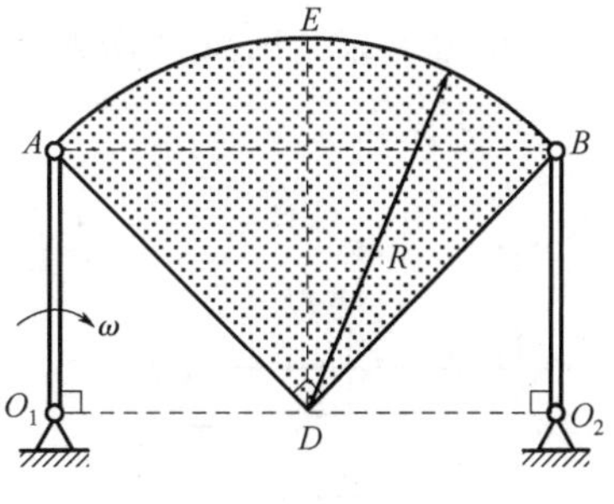

题 14 图

15. 图示边长为 l 的等边三角薄板 OAB 绕水平轴 O（垂直于板面）做定轴转动，已知某瞬时（边 AB 位于水平位置）其顶点 A 的加速度大小为 $\boldsymbol{a}$，方向指向形心 C，则该瞬时顶点 B 的加速度方向为______。

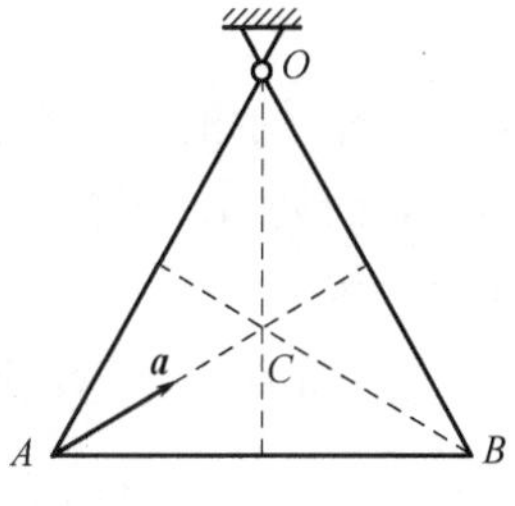

题 15 图

16. 在同一地点以大小相同、方向不同的初速度斜抛两质量相同的小球，若不计空气阻力，则当它们落到同一水平地面上时，它们落地速度的大小______（填“相同”或“不同”）。

17. 图示系统处于同一铅垂面内，已知弹簧的刚度系数为 k，原长为 $l_0=9r$，其一端 O 固定，另一端可沿半径为 $R=5r$ 的固定圆环运动，在弹簧从 OA 长度变为 OB 长度的过程中，弹簧弹性力所做的功等于______。

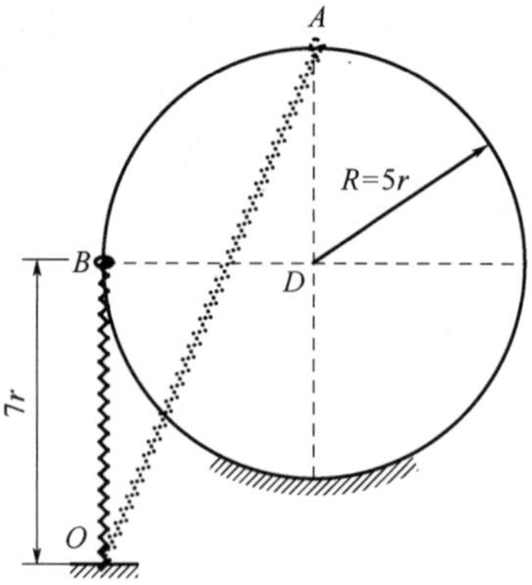

题 17 图

18. 低碳钢直杆两端受轴向拉力 $\boldsymbol{F}$ 的作用，当横截面上的正应力等于 σ_1 时，材料处于强化阶段，此时轴向应变为 ε_1，接着开始卸载，轴向拉力全部卸掉后，轴向残余应变为 ε_2，则该钢材的弹性模量 $E=$______。

19. 在图示结构中，长度为 l 的杆 OB 位于水平位置，两杆的拉压刚度都为 EA，当节点 B 受水平力 $\boldsymbol{F}$ 作用时，杆 BC 的应力等于______。

20. 图示榫接头构件的剪切面积为______。

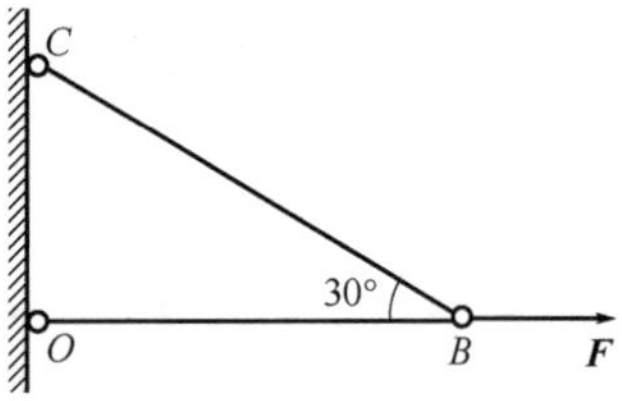

题 19 图

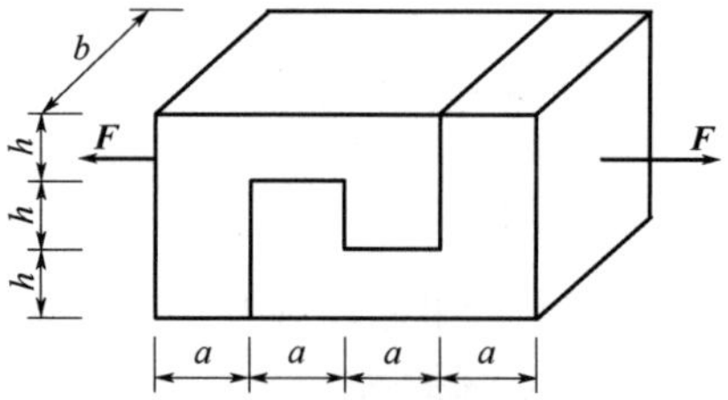

题 20 图

21. 一级减速箱中的齿轮直径大小不等，传递的功率相同，在满足相同的强度条件下，高速齿轮轴的直径要比低速齿轮轴的直径______。

22. 简支梁的几何尺寸和受力如图所示，则______段是剪切弯曲。

23. 矩形截面的悬臂梁，所受载荷如图所示，且 $M_0=Fl$，则图中横截面上 A、B、C 三点处正应力大于零的是点______。

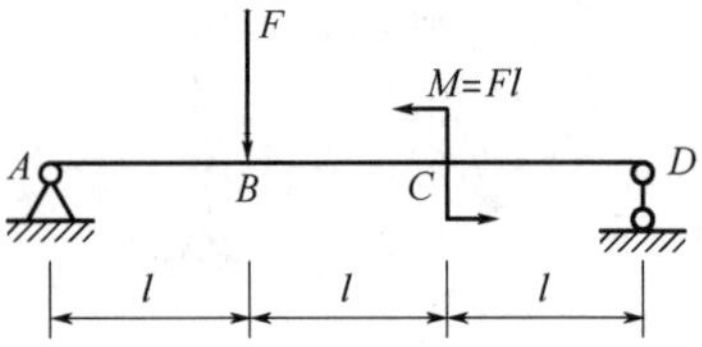

题 22 图

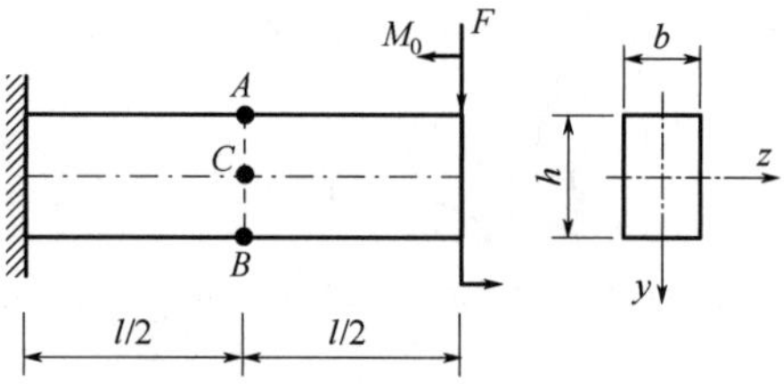

题 23 图

24. 如图所示的 T 形截面简支梁，在主动力 $\boldsymbol{F}$ 作用下处于线弹性变形，若已知 A—A 截面上、下表面处沿 x 方向（轴向）的线应变分别是 $\varepsilon_{上}=-4\times10^{-4}$、$\varepsilon_{下}=2\times10^{-4}$，则此截面中性轴位置 $y_C=$______h。

25. 如图 a 所示，弯曲刚度为 EI、长度为 l 的水平悬臂梁，在其自由端作用一铅垂向下的集中力 F，已知其自由端转角的大小为 $\theta_B^{(a)}=\dfrac{Fl^2}{2EI}$；若将铅垂力 F 移至梁的中点 C 处，如图 b 所示，则自由端转角的大小变为 $\theta_B^{(b)}$ = ______。

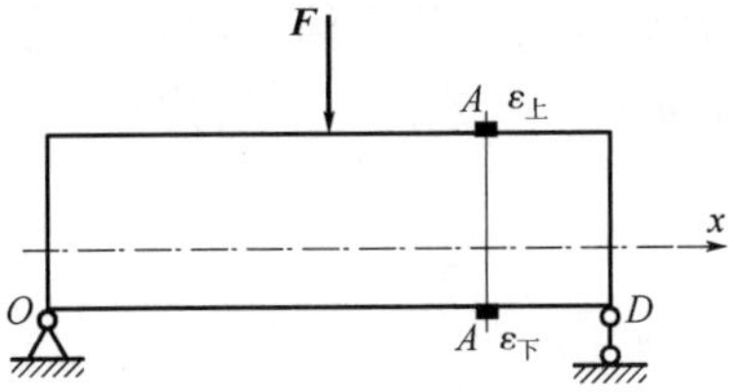

题 24 图

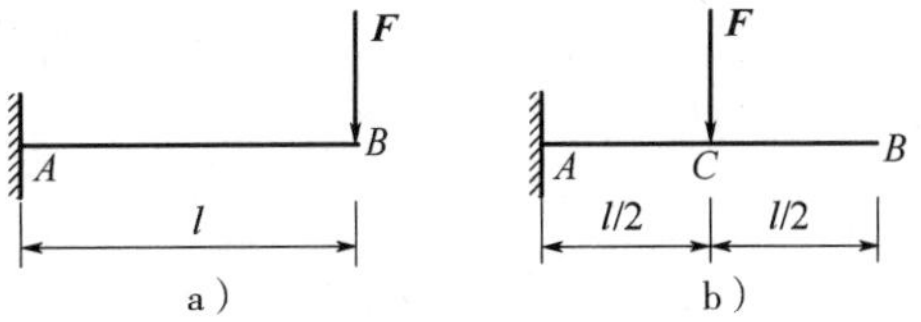

题 25 图

三、计算题：本大题共 5 小题，每小题 6 分，共 30 分。

26. 图示曲柄-连杆-滑块机构处于铅垂平面内，已知 $OA=l$，$AB=2l$，滑块 B 以速度 $\boldsymbol{v}$ 水平向右做匀速直线平移，试求图示瞬时曲柄 OA、连杆 AB 的角速度。

27. 图示机构位于铅垂平面内，直角弯杆 OAD 的 O 端铰支；直杆 O_1B 的 O_1 端铰支，B 端与套于杆 AD 上的套筒 B 铰接，并以匀角速度 ω_0 绕定轴 O_1 逆时针转动。已知 $OA=\sqrt{3}r$，$O_1B=2r$；图示瞬时，直角弯杆的 OA 段与水平线 OB 的夹角为 30°，杆 O_1B 位于铅垂位置。试求该瞬时直角弯杆 OAD 的角速度。

28. 均质矩形薄板的质量为 m、长为 $4b$、宽为 $3b$，对过其质心 C 且垂直于板面的轴的回转半径为 $\rho_C=\dfrac{5\sqrt{3}}{6}b$，可绕光滑水平轴 O 做定轴转动。在短边 OA 处于铅垂向上的图示位置时将矩形板无初速度释放，试求释放瞬时矩形板的角加速度及轴承 O 对矩形板的约束力。

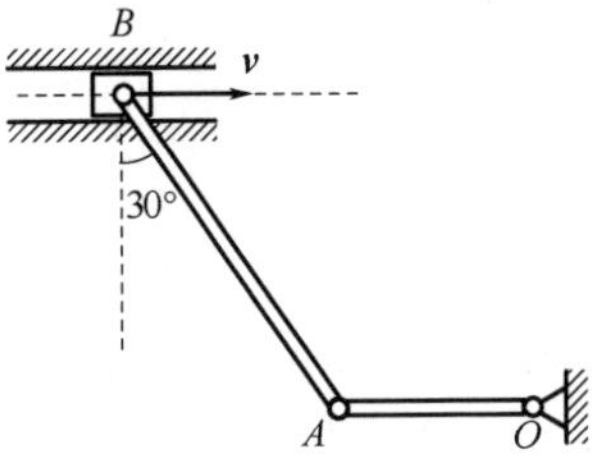

题 26 图

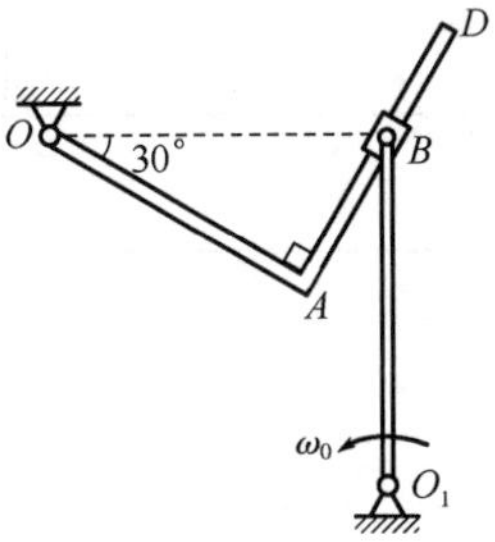

题 27 图

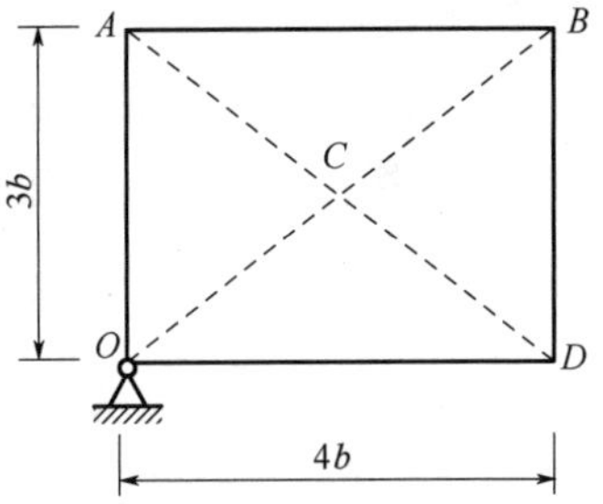

题 28 图

29. 直径 $D=20\text{cm}$ 的圆轴，其 AC 段为实心，BC 段为空心，且内径 $d=10\text{cm}$，所受外力偶如图所示，已知材料的许用切应力 $[\tau]=50\text{MPa}$，试求 M_0 的许可值。

30. 简支梁 AB 的几何尺寸和所受载荷如图所示，试画出其剪力图和弯矩图。

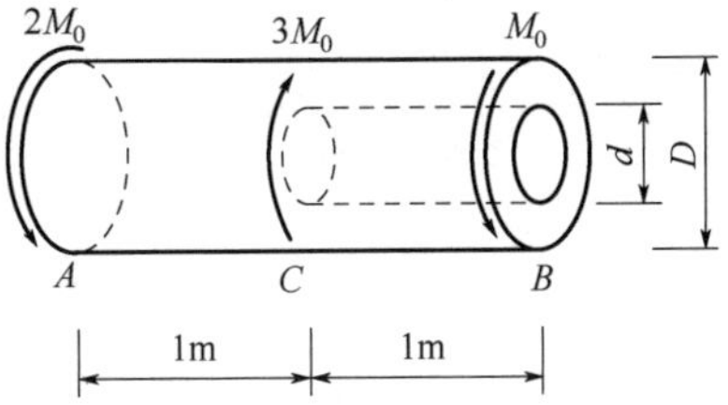

题 29 图

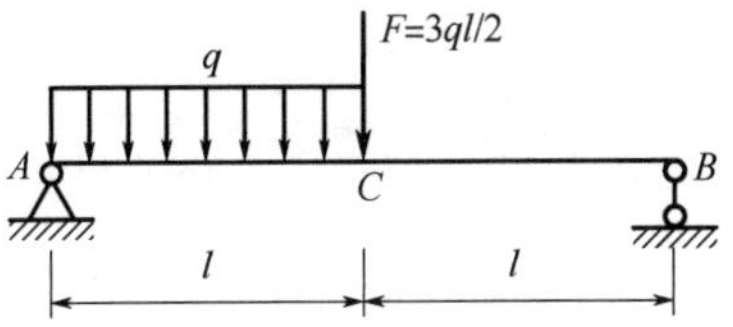

题 30 图

四、综合题：本大题共 2 小题，每小题 10 分，共 20 分。

31. 在图示平面结构中，直角弯杆与四分之一细圆环在 B 处铰接，其几何尺寸和所受载荷如图所示，且 $F=2qr$，$M=3qr^2$，若不计各构件自重和各接触处摩擦，试求结构在 A、G 处所受到的约束力。

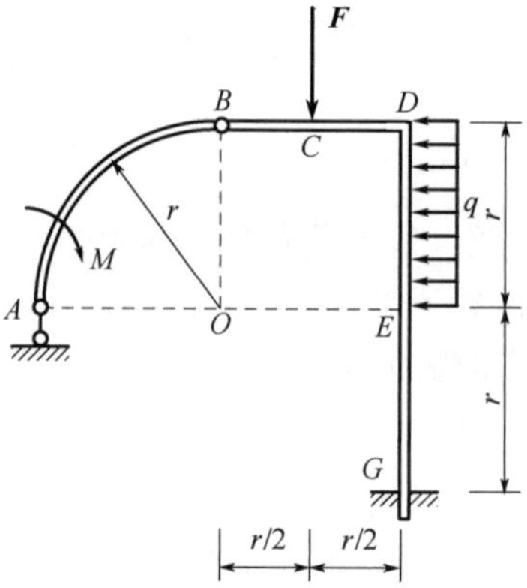

题 31 图

32. 水平实心圆截面悬臂梁受到图示铅垂力 $F_1=0.5\text{kN}$、轴向水平力 $F_2=15\text{kN}$ 和扭转力偶 $M_0=1.2\text{kN}\cdot\text{m}$ 的作用。已知悬臂梁的横截面直径 $d=50\text{mm}$，长度 $l=1\text{m}$，材料的许用应力 $[\sigma]=120\text{MPa}$，试按第三强度理论校核该梁的强度。

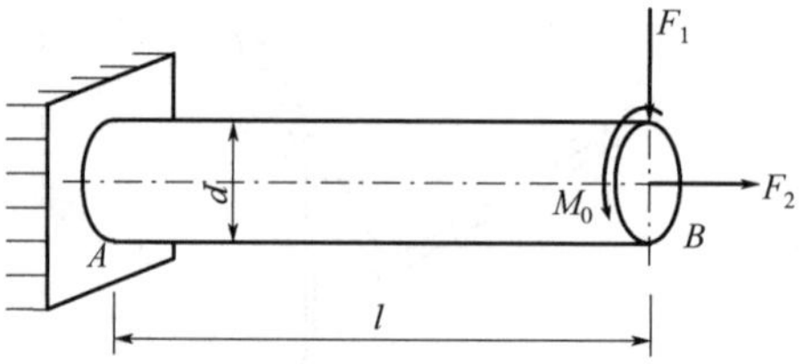

题 32 图

大 纲 后 记

《工程力学（机械）自学考试大纲》是根据《高等教育自学考试专业基本规范（2021年)》的要求，由全国高等教育自学考试指导委员会机械及轻纺化工类专业委员会组织制定的。

机械及轻纺化工类专业委员会对本大纲组织审稿，根据审稿意见由编者进行修改，最后由机械及轻纺化工类专业委员会定稿。

本大纲由北京理工大学水小平教授、张强副教授主编，北京理工大学白若阳副教授参加编写。参加审稿并提出修改意见的有西安交通大学张克猛教授、西安理工大学何望云教授。

对参与本大纲编写和审稿的各位专家表示感谢。

全国高等教育自学考试指导委员会
机械及轻纺化工类专业委员会
2023 年 6 月

全国高等教育自学考试指定教材

工程力学（机械）

全国高等教育自学考试指导委员会　组编

编者的话

本教材是根据全国高等教育自学考试指导委员会最新制定的《工程力学（机械）自学考试大纲》的要求编写的自学考试指定教材。

根据高等教育自学考试专科层次的应用人才的培养目标，本教材编写时力求注重基础，突出重点，精选内容，侧重应用，适当兼顾教学体系的完整性。本教材分上、下两卷。上卷理论力学共10章，其中静力学部分共4章，阐述静力学的基本概念，平面力系的简化，平面力系的平衡，空间力系的平衡及物体的重心、质心和形心；运动学部分共4章，阐述点的运动学、刚体的基本运动、刚体的平面运动、点的复合运动；动力学部分共2章，阐述动量原理、动能定理。下卷材料力学共10章，主要阐述材料力学的基本概念、杆的轴向拉伸与压缩、圆轴的扭转、梁的弯曲内力、梁的弯曲应力、梁的弯曲变形、应力状态理论与强度理论、组合变形杆件的强度问题、压杆稳定、冲击载荷。本教材中配有比较丰富的典型例题和类型比较齐全的习题，每章都配备了主要内容的PPT和所有习题的详细解答（读者可以通过配套电子资源进行学习）。

为了体现高等教育自学考试的特点，便于读者阅读和自学，本教材中基本公式保留了推导的严谨性，以训练读者的逻辑思维能力，侧重于对公式的物理含义的理解和使用条件的掌握。本教材在编写过程中，力求做到层次分明，循序渐进，叙述清楚，简明易懂，富于启发，注重理论联系工程实际，培养读者的工程观点，拓宽分析问题的思路，丰富解决实际工程中的力学基本问题的方法，以达到有效提高读者综合能力的最终目标。

本教材由全国优秀教师、第三届北京市高等学校教学名师水小平教授确定编写大纲和内容体系，由北京理工大学张强副教授执笔编写初稿（除第18、19、20章外），北京理工大学白若阳副教授参与了本教材的部分编写工作，并完成了第18、19、20章初稿的编写工作和所有习题的详细解答工作。水小平教授对全部内容做了详细的补充、修改和进一步完善，并负责编写了《工程力学（机械）自学考试大纲》。教材各章主要内容的PPT由张强副教授完成。

本教材在编写过程中参考了北京理工大学和兄弟院校编写的优秀教材，编者在此向有关作者表示衷心感谢。

本教材由西安交通大学张克猛教授担任主审，西安理工大学何望云教授参审，他们提出了许多宝贵的修改意见，为本教材的出版付出了辛勤的劳动，编者在此表示衷心感谢。

由于编者水平有限，教材中难免有疏漏和不妥之处，敬请读者提出批评指正。

编　者

2023年5月

绪 论

力学是研究物体机械运动的科学。力是物体间相互的机械作用。机械运动是指物体在空间的位置随时间发生的变化，是众多物体运动中最基本的形式。力的作用可以使物体的运动状态发生改变，这种效应称为运动效应或外效应；也可以使物体的形状或几何尺寸发生改变，这种效应称为变形效应或内效应。人们正是通过力的这两种效应来研究力学的。

根据力的两种作用效应和不同的研究目标，对力学中的研究对象可建立不同的力学模型。

在研究力的运动效应时，可忽略物体的变形，将实际物体抽象化（或理想化）为相应的力学模型，这类模型包括质点、质点系和刚体、刚体系统。质点是具有质量而其尺寸可忽略不计的点；质点系是质点的集合；刚体是特殊的质点系，其上任意两点之间的距离保持不变；多个刚体相互连接组成的系统称为刚体系统，有时也称为物体系统。在具体研究中，一个物体是视为质点还是视为刚体，并不完全取决于其尺寸和形状，而主要取决于所研究问题的性质。例如，研究地球绕太阳公转时，地球可视为质点，而研究地球自转时，地球则可视为刚体。机器中运转的小尺寸零件，在研究其转动时都须视为刚体。研究物体在力的作用下所产生的运动效应而形成的体系称为理论力学。因此，理论力学是研究物体机械运动一般规律的一门学科。

在研究力对物体的变形效应时，建立变形体模型，如杆（一个方向的尺度远大于另外两个方向的尺度的物体）在各种形式的力作用下的伸长（或压缩）、剪切、扭转、弯曲这四种基本变形等。研究杆在力的作用下所产生的变形效应而形成的体系称为材料力学。

理论力学和材料力学是力学的最基础部分，是后续力学体系必不可少的部分。本教材包含理论力学的基础知识和材料力学的基础知识。

理论力学的基础知识包括静力学、运动学和动力学三个部分。静力学是研究刚体在力系作用下平衡（机械运动的一种特殊形式）规律的科学；运动学是研究物体运动的几何性质的科学，用于物体的运动描述和建立非独立运动与独立运动之间的关系；动力学是研究物体运动状态的改变与其所受作用力之间的关系的科学。

材料力学研究构件的变形和破坏规律，为合理设计构件的强度（构件抵抗破坏的能力）、刚度（构件抵抗变形的能力）、压杆稳定性（压杆保持原有直线平衡状态的能力）的分析计算提供基本理论和计算方法。

学习“工程力学（机械）”课程，要求深刻理解本课程的基本概念、基本知识、基本理论，熟练掌握其力学定理和计算公式的应用，了解处理工程中相关基本力学问题的思路和方法，培养正确分析和解决实际力学问题的基本能力。为此，认真钻研教材，独立完成一定数量的习题，并注意将所学的理论与实际应用相结合，是学好工程力学的重要途径。

“工程力学（机械）”是机械类和交通类等相关专业的一门重要的技术基础课程，在基础课和专业课之间起到桥梁作用，它为“机械设计基础”“机械制造”等后续课程提供必要的力学基础，也为解决机械工程中的有关问题提供力学分析的基本方法，同时也担负着学生的抽象思维能力、逻辑思维能力和分析解决实际问题能力的培养任务，从而有助于学生树立辩证唯物主义的世界观和方法论。

上卷

理 论 力 学

第一篇　静力学

静力学是研究物体或物体系统在力系作用下平衡规律的科学。

力系是指作用于物体上的一群力。平衡是指物体相对于惯性参考系保持静止或做匀速直线平移（其上各点做相同的匀速直线运动），是物体的机械运动的一种特殊形式，在工程中，一般是指物体相对于地球保持静止。能够使物体保持其平衡状态的力系是**平衡力系**。在研究物体平衡或运动状态改变时，首先需要对物体所受的力进行分析，获得其全部的受力情况。然后需要寻求简单的力系来等效代替复杂力系的作用效应，可以通过研究力系的特征量来实现。用一个简单的力系等效代替一个复杂的力系的过程称为**力系的简化**。于是，一个复杂的力系是否为平衡力系可根据与其等效的简单力系是否为平衡力系来判断。

综上所述，静力学主要研究下面三个问题：①物体的受力分析；②力系的等效简化；③力系的平衡条件及其应用。其中物体的受力分析及力系的等效简化也是后续动力学研究的必要基础。静力学内容在材料力学、机械原理、机械设计等课程中扮演重要角色。同时，静力学的理论和研究方法在许多实际工程技术问题中也有广泛的应用。

第1章　静力学的基本概念

本章内容包括力和力偶的概念、静力学的基本原理以及由基本原理推出的一些定理或结论、约束和约束力以及刚体的受力分析，是静力学的基础知识。

1.1　力和力偶

首先介绍组成力系的基本要素——力和力偶的概念，为以后研究复杂力系奠定基础。

1.1.1　力和力矢量

1. 力的定义

力是物体间相互的机械作用，具有使物体的运动状态发生改变的运动效应（也称外效应），或使物体的形状发生改变的变形效应（也称内效应）。静力学研究不变形的物体——刚体，因此只研究力的外效应。

2. 力的三要素

力对物体作用的效应取决于**力的大小、方向和作用点**，它们称为力的三要素。力对可变形的物体是一个**定位矢量**，即由其作用点画出具有大小和方向的物理量。通过力的作用点沿着力的方向的直线称为**力的作用线**。实践证明，力的作用点沿着其作用线移动并不会改变其对刚体的作用效应。因此，对于刚体而言，力的三要素变为**力的大小、方向和作用线**，即作用于刚体上的力是一个滑移矢量。

3. 力矢

力的大小和方向可用数学中的矢量表示，称为**力矢**，在动力学中将证明，力矢与作用的物体的移动效应相关。力矢是个自由矢量，用符号 $\boldsymbol{F}$ 表示，而 F 表示其大小。力的大小的国际单位为**牛**[顿](N)。

1.1.2　力对点（轴）的矩

力对某点（轴）的矩是力使刚体绕该点（轴）转动效应的度量。

1. 力对点的矩

选定空间某一参考点 O，由点 O 引出一矢径 $\boldsymbol{r}$ 至力 $\boldsymbol{F}$ 的作用点 A，并从点 O 向力 $\boldsymbol{F}$ 的作用线做垂线段，交点为 B，记 OB 的长度为 d，如图 1-1 所示。定义力对点 O 的矩为

$$\boldsymbol{M}_O(\boldsymbol{F}) = \boldsymbol{r} \times \boldsymbol{F} \tag{1-1}$$

称点 O 为**矩心**，距离 d 为**力臂**。根据矢量积的定义，$\boldsymbol{M}_O(\boldsymbol{F})$ 为一垂直于由矢径 $\boldsymbol{r}$ 与力 $\boldsymbol{F}$ 的作用线所确定的平面的矢量，$\boldsymbol{M}_O(\boldsymbol{F})$ 的大小为

$$M_O(\boldsymbol{F}) = Fr\sin\alpha = Fd \tag{1-2}$$

即其大小为以 $\boldsymbol{r}$ 与 $\boldsymbol{F}$ 为邻边的平行四边形的面积。力矩的单位为牛·米(N·m)。

考虑到 $\overrightarrow{OB}$ 与 $\boldsymbol{F}$、$\boldsymbol{M}_O(\boldsymbol{F})$ 都垂直，矢量 $\overrightarrow{OB}$ 的大小为 d，其单位矢量为 $\boldsymbol{\xi}^\circ = \dfrac{\boldsymbol{F} \times \boldsymbol{M}_O(\boldsymbol{F})}{F \cdot M_O(\boldsymbol{F})}$，则矢量 $\overrightarrow{OB}$ 可表示为

$$\overrightarrow{OB} = d \cdot \boldsymbol{\xi}^\circ = d \cdot \frac{\boldsymbol{F} \times \boldsymbol{M}_O(\boldsymbol{F})}{F \cdot M_O(\boldsymbol{F})} = \frac{\boldsymbol{F} \times \boldsymbol{M}_O(\boldsymbol{F})}{F^2} \tag{1-3}$$

即点 B 可由力矢 $\boldsymbol{F}$ 和力对点 O 的矩 $\boldsymbol{M}_O(\boldsymbol{F})$ 方便地唯一确定，结合力矢 $\boldsymbol{F}$ 的方向从而力矢 $\boldsymbol{F}$ 的作用线也就唯一确定了。

力对点的矩使刚体产生绕该点的转动或具有的转动趋势可用右手法则表示。如图 1-1 所示，右手拇指指向 $\boldsymbol{M}_O(\boldsymbol{F})$ 的矢量方向，其余四指弯曲的转向即为刚体转动或具有的转动趋势的转向。

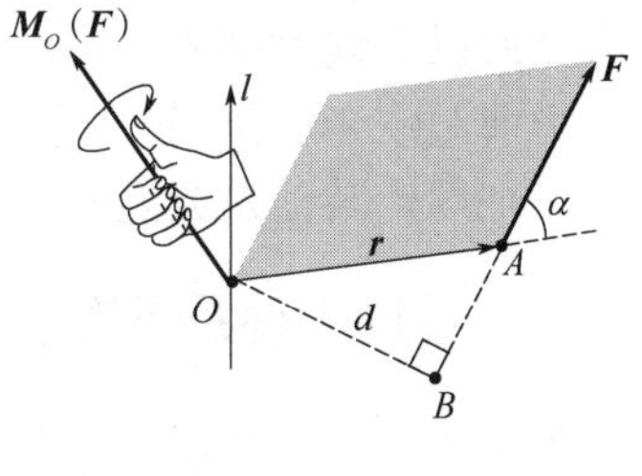

图 1-1　力矢与力对点之矩

综上所述，力矢和力对点的矩两个矢量完全确定了一个力的三要素（对刚体而言），也完全可以描述一个力对刚体作用的移动和转动两个基本运动的运动效应。进一步地，一个力系的作用效应可以由该力系的所有力矢的矢量和（称为该**力系的主矢**）以及对某点的矩的矢量和（称为该**力系对某点的主矩**）所确定。分别以 $\boldsymbol{F}_{\mathrm{R}}$、$\boldsymbol{M}_O$ 表示力系的主矢和力系对点 O 的主矩，则

$$\begin{cases} \boldsymbol{F}_{\mathrm{R}} = \sum \boldsymbol{F}_i \\ \boldsymbol{M}_O = \sum \boldsymbol{M}_O(\boldsymbol{F}_i) \end{cases} \tag{1-4}$$

力系的主矢和力系对某点的主矩称为**力系的特征量**，应用在力系简化以及动力学问题的研究中。

2. 力对轴的矩

力对点 O 的矩 $\boldsymbol{M}_O(\boldsymbol{F})$ 在过点 O 的某轴上的投影称为力对该轴的矩。设 l 为过点 O 的任意轴，$\boldsymbol{l}^\circ$为 l 轴方向的单位矢量。则力 $\boldsymbol{F}$ 对该轴的矩可表示为

$$M_l(\boldsymbol{F}) = \boldsymbol{M}_O(\boldsymbol{F}) \cdot \boldsymbol{l}^\circ \tag{1-5}$$

力对轴的矩是标量，是力使刚体产生绕该轴转动效应的度量。生活中开门或关门，以及使用扳手拧螺母都是力对轴的矩作用效应的实际应用。

1.1.3　力偶和力偶矩

1. 力偶的定义

等值、反向、不共线的两个力所组成的特殊力系称为**力偶**，如图 1-2 所示。力偶中的两个力的力矢满足 $\boldsymbol{F} = -\boldsymbol{F}'$；两个力作用线所组成的平面称为**力偶的作用面**；两个力作用线之间的垂直距离称为**力偶臂**。

2. 力偶矩

如前所述，力系的性质可以由该力系的主矢和对某点的主矩确定。据此，可得力偶的如下两条性质：①力偶的主矢恒为零；②力偶对任一点的主矩不为零，且与该点的位置无关。

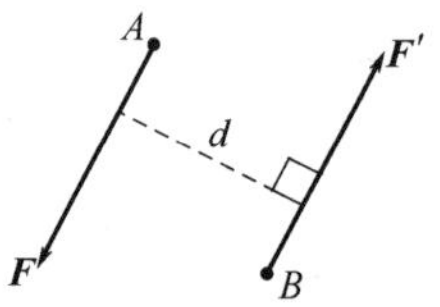

图 1-2　力偶的定义

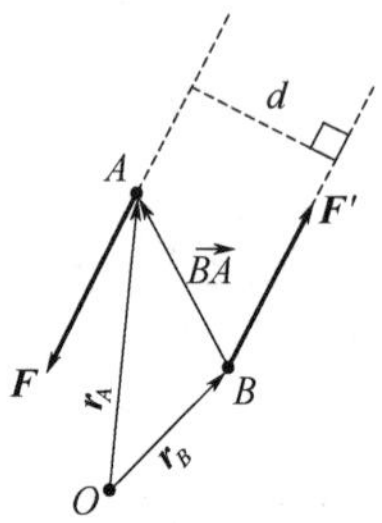

图 1-3　力偶矩的计算

第一条性质由力偶的定义即可得到。现证明第二条性质。如图 1-3 所示，取任意一点 O，从点 O 分别引矢径到力偶的两个力的作用点，则有

$$\boldsymbol{M}_O = \boldsymbol{M}_O(\boldsymbol{F}) + \boldsymbol{M}_O(\boldsymbol{F}') = \boldsymbol{r}_A \times \boldsymbol{F} + \boldsymbol{r}_B \times \boldsymbol{F}' = \boldsymbol{r}_A \times \boldsymbol{F} - \boldsymbol{r}_B \times \boldsymbol{F} = \overrightarrow{BA} \times \boldsymbol{F} = \boldsymbol{M}_B(\boldsymbol{F}) \tag{1-6}$$

类似也有 $\boldsymbol{M}_O = \boldsymbol{r}_A \times \boldsymbol{F} + \boldsymbol{r}_B \times \boldsymbol{F}' = \boldsymbol{r}_A \times (-\boldsymbol{F}') + \boldsymbol{r}_B \times \boldsymbol{F}' = (\boldsymbol{r}_B - \boldsymbol{r}_A) \times \boldsymbol{F}' = \overrightarrow{AB} \times \boldsymbol{F}' = \boldsymbol{M}_A(\boldsymbol{F}')$，即**力偶中两个力对任一点的主矩等于其中一个力对另一个力的作用点的矩**，称为力偶的**力偶矩**。力偶矩与矩心的位置无关，可用 $\boldsymbol{M}$ 表示，其大小 $M = F \cdot d$。由于力偶的两个力的主矢为零，所以力偶对刚体的作用效应完全取决于力偶的力偶矩矢量，常表示为 $\boldsymbol{M}$。

力偶对刚体的作用效应是使刚体产生转动或具有转动趋势。生活中双手共同作用使自行车的车把发生转动是典型的力偶作用的例子。

1.1.4　直角坐标系下力、力矩与力偶矩的表达和计算

为完成力和力对某点（轴）的矩的计算，需要给出矢量的具体表达形式。下面给出最为常用的直角坐标系下力和力对某点（轴）的矩的表达式。

1. 力的投影

如图 1-4 所示，设矢量 $\boldsymbol{F}$ 与 x 轴的正向夹角为 φ，x 轴的单位矢量为 $\boldsymbol{i}$。则 $\boldsymbol{F}$ 在 x 轴上的投影为

$$F_x = \boldsymbol{F} \cdot \boldsymbol{i} = F\cos\varphi,\quad \begin{cases} F_x > 0,\ 0 \leqslant \varphi < \pi/2 \\ F_x = 0,\ \varphi = \pi/2 \\ F_x < 0,\ \pi/2 < \varphi \leqslant \pi \end{cases} \tag{1-7}$$

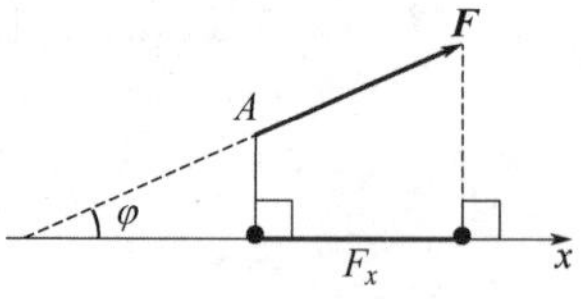

图 1-4　力的投影

其大小对应于矢量 $\boldsymbol{F}$ 的两端点向 x 轴做垂线所得的两个垂足之间

的距离。

2. 空间直角坐标系下力、力矩与力偶矩的表达

以空间点 O 为原点，建立 $Oxyz$ 直角坐标系，$\boldsymbol{i}$、$\boldsymbol{j}$、$\boldsymbol{k}$ 分别为 x、y、z 轴的单位矢量，如图 1-5 所示。力 $\boldsymbol{F}$ 的作用点为点 A，其坐标为（x，y，z）。F_x、F_y、F_z 为力 $\boldsymbol{F}$ 在 x、y、z 轴上的投影。则有

$$\boldsymbol{r} = x\boldsymbol{i} + y\boldsymbol{j} + z\boldsymbol{k} \tag{1-8}$$

$$\boldsymbol{F} = F_x\boldsymbol{i} + F_y\boldsymbol{j} + F_z\boldsymbol{k} \tag{1-9}$$

$$F = \sqrt{F_x^2 + F_y^2 + F_z^2} \tag{1-10}$$

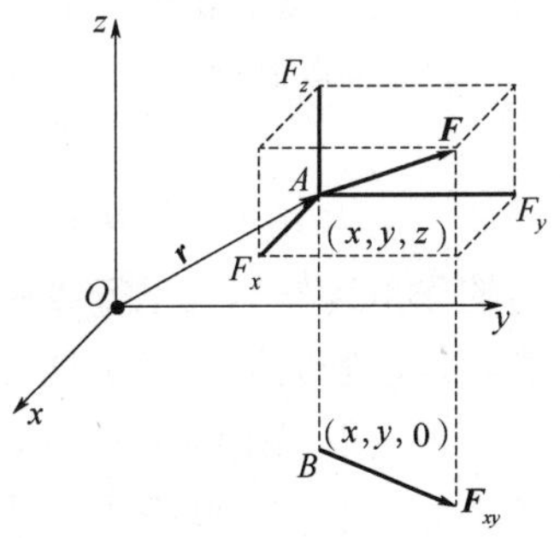

图 1-5　力在直角坐标系中表示

根据矢量积定义，力 $\boldsymbol{F}$ 对点 O 的矩为

$$\boldsymbol{M}_O(\boldsymbol{F}) = \boldsymbol{r} \times \boldsymbol{F} = \begin{vmatrix} \boldsymbol{i} & \boldsymbol{j} & \boldsymbol{k} \\ x & y & z \\ F_x & F_y & F_z \end{vmatrix} \tag{1-11}$$

$$= (yF_z - zF_y)\boldsymbol{i} + (zF_x - xF_z)\boldsymbol{j} + (xF_y - yF_x)\boldsymbol{k}$$

$\boldsymbol{M}_O(\boldsymbol{F})$ 在坐标轴上的投影分别记为

$$\begin{cases} M_{Ox}(\boldsymbol{F}) = \boldsymbol{M}_O(\boldsymbol{F}) \cdot \boldsymbol{i} = yF_z - zF_y \\ M_{Oy}(\boldsymbol{F}) = \boldsymbol{M}_O(\boldsymbol{F}) \cdot \boldsymbol{j} = zF_x - xF_z \\ M_{Oz}(\boldsymbol{F}) = \boldsymbol{M}_O(\boldsymbol{F}) \cdot \boldsymbol{k} = xF_y - yF_x \end{cases} \tag{1-12}$$

即有

$$\boldsymbol{M}_O(\boldsymbol{F}) = M_{Ox}(\boldsymbol{F})\boldsymbol{i} + M_{Oy}(\boldsymbol{F})\boldsymbol{j} + M_{Oz}(\boldsymbol{F})\boldsymbol{k} \tag{1-13}$$

$M_{Oz}(\boldsymbol{F}) = xF_y - yF_x$ 与点 O 在 z 轴上的位置无关，即该表达式实际为力对 z 轴的矩。同样，$M_{Ox}(\boldsymbol{F})$，$M_{Oy}(\boldsymbol{F})$ 分别与点 O 在 x 轴、y 轴上的位置无关，因此，式（1-12）可表示为

$$\begin{cases} M_x(\boldsymbol{F}) = yF_z - zF_y \\ M_y(\boldsymbol{F}) = zF_x - xF_z \\ M_z(\boldsymbol{F}) = xF_y - yF_x \end{cases} \tag{1-14}$$

$M_x(\boldsymbol{F})$、$M_y(\boldsymbol{F})$、$M_z(\boldsymbol{F})$分别为力 $\boldsymbol{F}$ 对 x、y、z 轴的矩。显然有

$$\begin{cases} M_x(\boldsymbol{F}) = \boldsymbol{M}_O(\boldsymbol{F}) \cdot \boldsymbol{i} \\ M_y(\boldsymbol{F}) = \boldsymbol{M}_O(\boldsymbol{F}) \cdot \boldsymbol{j} \\ M_z(\boldsymbol{F}) = \boldsymbol{M}_O(\boldsymbol{F}) \cdot \boldsymbol{k} \end{cases} \tag{1-15}$$

这与力对轴的矩的定义式吻合。

将力 $\boldsymbol{F}$ 及其作用点 A 向 Oxy 平面投影可得矢量 $\boldsymbol{F}_{xy}$ 以及点 B。则点 B 的坐标为 $(x, y, 0)$，如图 1-5 所示。可视 $\boldsymbol{F}_{xy}$ 为位于 Oxy 平面内、作用于点 B 的一个力，如图 1-6 所示，有 $\boldsymbol{F}_{xy} = F_x\boldsymbol{i} + F_y\boldsymbol{k}$，且记其大小为 F_{xy}，点 O 至 $\boldsymbol{F}_{xy}$ 的力臂为 d。有

$$\boldsymbol{M}_O(\boldsymbol{F}_{xy}) = \overrightarrow{OB} \times \boldsymbol{F}_{xy} = (x\boldsymbol{i} + y\boldsymbol{j}) \times (F_x\boldsymbol{i} + F_y\boldsymbol{j}) = (xF_y - yF_x)\boldsymbol{k} \tag{1-16}$$

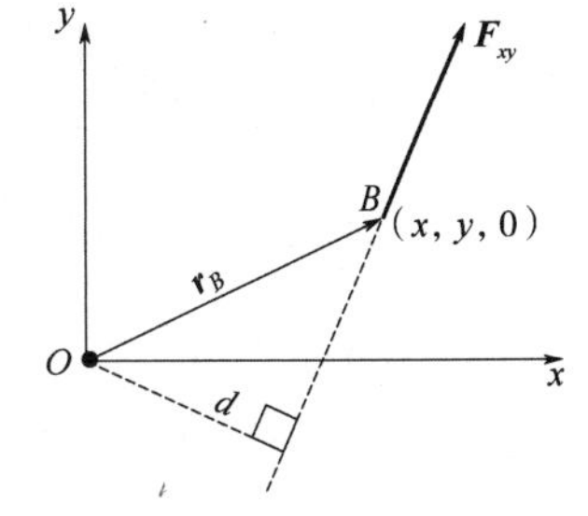

图 1-6　力对轴的矩的一种定义

对比式（1-16）与式（1-15）可得如下结论：**力对轴的矩等**

价于该力在与该轴垂直的平面内的投影对该轴在此平面内的投影点的矩。

$\boldsymbol{F}_{xy}$ 对点 O 的矩的大小（即力 $\boldsymbol{F}$ 对 z 轴的矩）又可表示为

$$|\boldsymbol{M}_O(\boldsymbol{F}_{xy})| = M_z(\boldsymbol{F}) = F_{xy} \cdot d \tag{1-17}$$

因此，当力 $\boldsymbol{F}$ 与 z 轴平行（$F_{xy}=0$）或相交（$d=0$）时，该表达式等于零。换言之，**当一个力的作用线与某轴平行或相交，即共面时，此力对该轴的矩等于零**。此时，该力不会使刚体产生绕该轴的转动或不具有绕该轴的转动趋势。

根据力偶矩的定义知道，力偶的力偶矩等于其中一个力对另一个力作用点的矩，其在直角坐标系下表示就很容易计算得到。

例 1-1　长方体边长为 a、b、c，在顶点 A 上作用一个力 $\boldsymbol{F}$，已知其大小为 F，方向如图 1-7 所示，试求：①力 $\boldsymbol{F}$ 在 x、y、z 轴上的投影；②力 $\boldsymbol{F}$ 对点 O 的矩；③力 $\boldsymbol{F}$ 对 x、y、z 轴及 OB 轴的矩。

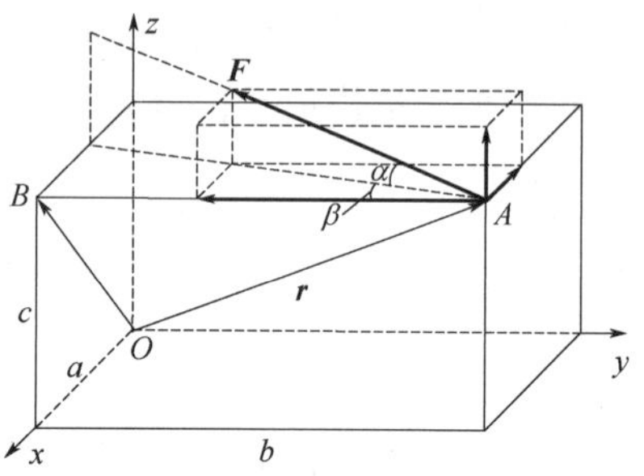

图 1-7　例 1-1 图

解：1）力 $\boldsymbol{F}$ 在 x，y，z 轴上的投影：根据矢量投影方法可得力 $\boldsymbol{F}$ 在三个坐标轴投影为

$$F_x = -F\cos\alpha \cdot \sin\beta,\ F_y = -F\cos\alpha \cdot \cos\beta,\ F_z = F\sin\alpha$$

即有 $\boldsymbol{F} = -F\cos\alpha \cdot \sin\beta \boldsymbol{i} - F\cos\alpha \cdot \cos\beta \boldsymbol{j} + F\sin\alpha \boldsymbol{k}$，且 $\boldsymbol{r} = a\boldsymbol{i} + b\boldsymbol{j} + c\boldsymbol{k}$。

2）力 $\boldsymbol{F}$ 对点 O 的矩：由力对点的矩的定义，有

$$\begin{aligned}\boldsymbol{M}_O(\boldsymbol{F}) &= \boldsymbol{r} \times \boldsymbol{F} \\ &= \begin{vmatrix} \boldsymbol{i} & \boldsymbol{j} & \boldsymbol{k} \\ a & b & c \\ -F\cos\alpha\sin\beta & -F\cos\alpha\cos\beta & F\sin\alpha \end{vmatrix} \\ &= F(b\sin\alpha + c\cos\alpha\cos\beta)\boldsymbol{i} - F(c\cos\alpha\sin\beta + a\sin\alpha)\boldsymbol{j} + F\cos\alpha(-a\cos\beta + b\sin\beta)\boldsymbol{k}\end{aligned}$$

3）力 $\boldsymbol{F}$ 对 x，y，z 轴及 OB 轴的矩：由第 2）步的结果可知：

$$\begin{cases} M_x(\boldsymbol{F}) = F(b\sin\alpha + c\cos\alpha\cos\beta) \\ M_y(\boldsymbol{F}) = -F(c\cos\alpha\sin\beta + a\sin\alpha) \\ M_z(\boldsymbol{F}) = F\cos\alpha(-a\cos\beta + b\sin\beta) \end{cases}$$

为计算 $\boldsymbol{F}$ 对 OB 轴的矩，需要 OB 轴单位矢量 $\boldsymbol{l}°$，由图 1-7 可得

$$\boldsymbol{l}° = \frac{1}{\sqrt{a^2 + c^2}}(a\boldsymbol{i} + c\boldsymbol{k})$$

于是，根据力对轴的矩的定义，即式（1-5），有

$$M_{OB}(\boldsymbol{F}) = \boldsymbol{M}_O(\boldsymbol{F}) \cdot \boldsymbol{l}° = \frac{Fb}{\sqrt{a^2 + c^2}}(a\sin\alpha + c\cos\alpha\sin\beta)$$

例 1-2　在图 1-8 所示 $\triangle ABC$ 的平面内作用有力偶（$\boldsymbol{F}_1$，$\boldsymbol{F}_2$），其中力 $\boldsymbol{F}_1$ 作用于点 C 沿 CB 方向，力 $\boldsymbol{F}_2$ 作用于点 A，试计算该力偶的力偶矩。已知 $OA=a$，$OB=b$，$OC=c$，$|\boldsymbol{F}_1| = |\boldsymbol{F}_2| = F$。

解：根据力偶矩的性质，只需计算力偶中的一个力对另一个力的作用点的矩，即可得到

该力偶的力偶矩。根据图示关系，有

$$F_{1x}=0$$

$$F_{1y}=F\sin\alpha=\frac{Fb}{\sqrt{b^2+c^2}}$$

$$F_{1z}=-F\cos\alpha=-\frac{Fc}{\sqrt{b^2+c^2}}$$

$$\overrightarrow{AC}=-a\boldsymbol{i}+c\boldsymbol{k}$$

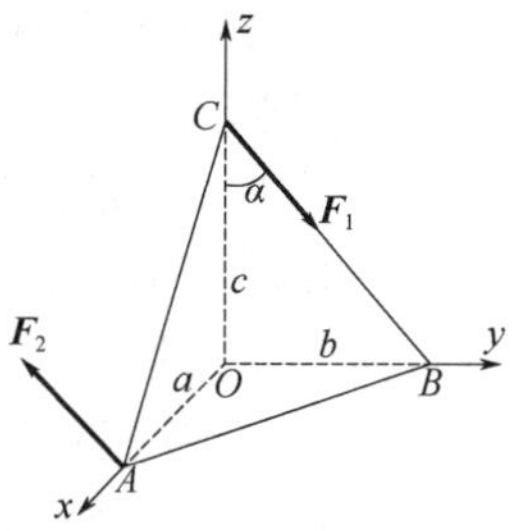

图 1-8　例 1-2 图

则该力偶的力偶矩为

$$\boldsymbol{M}(\boldsymbol{F}_1,\boldsymbol{F}_2)=\boldsymbol{M}_A(\boldsymbol{F}_1)=\overrightarrow{AC}\times\boldsymbol{F}_1$$

$$=\begin{vmatrix}\boldsymbol{i} & \boldsymbol{j} & \boldsymbol{k}\\ -a & 0 & c\\ 0 & \dfrac{Fb}{\sqrt{b^2+c^2}} & -\dfrac{Fc}{\sqrt{b^2+c^2}}\end{vmatrix}=-\frac{F}{\sqrt{b^2+c^2}}(bc\boldsymbol{i}+ac\boldsymbol{j}+ab\boldsymbol{k})$$

1.1.5　力矩的平面表示方法

当研究的问题中所有力的作用线均在同一平面内时，可不用矢量来描述力对点的矩。

假设力 $\boldsymbol{F}$ 在 Oxy 平面内，则力 $\boldsymbol{F}$ 对点 O 的矩为垂直于 Oxy 平面的矢量。根据右手法则，若右手拇指指向 $\boldsymbol{F}$ 对点 O 的矩的方向，则可用其余四指在 Oxy 平面内的转向来表示该力矩。习惯上，以逆时针转向为正转向，并用有向弧线段来表示。力偶矩的表示方法类似。如图 1-9 所示，$M_O(\boldsymbol{F})$ 表示力 $\boldsymbol{F}$ 对点 O 的矩为逆时针转向，用图示有向弧线段表示之。

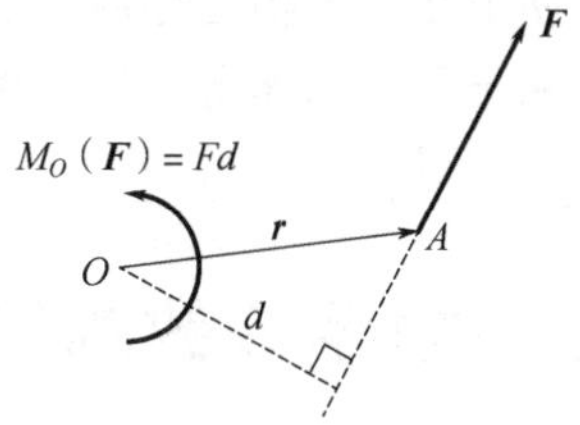

图 1-9　力矩的平面表示

例 1-3　试计算图 1-10 所示直角杆件所受力的 $\boldsymbol{F}$ 对点 O 的矩。

解：如图 1-10 所示，延长力 $\boldsymbol{F}$ 的作用线，并从点 O 向该延长线做垂线，得到距离 d，则有

$$\begin{aligned}d&=OC\sin\theta\\&=(OB-CB)\sin\theta\\&=(a-b\cot\theta)\sin\theta\\&=a\sin\theta-b\cos\theta\end{aligned}$$

因此力 $\boldsymbol{F}$ 对点 O 的矩的大小为

$$M_O(\boldsymbol{F})=Fd=F(a\sin\theta-b\cos\theta)$$

转向为顺时针方向，如图 1-10 所示。

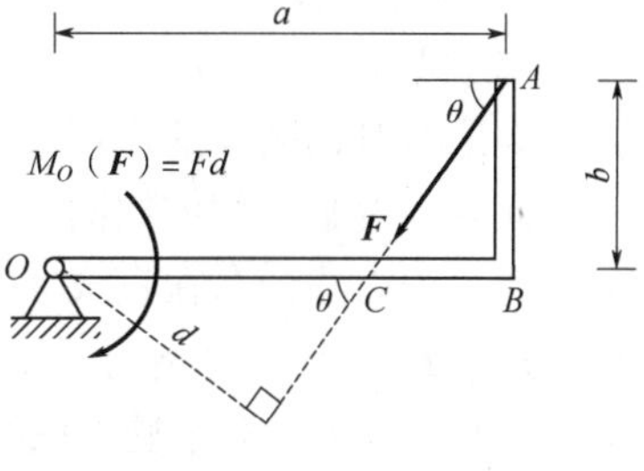

图 1-10　例 1-3 图

1.2　力系平衡的基本公理

欲研究刚体的平衡规律，需要研究力系的平衡性质。人们通过长期的观察总结得到的关于力系平衡的基本公理是进一步研究复杂力系的平衡性质的理论基础。

1. 二力平衡公理

二力平衡公理：**作用于同一刚体上的二力使刚体保持平衡的充分必要条件是该二力的大小相等、方向相反、作用在同一条直线上（简称等值、反向、共线）**。该二力组成的力系的主矢和对任一点的主矩都为零。

该公理表明，一个刚体若只受两个力作用而保持平衡，则这两个力的作用线必过它们的作用点。只受二力作用而保持平衡的刚体通常称为**二力体**或**二力构件**。对于直杆，常称为**二力杆**。

需要指出，该公理只适用于刚体。对于变形体而言，等值、反向、共线的二力只是变形体保持平衡的必要条件，而非充分条件。

2. 加减平衡力系公理

加减平衡力系公理：**在已知力系作用的刚体上，加上或减去一个平衡力系，不会改变原力系对刚体的作用效应**。此公理也只适用于刚体。

3. 刚化原理

如果变形体在某力系作用下保持平衡，则此变形体可视为一个刚体，其力系必满足该刚体的平衡条件，称为**变形体的刚化原理**。该原理为将一个刚体的平衡条件的理论应用于变形体或刚体系统的平衡问题提供了依据。

4. 作用力与反作用力定律

两个物体的相互作用力总是同时存在的，它们的大小相等、方向相反、沿同一条直线分别作用于两个物体上，即为**牛顿第三定律**。在理论力学部分中，作用力与反作用力习惯上用同一个字母一个加撇一个不加撇表示。

1.3 力系等效的基本性质

基于力系平衡的基本公理，本节介绍简单力系之间等效的基本性质，这些性质将应用于复杂力系的简化。

1.3.1 力的等效性质

1. 力的可传性

作用于某一个刚体上的力可以沿其作用线将其作用点任意滑移到该刚体上的其他点，不会改变该力对该刚体的作用效应。

证明：设某一刚体按图 1-11a、b、c 所示三种情况分别受到 $\boldsymbol{F}_1$，$\boldsymbol{F}_1$、$\boldsymbol{F}_2$、$\boldsymbol{F}_3$，$\boldsymbol{F}_3$ 的作用，这三个力均分布在直线 AB 上，且 $\boldsymbol{F}_1 = \boldsymbol{F}_3 = -\boldsymbol{F}_2$。根据二力平衡公理，力系（$\boldsymbol{F}_1$，$\boldsymbol{F}_2$）和（$\boldsymbol{F}_2$，$\boldsymbol{F}_3$）均为平衡力系。于是，图 1-11b 是图 1-11a 加上一对平衡力的结果，图 1-11c 是图 1-11b 减去一对平衡力的结果，根据加减平衡力系公理，三者等效，证毕。

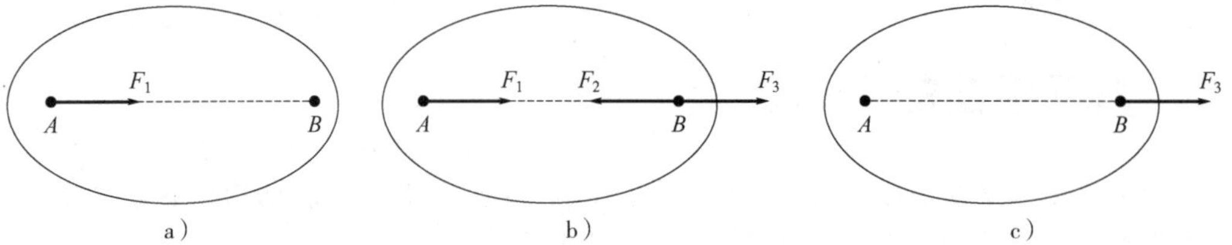

a）　b）　c）

图 1-11　力的可传性

力的可传性说明，作用于刚体上的力是一个可以沿其作用线任意滑移的滑移矢量。正因为如此，对刚体而言，力的三要素中的作用点可由力的作用线代替。

2. 力的平行四边形法则

作用于刚体上同一点的两个力总可以等效成一个力，等效力的作用点也在该点，其力矢由这两个力为邻边构成的平行四边形的对角线所确定。

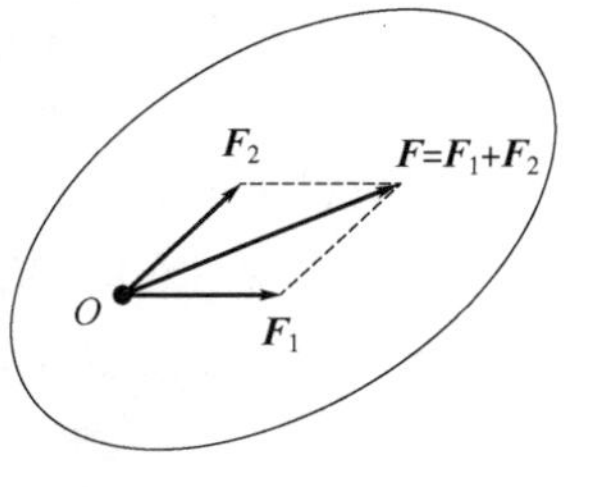

图 1-12　力的合成

由力的平行四边形法则可知，如图 1-12 所示的刚体上作用于同一点 O 的两个力 $\boldsymbol{F}_1$ 和 $\boldsymbol{F}_2$ 总存在一个合力 $\boldsymbol{F}$，且合力的作用点也在点 O，合力的矢量等于这两个力的矢量和，即

$$\boldsymbol{F}=\boldsymbol{F}_1+\boldsymbol{F}_2 \tag{1-18}$$

力的平行四边形法则同样适用于变形体。

如果一个力等效于作用于刚体上的一个力系，则称该力为该力系的**合力**，而该力系中的各力称为该力的**分力**。

推论 1　三力平衡汇交定理：作用于刚体上的三个力使刚体保持平衡时，若其中两个力的作用线相交于一点，则第三个力的作用线也必经过该相交点，且与这两个力的作用线必共面。

证明：如图 1-13a 所示，设某个刚体在三个力 $\boldsymbol{F}_1$、$\boldsymbol{F}_2$ 和 $\boldsymbol{F}_3$ 的作用下保持平衡且 $\boldsymbol{F}_1$ 和 $\boldsymbol{F}_2$ 的作用线交于点 O。根据力的可传性和力的平行四边形法则，力 $\boldsymbol{F}_1$ 和 $\boldsymbol{F}_2$ 的作用点沿各自作用线滑移至点 O，并合成为一个力 $\boldsymbol{F}_{1,2}=\boldsymbol{F}_1+\boldsymbol{F}_2$，如图 1-13b 所示。于是，$\boldsymbol{F}_{1,2}$和 $\boldsymbol{F}_3$ 组成一个平衡力系，由二力平衡公理知，$\boldsymbol{F}_3$ 必和 $\boldsymbol{F}_{1,2}$共线。故此，$\boldsymbol{F}_3$ 必在 $\boldsymbol{F}_1$ 和 $\boldsymbol{F}_2$ 的作用线所决定的平面内，且作用线经过点 O。

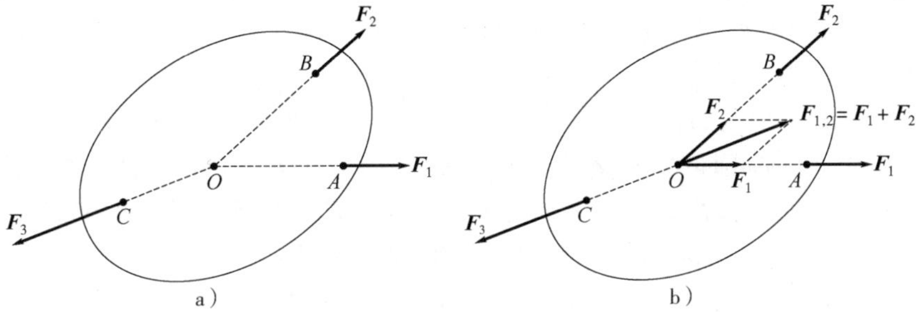

图 1-13　三力平衡汇交

若同一刚体上作用 n 个力 $\boldsymbol{F}_i(i=1\cdots n)$，这些力的作用线汇交于同一点，称为**汇交力系**。首先根据力的可传性，可以将各力滑移至汇交点，然后 $\boldsymbol{F}_1$ 和 $\boldsymbol{F}_2$ 合成为一个作用于汇交点的力 $\boldsymbol{F}_{1,2}$，$\boldsymbol{F}_{1,2}$和 $\boldsymbol{F}_3$ 继续合成为 $\boldsymbol{F}_{1,2,3}$，作用于汇交点，这样一直合成下去直至 $\boldsymbol{F}_n$，将得到一个力 $\boldsymbol{F}=\sum\limits_{i=1}^{n}\boldsymbol{F}_i$，作用于汇交点。于是得到如下结论。

推论 2　汇交力系存在合力定理：作用于同一刚体上的汇交力系，可以合成为一个合力，合力的作用点为汇交点，合力的力矢由该汇交力系各力矢的矢量和确定。

推论 3　合力矩定理［伐里农（Varignon P.）定理］：作用于同一刚体上的汇交力系的合力对某点（轴）的矩，等于其各分力对该点（轴）的矩的矢量和（代数和）。

请读者根据力对点（轴）的矩的定义和推论 2 自行证明合力矩定理。

例 1-4 用合力矩定理求解例 1-3。

解：将力 $\boldsymbol{F}$ 按图 1-14 所示正交分解为 $\boldsymbol{F}_x$ 和 $\boldsymbol{F}_y$，则

$$F_x = F\cos\theta$$
$$F_y = F\sin\theta$$

以逆时针方向为正来计算力矩。由合力矩定理得

$$\begin{aligned} M_O(\boldsymbol{F}) &= M_O(\boldsymbol{F}_x) + M_O(\boldsymbol{F}_y) \\ &= F\cos\theta \cdot b - F\sin\theta \cdot a \\ &= -F(a\sin\theta - b\cos\theta) \end{aligned}$$

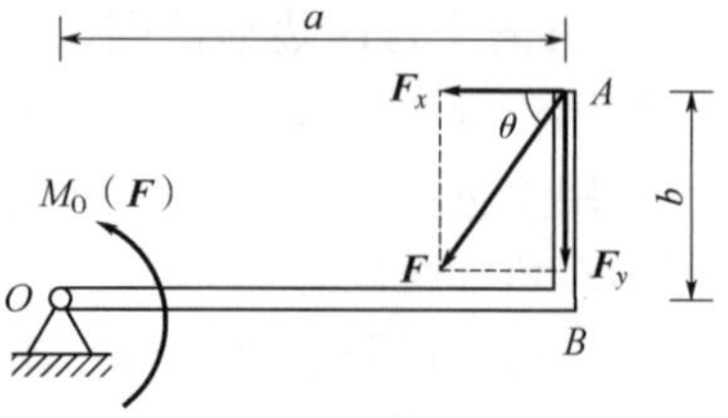

图 1-14 例 1-4 图

这里 $M_O(\boldsymbol{F})$ 是负值，表示其真实转向为顺时针方向，结果与例 1-3 相同。

比较这两种解法可以看到，当计算力对某点的矩时，若力臂的确定较麻烦，则将力合适地分解为两个分力，使得各分力的力臂易于确定，求这两个分力对该点的矩的代数和即为这个力对该点的力矩。

例 1-5 用合力矩定理计算例 1-1 中力 $\boldsymbol{F}$ 对三个直角坐标轴的矩。

解：将力 $\boldsymbol{F}$ 按图 1-15 所示正交分解为 $\boldsymbol{F}_x$、$\boldsymbol{F}_y$ 和 $\boldsymbol{F}_z$，则

$$F_x = -F\cos\alpha \cdot \sin\beta$$
$$F_y = -F\cos\alpha \cdot \cos\beta$$
$$F_z = F\sin\alpha$$

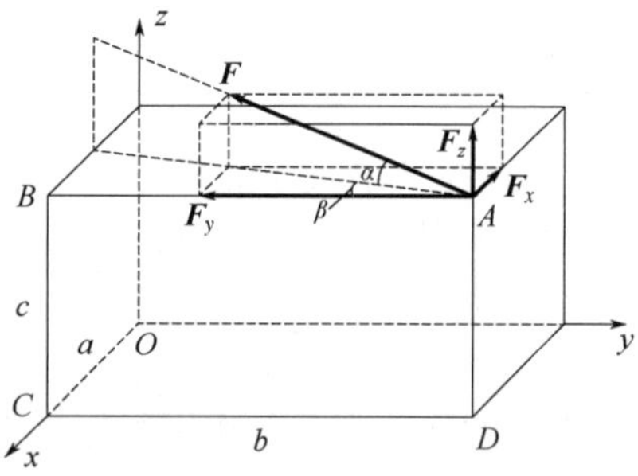

图 1-15 例 1-5 图

根据合力矩定理，力 $\boldsymbol{F}$ 对 x 轴的矩等于其三个分力 $\boldsymbol{F}_x$、$\boldsymbol{F}_y$ 和 $\boldsymbol{F}_z$ 对 x 轴的矩的代数和。注意到 $\boldsymbol{F}_x$ 与 x 轴共面，故 $M_x(\boldsymbol{F}_x)=0$；$\boldsymbol{F}_y$ 的作用线与 x 轴为异面垂直的关系，二者之间的距离为 c，$\boldsymbol{F}_y$ 对 x 轴的矩等价于在 $ABCD$ 平面中 $\boldsymbol{F}_y$ 对点 C 的矩，该矩的大小为 $|\boldsymbol{F}_y| \cdot c = F\cos\alpha \cdot \cos\beta \cdot c$，在 $ABCD$ 平面内的转向为逆时针，由右手法则可知 $\boldsymbol{F}_y$ 对点 C 的矩的矢量沿 x 轴正向，因此，$\boldsymbol{F}_y$ 对 x 轴的矩即为 $M_x(\boldsymbol{F}_y) = F\cos\alpha \cdot \cos\beta \cdot c$；$\boldsymbol{F}_z$ 的作用线与 x 轴也是异面垂直的关系，二者之间的距离为 b，其对 x 轴的矩的处理与 $\boldsymbol{F}_y$ 对 x 轴的矩方法类似。于是

$$\begin{aligned} M_x(\boldsymbol{F}) &= M_x(\boldsymbol{F}_x) + M_x(\boldsymbol{F}_y) + M_x(\boldsymbol{F}_z) \\ &= 0 + |\boldsymbol{F}_y| \cdot c + |\boldsymbol{F}_z| \cdot b \\ &= Fc\cos\alpha\cos\beta + Fb\sin\alpha \end{aligned}$$

同理

$$\begin{aligned} M_y(\boldsymbol{F}) &= M_y(\boldsymbol{F}_x) + M_y(\boldsymbol{F}_y) + M_y(\boldsymbol{F}_z) \\ &= -|\boldsymbol{F}_x| \cdot c + 0 - |\boldsymbol{F}_z| \cdot b \\ &= -Fc\cos\alpha\sin\beta - Fa\sin\alpha \end{aligned}$$

$$\begin{aligned} M_z(\boldsymbol{F}) &= M_z(\boldsymbol{F}_x) + M_z(\boldsymbol{F}_y) + M_z(\boldsymbol{F}_z) \\ &= |\boldsymbol{F}_x| \cdot b - |\boldsymbol{F}_y| \cdot a + 0 \\ &= Fb\cos\alpha\sin\beta - Fa\cos\alpha\cos\beta \end{aligned}$$

注意，$M_y(\boldsymbol{F}_x)$ 的方向是沿着 y 轴的负向，因此为负，$M_y(\boldsymbol{F}_z)$ 和 $M_z(\boldsymbol{F}_y)$ 也为同样的情形，均为负值。以上结果与例 1-1 中结果相同。

推论 4 作用于同一刚体上的两个平行力，若力系的主矢不为零，则它们一定可以合成

为一个合力，合力的力矢等于原来两个力矢的矢量和。

证明： 设 $\boldsymbol{F}_1$ 和 $\boldsymbol{F}_2$ 为两个平行力，根据力的可传性可使得它们的作用点的连线与两力垂直，如图 1-16 所示，$\boldsymbol{F}_1$ 和 $\boldsymbol{F}_2$ 与 AB 连线垂直。沿 AB 连线分别在两个力的作用点 A 和 B 增加一对平衡力 $\boldsymbol{F}_3$ 和 $\boldsymbol{F}_4$，有 $\boldsymbol{F}_3=-\boldsymbol{F}_4$。如此，得到作用点分别在点 A 和 B 的两个力系：$\boldsymbol{F}_1$ 和 $\boldsymbol{F}_3$ 以及 $\boldsymbol{F}_2$ 和 $\boldsymbol{F}_4$。根据力的平行四边形法则，它们可以分别合成为一个力，即 $\boldsymbol{F}_5=\boldsymbol{F}_1+\boldsymbol{F}_3$ 和 $\boldsymbol{F}_6=\boldsymbol{F}_2+\boldsymbol{F}_4$。此时，$\boldsymbol{F}_5$ 和 $\boldsymbol{F}_6$ 不平行，延长各自的作用线可得交点 C，并将二者滑移至该点，则 $\boldsymbol{F}_5$ 和 $\boldsymbol{F}_6$ 可合成为一个合力 $\boldsymbol{F}$，且

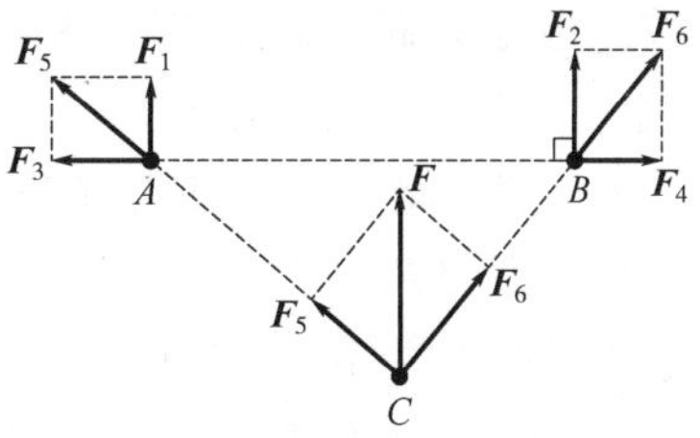

图 1-16　两个平行力的合成

$$\boldsymbol{F}=\boldsymbol{F}_5+\boldsymbol{F}_6=(\boldsymbol{F}_1+\boldsymbol{F}_3)+(\boldsymbol{F}_2+\boldsymbol{F}_4)=\boldsymbol{F}_1+\boldsymbol{F}_2 \tag{1-19}$$

证毕。

以上是两个平行力同向，其合力作用线在这两个平行力作用线之间。若两个平行力反向，且其主矢不为零，则其合力作用线在这两个平行力作用线之外，而且在这两个平行力中数值较大的那个力的一侧，证明方法相同。

对推论 4 加以推广，便可得推论 5。

推论 5　主矢不为零的平行力系（各力作用线相互平行的力系）一定可以合成为一个合力，合力的力矢等于原力系的主矢。

1.3.2　力偶的等效性质

1. 力偶等效定理

力偶等效定理：**作用于同一刚体上的两个力偶等效的充要条件是这两个力偶的力偶矩相等。**

对于该定理，首先证明两个力偶在共面的情形下成立，然后再说明不共面的力偶可以等效转化为共面力偶的情形即可。

证明： 如图 1-17 所示，平面内两个力偶 $(\boldsymbol{F}_1,\ \boldsymbol{F}_1')$ 和 $(\boldsymbol{F}_2,\ \boldsymbol{F}_2')$。$\boldsymbol{F}_1$ 和 $\boldsymbol{F}_2$、$\boldsymbol{F}_1'$ 和 $\boldsymbol{F}_2'$ 的作用线分别交于点 A 和点 B。将 $\boldsymbol{F}_2$ 和 $\boldsymbol{F}_2'$ 的作用点分别滑移至点 A 和点 B，并按照平行四边形法则分别沿 AB 和 $\boldsymbol{F}_1$ 作用线方向分解得到：$\boldsymbol{F}_2=\boldsymbol{F}+\boldsymbol{F}_3$，$\boldsymbol{F}_2'=\boldsymbol{F}'+\boldsymbol{F}_3'$。由图示几何关系易知：$(\boldsymbol{F}_3,\ \boldsymbol{F}_3')$ 为一对等值、反向和共线的力，由二力平衡公理知它们为平衡力系，而 $(\boldsymbol{F},\ \boldsymbol{F}')$ 为一对等值、反向和不共线的力，组成一个力偶。根据加减平衡力系公理可知：力偶 $(\boldsymbol{F},\ \boldsymbol{F}')$ 与原力偶 $(\boldsymbol{F}_2,\ \boldsymbol{F}_2')$ 等效。根据合力矩定理可知：

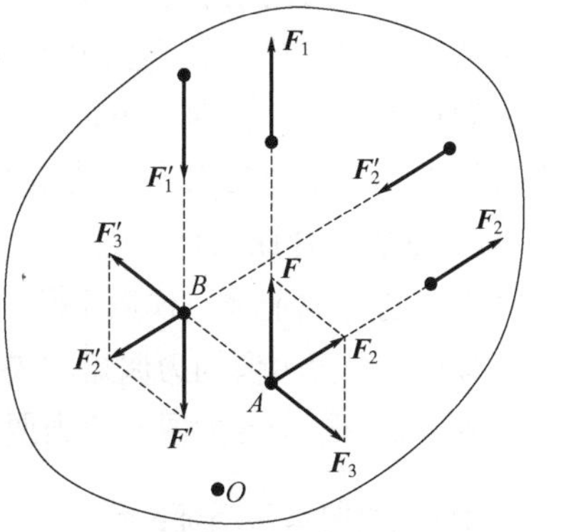

图 1-17　力偶等效变换

$$\boldsymbol{M}_B(\boldsymbol{F}_2)=\boldsymbol{M}_B(\boldsymbol{F})+\boldsymbol{M}_B(\boldsymbol{F}_3)=\boldsymbol{M}_B(\boldsymbol{F})+\boldsymbol{0}=\boldsymbol{M}_B(\boldsymbol{F}) \tag{1-20}$$

即力偶 $(\boldsymbol{F},\ \boldsymbol{F}')$ 与原力偶 $(\boldsymbol{F}_2,\ \boldsymbol{F}_2')$ 的力偶矩相等，即 $\boldsymbol{M}(\boldsymbol{F},\ \boldsymbol{F}')=\boldsymbol{M}(\boldsymbol{F}_2,\ \boldsymbol{F}_2')$。

充分性：若 $\boldsymbol{M}(\boldsymbol{F}_1,\ \boldsymbol{F}_1')=\boldsymbol{M}(\boldsymbol{F}_2,\ \boldsymbol{F}_2')$，即 $\boldsymbol{M}(\boldsymbol{F}_1,\ \boldsymbol{F}_1')=\boldsymbol{M}(\boldsymbol{F},\ \boldsymbol{F}')$，则意味着 $\boldsymbol{F}=\boldsymbol{F}_1$，

$\boldsymbol{F}'=\boldsymbol{F}_1'$，即力偶（$\boldsymbol{F}$，$\boldsymbol{F}'$）与（$\boldsymbol{F}_1$，$\boldsymbol{F}_1'$）中的力完全相同，作用线也分别重合，因此它们等效，于是力偶（$\boldsymbol{F}_1$，$\boldsymbol{F}_1'$）和（$\boldsymbol{F}_2$，$\boldsymbol{F}_2'$）等效。于是得出两个力偶的力偶矩相等则它们等效。

必要性：若力偶（$\boldsymbol{F}_1$，$\boldsymbol{F}_1'$）和（$\boldsymbol{F}_2$，$\boldsymbol{F}_2'$）等效，即力偶（$\boldsymbol{F}_1$，$\boldsymbol{F}_1'$）和（$\boldsymbol{F}$，$\boldsymbol{F}'$）等效，而力偶（$\boldsymbol{F}$，$\boldsymbol{F}'$）与（$\boldsymbol{F}_1$，$\boldsymbol{F}_1'$）中的力的作用线分别重合，则有 $\boldsymbol{F}=\boldsymbol{F}_1$，$\boldsymbol{F}'=\boldsymbol{F}_1'$。因此它们的力偶矩必然相等，即 $\boldsymbol{M}(\boldsymbol{F}_1, \boldsymbol{F}_1')=\boldsymbol{M}(\boldsymbol{F}, \boldsymbol{F}')$，进而有 $\boldsymbol{M}(\boldsymbol{F}_1, \boldsymbol{F}_1')=\boldsymbol{M}(\boldsymbol{F}_2, \boldsymbol{F}_2')$。于是得出两个力偶等效则它们的力偶矩相等。

综上两点，定理得证。

若不共面的两个力偶，它们的力偶矩相等要求它们的作用面相互平行，这时可通过根据加减平衡力系公理和主矢不为零的平行力系存在合力定理，将其中一个力偶的作用面等效转移到另一个力偶的作用面（具体过程见参考文献［1］），再用上述过程证明该定理。

根据上述证明过程，可以得出力偶的三个重要性质：

1）任意力偶可在其作用面内任意转移（即力偶中的两个力的大小和力偶臂均不变时，同时改变两个力的方向和作用点），不会改变其对刚体的作用效应。

2）在保持力偶矩不变的情况下，同时改变力偶中力的大小和力偶臂，不会改变力偶对刚体的作用效应。

3）在保持力偶矩不变的情况下，平行移动力偶的作用面，不会改变力偶对刚体的作用效应。

由该定理可知：①一个力偶不能与一个力等效，也不能与一个力相平衡；②一个力偶与一个力一样是最基本的力系；③对于刚体而言，力偶的力偶矩是个自由矢量，其力偶矩完全确定了力偶对刚体的作用效应，因此力偶或力偶矩常常不加区分地表示。

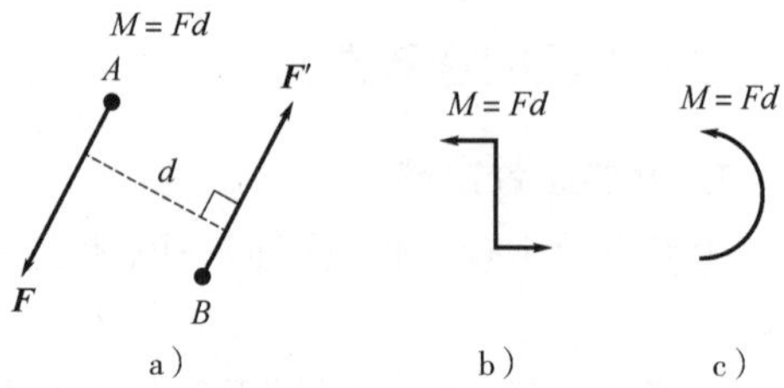

图 1-18　力偶的平面表示

对于平面力偶情形，力偶对刚体的作用效应完全取决于力偶矩的大小及其在平面内的转向。因此，如图 1-18a 所示的力偶（$\boldsymbol{F}$，$\boldsymbol{F}'$），其力偶矩为逆时针转向，可以用图 1-18b、c 所示图形表示之，并标出其力偶矩的大小，而不必标出其两个力的大小，甚至不必标出其两个力。

2. 力偶的合成定理

力偶的合成定理：**作用于同一刚体上的两个力偶总可以合成为一个合力偶，合力偶的力偶矩等于两个分力偶的力偶矩的矢量和；作用于同一刚体上的力偶系（全由力偶组成的力系）总可以合成为一个合力偶，合力偶的力偶矩等于各分力偶的力偶矩的矢量和。**

1.3.3　力的平移定理

由前述的力的可传性知，力可沿其作用线滑移作用点而不改变对刚体的作用效应。若将力的作用线平移则需要**力的平移定理**。

力的平移定理：**在两个矢量相等的平行力中，如果其中一个力增加一个力偶矩为另一个力对其作用点的矩的力偶，则它们对刚体的作用效应相同。**

证明：如图 1-19a 所示某刚体上有一作用于点 A 的力 $\boldsymbol{F}$。根据加减平衡力系公理，在 $\boldsymbol{F}$ 的作用线外任意一点 O 处加上一对平衡力（$\boldsymbol{F}_1$，$\boldsymbol{F}_2$），其中 $\boldsymbol{F}_1=\boldsymbol{F}=-\boldsymbol{F}_2$，如图 1-19b 所示，与图 1-19a 所示力系等效。此时，力系变为作用于点 O 处的一个力 $\boldsymbol{F}_1=\boldsymbol{F}$ 和一个力偶（$\boldsymbol{F}$，$\boldsymbol{F}_2$），其力偶矩 $\boldsymbol{M}=\overrightarrow{OA}\times\boldsymbol{F}$，且有 $\boldsymbol{M}\perp\boldsymbol{F}_1$，如图 1-19c 所示，与图 1-19a 所示力系等效，定理得证。

力的平移定理说明，要将作用于某刚体上的力平移至不是该力作用线上的点，则必须附加一个力偶，该附加力偶的力偶矩等于原力对于平移点的矩，才能与原力等效。

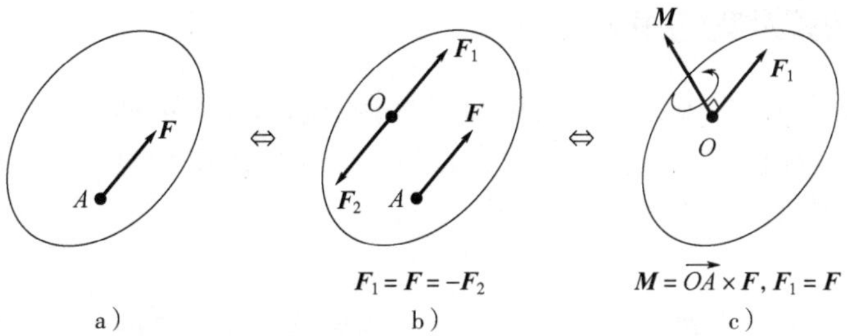

图 1-19　力的平移定理

上述证明过程是可逆的。如图 1-20a 所示，如果某刚体上作用有一个力 $\boldsymbol{F}_1$ 和一个力偶 $\boldsymbol{M}$，且 $\boldsymbol{M}\perp\boldsymbol{F}_1$，则可等效简化为一个力 $\boldsymbol{F}$。设 $\boldsymbol{F}$ 和 $\boldsymbol{F}_1$ 的作用线间距离为 $OB=d$，且有 $\overrightarrow{OB}\perp\boldsymbol{F}$，如图 1-20b 所示。图 1-20a、b 所示的力系等效，则有 $\boldsymbol{M}=\overrightarrow{OB}\times\boldsymbol{F}$，即 $M=F\cdot d$，且 $\overrightarrow{OB}\perp\boldsymbol{M}$。则 $\overrightarrow{OB}$ 可由其大小和单位矢量唯一地确定：

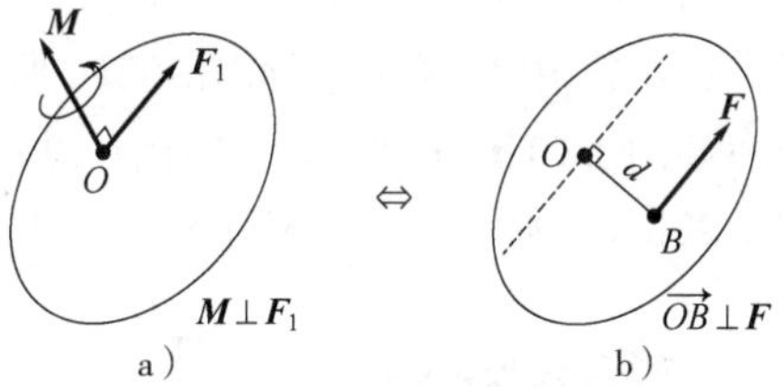

图 1-20　力的平移定理的逆定理

$$\overrightarrow{OB}=d\cdot\frac{\boldsymbol{F}_1\times\boldsymbol{M}}{F_1\cdot M}=\frac{M}{F}\cdot\frac{\boldsymbol{F}_1\times\boldsymbol{M}}{F_1\cdot M}=\frac{\boldsymbol{F}_1\times\boldsymbol{M}}{F_1^2}\tag{1-21}$$

该过程在力系简化中将有应用。

1.4　约束和约束力

1.4.1　约束和约束力的概念

刚体分为两类：一类是**自由体**，自由体在空间内运动时不存在事先给定的来自其他物体的限制，比如空中飞行的飞机、卫星等；另一类是**非自由体**，非自由体在空间内运动时受到事先给定的来自其他物体的限制，通常这些限制是为了使非自由体做某种形式的运动实现某种功能而存在的。因此无论非自由体在运动过程中受到何种主动力的作用，其他物体事先给它的限制条件都必须得到满足。比如火车在铁轨上运行时，无论何种牵引力或制动力，火车都只能限制在铁轨上以实现其运输的功能。各种机器中运动的部件也因相互间不同的接触或连接的方式不同而有不同的限制。这里火车、机器部件等都属于非自由体。对于非自由体，限制其运动的其他物体称为该非自由体的**约束**。

约束对非自由体的运动的限制是通过其作用于非自由体上的力来实现的，这种作用力称为**约束力**。显然，约束力和约束限制的运动或运动趋势的方向相反。约束力的大小则与非自由体所受到的其他作用力或运动状态有关，需要求解其平衡方程或动力学方程。约束力的作用点通常在约束与非自由体的接触处。还有另一类作用于非自由体上的力，它们的大小、方向和作用点（线）通常是已知的，而且与非自由体所受到的其他作用力以及运动状态无关，这类力称为**主动力**(又常称为**载荷**)，如物体的重力、事先可以测量的风力等。根据力学的一般规律，已知主动力，求解未知的约束力是工程力学课程的重要内容之一。

1.4.2　常见的约束及其约束力

要确定一个未知的约束力，需要根据约束对其限制物体的运动或运动趋势的性质来确定约束力的某些要素，如作用点、方向等，以便进一步全面求解约束力。下面介绍工程中常见的约束以及对应约束力的性质。

1. 柔索约束

柔软且不可伸长的约束物体称为柔索约束，如绳索、皮带、链条等。通常，这类约束物的横截面尺寸、质量与其他物体的尺寸、所承受的作用力相比可忽略不计。这类约束只能限制被约束物体沿柔索张紧的方向的运动，因此其约束力沿其中心线，背离被约束物体，称为**张力**，用符号 $\boldsymbol{F}_T$ 表示。如图 1-21a 所示的球通过绳索悬挂于顶棚，球在不同位置受到绳索的力如图 1-21b、c 所示。如图 1-22a 所示两皮带轮通过皮带传动，两个皮带轮的受力如图 1-22b、c 所示（注意其中作用力与反作用力的关系）。

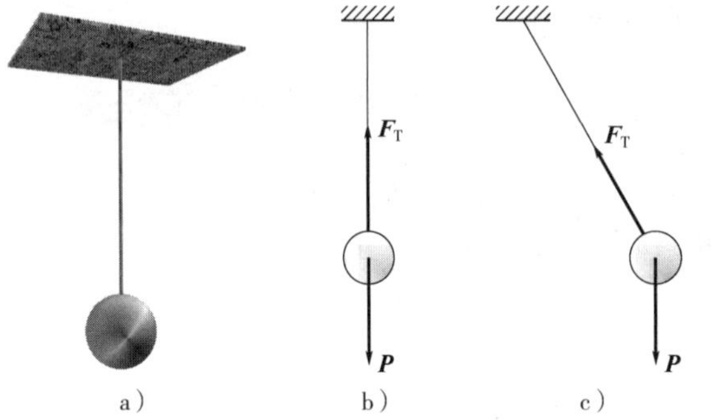

图 1-21　柔索约束-绳索

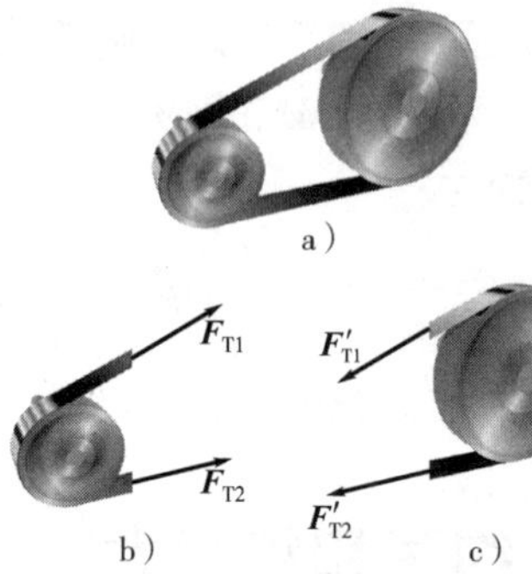

图 1-22　柔索约束-皮带

2. 光滑面约束

当两个物体的接触表面可视为忽略了摩擦阻力的光滑面时，其中一个物体对另一个物体的约束称为光滑面约束。光滑面约束可以为平面也可以为曲面。这类约束只能限制被约束物体沿接触处的公法线进入约束物体的相对运动，因此其约束力沿接触处的公法线并指向被约束物体，称为**法向约束力**，用符号 $\boldsymbol{F}_N$ 表示。

当接触处为平面或直线时，如图 1-23a、b 所示，其受力如图 1-23c、d 所示，约束力为同向平行力系，存在合力，常用该平行力系的合力表示。

当接触处为一尖点与一表面形式时，如图 1-23e 所示可将尖点视为极小的圆弧，则约束力的方向仍沿接触处的公法线并指向被约束的物体。

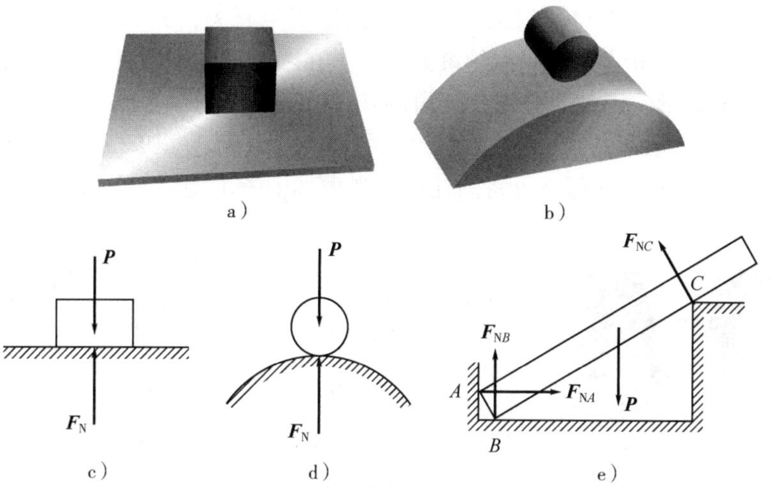

图 1-23　光滑面约束

3. 光滑铰链约束

光滑铰链约束是一种特殊的光滑面约束，其约束力符合光滑面约束的特征，同时有其自身的特点，包括光滑球铰链约束和光滑圆柱铰链约束，它们有着广泛的工程应用。

(1) 光滑球铰链约束

将圆球置于较其略大的球窝中而形成的约束为光滑球铰链约束，如图 1-24a、b 所示。其中圆球与球窝之间形成两个光滑球面间的点接触，则其约束力过接触点与圆球球心。光滑球铰链只限制圆球与球窝间的相对移动，而不限制相互间的绕球心的相对转动。其约束力与被约束物所受其他作用力有关，且一般情况下，两个光滑球面间的接触点未知，因此约束力的大小和方向不能事先确定。这说明光滑球铰链对应的约束力是一个过球心的空间力，其大小含有一个未知量，其方向含有两个未知量。因此，一般将光滑球铰链的约束力画在球心上，并用三个方位已知而代数值未知的正交分力 $\boldsymbol{F}_x$、$\boldsymbol{F}_y$ 和 $\boldsymbol{F}_z$ 表示，如图 1-24c 所示。

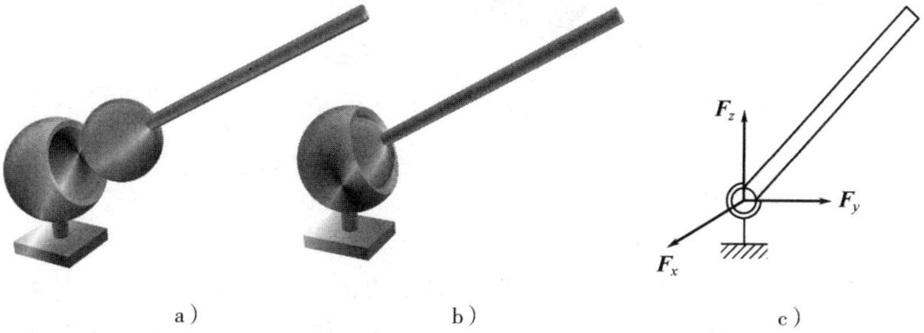

图 1-24　光滑球铰链约束

(2) 光滑圆柱铰链约束

将光滑圆柱销钉置于两个物体上稍大的光滑圆孔中而形成的约束为光滑圆柱铰链约束，如图 1-25a、b 所示，图 1-25c 为其简图。其只限制销钉与圆孔之间沿销钉轴向和径向的相对移动，而不限制二者相互间绕销钉的轴线的相对转动。其中销钉与圆孔之间的接触为沿着某条圆柱面的母线的线接触，其约束力系则为沿着该母线、指向销钉的轴线的平行分布力系，一般用其合力表示。该合力与被约束物所受其他作用力有关，其大小和方向均不能事先确定。这说明光滑圆柱铰链约束对应的约束力是一个在销钉对称横截面内的平面力，其大小和方向各含有一个未知量。因此，一般将光滑圆柱铰链的约束力画在销钉的中心上，并用在过销钉中心的对称横截面内的两个方位已知而代数值未知的正交分力 $\boldsymbol{F}_x$、$\boldsymbol{F}_y$ 表示，如图 1-25d、e 所示。为便于处理，可将圆柱销钉视为其中一个物体的一部分。

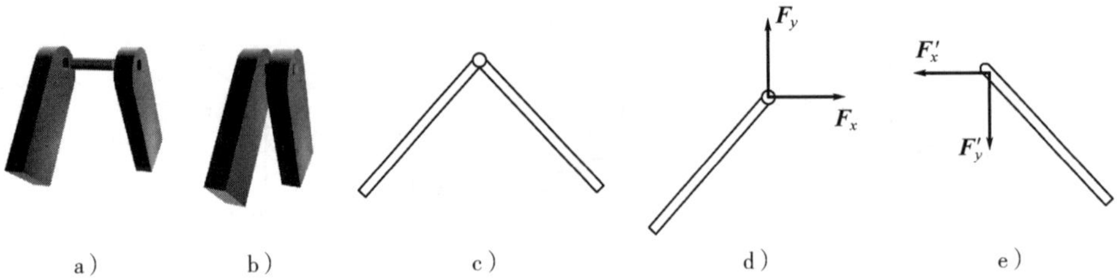

图 1-25　光滑圆柱铰链约束

（3）光滑固定铰支座约束

若将光滑圆柱铰链约束中一个物体固定在静止的支承物上，便形成了光滑固定铰支座约束，如图 1-26a、b 所示，图 1-26c 为其简图，其约束力一般以上述同样的方法画出，如图 1-26d 所示。

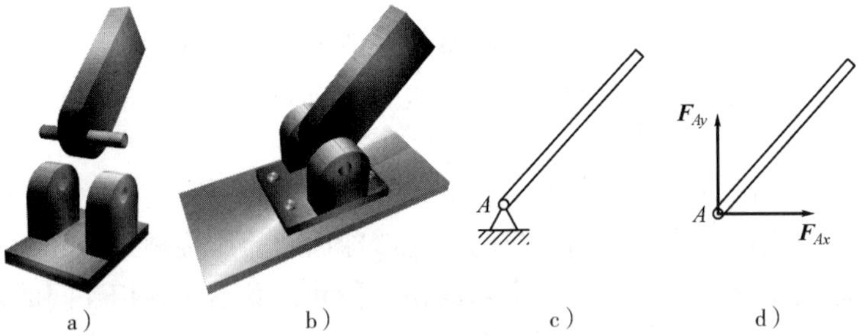

图 1-26　光滑固定铰支座约束

（4）光滑活动铰支座约束

若将光滑固定铰支座不固定，而是放在一排置于支承面上的滚子上，便形成了光滑活动铰支座，如图 1-27a 所示，图 1-27b、c 为其简图。光滑活动铰支座只限制与其接触的销钉沿着支承面的法向进入的运动，而不限制其沿着支承面的切向的平行方向的移动。其中支座所受到作用有两个：其一是销钉所施加的作用力，通过销钉的中心；其二是支承面所施加的垂直于支承面且指向支座的平行分布力系，存在合力。通常忽略支座的重力，支座处于上述二力共同作用而保持平衡的状态。由此可知，光滑活动铰支座的约束力必经过圆柱销钉的中心，与支承面垂直，指向被约束物体，如图 1-27d 所示。

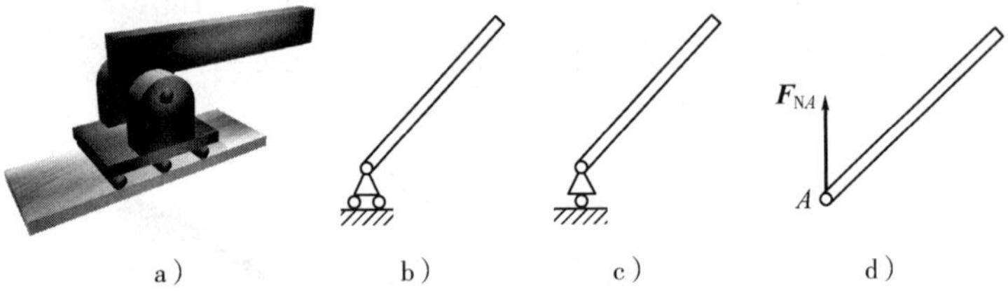

图 1-27　光滑活动铰支座约束

4. 链杆约束

两端用光滑铰链分别与物体和与地面固连的物体相连，中间不受力（包括不受重力）的刚性杆件称为链杆，如图 1-28a、b 所示。链杆约束只限制被约束物体与链杆的连接物（或为球铰链中的球，或为圆柱铰链中的销钉）沿链杆两点铰链中心的连线上的趋向或背离链杆的运动。链杆只在两端受力而保持平衡，因此是二力杆，既能受压又能受拉。通常按假定链杆受压的情形来画出其约束力，如图1-28c、d所示，其真实指向则通过求解平衡方程或动力学方程得出其代数值后确定。

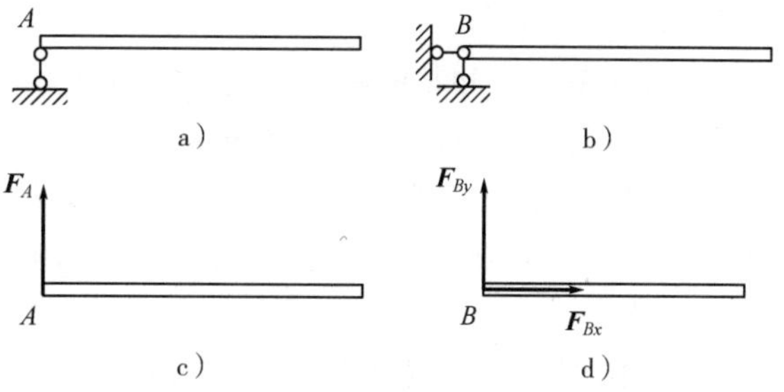

图1-28　链杆约束

5. 固定端约束

物体的一端受到另一个物体的固结作用，不允许二者之间在约束处发生任何的移动和转动的约束为固定端约束，如图1-29a、b所示。如埋入土中的电线杆、焊接在一起的杆件等。限制移动以力的形式实现，而限制转动则以力偶的形式实现。即固定端处存在一个力和一个力偶的作用，如图1-29c所示，且它们的大小和方向均未知，通常将它们正交分解表示，空间情形如图1-29d所示，平面情形如图1-29e所示。

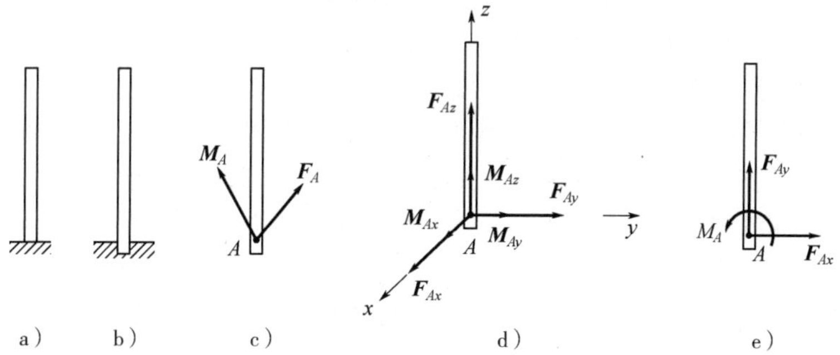

图1-29　固定端约束

1.5　刚体的受力分析和受力图

在工程实际中，通常多个物体以各种形式的约束连接在一起而形成承受载荷的系统。常常需要选择某个或某些相连物体为研究对象，根据静力学平衡条件或动力学运动规律，由已知力求解得到所需求解的力。为完成这一任务，首先需要分析研究对象受到哪些作用力，即分析研究对象所受到的全部主动力或主动力偶（统称为主动力）和所有等效约束力或约束力偶（统称为约束力），该过程称为物体或物体系统的**受力分析**。然后将研究对象所受到的全部作用力用适当的矢量符号画到其简图上，得到物体或物体系统的**受力图**。正确的受力分析是解决所有与力有关问题的关键步骤，可应用于静力学问题，同时也可应用于动力学问题。

物体或物体系统的受力分析一般按如下步骤进行：

1）明确研究对象，画出其简图。实际问题中常存在多个物体相互连接在一起的情形，必须根据求解目标，明确哪一个或哪一部分作为研究对象，将其从周围的约束中分离出来，得到解除约束的研究对象，称为**分离体**，并单独画出其简图。

2）分析分离体所受到的主动力。若分离体受到主动力作用，则在分离体简图上如实画出全部的主动力。

3）分析分离体和其他物体连接处的约束力。按各连接处的约束类型，相应地在分离体简图上画出与各约束对应的全部约束力。

按上述步骤按部就班地即可对物体进行受力分析并将之以受力图的形式呈现出来。受力分析要求不要漏掉或多画作用力，也不要将约束力的方向画错，每个作用力要有依据，有明确的施力体。

在对物体进行受力分析和画受力图时，必须注意以下几点：

1）在画受力图时，必须先取分离体并单独画出其简图。取分离体是为了暴露物体间相互作用。将施力体和受力体分离，才能将它们之间的机械作用以相应的作用力代替。切忌将不同研究对象的受力图全部画在整个系统的简图上，这样难以分辨受力体和施力体，求解时易造成混乱。

2）只画分离体受到其他物体的作用力，即只画外力，不画分离体内各物体间或各物体内部组成部分间的相互作用力，即不画内力。应当注意，内力和外力是相对于当前所取的分离体而言的，一个力在某个分离体中是内力，在该分离体内部进一步取分离体时则可能是外力。

3）若各分离体之间存在作用力与反作用力，则必须体现牛顿第三定律，即作用力与反作用力要等值、反向、共线，分别作用于两个分离体的连接处。

4）以同一个光滑圆柱铰链相连的多个物体通过销钉发生相互作用，通常将铰链处的销钉附带于某个或某几个与之相连的物体上，便于简化受力分析。若此处有主动力作用，一般认为主动力作用于销钉上，并随之附带于相应的研究对象上。

5）正确判断出二力构件，并将其所受的二力按二力平衡的要求画出。

6）一般不要随意移动力的作用点，保持处理刚体和变形体的受力方法统一，同时便于检查受力图是否正确。

7）若约束力的方向可以确定，则按其真实方向画出。若约束力的方向无法确定，但其作用线能够确定，则在其作用线的方位上假设一个方向画出；若也无法确定其作用线，则将其用正交分力画出，正交分力的方向可任意假设；此时，力或正交分力的真实方向通过求解平衡方程或动力学方程后确定，即正值表示真实方向与假设方向一致，负值表示真实方向与假设方向相反。

8）若同一处约束出现在多个分离体中，则该处的约束力在各个分离体中应该保持相同。

下面通过几个例子说明受力分析和画受力图的过程。

例 1-6　试对如图 1-30a 所示重力为 G 的静止圆球 O 进行受力分析，已知球与斜面为光滑接触。

解： 1）单独画出球的轮廓图，如图 1-30b 所示。

2）画出主动力，即重力 $\boldsymbol{G}$。

3）画出约束力。B 处为光滑面约束，球受到沿着公法线的法向约束力 $\boldsymbol{F}_{NB}$，指向球心点 O；C 处为柔索约束，球受到沿着柔索方向、背离球的张力 $\boldsymbol{F}_{TC}$。由三力平衡汇交定理知张力 $\boldsymbol{F}_{TC}$的作用线也必须过球心 O，否则不可能平衡。

例 1-7　如图 1-31a 所示平面结构，若不计各物体的自重和接触处的摩擦，试分析各物体和整体的受力。

解： 1）取左边拱 AC 部分为研究对象，并且 A、C 两处均不带销钉，单独画出其分离体图，如图 1-31b 所示。拱 AC 在 A、C 两处各受到一个力作用而保持平衡，即为二力体，由二力平衡公理可知 $\boldsymbol{F}_A$、$\boldsymbol{F}_C$ 等值、反向、共线，按此关系画出 $\boldsymbol{F}_A$、$\boldsymbol{F}_C$。

2）取右边拱 BC 部分为研究对象，并且带上 C 处销钉，单独画出其分离体图，如图 1-31c 所示。画出主动力 $\boldsymbol{F}$；C 处销钉受到 $\boldsymbol{F}_C$ 的反作用力 $\boldsymbol{F}_C'$，按此关系画出 $\boldsymbol{F}_C'$；B 处受到固定铰支座 B 的作用力 $\boldsymbol{F}_B$，拱 BC 受三个力作用，由三力平衡汇交定理知 $\boldsymbol{F}_B$ 必过力 $\boldsymbol{F}$ 和 $\boldsymbol{F}_C'$的作用线的交点 D，按此关系画出 $\boldsymbol{F}_B$。

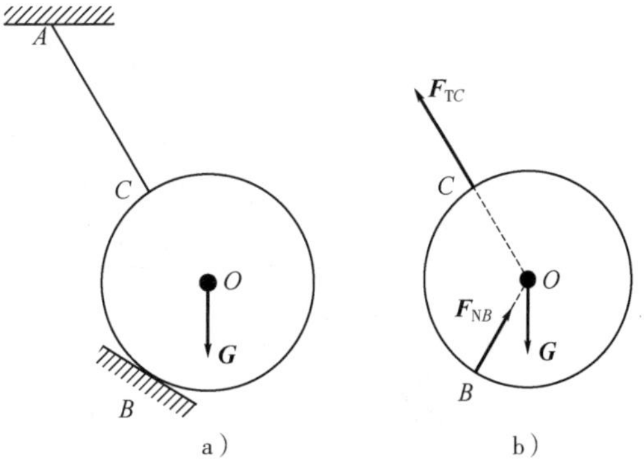

图 1-30　例 1-6 图

3）取整体为研究对象，单独画出其分离体图，如图 1-31d 所示。画出主动力 $\boldsymbol{F}$；A、B 两处的约束力均应在整体和部分研究对象中保持相同，因此将前述分析得到 A、B 两处的约束力 $\boldsymbol{F}_A$ 和 $\boldsymbol{F}_B$ 照样画出即可。对于整体而言，根据刚化原理可简化成一个刚体，同样为受三个力而保持平衡，满足三力平衡汇交定理。此时，C 处的作用力为内力，不需要画出。

注意：此题中的 A、B 两处为固定铰支座，未采取正交分解的处理办法，而是合理分析物体受力特点，判断其方向，显得更为简洁。若无法通过受力特征判断固定铰支座的约束力的方向，则需正交分解处理。

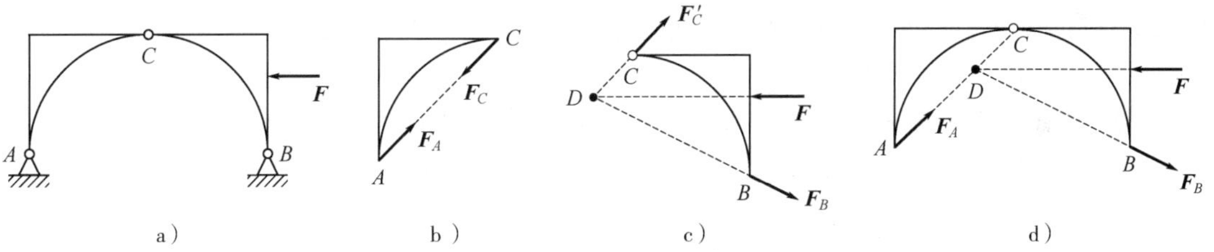

图 1-31　例 1-7 图

例 1-8　在如图 1-32a 所示平面结构中，杆 AB 上有一滑槽，杆 CD 中部有一固定于其上的销钉 G，销钉可在滑槽中滑动，A、C 为铰链，HB 为链杆，E 端为固定端，杆 CD 上受到主动力偶 M 的作用。若不计自重和摩擦，试对各刚体进行受力分析。

解：1）取杆 CD 为研究对象，并带上 C、G 两处的销钉，单独画出其分离体图，如图 1-32b 所示。画出主动力偶 M。销钉 G 与杆 AB 的滑槽间为光滑面约束，该处作用力 $\boldsymbol{F}_G$ 垂直于滑槽。考虑到主动力偶 M 为顺时针转向，由力偶与力偶平衡，知 $\boldsymbol{F}_G$ 与 C 处作用力 $\boldsymbol{F}_C$ 应组成力偶矩为逆时针转向的约束力偶。按此关系画出 $\boldsymbol{F}_G$ 和 $\boldsymbol{F}_C$。

2）取杆 AB 为研究对象，带上 A 处销钉，单独画出其分离体图，如图 1-32c 所示。G 处受到 $\boldsymbol{F}_G$ 的反作用力，按此关系画出 $\boldsymbol{F}_G'$；B 处受到链杆 BH 的作用，由已知的 $\boldsymbol{F}_G'$的方向可判断链杆 BH 受拉，即 $\boldsymbol{F}_B$ 沿链杆方向向上。由三力平衡汇交定理知光滑圆柱铰链 A 处的作用力 $\boldsymbol{F}_A$ 过 $\boldsymbol{F}_B$ 和 $\boldsymbol{F}_G'$的作用线的交点，按此关系画出 $\boldsymbol{F}_A$。

3）取杆 CE 为研究对象，不带 A、C 处销钉，单独画出其分离体图，如图 1-32d 所示。根据作用力与反作用力的关系，画出 A、C 两处的约束力 $\boldsymbol{F}_A'$和 $\boldsymbol{F}_C'$。E 处为固定端约束，有两个正交分解的力和一个约束力偶，按此关系画出 $\boldsymbol{F}_{Ex}$、$\boldsymbol{F}_{Ey}$和 M_E。

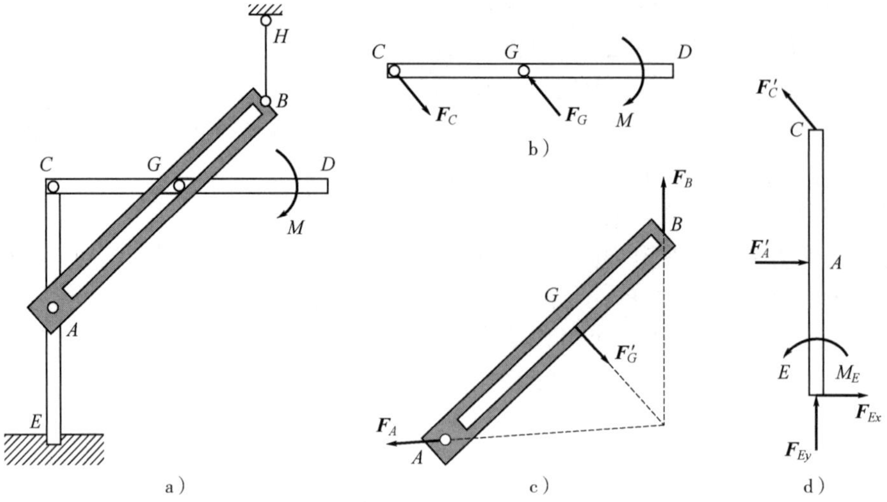

图 1-32　例 1-8 图

习　　题

1-1　如图 1-33 所示，在半径为 r 的球表面点 A 上作用一个力 $\boldsymbol{F}$，方向如图所示，设 $Oxyz$ 为直角坐标系，点 B、C 位于 Oxy 平面内，点 A、B 位于同一个大圆上。已知：$OC=\sqrt{3}r/3$，$\varphi=60°$，$\theta=60°$，试求：①力 $\boldsymbol{F}$ 在 x、y、z 轴上的投影；②力 $\boldsymbol{F}$ 对 x、y、z 轴的矩。

1-2　在图 1-34 所示直四面体 $OABC$ 上作用一个力 $\boldsymbol{F}$，$Oxyz$ 为直角坐标系，已知：$OA=3a$，$OB=4a$，$OC=5a$，D 为 AB 边的中点，试求该力在 x、y、z 轴上的投影和对 x、y、z 轴的矩。

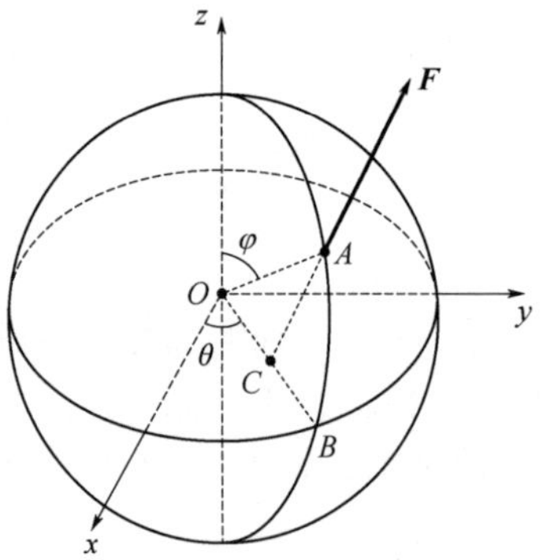

图 1-33　习题 1-1 图

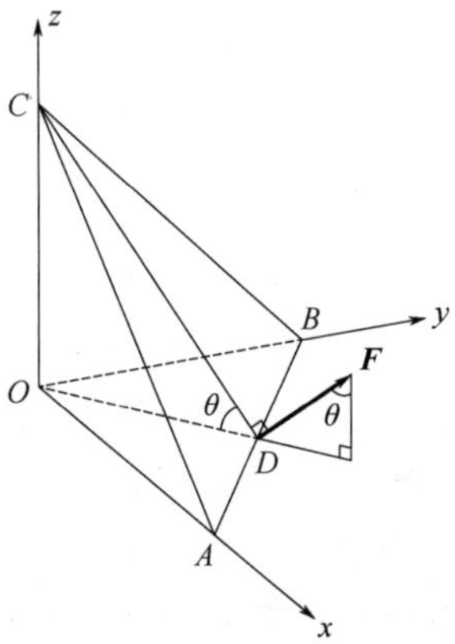

图 1-34　习题 1-2 图

1-3　图 1-35 所示长方体由两个边长为 a 的正方体组成，$Oxyz$ 为直角坐标系，在 A、B 两点上作用如图所示两个力 $\boldsymbol{F}_1$、$\boldsymbol{F}_2$，它们的大小均为 F，方向相反，试求该力偶的力偶矩。

1-4　在图 1-36 所示长方体上作用力 $\boldsymbol{F}_1$ 和 $\boldsymbol{F}_2$，且 $F_1=13F$，$F_2=5F$，试用合力矩定理分别求这两个力对 x、y、z 轴的矩。

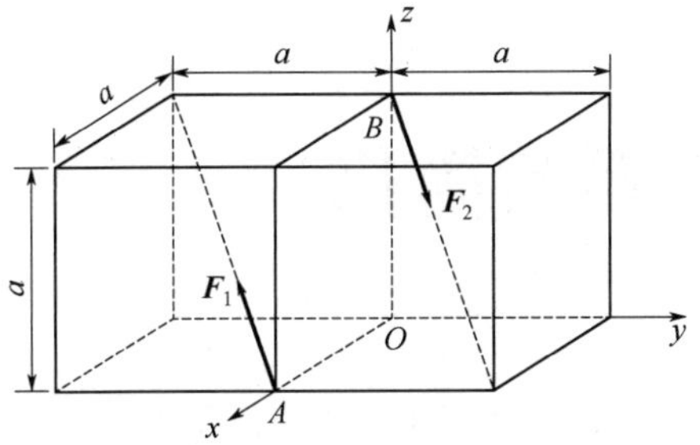

图 1-35　习题 1-3 图

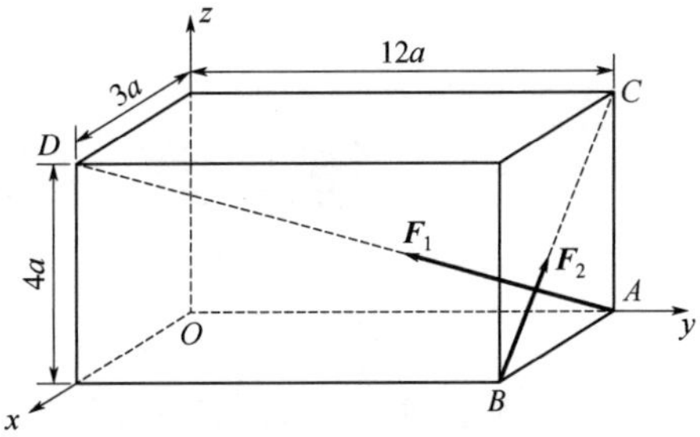

图 1-36　习题 1-4 图

1-5　图 1-37 中，各刚体自重不计，各接触处光滑，并处于同一铅垂平面内，试画出各刚体的受力图。

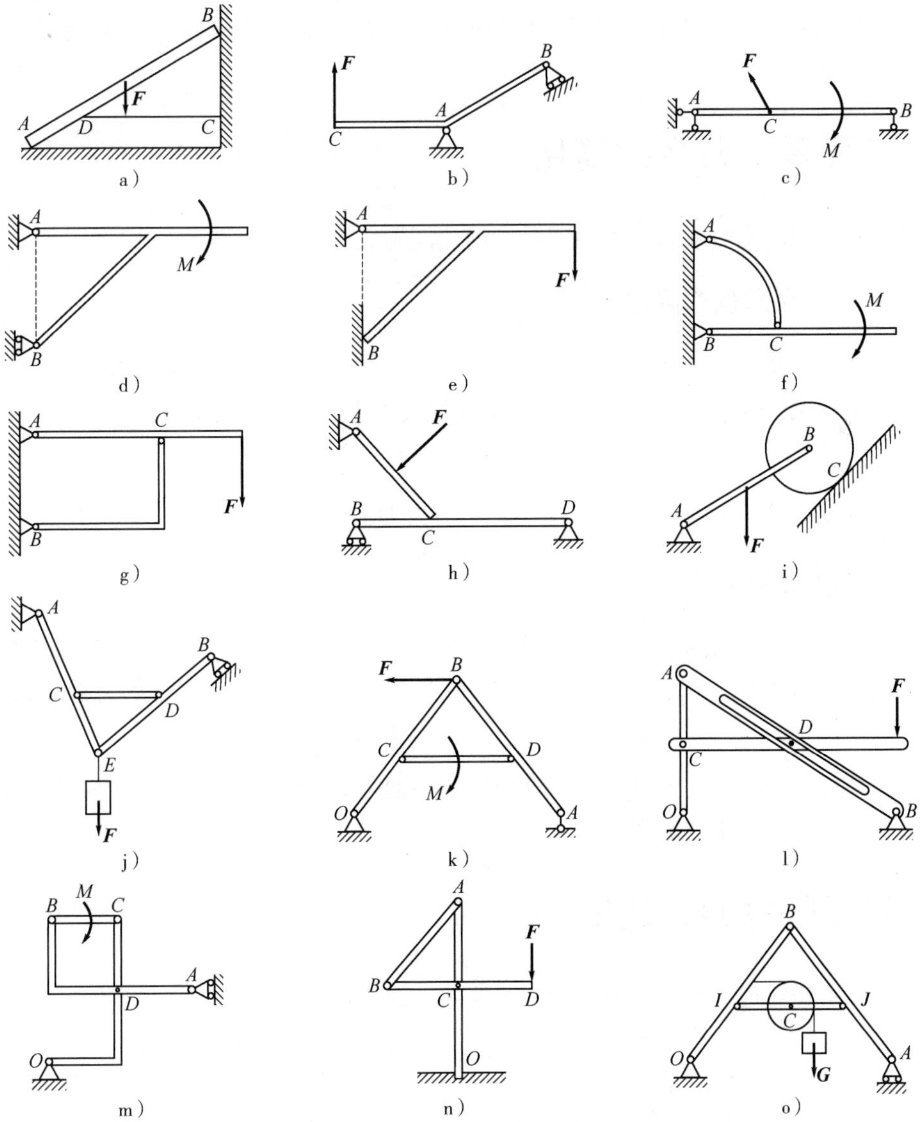

图 1-37　习题 1-5 图

第 2 章　平面力系的简化

作用于刚体上的力系按照其作用线的分布特征可分为不同类型的力系：空间力系为各力作用线在三维空间内分布的力系，平面力系为各力作用线在同一平面内分布的力系，汇交力系为各力作用线都汇交于同一点的力系，平行力系为各力作用线相互平行的力系，力偶系为全由力偶组成的力系。汇交力系和力偶系称为基本力系，无论何种力系均可以等效于一个汇交力系和一个力偶系的总和。平面力系是较为常见的力系。平面汇交力系和平面力偶系则是平面力系中的基本力系。本章首先介绍平面基本力系的简化，然后介绍平面任意力系的简化。

2.1　平面基本力系的简化

本节研究平面汇交力系和平面力偶系的简化问题。

2.1.1　平面汇交力系的简化

平面汇交力系是汇交力系的一种特殊情况，而汇交力系总是存在合力。若力系（$\boldsymbol{F}_1$，$\boldsymbol{F}_2$，…，$\boldsymbol{F}_n$）为各力的作用线交于点 O 的平面汇交力系，则其合力 $\boldsymbol{F}$ 的力矢为

$$\boldsymbol{F} = \boldsymbol{F}_1 + \boldsymbol{F}_2 + \cdots + \boldsymbol{F}_n = \sum \boldsymbol{F}_i \tag{2-1}$$

其作用线仍过原力系的汇交点，显然合力 $\boldsymbol{F}$ 的力矢即为原力系的主矢 $\boldsymbol{F}_{\mathrm{R}} = \sum \boldsymbol{F}_i$。

2.1.2　平面力偶系的简化

平面力偶系是力偶系的一种特殊情况。根据力偶合成性质，平面力偶系必然可以合成为一个合力偶。若力偶系（M_1，M_2，…，M_n）为平面力偶系，则其合力偶的力偶矩为

$$M = M_1 + M_2 + \cdots + M_n = \sum M_i \tag{2-2}$$

即平面力偶系可以等效于一个合力偶，合力偶的力偶矩为原平面力偶系各力偶的力偶矩的代数和。这里用到了力偶矩的平面表示。

2.2　平面任意力系的简化

利用力的平移定理，可将平面任意力系等效地简化为一个平面汇交力系和一个平面力偶系，进而讨论其最简的简化结果。

当力的平移定理应用于平面力系时，将某一力平移至该平面内任一点，需附加一个力偶矩为原力对该点的矩的力偶，该力偶矩的矢量方向垂直于该平面，或由右手法则，采用平面表示，即用有向弧线段表示，如图 2-1 所示。

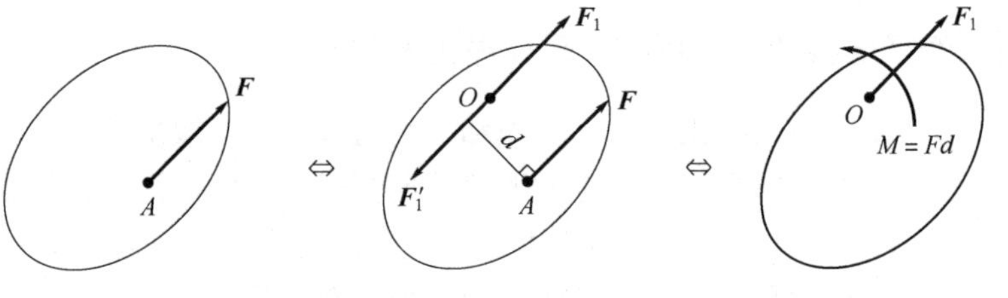

图 2-1　力的平移定理的平面表示

2.2.1　平面任意力系向一点的简化

设平面力系（$\boldsymbol{F}_1$，$\boldsymbol{F}_2$，…，$\boldsymbol{F}_n$）的各力的作用点分别为（A_1，A_2，…，A_n）点，如图 2-2a 所示。为简化该力系，先在力系所在平面内选择任意一点 O（称为简化中心），根据力的平移定理，将各力平移至点 O，并附加上 n 个力偶矩分别为 $M_i = M_O(\boldsymbol{F}_i)$ 的力偶。如此，原平面力系等效成为一个作用于点 O 的平面汇交力系（$\boldsymbol{F}_1'$，$\boldsymbol{F}_2'$，…，$\boldsymbol{F}_n'$）和同一平面内的力偶系（M_1，M_2，…，M_n），如图 2-2b 所示。进一步地，上述汇交力系和力偶系可分别简化为一个力和一个力偶，如图 2-2c 所示。于是得到**平面任意力系总可简化为一个力和一个力偶，其中力的作用线过简化中心，其力矢决定于原力系的主矢；其中力偶的力偶矩决定于原力系对简化中心的主矩**。即有

$$\begin{cases} \boldsymbol{F}_O = \boldsymbol{F}_R = \sum \boldsymbol{F}_i \\ M = M_O = \sum M_O(\boldsymbol{F}_i) \end{cases} \tag{2-3}$$

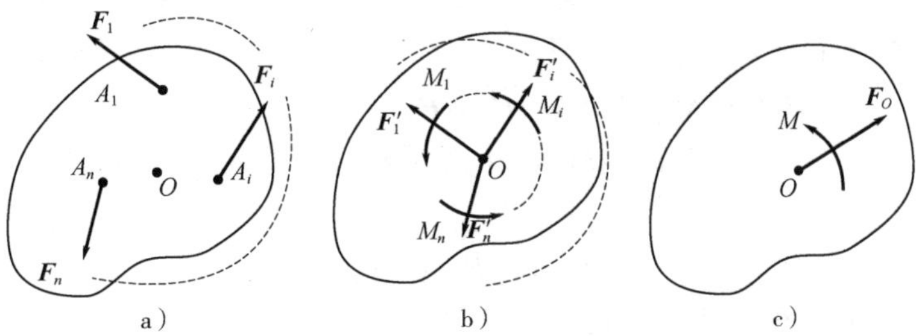

图 2-2　平面任意力系的一般简化结果

2.2.2　固定端约束力系的等效力系

物体的一端受到另一个物体的固结作用，不允许二者之间在约束处发生任何的移动和转动的约束为固定端约束。这里将力系简化的结果应用于固定端约束来解释其约束力系的等效处理。

固定端约束的约束力一般来说是一个分布于接触面的复杂力系。该力系可以是空间力系，也可以为平面力系，取决于主动力力系是空间力系还是平面力系。若为平面力系情形，由上述平面任意力系向一点简化的结论，可将固定端的约束力系向端点简化得到一个力和一个力偶，而其中的力事先无法确定大小和方向，常常将其正交分解为 $\boldsymbol{F}_{Ax}$ 和 $\boldsymbol{F}_{Ay}$，其中的力偶用平面表示办法标为 M_A，如图 2-3 所示。

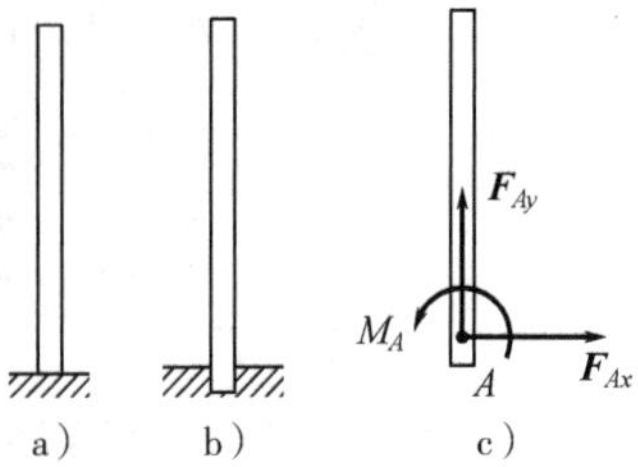

图 2-3　平面情况下的固定端约束

2.2.3 平面任意力系简化的最简形式及合力矩定理

一个平面任意力系向一点简化得到一个力和一个力偶，完全取决于原力系的主矢和对简化中心的主矩。因此可以根据主矢和主矩的取值情况探讨力系的最简简化结果。

1）若主矢 $\boldsymbol{F}_{\mathrm{R}}=\mathbf{0}$，主矩 $M_O=0$，则原力系简化后的力和力偶均不存在。此时力系的最简简化结果为零力系，称为平衡力系，说明原力系为平衡力系。

2）若主矢 $\boldsymbol{F}_{\mathrm{R}}=\mathbf{0}$，主矩 $M_O\neq0$，则原力系简化后只有一个力偶。此时力系的最简简化结果即为一个力偶，称原力系等价为一个合力偶，其力偶矩决定于原力系的对简化中心的主矩，说明原力系为非平衡力系。

3）若主矢 $\boldsymbol{F}_{\mathrm{R}}\neq\mathbf{0}$，主矩 $M_O=0$，则原力系简化后只有一个力。此时力系的最简简化结果为一个合力，合力作用线过简化中心，其力矢取决于原力系的主矢，说明原力系为非平衡力系。

4）若主矢 $\boldsymbol{F}_{\mathrm{R}}\neq\mathbf{0}$，主矩 $M_O\neq0$，则原力系简化后的一个力和一个力偶均存在。此时得到的这个力 $\boldsymbol{F}_O$ 和这个力偶的力偶矩 $\boldsymbol{M}_O=M_O\boldsymbol{k}$ 为垂直关系（$\boldsymbol{k}$ 为垂直于原力系所在平面的单位矢量，以垂直于纸面向外为其正方向），由力的平移定理的逆定理知，它们可进一步简化成一个力 $\boldsymbol{F}_A$。此时力系的最简简化结果为一个合力，过简化中心外另一点，其力矢决定于原力系的主矢，说明原力系为非平衡力系。如图 2-4 所示建立 Oxy 坐标系，设力系的合力 $\boldsymbol{F}_A$ 的作用线过点 A，其坐标为（x，y），并记主矢为 $\boldsymbol{F}_{\mathrm{R}}=F_{\mathrm{R}x}\boldsymbol{i}+F_{\mathrm{R}y}\boldsymbol{j}$，则应有

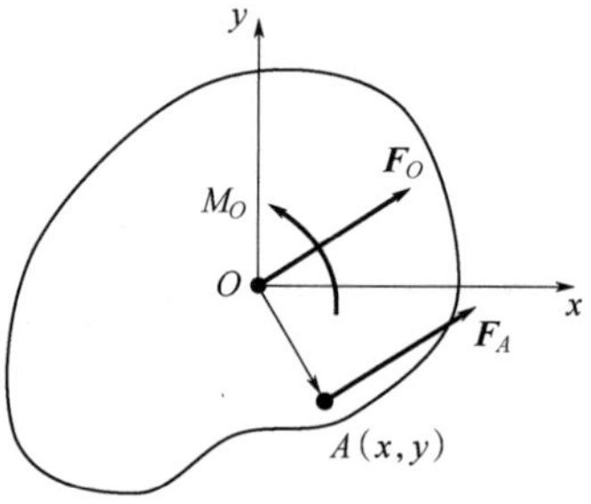

图 2-4 主矢和主矩均不为零的平面力系的进一步简化

$$
\begin{aligned}
M_O\boldsymbol{k} &= \boldsymbol{M}_O(\boldsymbol{F}_A) = \overrightarrow{OA}\times\boldsymbol{F}_{\mathrm{A}} \\
&= (x\boldsymbol{i}+y\boldsymbol{j})\times(F_{\mathrm{R}x}\boldsymbol{i}+F_{\mathrm{R}y}\boldsymbol{j}) = (xF_{\mathrm{R}y}-yF_{\mathrm{R}x})\boldsymbol{k}
\end{aligned} \tag{2-4}
$$

即有

$$
M_O = xF_{\mathrm{R}y}-yF_{\mathrm{R}x} \tag{2-5}
$$

由此方程可确定合力 $\boldsymbol{F}_A$ 的作用线位置。

根据力系简化的结论，可得出更具普遍性的**合力矩定理：平面任意力系如果存在合力，则其合力对其所在平面内任一点的矩等于原力系中各力对同一点的矩的代数和。**

证明：如图 2-5 所示平面力系（$\boldsymbol{F}_1$，$\boldsymbol{F}_2$，…，$\boldsymbol{F}_n$），假设其存在合力 $\boldsymbol{F}_A$，有 $\boldsymbol{F}_A=\boldsymbol{F}_{\mathrm{R}}=\sum\boldsymbol{F}_i$。原力系对点 A 的主矩应为零，即 $\boldsymbol{M}_A=\sum\boldsymbol{r}_{Ai}\times\boldsymbol{F}_i=0$。有

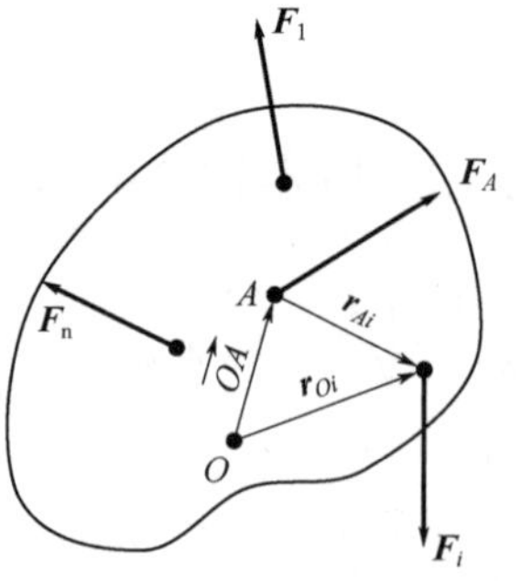

图 2-5 合力矩定理

$$
\begin{aligned}
\sum\boldsymbol{M}_O(\boldsymbol{F}_i) &= \sum\boldsymbol{r}_{Oi}\times\boldsymbol{F}_i = \sum(\overrightarrow{OA}+\boldsymbol{r}_{Ai})\times\boldsymbol{F}_i \\
&= \overrightarrow{OA}\times\sum\boldsymbol{F}_i+\sum\boldsymbol{r}_{Ai}\times\boldsymbol{F}_i = \overrightarrow{OA}\times\boldsymbol{F}_A+\boldsymbol{M}_A \\
&= \boldsymbol{M}_O(\boldsymbol{F}_A)
\end{aligned} \tag{2-6}
$$

即原力系中各力对点 O 的矩的矢量和 $\sum\boldsymbol{M}_O(\boldsymbol{F}_i)$ 等于合力 $\boldsymbol{F}_A$ 对同一点 O 的矩 $\boldsymbol{M}_O(\boldsymbol{F}_A)$。由于点 O 与力系中各力的作用线在同一平面内，因此力系中各力及合力对点 O 的矩可用平

面内的代数值表示。证毕。

上述证明过程对于空间力系也同样成立，即合力矩定理同样适应于空间力系。**任意力系如果存在合力，则其合力对任一点（轴）的矩等于原力系中各力对同一点（轴）的矩的矢量和（代数和）。**

2.3　平面力系简化的分析计算

在进行力系的简化分析时，首先计算力系的主矢和对某点的主矩，当力系中包含力偶时，由于力偶本身的主矢为零，并对任一点的矩均为其力偶矩，因此，在计算力系的主矢时不需要考虑力偶，而在计算力系对某点的主矩时则要考虑力偶矩。然后根据主矢和主矩的取值情况进一步讨论最简的简化结果。下面举例说明平面力系简化的分析计算过程。

例2-1　如图2-6所示，在边长为 a 的正三角形 OAB 的顶点，沿各边作用着力 $\boldsymbol{F}_1$、$\boldsymbol{F}_2$、$\boldsymbol{F}_3$，且 $F_1=F_3=F$，$F_2=2F$，试求该力系的最简简化结果。

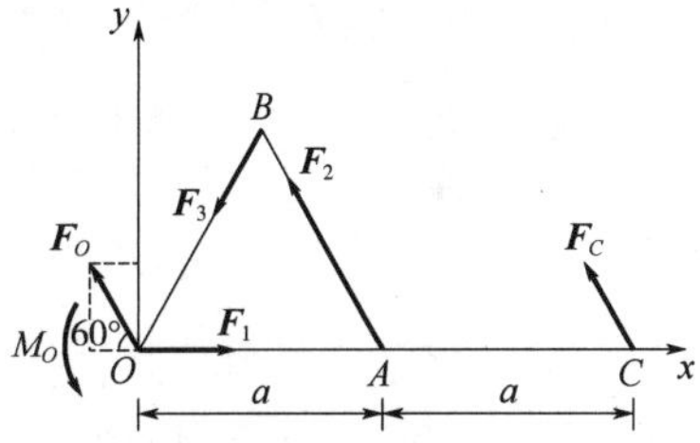

图2-6　例2-1图

解： 1）建立直角坐标系 Oxy，如图2-6所示。

2）计算主矢和主矩。主矢的投影为

$$F_{Rx}=\sum F_{ix}=F_1-F_2\cos60°-F_3\cos60°$$
$$=F-F-\frac{1}{2}F=-\frac{1}{2}F$$

$$F_{Ry}=\sum F_{iy}=F_1\cos90°+F_2\cos30°-F_3\cos30°=0+\frac{\sqrt{3}}{2}\cdot2F-\frac{\sqrt{3}}{2}F=\frac{\sqrt{3}}{2}F$$

主矢为

$$\boldsymbol{F}_R=F_{Rx}\boldsymbol{i}+F_{Ry}\boldsymbol{j}=-\frac{1}{2}F\boldsymbol{i}+\frac{\sqrt{3}}{2}F\boldsymbol{j}$$

以逆时针转向为正，力系对点 O 的主矩为

$$M_O=\sum M_O(\boldsymbol{F}_i)=F_2a\cos30°=2F\cdot a\cdot\frac{\sqrt{3}}{2}=\sqrt{3}Fa(\circlearrowleft)$$

3）力系的主矢和主矩均不为零，即向点 O 简化可得到一个力 $\boldsymbol{F}_O$ 和一个力偶 M_O，而力系的最简简化结果为一个过另一点的合力。现确定合力力矢和作用线。最终的合力的力矢决定于主矢，设合力过 x 轴上点 C，该合力记为 $\boldsymbol{F}_C$，其矢量为

$$\boldsymbol{F}_C=\boldsymbol{F}_R=-\frac{1}{2}F\boldsymbol{i}+\frac{\sqrt{3}}{2}F\boldsymbol{j}$$

由此计算可得合力的大小以及与 x 轴负向间的夹角分别为

$$F_C=\frac{1}{2}F\sqrt{(-1)^2+\sqrt{3}^2}=F$$

$$\arctan\left|\frac{F_{Ry}}{F_{Rx}}\right|=\arctan\sqrt{3}=60°$$

根据式（2-5）有

$$M_O=xF_{Ry}-yF_{Rx}\Rightarrow\sqrt{3}Fa=\frac{\sqrt{3}}{2}Fx+\frac{1}{2}Fy\Rightarrow y=-\sqrt{3}x+2\sqrt{3}a$$

此即合力的作用线的方程，令 $y=0$，则得点 C 的坐标为（$2a$，0）。即力系的最简简化结果为作用线过点 $C(2a, 0)$ 的合力 $\boldsymbol{F}_C=-\frac{1}{2}F\boldsymbol{i}+\frac{\sqrt{3}}{2}F\boldsymbol{j}$，如图 2-6 所示。

例 2-2　如图 2-7 所示，在边长为 a 的正方形 $ABCO$ 其中的三个顶点分别作用着力 $\boldsymbol{F}_1$、$\boldsymbol{F}_2$、$\boldsymbol{F}_3$，且 $F_1=F_3=F$，$F_2=\sqrt{2}F$。试求该力系的最简简化结果。

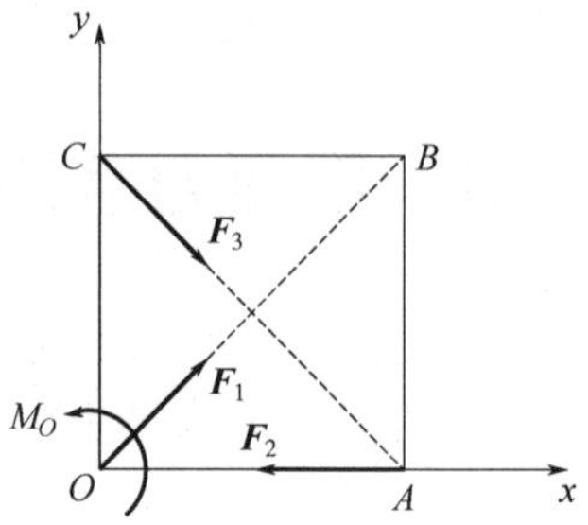

图 2-7　例 2-2 图

解：1）建立直角坐标系 Oxy，如图 2-7 所示。

2）计算主矢和主矩。主矢为

$$\begin{aligned}\boldsymbol{F}_{\mathrm{R}}&=\boldsymbol{F}_1+\boldsymbol{F}_2+\boldsymbol{F}_3\\&=F(\cos45°\boldsymbol{i}+\sin45°\boldsymbol{j})+\sqrt{2}F(-\boldsymbol{i})+F(\cos45°\boldsymbol{i}-\cos45°\boldsymbol{j})\\&=F\left(\frac{\sqrt{2}}{2}\boldsymbol{i}+\frac{\sqrt{2}}{2}\boldsymbol{j}\right)-\sqrt{2}F\boldsymbol{i}+F\left(\frac{\sqrt{2}}{2}\boldsymbol{i}-\frac{\sqrt{2}}{2}\boldsymbol{j}\right)=0\end{aligned}$$

以逆时针转向为正，力系对点 O 的主矩为

$$M_O=-F_3\cdot\frac{\sqrt{2}}{2}a=-\frac{\sqrt{2}}{2}Fa$$

3）力系的主矢为零，主矩不为零，故原力系的最简简化结果为一个力偶矩为 $M=-\sqrt{2}Fa/2$ 的力偶。这里负号表示其真实转向与假设的正转向相反，为顺时针转向。

例 2-3　杆长为 l 的水平杆在下面两种情况下：①受到三角形分布载荷作用，如图 2-8a 所示，其分布载荷的最大集度（集度为单位长度上的力的大小，单位为 N/m）为 q；②受载荷集度为 q 的均布载荷（矩形载荷）作用，如图 2-8b 所示。试分别求它们的合力。

解：情形①。

1）建立直角坐标系 Oxy，如图 2-8a 所示。

2）计算主矢和主矩。载荷为线性分布，由图示关系可得分布载荷函数为

$$q(x)=\frac{x}{l}q$$

在 x 处的杆的微段 $\mathrm{d}x$ 上的受力为

$$\mathrm{d}\boldsymbol{F}=-[q(x)\cdot\mathrm{d}x]\boldsymbol{j}=-\left(\frac{q}{l}x\cdot\mathrm{d}x\right)\boldsymbol{j}$$

力系的主矢为

$$\boldsymbol{F}_{\mathrm{R}}^{①}=\int_0^l\mathrm{d}\boldsymbol{F}=\int_0^l-\left(\frac{q}{l}x\cdot\mathrm{d}x\right)\boldsymbol{j}=-\frac{1}{2}ql\boldsymbol{j}$$

力系对点 O 的主矩为

$$M_O^{①}=\int_0^l-\left(\frac{x}{l}q\mathrm{d}x\right)\cdot x=-\frac{1}{3}ql^2$$

3）力系的主矢和主矩均不为零，知该分布载荷的最简简化结果为一个合力。合力的大小为 $F_q^{①}=\frac{1}{2}ql$，方向向下。合力的作用线的方程为

$$M_O^{①}=xF_{\mathrm{R}y}^{①}-yF_{\mathrm{R}x}^{①}\Rightarrow-\frac{1}{3}ql^2=-\frac{1}{2}qlx$$

设其与 x 轴的交点为 C，则点 C 在 x 轴的坐标为

$$x_C = \frac{-\frac{1}{3}ql^2}{-\frac{1}{2}ql} = \frac{2}{3}l$$

综上，该三角形分布载荷可简化为一个作用于离端点 O 的距离为杆长 $2l/3$ 处（作用线过三角形载荷的形心），大小为 $F_q^{①} = ql/2$（等于三角形的面积）的一个合力。

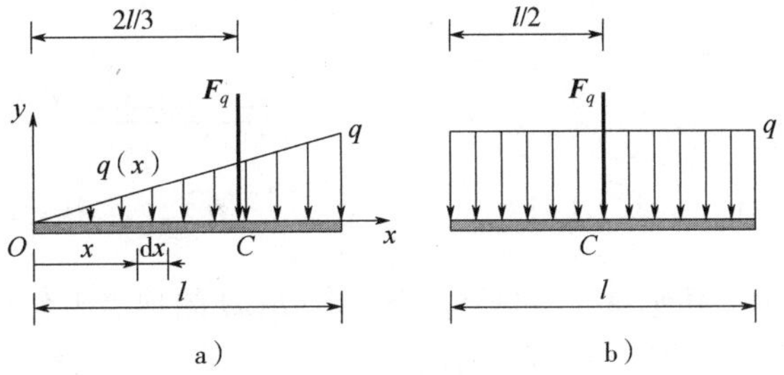

图 2-8　例 2-3 图

用类似的办法可以得到情形②的简化结果：一个作用于杆中点 $l/2$ 处（作用线过矩形的形心），大小为 $F_q^{②} = ql$（等于矩形的面积）的一个合力，如图 2-8b 所示。

三角形分布载荷和均布载荷是工程中常见的分布载荷形式，掌握它们的简化结果有助于处理涉及它们的静力学问题。

习　　题

2-1　销钉 A 连接了五根二力杆，各杆受力的方向如图 2-9 所示，各力大小分别为 $F_1 = 2\text{kN}$，$F_2 = 2\text{kN}$，$F_3 = 1\text{kN}$，$F_4 = 4\text{kN}$，$F_5 = 3\text{kN}$，试求该力系的合力。

2-2　如图 2-10 所示，在菱形 $ABCD$ 的四个顶点处分别作用沿各边的四个力 $\boldsymbol{F}_1$、$\boldsymbol{F}_2$、$\boldsymbol{F}_3$、$\boldsymbol{F}_4$，大小均为 F，已知 l 和 θ，试求此力系的最简简化结果。

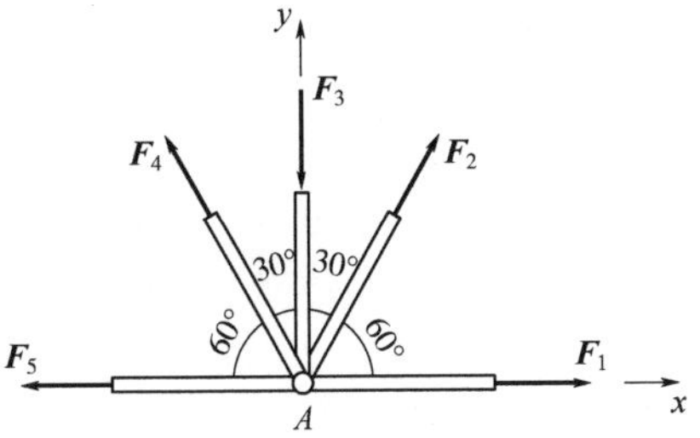

图 2-9　习题 2-1 图

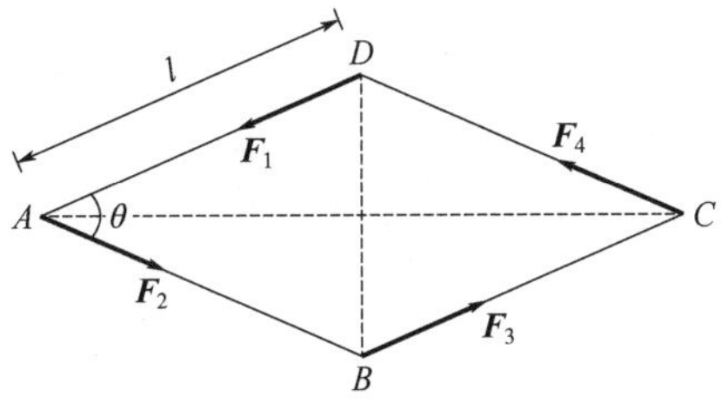

图 2-10　习题 2-2 图

2-3　如图 2-11 所示，边长为 1m 的正方形 $ABCD$ 其中的三个顶点 D、A、C 分别作用着力 $\boldsymbol{F}_1$、$\boldsymbol{F}_2$、$\boldsymbol{F}_3$，已知 $F_1 = 2\text{kN}$，$F_2 = 4\text{kN}$，$F_3 = 10\text{kN}$，试求此力系的最简简化结果。

2-4　如图 2-12 所示梯形分布载荷，已知 $q_1 = 2\text{kN/m}$，$q_2 = 5\text{kN/m}$，杆 AB 长为 $l = 9\text{m}$，试求其合力的大小及其作用线的位置。

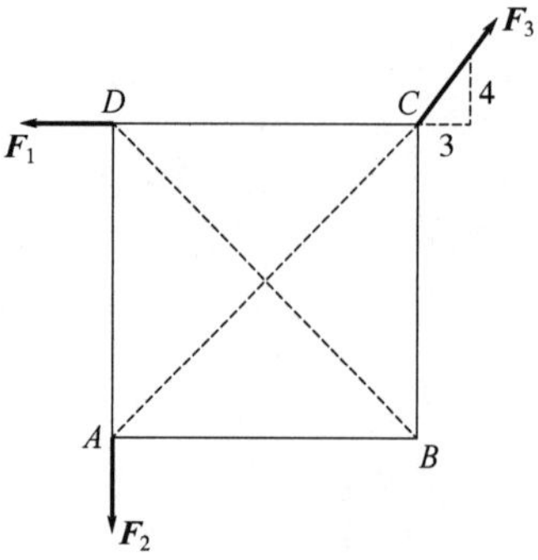

图 2-11　习题 2-3 图

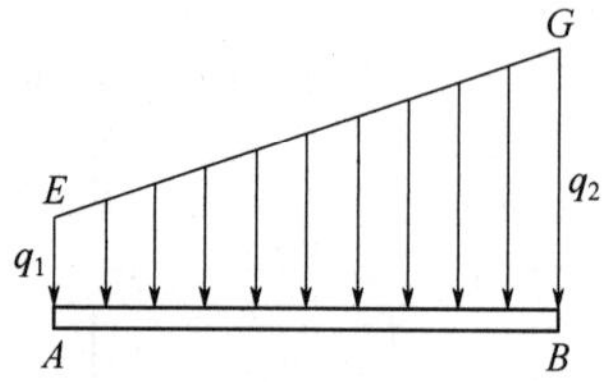

图 2-12　习题 2-4 图

2-5　在图 2-13 所示三角形 *ABC* 和平行四边形 *ABCD* 的顶点上作用有大小、方向如图所示的力系，试问它们最简简化结果分别是什么？

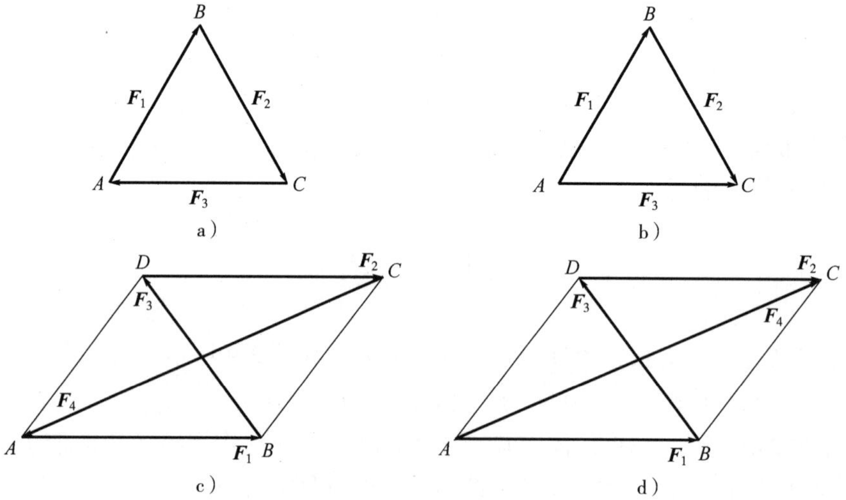

图 2-13　习题 2-5 图

第 3 章　平面力系的平衡

本章基于平面力系的简化结果，导出平面力系平衡的充要条件和平衡方程，并介绍各类平面力系的平衡方程的应用。在针对物体系统的平衡分析中，还将给出静定和静不定的概念。本章重点是静定物体系统的平衡问题的求解方法和步骤，是后续空间力系平衡内容的基础，同时也可以直接应用于工程实际问题的求解。

3.1　平面任意力系的平衡条件·平衡方程

3.1.1　平面任意力系平衡的充要条件

根据平面任意力系简化结果可知：主矢和对任一点的主矩均为零的力系为零力系，即力系为平衡力系，这说明力系的主矢和对任一点的主矩全为零是力系平衡的充分条件；而当二者至少有一个不为零时，则力系的最简简化结果或为一个力偶，或为一个合力，即力系为非平衡力系，这说明力系的主矢和对任一点的主矩全为零是力系平衡的必要条件。由此得出：平面任意力系平衡的充分必要条件是：力系的主矢 $\boldsymbol{F}_{\mathrm{R}}$ 和对任一点 A 的主矩 M_A 全为零。其数学表达式为

$$\begin{cases} \boldsymbol{F}_{\mathrm{R}} = \sum \boldsymbol{F}_i = 0 \\ M_A = \sum M_A(\boldsymbol{F}_i) = 0 \end{cases} \tag{3-1}$$

3.1.2　平面任意力系平衡方程的形式

平面任意力系平衡的充要条件中的第一个式子是矢量等式。在实际应用时，常用与之等价的、平面内的两个投影代数等式代替，即

$$\begin{cases} F_{\mathrm{R}x} = \sum F_{ix} = 0 \\ F_{\mathrm{R}y} = \sum F_{iy} = 0 \end{cases} \quad (x \text{ 轴和 } y \text{ 轴不平行})$$

由数学中的矢量知识可知这两个代数等式与主矢为零的矢量等式等价，而且互相独立。

于是，平面任意力系平衡的充要条件可等价地写为

$$\begin{cases} \sum F_{ix} = 0 \\ \sum F_{iy} = 0 \\ \sum M_A(\boldsymbol{F}_i) = 0 \end{cases} \text{ 或 } \begin{cases} \sum F_x = 0 \\ \sum F_y = 0 \\ \sum M_A = 0 \end{cases} \quad (x \text{ 轴和 } y \text{ 轴不平行}) \tag{3-2}$$

此式称为平面任意力系**平衡方程的基本形式**（其中包括一个矩的方程和两个投影方程，可称之为一矩两投影式），为三个互相独立的代数方程。

除了基本形式之外，平面任意力系平衡方程还可以有以下两种等价形式。

1）两矩一投影式

$$\begin{cases}\sum F_x = 0\\ \sum M_A = 0\\ \sum M_B = 0\end{cases} \quad (x\text{ 轴与 }A、B\text{ 两点的连线不垂直}) \tag{3-3}$$

2）三矩式

$$\begin{cases}\sum M_A = 0\\ \sum M_B = 0\\ \sum M_C = 0\end{cases} \quad (A、B、C\text{ 三点不共线}) \tag{3-4}$$

现证明若式（3-3）或式（3-4）成立，则式（3-1）成立。

由力系简化结论可知，若 $\sum M_A = 0$，则力系必简化为一个作用线过点 A 的合力，其力矢决定于力系的主矢。于是，若 $\sum M_A = 0$、$\sum M_B = 0$，则力系必简化为一个作用线过 A、B 两点的合力，而该合力力矢取决于力系的主矢，则力系的主矢平行于 A、B 两点的连线，若 x 轴与 A、B 两点的连线不垂直，且主矢在 x 轴上投影为零，即 $\sum F_x = 0$，则主矢必为零矢量，即得到式（3-1）。

同理，若 $\sum M_A = 0$、$\sum M_B = 0$ 以及 $\sum M_C = 0$，则力系必简化为一个合力，其作用线过 A、B、C 三点，其力矢决定于力系的主矢，若 A、B、C 三点不共线，则主矢必为零矢量，即得到式（3-1）。

综上可知平面任意力系平衡方程的三种形式相互等价。

需要指出的是，对于平面任意力系而言，在各自附加条件前提下，三种形式得到的三个代数方程均互相独立，能且只能求解三个未知量。一个平衡的力系可对任一轴列力的投影方程，或对任一点列力矩方程，得到与式（3-2）类似的一系列方程，这些方程都是平衡力系的必要条件。这说明这些方程是式（3-2）的同解方程，或非独立的方程。因此对于平面任意力系，其独立的平衡方程个数就是3，其他的方程均可由独立方程线性组合得到。同时，由于当一个力的作用线过矩心时，该力对该矩心的矩为零，所以在求解问题中矩的平衡方程有较多应用。

3.1.3 平面特殊力系的平衡方程

当平面力系具有某些特征时，如平面汇交力系、平面平行力系以及平面力偶系等情况，作为力系平衡充要条件的平衡方程中的某些方程将自动成立，不具有求解意义，属于多余方程。这时独立平衡方程的数目将发生变化。

1. 平面汇交力系

设平面汇交力系的汇交点为点 O，则各力对点 O 的矩必为零，则 $\sum M_O = 0$ 自动成立而失去求解意义，所以平衡方程式（3-2）、式（3-3）和式（3-4）分别变为

$$\begin{cases}\sum F_x = 0\\ \sum F_y = 0\end{cases} \quad (x\text{ 轴和 }y\text{ 轴不平行}) \tag{3-5}$$

$$\begin{cases}\sum F_x = 0\\ \sum M_A = 0\end{cases} \quad (x\text{ 轴与 }O、A\text{ 两点的连线不垂直}) \tag{3-6}$$

$$\begin{cases}\sum M_A = 0 \\ \sum M_B = 0\end{cases} \quad (A、B、O\text{ 三点不共线}) \tag{3-7}$$

2. 平面平行力系

设 x 轴与平行力系中各力垂直，则 $\sum F_x = 0$ 自动成立而失去求解意义，所以平衡方程式（3-2）、式（3-3）或式（3-4）变为

$$\begin{cases}\sum F_y = 0 \\ \sum M_A = 0\end{cases} \quad (y\text{ 轴与各力不垂直}) \tag{3-8}$$

$$\begin{cases}\sum M_A = 0 \\ \sum M_B = 0\end{cases} \quad (A、B\text{ 两点的连线与各力不平行}) \tag{3-9}$$

3. 平面力偶系

力偶系的主矢自动为零，即有 $\sum F_x = 0$ 和 $\sum F_y = 0$ 自动成立而失去求解意义，而力偶系对任一点的主矩相等，所以平面力偶系的平衡方程为

$$\sum M_i = 0 \tag{3-10}$$

平面汇交力系、平面平行力系和平面力偶系的独立平衡方程个数分别是 2、2 和 1。这对于具体问题的定性判断具有指导意义。

3.2　平面力系平衡方程的应用

非自由刚体处于平衡状态时，其所受的全部外力——包括主动力和约束力应为平衡力系，它们应满足平衡条件。因此力系的平衡方程提供了求解平衡刚体所受到的力的大小关系或表示平衡位置的几何参数的方法。解决此类物体平衡问题的基本步骤如下：

1）选取研究对象，画出分离体简图。

2）对研究对象进行受力分析，画出其受力图。

3）根据求解目标建立必要的平衡方程。

4）求解平衡方程得到未知约束力或表示平衡位置的几何参数。

这是求解静力学问题的一般方法，下面通过几个例子说明具体的求解步骤。

例 3-1　如图 3-1a 所示直角托架，A 处为固定铰支座，B 处为光滑接触；托架在 C 处受到铅垂方向、大小为 $F = 6\text{kN}$ 的集中载荷而处于平衡状态。若不计自重和各接触处摩擦，试求 A、B 两处的约束力。

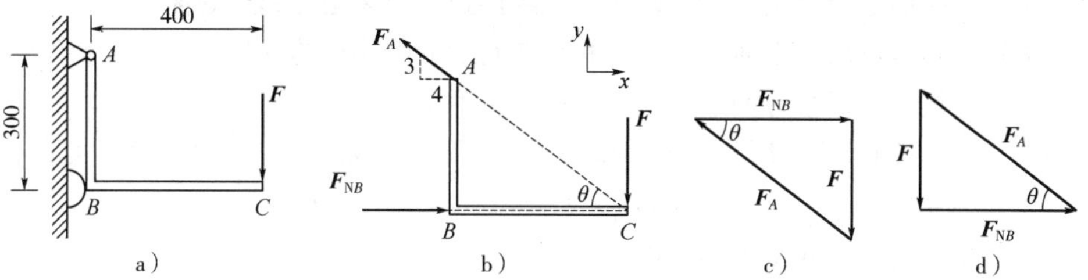

图 3-1　例 3-1 图

解：1）取托架为研究对象。

2）对其进行受力分析并画出受力图。托架受到三个力作用处于平衡状态，其中，B 处的法向约束力 $\boldsymbol{F}_{NB}$ 与主动力 $\boldsymbol{F}$ 交于点 C，由三力平衡汇交定理知，A 处的作用力 $\boldsymbol{F}_A$ 的作用线必过点 C，如图 3-1b 所示。直角托架受到汇交力系作用而处于平衡状态。

3）列写平衡方程并求解。

$$\sum F_y = 0 \Rightarrow F_A\sin\theta - F = 0 \Rightarrow F_A = \frac{F}{\sin\theta} = \frac{6}{3/5}\text{kN} = 10\text{kN}$$

$$\sum F_x = 0 \Rightarrow -F_A\cos\theta + F_{NB} = 0 \Rightarrow F_{NB} = F_A\cos\theta = 10 \cdot \frac{4}{5}\text{kN} = 8\text{kN}$$

二者均为正值，表明图示方向即为它们的真实方向。

以上是通过列写平衡方程求解平面汇交力系的过程，又称为**解析法**。平衡条件中的主矢为零涉及力系中所有力的矢量和的计算，而该矢量和也可通过几何法获得。

如图 3-2a 所示，某刚体上受四个力的作用，现求它们的主矢 $\boldsymbol{F}_R = \boldsymbol{F}_1 + \boldsymbol{F}_2 + \boldsymbol{F}_3 + \boldsymbol{F}_4$。步骤如下：首先，选择任一点 A，在点 A 处按比例画出 $\boldsymbol{F}_1$；其次，在 $\boldsymbol{F}_1$ 末端点 B 处接着按比例画出 $\boldsymbol{F}_2$，并依此做法，将 $\boldsymbol{F}_3$ 和 $\boldsymbol{F}_4$ 依次画出，$\boldsymbol{F}_4$ 的末端位于点 E；最后，从点 A 到点 E 做一矢量，即为 $\boldsymbol{F}_R$，如图 3-2b 所示。事实上，根据矢量合成的三角形法则知图中虚线矢量 $\boldsymbol{F}_{1+2} = \boldsymbol{F}_1 + \boldsymbol{F}_2$，$\boldsymbol{F}_{1+2+3} = \boldsymbol{F}_{1+2} + \boldsymbol{F}_3 = \boldsymbol{F}_1 + \boldsymbol{F}_2 + \boldsymbol{F}_3$，因此 $\boldsymbol{F}_R = \boldsymbol{F}_{1+2+3} + \boldsymbol{F}_4 = \boldsymbol{F}_1 + \boldsymbol{F}_2 + \boldsymbol{F}_3 + \boldsymbol{F}_4$。如此做法得到的由各力矢量与合矢量构成的多边形 $ABCDE$ 称为**力多边形**。可以改变力多边形中各力矢量的顺序，但最终结果相同，比如，图 3-2c 中的 $\boldsymbol{F}_R$ 与图 3-2b 中的 $\boldsymbol{F}_R$ 相同。

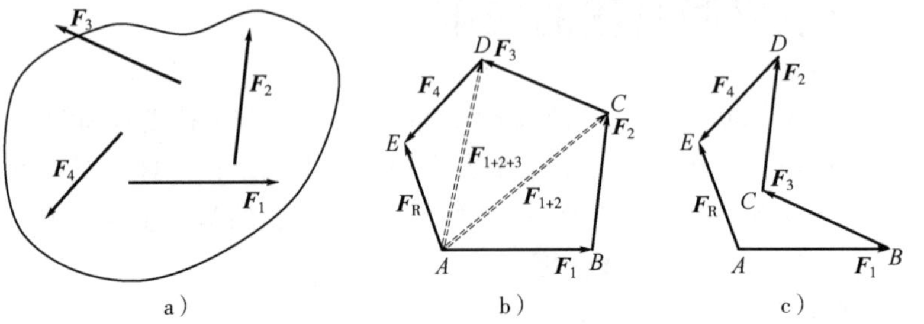

图 3-2　力多边形

对于更多的力的情况，上述做法同样适用。对于一般力系，其力多边形中最后的封闭边，即合矢量，仅表示原力系的主矢。当应用于平面汇交力系时，从各力的汇交点开始做力多边形，则最后的封闭边即为平面汇交力系的合力。当平面汇交力系为平面平衡力系时，其主矢为零，则最后的封闭边的长度为零，其对应的力多边形表现为各力矢首尾相连，恰好自行封闭。所以，**平面汇交力系平衡的充分必要条件是：力多边形自行封闭**。

通过求解力多边形求解平面汇交力系的平衡问题的解法称为**几何法**。当平面汇交力系中只有三个力的时候，可以很方便地根据三角形关系确定各力之间的大小关系。

将例 3-1 中的三个力按照力多边形的画法得到图 3-1c 或图 3-1d。解三角形关系有：

$$F : F_{NB} : F_A = 3 : 4 : 5$$

将 $F = 6\text{kN}$ 代入得 $F_{NB} = 8\text{kN}, F_A = 10\text{kN}$。

对于一般形状的力三角形，在求解三角形关系时则要用到正弦定理。

例 3-2　水平直杆 AD 的尺寸和受到的载荷、约束如图 3-3a 所示，其中 $F=qa$，若不计自重和摩擦，试求直杆在 A、B 两处受到的约束力。

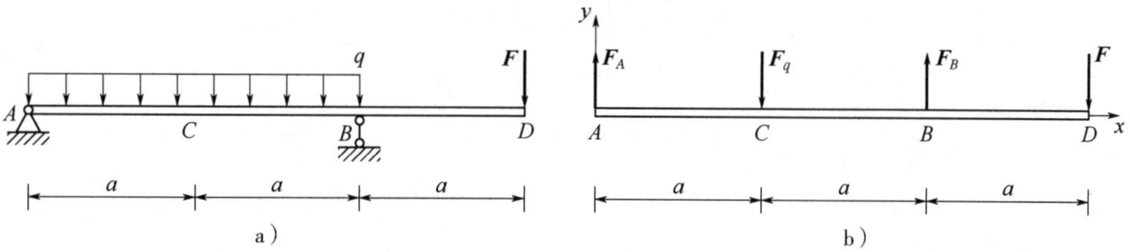

图 3-3　例 3-2 图

解： 1）取直杆为研究对象。

2）对其进行受力分析并画受力图，如图 3-3b 所示。其中，B 处为链杆约束，假设受压，则直杆在该处的约束力 $\boldsymbol{F}_B$ 竖直向上；除了 A 处的约束力之外的力均为竖直方向，可知 A 处为固定铰支座中的水平方向的约束力为零，只有竖直方向的约束力 $\boldsymbol{F}_A$，假设向上；AB 段的均布载荷可简化为作用于 AB 中点 C 的一个力 $\boldsymbol{F}_q$，且 $F_q=2qa$。直杆 AD 受到平行力系作用而处于平衡。

3）列写平衡方程并求解。

$$\sum M_A=0 \Rightarrow F_B\cdot 2a-F_q\cdot a-F\cdot 3a=0 \Rightarrow F_B=\frac{1}{2a}(2qa\cdot a+qa\cdot 3a)=\frac{5}{2}qa$$

$$\sum F_y=0 \Rightarrow F_A-F_q+F_B-F=0 \Rightarrow F_A=2qa-\frac{5}{2}qa+qa=\frac{1}{2}qa$$

求得的 $\boldsymbol{F}_A$ 和 $\boldsymbol{F}_B$ 的值均为正值，表明图示方向即为它们的真实方向。

例 3-3　水平直杆的尺寸和受到的载荷、约束如图 3-4a 所示。若不计自重和摩擦，试求直杆在 A、B 两处受到的约束力。

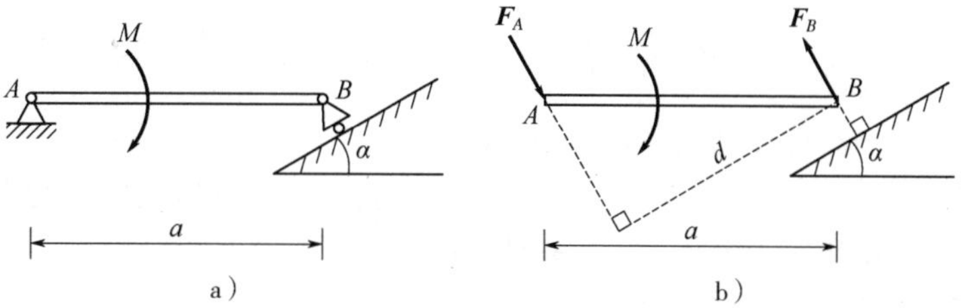

图 3-4　例 3-3 图

解： 1）取直杆为研究对象。

2）对其进行受力分析并画受力图，如图 3-4b 所示。其中 B 处为活动铰支座，直杆在该处受到的约束力 $\boldsymbol{F}_B$ 与斜面垂直；直杆受到的主动力为一个力偶 M，由力偶平衡知，直杆在 A 处受到的约束力 $\boldsymbol{F}_A$ 应与 $\boldsymbol{F}_B$ 组成一个与 M 转向相反的力偶，即 $\boldsymbol{F}_A$ 与 $\boldsymbol{F}_B$ 大小相等、方向相反。直杆受到力偶系作用而处于平衡状态。

3）列写平衡方程并求解。

$$\sum M=0 \Rightarrow -M+F_A\cdot d=0 \Rightarrow F_A=F_B=\frac{M}{d}=\frac{M}{a\cos\alpha}$$

方向如图所示。

例 3-4　悬臂梁 AB 的尺寸和受到的载荷、约束如图 3-5a 所示，其中，$M = ql^2/3$，$F = ql$，若不计自重，试求悬臂梁在 A 处所受的约束力。

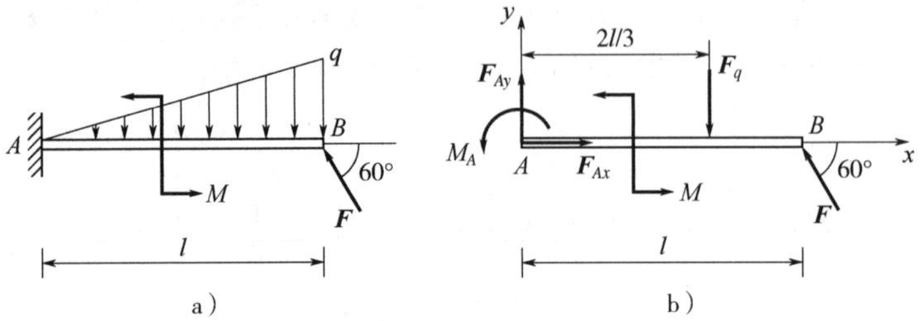

图 3-5　例 3-4 图

解：1）取悬臂梁 AB 为研究对象。

2）对其进行受力分析并画受力图，如图 3-5b 所示。其中，三角形分布载荷简化为如图 3-5b 所示的 $\boldsymbol{F}_q$，且 $F_q = \frac{1}{2}ql$；对于复杂的受力情况，一般事先无法确定某处约束力（或力偶）的真实方向（或转向），此时，可在其方位上任意假设，然后根据求解结果的正负再明确它们的真实方向（或转向）。因此，对于 A 处的固定端约束，假设其约束力为图示方向的两个正交分解的力 $\boldsymbol{F}_{Ax}$、$\boldsymbol{F}_{Ay}$ 以及图示转向的一个约束力偶 M_A。悬臂梁 AB 受到一般平面力系的作用而处于平衡状态。

3）列写平衡方程并求解。

$$\sum F_x = 0 \Rightarrow F_{Ax} - F\cos 60° = 0$$

$$\Rightarrow F_{Ax} = F\cos 60° = ql \cdot \frac{1}{2} = \frac{1}{2}ql$$

$$\sum F_y = 0 \Rightarrow F_{Ay} - F_q + F\sin 60° = 0$$

$$\Rightarrow F_{Ay} = F_q - F\sin 60° = \frac{1}{2}ql - ql \cdot \frac{\sqrt{3}}{2} = -\frac{\sqrt{3}-1}{2}ql$$

$$\sum M_A = 0 \Rightarrow M_A + M - F_q \cdot \frac{2l}{3} + F\sin 60° \cdot l = 0$$

$$\Rightarrow M_A = -\frac{1}{3}ql^2 + \frac{1}{2}ql \cdot \frac{2l}{3} - ql \cdot \frac{\sqrt{3}}{2} \cdot l = -\frac{\sqrt{3}}{2}ql^2$$

其中 $\boldsymbol{F}_{Ax}$ 的值为正值，表明其真实方向即为图示方向；$\boldsymbol{F}_{Ay}$ 的值为负值，表明其真实方向向下，与图示方向相反；M_A 的值为负值，表明其真实转向为顺时针转向，与图示转向相反。

例 3-5　如图 3-6 所示匀质杆 AB，长为 $2l$，重力为 $\boldsymbol{W}$。其下端 A 靠在光滑的铅直墙上，同时又被支承在光滑的右墙顶角 D 处。已知两铅直墙的距离为 a，试求杆在平衡时与水平线的夹角 φ。

解：1）取杆 AB 为研究对象。对其进行受力分析并画受力图，如图 3-6a 所示。其中重力 $\boldsymbol{W}$ 作用于杆件中点 C，竖直向下；A、D 两处均为光滑面接触，$\boldsymbol{F}_{NA}$ 和 $\boldsymbol{F}_{ND}$ 分别沿着两接触处的公法线方向。

2）列写平衡方程并求解。杆在三力作用下平衡，三力必须汇交于点 G，分别在直角三角形 $\triangle ADG$ 和直角三角形 $\triangle AGC$ 中求边长 AG 得

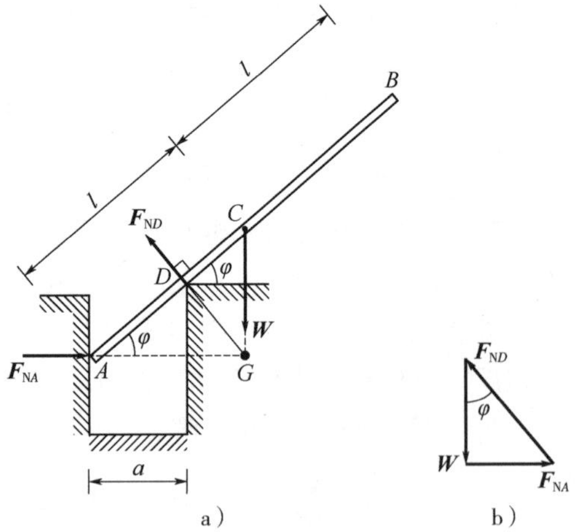

图 3-6　例 3-5 图

$$\frac{AD}{\cos\varphi} = AC \cdot \cos\varphi \Rightarrow \frac{a/\cos\varphi}{\cos\varphi} = l\cos\varphi \Rightarrow \frac{a}{\cos^2\varphi} - l\cos\varphi = 0$$

则

$$\varphi = \arccos\sqrt[3]{\frac{a}{l}}$$

即为所求。显然，杆 AB 能保持平衡要求 $\frac{a}{l} \leqslant 1$。

该问题中，除了要求杆平衡时与水平线夹角 φ 之外，还有 $\boldsymbol{F}_{NA}$ 和 $\boldsymbol{F}_{ND}$ 两个未知力的大小，共计三个未知量。也可将杆看成受到平面一般力系的作用而平衡，则有三个独立的平衡方程。

由图 3-6b 所示的封闭力矢量直角三角形得到 $F_{NA} = W\tan\varphi$，$F_{ND} = \frac{W}{\cos\varphi}$，由 $\sum M_A = 0$ 得，$F_{ND} \cdot AD - W \cdot AG = 0$，即 $\frac{W}{\cos\varphi} \cdot \frac{a}{\cos\varphi} - W \cdot l\cos\varphi = 0$，也可得到 $\frac{a}{\cos^2\varphi} - l\cos\varphi = 0$，或由 $\sum M_D = 0$ 得，$F_{NA} \cdot a\tan\varphi - W \cdot (l\cos\varphi - a) = 0$，$\frac{a\sin^2\varphi}{\cos^2\varphi} - l\cos\varphi + a = 0$，也可得到 $\frac{a}{\cos^2\varphi} - l\cos\varphi = 0$，从而得到 $\varphi = \arccos\sqrt[3]{\frac{a}{l}}$。

3.3　静定和静不定的概念 · 刚体系的平衡问题

3.3.1　静定和静不定的概念

上一节例子说明了如何将平衡方程应用于求解平衡刚体的约束力或平衡位置，在这些例子中，约束力或平衡位置由独立的平衡方程给出了唯一的解。但是很多工程实际问题存在无法由平衡方程求出全部未知约束力的情况。

如图 3-7a 所示杆 AB，独立的平衡方程的个数与约束力中未知量的个数相等，A、B 两处的约束力可由独立的平衡方程求解得到唯一的一组解，求解如下：

$$\begin{cases} \sum F_x = 0 \\ \sum F_y = 0 \\ \sum M_A = 0 \end{cases} \Rightarrow \begin{cases} F_{Ax} = 0 \\ F_{Ay} - F + F_B = 0 \\ F_B \cdot 2l - F \cdot l/2 = 0 \end{cases} \Rightarrow \begin{cases} F_{Ax} = 0 \\ F_{Ay} = 3F/4 \\ F_B = F/4 \end{cases} \tag{3-11}$$

对于图 3-7b 所示杆 AB，A、B、C 三处的约束力由独立的平衡方程求解如下：

$$\begin{cases} \sum F_x = 0 \\ \sum F_y = 0 \\ \sum M_A = 0 \end{cases} \Rightarrow \begin{cases} F_{Ax} = 0 \\ F_{Ay} - F + F_B + F_C = 0 \\ F_B \cdot 2l + F_C \cdot l - F \cdot l/2 = 0 \end{cases} \Rightarrow \begin{cases} F_{Ax} = 0 \\ F_{Ay} = 3F/4 - F_C/2 \\ F_B = F/4 - F_C/2 \end{cases} \tag{3-12}$$

由于约束力中有四个未知量，而只有三个独立的平衡方程，解中包含一个变量 F_C，对于任一 F_C 的值均有对应的一组解，因此存在无穷多组解，即仅由静力学平衡方程无法确定全部的约束力。但在真实的实际问题中，A、B、C 三处的约束力是唯一确定的。无法由静力学平衡方程求解全部约束力的原因在于理论力学中采用的是刚体模型，忽略了变形因素。若考

虑到杆 AB 变形后在约束处的位移所受到的限制或约束的变形与受力之间的关系（如将 C 处链杆换成线弹簧支承），得到静力学平衡方程之外的补充方程便可全部求解，这是材料力学的研究内容。

对于图 3-7c 所示杆 AB，约束力中未知量个数为 2，而独立的静力学平衡方程个数为 3，一般情况下，平衡方程无法得到全部满足，即刚体无法保持平衡。实际上，这类问题属于动力学范畴，未知约束力须由动力学方程求解。特殊情况下，比如当 B 处受到如图 3-7a 所示的 $\boldsymbol{F}_B$ 那样的主动力时，刚体能保持平衡，且 A 处的约束力也可解出。

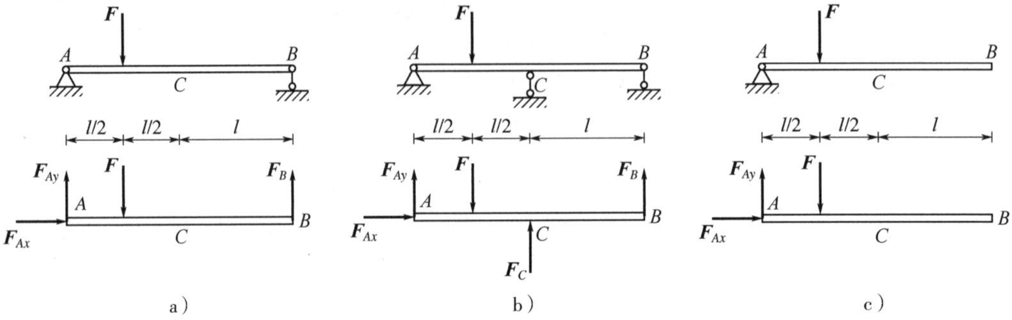

图 3-7　静定与静不定（超静定）结构

一般地，设一个问题的独立的平衡方程个数为 n_1，约束力中未知量的个数为 n_2，则问题可分为：

1）当 $n_1=n_2$ 时，对于任意的已知主动力，由静力学平衡方程可解出唯一的一组解。这类问题称为**静定问题**。

2）当 $n_1<n_2$ 时，对于任意的已知主动力，一般情况下，静力学平衡方程将解出多组解，无法确定未知约束力的唯一实际值。这类问题称为**静不定问题**（或**超静定问题**）。

3）当 $n_1>n_2$ 时，约束力中未知量个数少于独立的平衡方程个数，一般情况下，刚体平衡方程是无解的，即无论约束力是何种情况，物体都不可能平衡，有运动的系统常称为机构。这类问题属于动力学范畴，须由动力学方程才能解决。此时，若主动力满足一定的条件，机构也有可能平衡，这类问题称为**有条件的平衡问题**。

3.3.2　刚体系的平衡问题

实际的承载结构通常由两个或两个以上的刚体通过相互之间的某种约束连接而成，这样的系统称为刚体系统或物体系统，简称为**刚体系**或**物系**。

物系的平衡问题也可根据总的独立的静力学平衡方程个数与未知量的个数不同情况分为静定问题、静不定（超静定）问题和有条件的平衡问题。理论力学中主要研究静定问题。对于静定的物系的平衡问题或有条件的机构平衡问题，物系内部各刚体都是平衡的。分别以平衡物系中各个刚体为研究对象，总是可以列出足够多的独立的静力学平衡方程，求解出全部的未知约束力或作用于机构上主动力应满足的条件或机构的平衡位置。但这样过于烦琐和死板，特别是只要求求解部分未知力时尤为如此。如果物系是平衡的，则物系内部的单个刚体或几个相连接刚体组成的子系统均是平衡的，都可列出相应的平衡方程加以求解。因此，针对求解目标，合理地选择物系中子系统作为研究对象进行有效的求解是解决物系平衡问题的重要途径。

求解物系平衡问题的一般过程是：根据待求的未知约束力的作用对象，选择某个或某几个相连接刚体作为研究对象，对其进行受力分析，画其受力图。观察该受力图，判断是否可解。若能解出未知力，则列写必要的平衡方程进行求解；若不能解出未知力，则确定其求解的依赖条件（其他的未知力），然后选择物系中其他研究对象，解出该依赖条件，再回到前一研究对象上，求解待求的未知力。在复杂问题中，后一过程可能要多次重复，方能求解所有的未知力。

物系平衡问题的求解要注意两个方面：①如何巧妙地选择研究对象和平衡方程，用尽可能少或最少的平衡方程求解所要求的未知力；②针对同一物系平衡问题的求解，其方法并不唯一。

下面举例说明物系平衡问题的求解过程。

例3-6　构架由直杆 AC 与直角弯杆 CBD 铰接组成，其尺寸和受到的载荷、约束如图3-8a所示，其中 $F = ql$。若不计自重和摩擦，试求系统在固定端 A 处受到的约束力。

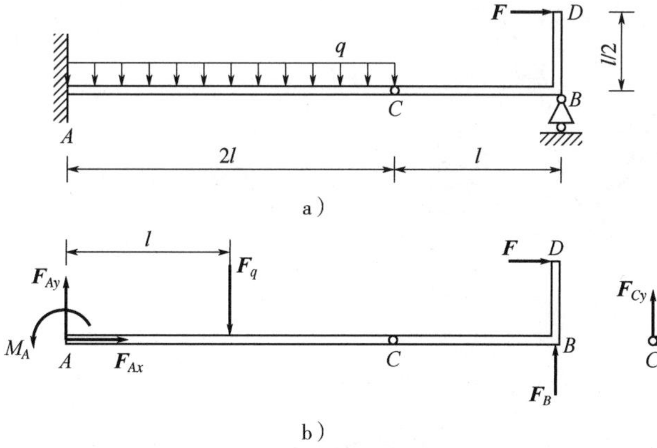

图3-8　例3-6图

解：对系统整体而言，其受力图如图3-8b所示，其中均布载荷简化为一个力 $\boldsymbol{F}_q$，且 $F_q = 2ql$（作用位置距 A 端距离为 l 处），系统整体受一般平面力系的作用处于平衡状态，可列出三个独立的平衡方程。而 A、B 两处共有四个未知量，因此无法全部解出，需要先从系统中选取直角弯杆 CBD 作为研究对象，求解出这四个未知量中的一个，再以整体为研究对象方可解出 A 处的三个未知量。具体过程如下：

1）选取直角弯杆 CBD 为研究对象，其受到的作用力包括主动力 $\boldsymbol{F}$、活动铰支座 B 的约束力 $\boldsymbol{F}_B$ 以及 C 处的铰链正交分解的约束力 $\boldsymbol{F}_{Cx}$、$\boldsymbol{F}_{Cy}$。受力图如图3-8c所示。

列写平衡方程并求解：

$$\sum M_C = 0 \Rightarrow F_B \cdot l - F \cdot \frac{l}{2} = 0 \Rightarrow F_B = \frac{1}{2}F = \frac{1}{2}ql$$

2）选取整体为研究对象，其受力图如图3-8b所示。此时 $\boldsymbol{F}_B$ 已知，由系统整体的三个独立的平衡方程即可求得 A 处约束力的三个未知量。

列写平衡方程并求解：

$$\sum F_x = 0 \Rightarrow F_{Ax} + F = 0 \Rightarrow F_{Ax} = -F = -ql$$

$$\sum F_y = 0 \Rightarrow F_{Ay} - F_q + F_B = 0 \Rightarrow F_{Ay} = F_q - F_B = 2ql - \frac{1}{2}ql = \frac{3}{2}ql$$

$$\sum M_A = 0 \Rightarrow M_A - F_q \cdot l - F \cdot \frac{l}{2} + F_B \cdot 3l = 0 \Rightarrow M_A = 2ql \cdot l + 2ql \cdot \frac{l}{2} - \frac{1}{2}ql \cdot 3l = ql^2$$

其中 $\boldsymbol{F}_{Ax}$的值为负值，表明其真实方向向左，与图示方向相反；$\boldsymbol{F}_{Ay}$和 M_A 的值均为正值，表明它们真实的方向和转向即为图示方向和转向。

讨论：此题也可以分别选取系统中的两个刚体作为研究对象来进行求解，这时需要求出铰链 C 处的相互作用力（对不同研究对象进行受力分析和列写平衡方程，须注意作用力与反作用力之间的对应关系）。读者可自行尝试，并与上述解法进行比较，以理解物系平衡问题的求解具有灵活性的特点以及不同求解方案的优缺点。

例 3-7　如图 3-9a 所示平面结构中，两构件 ABC 和 CD 铰接于 C 处，其所受载荷和几何尺寸如图所示，其中 $F=5qa$，$M=9qa^2$。若不计各构件自重和各接触处摩擦，试求固定铰支座 A、D 处的约束力。

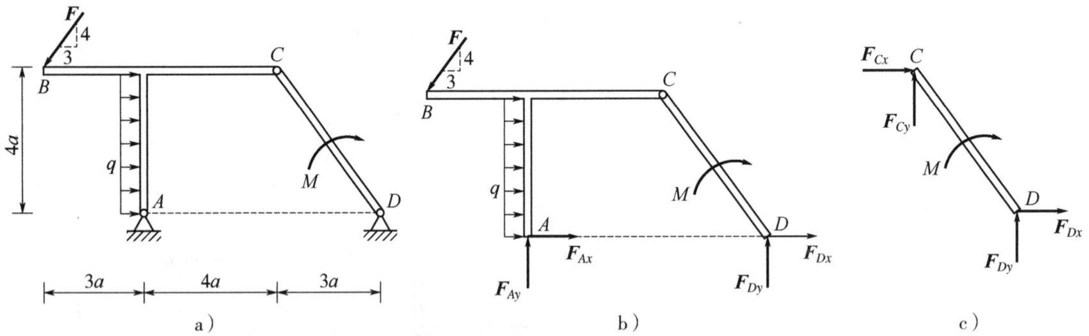

图 3-9　例 3-7 图

解：分析系统整体可知，系统在 A、D 两处约束力事先不能确定方向，故用正交分力表示，如图 3-9b 所示，共有 4 个未知量，而系统只有 3 个独立平衡方程，无法全部求解。但是注意到图示四个力有三个作用线交于一点，因此可使用矩的方程求出部分未知量，而剩下的则要进一步选取系统中其他刚体为研究对象逐步求解。具体过程如下。

1）选取整体为研究对象，其受力图如图 3-9b 所示。

列写平衡方程并求解：

$$\sum M_A = 0 \Rightarrow F_{Dy} \cdot 7a - M - 4qa \cdot 2a + \frac{3}{5}F \cdot 4a + \frac{4}{5}F \cdot 3a = 0 \Rightarrow F_{Dy} = -qa$$

$$\sum F_y = 0 \Rightarrow F_{Ay} + F_{Dy} - \frac{4}{5}F = 0 \Rightarrow F_{Ay} = 5qa$$

$$\sum F_x = 0 \Rightarrow F_{Ax} + F_{Dx} + 4qa - \frac{3}{5}F = 0$$

注意，$\sum F_x=0$ 的平衡方程给出 F_{Ax}、F_{Dx}的关系，需要研究其他对象，确定其中任何一个未知量之后方能求解。

2）选取杆 CD 为研究对象，其受力图如图 3-9c 所示。

$$\sum M_C = 0 \Rightarrow -M + F_{Dy} \cdot 3a + F_{Dx} \cdot 4a = 0 \Rightarrow F_{Dx} = 3qa$$

将 F_{Dx}代入第1)步的 $\sum F_x=0$ 的平衡方程中，得

$$F_{Ax}=-4qa$$

以上结果中负值表示该力的真实方向与图示方向相反。

例3-8　如图3-10a所示构架由三根杆件 AD、BD 和 EC 组成，杆 EC 上的销钉 E 置于杆 AD 的滑槽中，BD 和 EC 两杆以铰链 C（图中以黑点表示）相连，杆 AD 与 BD 以铰链 D 相连。已知主动力 $\boldsymbol{F}$，若不计自重和摩擦，试求 A、B 两处的约束力。

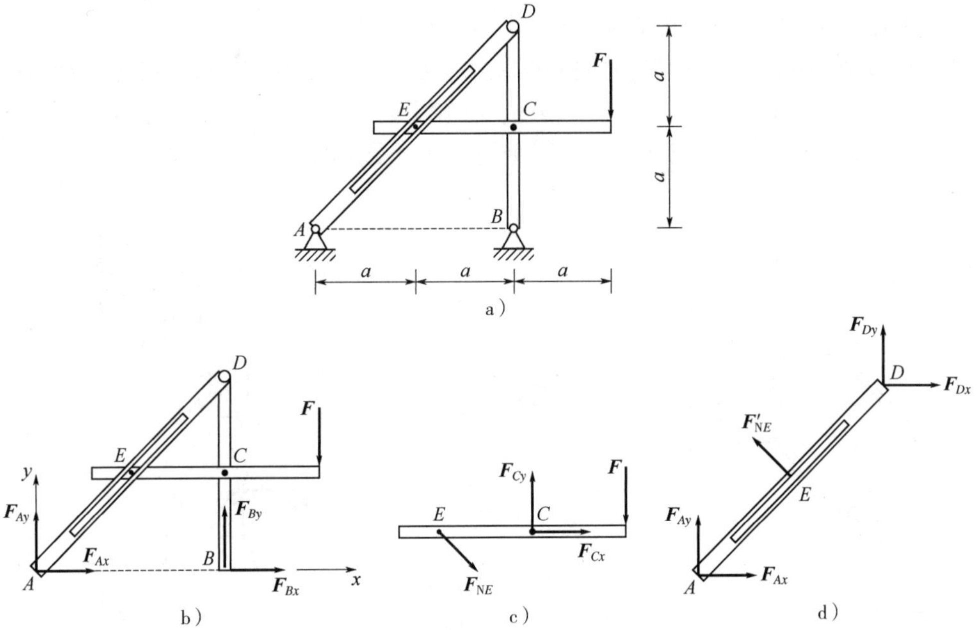

图3-10　例3-8图

解：分析系统整体可知，系统在 A、B 两处约束力事先不能确定方向，故用正交分力表示，如图3-10b所示，共有4个未知量，而系统只有3个独立平衡方程，无法全部求解。但是注意到图示四个力有三个作用线交于一点，因此可使用矩的方程求出部分未知量，而剩下的则要进一步选取系统中其他刚体为研究对象逐步求解。具体过程如下：

1）选取整体为研究对象，其受力图如图3-10b所示。

列写平衡方程并求解：

$$\sum M_B=0\Rightarrow -F_{Ay}\cdot 2a-F\cdot a=0\Rightarrow F_{Ay}=-F/2$$

$$\sum F_y=0\Rightarrow F_{Ay}+F_{By}-F=0\Rightarrow F_{By}=3F/2$$

$$\sum F_x=0\Rightarrow F_{Ax}+F_{Bx}=0$$

注意，$\sum F_x=0$ 的平衡方程给出 F_{Ax}、F_{Bx}的关系，需要研究其他对象，确定其中任何一个未知量之后方能求解。

2）选取杆 EC 为研究对象，其受力图如图3-10c所示。其中销钉 E 与杆 AD 的滑槽是光滑面接触，故二者间相互作用力沿接触处的公法线方向，即与滑槽垂直。

列写平衡方程并求解：

$$\sum M_C=0\Rightarrow F_{NE}\cdot a\cdot \sin45°-F\cdot a=0\Rightarrow F_{NE}=\sqrt{2}F$$

3）选取杆 AD 为研究对象，其受力图如图 3-10d 所示。其中 $\boldsymbol{F}_{NE}$ 与 $\boldsymbol{F}'_{NE}$ 为作用力与反作用力，它们大小相等，即 $F_{NE}=F'_{NE}$，方向相反。

列写平衡方程并求解：

$$\sum M_D = 0 \Rightarrow F_{Ax}\cdot 2a - F_{Ay}\cdot 2a - F_{NE}\cdot\sqrt{2}a = 0 \Rightarrow F_{Ax} = F/2$$

将 F_{Ax} 代入第 1）步的 $\sum F_x=0$ 的平衡方程中，得

$$F_{Bx} = -F_{Ax} = -F/2$$

以上结果中负值表示该力的真实方向与图示方向相反。

例 3-9　如图 3-11a 所示构架由四根杆件 AD、BC、CE 和 DE 组成，AD 和 BC 两杆在它们的中点以销钉 H（图中以黑点表示）相连，已知主动力 $\boldsymbol{F}_1$、$\boldsymbol{F}_2$ 和主动力偶矩 M 及几何尺寸 a。若不计自重和摩擦，试求杆 BC 在三个销钉处所受到的约束力。

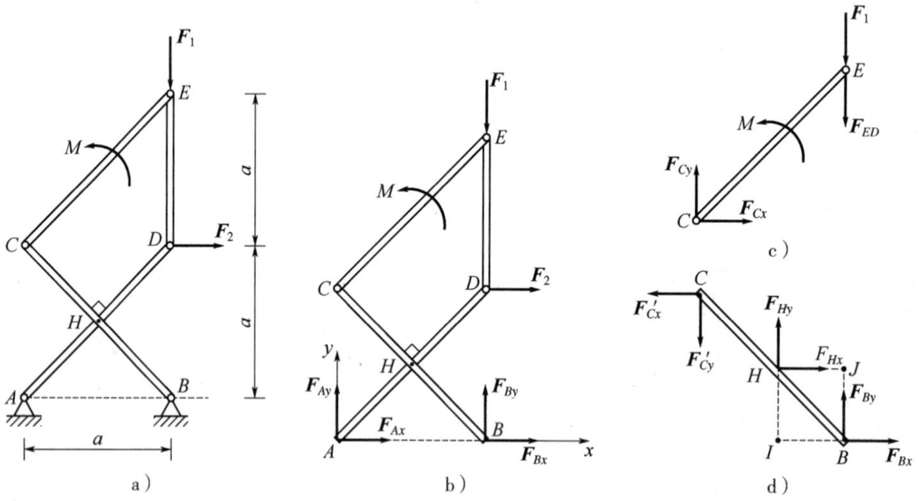

图 3-11　例 3-9 图

解：显然杆 DE（不带两端销钉）为二力杆，销钉 D、E 对杆 DE 的约束力必过 D、E 两点，而销钉 A、B、C、H 处的约束力均只能以正交分力形式给出。根据求解目标，以杆 BC 为研究对象，初步分析其受力图，发现其上有 6 个未知量，因此需要选取其他部分为研究对象，至少求解出其中的 3 个未知量方可求解所求目标。具体过程如下：

1）选取整体为研究对象，其受力图如图 3-11b 所示。

列写平衡方程并求解：

$$\sum M_A = 0 \Rightarrow F_{By}\cdot a - F_1\cdot a - F_2\cdot a + M = 0 \Rightarrow F_{By} = F_1 + F_2 - \frac{M}{a}$$

2）选取杆 CE（带两端销钉）为研究对象，其受力图如图 3-11c 所示。

列写平衡方程并求解：

$$\sum F_x = 0 \Rightarrow F_{Cx} = 0$$

$$\sum M_E = 0 \Rightarrow M - F_{Cy}\cdot a + F_{Cx}\cdot a = 0 \Rightarrow F_{Cy} = \frac{M}{a}$$

3）选取杆 BC 为研究对象，其受力图如图 3-11d 所示。其中 $\boldsymbol{F}_{Cx}$ 与 $\boldsymbol{F}'_{Cx}$、$\boldsymbol{F}_{Cy}$ 与 $\boldsymbol{F}'_{Cy}$ 分别

为作用力与反作用力，它们的大小分别相等，即 $F'_{Cx}=F_{Cx}=0$，$F'_{Cy}=F_{Cy}=\frac{M}{a}$。

列写平衡方程并求解：

$$\sum M_H=0 \Rightarrow F'_{Cy}\cdot\frac{a}{2}+F'_{Cx}\cdot\frac{a}{2}+F_{By}\cdot\frac{a}{2}+F_{Bx}\cdot\frac{a}{2}=0 \Rightarrow F_{Bx}=-(F_1+F_2)$$

$$\sum F_x=0 \Rightarrow F_{Hx}-F'_{Cx}+F_{Bx}=0 \Rightarrow F_{Hx}=F_1+F_2$$

$$\sum F_y=0 \Rightarrow F_{Hy}-F'_{Cy}+F_{By}=0 \Rightarrow F_{Hy}=\frac{2M}{a}-(F_1+F_2)$$

在此步求解中，也可列如下两矩式平衡方程求解：

$$\sum M_H=0 \Rightarrow F'_{Cy}\cdot\frac{a}{2}+F'_{Cx}\cdot\frac{a}{2}+F_{By}\cdot\frac{a}{2}+F_{Bx}\cdot\frac{a}{2}=0 \Rightarrow F_{Bx}=-(F_1+F_2)$$

$$\sum M_I=0 \Rightarrow -F_{Hx}\cdot\frac{a}{2}+F'_{Cx}\cdot a+F'_{Cy}\cdot\frac{a}{2}+F_{Bx}\cdot\frac{a}{2}=0 \Rightarrow F_{Hx}=F_1+F_2$$

$$\sum F_y=0 \Rightarrow F_{Hy}-F'_{Cy}+F_{By}=0 \Rightarrow F_{Hy}=\frac{2M}{a}-(F_1+F_2)$$

或三矩式平衡方程求解（具体方程请读者练习并补充）：

$$\sum M_H=0 \Rightarrow F_{Bx}=-(F_1+F_2)$$

$$\sum M_I=0 \Rightarrow F_{Hx}=F_1+F_2$$

$$\sum M_J=0 \Rightarrow F_{Hy}=\frac{2M}{a}-(F_1+F_2)$$

讨论：一方面，当系统中有较多刚体时，选取不同的研究对象会有不同的求解过程，读者可尝试其他方案进行求解并进行比较。解题时，应尝试选择合适的研究对象和平衡方程以减少所列的平衡方程的个数，尽可能以最少的方程完成求解。另一方面，针对同一研究对象，可以使用平衡方程的基本形式、两矩式或三矩式完成求解，求解的结果相同，但不同形式的平衡方程相互之间存在求解复杂程度的差异，这种差异也随具体问题的不同而不同。以上两点，需要初学者在处理具体的物系平衡问题时多做尝试、比较，以便更快速有效地求解问题。

3.4　平面桁架杆件内力计算

在实际的物系平衡问题中，通常物系是由多个构件组成的结构，承受一定的载荷而保持平衡。物系根据其中刚体的受力和约束特征可分为三种。第一种称为**构架**，是指由多个构件组成，其中包含至少一个非二力构件的承载结构，构架中各构件完全被各种约束限制，没有任何自由运动的可能，可承受各种载荷而保持平衡，如例 3-6 ~ 例 3-9 中的情形。第二种称为**桁架**，是指全部由二力杆组成，同样为被完全限制而没有任何自由运动可能的理想结构，是本节要研究的结构，如图 3-12 所示，工程常见的塔式起重机和钢结构桥梁等都可以简化为桁架结构。第三种称为**机构**，是指由多个构件组成，但并未被完全限制而有一定运动可能的物系。机构通常用于实现某种预期的运动。三种物系均存在平衡问题，没有运动自由度的构架和桁架统称为结构，其平衡问题可能是静定或静不定的（静不定问题求解留在变形固体静力学的相关课程中解决），而机构的平衡则是属于有条件的平衡问题。

图 3-12　工程中的桁架实例

实际工程中，各直杆以固结（铆接或焊接）或铰接的方式相互连接形成桁架（图 3-13）。而桁架承受的外力只作用于直杆连接处——节点上。通常，桁架承受的载荷的大小远大于桁架自身的重力。这时每根杆件上承受的沿着直杆轴线的方向的约束力的值远大于其他方向的约束力的值，且约束力偶可忽略不计。因此，在分析时，可将桁架简化为忽略各杆自重、各杆通过节点处的销钉以光滑铰接的形式相互连接、外力作用于节点的结构。这样桁架中每一根直杆均可理想化为二力杆，如此可在保证工程的精度要求的同时大大简化桁架杆件的受力分析和计算。

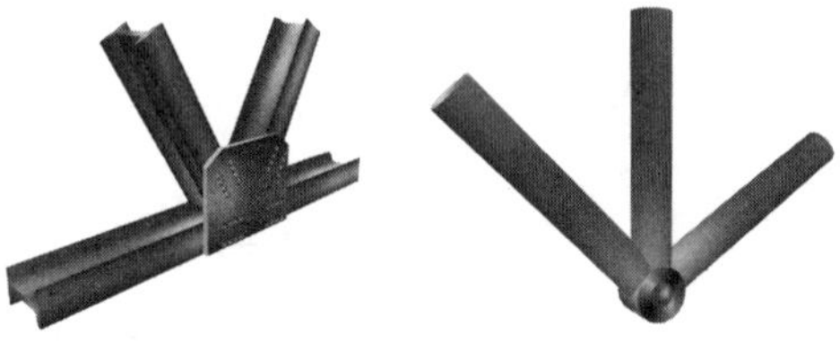

a）　b）

图 3-13　桁架中杆件连接方式

a）铆接　b）铰接

当构成桁架的各个二力直杆的轴线分布在同一平面内时，该桁架称为**平面桁架**，如图 3-14 所示，否则称为**空间桁架**。本节主要介绍平面桁架的平衡问题的求解，将其方法稍加推广便可应用于空间桁架的平衡问题的求解。

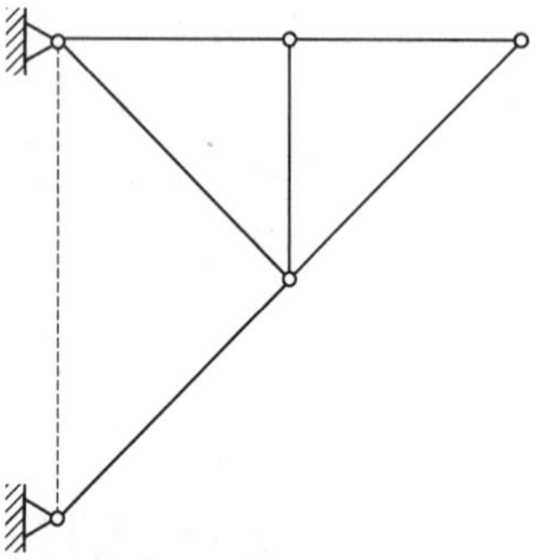

图 3-14　平面桁架

对于承受载荷的桁架，外力的作用会在桁架的杆件内部产生额外的作用力。取一根直杆 AB，设其两端受到两个节点的作用，如图 3-15 所示。为求出杆件内部产生的额外的作用力，现假想杆件从其横截面截开成两段，取任意一段为研究对象，横截面上的分布力系的合力必与一端的作用力满足二力平衡，即等值、反向、共线。称横截面上的分布力系的合力为杆件的**内力**，用 $\boldsymbol{F}_N$ 表示。因此，桁架中每一根直杆在两端承受节点施加的沿杆件轴线或拉或压的作用力，其内力的大小等于杆件两端的受力大小。当直杆的内力的方向沿轴线背离截面时，规定为正，此时直杆受拉，称为拉杆；反之，当直杆的内力的方向沿轴线指向截面时，规定为负，此时直杆受压，称为压杆。

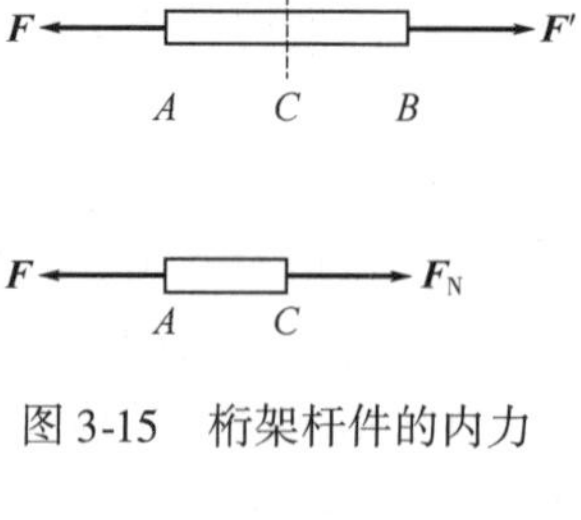

图 3-15　桁架杆件的内力

桁架的平衡问题就是根据载荷确定桁架中每一根杆件的内力的值，以保证整个桁架能够安全地承载。

计算桁架内力的方法有两种：**节点法**和**截面法**。

3.4.1　节点法

一个静定的桁架，其节点处的销钉受到与之相连的直杆的作用力（其值等于各直杆的内力）以及载荷的作用，这些作用力形成平面汇交力系。分别以各节点（销钉）为研究对象，可得到与未知力个数相同的独立平衡方程，求解这些方程即可得到各直杆端点所受作用力，即可求得各直杆的内力。这种以各节点为研究对象求解直杆内力的方法称为**节点法**。

在实际的平面桁架平衡问题求解中，为避免求解众多联立方程，通常从只与两个未知内力的直杆相连的节点着手计算，由平面汇交力系的两个独立的平衡方程求解出这两个未知力。然后逐一选择其余只有两个未知力的节点求解，直至求解出全部直杆的内力。如有必要，则需首先以整体为研究对象，求出某支座的约束力，然后再从只有两个未知力的节点着手开始计算。

在计算时，通常假设各直杆受拉的方向为内力的正方向。若计算结果为正值，说明直杆内力为拉力，直杆称为拉杆；反之，若结果为负值，则说明直杆内力为压力，直杆称为压杆。

下面举例说明节点法的应用。

例 3-10　如图 3-16a 所示平面桁架，已知 $AB=BC=BD=a$，$AD=DC=DE=\sqrt{2}a$，主动力 $\boldsymbol{F}_1$、$\boldsymbol{F}_2$ 和 $\boldsymbol{F}_3$ 的大小均为 F，试求桁架中各杆的内力。

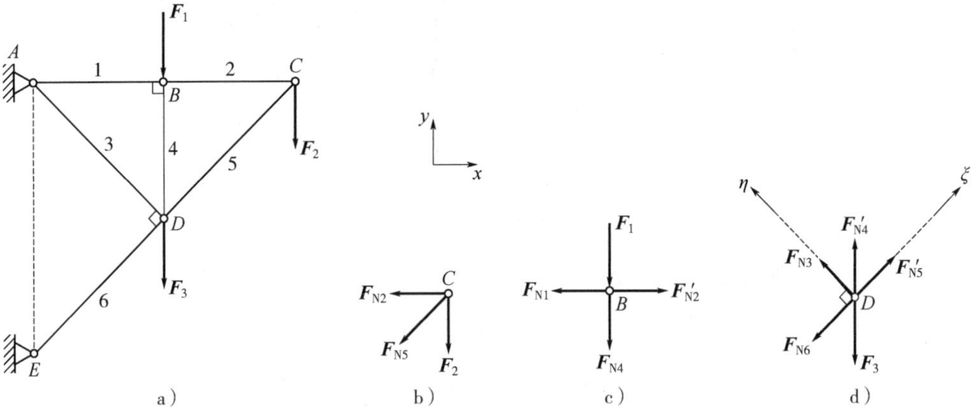

图 3-16　例 3-10 图

解： 1）以节点 C 为研究对象，其受力图如图 3-16b 所示。

$$\sum F_y=0\Rightarrow -F_{N5}\cos45^\circ-F_2=0\Rightarrow F_{N5}=-\sqrt{2}F\ (\text{压杆})$$

$$\sum F_x=0\Rightarrow -F_{N2}-F_{N5}\cos45^\circ=0\Rightarrow F_{N2}=F\ (\text{拉杆})$$

2）以节点 B 为研究对象，其受力图如图 3-16c 所示。

$$\sum F_x=0\Rightarrow F'_{N2}-F_{N1}=0\Rightarrow F_{N1}=F\ (\text{拉杆})$$

$$\sum F_y=0\Rightarrow -F_{N4}-F_1=0\Rightarrow F_{N4}=-F\ (\text{压杆})$$

3）以节点 D 为研究对象，其受力图如图 3-16d 所示。

$$\sum F_x=0\Rightarrow F'_{N5}\cos45^\circ-F_{N3}\cos45^\circ-F_{N6}\cos45^\circ=0$$

$$\sum F_y = 0 \Rightarrow F_{N3}\cos45° + F'_{N4} + F'_{N5}\cos45° - F_{N6}\cos45° - F_3 = 0$$

联立上面二式得 $F_{N3} = \sqrt{2}F$（拉杆）、$F_{N6} = -2\sqrt{2}F$（压杆）。

也可选择向图示 ξ、η 轴列写力的投影平衡方程，并求解：

$$\sum F_\xi = 0 \Rightarrow F'_{N5} + F'_{N4}\cos45° - F_3\cos45° - F_{N6} = 0 \Rightarrow F_{N6} = -2\sqrt{2}F \text{（压杆）}$$

$$\sum F_\eta = 0 \Rightarrow F_{N3} + F_{N4}\cos45° - F_3\cos45° = 0 \Rightarrow F_{N3} = \sqrt{2}F \text{（拉杆）}$$

如此可避免求解联立方程而快速求解。

例 3-11　如图 3-17a 所示一平面桁架，在节点 D 处作用一大小为 12kN，方向为水平向左的外力 $\boldsymbol{F}$，桁架的几何尺寸如图所示，试求各杆内力。

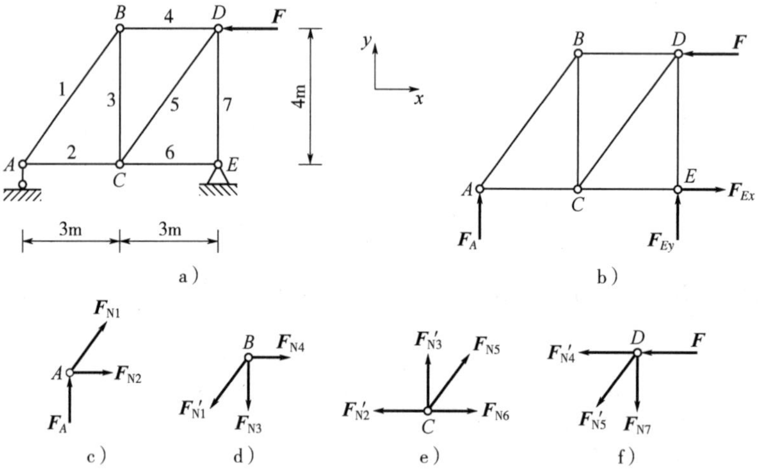

图 3-17　例 3-11 图

解：1）以整体为研究对象，其受力图如图 3-17b 所示。

$$\sum M_E = 0 \Rightarrow F \times 4 - F_A \times 6 = 0 \Rightarrow F_A = 8\text{kN}(\uparrow)$$

2）以节点 A 为研究对象，其受力图如图 3-17c 所示。

$$\sum F_y = 0 \Rightarrow F_A + F_{N1} \times \frac{4}{5} = 0 \Rightarrow F_{N1} = -10\text{kN}(\text{压杆})$$

$$\sum F_x = 0 \Rightarrow F_{N2} + F_{N1} \times \frac{3}{5} = 0 \Rightarrow F_{N2} = 6\text{kN}(\text{拉杆})$$

3）依次以节点 B、C、D 为研究对象，其受力图分别为图 3-17d、图 3-17e、图 3-17f 所示。

对于节点 B：

$$\sum F_y = 0 \Rightarrow -F'_{N1} \times \frac{4}{5} - F_{N3} = 0 \Rightarrow F_{N3} = 8\text{kN}(\text{拉杆})$$

$$\sum F_x = 0 \Rightarrow -F'_{N1} \times \frac{3}{5} + F_{N4} = 0 \Rightarrow F_{N4} = -6\text{kN}(\text{压杆})$$

对于节点 C：

$$\sum F_y = 0 \Rightarrow F'_{N3} + F_{N5} \times \frac{4}{5} = 0 \Rightarrow F_{N5} = -10\text{kN}(\text{压杆})$$

$$\sum F_x = 0 \Rightarrow -F'_{N2} + F_{N5} \times \frac{3}{5} + F_{N6} = 0 \Rightarrow F_{N6} = 12\text{kN}(\text{拉杆})$$

对于节点 D：

$$\sum F_y = 0 \Rightarrow -F_{N7} - F'_{N5} \times \frac{4}{5} = 0 \Rightarrow F_{N7} = 8\text{kN}(\text{拉杆})$$

注意：同样，可以先由整体的平衡方程求出 F_{Ex} 和 F_{Ey}，再以节点 E 为研究对象进行受力分析并列写出平衡方程以验算计算结果是否正确。

从以上两个例子可以看出，各节点上杆件的内力在求解过程中存在依赖关系，某一步的计算若存在近似或错误，将会导致后续的计算结果存在进一步近似（误差积累）或错误，这是节点法的一个缺点。

3.4.2　截面法

用一假想截面将平面桁架的部分杆件从中间处截开使整个桁架分成两部分，取其中一部分为研究对象，截开的每一根直杆均以相应的内力代替，保留部分形成受平面力系作用而保持平衡的直杆系统。由于平面力系有三个独立的平衡方程，所以当被截开的直杆不超过三根（若所取部分有支座约束力，且已通过整体的平衡方程求出支座约束力）时，便可由平衡方程全部求解出截断杆件的内力。这种方法称为**截面法**。

实际应用时，会存在多根直杆连接于一个节点的情况，如果保留部分截断的杆件后除了这些直杆之外只有另外一根待求内力的直杆连接于其他节点，对该节点列写力矩的平衡方程，则这些与该节点相连的直杆的内力均不出现在力矩平衡方程中，又保留部分主动力已知，若有支座约束力已事先通过整体平衡方程求出，这样便可以解出那根待求直杆的内力。与节点法相比，截面法更为灵活，适用于只需求解部分直杆内力的场合。

下面举例说明截面法的应用。

例 3-12　试求图 3-18a 所示桁架中杆 1、2、3 的内力。

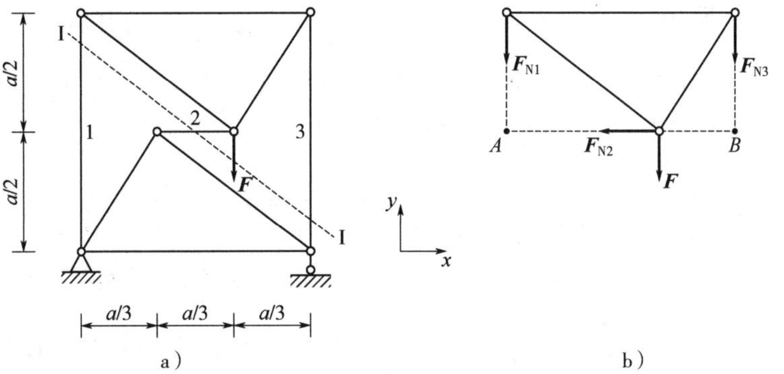

图 3-18　例 3-12 图

解：以截面 I—I 截开 1、2、3 杆，取上半部分为研究对象，其受力图如图 3-18b 所示。

$$\sum F_x = 0 \Rightarrow F_{N2} = 0$$

$$\sum M_A = 0 \Rightarrow -F \cdot \frac{2}{3}a - F_{N3} \cdot a = 0 \Rightarrow F_{N3} = -\frac{2}{3}F\ (\text{压杆})$$

$$\sum F_y = 0 \Rightarrow -F - F_{N1} - F_{N3} = 0 \Rightarrow F_{N1} = -\frac{1}{3}F\ (\text{压杆})$$

或 $$\sum M_B = 0 \Rightarrow F \cdot \frac{1}{3}a + F_{N1} \cdot a = 0 \Rightarrow F_{N1} = -\frac{1}{3}F\ (\text{压杆})$$

例 3-13 求图 3-19a 所示桁架中杆 1、2、3 的内力。

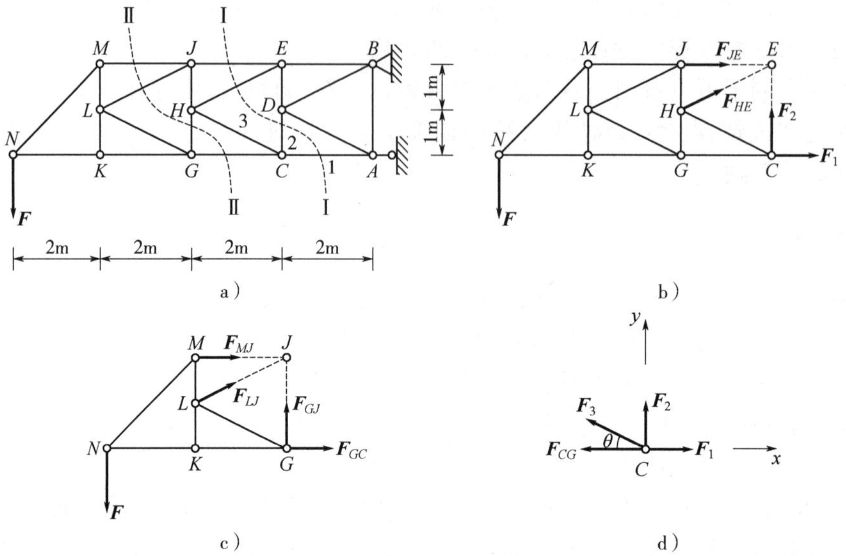

图 3-19 例 3-13 图

解：1）以截面Ⅰ—Ⅰ截开桁架，取左半部分为研究对象，其受力图如图 3-19b 所示。

$$\sum M_E = 0 \Rightarrow F \cdot 6 + F_1 \cdot 2 = 0 \Rightarrow F_1 = -3F\ (\text{压杆})$$

2）以截面Ⅱ—Ⅱ截开桁架，取左半部分为研究对象，其受力图如图 3-19c 所示。

$$\sum M_J = 0 \Rightarrow F \cdot 4 + F_{GC} \cdot 2 = 0 \Rightarrow F_{GC} = -2F\ (\text{压杆})$$

3）以节点 C 为研究对象，其受力图如图 3-19d 所示。其中 $F_{CG} = F_{GC}$，由图示几何关系有 $\sin\theta = 1/\sqrt{5}$，$\cos\theta = 2/\sqrt{5}$，列写平衡方程并求解：

$$\sum F_x = 0 \Rightarrow F_1 - F_{CG} - F_3\cos\theta = 0 \Rightarrow F_3 = -\frac{\sqrt{5}}{2}F\ (\text{压杆})$$

$$\sum F_y = 0 \Rightarrow F_2 + F_3\sin\theta = 0 \Rightarrow F_2 = \frac{1}{2}F\ (\text{拉杆})$$

例 3-13 表明截面法的关键是找到合适的想象截开某些杆件的截面，有一定技巧性。此例题还表明，在复杂桁架平衡分析中可综合应用截面法和节点法。

3.4.3 零力杆

在桁架中，某些直杆由于其分布和受力的原因，会出现内力为零的情况，这些内力为零的直杆称为**零力杆**或**零杆**。事先识别桁架中零力杆，将会简化其他直杆的内力计算。以下情况中的某些直杆为零力杆：

1）节点仅连接两根不共线的直杆，且该节点无外力作用，则这两根直杆均为零力杆。

如图 3-20a 所示。

2）节点仅连接两根不共线的直杆，且该节点只受到与其中一根直杆共线的外力作用，则另一根直杆为零力杆，如图 3-20b 所示。

3）节点连接三根直杆，且其中两根直杆共线，则当该节点无外力作用时，第三根直杆为零力杆，如图 3-20c 所示。

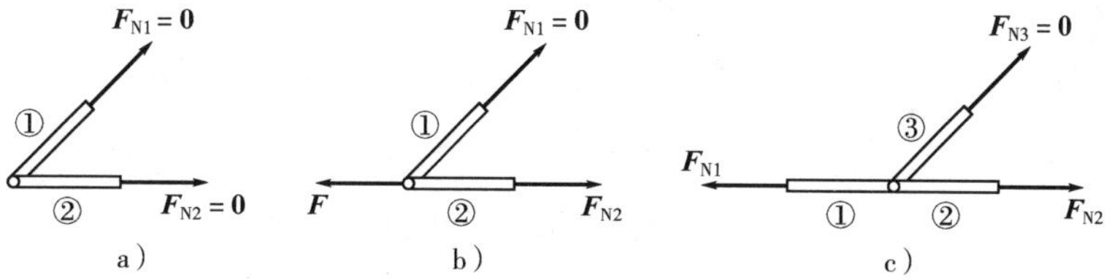

图 3-20　零力杆的情形

请读者利用节点法自行验证上述结论。

需要注意，某些桁架中的零力杆仅仅在已知确定的外力情况是不受力的，而工程实际中，外力会受到意外干扰而发生变化，可能导致原来的零力杆的内力不再为零，而如果去掉这些直杆，桁架将变为可运动的机构而失去承载能力，或主动力必须满足某种条件才能保持平衡。因此，零力杆是维持桁架稳定性不可或缺的部分，不可以去掉。

例 3-14　根据上述零力杆的情形判断图 3-21 所示桁架中标记“0”的杆件为零力杆。

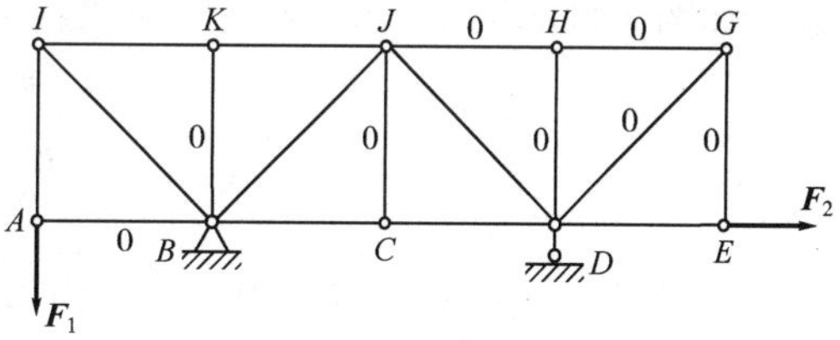

图 3-21　例 3-14 图

3.5　考虑摩擦时的平衡问题

3.5.1　滑动摩擦力及其性质

当两个相互以非光滑面接触的物体在外力作用下，沿其接触面有相对滑动或滑动趋势时，物体之间会产生阻碍这种滑动或滑动趋势、沿着接触面公切线方向的约束力，该约束力称为**滑动摩擦力**。两个物体之间未产生相对滑动而只有滑动趋势时的摩擦力称为**静滑动摩擦力**；两物体之间产生相对滑动时的摩擦力称为**动滑动摩擦力**。

下面通过研究放置于粗糙水平面上、受水平主动力 $\boldsymbol{F}$ 作用的物体 A 来说明摩擦力的一些性质，其中力 $\boldsymbol{F}$ 作用于物体 A 的底部以免物体翻倒而失去平衡，如图 3-22 所示。

物体 A 受到其自身的重力 $\boldsymbol{P}$、水平主动力 $\boldsymbol{F}$ 以及水平面施加的法向约束力 $\boldsymbol{F}_{\mathrm{N}}$、滑动摩擦力 $\boldsymbol{F}_{\mathrm{f}}$ 的作用，四个力形成汇交力系。

当主动力 $\boldsymbol{F}$ 的值较小时，物体 A 将产生相对于水平面的滑动趋势，但能够保持平衡，如图 3-22a 所示，由平衡方程可以求得 $\boldsymbol{F}_{\mathrm{N}}$ 和 $\boldsymbol{F}_{\mathrm{f}}$。

$$\begin{cases}\sum F_x = 0\\ \sum F_y = 0\end{cases} \Rightarrow \begin{cases}F_{\mathrm{f}} - F = 0\\ F_{\mathrm{N}} - P = 0\end{cases} \Rightarrow \begin{cases}F_{\mathrm{f}} = F\\ F_{\mathrm{N}} = P\end{cases} \tag{3-13}$$

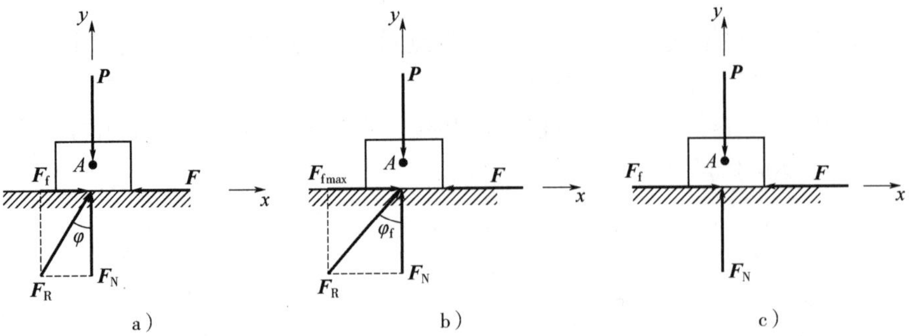

图 3-22　摩擦力的性质

水平面提供的 $\boldsymbol{F}_N$ 和 $\boldsymbol{F}_f$ 可以合成为一个合力，称为水平面的全约束力 $\boldsymbol{F}_R$。$\boldsymbol{F}_R$ 和接触面的公法线（即 $\boldsymbol{F}_N$ 的方向）间的夹角用 φ 表示，则有

$$F_f = F_N \tan\varphi \tag{3-14}$$

逐渐增大主动力 $\boldsymbol{F}$ 的值，使物体 A 处于将动而未动的临界状态，此时物体有相对滑动趋势，但仍然保持平衡，摩擦力达到了最大值，$\boldsymbol{F}_R$ 和接触面的公法线间的夹角也达到最大值 φ_f，如图 3-22b 所示，由平衡方程可求得 $\boldsymbol{F}_N$ 和 $\boldsymbol{F}_{fmax}$，有

$$F_N = P \tag{3-15a}$$

$$F_{fmax} = F \tag{3-15b}$$

$$F_{fmax} = F_N \tan\varphi_f \tag{3-15c}$$

试验表明 φ_f 的值只与接触面上两个物体的材料以及表面性质（如粗糙程度、湿度、温度等）有关，而与物体所受的主动力无关，称 φ_f 为**摩擦角**。由此定义**静滑动摩擦因数**为

$$f_s = \tan\varphi_f \tag{3-16}$$

于是，得到**库仑摩擦定律**的表达式：

$$F_{fmax} = f_s F_N \tag{3-17}$$

即两物体间的最大静滑动摩擦力与法向约束力成正比。

继续增大主动力 $\boldsymbol{F}$ 的值，使其大于 F_{fmax}，水平方向上的力将无法保持平衡，物体 A 将相对于水平面产生滑动，此时的摩擦力为动滑动摩擦力。试验表明，动滑动摩擦力与法向约束力之间关系为

$$F_f = f' F_N \tag{3-18}$$

式中　f'——**动滑动摩擦因数**。

和 f_s 一样，f' 只与接触面的材料和表面性质有关。一般情况下，动滑动摩擦因数 f' 略小于静滑动摩擦因数 f_s。不同材料间的摩擦因数需通过试验的方法测定，可查阅相关工程手册获得。表 3-1 给出了一些常用材料间的摩擦因数。

表 3-1　常用材料间的摩擦因数

材料名称	静滑动摩擦因数（f_s）		动滑动摩擦因数（f'）	
	无润滑	有润滑	无润滑	有润滑
钢-钢	0.15	0.10 ~ 0.20	0.15	0.05 ~ 0.10
钢-铸铁	0.30		0.18	0.05 ~ 0.15

（续）

材料名称	静滑动摩擦因数（f_s）		动滑动摩擦因数（f'）	
	无润滑	有润滑	无润滑	有润滑
钢-青铜	0.15	0.10 ~ 0.15	0.15	0.10 ~ 0.15
铸铁-皮革	0.30 ~ 0.50	0.15	0.60	0.15
木材-木材	0.40 ~ 0.60	0.10	0.20 ~ 0.50	0.07 ~ 0.15

如图 3-22a、b 所示情况，全约束力 $\boldsymbol{F}_R$、自身重力 $\boldsymbol{P}$ 和水平主动力 $\boldsymbol{F}$ 构成三力平衡，因此 $\boldsymbol{P}$ 和 $\boldsymbol{F}$ 的合力作用线与 $\boldsymbol{F}_R$ 的作用线重合，即平衡时主动力的合力与公法线间夹角 φ 满足

$$\varphi \leqslant \varphi_f \tag{3-19}$$

此时无论主动力的合力多大，水平面总是可以提供足够的法向约束力和静滑动摩擦力使得物体保持平衡，这种现象称为摩擦**自锁现象**。反之，若主动力的合力与公法线间夹角 φ 满足 $\varphi > \varphi_f$，则物体将与水平面之间产生滑动而失去平衡。因此，将式（3-19）称为物体的**自锁条件**，也称为**有摩擦时物体平衡的几何条件**。

可利用如图 3-23 所示装置测量两种接触面的摩擦因数，其中斜面可绕固定水平轴转动。当斜面处于某个角度，其上物块处于平衡时，对物块做受力分析可知，斜面对物块的法向约束力 $\boldsymbol{F}_N$ 与摩擦力 $\boldsymbol{F}_f$ 的合力 $\boldsymbol{F}_R$ 应与物块的重力 $\boldsymbol{G}$ 平衡，即 $\boldsymbol{F}_R$ 沿铅垂向上方向。测量时，逐渐抬高斜面，使物块达到将要滑动的临界平衡状态，此时斜面对物块的摩擦力达到最大静滑动摩擦力，记下斜面与水平面间夹角 φ_1。此时 $\boldsymbol{F}_R$ 与法向约束力 $\boldsymbol{F}_N$ 的角度即为摩擦角 φ_f，由图示几何关系可知 $\varphi_f = \varphi_1$，从而得到静滑动摩擦因数 $f_s = \tan\varphi_f = \tan\varphi_1$。当斜面的倾角 $\varphi \leqslant \varphi_f$ 时，物块能够实现自锁。这种形式的自锁在螺纹设计上有所应用。为保证螺母和螺杆在拧紧时不会自动松弛，要求螺纹沿着螺杆轴线的升角应小于摩擦角，如图 3-24 所示。生活中用于支撑汽车等重物的螺旋千斤顶（图 3-25）就是基于摩擦自锁的原理设计的。

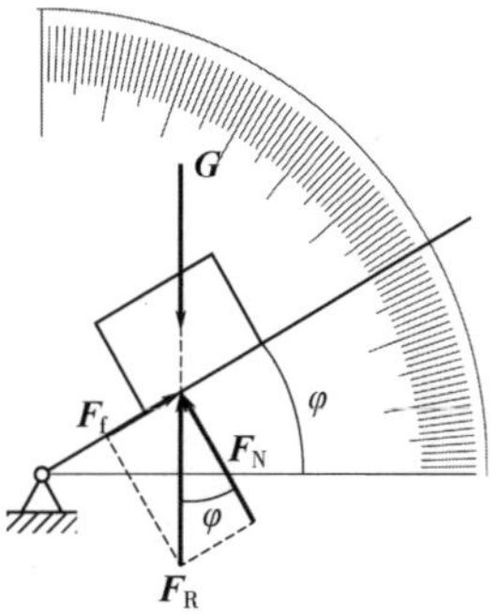

图 3-23　摩擦角的测量

图 3-24　螺纹自锁

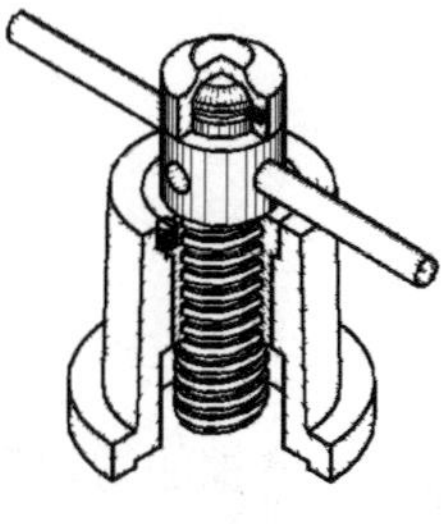
图 3-25　螺旋千斤顶

综上所述，可得出关于不同情况下的滑动摩擦力的一些性质：

1）物体之间无相对滑动且均处于静止状态时，摩擦力为静滑动摩擦力，其值可由物体的平衡方程确定，且有

$$|F_f| \leqslant F_{fmax} = f_s F_N \tag{3-20}$$

当物体处于将动而未动的临界状态时，不等式取等号。式（3-20）称为**有摩擦时物体平衡的物理条件**。式（3-20）中的绝对值符号表示静滑动摩擦力有两个方向的可能，对应于物

体之间两种相反方向的相对运动趋势；若物体之间只有一个可以事先确定方向的相对运动趋势，则 $\boldsymbol{F}_f$ 按正确方向画出，需要将式（3-20）中绝对值符号去掉，F_f 为其大小。

2）当物体之间有相对滑动时，摩擦力为动滑动摩擦力，其大小由物理关系 $F_f = f'F_N$ 确定，方向与相对运动方向相反。

3.5.2　有摩擦力时物体的平衡条件

当考虑有摩擦的物体平衡问题时，除了要满足静力学平衡方程之外，滑动摩擦力还必须满足其物理关系式（3-19）或式（3-20）。因此，求解有摩擦的平衡问题时，若两物体在有摩擦处存在两种相对运动趋势，首先假设其中的滑动摩擦力的某个指向，代入平衡方程求出有摩擦处的滑动摩擦力和法向约束力的值，然后将二者代入摩擦的物理关系式以确定平衡时主动力须满足的条件。

下面举例说明有摩擦力时的平衡问题的求解。

例 3-15　如图 3-26a 所示，粗糙斜面上放置一重力为 $G = 100\text{N}$ 的物块，已知物体与斜面间的静滑动摩擦因数 $f_s = 0.3$，斜面倾角为 30°。试求欲使物块不产生滑动，应加多大的水平力 $\boldsymbol{F}$。

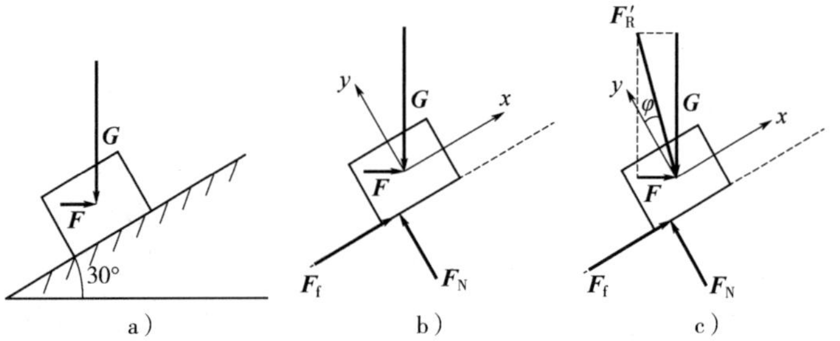

图 3-26　例 3-15 图

解：1）解析法。

以物块为研究对象，因 $\tan 30° > f_s$，若 F 太小，则物块将下滑，若 F 太大，物块将上滑。假设物块有下滑趋势，其受力如图 3-26b 所示，并选择图示坐标轴，建立平衡方程：

$$\begin{cases} \sum F_x = 0 \\ \sum F_y = 0 \end{cases} \Rightarrow \begin{cases} F\cos 30° - G\sin 30° + F_f = 0 \\ -F\sin 30° - G\cos 30° + F_N = 0 \end{cases}$$

求得

$$F_f = \frac{1}{2}(G - \sqrt{3}F)$$

$$F_N = \frac{1}{2}(\sqrt{3}G + F)$$

将二者代入摩擦的物理条件 $|F_f| \leqslant f_s F_N$ 得

$$\left|G - \sqrt{3}F\right| \leqslant f_s(\sqrt{3}G + F)$$

即

$$-f_s(\sqrt{3}G + F) \leqslant G - \sqrt{3}F \leqslant f_s(\sqrt{3}G + F)$$

解此不等式，得

$$\frac{1 - \sqrt{3}f_s}{\sqrt{3} + f_s}G \leqslant F \leqslant \frac{1 + \sqrt{3}f_s}{\sqrt{3} - f_s}G$$

将 $G = 100\text{N}$，$f_s = 0.3$ 代入，即得 F 的取值范围：

$$23.64\text{N} \leqslant F \leqslant 106.11\text{N}$$

2）几何法。

设物块所受主动力 $\boldsymbol{F}$ 和 $\boldsymbol{G}$ 合力为 $\boldsymbol{F}'_{\mathrm{R}}$，其与斜面的法向（$y$ 轴）之间夹角为 φ，如图 3-26c 所示。φ 满足：

$$\tan\varphi=\left|\frac{F_{\mathrm{R}x}}{F_{\mathrm{R}y}}\right|=\frac{|G\sin30^\circ-F\cos30^\circ|}{G\cos30^\circ+F\sin30^\circ}=\frac{|G-\sqrt{3}F|}{\sqrt{3}G+F}$$

由摩擦自锁的几何条件 $\varphi\leqslant\varphi_{\mathrm{f}}$，即有

$$\tan\varphi\leqslant\tan\varphi_{\mathrm{f}}=f_{\mathrm{s}}$$

于是有

$$|G-\sqrt{3}F|\leqslant f_{\mathrm{s}}(\sqrt{3}G+F)$$

解此不等式同样得到 F 的取值范围：

$$23.64\mathrm{N}\leqslant F\leqslant106.11\mathrm{N}$$

例 3-16　如图 3-27a 所示，重力为 $G=45\mathrm{N}$，长度为 $l=\dfrac{250}{3}\mathrm{cm}$ 的均质直杆 AD，杆端 A 放置于粗糙水平地面上，并靠在高度为 $h=30\mathrm{cm}$ 的台阶尖点 B 上，已知杆与地面、台阶的静滑动摩擦因数均为 $f_{\mathrm{s}}=1/3$，欲使杆在图示位置保持平衡，试求在 A 端能施加的水平向左的力 F 的取值。

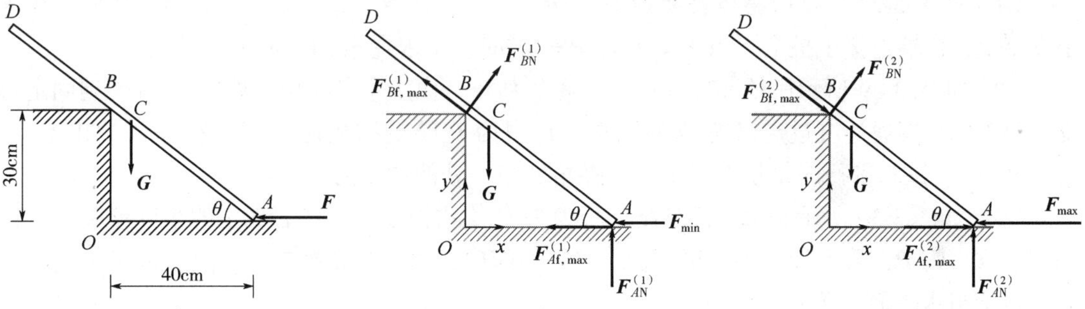

图 3-27　例 3-16 图

解：1）以杆 AD 为研究对象。显然，当 $\boldsymbol{F}$ 不够大时，点 A 将向右滑动，而当 $\boldsymbol{F}$ 太大时，点 A 将向左滑动。假设杆 AD 于图示位置处于平衡状态，$\boldsymbol{F}$ 的大小取值范围为 $F_{\min}\leqslant F\leqslant F_{\max}$。

2）当 $F=F_{\min}$ 时，杆 AD 处于临界平衡状态，此时 A 端所受摩擦力水平向左。由运动趋势的相容性知，杆在台阶尖点 B 处所受摩擦力沿杆斜向上。杆 AD 受力如图 3-27b 所示。

$$\sum M_A=0\Rightarrow-F_{BN}^{(1)}\times50+G\times\left(\frac{1}{2}\times\frac{250}{3}\times\frac{4}{5}\right)=0\Rightarrow F_{BN}^{(1)}=\frac{2}{3}G=30\mathrm{N}$$

故

$$F_{Bf,\max}^{(1)}=f_{\mathrm{s}}\times F_{BN}^{(1)}=\frac{1}{3}\times30\mathrm{N}=10\mathrm{N}$$

$$\sum F_y=0\Rightarrow F_{Bf,\max}^{(1)}\sin\theta+F_{BN}^{(1)}\cos\theta+F_{AN}^{(1)}-G=0\Rightarrow F_{AN}^{(1)}=15\mathrm{N}$$

故

$$F_{Af,\max}^{(1)}=f_{\mathrm{s}}\times F_{AN}^{(1)}=5\mathrm{N}$$

$$\sum F_x=0\Rightarrow-F_{Bf,\max}^{(1)}\cos\theta+F_{BN}^{(1)}\sin\theta-F_{Af,\max}^{(1)}-F_{\min}=0\Rightarrow F_{\min}=\left(-10\times\frac{4}{5}+30\times\frac{3}{5}-5\right)\mathrm{N}=5\mathrm{N}$$

3）当 $F=F_{\max}$ 时，杆 AD 处于临界平衡状态，此时 A 端所受摩擦力水平向右。由运动趋

势的相容性知，杆在台阶尖点 B 处所受摩擦力沿杆斜向下。杆 AD 受力如图 3-27c 所示。

$$\sum M_A = 0 \Rightarrow -F_{BN}^{(2)} \times 50 + G \times \left(\frac{1}{2} \times \frac{250}{3} \times \frac{4}{5}\right) = 0 \Rightarrow F_{BN}^{(2)} = \frac{2}{3}G = 30\text{N}$$

故
$$F_{Bf,\max}^{(2)} = f_s \times F_{BN}^{(2)} = \frac{1}{3} \times 30\text{N} = 10\text{N}$$

$$\sum F_y = 0 \Rightarrow -F_{Bf,\max}^{(2)}\sin\theta + F_{BN}^{(2)}\cos\theta + F_{AN}^{(2)} - G = 0 \Rightarrow F_{AN}^{(2)} = 27\text{N}$$

故
$$F_{Af,\max}^{(2)} = f_s \times F_{AN}^{(2)} = 9\text{N}$$

$$\sum F_x = 0 \Rightarrow F_{Bf,\max}^{(2)}\cos\theta + F_{BN}^{(2)}\sin\theta + F_{Af,\max}^{(2)} - F_{\max} = 0 \Rightarrow F_{\max} = \left(10 \times \frac{4}{5} + 30 \times \frac{3}{5} + 9\right)\text{N} = 35\text{N}$$

注意此类一个刚体在两处有摩擦的问题的处理，当刚体处于临界平衡状态时，两处摩擦力均达到各自的最大静摩擦力，此时，在每一摩擦处都有补充方程 $F_{f\max} = f_s F_N$，再结合静力学平衡方程完成求解。

习　题

3-1　如图 3-28 所示简易拔桩装置中，AB 和 AC 是绳索，二者连接于点 A，B 端系在固定支架上，C 端连接于桩上。当 $F = 5\text{kN}$，$\theta = 10°$时，试求绳索 AB 和 AC 的张力。

3-2　如图 3-29 所示吊桥 AB，长为 l，重力为 $\boldsymbol{W}$（作用于吊桥中点处），A 端受到固定铰支座约束，B 端通过绕过定滑轮 O 的绳索与重力为 $\boldsymbol{P}$ 的重物相连，点 O 在点 A 的正上方，且 $AO = AB$。试求平衡时吊桥与铅垂线的夹角 θ 和 A 处的约束力。

3-3　如图 3-30 所示铅垂平面系统，长为 $2l$ 的均质筷子放在半径为 r 的半球形碗内，已知筷子重力为 $\boldsymbol{P}$，若不计摩擦，试求筷子一端在碗内，另一端在碗外，且筷子处于平衡状态时，筷子与水平面夹角 φ。

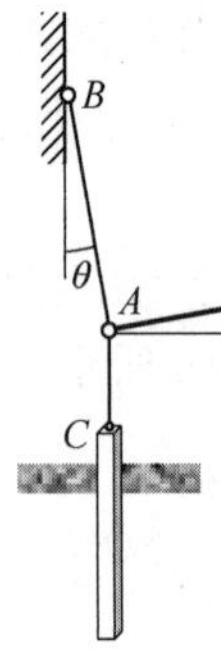

图 3-28　习题 3-1 图

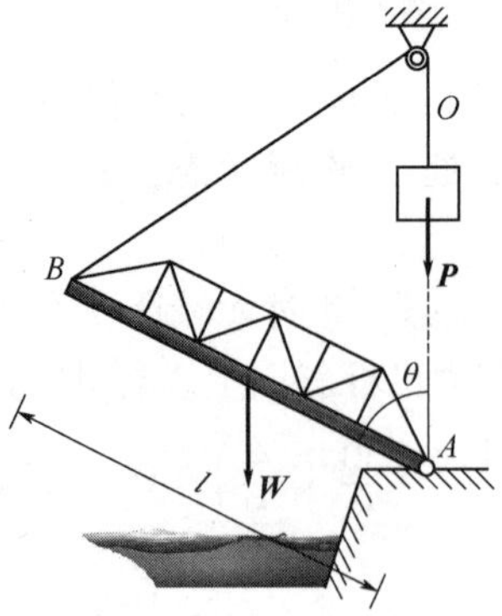

图 3-29　习题 3-2 图

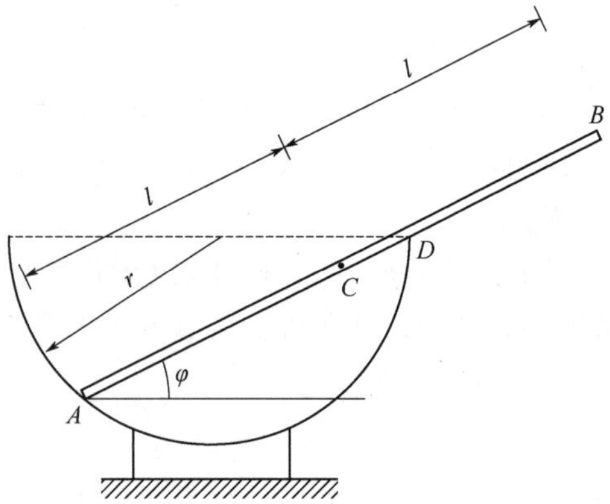

图 3-30　习题 3-3 图

3-4　不计自重和摩擦的简支梁 AB 所受载荷及支承情况如图 3-31 所示，试求图 3-31a、b 两种情况下的支座 A、B 的约束力。

3-5　不计自重和摩擦的简支梁 AB 所受载荷如图 3-32 所示，试求图 3-32a、b 两种情况下的支座 A、B 的约束力。

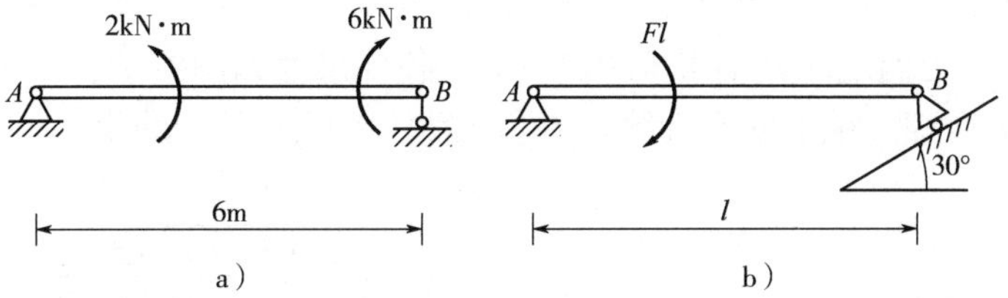

图3-31　习题3-4图

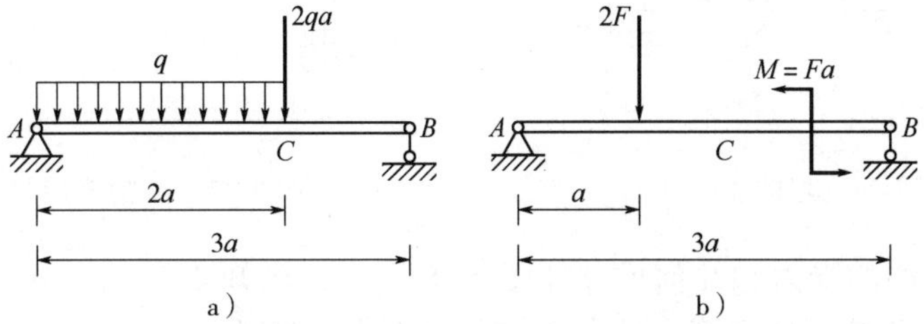

图3-32　习题3-5图

3-6　外伸梁的几何尺寸和所受载荷如图3-33所示，已知 $F = qa$，$M = 2qa^2$，若自重和摩擦不计，试求外伸梁在 A、B 处所受到的约束力。

3-7　图3-34所示载荷 $q_1 = q$，$q_2 = 3q$，$F = 2\sqrt{3}qa$，$M = 4qa^2$，杆重不计，试求直杆 AD 在固定端 A 处所受到的约束力。

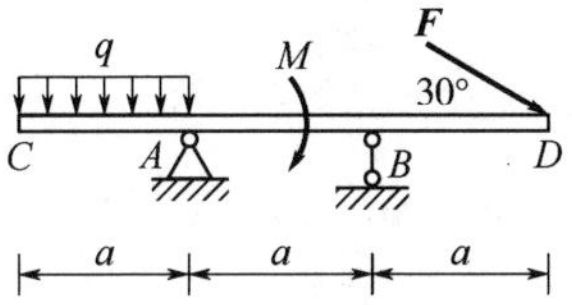

图3-33　习题3-6图

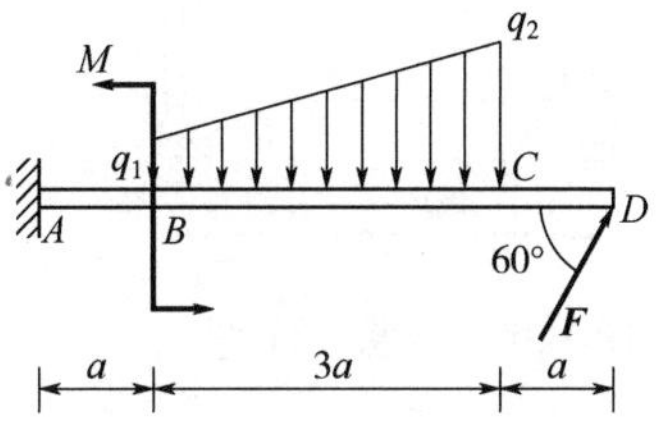

图3-34　习题3-7图

3-8　如图3-35所示，三铰拱架由两根直角弯杆组成，受到大小为 F 的主动力作用，若不计自重和摩擦，试求图3-35a、b两种情况下支座 A、B 的约束力。

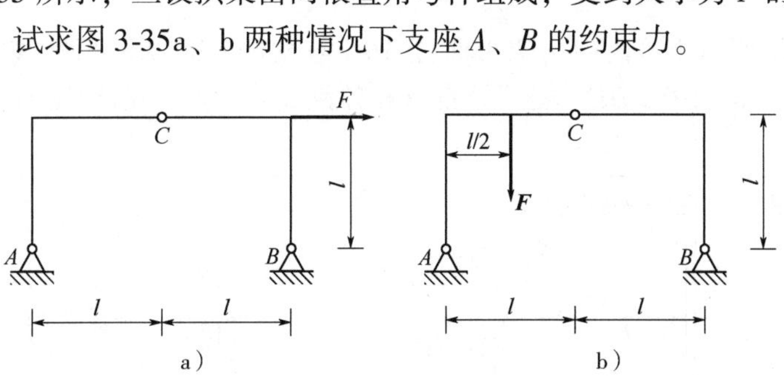

图3-35　习题3-8图

3-9　图3-36所示半径为 a 的四分之一圆弧杆 AB 与直角弯杆 BCD 铰接，在杆 BCD 上作用一力偶矩为 M 的力偶。若不计两杆的自重和各铰接处摩擦，试求 A、D 处的约束力。

3-10　在如图 3-37 所示结构中，直角弯杆 AB 与水平杆 BD 在 B 处铰接，已知均布载荷的集度 $q=5\text{kN/m}$，力偶矩的大小 $M=30\text{kN}\cdot\text{m}$，各杆尺寸如图所示，单位为 m，不计各杆的自重和各接触处摩擦，试求固定端约束 A 和活动铰支座 C 处的约束力。

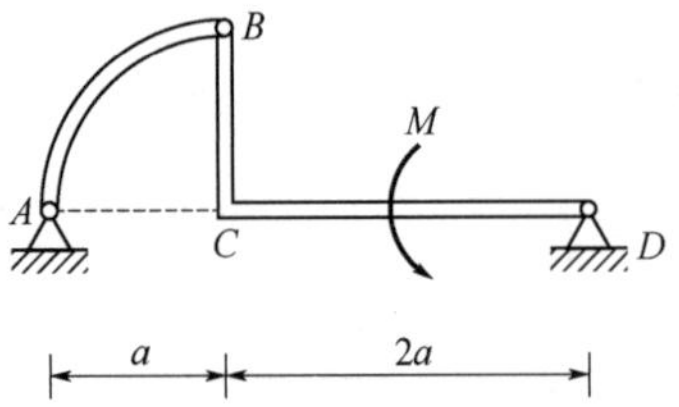

图 3-36　习题 3-9 图

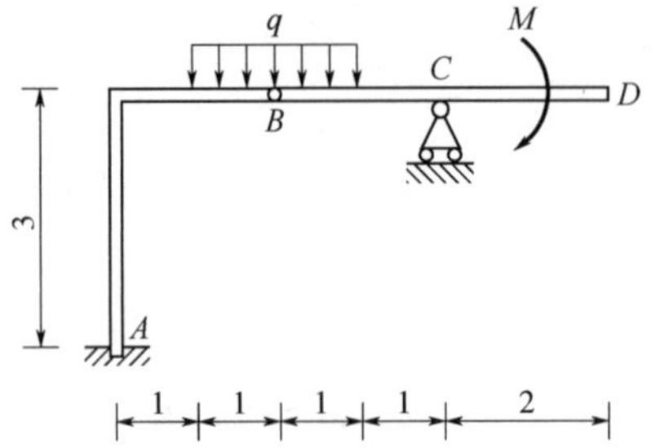

图 3-37　习题 3-10 图

3-11　平面结构的受力和几何尺寸如图 3-38 所示，已知 $F=3ql$，$M=12ql^2$，C 为铰链，若不计构件自重和各接触处摩擦，试求 A、B、D 处的约束力。

3-12　图 3-39 所示平面结构中两构件 AD 和 BCD 铰接于 D，其所受载荷和几何尺寸如图所示，且 $F=qa$，$M=4qa^2$，若不计各构件自重和各接触处摩擦，试求 A、B 和 C 处的约束力。

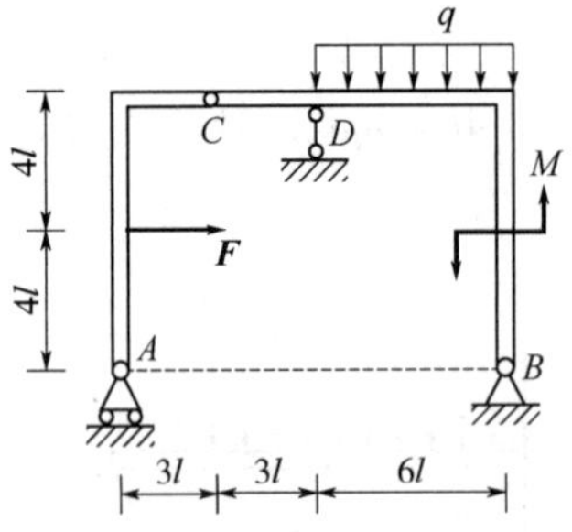

图 3-38　习题 3-11 图

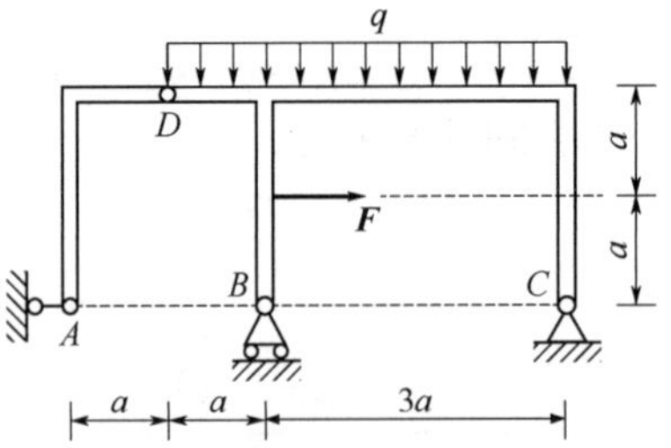

图 3-39　习题 3-12 图

3-13　平面结构由 T 形杆和直杆铰接而成，尺寸和载荷如图 3-40 所示。已知 $F_1=2qa$，$F_2=2\sqrt{3}qa$，$M=qa^2$，不计各构件自重及各接触处摩擦，试求固定端 A 和活动铰支座 B 处的约束力。

3-14　图 3-41 所示铅垂面内构架由曲杆 ABC 与直杆 CD、DE 相互铰接而成，已知 $q=12\text{N/m}$，$M=20\text{N}\cdot\text{m}$，$CD\perp DE$。若不计自重和各铰接处摩擦，试求固定端 A 处的约束力。

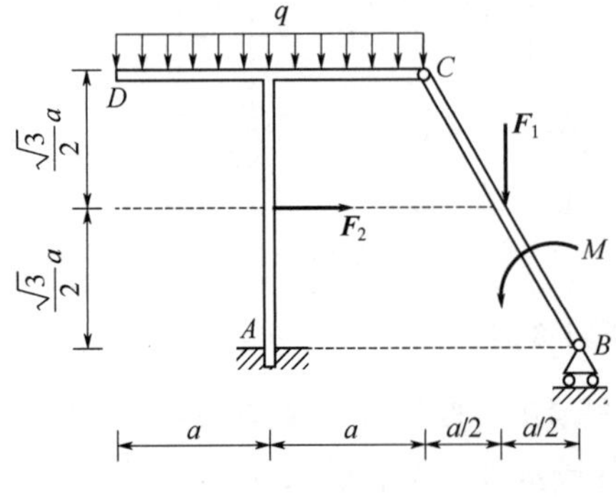

图 3-40　习题 3-13 图

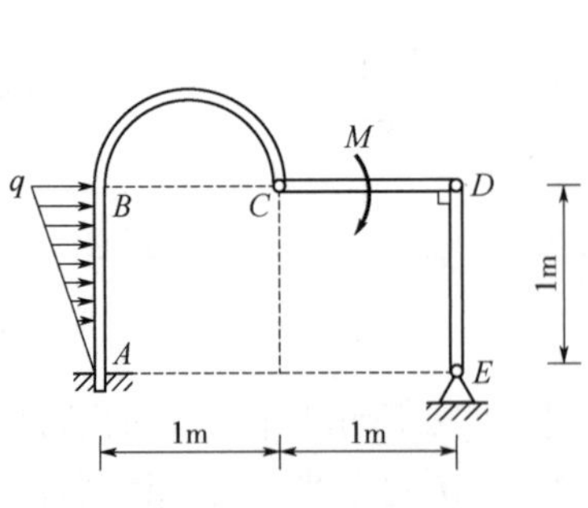

图 3-41　习题 3-14 图

3-15　图3-42所示平面结构由直角弯杆 ABC 和直杆 CD、DE 在接触处相互铰接而成，已知 $F=qa$，$M=2qa^2$，若不计各构件自重和铰接处摩擦，试求固定端 A 处的约束力。

3-16　图3-43所示平面结构由三根杆件组成，固连于杆 AC 的销钉 B 放置于杆 DE 的直槽内。其中 AB 段受到垂直向上的均布载荷，集度为 q；铰链 C 处受到铅垂向下的力 $\boldsymbol{F}$ 作用，DE 上受到逆时针转向的力偶 M 作用，且 $F=qa$ 和 $M=qa^2/2$，若不计各杆的自重及各连接或接触处摩擦，试求支座 A、D 处的约束力。

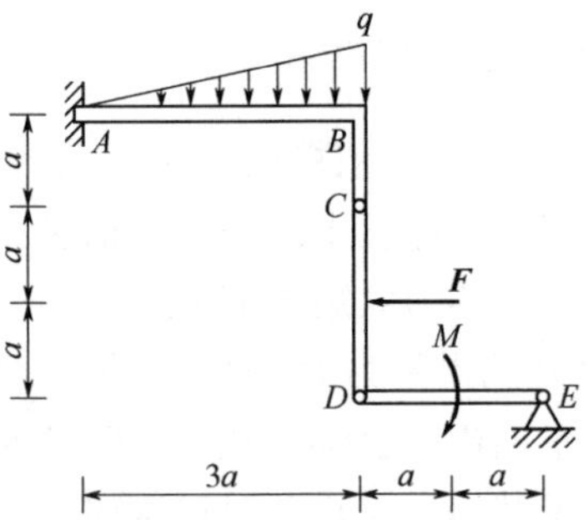

图3-42　习题3-15图

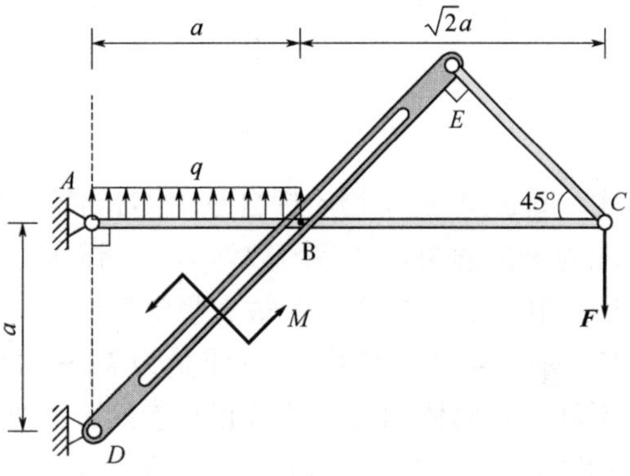

图3-43　习题3-16图

3-17　试求图3-44所示桁架各杆的内力。

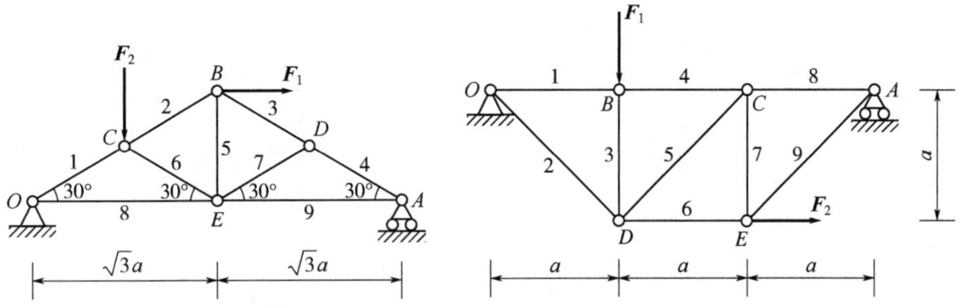

（$F_1=F, F_2=\sqrt{3}F$）
a）

（$F_1=2F$，$F_2=3F$）
b）

图3-44　习题3-17图

3-18　在图3-45所示铅垂平面桁架中，ABC 为一正三角形，D、E、G 分别为三边中点，$\boldsymbol{F}$ 为作用于节点 G 的水平向右的力，试求杆 DC 的内力。

3-19　在图3-46所示铅垂平面桁架中，ABC 为一正三角形，D、E、G 分别为三边中点，在节点 C、D 上分别作用图示水平力 $\boldsymbol{F}_1$、铅垂力 $\boldsymbol{F}_2$，且 $F_1=F_2=F$，试求杆 AG、DG 的内力。

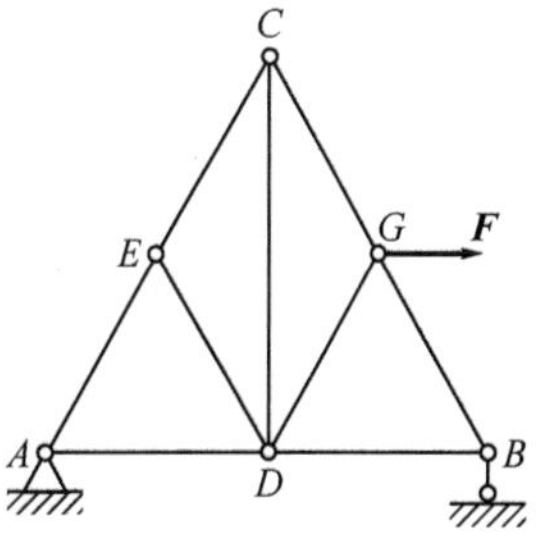

图3-45　习题3-18图

3-20　图3-47所示物体 A 的重力大小为 $P_1=10\text{N}$，与斜面间的摩擦因数 $f=0.4$，通过绕于定滑轮 O 的绳索与物体 B 相连，且斜面上方的绳索与斜面平行，O 处为光滑固定铰支座。不计绳索和滑轮的自重，试求当物体 B 的重力 P_2 分别为5N、8N、10N时，物体 A 与斜面间的摩擦力的大小与方向。

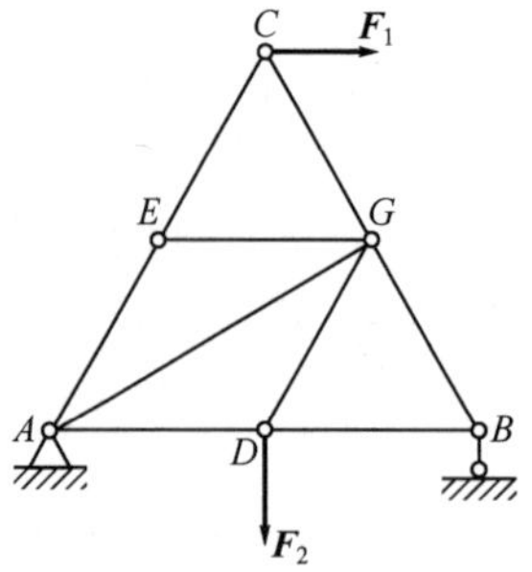

图 3-46　习题 3-19 图

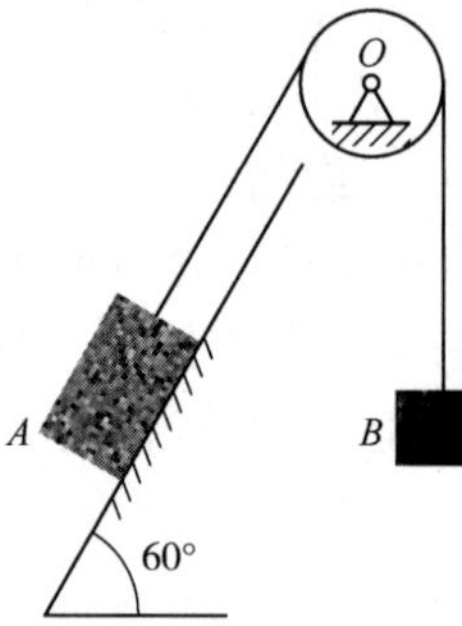

图 3-47　习题 3-20 图

3-21　图 3-48 所示均质杆自重为 $\boldsymbol{G}$，长为 $2l$，水平放置于一粗糙的直角 V 形槽内，已知杆两端与槽的静滑动摩擦因数均为 f_s。试求在图示位置能使杆发生滑动（此时 A、B 两处均处于临界状态，摩擦力均为最大静滑动摩擦力）所需施加的力偶矩 M 的值。

3-22　图 3-49 所示物块 A 的重量为 $P_A=20\text{N}$，物块 B 的重量为 $P_B=9\text{N}$，直杆 AC 和 BC 的自重不计，各物体用光滑铰链相互连接，并处于铅垂平面内。已知物块 A、B 与接触面间的静滑动摩擦因数均为 $f_s=0.25$，且在图示位置处于平衡状态。试求此时铅垂向下主动力 $\boldsymbol{F}$ 能取的值。

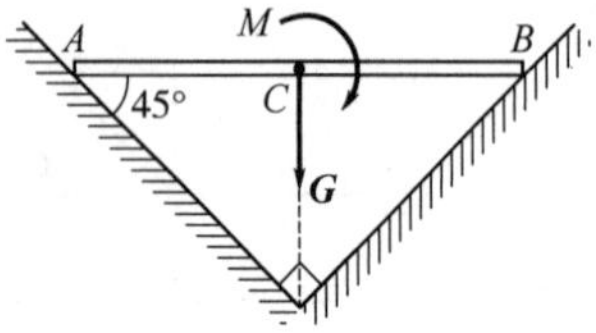

图 3-48　习题 3-21 图

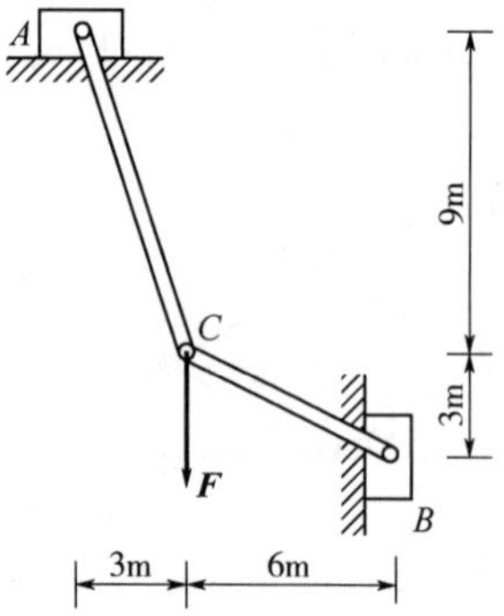

图 3-49　习题 3-22 图

第 4 章　空间力系的平衡及物体的重心、质心和形心

空间力系是最一般的力系，其中各力的作用线分布于三维空间中，平面力系是其特殊情形。空间力系的受力分析、力系简化和力系平衡比平面力系复杂。本章简要介绍空间力系的受力分析、平衡方程及其应用，而空间力系的简化理论可参考其他相关教材。另外，因空间力系应用的推广而得到的关于物体的重心、质心和形心等概念是力学中重要的概念，三者之间既具有不同的物理或几何意义，又彼此关联，本章介绍三者的概念以及确定它们位置的方法。

4.1　空间力系的平衡方程

与平面力系平衡的充要条件一样，空间任意力系平衡的充要条件仍然是力系的主矢 $\boldsymbol{F}_{\mathrm{R}}$ 和对任一点 O 的主矩 $\boldsymbol{M}_O$ 均为零。与平面力系不同的是，空间力系的主矢和对点的主矩均为空间矢量。该充要条件的矢量表达式为

$$\begin{cases}\boldsymbol{F}_{\mathrm{R}}=\sum \boldsymbol{F}_i=\boldsymbol{0}\\ \boldsymbol{M}_O=\sum \boldsymbol{M}_O(\boldsymbol{F}_i)=\boldsymbol{0}\end{cases}\tag{4-1}$$

若在点 O 处建立直角坐标系 $Oxyz$，式（4-1）有其代数形式：

$$\begin{cases}\sum F_x=0\\ \sum F_y=0\\ \sum F_z=0\\ \sum M_x=0\\ \sum M_y=0\\ \sum M_z=0\end{cases}\tag{4-2}$$

即空间任意力系平衡的充要条件为：各力分别在各坐标轴上的投影的代数和为零以及各力分别对各坐标轴的矩的代数和为零。需要说明的是，虽然这六个平衡方程是由直角坐标系导出的，但在对具体问题进行求解时，不一定使三个投影轴相互垂直，但三个投影轴方向要线性无关，也没有必要使矩轴和投影轴相同，而可以分别选取适宜轴为投影轴或矩轴，使每个平衡方程中所包含的未知量最少，以简化计算。这也是空间力系平衡方程的基本形式。

当空间力系满足某种条件而形成空间汇交力系、空间平行力系或空间力偶系时，平衡方程中的某些方程自动成立而失去求解意义，故这些情况下独立平衡方程个数少于六个。

1. 空间汇交力系

设空间汇交力系的汇交点为点 O，则各力对点 O 的矩必为零，即 $\sum \boldsymbol{M}_O=\boldsymbol{0}$ 自动成立而

失去求解意义，所以平衡方程变为

$$\begin{cases}\sum F_x = 0\\ \sum F_y = 0\\ \sum F_z = 0\end{cases} \tag{4-3}$$

2. 空间平行力系

设直角坐标系 $Oxyz$ 中的 z 轴与空间平行力系中各力平行，则 $\sum F_x = 0$，$\sum F_y = 0$，$\sum M_z = 0$ 自动成立而失去求解意义，所以平衡方程变为

$$\begin{cases}\sum F_z = 0\\ \sum M_x = 0\\ \sum M_y = 0\end{cases} \tag{4-4}$$

3. 空间力偶系

力偶系的主矢自动为零，即有 $\sum F_x = 0$，$\sum F_y = 0$，$\sum F_z = 0$ 自动成立而失去求解意义，所以空间力偶系的平衡方程为

$$\begin{cases}\sum M_x = 0\\ \sum M_y = 0\\ \sum M_z = 0\end{cases} \tag{4-5}$$

综上，一般情况下，空间汇交力系、空间平行力系和空间力偶系的独立平衡方程个数均为三。

4.2 空间力系平衡方程的应用

例 4-1 如图 4-1a 所示均质长方形薄板，其重量 $P = 200\text{N}$，角 O 通过光滑球铰链与固定墙相连，角 C 通过光滑合页固定于墙上，使角 C 的运动在 x、z 轴方向受到约束，而在 y 轴方向不受约束，并用不计质量的钢索 BD 使薄板保持在水平位置上，试求 O、C 处的约束力及钢索 BD 的拉力。

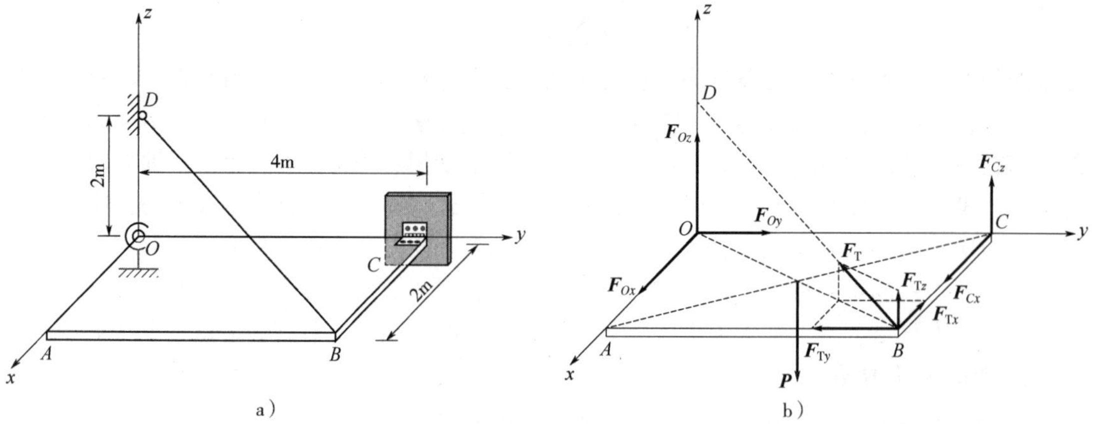

图 4-1 例 4-1 图

解： 取长方形板为研究对象，其受力图如图 4-1b 所示。为了便于计算，将钢索所受拉力 $\boldsymbol{F}_{\mathrm{T}}$ 按图示正交分解，其在各个坐标轴上的投影值分别为

$$F_{\mathrm{T}x} = F_{\mathrm{T}} \cdot \frac{OB}{BD} \cdot \frac{BC}{OB} = F_{\mathrm{T}} \cdot \frac{BC}{BD} = F_{\mathrm{T}} \cdot \frac{2}{\sqrt{2^2+4^2+2^2}} = \frac{1}{\sqrt{6}}F_{\mathrm{T}}$$

$$F_{\mathrm{T}y} = F_{\mathrm{T}} \cdot \frac{OB}{BD} \cdot \frac{AB}{OB} = F_{\mathrm{T}} \cdot \frac{AB}{BD} = F_{\mathrm{T}} \cdot \frac{4}{\sqrt{2^2+4^2+2^2}} = \frac{2}{\sqrt{6}}F_{\mathrm{T}}$$

$$F_{\mathrm{T}z} = F_{\mathrm{T}} \cdot \frac{OD}{BD} = F_{\mathrm{T}} \cdot \frac{2}{\sqrt{2^2+4^2+2^2}} = \frac{1}{\sqrt{6}}F_{\mathrm{T}}$$

长方形板上共有六个未知量，可用空间力系的六个独立的平衡方程进行求解。根据力对轴的矩为零的情况，合适地选择取矩的轴，使得更多的未知力与该轴共面而不出现在所列写的平衡方程中，从而实现快速求解。针对本例，列写如下平衡方程并求解：

$$\sum M_y = 0 \Rightarrow P \cdot \frac{BC}{2} - F_{\mathrm{T}z} \cdot BC = 0 \Rightarrow F_{\mathrm{T}z} = \frac{1}{2}P = 100\mathrm{N}$$

于是有

$$F_{\mathrm{T}} = \sqrt{6}F_{\mathrm{T}z} = 100\sqrt{6}\mathrm{N}$$

$$F_{\mathrm{T}x} = \frac{1}{\sqrt{6}}F_{\mathrm{T}} = 100\mathrm{N}$$

$$F_{\mathrm{T}y} = \frac{2}{\sqrt{6}}F_{\mathrm{T}} = 200\mathrm{N}$$

$$\sum M_x = 0 \Rightarrow -P \cdot \frac{AB}{2} + F_{\mathrm{T}z} \cdot AB + F_{Cz} \cdot AB = 0 \Rightarrow F_{Cz} = \frac{1}{2}P - F_{\mathrm{T}z} = 0$$

$$\sum M_z = 0 \Rightarrow -F_{Cx} \cdot OC = 0 \Rightarrow F_{Cx} = 0$$

$$\sum F_x = 0 \Rightarrow F_{Ox} - F_{\mathrm{T}x} + F_{Cx} = 0 \Rightarrow F_{Ox} = F_{\mathrm{T}x} = 100\mathrm{N}$$

$$\sum F_y = 0 \Rightarrow F_{Oy} - F_{\mathrm{T}y} = 0 \Rightarrow F_{Oy} = F_{\mathrm{T}y} = 200\mathrm{N}$$

$$\sum F_z = 0 \Rightarrow F_{Oz} + F_{\mathrm{T}z} + F_{Cz} - P = 0 \Rightarrow F_{Oz} = P - F_{\mathrm{T}z} - F_{Cz} = 100\mathrm{N}$$

讨论： 注意到仅 $\boldsymbol{F}_{Cz}$ 不与 OB 轴相交，因此由 $\sum M_{OB}=0$，立即得到 $F_{Cz}=0$；注意到六个未知力中只有 $\boldsymbol{F}_{Oz}$ 不与 BC 轴相交或平行，可由 $\sum M_{BC}=0$，立即得到 $F_{Oz}=100\mathrm{N}$。

例 4-2　如图 4-2a 所示重量为 $G=800\mathrm{N}$ 的重物通过绳索悬挂于杆 OA 的 O 端销钉，并由两根水平面内的绳索 OB 和 OC 牵拉而保持静止，支座 A 为球铰支座。A、B、C、D 位于同一铅垂墙面内。不计杆、绳索的自重和连接处摩擦，试求绳索 OB、OC 和杆 OA 所受的力。

解： 取销钉 O、重物为研究对象，其受力图如图 4-2b 所示，其中杆 OA 为二力杆，容易判断其受压，而绳索 OB、OC 受拉，它们对销钉 O 的作用力分别记为 $\boldsymbol{F}_A$、$\boldsymbol{F}_{\mathrm{T}B}$、$\boldsymbol{F}_{\mathrm{T}C}$，此三力与重物重力 $\boldsymbol{G}$ 构成空间汇交力系。建立图示直角坐标系 $Oxyz$。根据空间汇交力系的平衡方程，可得

$$\sum F_z = 0 \Rightarrow F_A \cdot \cos45^\circ - G = 0 \Rightarrow F_A = \frac{G}{\cos45^\circ} = 1131.37\mathrm{N}$$

$$\sum F_x = 0 \Rightarrow F_{\mathrm{T}B} \cdot \cos60^\circ - F_{\mathrm{T}C} \cdot \cos60^\circ = 0 \Rightarrow F_{\mathrm{T}B} = F_{\mathrm{T}C}$$

$$\sum F_y = 0 \Rightarrow F_A \cdot \sin45^\circ - F_{\mathrm{T}B} \cdot \sin60^\circ - F_{\mathrm{T}C} \cdot \sin60^\circ = 0 \Rightarrow F_{\mathrm{T}B} = F_{\mathrm{T}C} = 461.88\mathrm{N}$$

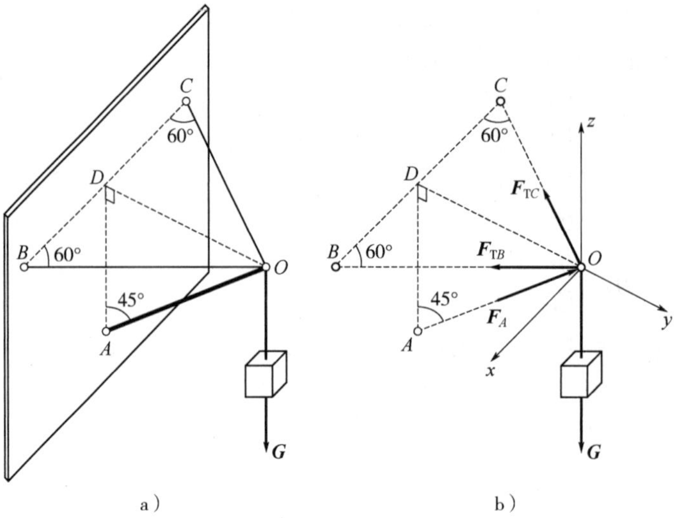

图 4-2　例 4-2 图

因此，绳索 OB、OC 受到 461.88N 的拉力，杆 OA 受到 1131.37N 的压力。

例 4-3　如图 4-3 所示静止的三轮平板车，其自重以及承载的货物重量共为 $G=800$N，作用位置如图所示，图中尺寸的单位为 mm。试求三个轮子受到地面的作用力。

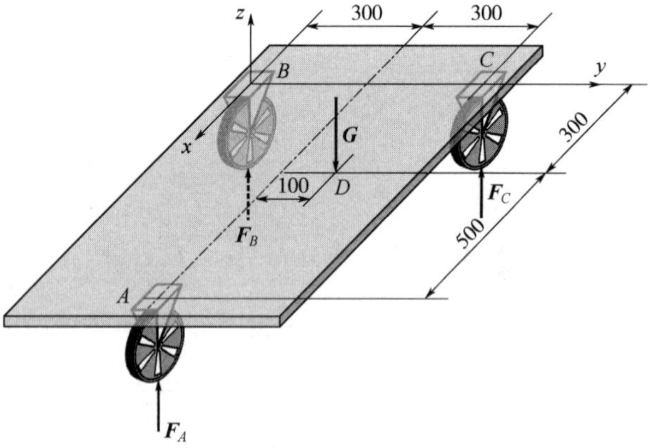

图 4-3　例 4-3 图

解： 取平板车为研究对象，其受力图如图 4-3 所示。地面对三个轮子的作用力 $\boldsymbol{F}_A$、$\boldsymbol{F}_B$、$\boldsymbol{F}_C$ 和重力 $\boldsymbol{G}$ 构成空间平行力系。建立图示直角坐标系 $Bxyz$。根据空间平行力系的平衡方程，可得

$$\sum M_y = 0 \Rightarrow G \cdot 300 - F_A \cdot 800 = 0 \Rightarrow F_A = \frac{3}{8}G = 300\text{N}$$

$$\sum M_x = 0 \Rightarrow F_A \cdot 300 - G \cdot 400 + F_C \cdot 600 = 0 \Rightarrow F_C = \frac{1}{6}(4G - 3F_A) = 383.3\text{N}$$

$$\sum F_z = 0 \Rightarrow F_A + F_B + F_C - G = 0 \Rightarrow F_B = G - F_A - F_C = 116.7\text{N}$$

4.3　物体的重心

4.3.1　重心的概念

置于重力场中的物体可看作由许多微小部分组成，每一个微小部分都受到一个微小重力作用。工程中物体的尺寸远小于地球半径，此时物体每一个微小部分的重力组成一个空间平行力系。该平行力系主矢不为零，存在合力，即为物体的**重力**。当物体各质点的相对位置保

持不变，不论物体在空间什么位置或如何放置，其重力作用线都必须通过相对于物体上的某一确定点，该点就称为物体的**重心**，下面来证明之。

如图 4-4 所示，建立与刚体固连的直角坐标系 $O'x'y'z'$，设刚体的某一微小部分的重力为 $\Delta\boldsymbol{G}_i$，其位置由矢径 $\boldsymbol{r}_i'$ 表示，则刚体的重力可表示为 $\boldsymbol{G}=\sum\Delta\boldsymbol{G}_i$。设重力 $\boldsymbol{G}$ 作用线过点 C，其位置由矢径 $\boldsymbol{r}_C'$ 表示。为讨论方便，设重力方向的单位矢量为 $\boldsymbol{e}$，则有 $\Delta\boldsymbol{G}_i=\Delta G_i\boldsymbol{e}$，$\boldsymbol{G}=G\boldsymbol{e}$，由合力矩定理，合力 $\boldsymbol{G}$ 对点 O' 的矩等于各分力 $\Delta\boldsymbol{G}_i$ 对同一点 O' 的矩的矢量和，有

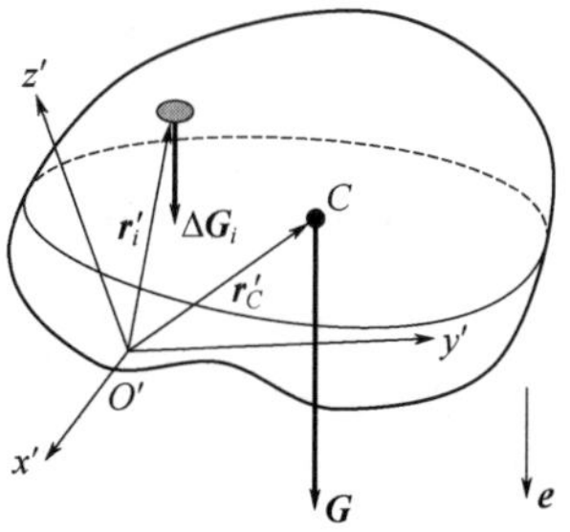

图 4-4　物体重心相对于物体位置的确定示意图

$$\boldsymbol{r}_C'\times\boldsymbol{G}=\sum(\boldsymbol{r}_i'\times\Delta\boldsymbol{G}_i)$$

即

$$\boldsymbol{r}_C'\times G\boldsymbol{e}=\sum(\boldsymbol{r}_i'\times\Delta G_i\boldsymbol{e})$$

改写成

$$\left(\boldsymbol{r}_C'G-\sum\boldsymbol{r}_i'\Delta G_i\right)\times\boldsymbol{e}=0$$

或

$$\left(\boldsymbol{r}_C'-\frac{\sum\boldsymbol{r}_i'\Delta G_i}{G}\right)\times\boldsymbol{e}=0 \tag{4-6}$$

当刚体处于任意位置时（对应于 $\boldsymbol{e}$ 相对于刚体位置的方向任意性），式（4-6）均应成立，则有

$$\boldsymbol{r}_C'=\frac{\sum\boldsymbol{r}_i'\Delta G_i}{G} \tag{4-7}$$

由于刚体上每一微小部分的重力大小不变，相对于刚体固连坐标系的矢径也不变，由式（4-7）可唯一确定一点 C，它为刚体上一个确定不变的点，该点即为刚体的重心。

4.3.2　重心的坐标公式

当刚体放置位置已知时，建立直角坐标系 $Oxyz$，并使坐标平面 Oxy 在水平面内，z 轴铅垂向上，与刚体重力系的方向相反，如图 4-5 所示。重力为 $\Delta\boldsymbol{G}_i$ 的微小部分坐标为（x_i，y_i，z_i），重心 C 的坐标为（x_C，y_C，z_C）。根据合力矩定理，刚体的重力 $\boldsymbol{G}$ 对 y 轴、x 轴的矩分别等于各微小部分的重力 $\Delta\boldsymbol{G}_i$ 对 y 轴、x 轴的矩的代数和，即

$$G\cdot x_C=\sum\Delta G_i\cdot x_i \tag{4-8a}$$

$$-G\cdot y_C=\sum(-\Delta G_i\cdot y_i) \tag{4-8b}$$

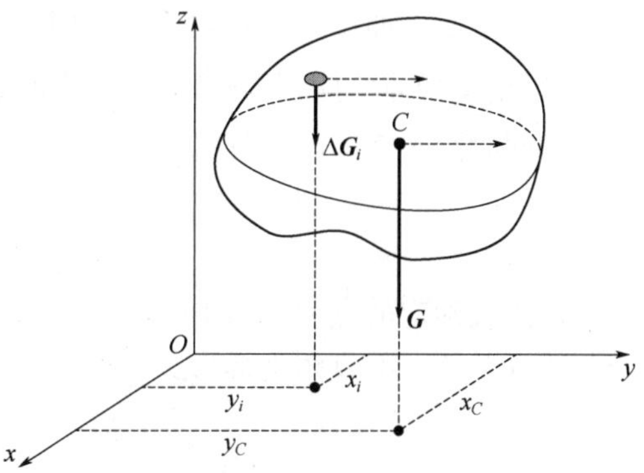

图 4-5　物体重心坐标确定示意图

由于刚体的重心是刚体上的一个确定点，可将刚体固连在坐标系 $Oxyz$ 中，随同坐标系一起绕 x 轴负向转过 90°，使 y 轴正向变为铅垂向下，此时刚体的重力系与 y 轴正向同向，

如图 4-5 中带箭头的虚线所示，在此时再对 x 轴应用合力矩定理，有

$$-G \cdot z_C = \sum(-\Delta G_i \cdot z_i) \tag{4-8c}$$

由式（4-8a）~式（4-8c），可分别求得刚体重心 C 的坐标公式为

$$x_C = \frac{\sum x_i \Delta G_i}{G} \tag{4-8d}$$

$$y_C = \frac{\sum y_i \Delta G_i}{G} \tag{4-8e}$$

$$z_C = \frac{\sum z_i \Delta G_i}{G} \tag{4-8f}$$

式中　x_i、y_i、z_i——$\Delta \boldsymbol{G}_i$ 的作用点的位置坐标；

x_C、y_C、z_C——重心 C 的位置坐标。

4.4　物体的质心

如果物体每一个微小部分的质量为 Δm_i，在物体所占据空间中重力加速度大小相等，为 g，则物体的质量 $m = \sum \Delta m_i$，同时有 $\Delta G_i = \Delta m_i g$ 和 $G = mg$，将它们代入式（4-7），分子分母同时约去 g 后可得

$$\boldsymbol{r}_C = \frac{\sum \boldsymbol{r}_i \Delta m_i}{m} \tag{4-9}$$

由该式确定的点 C 只和物体的质量分布有关，是物体的质量中心，称为物体的**质心**。式（4-9）的直角坐标形式为

$$x_C = \frac{\sum x_i \Delta m_i}{m},\ y_C = \frac{\sum y_i \Delta m_i}{m},\ z_C = \frac{\sum z_i \Delta m_i}{m} \tag{4-10}$$

4.5　物体的形心

进一步地，如果物体是均质的，即其密度 ρ 各处相同，设物体每一个微小部分的体积为 ΔV_i，则整个物体的体积 $V = \sum \Delta V_i$，同时有 $\Delta m_i = \rho \Delta V_i$ 和 $m = \rho V$，将它们代入式（4-9），分子分母同时约去密度 ρ 后可得

$$\boldsymbol{r}_C = \frac{\sum \boldsymbol{r}_i \Delta V_i}{V} \tag{4-11}$$

由该式确定的点 C 只和物体的几何形状有关，是物体的几何形状中心，称为物体的**形心**。式（4-11）的直角坐标形式为

$$x_C = \frac{\sum x_i \Delta V_i}{V},\ y_C = \frac{\sum y_i \Delta V_i}{V},\ z_C = \frac{\sum z_i \Delta V_i}{V} \tag{4-12}$$

由上可知，均匀重力场中的均质物体的重心、质心和形心重合。

对于曲面和曲线，将式（4-12）中的微小体积 ΔV_i 和总体积 V 相应地换为微小面积 ΔA_i 和总面积 A 或微小长度 ΔL_i 和总长度 L，即可得到相应的曲面或曲线的形心坐标公式。

$$x_C = \frac{\sum x_i \Delta A_i}{A},\ y_C = \frac{\sum y_i \Delta A_i}{A},\ z_C = \frac{\sum z_i \Delta A_i}{A} \tag{4-13}$$

$$x_C = \frac{\sum x_i \Delta L_i}{L},\ y_C = \frac{\sum y_i \Delta L_i}{L},\ z_C = \frac{\sum z_i \Delta L_i}{L} \tag{4-14}$$

对于平面图形或平面曲线，如取其所在平面为 xy 平面，则 $z_C=0$，此时只需用式（4-13）或式（4-14）的前两个式子计算 x_C 和 y_C 即可。

4.6　均质物体的重心的求法

4.6.1　根据对称性确定重心的位置

对于具有对称面、对称轴或对称中心的均质物体（或几何形体），不难证明，其重心必定在对称面、对称轴或对称中心上。由此可知，常见的平行四边形、圆面（环）、椭圆面（环）等的形心位于图形的几何中心上，圆柱体、圆锥体的形心位于它们的中心轴上。

4.6.2　积分法确定重心的位置

若均质物体的形状（体、曲面或曲线）是连续分布的，则式（4-12）~式（4-14）中的求和变为积分，得

$$x_C = \frac{\int x\mathrm{d}V}{V},\ y_C = \frac{\int y\mathrm{d}V}{V},\ z_C = \frac{\int z\mathrm{d}V}{V} \tag{4-15}$$

$$x_C = \frac{\int x\mathrm{d}A}{A},\ y_C = \frac{\int y\mathrm{d}A}{A},\ z_C = \frac{\int z\mathrm{d}A}{A} \tag{4-16}$$

$$x_C = \frac{\int x\mathrm{d}L}{L},\ y_C = \frac{\int y\mathrm{d}L}{L},\ z_C = \frac{\int z\mathrm{d}L}{L} \tag{4-17}$$

可用于确定有明确函数表示的体、面或线的均质物体的重心。

对于平面图形或平面曲线状的均质物体，如取其所在平面为 xy 平面，则 $z_C=0$，此时只需用式（4-16）或式（4-17）的前两个式计算 x_C 和 y_C 即可。

例 4-4　试求图 4-6 所示均质等厚薄板 OAB 的重心，Oxy 为其对称面。

解：将薄板分成许多宽为 dx、高为 $y=\frac{b}{\sqrt{a}}\sqrt{x}$的微小矩形，该微小矩形面积为 $\mathrm{d}A=y\mathrm{d}x=\frac{b}{\sqrt{a}}\sqrt{x}\mathrm{d}x$，其重心坐标为 $\left(x,\ \frac{y}{2}\right)$，如图 4-6 所示。$OAB$ 的总面积为

$$A=\int_0^a \frac{b}{\sqrt{a}}\sqrt{x}\mathrm{d}x=\frac{2ab}{3}$$

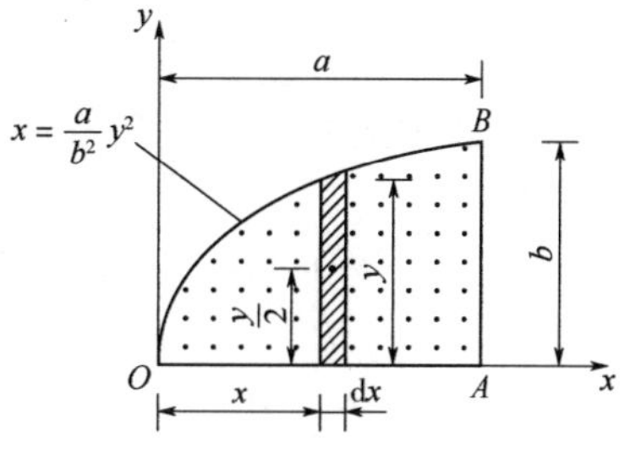

图 4-6　例 4-4 图

根据重心公式有

$$x_C = \frac{\int x\mathrm{d}A}{A} = \frac{\int_0^a x \cdot \frac{b}{\sqrt{a}}\sqrt{x}\mathrm{d}x}{\frac{2ab}{3}} = \frac{3}{5}a$$

$$y_C = \frac{\int y\mathrm{d}A}{A} = \frac{\int_0^a \frac{y}{2} \cdot \frac{b}{\sqrt{a}}\sqrt{x}\mathrm{d}x}{\frac{2ab}{3}} = \frac{\int_0^a \frac{1}{2}\frac{b^2}{a}x\mathrm{d}x}{\frac{2ab}{3}} = \frac{3}{8}b$$

表 4-1 列出了一些常见的简单形体的重心位置以供参考。

表 4-1　简单形体重心位置表

图形	重心位置	图形	重心位置
三角形 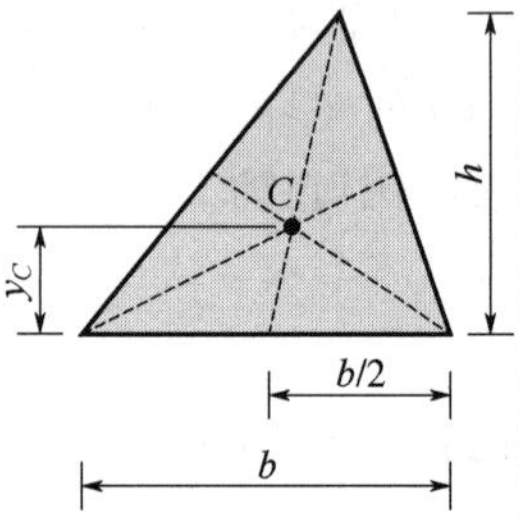	在中线的交点 $y_C = \frac{1}{3}h$ （面积 $A = \frac{1}{2}bh$）	扇形 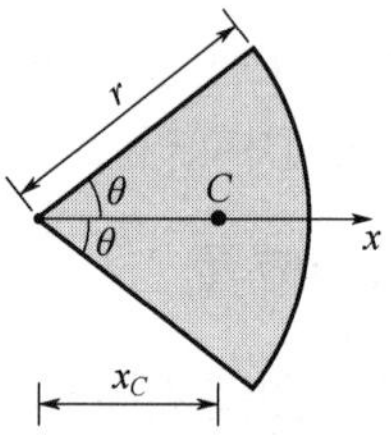	$x_C = \frac{2}{3}\frac{r\sin\theta}{\theta}$ （θ 用弧度表示，下同） （面积 $A = r^2\theta$） 对于半圆，则 $x_C = \frac{4r}{3\pi}$
梯形 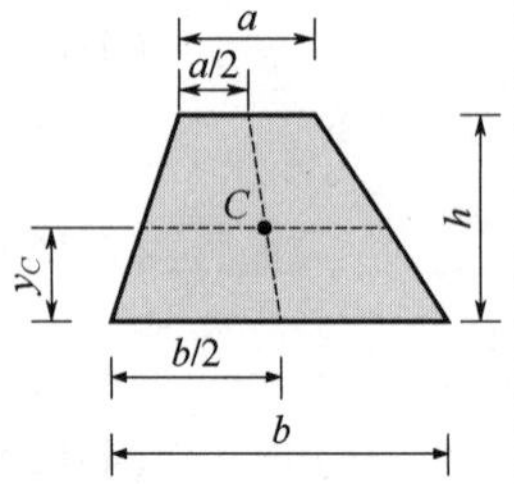	$y_C = \frac{h(2a+b)}{3(a+b)}$ ［面积 $A = \frac{1}{2}(a+b)h$］	弓形 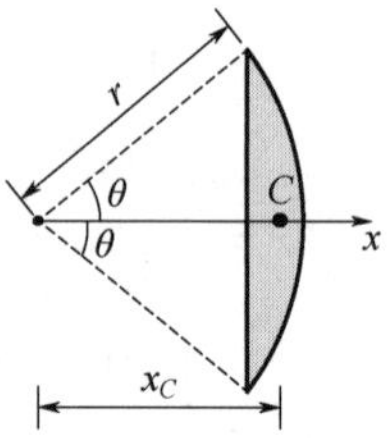	$x_C = \frac{2}{3}\frac{r^3\sin^3\theta}{A}$ ［面积 $A = \frac{r^2(2\theta - \sin 2\theta)}{2}$］
圆弧 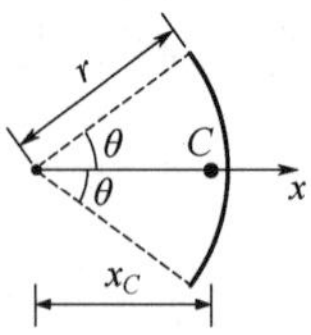	$x_C = \frac{r\sin\theta}{\theta}$ 对于半圆弧，则 $x_C = \frac{2r}{\pi}$	四分之一椭圆 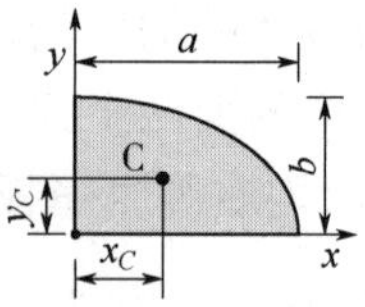	$x_C = \frac{4a}{3\pi}$ $y_C = \frac{4b}{3\pi}$ （面积 $A = \frac{\pi}{4}ab$）
二次抛物线面 Ⅰ 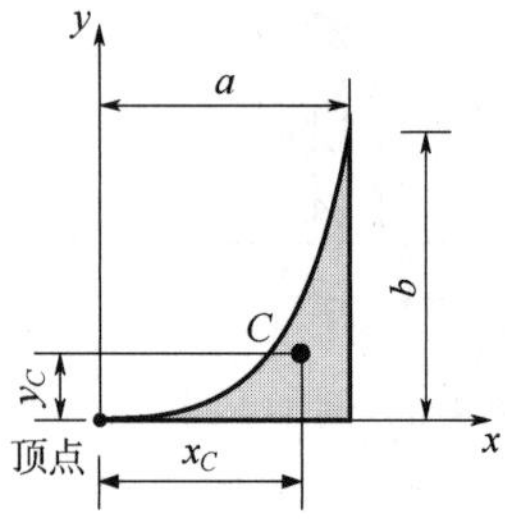	$x_C = \frac{3}{4}a$ $y_C = \frac{3}{10}a$ （面积 $A = \frac{1}{3}ab$）	二次抛物线面 Ⅱ 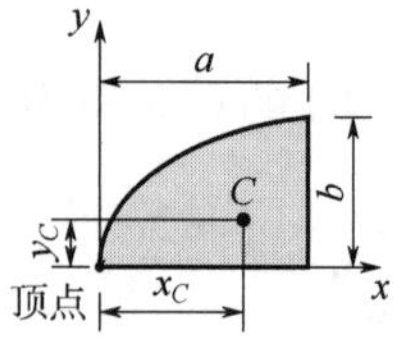	$x_C = \frac{3}{5}a$ $y_C = \frac{3}{8}b$ （面积 $A = \frac{2}{3}ab$）

（续）

图形	重心位置	图形	重心位置
半球体 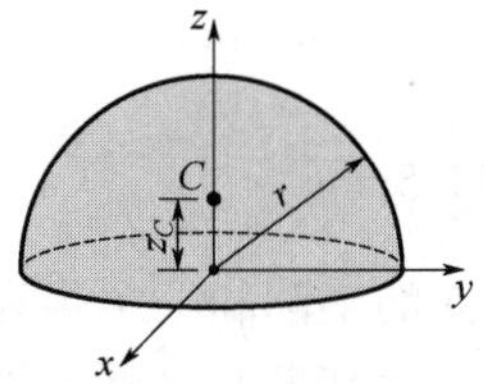	$z_C=\frac{3}{8}r$ （体积 $V=\frac{2}{3}\pi r^3$）	正圆锥体 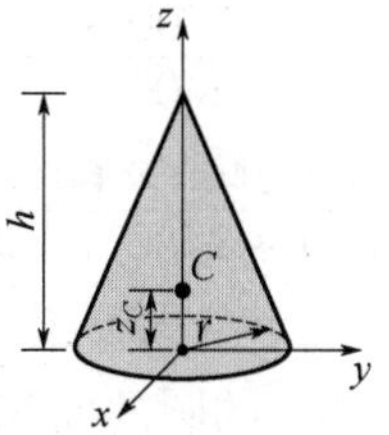	$z_C=\frac{1}{4}h$ （体积 $V=\frac{1}{3}\pi r^2 h$）

4.6.3　分割法确定重心的位置

一些复杂的形体往往可以看作几个简单规则的形体的组合。以平面图形为例，设某图形面积为 A，是由 n 个面积为 A_i（$i=1$，…，n）的图形组合而成的，即 $A=\sum A_i$。对于每一个面积 A_i，其形心的矢径 $\boldsymbol{r}_{Ci}$ 满足 $\boldsymbol{r}_C A=\sum \boldsymbol{r}_{Ci}A_i$，因此组合图形的形心 $\boldsymbol{r}_C$ 为

$$\boldsymbol{r}_C=\frac{\boldsymbol{r}_{C1}A_1+\cdots+\boldsymbol{r}_{Ci}A_i+\cdots+\boldsymbol{r}_{Cn}A_n}{A}=\frac{\sum \boldsymbol{r}_{Ci}A_i}{A}$$

即组合图形的形心公式为

$$x_C=\frac{\sum x_{Ci}A_i}{\sum A_i},\ y_C=\frac{\sum y_{Ci}A_i}{\sum A_i} \tag{4-18}$$

这也就是以这些图形形式的均质物体组合的物体的重心公式。

当形体或图形中有被挖去的部分时，该部分可视为负的体积或面积。这种确定物体重心位置的方法称为分割法或叠加法。

例 4-5　求图 4-7 所示两种均质薄板的重心。

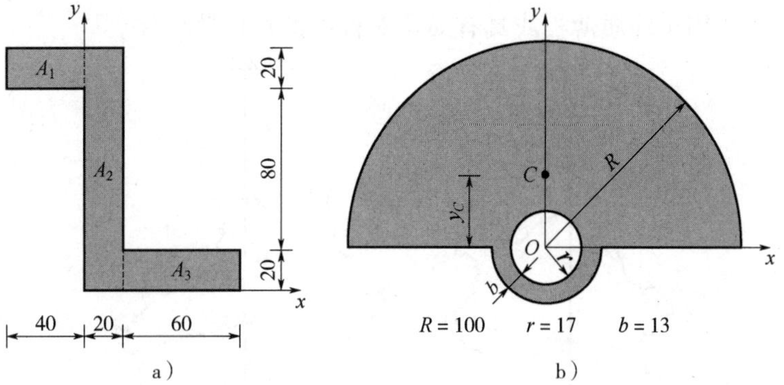

图 4-7　例 4-5 图

解： 将均质薄板视为平面图形，其重心即平面图形的形心。

1）将图 4-7a 所示图形分为三个矩形，它们的面积和形心坐标分别为

$$A_1=40\times 20\text{mm}^2=800\text{mm}^2,\ (x_{C_1},y_{C_1})=(-20\text{mm},110\text{mm})$$

$$A_2 = 20 \times (20 + 80 + 20)\text{mm}^2 = 2400\text{mm}^2,\ (x_{C_2}, y_{C_2}) = (10\text{mm}, 60\text{mm})$$

$$A_3 = 60 \times 20\text{mm}^2 = 1200\text{mm}^2,\ (x_{C_3}, y_{C_3}) = (50\text{mm}, 10\text{mm})$$

将以上数据代入式（4-18），得到图形的形心坐标为

$$x_C = \frac{800 \times (-20) + 2400 \times 10 + 1200 \times 50}{800 + 2400 + 1200}\text{mm} = \frac{170}{11}\text{mm} \approx 15.5\text{mm}$$

$$y_C = \frac{800 \times 110 + 2400 \times 60 + 1200 \times 10}{800 + 2400 + 1200}\text{mm} = \frac{610}{11}\text{mm} \approx 55.5\text{mm}$$

2）图4-7b所示图形由三个分图形组成：两个半径分别为 R 和 $r+b$ 的半圆和一个半径为 r 的完整的圆，其中半径为 r 的圆的面积为负值。图形关于 y 轴对称，故其形心必在 y 轴上，即 $x_C=0$。三个分图形的面积和形心的 y 坐标分别为

$$A_1 = \frac{1}{2}\pi R^2 = 15708\text{mm}^2,\ y_{C_1} = \frac{4R}{3\pi} \approx 42.44\text{mm}$$

$$A_2 = \frac{1}{2}\pi(r+b)^2 = 1413.72\text{mm}^2,\ y_{C_2} = -\frac{4(r+b)}{3\pi} \approx -12.73\text{mm}$$

$$A_3 = -\pi r^2 \approx -907.92\text{mm}^2,\ y_{C_3} = 0$$

故图形的形心的 y 坐标为

$$y_C = \frac{A_1 \times y_{C_1} + A_2 \times y_{C_2} + A_3 \times y_{C_3}}{A_1 + A_2 + A_3} \approx 40\text{mm}$$

4.6.4　实验法确定物体的重心的位置

当物体或几何形体不能分成简单形体，又无法使用积分法时，可通过实验法求其重心位置。

1. 悬挂法

如图4-8a所示，用细绳在均质薄板上任取一点 A 将其悬挂，根据二力平衡条件，薄板的重力必位于过悬挂点的铅垂线上，过点 A 在薄板上做铅垂线 AA'；再取薄板上另一点 B，将其悬挂，并过点 B 做铅垂线 BB'，如图4-8b所示。则两条直线 AA'、BB' 的交点 C 即为薄板的重心。该方法适用于均质薄板或具有质量对称面的均质薄零件。

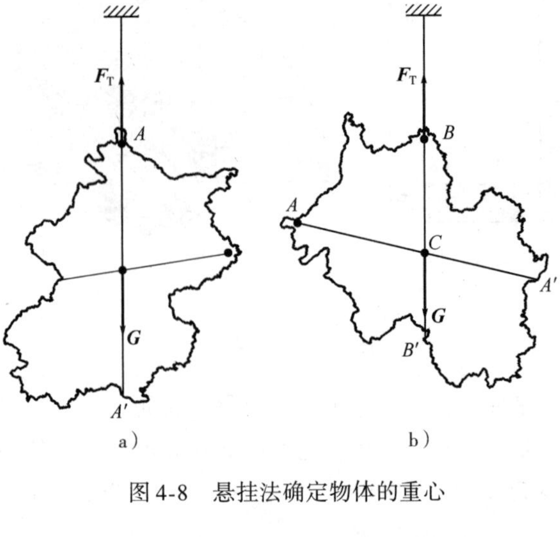

图4-8　悬挂法确定物体的重心

2. 称重法

如图 4-9 所示活塞连杆，由对称性知其重心必在其对称轴上，现求其重心 C 的位置 x_C。首先，称得连杆的自重为 G；其次，如图 4-9 所示，将连杆 B 端置于台秤上，A 端支承于固定支点，使得连杆中心线处于水平位置，此时读取台秤的数值，即为 $\boldsymbol{F}_{\mathrm{N}}$ 的值，并测量得到图中 l 的值；最后，对连杆列写如下平衡方程并求解得到图示 x_C：

$$\sum M_A = 0 \Rightarrow G \cdot x_C - F_{\mathrm{N}} \cdot l = 0 \Rightarrow x_C = \frac{F_{\mathrm{N}}}{G}l$$

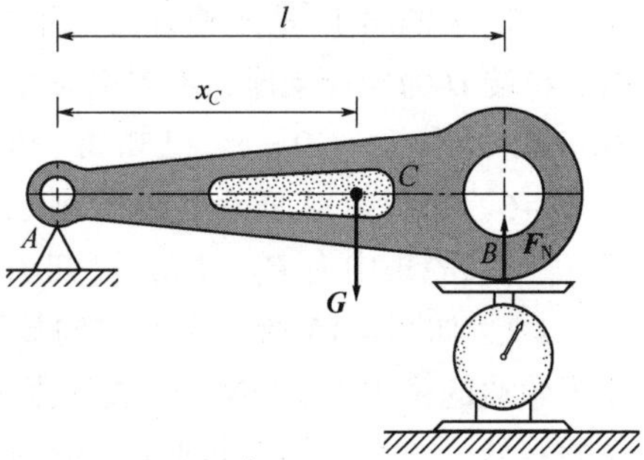

图 4-9　称重法确定物体的重心

习　　题

4-1　如图 4-10 所示，立柱 O 端用球铰链固定，杆上 A 处与绳索 AB、AC 相连。现在 Oyz 平面内，从点 A 作用一水平力 $\boldsymbol{F}$，其大小 $F = 1\mathrm{kN}$，若不计立柱和绳索的重力，试求立柱 OA 的内力以及绳索 AB、AC 的张力。

4-2　若习题 4-1 的水平力 $\boldsymbol{F}$ 改为作用于杆端 D 点，试求球铰链 O 处的约束力以及绳索 AB、AC 的张力。

4-3　图 4-11 所示长为 $2a$、宽为 a 的均质矩形薄板 $ABDE$，重力大小为 $P = 200\mathrm{N}$，由六根无重直杆支撑在水平位置，已知铅垂杆的长度均为 a，各铰均为球铰。现沿边 ED 和 DB 作用水平力 $\boldsymbol{F}_1$ 和 $\boldsymbol{F}_2$，大小均为 100N，若不计摩擦，试求各杆对板的约束力。

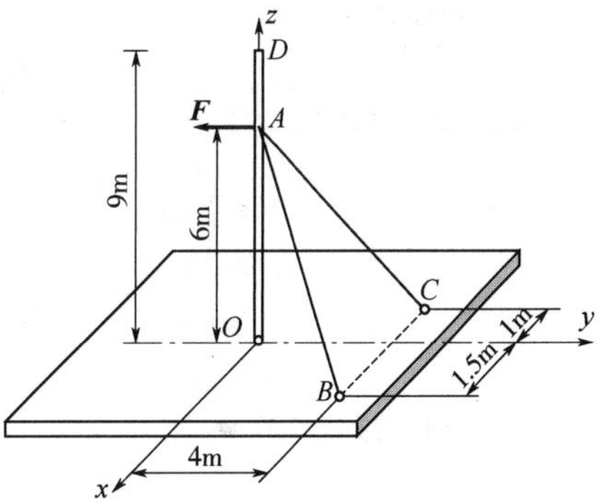

图 4-10　习题 4-1 图

4-4　如图 4-12 所示，重力 $P = 300\mathrm{N}$ 的均质矩形薄板由三根铅垂柔索悬挂在水平位置保持平衡，①若 $a = 1\mathrm{m}$，试求三根柔索的张力。②若要求三根柔索的张力均为 100N，试求长度 a 的值。

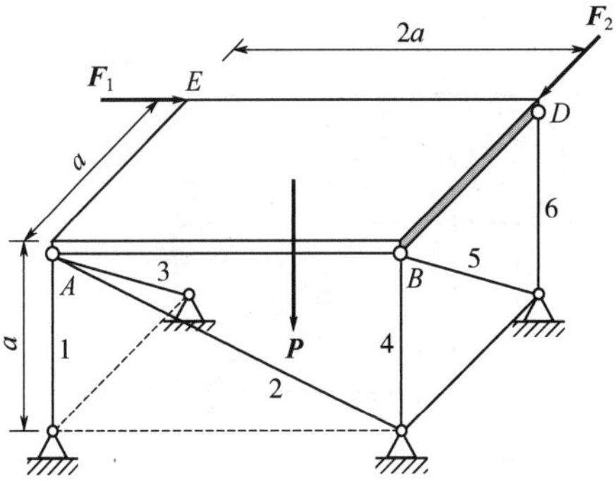

图 4-11　习题 4-3 图

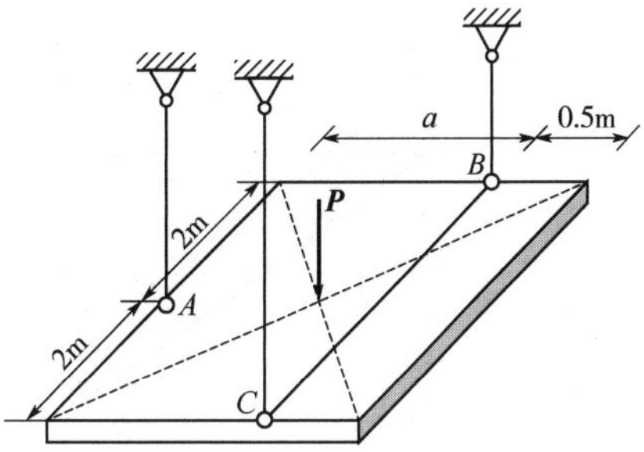

图 4-12　习题 4-4 图

4-5　如图 4-13 所示曲杆有两个直角，$\angle ABC=\angle BCD=90°$，且平面 ABC 与平面 BCD 垂直，杆端 D 为球铰支座，A 端由轴承支承，三个力偶矩分别沿 AB、CB、DC 的轴向作用，若 $AB=a$，$BC=b$，$CD=c$，已知 M_2 和 M_3，试求平衡时力偶矩 M_1 的大小及 A、D 处的约束力。

4-6　如图 4-14 所示，悬臂刚架上作用有 $q=2\text{kN/m}$ 的均布载荷，以及作用线分别平行于 x、y 轴的集中力 $\boldsymbol{F}_1$、$\boldsymbol{F}_2$，已知 $F_1=5\text{kN}$，$F_2=4\text{kN}$，试求固定端 O 处的全部约束力。

4-7　如图 4-15 所示水平方向放置的传动轴，皮带轮 D 带着整个传动轴匀速转动，此处皮带紧边的张力为 200N，松边的张力为 100N，均铅垂向上，C 处齿轮的啮合力 $\boldsymbol{F}$ 作用于齿轮顶点处，与齿轮切线间夹角如图所示。试求 $\boldsymbol{F}$ 的大小以及轴承 A、B 的约束力（忽略各构件自重和各接触处摩擦）。

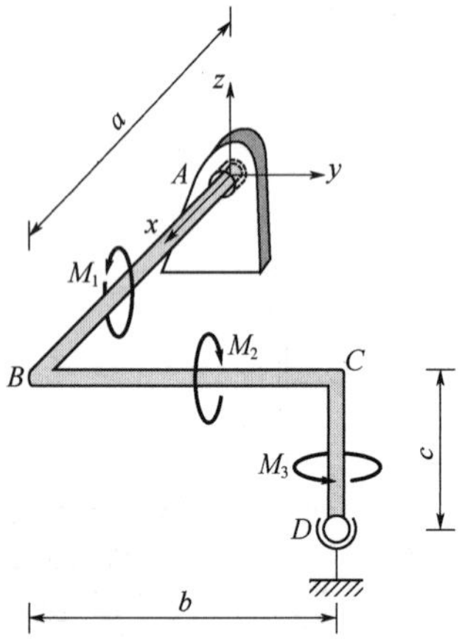

图 4-13　习题 4-5 图

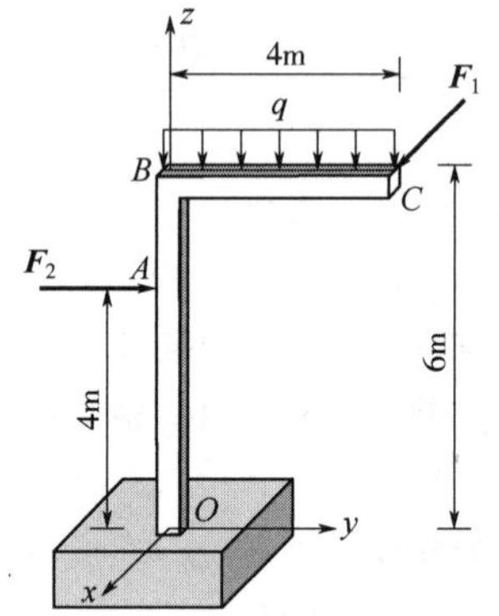

图 4-14　习题 4-6 图

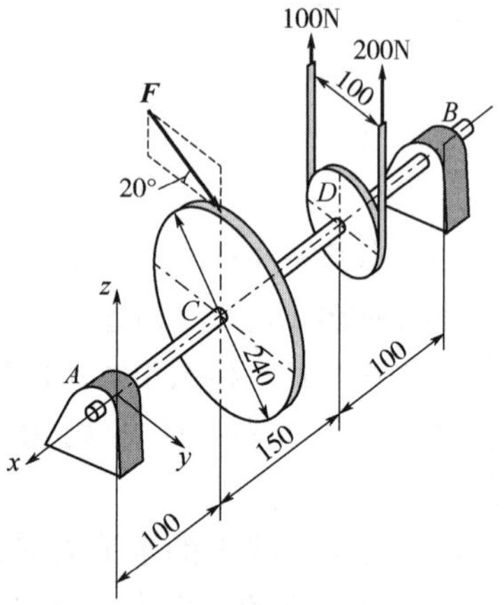

图 4-15　习题 4-7 图

4-8　试求图 4-16 所示情况的均质等厚薄平板的重心位置。

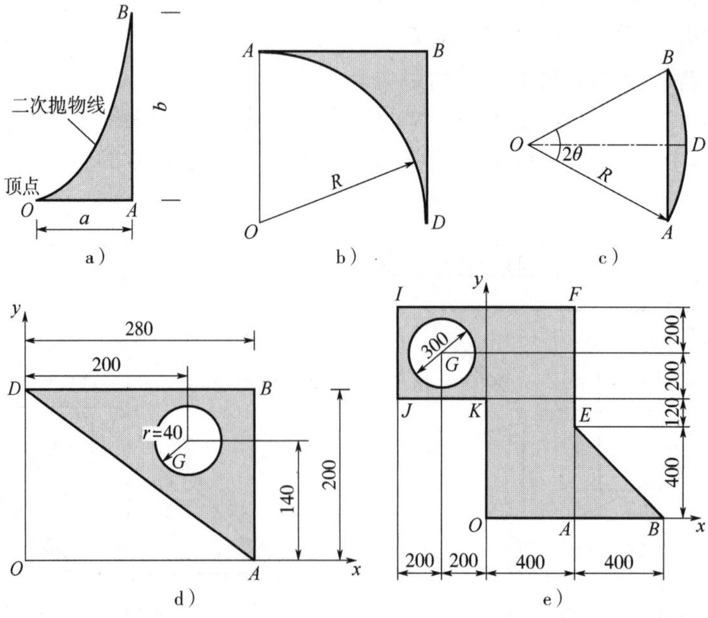

图 4-16　习题 4-8 图

第二篇　运动学

运动学是研究物体运动的几何性质的科学，也就是从几何学的角度来研究物体机械运动的描述方法和有关运动学量之间的相互关系，而不研究引起物体运动的原因。根据研究对象的不同，运动学分为点的运动学和刚体的运动学。所谓点，是指没有大小的几何点，在运动学中称为**动点**。动点可以是某物体上某个确定的点，也可以是运动范围远远大于其几何尺寸的物体。点的运动学主要研究点的运动描述方法、点的运动方程和轨迹以及点的速度和加速度等内容。所谓刚体，是指具有一定大小和形状的不可变形的物体。刚体的运动学主要研究刚体运动的描述方法、刚体运动方程以及刚体的角速度和角加速度等内容；同时，刚体由点组成，刚体上任意点的速度、加速度与刚体的角速度、角加速度之间的关系也是刚体运动学的研究内容之一。

物理学指出，运动是相对的，因此研究物体在空间中的位置及其变化规律，必须首先建立事先约定的参考空间，即**参考系**。相对于不同的参考系，同一物体的运动是不同的，动点相对于不同参考系的运动关系也是运动学的研究内容之一。为了定量地研究物体的运动，还需要在参考系中建立适当的坐标系，从而确定物体在参考系中的位置与其坐标值之间的对应关系，以便使用恰当的数学方法研究物体的坐标值及其变化规律。在工程问题中，通常选用的参考系是与地球固连的参考系，即讨论的运动是相对于地球的运动。通常选用的坐标系有直角坐标系或由弧坐标确定的自然轴系等。

第 5 章　点的运动学

本章首先介绍点的运动的一般描述方法，给出点的运动方程以及位移、速度和加速度等；然后给出两种常用坐标系，即直角坐标系和自然轴系下它们的具体表达形式。

5.1　点的运动描述方法·点的运动方程、位移、速度和加速度

参考空间内一个动点 M 的位置可由一个事先选定的固定不动参考点 O 引至该点 M 的矢径 $\boldsymbol{r}$ 来确定，如图 5-1 所示。当点 M 运动时，该矢径是时间 t 的函数，即

$$\boldsymbol{r}=\boldsymbol{r}(t) \tag{5-1}$$

该式称为点 M **运动的矢径方程**。随着时间变化，矢径 $\boldsymbol{r}$ 的末端绘出点 M 的运动轨迹。

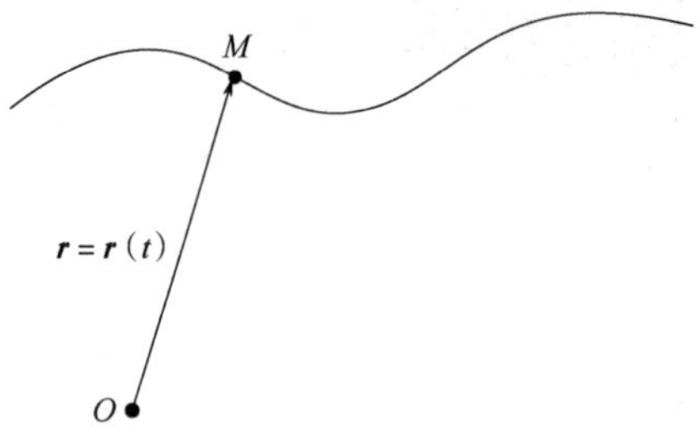

图 5-1　动点的矢径

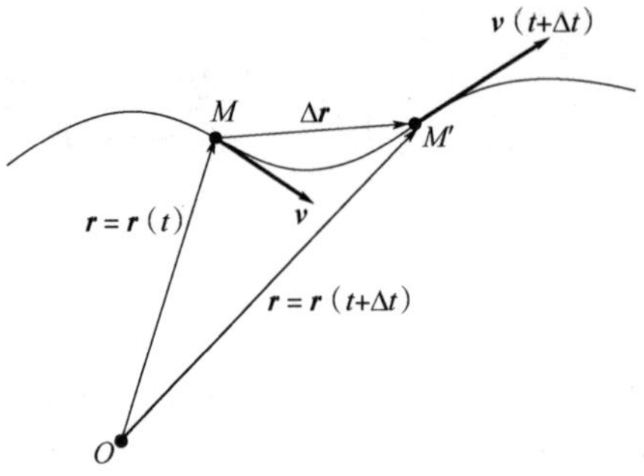

图 5-2　动点的位移和速度

设动点在 t 时刻位于 M 位置，动点的矢径为 $\boldsymbol{r}$，经过 Δt 时间间隔后，即于 $t+\Delta t$ 时刻，动点沿其轨迹运动至 M'位置，动点的矢径为 $\boldsymbol{r}(t+\Delta t)$，如图 5-2 所示。

定义

$$\Delta \boldsymbol{r} = \boldsymbol{r}(t+\Delta t) - \boldsymbol{r}(t) \tag{5-2}$$

为动点在时间间隔 $t \to t+\Delta t$ 内的**位移**。

定义

$$\bar{\boldsymbol{v}} = \frac{\Delta \boldsymbol{r}}{\Delta t} \tag{5-3}$$

为动点在时间间隔 $t \to t+\Delta t$ 内的平均速度。而动点在 t 时刻的**速度**定义为

$$\boldsymbol{v} = \lim_{\Delta t \to 0} \frac{\Delta \boldsymbol{r}}{\Delta t} = \frac{\mathrm{d}\boldsymbol{r}}{\mathrm{d}t} = \dot{\boldsymbol{r}} \tag{5-4}$$

其方向为沿着动点运动轨迹在点 M 处的切向，指向点的运动方向。$\dot{\boldsymbol{r}}$ 是矢径 $\boldsymbol{r}$ 对时间 t 的一阶导数的简便记号。速度 $\boldsymbol{v}$ 反映了矢径 $\boldsymbol{r}(t)$ 在大小和方向两个方面随时间的变化率。速度的单位是米/秒（m/s）。

定义

$$\boldsymbol{a} = \lim_{\Delta t \to 0} \frac{\boldsymbol{v}(t+\Delta t) - \boldsymbol{v}(t)}{\Delta t} = \lim_{\Delta t \to 0} \frac{\Delta \boldsymbol{v}}{\Delta t} = \frac{\mathrm{d}\boldsymbol{v}}{\mathrm{d}t} = \dot{\boldsymbol{v}} = \ddot{\boldsymbol{r}} \tag{5-5}$$

为动点在 t 时刻的**加速度**。其方向由 $\Delta t \to 0$ 时 $\Delta \boldsymbol{v}$ 的极限方向确定。$\ddot{\boldsymbol{r}}$ 是矢径 $\boldsymbol{r}$ 对时间 t 的二阶导数的简便记号。加速度 $\boldsymbol{a}$ 反映了速度矢量 $\boldsymbol{v}$ 在大小和方向两个方面随时间的变化率。加速度的单位是米/秒^2（$\mathrm{m/s^2}$）。

以上给出了点的运动及其运动特性的一般描述方法，采用了较为简洁的矢量表示。为便于表达这些矢量以及定量计算还需要引入适当的坐标系。

5.2　描述点的运动的直角坐标法

以固定不动的参考点 O 为原点，建立一直角坐标系，如图 5-3 所示，点 M 的坐标为 (x, y, z)，则确定点 M 位置的矢径 $\boldsymbol{r}(t)$ 可表示为

$$\boldsymbol{r}(t) = x(t)\boldsymbol{i} + y(t)\boldsymbol{j} + z(t)\boldsymbol{k} \tag{5-6}$$

式中　$\boldsymbol{i}$、$\boldsymbol{j}$、$\boldsymbol{k}$——x、y、z 轴的单位矢量。

点 M 的运动方程为

$$x = x(t),\ y = y(t),\ z = z(t) \tag{5-7}$$

若能消去时间参数 t 便可得到点的运动轨迹的曲线方程。

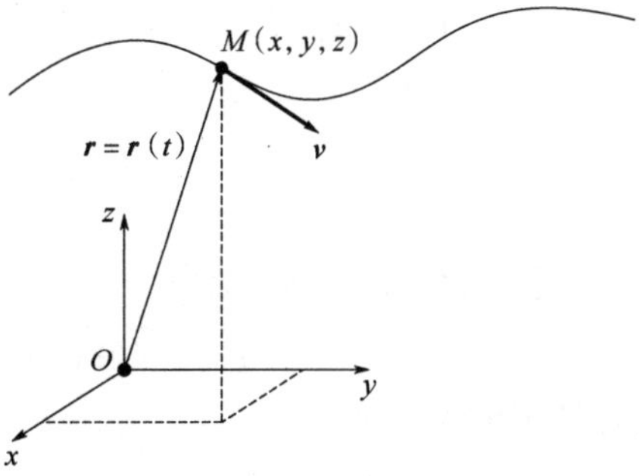

图 5-3　直角坐标系下的动点的运动

点 M 的速度为

$$\boldsymbol{v} = \frac{\mathrm{d}\boldsymbol{r}}{\mathrm{d}t} = \dot{x}(t)\boldsymbol{i} + \dot{y}(t)\boldsymbol{j} + \dot{z}(t)\boldsymbol{k} \tag{5-8}$$

将其沿着三个直角坐标轴的投影，分别记为

$$v_x(t) = \dot{x}(t),\ v_y(t) = \dot{y}(t),\ v_z(t) = \dot{z}(t) \tag{5-9}$$

速度大小为

$$v = \sqrt{v_x^2 + v_y^2 + v_z^2} \tag{5-10}$$

速度的方向由其方向余弦确定

$$\cos(\boldsymbol{v},\ \boldsymbol{i}) = \frac{v_x}{v},\ \cos(\boldsymbol{v},\ \boldsymbol{j}) = \frac{v_y}{v},\ \cos(\boldsymbol{v},\ \boldsymbol{k}) = \frac{v_z}{v} \tag{5-11}$$

点 M 的加速度为

$$\boldsymbol{a} = \frac{\mathrm{d}\boldsymbol{v}}{\mathrm{d}t} = \dot{v}_x(t)\boldsymbol{i} + \dot{v}_y(t)\boldsymbol{j} + \dot{v}_z(t)\boldsymbol{k} = \ddot{x}(t)\boldsymbol{i} + \ddot{y}(t)\boldsymbol{j} + \ddot{z}(t)\boldsymbol{k} \tag{5-12}$$

将其沿着三个直角坐标轴的投影，分别记为

$$a_x(t) = \dot{v}_x(t) = \ddot{x}(t),\ a_y(t) = \dot{v}_y(t) = \ddot{y}(t),\ a_z(t) = \dot{v}_z(t) = \ddot{z}(t) \tag{5-13}$$

加速度大小和方向余弦分别为

$$a = \sqrt{a_x^2 + a_y^2 + a_z^2} \tag{5-14}$$

$$\cos(\boldsymbol{a},\ \boldsymbol{i}) = \frac{a_x}{a},\ \cos(\boldsymbol{a},\ \boldsymbol{j}) = \frac{a_y}{a},\ \cos(\boldsymbol{a},\ \boldsymbol{k}) = \frac{a_z}{a} \tag{5-15}$$

例 5-1　如图 5-4 所示，直杆 AB 两端分别沿铅垂和水平轨道运动，已知 $\varphi = \omega t$（ω 为常量），试求杆 AB 上点 M 的运动方程、轨迹方程、速度和加速度。

解：建立如图 5-4 所示直角坐标系。

1）t 瞬时点 M 的坐标为

$$\begin{cases} x = l_1\sin\varphi = l_1\sin\omega t \\ y = l_2\cos\varphi = l_2\cos\omega t \end{cases} \tag{a}$$

此即其运动方程。消去参数 t，得其轨迹方程为

$$\frac{x^2}{l_1^2} + \frac{y^2}{l_2^2} = 1 \tag{b}$$

其轨迹为椭圆，如图所示。

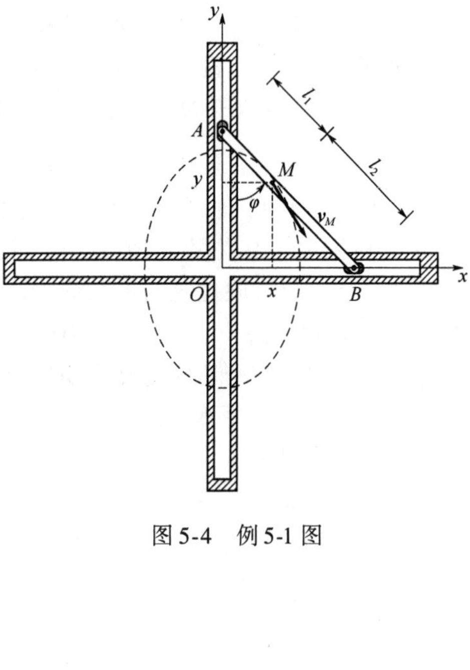

图 5-4　例 5-1 图

2）点 M 的速度。式（a）对时间求一阶导数得点 M 的速度在 x、y 轴上的投影：

$$\begin{cases} v_x = \dot{x} = \omega l_1\cos\omega t \\ v_y = \dot{y} = -\omega l_2\sin\omega t \end{cases} \tag{c}$$

速度的大小为

$$v = \sqrt{v_x^2 + v_y^2} = \omega\sqrt{l_1^2\cos^2\omega t + l_2^2\sin^2\omega t}$$

方向沿点 M 椭圆轨迹在此刻切线方向，斜向下，如图所示。

3）点 M 的加速度。式（c）对时间求一阶导数得点 M 的加速度在 x、y 轴上的投影：

$$\begin{cases} a_x = \dot{v}_x = -\omega^2 l_1 \sin\omega t = -\omega^2 x \\ a_y = \dot{v}_y = -\omega^2 l_2 \cos\omega t = -\omega^2 y \end{cases} \tag{d}$$

式（d）表明点 M 的加速度的矢量为

$$\boldsymbol{a} = a_x \boldsymbol{i} + a_y \boldsymbol{j} = -\omega^2 (x\boldsymbol{i} + y\boldsymbol{j}) = -\omega^2 \overrightarrow{OM} = \omega^2 \overrightarrow{MO}$$

加速度的大小为

$$a = \omega^2 \cdot OM$$

加速度方向由点 M 指向点 O。必须注意：点 M 的加速度的这个结论仅当 ω 为常量时才正确。

5.3 描述点的运动的弧坐标法

当点的运动轨迹为已知曲线时，可利用该曲线定义弧坐标来研究点的运动。

如图 5-5 所示，动点沿某一已知曲线运动，在该曲线上任选一点 O' 作为原点，并规定沿着该曲线，点 O' 一侧的弧长 s 为正，另一侧的弧长为负，由此得到一曲线坐标，称为弧坐标 s。于是，动点 M 的位置可由原点 O' 到该位置的弧坐标 s 确定。若 $s=s(t)$ 为时间的已知函数，则动点 M 的运动可以完全确定。这种利用弧坐标描述点的运动的方法称为弧坐标法。弧坐标形式的动点 M 的运动方程即为

$$s = s(t) \tag{5-16}$$

于是动点 M 相对于固定点 O 的矢径相应地可表示为

$$\boldsymbol{r} = \boldsymbol{r}(s) \tag{5-17}$$

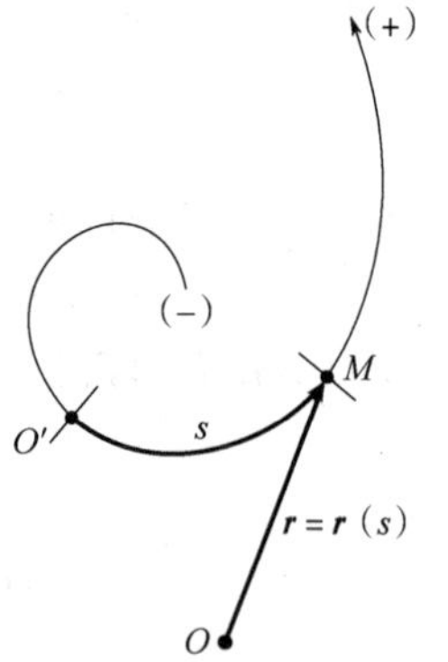

图 5-5　动点的弧坐标描述

下面根据空间曲线的性质给出类似于直角坐标系的自然轴系，然后给出弧坐标法中的动点的速度和加速度在自然轴系中的表达形式。

如图 5-6 所示，设动点做空间运动，其轨迹已知，t 时刻该动点位于 M 位置，该点的切线为 MT。$t+\Delta t$ 时刻该动点位于 M' 位置，令 $\Delta s = \overset{\frown}{MM'}$，则由切线 MT 和点 M' 可确定一个平面，随着动点由 M' 位置无限靠近点 M 位置，即 $\Delta s \to 0$ 时，该平面有一极限位置，该极限位置的平面称为动点轨迹在点 M 处的密切面。过点 M 与切线 MT 垂直的平面为法平面。法平面与密切面的交线 MN 为曲线在点 M 处的主法线。在法平面内过点 M 与主法线垂直的直线 MB 称为副法线。由于副法线在法平面内，所以副法线 MB 垂直于切线 MT，这样在点 M 处由切线、主法线和副法线形成了与直角坐标系类似的三个互相垂直的轴，称它们为动点的**自然轴系**，并记

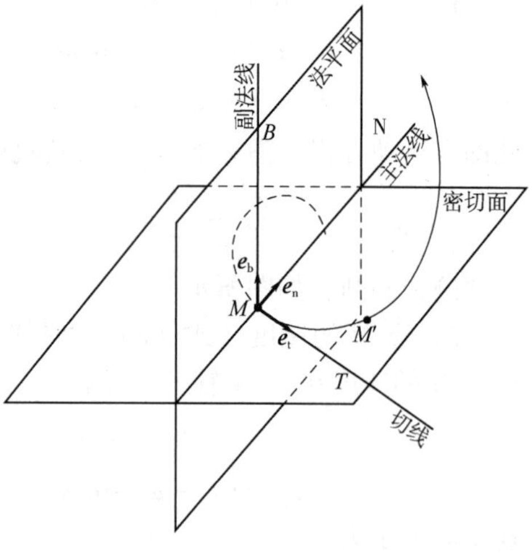

图 5-6　自然轴系

切线 MT、主法线 MN 和副法线 MB 的单位矢量为 $\boldsymbol{e}_t$、$\boldsymbol{e}_n$ 和 $\boldsymbol{e}_b=(\boldsymbol{e}_t\times\boldsymbol{e}_n)$，其中 $\boldsymbol{e}_t$ 指向动点弧坐标增加的方向，$\boldsymbol{e}_n$ 指向动点轨迹在点 M 的凹侧。如图 5-7 所示，设动点轨迹在点 M 处的曲率为 k，在动点轨迹点 M 处的法线上凹向一侧取一点 C，使得 $MC=1/k=\rho$，以 C 为圆心，ρ 为半径画圆，这个圆就叫作动点轨迹在点 M 处的密切圆（曲率圆），点 C 和 ρ 分别称为动点轨迹在点 M 处的曲率中心和曲率半径，因此 $\boldsymbol{e}_n$ 指向动点在该瞬时的曲率中心。在讨论动点轨迹在点 M 处的一阶和二阶导数的性质时，可视点 M 微小邻域的曲线为密切面内的密切圆的一段微小圆弧，如图 5-7 所示的 $\Delta s=\widehat{MM'}$（当 $\Delta t\to 0$ 时）。若点的运动轨迹为平面曲线，则该平面曲线所在的平面即为动点在任一瞬时的密切面。

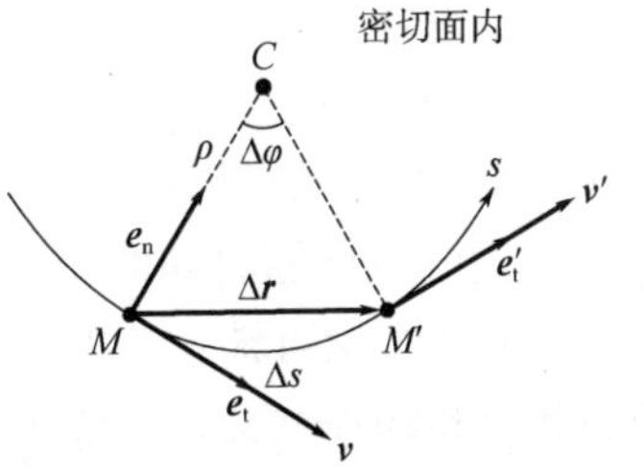

图 5-7　密切面内点的运动轨迹

下面推导由弧坐标形式的式（5-16）所表示的点的速度、加速度公式。

由点的速度的定义，可得

$$\boldsymbol{v}=\frac{\mathrm{d}\boldsymbol{r}}{\mathrm{d}t}=\frac{\mathrm{d}\boldsymbol{r}}{\mathrm{d}s}\cdot\frac{\mathrm{d}s}{\mathrm{d}t}$$

而$\dfrac{\mathrm{d}\boldsymbol{r}}{\mathrm{d}s}=\lim\limits_{\Delta s\to 0}\dfrac{\Delta\boldsymbol{r}}{\Delta s}$，由图 5-7 知，其大小$\left|\dfrac{\mathrm{d}\boldsymbol{r}}{\mathrm{d}s}\right|=\lim\limits_{\Delta s\to 0}\left|\dfrac{\Delta\boldsymbol{r}}{\Delta s}\right|=1$；其方向为 $\Delta s\to 0$（即 $\Delta t\to 0$）时 $\Delta\boldsymbol{r}$ 的极限方向，即为动点在该瞬时的切向。于是 $\dfrac{\mathrm{d}\boldsymbol{r}}{\mathrm{d}s}=\boldsymbol{e}_t$。因此，点的速度可表示为

$$\boldsymbol{v}=\frac{\mathrm{d}s}{\mathrm{d}t}\boldsymbol{e}_t=\dot{s}\boldsymbol{e}_t=v\boldsymbol{e}_t \tag{5-18}$$

其中 $v=\dot{s}$，其绝对值为速度的大小，反映了弧坐标 s 的变化率。速度的方向沿着动点轨迹的切线方向。

由点的加速度定义，可得

$$\boldsymbol{a}=\frac{\mathrm{d}\boldsymbol{v}}{\mathrm{d}t}=\frac{\mathrm{d}\dot{s}}{\mathrm{d}t}\boldsymbol{e}_t+\dot{s}\frac{\mathrm{d}\boldsymbol{e}_t}{\mathrm{d}t}=\frac{\mathrm{d}\dot{s}}{\mathrm{d}t}\boldsymbol{e}_t+\dot{s}\frac{\mathrm{d}\boldsymbol{e}_t}{\mathrm{d}s}\cdot\frac{\mathrm{d}s}{\mathrm{d}t}$$

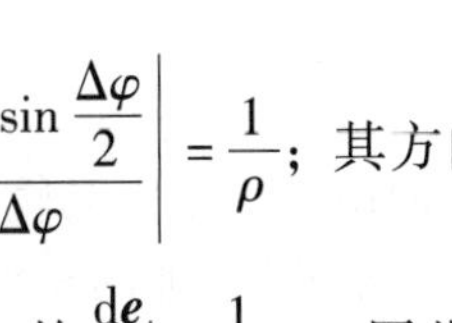

图 5-8　切向单位矢量的变化量

对于其中的$\dfrac{\mathrm{d}\boldsymbol{e}_t}{\mathrm{d}s}$，由图 5-8 所示是两腰大小等于 1 的等腰三角形（$\Delta\boldsymbol{e}_t$ 为该等腰三角形的底边），于是其大小$\left|\dfrac{\mathrm{d}\boldsymbol{e}_t}{\mathrm{d}s}\right|=\lim\limits_{\Delta s\to 0}\left|\dfrac{\Delta\boldsymbol{e}_t}{\Delta s}\right|=\lim\limits_{\Delta\varphi\to 0}\left|\dfrac{2\cdot 1\cdot\sin\dfrac{\Delta\varphi}{2}}{\rho\cdot\Delta\varphi}\right|=\dfrac{1}{\rho}$；其方向为 $\Delta s\to 0$（即 $\Delta t\to 0$）时 $\Delta\boldsymbol{e}_t$ 的极限方向$\left(\dfrac{\pi}{2}-\dfrac{\Delta\varphi}{2}\to\dfrac{\pi}{2}\right)$，即为主法向，故 $\dfrac{\mathrm{d}\boldsymbol{e}_t}{\mathrm{d}s}=\dfrac{1}{\rho}\boldsymbol{e}_n$。因此，点的加速度可表示为

$$\boldsymbol{a}=\ddot{s}\boldsymbol{e}_t+\frac{\dot{s}^2}{\rho}\boldsymbol{e}_n=\dot{v}\boldsymbol{e}_t+\frac{v^2}{\rho}\boldsymbol{e}_n \tag{5-19}$$

由此可知点的加速度无副法线方向的分量，只有切线和主法线两个方向的分量，分别称为**切向加速度** $\boldsymbol{a}_t$ 和**法向加速度**（又称**向心加速度**）$\boldsymbol{a}_n$，即

$$\boldsymbol{a}=\boldsymbol{a}_t+\boldsymbol{a}_n=a_t\boldsymbol{e}_t+a_n\boldsymbol{e}_n \tag{5-20}$$

其中

$$a_t = \ddot{s} = \dot{v},\ a_n = \frac{\dot{s}^2}{\rho} = \frac{v^2}{\rho} \tag{5-21}$$

由 $\boldsymbol{a}_t$ 和 $\boldsymbol{a}_n$ 的定义可以看出，切向加速度 $\boldsymbol{a}_t$ 与速度的大小随时间的变化率有关，法向加速度 $\boldsymbol{a}_n$ 与速度的方向随时间的变化率有关。

由上述结论可知，速度和加速度在自然轴系下的表示反映了它们更清晰的本质，具有明确的几何和物理意义。一般来说，当点的运动轨迹已知时，采用自然轴系来研究点的速度和加速度较为简便；当点的运动轨迹未知时，则采用直角坐标系来研究点的速度和加速度较为简便。

例 5-2　如图 5-9 所示曲柄导杆机构，曲柄 OA 绕定轴 O 转动，通过套于杆 O_1B 上的套筒 A 带动其绕定轴 O_1 摆动。已知 $\varphi = \omega t$（ω 为常量），$OA = OO_1 = r$，$O_1B = l$。试求杆端点 B 的运动方程、速度和加速度。

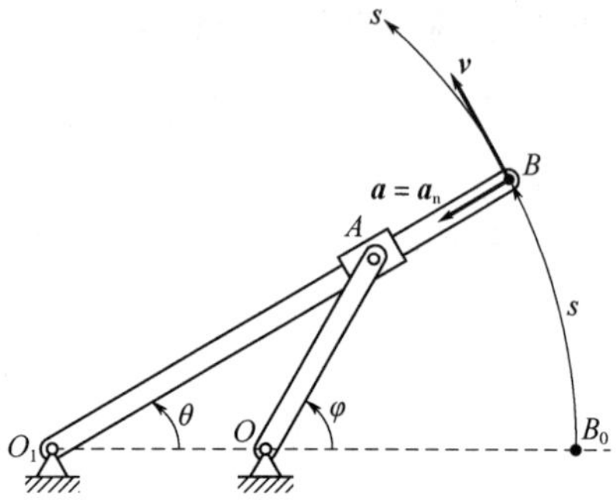

图 5-9　例 5-2 图

解：由题意知，点 B 的运动轨迹为以点 O_1 为圆心、以 $O_1B = l$ 为半径的圆弧。

1）建立以 $t = 0$ 时点 B 的位置 B_0 为弧坐标原点的弧坐标 s，其正方向与 θ 逆时针转向相一致，如图 5-9 所示。在 t 瞬时点 B 的弧坐标为

$$s = l\theta = l \cdot \frac{1}{2}\varphi = \frac{1}{2}l\omega t \tag{a}$$

此即点 B 的弧坐标形式的运动方程。

2）点 B 的速度。根据自然轴系下速度的大小表达式可得

$$v = \dot{s} = \frac{1}{2}l\omega \tag{b}$$

方向沿轨迹切线方向，如图 5-9 所示。

3）点 B 的加速度。点 B 具有切向和法向加速度，它们的大小分别为

$$a_t = \dot{v} \equiv 0,\ a_n = \frac{v^2}{l} = \frac{1}{4}l\omega^2$$

因此点 B 的法向加速度即为其全加速度，即

$$a = a_n = \frac{1}{4}l\omega^2$$

方向由点 B 指向其轨迹曲率中心，即其圆弧轨迹的圆心点 O_1，如图 5-9 所示。

例 5-3　如图 5-10 所示，半径为 r 的车轮 C 沿水平轨道（x 轴）在铅垂面内向右做无滑动滚动，这种运动形式称为**纯滚动**。已知车轮中心的速度恒为 $\boldsymbol{v}_C$，试求车轮轮缘任一点 M 的运动轨迹、速度和加速度，以及轨迹的曲率半径。

解：1）不失一般性，选择车轮轮缘上点 M 与地面接触时为初始时刻，以此时轨道与车轮的接触点 O 为原点，建立如图 5-10 所示直角坐标系 Oxy，图中虚线圆所示为初始时刻车轮位置。

2）求点 M 的运动方程。车轮从初始时刻开始到 t 瞬时，车轮运动到图示实线圆所示位置，车轮与地面接触点为点 P，设 CP 与 CM 的夹角为 φ。轮心匀速直线水平运动，则有 $x_C = v_Ct$。轮子只滚不滑，故圆弧 $\overset{\frown}{PM} = r\varphi$ 与直线段 $OP = C_0C = v_Ct$ 等长，即 $r\varphi = x_C = v_Ct$，该式普

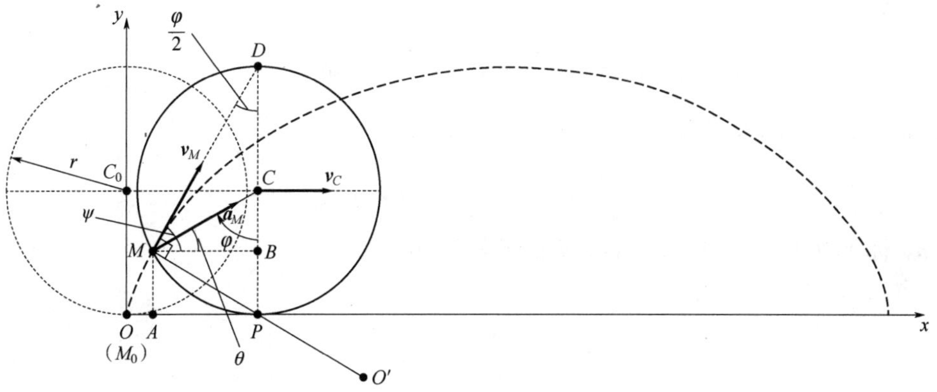

图 5-10　例 5-3 图

遍成立，对之求一阶时间导数，得 $r\dot{\varphi}=v_C$。整理为

$$\begin{cases}\varphi=\dfrac{x_C}{r}\\ \dot{\varphi}=\dfrac{v_C}{r}\end{cases}\tag{a}$$

由点 M 分别向 OP 和 CP 做垂线，垂足分别为点 A 和 B。则点 M 的运动方程为

$$\begin{cases}x_M=OA=OP-PA=r\varphi-r\sin\varphi\\ y_M=AM=PC-BC=r-r\cos\varphi\end{cases}\tag{b}$$

由运动方程可计算出不同瞬时的 x_M 与 y_M 值，便可描绘出点 M 的运动轨迹曲线，此曲线常称为摆线或旋轮线，如图中虚线所示。

3）求点 M 的速度。对点 M 的运动方程式（b）求一阶时间导数，并考虑式（a），得

$$\begin{cases}v_{Mx}=\dot{x}_M=r\dot{\varphi}-r\cos\varphi\cdot\dot{\varphi}=v_C(1-\cos\varphi)=2v_C\sin^2\dfrac{\varphi}{2}\\ v_{My}=\dot{y}_M=r\sin\varphi\cdot\dot{\varphi}=v_C\sin\varphi=2v_C\sin\dfrac{\varphi}{2}\cos\dfrac{\varphi}{2}\end{cases}\tag{c}$$

故点 M 的速度的大小为

$$v_M=\sqrt{v_{Mx}^2+v_{My}^2}=2v_C\sin\frac{\varphi}{2}$$

设 $\boldsymbol{v}_M$ 与水平线间（x 轴方向）夹角为 ψ，则

$$\tan\psi=\frac{v_{My}}{v_{Mx}}=\cot\frac{\varphi}{2}$$

将 $\boldsymbol{v}_M$ 标于点 M 处，其方向通过车轮的最高点 D，即 $\boldsymbol{v}_M\perp PM$，则 $\overrightarrow{MP}$ 方向为点 M 轨迹的法向。

4）求点 M 的加速度。对式（c）求一阶时间导数，并考虑式（a），得

$$\begin{cases}a_{Mx}=\dot{v}_{Mx}=v_C\sin\varphi\cdot\dot{\varphi}=\dfrac{v_C^2}{r}\sin\varphi\\ a_{My}=\dot{v}_{My}=v_C\cos\varphi\cdot\dot{\varphi}=\dfrac{v_C^2}{r}\cos\varphi\end{cases}$$

故点 M 的加速度的大小为

$$a_M = \sqrt{a_{Mx}^2 + a_{My}^2} = \frac{v_C^2}{r}（常量）$$

设 $\boldsymbol{a}_M$ 与水平线间夹角为 θ，则

$$\tan\theta = \frac{a_{My}}{a_{Mx}} = \cot\varphi$$

将 $\boldsymbol{a}_M$ 标于点 M 处，其方向由点 M 指向车轮中心 C。

5）求点 M 的曲率半径。

$$a_M^{t} = \dot{v}_M = 2v_C \cdot \frac{\dot{\varphi}}{2} \cdot \cos\frac{\varphi}{2} = \frac{v_C^2}{r}\cos\frac{\varphi}{2}$$

$$a_M^{n} = \sqrt{a_M^2 - (a_M^{t})^2} = \frac{v_C^2}{r}\sin\frac{\varphi}{2}$$

又

$$a_M^{n} = \frac{v_M^2}{\rho_M} = \frac{4v_C^2\sin^2\dfrac{\varphi}{2}}{\rho_M}$$

于是

$$\rho_M = 4r\sin\frac{\varphi}{2} = 2PM$$

因此点 M 的曲率中心为 MP 的延长线上的点 O'，且 $O'M = 2PM$。

习　　题

5-1　如图 5-11 所示简谐机构，绕定轴 O 转动的曲柄 OA 与置于 T 型杆上滑槽内的滑块 A 相铰接，从而带动 T 型杆在水平滑道内运动。已知 $OA = r$，$BC = l$，曲柄与水平线间夹角 φ 的变化规律为 $\varphi = \omega t$，其中 ω 为常量，试求杆 BC 的端点 C 的速度和加速度。

5-2　如图 5-12 所示曲柄-连杆-滑块机构在铅垂平面内。曲柄 OA 绕定轴 O 转动，A 端与杆 AB 铰接，连杆 B 端与滑块 B 铰接，滑块可在水平滑道内运动。已知，$AB = OA = l$，曲柄与水平线间夹角 φ 的变化规律为 $\varphi = \omega t$，其中 ω 为常量。试求连杆 AB 上任一点 M 的运动方程、轨迹，以及速度和加速度在 x、y 轴上的投影。

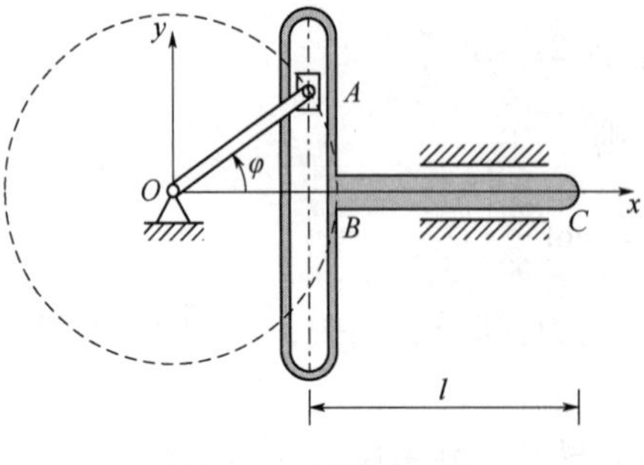

图 5-11　习题 5-1 图

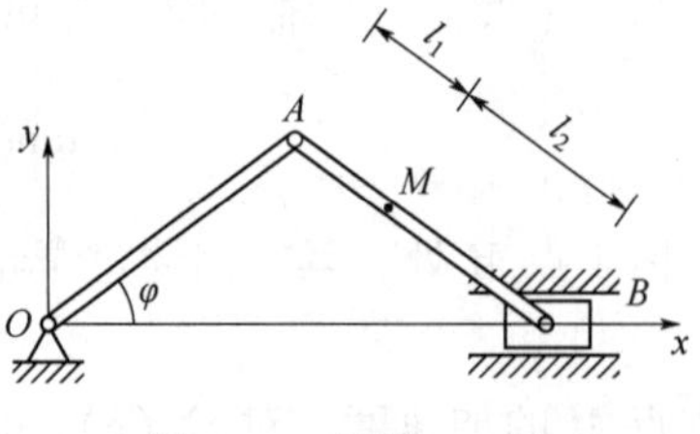

图 5-12　习题 5-2 图

5-3　如图 5-13 所示雷达跟踪火箭 B 的发射过程，火箭从水平地面铅垂上升，雷达与发射点的水平距离为 l，测得角 φ 的变化规律为 $\varphi = ct$（c 为常量），试写出火箭的运动方程，计算当 $\varphi = \pi/6$ 和 $\varphi = \pi/3$ 时，火箭的速度和加速度。

5-4　图5-14所示为曲柄-滑道铅垂平面机构，销钉 M 同时在固定圆弧形槽 BC 和曲柄 OA 的直槽内滑动，圆弧 BC 的半径为 r，绕定轴 O 转动的曲柄与水平线间夹角 φ 的变化规律为 $\varphi = \omega t$，其中 ω 为常量。$t = 0$ 时曲柄在水平位置，试分别用直角坐标法和弧坐标法求销钉 M 的运动方程、速度和加速度。

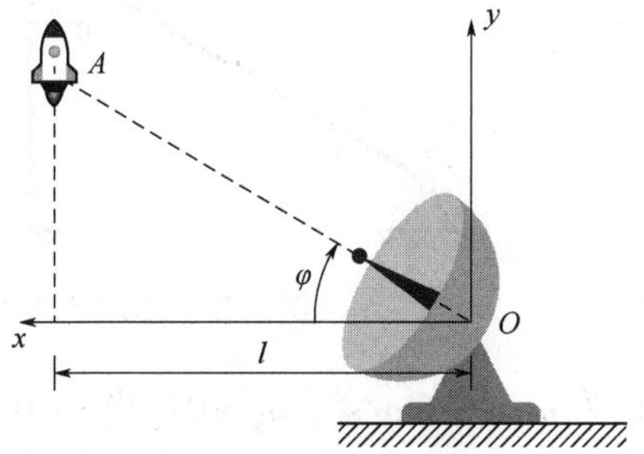

图5-13　习题5-3图

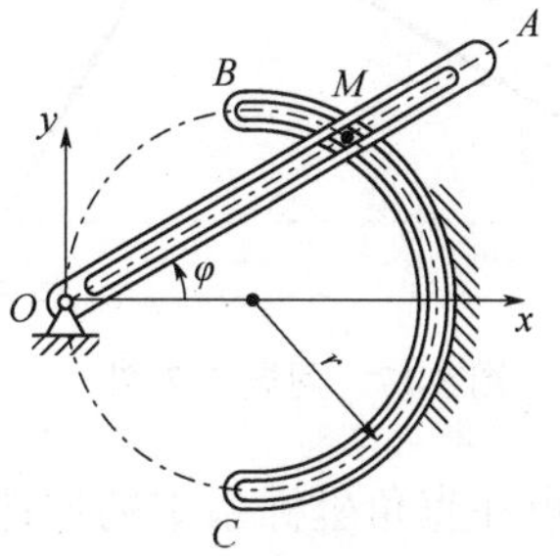

图5-14　习题5-4图

5-5　图5-15所示销钉 M 由其上有直槽的水平运动的T型杆 ABC 带动而沿着图示固定曲线轨道运动，T型杆以匀速度 $\boldsymbol{v}$ 向右运动，轨道曲线的方程为 $y^2 = 2px$（p 为常数），当 $t = 0$ 时，$x = 0$，试求 t 时刻销钉 M 的速度和加速度的大小。

5-6　图5-16所示铅垂平面机构，绕定轴 O 转动的长度为 r 的曲柄 OA 与长度为 $l = 2r$ 的杆 AB 相铰接，杆 AB 穿过绕定轴 D 转动的套筒 D，O、D 两点连线为水平直线，曲柄 OA 与水平线间夹角 φ 的变化规律为 $\varphi = \omega t$，其中 ω 为常量，试求点 B 的速度和加速度。

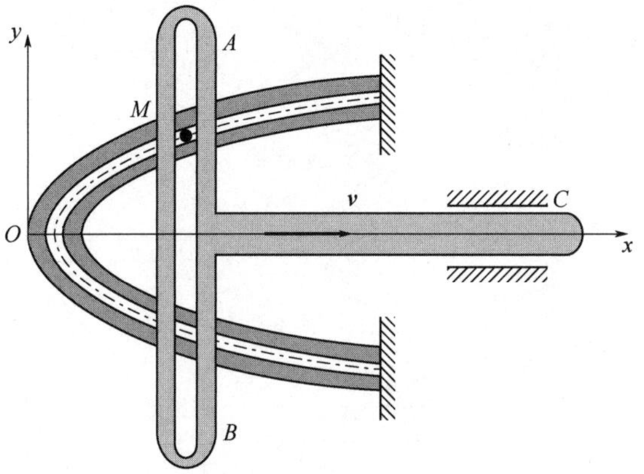

图5-15　习题5-5图

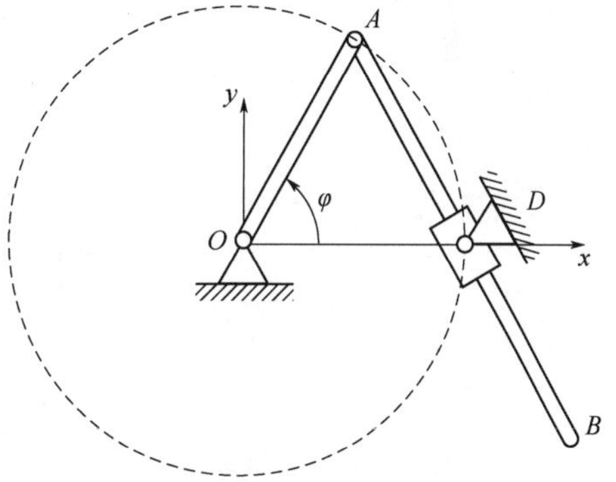

图5-16　习题5-6图

5-7　图5-17所示平面机构，O_1A 与 O_2B 两杆分别绕定轴 O_1 和 O_2 转动，二者用十字形套筒 D 相连。在运动过程中，两杆保持垂直。已知 $O_1O_2 = b$、$\varphi = kt$（k 为常量）。试求套筒 D 中心点的速度和加速度。

5-8　习题5-7中 O_1A 与 O_2B 两杆用套筒 D 相连，在运动过程中，两杆保持夹角为60°，如图5-18所示，其他条件相同。求套筒 D 中心点的速度和加速度。

5-9　某点在直角坐标系中的运动方程为 $x = t^2 - t$，$y = 2t$，x 和 y 的单位为m，t 的单位为s。试求该点的运动轨迹方程，以及 $t = 1\text{s}$ 时的速度和加速度，并进一步确定此时的切向加速度、法向加速度及所在处轨迹的曲率半径。

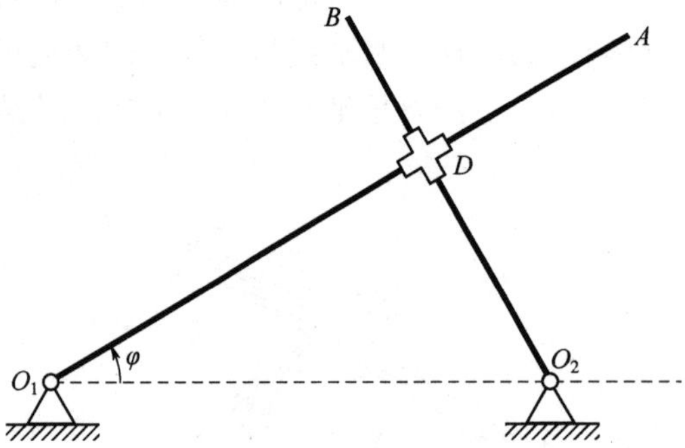

图 5-17　习题 5-7 图

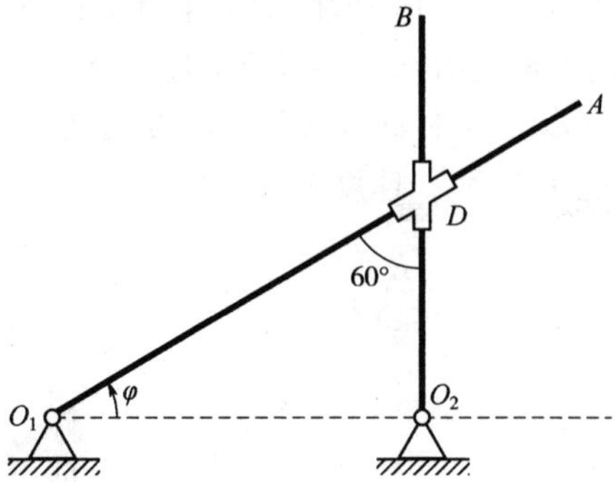

图 5-18　习题 5-8 图

5-10　某点在直角坐标系中的加速度方程为 $a_x=-6\text{m/s}^2$，$a_y=0$，当 $t=0$ 时，$x_0=y_0=0$，$v_{0x}=10\text{m/s}$，$v_{0y}=3\text{m/s}$，试求该点的运动轨迹，以及 $t=1\text{s}$ 时点所在处轨迹的曲率半径。

第 6 章　刚体的基本运动

工程中，刚体在运动过程中，会受到某些约束的限制，根据约束条件不同，刚体的运动可以分为平行移动、定轴转动、平面运动、定点运动、特殊的空间运动和空间的自由运动。刚体的平行移动（简称平移）和定轴转动是刚体运动的两种基本形式，刚体的平面运动可以看作是这两种基本运动的合成。本章介绍刚体的平移和定轴转动的描述方法，给出定轴转动刚体上点的速度和加速度与刚体运动的角速度和角加速度之间的关系。

6.1　刚体的平移

刚体在运动过程中，其上任意一根直线始终与初始位置平行，刚体的这种运动称为**平行移动**，简称**平移**(或**平动**)。铅垂平面内直线行驶的车厢、发动机气缸中的活塞均是平移刚体的例子。

刚体平移时，具有如下特性：

1）刚体上任意两点在同一时间间隔内的位移相等。

如图 6-1 所示平移刚体，设 A、B 为平移刚体上任意两点在 t 时刻的位置，在 $t+\Delta t$ 时刻，两点随刚体运动至 A'、B'，由刚体上两点距离保持不变知 $AB \perp\!\!\!= A'B'$，因此 $AA'B'B$ 为平行四边形。从而两点的位移相等，即

$$\overrightarrow{AA'} = \overrightarrow{BB'} \tag{6-1}$$

由 Δt 的任意性可以得到平移刚体上各点的运动轨迹形状也相同，只是位置不同而已，如图 6-1 中，假定 $t \to t+\Delta t$ 中 A 点轨迹如虚线所示，则 B 点轨迹也是同一形状的虚线。

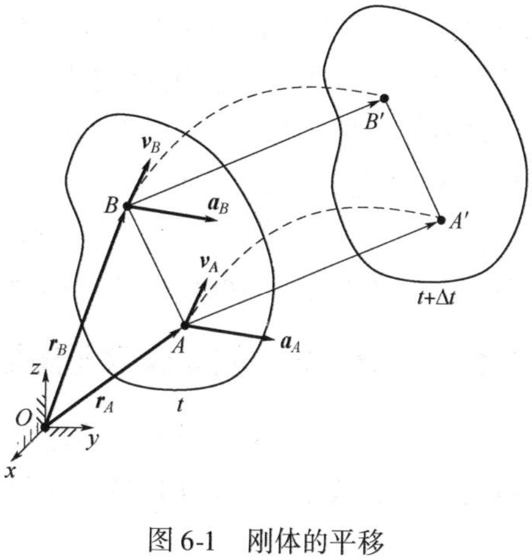

图 6-1　刚体的平移

2）刚体上任意两点在同一时刻具有相同的速度和加速度。

式（6-1）在 $\Delta t \to 0$ 过程中始终成立，则由速度的定义可得 A、B 的速度满足

$$\boldsymbol{v}_A = \lim_{\Delta t \to 0} \frac{\overrightarrow{AA'}}{\Delta t} = \lim_{\Delta t \to 0} \frac{\overrightarrow{BB'}}{\Delta t} = \boldsymbol{v}_B \tag{6-2}$$

式（6-2）在任意时刻均成立，两边对时间 t 求导即可得

$$\boldsymbol{a}_A = \boldsymbol{a}_B \tag{6-3}$$

或 $\overrightarrow{AB} = \boldsymbol{r}_B - \boldsymbol{r}_A =$ 常矢，两边对时间 t 求一阶导数和二阶导数也得到 $\boldsymbol{v}_A = \boldsymbol{v}_B$ 和 $\boldsymbol{a}_A = \boldsymbol{a}_B$。

以上平移刚体的特性表明：刚体平移时，其上各点的运动规律完全相同。因此，研究刚

体的平移可归结为研究其上任意一点的运动，即可以以点代体。

根据平移刚体上点的运动轨迹的形状，可以将平移分为直线平移、曲线平移，圆弧平移是曲线平移的特殊情况。另外注意，平移可以是平面平移，其上各点的运动轨迹为平面曲线；也可以是空间平移，其上各点的运动轨迹为空间曲线。

6.2　刚体的定轴转动

刚体在运动过程中，其上或其延拓部分上存在一条不动的直线，则刚体的运动称为**定轴转动**，不动的直线称为**转轴**。钟表中齿轮、通过合页安装的门窗等都是常见的定轴转动的例子。转轴上的点始终不动，转轴以外的点绕着转轴做圆周运动，其轨迹为以该点在转轴上的垂足为圆心，以该点到垂足之间的距离为半径的圆。

6.2.1　转角和转动方程

如图6-2所示定轴转动刚体，设其转轴为 Oz 轴。选取一个过转轴的固定半平面Ⅰ，再选取一个与刚体固连、过转轴的半平面Ⅱ。刚体转动过程中，只要半平面Ⅱ的位置确定，则刚体的位置也即确定。半平面Ⅱ的位置可由其与半平面Ⅰ之间的二面角 φ 确定。因此，从半平面Ⅰ转到半平面Ⅱ的角度 φ 确定了刚体的位置，称之为定轴转动刚体的**转角**，其单位为弧度（rad）。通常以右手法则确定其正转向，即右手拇指指向转轴正向，转角与其余四指的转向一致为正，反之为负。或者面向转轴负向观察，发生逆时针转向的转角为正，反之为负。通常用带箭头的弧线段表示转角。当刚体转动时，转角 φ 是时间 t 的连续函数，即

$$\varphi = \varphi(t) \tag{6-4}$$

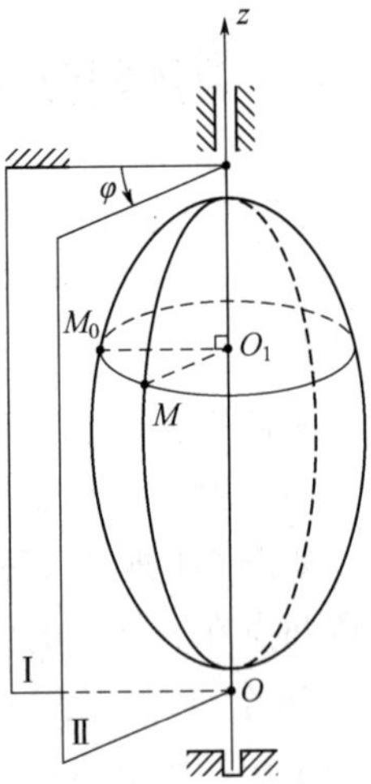

图6-2　刚体的定轴转动

该式表示了刚体的空间位置的变化规律，称为刚体的**定轴转动方程**。

6.2.2　刚体转动的角速度和角加速度

设刚体在 $t \rightarrow t + \mathrm{d}t$ 时间内转过微小转角 $\mathrm{d}\varphi$，可根据右手法则，定义沿转轴（z 轴）的矢量 $\mathrm{d}\boldsymbol{\varphi}$。以 $\boldsymbol{k}$ 表示沿 z 轴正向的单位矢量，则有

$$\mathrm{d}\boldsymbol{\varphi} = \mathrm{d}\varphi\boldsymbol{k}$$

由此定义物理量 $\boldsymbol{\omega}$，即

$$\boldsymbol{\omega} = \frac{\mathrm{d}\boldsymbol{\varphi}}{\mathrm{d}t} = \frac{\mathrm{d}\varphi}{\mathrm{d}t}\boldsymbol{k} = \omega\boldsymbol{k} \tag{6-5}$$

称 $\boldsymbol{\omega}$ 为定轴转动刚体 t 瞬时**角速度矢量**。$\omega = \frac{\mathrm{d}\varphi}{\mathrm{d}t}$ 为角速度的代数值，其绝对值反映刚体 t 瞬时转动（转角变化）快慢程度，其单位为弧度/秒（rad/s）。

进一步可定义反映刚体角速度 $\boldsymbol{\omega}$ 对时间变化率的物理量 $\boldsymbol{\alpha}$，即

$$\boldsymbol{\alpha} = \frac{\mathrm{d}\boldsymbol{\omega}}{\mathrm{d}t} = \frac{\mathrm{d}\omega}{\mathrm{d}t}\boldsymbol{k} = \alpha\boldsymbol{k} \tag{6-6}$$

称 $\boldsymbol{\alpha}$ 为定轴转动刚体 t 瞬时的**角加速度矢量**。$\alpha = \dfrac{\mathrm{d}\omega}{\mathrm{d}t}$ 为角加速度的代数值，其绝对值反映刚体的角速度变化的快慢程度，其单位为弧度/秒^2（$\mathrm{rad/s^2}$）。

显然，当 ω 与 α 符号相同时，$\boldsymbol{\omega}$ 与 $\boldsymbol{\alpha}$ 方向相同，则 ω 的绝对值增大，刚体做加速转动；当 ω 与 α 符号相反时，$\boldsymbol{\omega}$ 与 $\boldsymbol{\alpha}$ 方向相反，则 ω 的绝对值减小，刚体做减速转动。

6.2.3　定轴转动刚体上点的运动方程、速度和加速度

定轴转动刚体上除转轴外任一点的运动轨迹为圆，设其上点 M 的轨迹的半径为 ρ，圆心为转轴上点 O_1。建立起始于点 M 的初始位置点 M_0（在选定的固定的半平面Ⅰ上），沿其运动轨迹的弧坐标 s，如图 6-3 所示，则 $s=\rho\varphi$，由弧坐标法可得点 M 的速度大小为

$$v = \frac{\mathrm{d}s}{\mathrm{d}t} = \rho\frac{\mathrm{d}\varphi}{\mathrm{d}t} = \omega\rho \tag{6-7}$$

其方向顺着角速度的转向，沿着轨迹切线方向。

如图 6-4 所示，设点 O 是转轴上任一固定点，从点 O 引至点 M 的矢径为 $\boldsymbol{r}$，矢径 $\boldsymbol{r}$ 与角速度 $\boldsymbol{\omega}$ 的夹角为 θ，则有

$$v = \omega\rho = \omega r\sin\theta = |\boldsymbol{\omega}\times\boldsymbol{r}|$$

同时，由图 6-4 中可以看出 $\boldsymbol{v}$ 垂直于 O_1M 与 z 轴所确定的平面，则 $\boldsymbol{v}\perp\boldsymbol{r}$，$\boldsymbol{v}\perp\boldsymbol{\omega}$，并同时考虑 $\boldsymbol{v}$ 的方向，则点 M 的速度可表示为

$$\boldsymbol{v} = \boldsymbol{\omega}\times\boldsymbol{r} \tag{6-8}$$

即**定轴转动刚体上任一点的速度等于刚体的角速度矢量与其相对于转轴上某点 O 的矢径的叉积**。

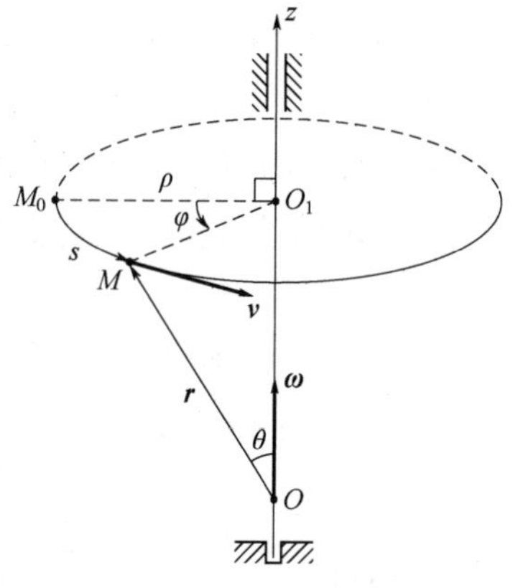

图 6-3　定轴转动刚体上点的速度

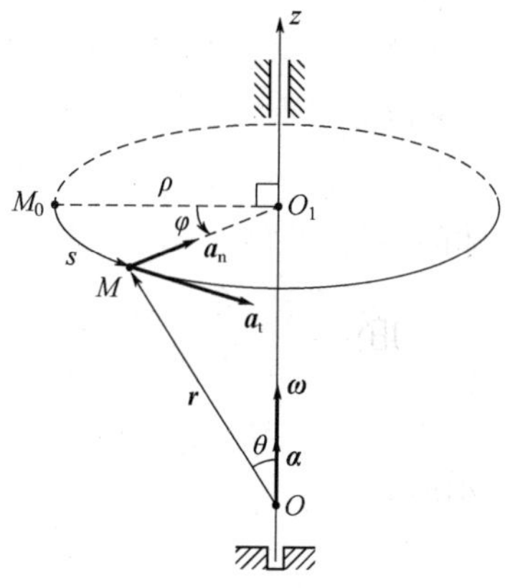

图 6-4　定轴转动刚体上点的切向和法向加速度

由于点 M 与点 O 位于同一刚体上，所以矢量 $\boldsymbol{r}$ 的大小保持不变，仅其方向随着刚体的转动而变化。根据点的运动学知识，$\boldsymbol{v}=\dfrac{\mathrm{d}\boldsymbol{r}}{\mathrm{d}t}$，则有如下关系：

$$\frac{\mathrm{d}\boldsymbol{r}}{\mathrm{d}t} = \boldsymbol{\omega}\times\boldsymbol{r} \tag{6-9}$$

若设点 A、B 为定轴转动刚体上任意两点，$\boldsymbol{v}_A=\boldsymbol{\omega}\times\boldsymbol{r}_A$，$\boldsymbol{v}_B=\boldsymbol{\omega}\times\boldsymbol{r}_B$，$\dfrac{\mathrm{d}\overrightarrow{AB}}{\mathrm{d}t}=\dfrac{\mathrm{d}(\boldsymbol{r}_B-\boldsymbol{r}_A)}{\mathrm{d}t}=$

$\boldsymbol{v}_B-\boldsymbol{v}_A=\boldsymbol{\omega}\times(\boldsymbol{r}_B-\boldsymbol{r}_A)=\boldsymbol{\omega}\times\overrightarrow{AB}$，即定轴转动刚体上**一个大小不变的矢量随时间的变化率等于其转动的角速度矢量与其自身的叉积**。

式（6-8）两边对时间求一阶导数，则得到点 M 的加速度：

$$\boldsymbol{a}=\frac{\mathrm{d}\boldsymbol{v}}{\mathrm{d}t}=\frac{\mathrm{d}(\boldsymbol{\omega}\times\boldsymbol{r})}{\mathrm{d}t}=\frac{\mathrm{d}\boldsymbol{\omega}}{\mathrm{d}t}\times\boldsymbol{r}+\boldsymbol{\omega}\times\frac{\mathrm{d}\boldsymbol{r}}{\mathrm{d}t}$$

即

$$\boldsymbol{a}=\boldsymbol{\alpha}\times\boldsymbol{r}+\boldsymbol{\omega}\times\boldsymbol{v} \tag{6-10}$$

其中 $\boldsymbol{\alpha}\times\boldsymbol{r}$ 沿着点 M 的运动轨迹切线方向，记为切向加速度 $\boldsymbol{a}_\mathrm{t}$；$\boldsymbol{\omega}\times\boldsymbol{v}$ 指向点 M 的运动轨迹的曲率中心点 O_1，记为法向加速度 $\boldsymbol{a}_\mathrm{n}$，即

$$\boldsymbol{a}_\mathrm{t}=\boldsymbol{\alpha}\times\boldsymbol{r} \tag{6-11}$$

$$\boldsymbol{a}_\mathrm{n}=\boldsymbol{\omega}\times\boldsymbol{v}=\boldsymbol{\omega}\times(\boldsymbol{\omega}\times\boldsymbol{r}) \tag{6-12}$$

即**定轴转动刚体上任一点的切向加速度等于刚体的角加速度矢量与其矢径的叉积；法向加速度等于刚体的角速度与其速度矢量的叉积**。二者的大小分别为

$$a_\mathrm{t}=|\boldsymbol{\alpha}\times\boldsymbol{r}|=\alpha r\sin\theta=\alpha\rho$$

$$a_\mathrm{n}=|\boldsymbol{\omega}\times\boldsymbol{v}|=\omega v\sin 90^\circ=\omega^2\rho$$

根据上述结果可以得出，点 M 的速度和加速度均为点 M 运动轨迹所在平面内的矢量，除了刚体的角速度和角加速度之外，它们的大小也仅仅与其运动轨迹的半径这一个几何参数有关。考察过点 M 与转轴平行的直线的运动，可以发现在其随着刚体做定轴转动时，该直线所做运动形式为平移，其上各点速度和加速度在同一瞬时分别相同。于是，将定轴转动的刚体向与转轴垂直的任一平面投影，得到一个平面图形在其自身所在平面内绕垂直于该平面的定轴转动的运动情形，刚体的角速度和角加速度则按右手法则以平面内带箭头的弧线段表示。该情形可完全描述定轴转动刚体的运动学特征，如图 6-5a 所示。

根据前述结果可知，图 6-5a 中点 A 的速度大小为 $v_A=\omega\cdot OA$，即与该点到转轴的距离成正比；方向垂直于 OA 连线，与角速度 ω 的转向相一致。故定轴转动刚体上过转轴的直线上各点的速度分布如图 6-5b 所示。

图 6-5a 中点 A 的切向加速度的大小为 $a_{\mathrm{t}A}=\alpha\cdot OA$，方向垂直于 OA 连线，与角加速度 α 的转向相一致；法向加速度的大小 $a_{\mathrm{n}A}=\omega^2\cdot OA$，方向由点 A 指向转轴 O。点 A 的全加速度 $\boldsymbol{a}_A$ 大小为

$$a_A=\sqrt{(a_{\mathrm{n}A})^2+(a_{\mathrm{t}A})^2}=\sqrt{\omega^4+\alpha^2}\cdot OA \tag{6-13}$$

其大小与该点到转轴的距离成正比。设 $\boldsymbol{a}_A$ 与法向加速度（OA 连线）之间的夹角为 θ，则

$$\theta=\arctan\frac{a_{\mathrm{t}A}}{a_{\mathrm{n}A}}=\arctan\frac{\alpha}{\omega^2} \tag{6-14}$$

点的全加速度不可能指向轨迹凸的一侧，故 $0\leqslant\theta\leqslant\pi/2$。因 ω 和 α 为刚体的属性，故式（6-14）表明，任一瞬时，定轴转动刚体上各点的全加速度矢量与该点到转轴的连线之间的有向夹角均相同，且该夹角的转向（由 $\boldsymbol{a}_M$ 到 $\overrightarrow{MO}$ 的转向）与刚体的角加速度的转向相同。定轴转动刚体上过转轴的直线上各点的加速度分布如图 6-5c 所示。

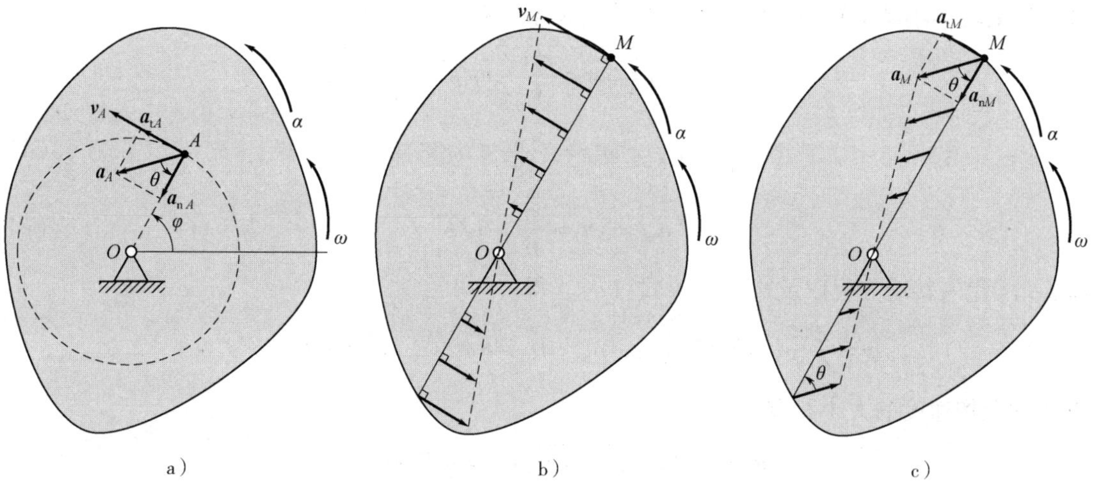

图 6-5　定轴转动的平面表示

6.3　刚体基本运动的知识应用

利用刚体基本运动的知识可以进行一些简单机构的运动学分析。

例 6-1　如图 6-6a 所示四连杆机构，已知 $AB = O_1O_2$，$O_1A = O_2B = r = 0.5\text{m}$。曲柄 O_1A 绕轴 O_1 逆时针转动，其运动方程为 $\varphi = \dfrac{\pi}{6}t^2$，$\varphi$ 的单位为 rad，试求当 $t = 1\text{s}$ 时，连杆 AB 上任一点 M 的速度和加速度。

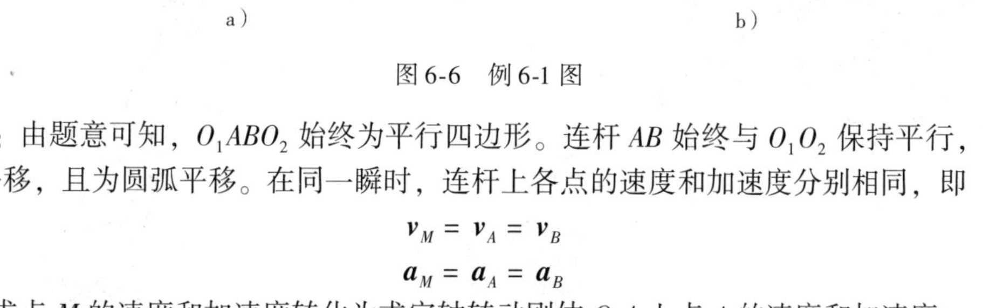

图 6-6　例 6-1 图

解：由题意可知，O_1ABO_2 始终为平行四边形。连杆 AB 始终与 O_1O_2 保持平行，故连杆 AB 做平移，且为圆弧平移。在同一瞬时，连杆上各点的速度和加速度分别相同，即

$$\boldsymbol{v}_M = \boldsymbol{v}_A = \boldsymbol{v}_B$$

$$\boldsymbol{a}_M = \boldsymbol{a}_A = \boldsymbol{a}_B$$

因此，求点 M 的速度和加速度转化为求定轴转动刚体 O_1A 上点 A 的速度和加速度。

将曲柄 O_1A 的转动方程对时间求导，可得到其角速度和角加速度为

$$\omega = \dot{\varphi} = \frac{1}{3}\pi t \quad \text{rad/s}^2 \tag{a}$$

$$\alpha = \frac{1}{3}\pi \quad \text{rad/s}^2 \tag{b}$$

根据定轴转动刚体上任一点的速度和加速度关系，有

$$v_A = \omega r = \frac{\pi t}{6} \quad \text{m/s}^2 \tag{c}$$

$$a_{nA} = \omega^2 r = \frac{\pi^2 t^2}{18} \quad \text{m/s}^4 \tag{d}$$

$$a_{tA} = \alpha r = \frac{\pi}{6} \quad \text{m/s}^2 \tag{e}$$

将 $t=1\text{s}$ 代入转动方程以及式（c）~式（e），得

$$\varphi = \frac{\pi}{6},\ v = 0.524\text{m/s},\ a_{nA} = 0.548\text{m/s}^2,\ a_{tA} = 0.524\text{m/s}^2$$

点 A 的全加速度的大小和方向为

$$a_A = \sqrt{(a_{nA})^2 + (a_{tA})^2} = 0.758\text{m/s}^2$$

$$\theta = \arctan\frac{a_{tA}}{a_{nA}} = 43.71°$$

点 M 的速度和加速度与点 A 相同，如图 6-6b 所示。

习　题

6-1　如图 6-7 所示平面机构的尺寸如下：$O_1A = O_2B = DM = r = 0.2\text{m}$，$O_1O_2 = AB = l$。若已知 O_2 轮按 $\varphi = 15\pi t$ 的规律转动，φ 以 rad 为单位、t 以 s 为单位。试求当 $t = 0.5\text{s}$ 时，T 型杆 ABM 上点 M 的速度和加速度。

6-2　如图 6-8 所示可绕固定水平轴 O 转动的摆，其重心 C 至轴 O 的距离为 l。已知其运动方程为 $\varphi = \varphi_0\cos\frac{2\pi}{T}t$，其中 T 为摆的周期，φ 以 rad 为单位，t 以 s 为单位，φ_0 为最大偏角。试求在初瞬时（$t=0$）以及在经过平衡位置（$\varphi=0$）时，摆的重心 C 的速度和加速度。

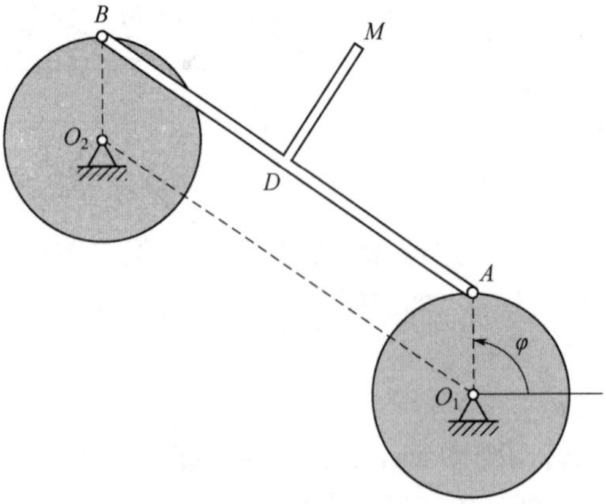

图 6-7　习题 6-1 图

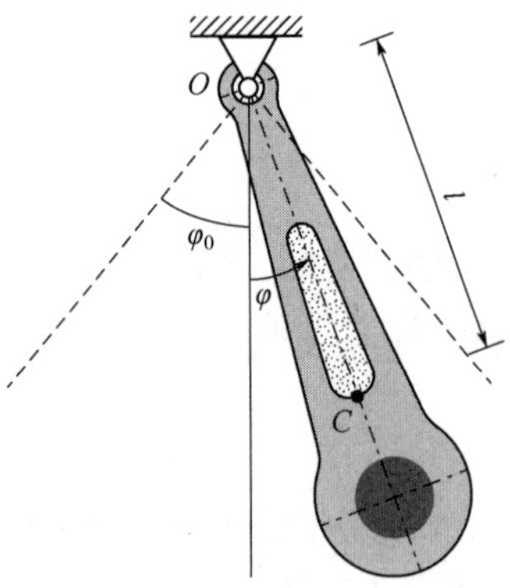

图 6-8　习题 6-2 图

6-3　如图 6-9 所示一绕定轴 O 转动的轮子，某瞬时轮缘上点 A 的速度大小为 $v_A = 50\text{cm/s}$，加速度大小为 $a_A = 200\text{cm/s}^2$，点 A 的速度方向与加速度方向的夹角为 30°；轮上另一点 B 的

速度大小为 $v_B = 10\text{cm/s}$；已知 A、B 两点的运动轨迹的半径相差 20cm。试求该瞬时轮子的角速度、角加速度以及点 B 加速度的大小和方向。

6-4　如图 6-10 所示平面机构中轮Ⅰ、Ⅱ的半径分别为 $r_1 = 15\text{cm}$，$r_2 = 20\text{cm}$，它们的中心分别铰接于杆 AB 的两端，两轮在半径 $R = 45\text{cm}$ 的固定曲面上运动，在图示瞬时，点 A 的加速度大小为 $a_A = 120\text{cm/s}^2$，其方向与 OA 线成 60°夹角，试求杆 AB 的角速度、角加速度及点 B 的加速度大小。

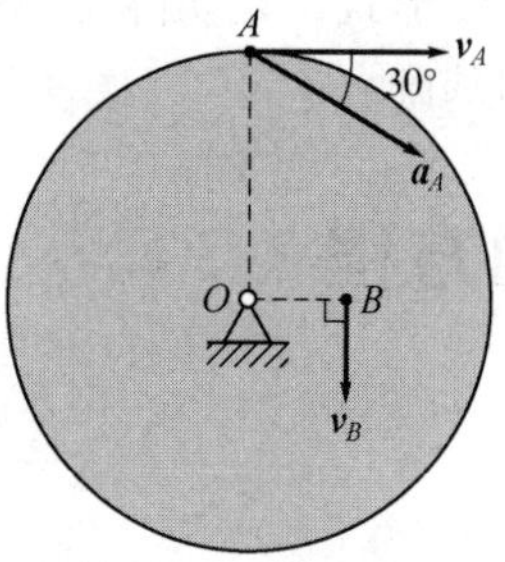

图 6-9　习题 6-3 图

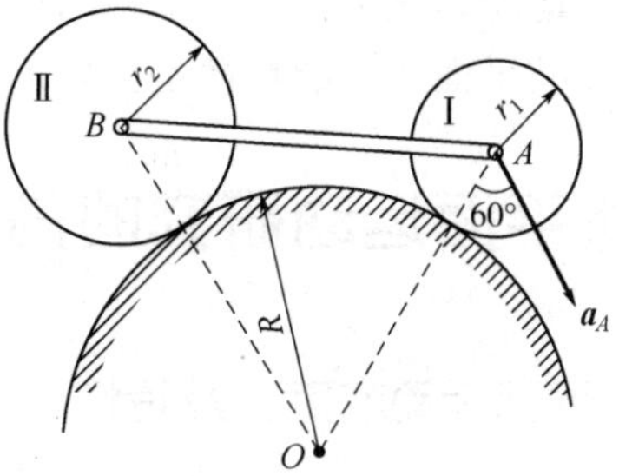

图 6-10　习题 6-4 图

6-5　如图 6-11 所示升降机 A 被半径为 $R = 50\text{cm}$，且绕定轴 O 转动的圆轮带动，绳子与圆轮之间无相对滑动，被升降物体的运动方程为 $x = 5t^2$，x 以 m 为单位，t 以 s 为单位。试求轮的角速度和角加速度以及轮缘上一点 M 的加速度大小。

6-6　如图 6-12 所示一飞轮绕定轴 O 转动。已知轮上任一点的加速度 a 与其半径的夹角恒为 60°，而且当 $t = 0$ 时，转角 $\varphi = 0$，角速度 $\omega = \omega_0$。试求飞轮的转动方程及其角速度与转角 φ 之间的关系。

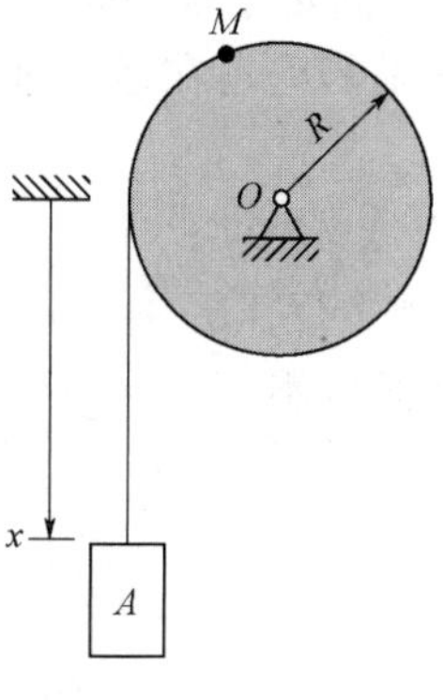

图 6-11　习题 6-5 图

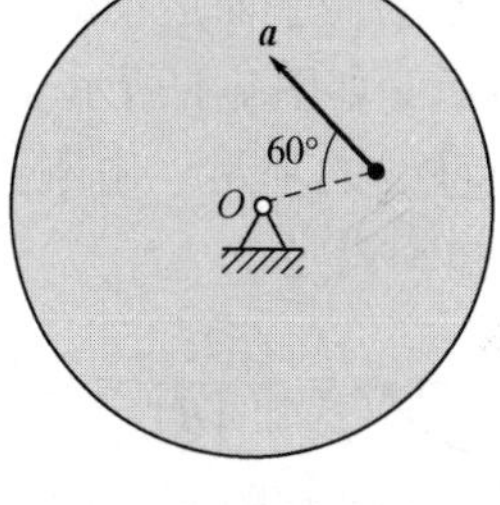

图 6-12　习题 6-6 图

第 7 章　刚体的平面运动

刚体的平面运动是比平移和定轴转动更复杂的一种运动形式，是实际工程中常见的一种运动。研究刚体的平面运动的特性是分析平面机构运动的基础。

7.1　刚体平面运动研究的简化和运动方程

7.1.1　刚体平面运动的定义及特性

刚体平面运动是指刚体上任一点在运动过程中到某固定平面的距离始终保持不变的刚体运动形式。刚体做定轴转动时，其上任一点到垂直于转轴的任一固定平面的距离都不会改变，因此定轴转动是平面运动。若做平移的刚体上有一点的运动轨迹为平面曲线，则刚体上其他点在运动过程中到该点运动所在平面的距离不会改变，因此其运动也是平面运动，称之为平面平移。

根据刚体平面运动的定义可以得出其以下重要的特性：

1）刚体做平面运动时，其上各点的运动轨迹是平面曲线，这些曲线所在的平面相互平行或重合。由刚体平面运动的定义即可证明该特性。

2）刚体做平面运动时，设其上各点在运动过程中到某固定平面 Oxy 保持不变，z 轴过点 O，且与 Oxy 平面垂直，则刚体上任意两点间连线与 z 轴的夹角在运动过程中保持不变。证明如下：

设点 A 和点 B 为做平面运动的刚体上的任意两点，直线 AB 与 z 轴的夹角用 γ 表示，如图 7-1 所示。其中，直线 AM 与 z 轴平行，B' 为点 B 向 AM 做垂线的垂足。由刚体上两点之间的距离保持不变，以及特性 1）可知 γ 满足

$$\cos\gamma = \frac{|AB'|}{|AB|} = \frac{|z_B - z_A|}{|AB|} = 常数$$

其中 z_A、z_B 是 A、B 的 z 坐标，因此 γ 保持不变。

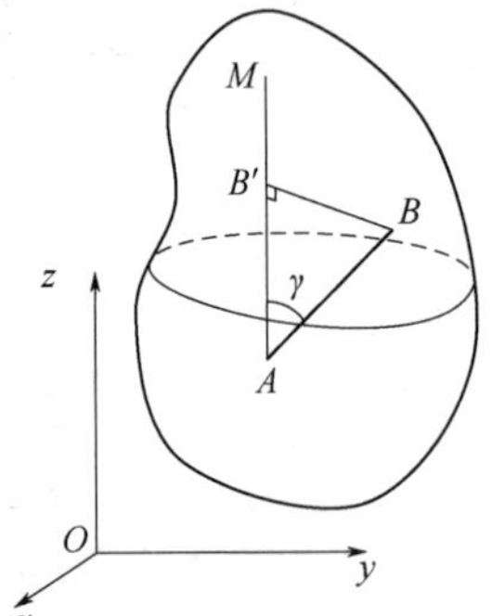

图 7-1　平面运动的刚体

3）刚体做平面运动时，设其上各点在运动过程中到某固定平面 Oxy 的距离保持不变，z 轴过点 O，且与 Oxy 平面垂直，则刚体上任意一根与 z 轴平行的直线在运动过程中做平移。令特性 2）中的 $\gamma=0$，即取图 7-1 中直线 AM，知 $\gamma\equiv0$，因此直线 AM 在运动过程中始终保持与 z 轴平行，即其做平移。

7.1.2　刚体平面运动的简化

某刚体做平面运动，设其上各点与固定平面 I 的距离保持不变，如图 7-2 所示。任取一

平面Ⅱ与平面Ⅰ平行，该刚体在平面Ⅱ处的截面为图形 S，且刚体上某一直线 A_1A_2 与平面Ⅱ（或平面Ⅰ）垂直，该直线在平面Ⅱ上投影为点 A。由上述特性1）和3）可知，点 A 在平面Ⅱ内运动以及直线 A_1A_2 做平移。因此直线 A_1A_2 运动可简化为点 A 在平面Ⅱ内的运动。类似地，刚体上所有垂直于平面Ⅱ的直线的运动都可以简化为其在平面Ⅱ上的投影点在平面Ⅱ内的运动。显然，刚体上可能存在一些点在平面Ⅱ上的投影会超出截面图形 S 的范围，这时需要将图形 S 适当延拓，因此整个刚体的平面运动可简化为刚体在平面Ⅱ处的截面图形 S 及其延拓部分在平面Ⅱ内的运动，如图7-2所示。

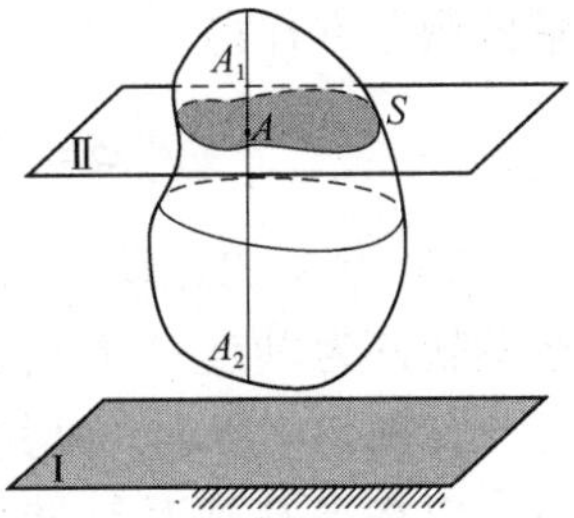

图7-2　刚体的平面运动简化

在本教材的后文中，平面图形（其形状不做限制，但其上任意两点距离保持不变）和做平面运动的刚体不加区别。

7.1.3　刚体平面运动的运动方程

为了研究平面图形在其自身所在平面内的运动，需要确定平面图形的位置，该图形的位置可以用平面图形上任一直线在运动平面中的位置来代替。如图7-3所示，设 Oxy 为平面图形所在平面内的固定直角坐标系，取图形 S 上任意两点 A、B 并连线，首先确定点的 A 的位置，用点 A 的坐标（x_A，y_A）表示，然后确定 AB 连线的方位，用 x 轴正向到 $\overrightarrow{AB}$ 有向夹角 φ_{AB} 表示，称为直线 AB 的**方位角**。因此确定平面图形在平面中位置需要三个独立的几何参数。平面图形运动时，它们均是时间的函数，即

$$\begin{cases} x_A = x_A(t) \\ y_A = y_A(t) \\ \varphi_{AB} = \varphi_{AB}(t) \end{cases} \tag{7-1}$$

称为平面图形的运动方程。其中 $x_A(t)$、$y_A(t)$ 描述了点 A 的运动规律；$\varphi_{AB}(t)$ 描述了图形上直线 AB 的方位的变化规律。通常称点 A 为**基点**。当选取不同的点作为基点，式（7-1）中的前两个方程将会不同，原因在于平面图形上各点的运动规律一般不相同。然而，选取不同的直线描述平面图形方位的变化规律时，式（7-1）中的第三方程则只相差一个常数。如图7-3所示，另取平面图形上直线 CD，其方位角为 φ_{CD}，由于直线 AB 与 CD 是平面图形上固连直线，它们的夹角 θ 为常数，由图示几何关系有

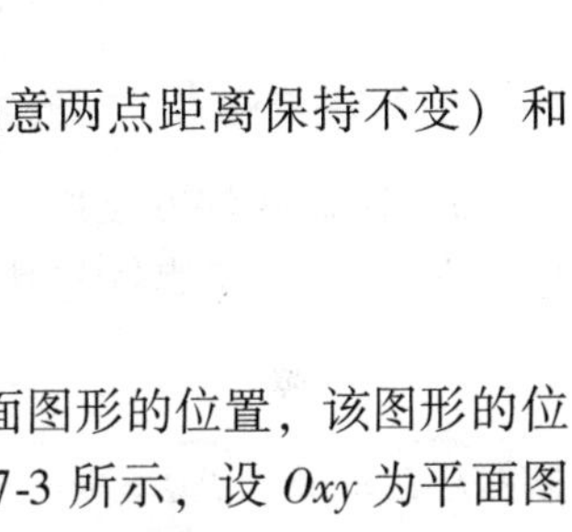

图7-3　平面图形位置的确定

$$\varphi_{CD} = \varphi_{AB} + \theta \tag{7-2}$$

例7-1　如图7-4所示铅垂平面机构，半径为 r 的圆盘 A 由曲柄 OA 带动，沿半径为 R 的固定轨道做纯滚动（无滑动的滚动）。若曲柄 OA 以等角加速度 α 绕定轴 O 转动，当开始运动时，其角速度 $\omega_0=0$，转角 $\varphi_0=0$。试写出圆盘 A 的平面运动方程。

解： 选择圆盘圆心 A 为基点。

1）曲柄 OA 的转角方程。由题意有

$$\frac{d^2\varphi}{dt^2} = \alpha,\ \varphi\big|_{t=0} = \varphi_0 = 0,\ \frac{d\varphi}{dt}\bigg|_{t=0} = \omega_0 = 0$$

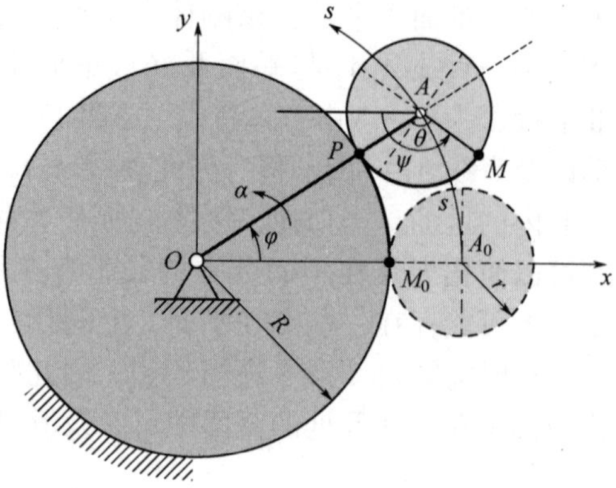

图 7-4　例 7-1 图

解此微分方程得

$$\varphi = \frac{1}{2}\alpha t^2 \tag{a}$$

2）点 A 的运动方程。由题意可知，点 A 的运动轨迹为以点 O 为圆心、以 $R+r$ 为半径的圆弧，如图 7-4 所示，以其初始瞬时位置点 A_0 为原点，以绕点 O 逆时针转向为弧坐标 s 的正方向，则点的运动可由图示弧长 $s = \overset{\frown}{A_0A}$ 表示。由图示几何关系，并将式（a）代入可得

$$s = \varphi(R+r) = \frac{1}{2}(R+r)\alpha t^2 \tag{b}$$

3）圆盘 A 的方位角。选择圆盘 A 上固连直线 AM（初瞬时点 M 为圆盘与固定圆轨迹的接触点），以水平直线与其之间的夹角 ψ 为方位角，如图 7-4 所示。圆盘 A 做纯滚动，则有

$$\overset{\frown}{PM_0} = \overset{\frown}{PM} \tag{c}$$

显然 $\overset{\frown}{PM_0} = \varphi R$，$\overset{\frown}{PM} = \theta r$，将它们代入式（c）得

$$\theta = \frac{R}{r}\varphi \tag{d}$$

由图示几何关系，并考虑到式（a），有

$$\psi = \varphi + \theta = \frac{R+r}{r}\varphi = \frac{1}{2}\frac{R+r}{r}\alpha t^2 \tag{e}$$

综合式（b）、式（e）即为圆盘 A 的运动方程：

$$\begin{cases} s = \dfrac{1}{2}(R+r)\alpha t^2 \\ \psi = \dfrac{1}{2}\dfrac{R+r}{r}\alpha t^2 \end{cases}$$

也可以点 A 在图示 Oxy 直角坐标系下的运动方程与式（e）组成圆盘 A 的运动方程，即

$$\begin{cases} x_A = (R+r)\cos\left(\dfrac{1}{2}\alpha t^2\right) \\ y_A = (R+r)\sin\left(\dfrac{1}{2}\alpha t^2\right) \\ \psi = \dfrac{1}{2}\dfrac{R+r}{r}\alpha t^2 \end{cases}$$

小结：①平面运动刚体的运动方程中基点的运动可以采用直角坐标形式或弧坐标系形式的运动方程来表示；②平面运动刚体的方位角应为空间某一固定方向与平面运动刚体上某一固连直线之间的有向夹角。

7.2　平面运动刚体的角速度和角加速度

在图 7-3 中，考虑平面图形方位角的变化规律时，需考虑 φ_{AB} 或 φ_{CD} 对时间 t 的一阶和二阶导数，由式（7-2）得

$$\frac{\mathrm{d}\varphi_{AB}}{\mathrm{d}t}=\frac{\mathrm{d}\varphi_{CD}}{\mathrm{d}t},\frac{\mathrm{d}^2\varphi_{AB}}{\mathrm{d}t^2}=\frac{\mathrm{d}^2\varphi_{CD}}{\mathrm{d}t^2}\text{或}\dot{\varphi}_{AB}=\dot{\varphi}_{CD},\ddot{\varphi}_{AB}=\ddot{\varphi}_{CD}$$

此两个等式表明，选择平面图形上任一直线的方位角 φ 便可得到平面图形方位角的变化规律。因此，通常定义，**刚体上任一直线的方位角对时间的一阶导数称为刚体的角速度**，以 ω 表示，即

$$\omega=\frac{\mathrm{d}\varphi}{\mathrm{d}t}\text{或}\omega=\dot{\varphi} \tag{7-3}$$

而**刚体上任一直线的方位角对时间的二阶导数，或刚体的角速度对时间的一阶导数称为刚体的角加速度**，以 α 表示，即

$$\alpha=\frac{\mathrm{d}^2\varphi}{\mathrm{d}t^2}=\frac{\mathrm{d}\omega}{\mathrm{d}t}\text{或}\alpha=\ddot{\varphi}=\dot{\omega} \tag{7-4}$$

默认情况下，角速度和角加速度的转向与方位角 φ 的转向一致。平面问题中常用有向弧线段来表示角速度和角加速度，根据右手法则，也可将它们定义为矢量。右手除了拇指以外的四指顺着角速度或角加速度的转向，则拇指指向平面图形所在平面的法向，此即为做平面运动的刚体的角速度或角加速度的矢量方向。设该法向的单位矢量为 $\boldsymbol{k}$，于是得到角速度和角加速度的矢量形式为

$$\boldsymbol{\omega}=\omega\boldsymbol{k} \tag{7-5}$$

$$\boldsymbol{\alpha}=\alpha\boldsymbol{k} \tag{7-6}$$

注意，平面运动刚体的角速度矢量和角加速度矢量都是自由矢量，没有定轴转动时的那种确定转轴。

7.3　平面图形运动的位移定理

通常将不是定轴转动和平面平移的平面运动称为**一般平面运动**。

定理　一般平面运动图形在其自身平面内的任何非平移的位移，可看成是绕图形或其延拓部分上某点的一次转动而达到的，该点称为转动中心。该定理又称为**欧拉-沙尔定理**。

证明：平面图形的位置可以用其上任一直线段的位置确定。设 AB 是平面图形上的任一直线段，在 t 瞬时位于图形自身平面上位置Ⅰ，$t+\Delta t$ 瞬时，随平面图形运动至位置Ⅱ，用 $A'B'$ 表示，如图 7-5 所示。分别做连线 AA' 和 BB' 的垂直平分线，它们交于点 D。现证明直线段 AB 可绕点 D 一次转动而达到 $A'B'$。连接 A、D，B、D，A'、D，B'、D，显然有 $AD=A'D$，$BD=B'D$，因此 $\triangle ABD$ 和 $\triangle A'B'D$ 各边对应相等，二者全等。于是 $\angle BDA=\angle B'DA'$，二者加上同一个角 $\angle ADB'$，则有 $\angle ADA'=\angle BDB'$，设它们的值为 $\Delta\varphi$，于是 $\triangle ABD$ 绕点 D 转过 $\Delta\varphi$ 角度后，与 $\triangle A'B'D$ 完全重合，即直线段 AB（平面图形）由位置Ⅰ到达位置Ⅱ，点 D 即为转动中心，且直线段 AB 的方位角的变化量也是 $\Delta\varphi$。证毕。

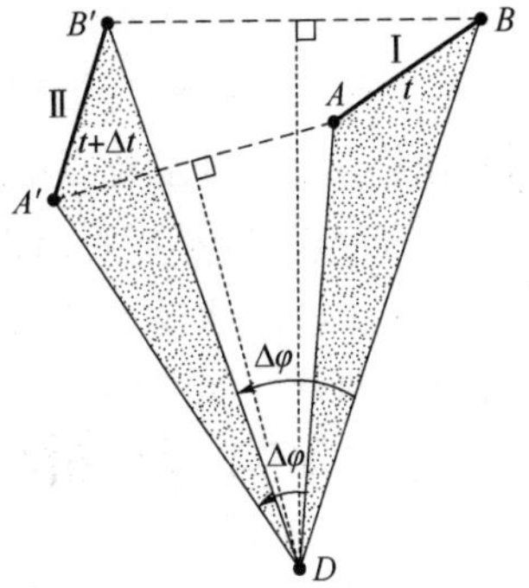

图 7-5　欧拉-沙尔定理的表示

该定理提供了以转动的方式来研究平面图形的运动的理论基础。

7.4　速度瞬心的概念及其应用

若前述欧拉-沙尔定理的证明过程中的 Δt 趋于无限小，则该定理描述的运动即为一般平面运动图形在某一瞬时的运动状况。当 $\Delta t\to 0$，$A'B'\to AB$，而转动中心 D 趋于某一确定点 P，点 P 可在平面图形上或其延拓部分上（后文统称在平面图形上）。因此直线段 AB（或平面图形）在 t 瞬时的运动可视为绕点 P（或过点 P 与平面图形垂直的轴）的转动，点 P 在 t 瞬时的速度为零，称点 P 为**瞬时速度中心**，简称**速度瞬心**。过点 P 与平面图形垂直的轴称为平面图形的**速度瞬时转轴**。平面图形的瞬时角速度即为

$$\omega = \lim_{\Delta t\to 0}\frac{\Delta\varphi}{\Delta t}$$

于是，根据定轴转动的知识，即式（6-8），可得此时平面图形上任意一点 M 的速度为

$$\boldsymbol{v}_M = \boldsymbol{\omega}\times\overrightarrow{PM} \tag{7-7}$$

其中 $\boldsymbol{\omega}=\omega\boldsymbol{k}$，$\boldsymbol{k}$ 为垂直于平面图形朝外的单位矢量。

v_M 的大小为

$$v_M = \omega\cdot PM\cdot\sin 90^\circ = \omega\cdot PM$$

即其大小与该点到速度瞬心的距离成正比。v_M 的方向与该点和速度瞬心的连线垂直，指向与瞬时角速度 ω 的转向相一致。平面图形上各点的速度分布情况与平面图形在该瞬时以角速度 ω 绕速度瞬心 P 转动一样，如图 7-6 所示。

由欧拉-沙尔定理的证明过程可以看出，一般平面运动图形在 t 瞬时的速度瞬心位于过点 A（或 B）的 AA'（或 BB'）的极限位置的垂线上，由于在不同瞬时线段 AB 的位置不同，所以不同瞬时点 P 在平面图形上的位置也不同。某一瞬时，平面图形上某点为速度瞬心，只是在这一瞬时该点的速度为零，下一瞬时，该点的速度将发生变化而不再为零，速度瞬心将变为平面图形上的另外一点。因此速度瞬心的加速度不为零。这表明，做一般平面运动的刚体在进行速度分析时，在每一瞬时，刚体好像是绕速度瞬时转轴做定轴转动，但时刻不同，转轴也不同，称其为平面图形速度分析的**瞬时定轴转动**。这与刚体的基本运动的定轴转动有所区别（定轴转动中的转轴始终不动，其上各点的速度和加速度恒为零）。

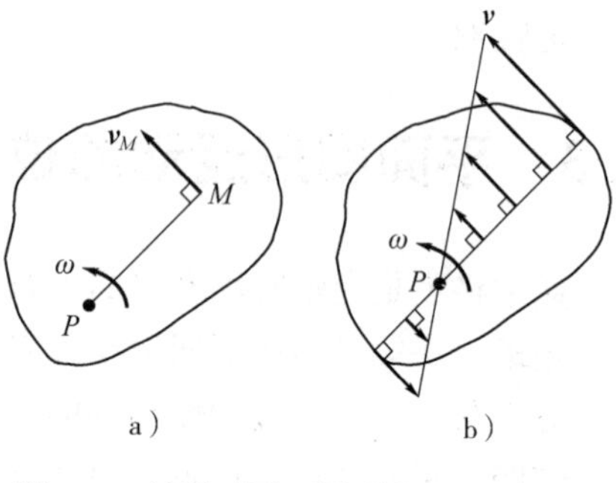

图 7-6　某瞬时平面图形的速度瞬心及速度分布规律

结合式（7-7）可以得出关于速度瞬心的两个性质：①速度瞬心必在过平面图形上某点且垂直于该点速度方向的直线上；②平面图形沿该垂直线上各点的速度的大小为线性分布。可由这两条性质来确定平面图形的速度瞬心的位置，进而确定平面图形上任意一点的速度，这种方法称为**速度瞬心法**。下面给出一般平面运动图形的速度瞬心的确定方法：

1）当平面图形在另一个平面或曲面上做纯滚动（无滑动的滚动）时，由于平面图形与固定面的接触点相对于固定面的速度为零，所以该点即为平面图形的速度瞬心（图 7-7a）。

2）当已知平面图形上两点 A、B 的速度方向，且二者不平行时，则过点 A 做 $\boldsymbol{v}_A$ 的垂

线，过点 B 做 $\boldsymbol{v}_B$ 的垂线，这两条垂线的交点 P 即为平面图形的速度瞬心，且 $\omega=\dfrac{v_A}{PA}=\dfrac{v_B}{PB}$（图 7-7b）。

3）当已知平面图形上两点 A、B 的速度方向平行，即 $\boldsymbol{v}_A /\!/ \boldsymbol{v}_B$，且 $\boldsymbol{v}_A \perp \overrightarrow{AB}$ 时：①若 $\boldsymbol{v}_A \neq \boldsymbol{v}_B$（$\boldsymbol{v}_A$ 与 $\boldsymbol{v}_B$ 同向，且 $v_A \neq v_B$；或者 $\boldsymbol{v}_A$ 与 $\boldsymbol{v}_B$ 反向），则两速度的矢量末端的连线与 A、B 两点的连线的交点 P 即为平面图形的速度瞬心，且 $\omega=\dfrac{v_A}{PA}=\dfrac{v_B}{PB}$（图 7-7c、d）。②若 $\boldsymbol{v}_A=\boldsymbol{v}_B$，则两速度的矢量末端的连线与 A、B 两点的连线平行，可视为交于无穷远处，即 $PA=\infty$。由于平面图形上某点的速度为有限值，故 $\omega=\dfrac{v_A}{PA}=0$（图 7-7e）。

4）当已知平面图形上两点 A、B 的速度方向平行，但不与 A、B 两点的连线垂直，即 $\boldsymbol{v}_A /\!/ \boldsymbol{v}_B$，但 $\boldsymbol{v}_A$ 不垂直于 $\overrightarrow{AB}$ 时，则过点 A 做 $\boldsymbol{v}_A$ 的垂线和过点 B 做 $\boldsymbol{v}_B$ 的垂线平行，可视为交于无穷远处，此种情况该瞬时有 $\omega=0$（图 7-7f）。

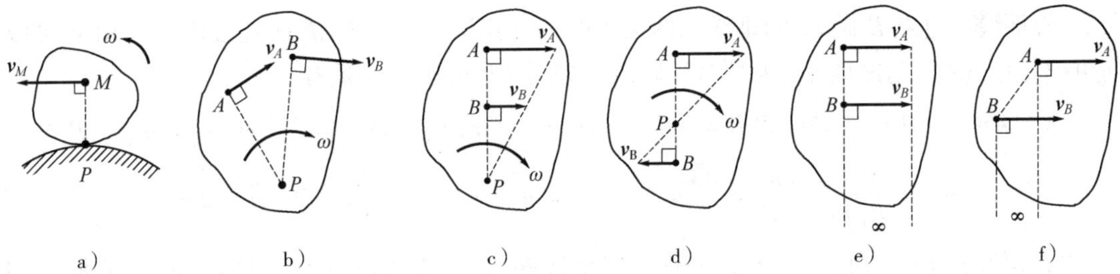

图 7-7　平面图形速度瞬心的确定

综上所述，对于做一般平面运动的刚体在进行速度分析时，在某一瞬时 t，要么刚体的角速度 $\omega \neq 0$，为瞬时定轴转动的情形；要么刚体的角速度 $\omega=0$，有 $\mathrm{d}\varphi=\omega \cdot \mathrm{d}t=0$，即刚体在 $t \to t+\mathrm{d}t$ 时间间隔内没有角位移，而“瞬时不转”，其上任意一根直线的方位角保持不变，其上各点的速度则必须相同（否则刚体上两点之间的距离将发生变化而与刚体模型相违背），刚体此瞬时的运动称为**瞬时平移**。瞬时平移和刚体的基本运动——平移之间存在着区别。瞬时平移的刚体在该瞬时的角速度为零，但在该瞬时其角加速度不为零，其上各点在该瞬时的速度相同，但它们的加速度不同；而平移刚体的角速度和角加速度恒为零，其上各点的速度和加速度在同一瞬时也分别相同。图 7-8 展示了瞬时平移和平移的区别，图 7-8a 中的杆 AB 做瞬时平移，A、B 两点的速度相同，但显然它们的加速度不相同，而图 7-8b 中的杆 AB 做平移，A、B 两点的速度和加速度分别相同。

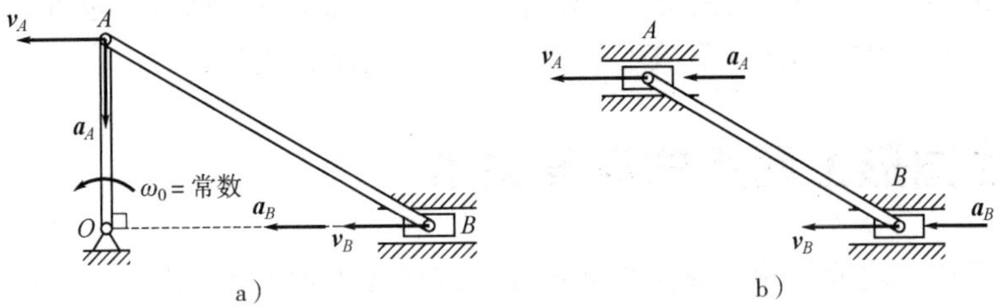

图 7-8　瞬时平移与平移的差异

速度瞬心法是进行平面运动刚体速度分析的有效的方法，下面举例说明其应用。

例 7-2 如图 7-9 所示铅垂平面运动机构，杆 OA 绕定轴 O 做逆时针转向转动，其角速度为 ω。杆 OA、连杆 AB 和绕定轴 O_1 转动的杆 O_1B 组成四连杆机构（OO_1 可以看成一根固定不动的杆），杆 O_1B、连杆 BC 和在铅垂轨道内滑动的滑块 C 组成曲柄-连杆-滑块机构。同时，杆 OA 通过连杆 AD 带动半径为 r 的圆盘 E 在倾角为 30°的斜轨道上做纯滚动，点 D 位于圆盘 E 的盘缘。已知 $OA=r$，$AB=3r$，$O_1B=BC=2r$，$AD=4r$，试求图示瞬时杆 AB 的角速度、杆 BC 的角速度、滑块 C 的速度、杆 AD 的角速度以及圆盘 E 的角速度。

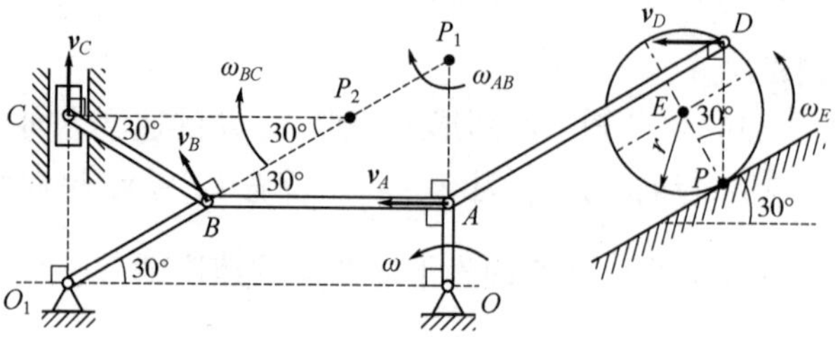

图 7-9 例 7-2 图

解：1）研究杆 AB。由杆 OA 和杆 O_1B 做定轴转动可知点 A、B 的速度方向，则过点 A 做 $\boldsymbol{v}_A$ 的垂线，过点 B 做 $\boldsymbol{v}_B$ 的垂线，两条垂线的交点 P_1 即为杆 AB 的速度瞬心，由 $\boldsymbol{v}_A$ 的方向可确定杆 AB 的角速度 ω_{AB} 为顺时针转向，如图 7-9 所示。于是有

$$P_1A = AB \cdot \tan30° = \sqrt{3}r,\ P_1B = AB/\cos30° = 2\sqrt{3}r,\ v_A = \omega \cdot OA = \omega r,\ v_A = \omega_{AB} \cdot P_1A$$

$$\omega_{AB} = \frac{v_A}{P_1A} = \frac{\omega r}{\sqrt{3}r} = \frac{\sqrt{3}}{3}\omega(\circlearrowright),\ v_B = \omega_{AB} \cdot P_1B = \frac{\sqrt{3}}{3}\omega \cdot 2\sqrt{3}r = 2\omega r$$

2）研究杆 BC。由点 B、C 的速度可确定杆 BC 的速度瞬心点 P_2，杆 BC 的角速度 ω_{BC} 为顺时针转向，如图 7-9 所示。于是有

$$P_2B = BC = 2r,\ P_2C = 2BC \cdot \cos30° = 2\sqrt{3}r,\ \omega_{BC} = \frac{v_B}{P_2B} = \frac{2\omega r}{2r} = \omega(\circlearrowright)$$

$$v_C = \omega_{BC} \cdot P_2C = \omega \cdot 2\sqrt{3}r = 2\sqrt{3}\omega r$$

$\boldsymbol{v}_C$ 的方向铅垂向上，如图 7-9 所示。

3）研究杆 AD 与圆盘 E。圆盘与斜面的接触点 P 为其速度瞬心，故点 D 的速度为水平方向，则点 A、D 的速度均为水平，且不垂直于 A、D 两点连线，故杆 AD 瞬时平移，于是有

$$v_D = v_A = \omega r(\leftarrow),\ \omega_{AD} = 0$$

$$\omega_E = \frac{v_D}{PD} = \frac{\omega r}{\sqrt{3}r} = \frac{\sqrt{3}}{3}\omega(\circlearrowleft)$$

由此例可以看出，在一个运动机构中，某瞬时，各个做一般平面运动的刚体有各自的速度瞬心，速度瞬心可以是做一般平面运动刚体上的点（如题中圆盘），也可以在做一般平面运动刚体之外（如题中杆 AB、杆 BC，即在各自的延拓部分上）。

7.5 平面图形上两点的速度关系

刚体上任意两点之间的距离始终保持不变，因此做平面运动的刚体上两点 A、B 的速度之间必须满足一定的关系，下面根据有关于速度瞬心的关系式（7-7）得到这一关系。

如图 7-10a 所示，设某瞬时平面图形的角速度矢量为 $\boldsymbol{\omega}$（图中采用了角速度的平面表

示，其矢量方向根据右手法则确定），其上任意两点 A、B 的速度为 $\boldsymbol{v}_A$ 和 $\boldsymbol{v}_B$，其速度瞬心位于点 P，则有

$$\boldsymbol{v}_A = \boldsymbol{\omega} \times \overrightarrow{PA}$$
$$\boldsymbol{v}_B = \boldsymbol{\omega} \times \overrightarrow{PB}$$

两式相减得

$$\boldsymbol{v}_B - \boldsymbol{v}_A = \boldsymbol{\omega} \times (\overrightarrow{PB} - \overrightarrow{PA})$$

即

$$\boldsymbol{v}_B = \boldsymbol{v}_A + \boldsymbol{\omega} \times \overrightarrow{AB} \tag{7-8}$$

参考式（6-9），式（7-8）中 $\boldsymbol{\omega} \times \overrightarrow{AB}$ 可视为平面图形绕点 A（即过点 A 与平面图形垂直的轴）以图形的角速度 $\boldsymbol{\omega}$ 转动时点 B 所具有的速度，可记为 $\boldsymbol{v}_{BA}$，即

$$\boldsymbol{v}_{BA} = \boldsymbol{\omega} \times \overrightarrow{AB} \tag{7-9}$$

其大小为

$$v_{BA} = \omega \cdot AB \cdot \sin 90^\circ = \omega \cdot AB$$

方向垂直于 A、B 两点的连线，指向角速度 ω 转向的一侧，如图 7-10b 所示。于是，式（7-8）可写为

$$\boldsymbol{v}_B = \boldsymbol{v}_A + \boldsymbol{v}_{BA} \tag{7-10}$$

该式称为同一**平面图形（平面运动刚体）上两点的速度关系**。如前所述，点 A 称为**基点**。即平面图形上某点 B 的速度等于基点 A 的速度与该平面图形以其角速度 $\boldsymbol{\omega}$ 绕点 A 转动时点 B 所具有的速度的矢量和。该方法称为**基点法**。

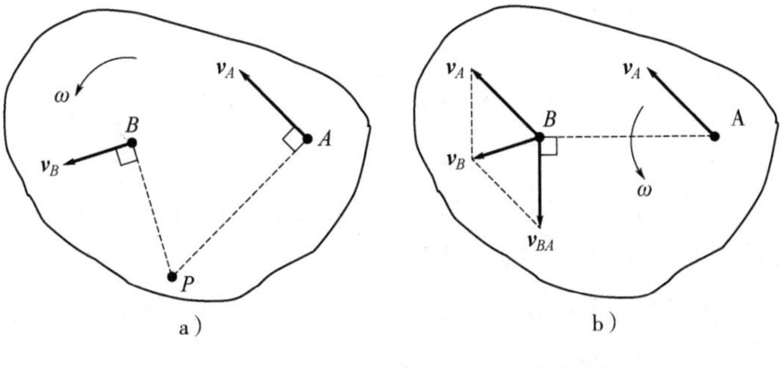

图 7-10　平面图形上两点的速度关系

有两种办法求解矢量式（7-10）：①根据式（7-10）做出形如图 7-10b 所示的 $\boldsymbol{v}_A$、$\boldsymbol{v}_B$、$\boldsymbol{v}_{BA}$ 之间的平行四边形合成关系图，求解其中的三角形的几何关系，该方法称为**几何法**；②将式（7-10）向平面内两个相交（正交或斜交均可）的坐标轴进行投影，得到两个独立的代数方程并求解，该方法称为**投影法**。无论是几何法还是投影法都需要画出正确的矢量图。

将式（7-10）在 $\overrightarrow{AB}$ 方向上进行投影，由于 $\boldsymbol{v}_{BA} \perp \overrightarrow{AB}$，其投影为零，则得

$$[\boldsymbol{v}_B]_{AB} = [\boldsymbol{v}_A]_{AB} \tag{7-11}$$

即同一平面图形上任意两点的速度在这两点连线上的投影相等，称为**速度投影定理**。该定理反映了同一个刚体上任意两点之间的距离保持不变的特性。当已知刚体上某点的速度大小和方向以及另一点的速度的方向而需求其大小时，可利用该定理方便地求解。

例 7-3　如图 7-11a 所示曲柄-连杆-滑块平面机构，沿着图示轨道以 $v_B \equiv v$ 做匀速平移的滑块 B 通过连杆 AB 带动杆 OA 绕定轴 O 转动。已知 $OA = 4l$，$AB = 3l$，试求图示瞬时（$OA \perp$

AB）杆 OA 的角速度和杆 AB 的角速度。

解：1）速度瞬心法。由点 A、B 的速度方向可确定杆 AB 的速度瞬心，如图 7-11b 所示点 P，$PB=\dfrac{AB}{\cos\theta}$，$PA=AB\cdot\tan\theta$，则

$$\omega_{AB}=\frac{v_B}{PB}=\frac{v}{AB\cdot\dfrac{5}{4}}=\frac{4v}{15l}(\circlearrowright),\ v_A=\omega_{AB}\cdot PA=\frac{4v}{15l}\cdot AB\cdot\frac{3}{4}=\frac{3}{5}v$$

$\boldsymbol{\omega}_{AB}$的转向和 $\boldsymbol{v}_A$ 的方向如图 7-11b 所示。设杆 OA 的角速度为 $\boldsymbol{\omega}_{OA}$，则

$$\omega_{OA}=\frac{v_A}{OA}=\frac{\dfrac{3}{5}v}{4l}=\frac{3v}{20l}(\circlearrowright)$$

$\boldsymbol{\omega}_{OA}$的转向如图 7-11b 所示。

2）基点法。以点 B 为基点，由两点速度关系

$$\boldsymbol{v}_A=\boldsymbol{v}_B+\boldsymbol{v}_{AB}\qquad\text{(a)}$$

求解点 A 的速度。已知 $\boldsymbol{v}_B$ 的方向，则由 $\boldsymbol{v}_A$、$\boldsymbol{v}_{AB}$的方位，可画出式（a）所含的合成关系对应的平行四边形，如图 7-11b 所示。由其中三角形边长关系得

$$v_A=v_B\cdot\sin\theta=\frac{3}{5}v,v_{AB}=v_B\cdot\cos\theta=\frac{4}{5}v$$

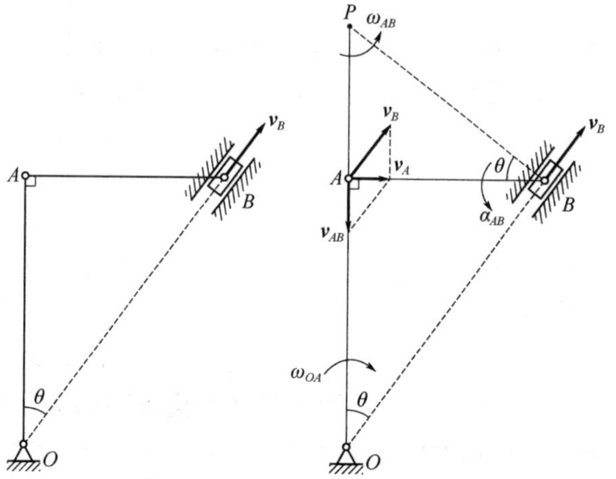

a）　　b）

图 7-11　例 7-3 图

进而求得

$$\omega_{AB}=\frac{v_{AB}}{AB}=\frac{\dfrac{4}{5}v}{3l}=\frac{4v}{15l}(\circlearrowright),\ \omega_{OA}=\frac{v_A}{OA}=\frac{\dfrac{3}{5}v}{4l}=\frac{3v}{20l}(\circlearrowright)$$

小结：①比较速度分析的两种方法可以发现速度瞬心法比较简便快速；②在速度分析中，正确地画出矢量图是求解问题的必要步骤。

例 7-4　如图 7-12a 所示平面四连杆机构，杆 OA 以匀角速度 ω_0 绕定轴 O 做转动。试求图示瞬时杆 BC 和杆 AB 的角速度。

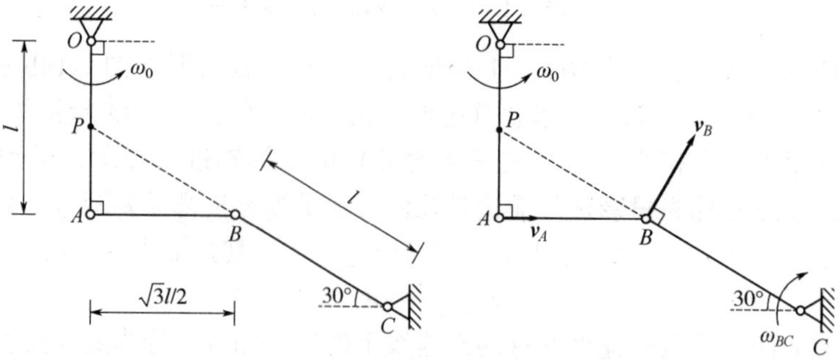

a）　　b）

图 7-12　例 7-4 图

解：由点 A、B 的速度可确定杆 AB 的速度瞬心点 P，与杆 OA 的中点重合，如图 7-12b 所示，于是有

$$\omega_{AB}=\frac{v_A}{PB}=\frac{\omega_0 l}{l/2}=2\omega_0(\circlearrowleft)\text{，}v_B=\omega_{AB}\cdot PB=2\omega_0 l\text{（方向如图 7-12b 所示）}$$

$$\omega_{BC}=\frac{v_B}{BC}=\frac{2\omega_0 l}{l}=2\omega_0(\circlearrowleft)$$

习　题

7-1　如图 7-13 所示，曲柄 OC 以匀角速度 ω_0 绕定轴 O 转动，通过连杆 AB 带动滑块 A、B 分别沿 x、y 轴滑动。已知 $OC=AC=BC=l$，当 $t=0$ 时，$\theta=0$。试以杆 AB 端点 A 为基点写出杆 AB 的平面运动方程，并求任意瞬时点 A 的速度与杆 AB 的角速度。

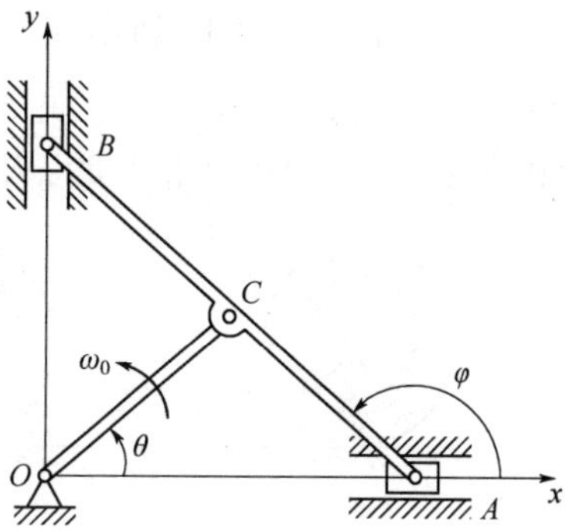

图 7-13　习题 7-1 图

7-2　如图 7-14 所示，杆 AB 一端 A 沿水平面以匀速 $\boldsymbol{v}_A$ 向右滑动，杆身紧靠高为 h 的墙尖角 C。试根据定义求杆与水平面成 φ 角时的角速度和角加速度。

7-3　如图 7-15 所示，靠在固定的半圆柱上的直杆 AB 在铅垂面内运动。已知 A 端以匀速 $\boldsymbol{v}_A$ 在水平面上向右运动，固定半圆柱半径为 r，试根据定义求杆与水平面成 φ 角时的角速度和角加速度。

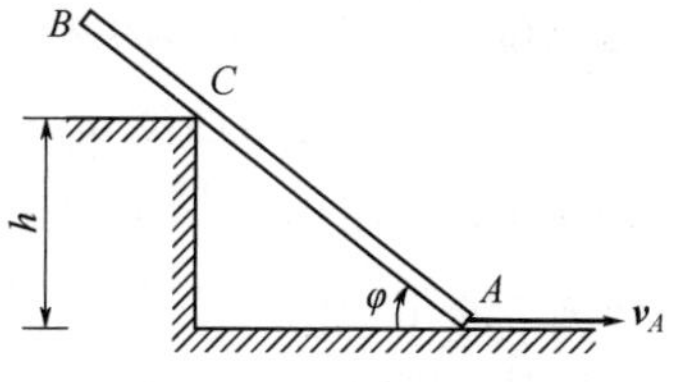

图 7-14　习题 7-2 图

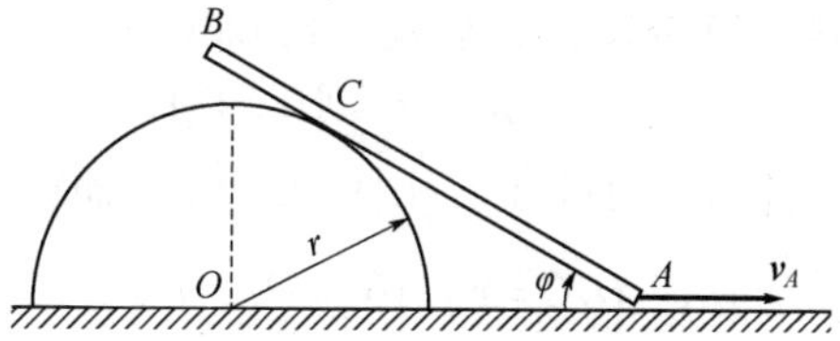

图 7-15　习题 7-3 图

7-4　如图 7-16 所示平面图形的速度分布情况，其中可能的是____，不可能的是____。

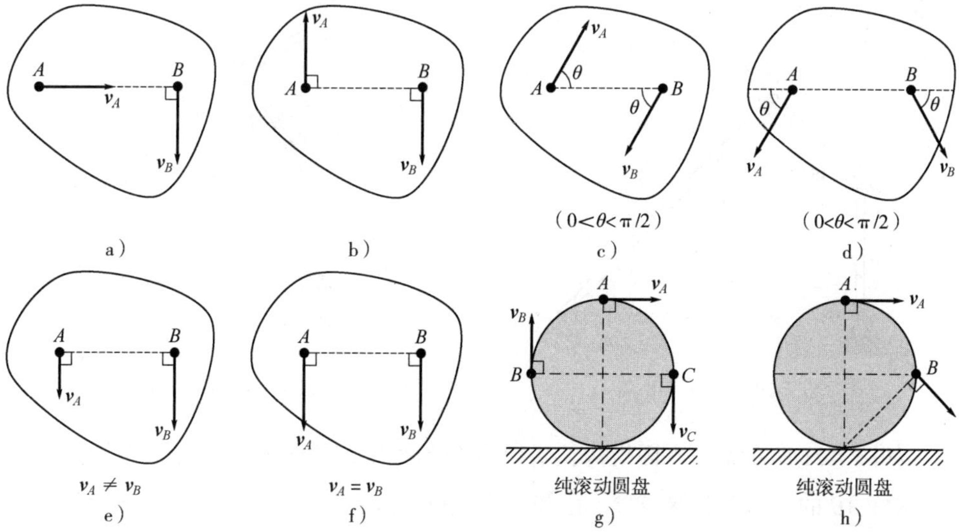

图 7-16　习题 7-4 图

7-5 如图 7-17a、b 所示两个相同的绕线盘以同一速度 $\boldsymbol{v}$ 拉动，设绳与轮之间无相对滑动，盘轮在水平地面上做纯滚动，试问：这两个绕线盘往哪边滚动？角速度哪个大？水平段绳子的长度在这两种情形下变化情况如何？

7-6 设同一平面图形上任意两点 A、B 的速度分别为 $\boldsymbol{v}_A$、$\boldsymbol{v}_B$，点 C 为 A、B 连线的中点，试证：

$$\boldsymbol{v}_C = \frac{1}{2}(\boldsymbol{v}_A + \boldsymbol{v}_B)$$

7-7 在如图 7-18 所示曲柄-连杆-滑块铅垂平面机构中，杆 OA 以匀角速度 ω 绕定轴 O 转动，通过连杆 AB 带动滑块 B 在水平轨道内滑动，已知 $OA=r$，$AB=\sqrt{3}r$。试求当 $\theta=0°$、$60°$和 $90°$，杆 AB 的角速度以及滑块 B 的速度。

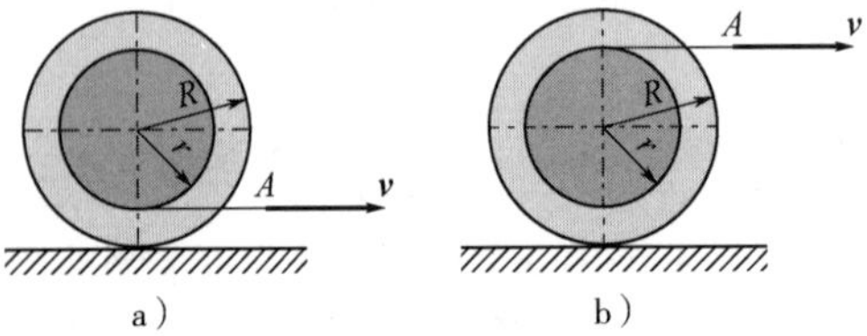

图 7-17 习题 7-5 图

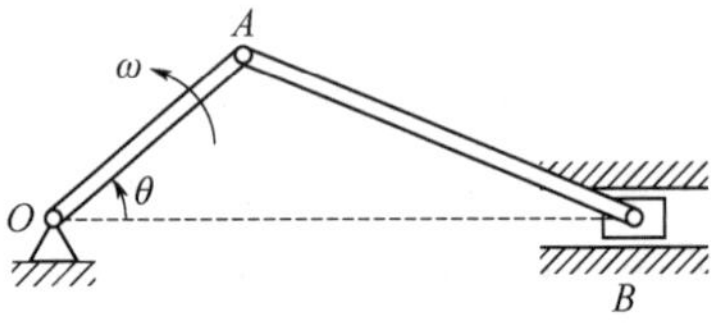

图 7-18 习题 7-7 图

7-8 在如图 7-19 所示平面四连杆机构中，杆 AB 以角速度 ω 绕定轴 A 转动，通过连杆 BC 带动杆 CD 绕定轴 D 转动，已知 $AB=r$，$CD=l$。试求图示位置杆 BC、杆 CD 的角速度。

7-9 如图 7-20 所示一小型压榨机的传动机构简图，已知杆 OA 以匀角速度 ω_0 绕定轴 O 做顺时针转动，通过杆系（杆 O_1C 做定轴转动，杆 AB、BD 为平面运动）带动压头 E 上下移动。已知 $OA=O_1C=r$，$AB=\sqrt{3}r$，$BD=2\sqrt{3}r$，点 C 为杆 BD 的中点。在图示位置：$OA\perp AB$，$O_1C\perp BD$，O_1、B 两点的连线在水平位置，O、B 两点连线在铅垂位置，试求该位置压头 E 的速度。

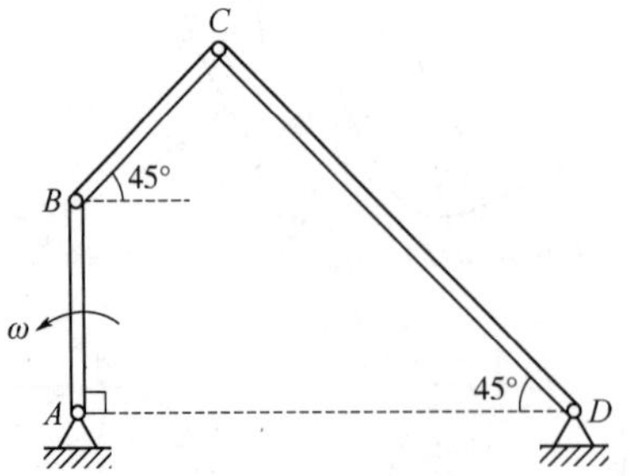

图 7-19 习题 7-8 图

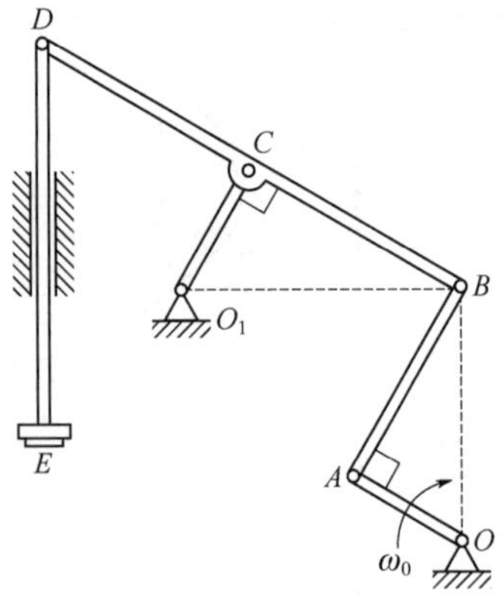

图 7-20 习题 7-9 图

7-10 如图 7-21 所示铅垂平面机构，半径为 R 的滚轮在水平直线轨道上做纯滚动，长度为 $l=\sqrt{3}R$ 的杆 AB 的 A 端与轮缘铰接。已知滚轮角速度为 ω，转向为顺时针。图示瞬时：连线 CA 与水平线成 30°夹角，杆 AB 处于水平位置。试求此瞬时杆 AB 的角速度和滑块 B 的速度。

7-11　如图 7-22 所示铅垂平面机构，长为 $l_1 = \sqrt{3}R$ 杆 OA 绕定轴 O 以匀角速度 ω 转动，通过长度为 $l_2 = 2R$ 的连杆 AB 带动半径为 R 的圆盘 C 在水平直线轨道上做纯滚动。图示瞬时：连线 CB 与水平线成 30°夹角，杆 AB 处于水平，杆 OA 与水平线成 60°夹角。试求此瞬时圆盘 C 的角速度和杆 AB 的角速度。

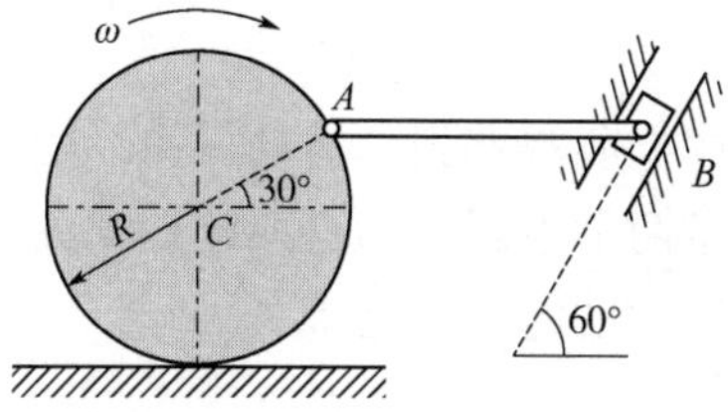

图 7-21　习题 7-10 图

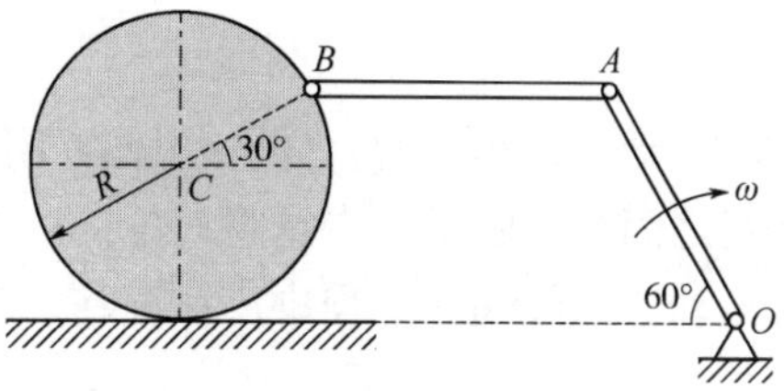

图 7-22　习题 7-11 图

第 8 章　点的复合运动

物体的运动都是相对的，同一物体在不同的参考体上所观察到的运动规律一般是不相同的，但相互之间存在联系。本章将讨论同一个点相对于两个不同的参考系的运动关系，称为点的复合运动。该问题在工程中广泛存在，是研究复杂运动的理论基础。

8.1　点的复合运动的概念

首先以沿直线轨道做纯滚动的车轮为例来说明复合运动的概念。如图 8-1 所示，在点的运动学部分已经得到车轮边缘上某点 M 相对于固连于地面参考系 Oxy 中的运动轨迹是较为复杂的轨迹——旋轮线。若观察者跟随车厢一起运动以观察点 M 的运动，则点 M 相对于固连于车厢的参考系 $O'x'y'$（点 O' 为车轮的轮心）的运动轨迹是以点 O' 为圆心，以车轮半径为半径的圆周运动。点 M 相对于这两个参考系的运动形式通过车厢（或运动着的参考系 $O'x'y'$）的平移运动而建立联系。如此，可将较为复杂的旋轮线运动分解为点 M 相对于车厢运动的较为简单的圆周运动和代表车厢运动的点 O' 相对于地面的直线运动。

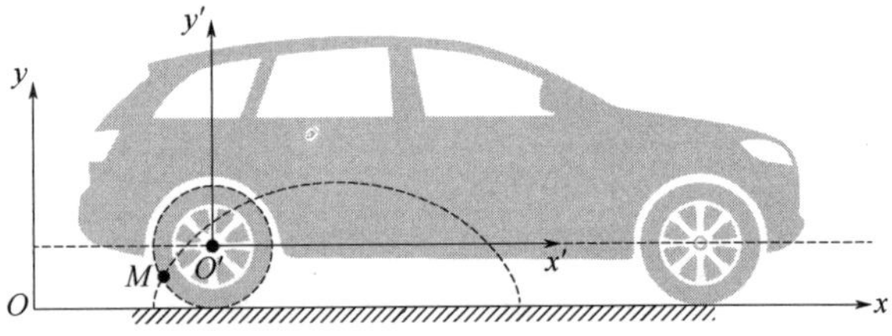

图 8-1　车轮上点在两个坐标系下的运动轨迹

一般地，将所研究的点称为**动点**；将存在相对运动的两个参考系中的一个参考系视为固定不动，称为**固定参考系**，简称**定系**，而将另一个参考系视为相对于定系做运动的**动参考系**，简称**动系**。工程问题中，通常选择地面为定系，此时可不必特别说明。动点相对于定系的运动称为**绝对运动**，动点相对于动系的运动称为**相对运动**。动点的绝对运动和相对运动存在差异，其原因在于动系相对于定系存在运动，正是该运动将动点的绝对运动和相对运动建立联系。动系相对于定系的运动称为**牵连运动**。显然，动点的绝对运动和相对运动都是点的运动，常以其运动轨迹来描述，如直线运动、圆周运动，甚至更复杂的曲线运动等；而牵连运动是与动系固连的刚体的运动，常以刚体的运动形式来描述，如平移、定轴转动、平面运动以及其他复杂的刚体运动。上例中选择地面为定系，车厢为动系，则车轮边缘上的点 M 相对于定系（地面）做轨迹为旋轮线的曲线运动，其相对于动系（车厢）做圆周运动；车厢相对于地面做水平直线平移运动。动点的绝对运动可视为其相对运动和动系的牵连运动的合成运动，通常称这种合成运动为**点的复合运动**，或者说，动点的绝对运动可分解为其相对运动和动系的牵连运动。

8.2　变矢量的绝对导数和相对导数的关系

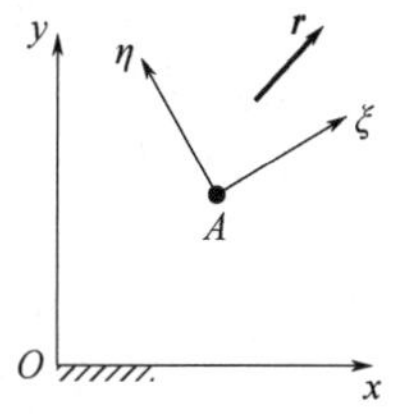

图 8-2　变矢量在不同坐标系下的表示

为了便于研究点的绝对运动和相对运动之间的关系，这里先给出一个变矢量在定系和动系中对时间的一阶导数之间的关系。

如图 8-2 所示，若动点做平面曲线运动，设定系为 Oxy，动系为 $A\xi\eta$，定系和动系的各个坐标轴的单位矢量分别为 $\boldsymbol{i}$、$\boldsymbol{j}$ 和 $\boldsymbol{\xi}^\circ$、$\boldsymbol{\eta}^\circ$。设动系做平面运动，其角速度为 $\boldsymbol{\omega}_e$（也称牵连角速度）。任意一平面矢量 $\boldsymbol{r}$ 在定系和动系中可表示为

$$\boldsymbol{r} = x\boldsymbol{i} + y\boldsymbol{j} = \xi\boldsymbol{\xi}^\circ + \eta\boldsymbol{\eta}^\circ \tag{8-1}$$

矢量 $\boldsymbol{r}$ 在定系中对时间的变化率称为**矢量的绝对导数**，记为$\dfrac{\mathrm{d}\boldsymbol{r}}{\mathrm{d}t}$，则

$$\frac{\mathrm{d}\boldsymbol{r}}{\mathrm{d}t} = \frac{\mathrm{d}x}{\mathrm{d}t}\boldsymbol{i} + \frac{\mathrm{d}y}{\mathrm{d}t}\boldsymbol{j} \tag{8-2}$$

类似地，矢量 $\boldsymbol{r}$ 在动系中对时间的变化率称为**矢量的相对导数**，记为$\dfrac{\tilde{\mathrm{d}}\boldsymbol{r}}{\mathrm{d}t}$，则

$$\frac{\tilde{\mathrm{d}}\boldsymbol{r}}{\mathrm{d}t} = \frac{\mathrm{d}\xi}{\mathrm{d}t}\boldsymbol{\xi}^\circ + \frac{\mathrm{d}\eta}{\mathrm{d}t}\boldsymbol{\eta}^\circ \tag{8-3}$$

为了得到它们之间的关系，式（8-1）两边同时对时间求一阶绝对导数，即在定系中考察等式两边对时间的变化率。注意在定系中 $\boldsymbol{i}$、$\boldsymbol{j}$ 保持不变，$\boldsymbol{\xi}^\circ$、$\boldsymbol{\eta}^\circ$大小保持不变（大小恒为 1）而方向随时间变化。则有

$$\frac{\mathrm{d}x}{\mathrm{d}t}\boldsymbol{i} + \frac{\mathrm{d}y}{\mathrm{d}t}\boldsymbol{j} = \frac{\mathrm{d}\xi}{\mathrm{d}t}\boldsymbol{\xi}^\circ + \frac{\mathrm{d}\eta}{\mathrm{d}t}\boldsymbol{\eta}^\circ + \xi\frac{\mathrm{d}\boldsymbol{\xi}^\circ}{\mathrm{d}t} + \eta\frac{\mathrm{d}\boldsymbol{\eta}^\circ}{\mathrm{d}t} \tag{8-4}$$

对于动系上的一个固连矢量 $\overrightarrow{AB}$，由式（7-8）知 $\dfrac{\mathrm{d}\overrightarrow{AB}}{\mathrm{d}t} = \boldsymbol{v}_B - \boldsymbol{v}_A = \boldsymbol{\omega} \times \overrightarrow{AB}$，$\boldsymbol{\xi}^\circ$和 $\boldsymbol{\eta}^\circ$为代表动系运动的平面图形上固连单位矢量，于是有

$$\frac{\mathrm{d}\boldsymbol{\xi}^\circ}{\mathrm{d}t} = \boldsymbol{\omega}_e \times \boldsymbol{\xi}^\circ, \frac{\mathrm{d}\boldsymbol{\eta}^\circ}{\mathrm{d}t} = \boldsymbol{\omega}_e \times \boldsymbol{\eta}^\circ \tag{8-5}$$

将式（8-2）、式（8-3）以及式（8-5）代入式（8-4），得

$$\frac{\mathrm{d}\boldsymbol{r}}{\mathrm{d}t} = \frac{\tilde{\mathrm{d}}\boldsymbol{r}}{\mathrm{d}t} + \xi\boldsymbol{\omega}_e \times \boldsymbol{\xi}^\circ + \eta\boldsymbol{\omega}_e \times \boldsymbol{\eta}^\circ = \frac{\tilde{\mathrm{d}}\boldsymbol{r}}{\mathrm{d}t} + \boldsymbol{\omega}_e \times (\xi\boldsymbol{\xi}^\circ + \eta\boldsymbol{\eta}^\circ) \tag{8-6}$$

于是

$$\frac{\mathrm{d}\boldsymbol{r}}{\mathrm{d}t} = \frac{\tilde{\mathrm{d}}\boldsymbol{r}}{\mathrm{d}t} + \boldsymbol{\omega}_e \times \boldsymbol{r} \tag{8-7}$$

即矢量的绝对导数等于该矢量的相对导数加上动系的角速度与该矢量的叉积，称之为**矢量的绝对导数与相对导数的关系式**，由法国科学家科里奥利（G. G. Coriolis）首先提出，又称为**科里奥利公式**。

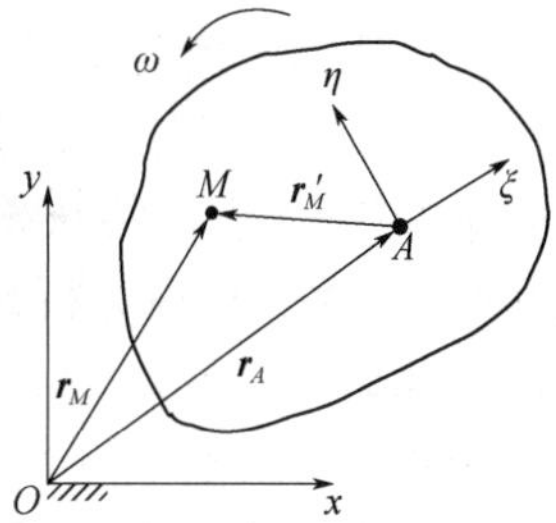

图 8-3　绝对运动和相对运动的矢径关系

8.3　点的速度合成定理

如图 8-3 所示，设动系 $A\xi\eta$ 做平面运动，而动点 M 相对于

定系 Oxy 和动系 $A\xi\eta$ 的运动均在动系所在的平面内运动。任意瞬时，设动系 $A\xi\eta$ 的角速度为 $\boldsymbol{\omega}_e$，动点 M 相对于定系的矢径为 $\boldsymbol{r}_M=\overrightarrow{OM}$，相对于动系的矢径为 $\boldsymbol{r}'_M=\overrightarrow{AM}$，动系的原点在定系中的矢径为 $\boldsymbol{r}_A$，则

$$\boldsymbol{r}_M=\boldsymbol{r}_A+\boldsymbol{r}'_M \tag{8-8}$$

对式（8-8）两边求时间一阶绝对导数，有

$$\frac{\mathrm{d}\boldsymbol{r}_M}{\mathrm{d}t}=\frac{\mathrm{d}\boldsymbol{r}_A}{\mathrm{d}t}+\frac{\mathrm{d}\boldsymbol{r}'_M}{\mathrm{d}t} \tag{8-9}$$

注意到 $\boldsymbol{r}'_M$ 是动系中的变矢量，由科里奥利公式（8-7），得

$$\frac{\mathrm{d}\boldsymbol{r}'_M}{\mathrm{d}t}=\frac{\tilde{\mathrm{d}}\boldsymbol{r}'_M}{\mathrm{d}t}+\boldsymbol{\omega}_e\times\boldsymbol{r}'_M \tag{8-10}$$

根据点的运动学知识，动点 M 在定系中的矢径 $\boldsymbol{r}_M$ 对时间的一阶绝对导数为该点在定系中运动（即绝对运动）的速度，称为动点的绝对速度，用 $\boldsymbol{v}_a$ 表示，即 $\boldsymbol{v}_a=\dfrac{\mathrm{d}\boldsymbol{r}_M}{\mathrm{d}t}$；动点 M 在动系中的矢径 $\boldsymbol{r}'_M$ 对时间的一阶相对导数为该点在动系中运动（即相对运动）的速度，称为动点的相对速度，用 $\boldsymbol{v}_r$ 表示，即 $\boldsymbol{v}_r=\dfrac{\tilde{\mathrm{d}}\boldsymbol{r}'_M}{\mathrm{d}t}$；定系中的矢径 $\boldsymbol{r}_A$ 对时间的一阶绝对导数为动系的原点 A 在定系中的速度，即 $\boldsymbol{v}_A$。将式（8-10）代入式（8-9），得

$$\boldsymbol{v}_a=\boldsymbol{v}_r+\boldsymbol{v}_A+\boldsymbol{\omega}_e\times\boldsymbol{r}'_M \tag{8-11}$$

参照平面图形上两点的速度关系式（7-8），式（8-11）中右边后两项实际上给出了以动系的坐标原点 A 为基点的动系上与动点 M 重合的点 M'（在该瞬时 $\boldsymbol{r}'_M=\overrightarrow{AM}=\overrightarrow{AM'}$）相对于定系的速度，即 $\boldsymbol{v}_{M'}=\boldsymbol{v}_A+\boldsymbol{\omega}_e\times\overrightarrow{AM'}$。因而得出，与动点的牵连运动直接相关是动系上与动点重合点的运动，随着动点的相对运动，动点在动系上的重合点在不断变化。定义：在任一瞬时，动系（即与动系固连的刚体或其延拓部分上）上与动点重合的那一点为动点在该瞬时的**牵连点**。该牵连点相对于定系的绝对速度称为动点的**牵连速度**，用 $\boldsymbol{v}_e$ 表示，即

$$\boldsymbol{v}_e=\boldsymbol{v}_{M'}=\boldsymbol{v}_A+\boldsymbol{\omega}_e\times\boldsymbol{r}'_M \tag{8-12}$$

于是，将式（8-11）改写为

$$\boldsymbol{v}_a=\boldsymbol{v}_r+\boldsymbol{v}_e \tag{8-13}$$

该式表明：在任一瞬时，动点的绝对速度等于其相对速度和牵连速度的矢量和，称为**点的速度合成定理**。动点的绝对速度是由以相对速度和牵连速度为邻边的平行四边形的对角线来确定的，结合三个矢量中的某一矢量方向可确定另两个方位已知的矢量的指向，再根据其中的三角形关系由其中已知的某矢量大小求解其余两个矢量的大小，这就是几何法。也可以采用投影法求解此关系式。

在研究点的复合运动时，一般来说，定系通常默认为与地面固连的参考系，除特殊场合外，无须特别声明，但需明确指明动点、动系，然后分析绝对运动、相对运动以及牵连运动，再进行速度合成分析。下面举例说明速度合成定理的应用。

例 8-1　如图 8-4 所示，半圆凸轮 O 沿水平轨道以速度 $\boldsymbol{v}$ 向右平移，推动顶杆 AB 在铅垂滑槽内滑动。试求图示瞬时顶杆 AB 的速度。

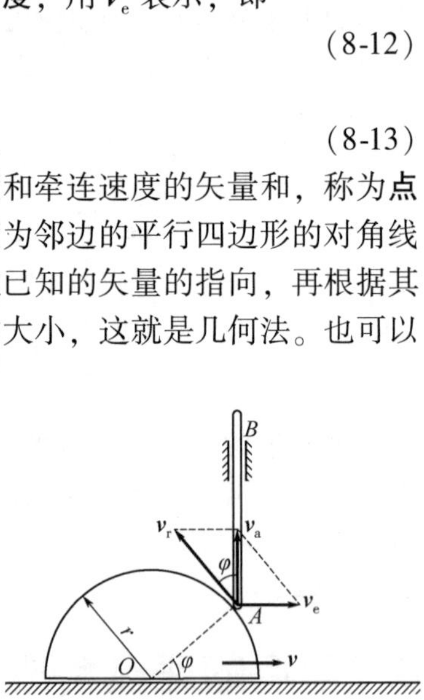

图 8-4　例 8-1 图

解： 1）选择动点、动系。以杆 AB 上与半圆凸轮接触

点 A 为动点，建立与半圆凸轮固连的动系。

2）运动分析。动点 A 的绝对运动为铅垂方向上的直线运动，相对运动为沿着凸轮边缘的圆弧运动，牵连运动为半圆凸轮的水平直线平移。

3）速度分析。根据上述运动分析，确定点 A 的绝对速度、相对速度以及牵连速度。其中牵连运动为平移，故牵连速度即为半圆凸轮的平移速度。

	$\boldsymbol{v}_a$	=	$\boldsymbol{v}_e$	+	$\boldsymbol{v}_r$
大小	?		v		?
方向（方位）	√		√		√

式中只有三个矢量，可做出图 8-4 所示平行四边形，由其中三角形关系确定各边对应速度的大小。杆 AB 做铅垂直线平移，其速度为

$$v_{AB} = v_a = v_e\cot\varphi = v\cot\varphi\text{（铅垂向上）}$$

例 8-2　如图 8-5 所示铅垂平面曲柄导杆机构，曲柄 OA 以匀角速度 ω_0 绕定轴 O 做逆时针转向转动，通过套筒带动杆 O_1B 绕定轴 O_1 摆动，O、O_1 两点连线处于铅垂位置，$OA=r$，$OO_1=h$。图示瞬间，OA 处于水平位置，试求此时杆 O_1B 的角速度 ω_1。

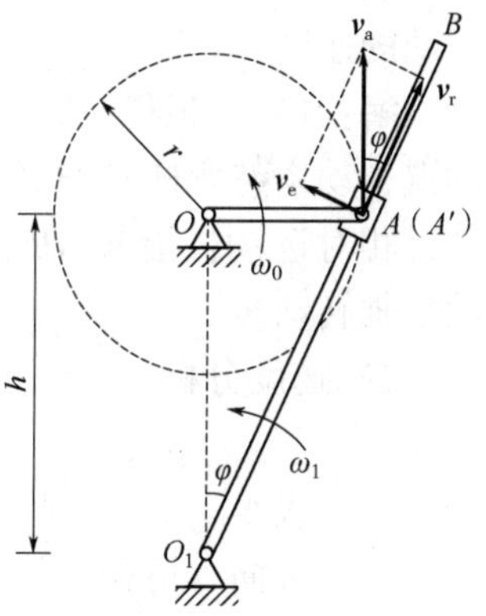

图 8-5　例 8-2 图

解：1）以曲柄 OA 上点 A 为动点，动系与杆 O_1B 固连。绝对运动：以点 O 为圆心、r 为半径的圆周运动；相对运动：沿杆 O_1B 杆向的直线运动；牵连运动：绕轴 O_1 的定轴转动。

2）速度分析。速度合成关系如图所示。

	$\boldsymbol{v}_a$	=	$\boldsymbol{v}_e$	+	$\boldsymbol{v}_r$
大小	$\omega_0 r$		$\omega_1\cdot O_1A$?		?
方向（方位）	√		√		√

可做出图 8-5 所示的平行四边形，由其中三角形关系得

$$v_e = v_a\sin\varphi = \omega_0 r\cdot\frac{r}{\sqrt{r^2+h^2}} = \frac{\omega_0 r^2}{\sqrt{r^2+h^2}}$$

$$\omega_1 = \frac{v_e}{O_1A} = \frac{\omega_0 r^2}{\sqrt{r^2+h^2}\cdot\sqrt{r^2+h^2}} = \frac{\omega_0 r^2}{r^2+h^2}(\circlearrowleft)$$

此例中，动点 A 的牵连点（A'）为做定轴转动的动系中与动点的重合点，其牵连速度应按定轴转动刚体上点的速度确定。

在利用点的复合运动知识解题时，必须明确动点和动系。动点和动系的选择可以有多种方案，但应遵循两个原则：①动点和动系不能选在同一个刚体上，它们之间应存在相对运动；②动点的相对运动轨迹已知，轨迹越简单越好，比如直线或圆弧。

例 8-3　在如图 8-6 所示的铅垂平面机构中，曲柄 OA 以匀角速度 ω_0 绕定轴 O 做逆时针转动，通过 A 端推动 T 型杆 BCD 在铅垂方向滑槽内滑动，已知 $OA=r$。试求当曲柄与水平线的夹角为 $\varphi=30°$时，T 型杆 BCD 运动的速度。

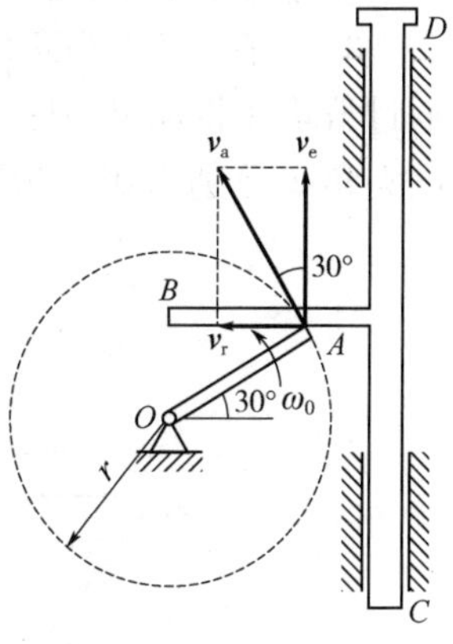

图 8-6　例 8-3 图

解：1）以杆 OA 上与 T 型杆的水平部分接触的点 A 为动点，动系与 T 型杆 BCD 固连。

绝对运动：以点 O 为圆心、r 为半径的圆弧运动；相对运动：

沿 T 型杆水平部分的直线运动；牵连运动：铅垂直线平移。

2）速度分析。

	$\boldsymbol{v}_a$ =	$\boldsymbol{v}_e$ +	$\boldsymbol{v}_r$
大小	$\omega_0 r$	v_{BCD}?	?
方向（方位）	√	√	√

速度合成关系如图 8-6 所示，求解矢量合成平行四边形中三角形关系得

$$v_{BCD} = v_e = v_a\cos30° = \frac{\sqrt{3}}{2}\omega_0 r（铅垂向上）$$

例 8-4 如图 8-7 所示铅垂平面机构，直角弯杆 OAB 以匀角速度 ω_0 绕定轴 O 做顺时针转动，推动顶杆 DE 在铅垂滑槽内滑动，几何尺寸如图所示，试求 $\varphi=120°$的瞬时，顶杆 DE 运动的速度。

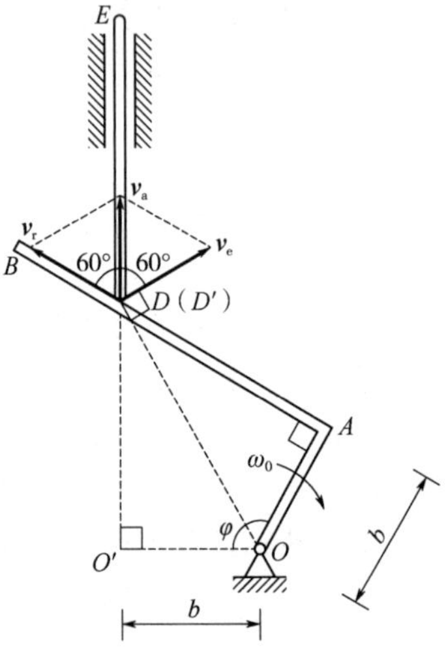

图 8-7 例 8-4 图

解：1）以顶杆 DE 上与弯杆 OAB 的 AB 边接触的点 D 为动点，动系与弯杆 OAB 固连。绝对运动：铅垂方向的直线运动；相对运动：沿着 AB 段的直线运动；牵连运动：绕轴 O 的定轴转动。

2）速度分析。

	$\boldsymbol{v}_a$ =	$\boldsymbol{v}_e$ +	$\boldsymbol{v}_r$
大小	v_{DE}?	$OD'\cdot\omega_0$	?
方向（方位）	√	√	√

速度合成关系如图 8-7 所示，求解矢量合成平行四边形中三角形关系得

$$v_{DE} = v_a = v_e = 2\omega_0 b（铅垂向上），v_r = v_e = 2\omega_0 b（沿 AB 段向上）$$

习　题

8-1 如图 8-8 所示，半径为 r 的半圆形凸轮以匀速 $\boldsymbol{v}$ 向右水平直线平移，杆 OA 的 A 端与凸轮的轮廓线保持接触，$OA=r$，O、B 两点连线为水平直线，试求图示位置杆 OA 的角速度。

8-2 在图 8-9 所示曲柄-滑道机构中，曲柄 $OA=r$，以匀角速度 ω_0 绕水平定轴 O 转动，通过滑块 A 带动滑槽杆 $BCDE$ 水平直线平移。滑槽与水平线成 60°夹角。试求当曲柄与水平的夹角 φ 分别为 0°、30°、60°时，杆 $BCDE$ 的速度。

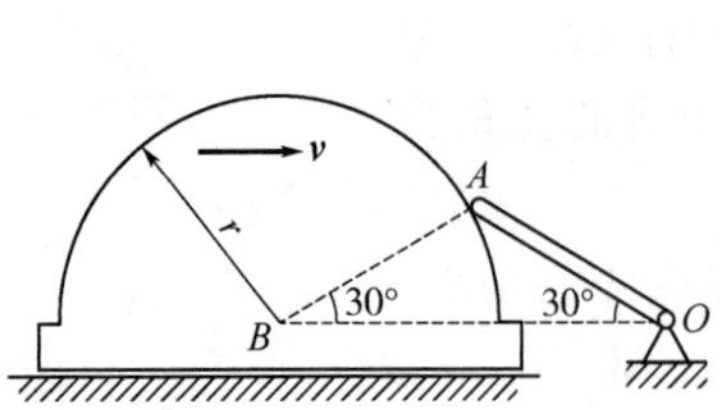

图 8-8 习题 8-1 图

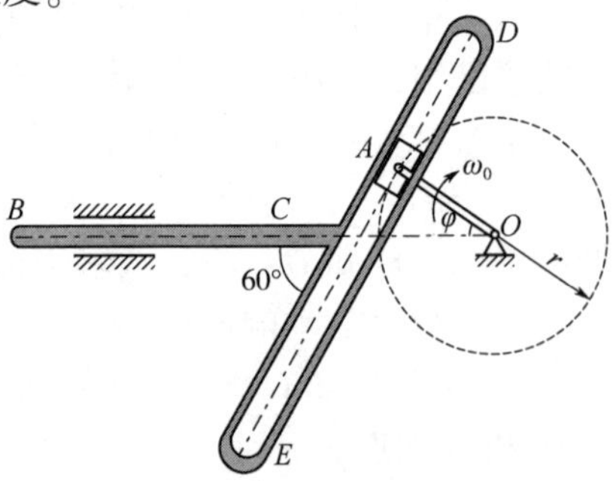

图 8-9 习题 8-2 图

8-3　如图 8-10 所示，直角弯杆 *OAB* 绕定轴 *O* 做顺时针匀角速度转动，使得套在其上的小环 *M* 沿固定直杆 *CD* 滑动。已知弯杆的角速度 $\omega = 0.5\text{rad/s}$，$OA = 10\text{cm}$。试求当 $\varphi = 60°$ 时小环 *M* 的速度。

8-4　如图 8-11 所示的摇杆机构，绕定轴 *O* 转动的摇杆 *OC* 的长度为 l，铅垂滑道离轴 *O* 的水平距离为 b，杆 *AB* 以匀速 $\boldsymbol{v}$ 在铅垂滑道中向上运动，试求图示位置点 *C* 的速度。

8-5　在图 8-12 所示平面机构中，直角弯杆 *OAB* 以匀角速度 ω 绕定轴 *O* 做顺时针转动，$OA = DE = l$，试求图示瞬时杆 *DE* 绕定轴 *E* 转动的角速度。

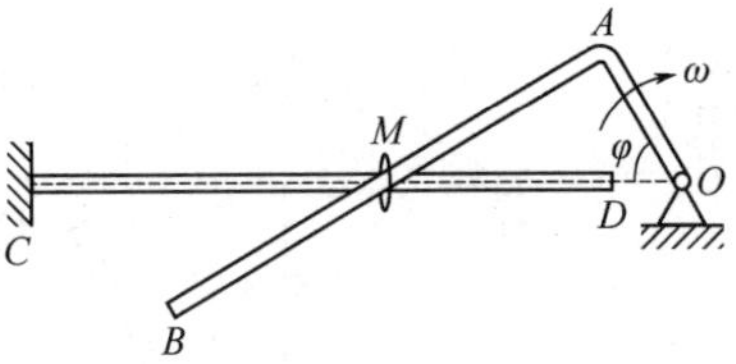

图 8-10　习题 8-3 图

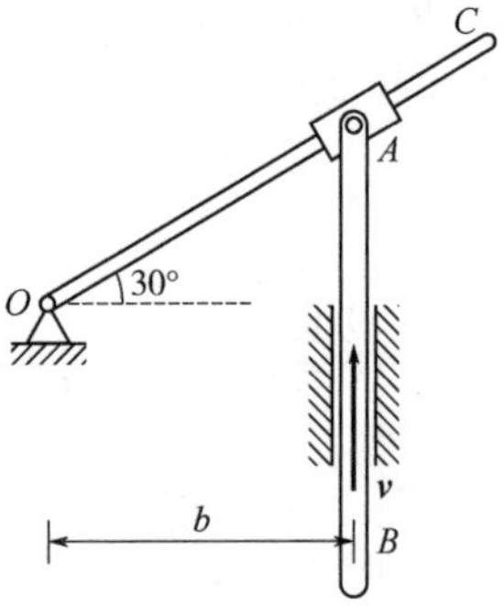

图 8-11　习题 8-4 图

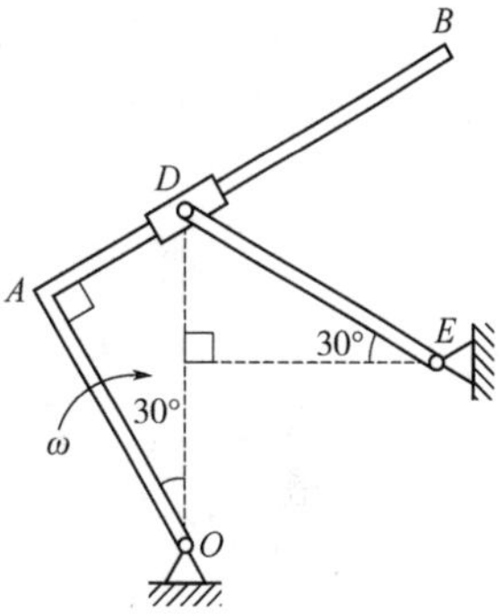

图 8-12　习题 8-5 图

8-6　在图 8-13 所示铅垂平面机构中，杆 *BD* 沿水平滑道向左平移，带动半径为 r 的圆盘绕定轴 *O* 做转动。图示瞬时，杆 *BD* 的速度为 $\boldsymbol{v}_0$，试求该位置圆盘的角速度。

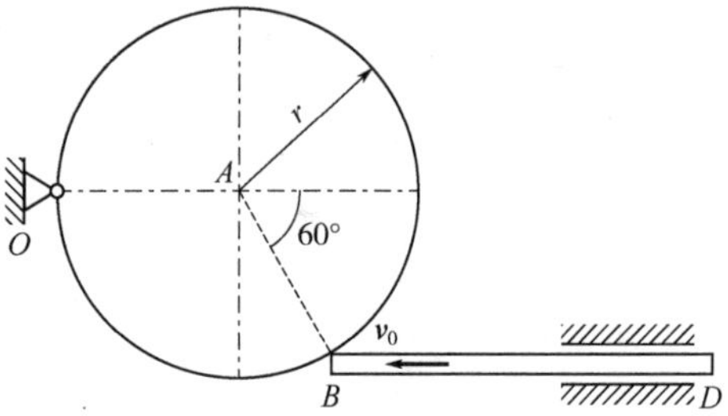

图 8-13　习题 8-6 图

8-7　在图 8-14 所示平面机构中，$O_1A = O_2B = O_1O_2 = AB = l$，*C* 为杆 *AB* 的中点，杆 *OE* 以匀角速度 ω 绕定轴 *O* 做逆时针转动，$OE = 2\sqrt{3}l/3$。试求图示瞬时杆 O_1A 的角速度。

8-8　在图 8-15 所示铅垂平面机构中，已知 $O_1A = O_2B = O_1O_2 = AB = BD = r$，杆 O_1A 以匀角速度 ω_0 绕定轴 O_1 逆时针转动，试求图示位置杆 *GE* 绕定轴 *G* 转动的角速度。

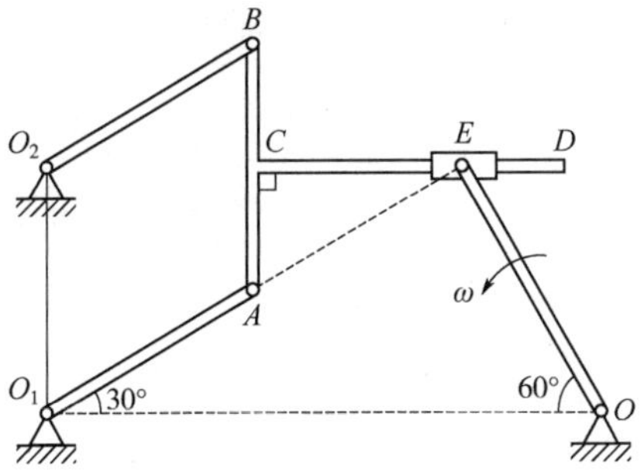

图 8-14　习题 8-7 图

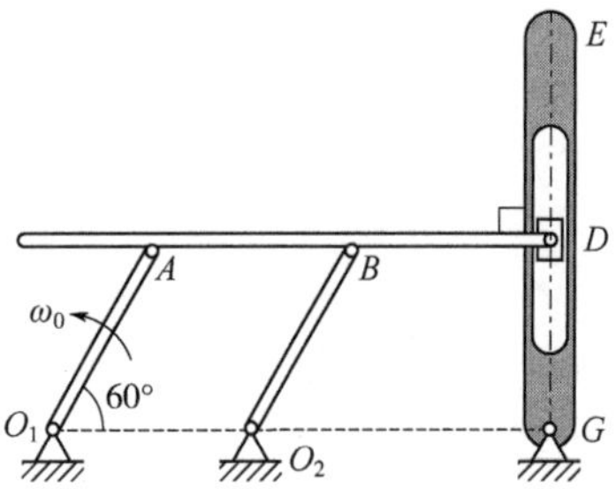

图 8-15　习题 8-8 图

8-9　在图 8-16 所示铅垂平面机构中，已知 $O_1A = O_2B = r$，$O_1O_2 = 2r$，半圆凸轮的半径为 r，曲柄 O_1A 以匀角速度 ω_0 绕定轴 O_1 做顺时针转动，试求图示瞬时顶杆 DE 沿铅垂滑道滑动的速度。

8-10　在图 8-17 所示铅垂平面机构中，横杆 DE 可在水平滑道中做往复运动，与它铰接的杆 AB 穿过绕定轴 O 转动的套筒，定轴 O 与水平滑道的铅垂距离为 h。已知横杆在图示位置的速度为 $\boldsymbol{v}$，试求该位置杆 AB 的角速度。

8-11　在图 8-18 所示铅垂平面内的曲柄-摇杆机构中，曲柄 OA 以匀角速度 ω_0 绕定轴 O 做逆时针转动，套筒 B 可沿摇杆 DE 滑动，杆 AB 的 A 端与曲柄 OA 铰接，B 端与套筒 B 垂直固连，已知 $OA = AB = l$，试求图示位置时摇杆 DE 的角速度和杆 AB 的角速度。

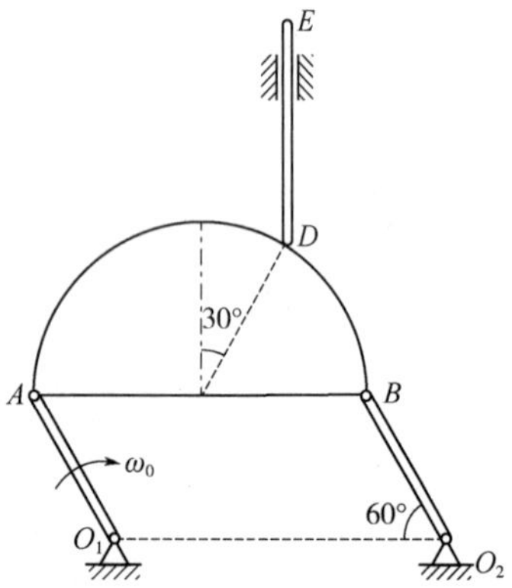

图 8-16　习题 8-9 图

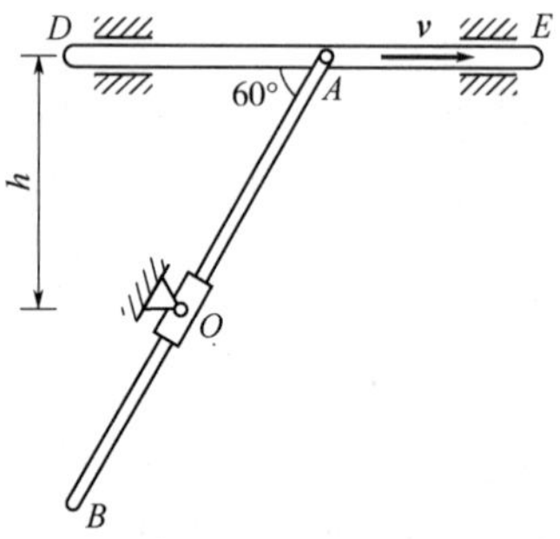

图 8-17　习题 8-10 图

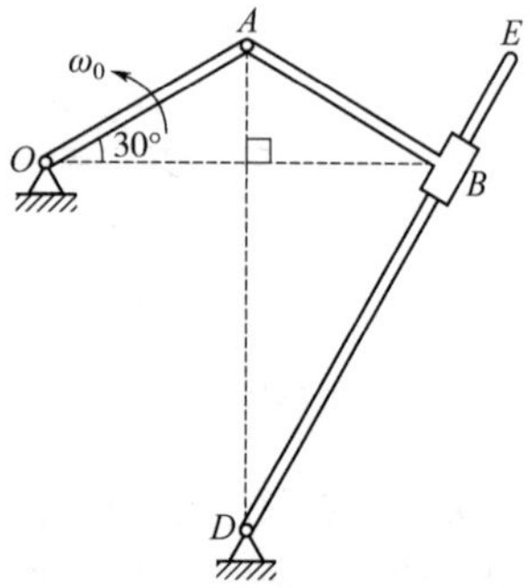

图 8-18　习题 8-11 图

第三篇　动力学

动力学是研究物体的运动状态的改变与作用力系之间关系的科学。静力学中对力系特性的研究和运动学中对物体运动特性的研究是动力学问题研究的基础。动力学研究的出发点是牛顿运动定律，将牛顿第一定律（即质点不受力将处于静止或匀速直线平移状态）成立的参考系称为惯性参考系。牛顿第二定律则描述相对于惯性参考系质点的受力情况与运动状态的改变之间的关系，即牛顿第二定律只在惯性参考系中成立，在绝大多数工程问题中，与地球固连的参考系是具有足够精确度的惯性参考系。在本教材中，除非特别说明，参考系均默认为与地球固连的参考系。牛顿第三定律反映了作用力与反作用力的相互性及两者之间的关系，是讨论约束力、质点系内力及它们对系统运动状态改变的影响的基础。

动力学可分为质点动力学和质点系动力学，前者是后者的基础，在各章中都从质点动力学入手，然后研究质点系动力学。刚体是任意两个质点之间距离都不改变的特殊质点系。在动力学研究中，必须考虑物体的惯性——物体的质量和质量分布特征。

第 9 章　动量原理

动量原理包括动量定理和动量矩定理，本章讨论惯性参考系中质点和质点系（刚体为一类特殊的质点系）的动量原理的内容，即质点和质点系所受到的力系与其动量或对某定点的动量矩的变化之间的关系。

9.1　质点运动微分方程和动量定理

牛顿第二定律指出：**质点的质量与其在惯性参考系内的加速度的乘积等于它所受力的合力**。其数学表达式为

$$m\boldsymbol{a} = \sum \boldsymbol{F}_i \tag{9-1}$$

式中　m——质点的质量，单位为千克（kg）；

$\boldsymbol{a}$——质点的加速度，单位为米/秒^2（m/s^2）；

$\boldsymbol{F}_i$——作用于质点的第 i 个力，单位为牛顿（N）。

该式确定了质点的运动改变与其受力之间的关系。

9.1.1　质点运动微分方程

根据运动学知识，设质点相对于惯性参考系坐标原点 O 的矢径为 $\boldsymbol{r}$，则有

$$\boldsymbol{a} = \ddot{\boldsymbol{r}} \tag{9-2}$$

于是，式（9-1）可写为

$$m\ddot{\boldsymbol{r}} = \sum \boldsymbol{F}_i \tag{9-3}$$

此式为矢量形式的质点动力学的基本方程。在实际应用中，需要根据相应的运动学中采用的坐标系将之转换为等价的代数方程以便于求解。

将式（9-3）两端投影到直角坐标轴，得到**直角坐标形式的运动微分方程**：

$$\begin{cases} ma_x = m\ddot{x} = \sum F_{ix} \\ ma_y = m\ddot{y} = \sum F_{iy} \\ ma_z = m\ddot{z} = \sum F_{iz} \end{cases} \tag{9-4}$$

式中　x、y、z——质点的直角坐标值；

F_{ix}、F_{iy}、F_{iz}——相应作用力在对应坐标轴上的投影。

将式（9-3）两端投影到质点的自然轴系的各坐标轴，得到**自然轴系形式的运动微分方程**：

$$\begin{cases} ma_{\mathrm{t}} = m\ddot{s} = \sum F_{i\mathrm{t}} \\ ma_{\mathrm{n}} = m\dfrac{v^2}{\rho} = \sum F_{i\mathrm{n}} \\ ma_{\mathrm{b}} = 0 = \sum F_{i\mathrm{b}} \end{cases} \tag{9-5}$$

式中　s——质点的弧坐标函数；

ρ——轨迹上该质点所在处的曲率半径；

$F_{i\mathrm{t}}$、$F_{i\mathrm{n}}$、$F_{i\mathrm{b}}$——相应作用力在自然轴系中切向、主法线方向和副法线方向上的投影。

需要指出，质点运动微分方程的各投影式方程，其两边坐标正方向应相同。

利用质点运动微分方程可以求解质点动力学的两类基本问题：第一类问题是已知质点的运动，求作用在质点上的未知力；第二类问题是已知作用于质点上的力，求解质点的运动规律。从两类问题的数学形式来看，第一类问题求解的是代数方程（组），而第二类问题求解的是微分方程（组）。在实际问题中，也可能在同一个研究对象中两类问题兼而有之，即已知运动的一部分和受力的一部分，求另一部分未知的运动和未知的力，此时动力学问题是两类问题的混合问题。

例 9-1　如图 9-1 所示，质量为 m 的小球 C，由两细直杆（不计质量）铰接支撑。两杆绕铅垂转轴转动的角速度为 ω（等于常量）。两杆与转轴之间为光滑铰接。已知 $AC = 5l$、$BC = 3l$、$AB = 4l$。试求 AC、BC 两杆对小球的作用力。

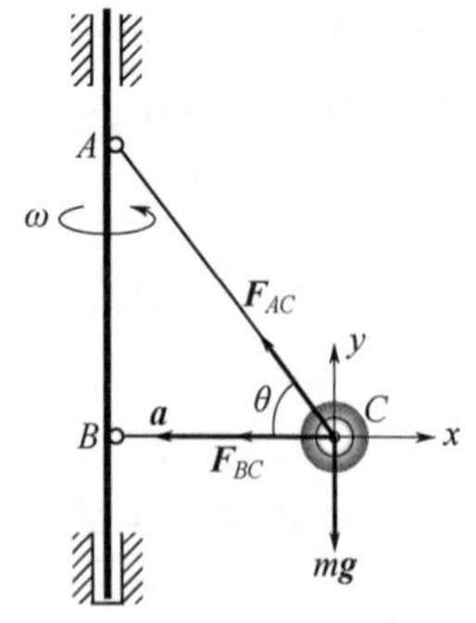

图 9-1　例 9-1 图

解：1）以小球为研究对象，可视为质点。某瞬时，建立如图所示坐标系 Cxy。

2）运动学分析。小球做匀速圆周运动，只具有法向加速度，其大小为 $a = \omega^2 \cdot 3l$，指向转轴上点 B。

3）受力分析。由于杆 AC、BC 不计质量，故为二力杆。小球受到重力 $m\boldsymbol{g}$、两杆作用力 $\boldsymbol{F}_{AC}$、$\boldsymbol{F}_{BC}$。

4）根据运动微分方程：

$$\begin{cases} ma_x = \sum F_{ix} \\ ma_y = \sum F_{iy} \end{cases} \Rightarrow \begin{cases} -ma = -F_{BC} - F_{AC}\cos\theta \\ 0 = F_{AC}\sin\theta - mg \end{cases}$$

将 $a=\omega^2 \cdot 3l$、$\sin\theta=4/5$、$\cos\theta=3/5$ 代入上式并求解可得

$$F_{AC} = \frac{5}{4}mg, F_{BC} = \frac{3}{4}m(4l\omega^2 - g)$$

以上结果说明，$F_{AC}>0$，杆 AC 为拉杆；而杆 BC 是拉杆还是压杆取决于 ω 的大小，当 $\omega > \frac{1}{2}\sqrt{\frac{g}{l}}$时，杆 BC 为拉杆；$\omega < \frac{1}{2}\sqrt{\frac{g}{l}}$时，杆 BC 为压杆；当 $\omega = \frac{1}{2}\sqrt{\frac{g}{l}}$时，杆 BC 为零杆。

例 9-2　考虑自由下落的质点 A，其质量为 m，下落过程中受到的空气阻力的大小与其速度成正比，方向与其速度方向相反，即 $\boldsymbol{F}=-\mu\boldsymbol{v}$，$\mu$ 为阻力系数，为常量。试求质点 A 由静止开始运动的运动方程。

解： 1）以质点为研究对象。以质点初始点 O 为原点建立坐标系，$\boldsymbol{i}$ 为 x 轴正方向单位矢量，如图 9-2 所示。

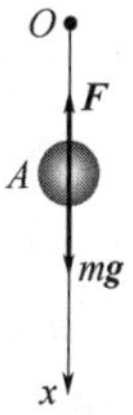

图 9-2　例 9-2 图

2）运动分析。t 时刻质点的速度和加速度分别为

$$\boldsymbol{v} = \dot{x}\boldsymbol{i}, \boldsymbol{a} = \ddot{x}\boldsymbol{i}$$

3）受力分析。质点受到重力和空气阻力作用，即

$$\sum \boldsymbol{F}_i = m\boldsymbol{g} + \boldsymbol{F} = m\boldsymbol{g} - \mu\boldsymbol{v} = (mg - \mu\dot{x})\boldsymbol{i}$$

4）根据运动微分方程 $m\boldsymbol{a}=\sum\boldsymbol{F}_i$，有

$$m\ddot{x} = mg - \mu\dot{x} \tag{a}$$

且初始条件为

$$\begin{cases} x|_{t=0} = 0 \\ \dot{x}|_{t=0} = 0 \end{cases} \tag{b}$$

考虑到 $\ddot{x}=\frac{\mathrm{d}\dot{x}}{\mathrm{d}t}$，则式（a）可整理为

$$\frac{\mathrm{d}\dot{x}}{\mathrm{d}t} = g - \frac{\mu}{m}\dot{x}$$

进一步改写为

$$\frac{\mathrm{d}\dot{x}}{1 - \frac{\mu}{mg}\dot{x}} = g\mathrm{d}t \tag{c}$$

而初始条件式（b）变为

$$\dot{x}|_{t=0} = 0 \tag{d}$$

考虑到式（d），对式（c）定积分，得

$$\int_0^{\dot{x}} \frac{\mathrm{d}\dot{x}}{1 - \frac{\mu}{mg}\dot{x}} = \int_0^t g\mathrm{d}t \Rightarrow -\frac{mg}{\mu}\ln\left(1 - \frac{\mu}{mg}\dot{x}\right) = gt$$

整理得

$$v = \dot{x} = \frac{mg}{\mu}(1 - e^{-\frac{\mu}{m}t}) \tag{e}$$

式（e）表明，当 $t \to \infty$ 时，质点下落的速度 $v = \dot{x} \to \frac{mg}{\mu}$，即质点的极限速度为 $v_{max} = \frac{mg}{\mu}$。事实上，质点下落初期，重力的大小大于空气阻力的大小，质点向下做加速运动，随着质点的速度增加，空气阻力逐渐增大，当空气阻力增大到与重力相等时，质点受到的合力为零，其加速度为零，之后质点匀速运动。因此令式（a）左端为零，也可求得质点的极限速度。

对式（e）积分一次得

$$\int_0^x dx = \int_0^t \frac{mg}{\mu}(1 - e^{-\frac{\mu}{m}t})dt$$

得到质点下落的运动方程为

$$x = \frac{mg}{\mu}t - \left(\frac{m}{\mu}\right)^2 g(1 - e^{-\frac{\mu}{m}t})$$

例 9-3　如图 9-3 所示，一质量为 m 的小球 A 系于长度为 l 的张紧的柔绳上，绳的另一端系在顶棚上的点 O，如小球在水平面内做匀速圆周运动，绳与铅垂线成 30°角，试求小球的速度的大小和绳的张力的大小。

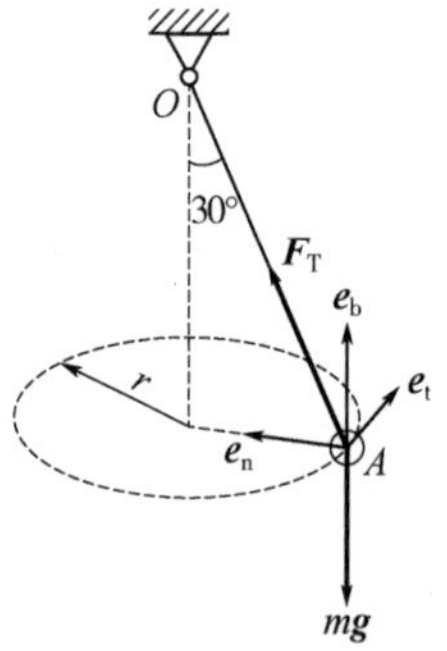

图 9-3　例 9-3 图

解：1）以小球为研究对象。

2）运动分析。由题意知，某瞬时，小球位置处的自然轴系（A，$\boldsymbol{e}_t$，$\boldsymbol{e}_n$，$\boldsymbol{e}_b$）如图所示，小球只有法向加速度，即

$$a_n = \frac{v^2}{l\sin 30°} = \frac{2v^2}{l}, a_b = 0$$

3）受力分析。小球 A 受重力和柔绳张力作用，受力如图所示。

4）将运动微分方程向 $\boldsymbol{e}_n$ 和 $\boldsymbol{e}_b$ 投影得

$$ma_n = \sum F_{in} \Rightarrow m\frac{2v^2}{l} = F_T\sin 30° \tag{a}$$

$$ma_b = \sum F_{ib} \Rightarrow 0 = F_T\cos 30° - mg \tag{b}$$

联立式（a）和式（b），解得

$$v = \sqrt{\frac{\sqrt{3}gl}{6}}, F_T = \frac{2\sqrt{3}}{3}mg$$

9.1.2　质点的动量定理

质点的质量 m（大小不变）与其运动的速度 $\boldsymbol{v}$ 之乘积称为质点的动量，以 $\boldsymbol{p}$ 表示，即

$$\boldsymbol{p} = m\boldsymbol{v} \tag{9-6}$$

引入动量的概念后，牛顿第二定律可表示为**质点的动量对时间的一阶导数等于质点所受力系的主矢**，即

$$\frac{d(m\boldsymbol{v})}{dt} = \boldsymbol{F}_R \tag{9-7}$$

其中 $\boldsymbol{F}_R = \sum \boldsymbol{F}_i$ 为力系的主矢，其大小和方向与质点所受力系的合力 $\boldsymbol{F}$ 相等。式（9-7）也可写为

$$\frac{d\boldsymbol{p}}{dt} = \boldsymbol{F}_R \tag{9-8}$$

这就是**质点动量定理**。实际上，式（9-8）是牛顿第二定律的原始表述。

式（9-7）的两边同时乘以 dt，得

$$\mathrm{d}(m\boldsymbol{v}) = \boldsymbol{F}_{\mathrm{R}}\mathrm{d}t \tag{9-9}$$

其物理含义是质点的动量的微分在某一时刻的取值等于该时刻作用于其上的合力的元冲量，称为**质点动量定理的微分形式**。

式（9-9）在时间 $t_1 \sim t_2$ 内积分，得

$$m\boldsymbol{v}_2 - m\boldsymbol{v}_1 = \int_{t_1}^{t_2}\boldsymbol{F}_{\mathrm{R}}\mathrm{d}t \tag{9-10}$$

即在时间间隔 $t_1 \sim t_2$ 内质点的动量的改变量等于作用于其上的合力在同一时间间隔内的冲量。称为**质点动量定理的积分形式**。

式（9-9）和式（9-10）分别向直角坐标轴投影则可得到与其等价的代数方程

$$\begin{cases}\mathrm{d}(mv_x) = F_{\mathrm{R}x}\mathrm{d}t \\ \mathrm{d}(mv_y) = F_{\mathrm{R}y}\mathrm{d}t \\ \mathrm{d}(mv_z) = F_{\mathrm{R}z}\mathrm{d}t\end{cases} \tag{9-11}$$

和

$$\begin{cases}mv_{2x} - mv_{1x} = \displaystyle\int_{t_1}^{t_2}F_{\mathrm{R}x}\mathrm{d}t \\ mv_{2y} - mv_{1y} = \displaystyle\int_{t_1}^{t_2}F_{\mathrm{R}y}\mathrm{d}t \\ mv_{2z} - mv_{1z} = \displaystyle\int_{t_1}^{t_2}F_{\mathrm{R}z}\mathrm{d}t\end{cases} \tag{9-12}$$

合力 $\boldsymbol{F}$ 在时间间隔 $t_1 \sim t_2$ 内的冲量常用 $\boldsymbol{I}$ 表示，而 I_x、I_y、I_z 为 $\boldsymbol{I}$ 在 x、y、z 轴上的投影，即

$$\boldsymbol{I} = \int_{t_1}^{t_2}\boldsymbol{F}_{\mathrm{R}}\mathrm{d}t$$

$$I_x = \int_{t_1}^{t_2}F_{\mathrm{R}x}\mathrm{d}t,\ I_y = \int_{t_1}^{t_2}F_{\mathrm{R}y}\mathrm{d}t,\ I_z = \int_{t_1}^{t_2}F_{\mathrm{R}z}\mathrm{d}t \tag{9-13}$$

冲量是力在一定时间间隔内对质点机械运动（动量）发生改变程度的一种度量，是力的作用效应在时间上的累积。

例 9-4　如图 9-4 所示，锻锤的质量 $m = 30\mathrm{kg}$，从 $h = 1.5\mathrm{m}$ 高处自由落下，撞击受锻压的工件，使工件产生变形。若撞击时间 $\tau = 0.01\mathrm{s}$，不计空气阻力，试求工件对锻锤的平均作用力 $\overline{\boldsymbol{F}}$，重力加速度 g 取 $9.8\mathrm{m/s^2}$。

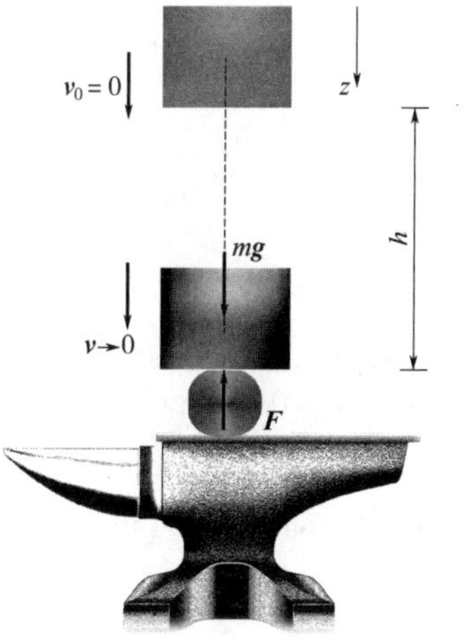

图 9-4　例 9-4 图

解：1）以锻锤为研究对象。忽略空气阻力，锻锤下落高度 h 所需时间为

$$t_1 = \sqrt{2h/g} = 0.553\mathrm{s}$$

2）锻锤由静止开始运动，至撞击工件后静止，其初始和终了的动量均为零，即 $mv_0 = 0$，$mv = 0$，该过程中，锻锤

受到重力 $m\boldsymbol{g}$（$0\to t_1+\tau$）和工件对其作用力 $\boldsymbol{F}$（$t_1\to t_1+\tau$）的作用，工件对锻锤的平均作用力定义为

$$\overline{F}=\frac{1}{\tau}\int_{t_1}^{t_1+\tau}F\mathrm{d}t$$

由动量定理的积分形式得

$$0-0=\int_0^{t_1+\tau}F_{\mathrm{R}z}\mathrm{d}t=\int_0^{t_1+\tau}mg\mathrm{d}t-\int_{t_1}^{t_1+\tau}\overline{F}\mathrm{d}t=mg(t_1+\tau)-\overline{F}\tau$$

$$\overline{F}=mg(1+t_1/\tau)=30\times9.8\times(1+0.553\div0.01)\mathrm{N}=16552\mathrm{N}$$

根据牛顿第三定律，锻锤对工件的平均作用力也为16552N，远大于锻锤的重力 $mg=30\times9.8\mathrm{N}=294\mathrm{N}$。

9.2 质点系的动量定理及质心运动定理

质点系是由一些质点组成的系统，而刚体是其上任意两点之间的距离保持不变的质点系。设质点系中第 i 个质点的质量为 m_i，速度为 $\boldsymbol{v}_i$，在惯性参考系中的矢径为 $\boldsymbol{r}_i$，直角坐标系下的坐标为（x_i，y_i，z_i），则质点系的总质量为 $m=\sum m_i$。设质点系的质心的矢径为 $\boldsymbol{r}_C$，直角坐标系下的坐标为（x_C，y_C，z_C），根据质心公式（4-9）和式（4-10），有

$$m\boldsymbol{r}_C=\sum m_i\boldsymbol{r}_i \tag{9-14}$$

和

$$mx_C=\sum m_ix_i,\ my_C=\sum m_iy_i,\ mz_C=\sum m_iz_i \tag{9-15}$$

下面研究质点系的动量定理，进而给出质点系的质心运动定理。

9.2.1 质点系的动量

质点系中每一个质点的动量的矢量和称为质点系的动量，即

$$\boldsymbol{p}=\sum\boldsymbol{p}_i=\sum m_i\boldsymbol{v}_i \tag{9-16}$$

考虑到 $\boldsymbol{v}_i=\dfrac{\mathrm{d}\boldsymbol{r}_i}{\mathrm{d}t}$，且认为质点的质量不随时间变化，并交换求和与求导的顺序，则有

$$\boldsymbol{p}=\sum m_i\boldsymbol{v}_i=\sum m_i\frac{\mathrm{d}\boldsymbol{r}_i}{\mathrm{d}t}=\sum\frac{\mathrm{d}(m_i\boldsymbol{r}_i)}{\mathrm{d}t}=\frac{\mathrm{d}}{\mathrm{d}t}\sum(m_i\boldsymbol{r}_i)=\frac{\mathrm{d}(m\boldsymbol{r}_C)}{\mathrm{d}t}=m\frac{\mathrm{d}\boldsymbol{r}_C}{\mathrm{d}t}$$

即

$$\boldsymbol{p}=m\boldsymbol{v}_C \tag{9-17}$$

该式表明：**质点系的动量等于质点系的总质量与其质心的速度的乘积**，等价于想象将质点系的总质量集中于质点系的质心时质心所具有的动量。因此，质点系的动量是表示其质心运动的一个特征量。

式（9-17）的直角坐标轴投影式为

$$\begin{cases}p_x=mv_{Cx}\\p_y=mv_{Cy}\\p_z=mv_{Cz}\end{cases} \tag{9-18}$$

当系统由 n 个刚体组成时，设 m_i 和 $\boldsymbol{v}_{Ci}$ 分别为第 i 个刚体的质量和它的质心的速度，则系统的动量可表示为

$$\boldsymbol{p}=\sum m_i\boldsymbol{v}_{Ci} \tag{9-19}$$

9.2.2 质点系的动量定理

设质点系由 n 个质点组成，其中第 i 个质点的质量为 m_i，速度为 $\boldsymbol{v}_i$，其所受作用力可分为两部分：一部分为质点系内部其他质点对其的作用力的合力，用 $\boldsymbol{F}_i^{(\mathrm{i})}$ 表示，质点系内部质点间相互作用力组成了质点系的内力系；另一部分为质点系以外的物体对其的作用力的合力，用 $\boldsymbol{F}_i^{(\mathrm{e})}$ 表示，质点系所受到的外部物体的作用力组成了质点系的外力系。对质点系中每一个质点应用动量定理，有

$$\frac{\mathrm{d}(m_i\boldsymbol{v}_i)}{\mathrm{d}t}=\boldsymbol{F}_i^{(\mathrm{i})}+\boldsymbol{F}_i^{(\mathrm{e})}(i=1,2,\cdots,n)$$

对以上 n 个方程求和，记质点系的内、外力系的主矢为 $\boldsymbol{F}_{\mathrm{R}}^{(\mathrm{i})}=\sum\boldsymbol{F}_i^{(\mathrm{i})}$ 和 $\boldsymbol{F}_{\mathrm{R}}^{(\mathrm{e})}=\sum\boldsymbol{F}_i^{(\mathrm{e})}$，考虑到

$$\sum\frac{\mathrm{d}(m_i\boldsymbol{v}_i)}{\mathrm{d}t}=\frac{\mathrm{d}}{\mathrm{d}t}\left(\sum m_i\boldsymbol{v}_i\right)=\frac{\mathrm{d}\boldsymbol{p}}{\mathrm{d}t}$$

交换了求和和求导的顺序，以及内力系中的内力总是作用力与反作用力成对出现，即 $\boldsymbol{F}_{\mathrm{R}}^{(\mathrm{i})}=\sum\boldsymbol{F}_i^{(\mathrm{i})}=\boldsymbol{0}$，可得**质点系动量定理**：

$$\frac{\mathrm{d}\boldsymbol{p}}{\mathrm{d}t}=\sum\boldsymbol{F}_i^{(\mathrm{e})}=\boldsymbol{F}_{\mathrm{R}}^{(\mathrm{e})} \tag{9-20}$$

即质点系的动量对时间的一阶导数等于质点系的外力系的主矢。该定理表明，质点系的内力会改变质点系内部各质点的动量，但它们不改变质点系的动量。

将式（9-20）改写一下，得到**质点系动量定理的微分形式**：

$$\mathrm{d}\boldsymbol{p}=\boldsymbol{F}_{\mathrm{R}}^{(\mathrm{e})}\mathrm{d}t \tag{9-21}$$

此式表明：质点系的动量的微分在某一时刻取值等于该时刻质点系的外力系的主矢的元冲量（即外力系所有力的元冲量之矢量和）。在时间 $t_1\sim t_2$ 内的**质点系动量定理积分形式**为

$$\boldsymbol{p}_2-\boldsymbol{p}_1=\int_{t_1}^{t_2}\boldsymbol{F}_{\mathrm{R}}^{(\mathrm{e})}\mathrm{d}t \tag{9-22}$$

这表明：质点系在时间间隔 $t_1\sim t_2$ 内动量的改变量等于质点系的外力系的主矢在同一时间间隔内的冲量（即外力系所有力在同一时间间隔内冲量之矢量和）。

将矢量式（9-21）和式（9-22）向直角坐标轴投影得到相应的投影式：

$$\begin{cases}\mathrm{d}p_x=F_{\mathrm{R}x}^{(\mathrm{e})}\mathrm{d}t\\ \mathrm{d}p_y=F_{\mathrm{R}y}^{(\mathrm{e})}\mathrm{d}t\\ \mathrm{d}p_z=F_{\mathrm{R}z}^{(\mathrm{e})}\mathrm{d}t\end{cases} \tag{9-23}$$

$$\begin{cases}p_{2x}-p_{1x}=\displaystyle\int_{t_1}^{t_2}F_{\mathrm{R}x}^{(\mathrm{e})}\mathrm{d}t\\ p_{2y}-p_{1y}=\displaystyle\int_{t_1}^{t_2}F_{\mathrm{R}y}^{(\mathrm{e})}\mathrm{d}t\\ p_{2z}-p_{1z}=\displaystyle\int_{t_1}^{t_2}F_{\mathrm{R}z}^{(\mathrm{e})}\mathrm{d}t\end{cases} \tag{9-24}$$

将式（9-17）代入式（9-20），得

$$\frac{\mathrm{d}(m\boldsymbol{v}_C)}{\mathrm{d}t} = \boldsymbol{F}_{\mathrm{R}}^{(\mathrm{e})} \tag{9-25}$$

若质点系总质量保持不变，式（9-25）可改写为

$$m\boldsymbol{a}_C = \boldsymbol{F}_{\mathrm{R}}^{(\mathrm{e})} \tag{9-26}$$

向直角坐标轴投影得

$$\begin{cases} ma_{Cx} = F_{\mathrm{R}x}^{(\mathrm{e})} \\ ma_{Cy} = F_{\mathrm{R}y}^{(\mathrm{e})} \\ ma_{Cz} = F_{\mathrm{R}z}^{(\mathrm{e})} \end{cases} \tag{9-27}$$

式（9-26）表明：**质点系的质量与其质心加速度的乘积等于作用于质点系的外力系的主矢**。这一性质描述了质点系的质心的运动规律与其所受外力系主矢之间的关系，称为**质心运动定理**。这个定理指出，质心的运动规律与这样一个质点的运动规律相同：该质点集中了质点系的全部质量，受到质点系的全部外力向质心简化后得到的取决于外力系的主矢的一个力作用。因此，如果只需研究质点系的质心运动规律，可视质点系为所有质量集中于质心的一个质点。例如，研究地球中心绕太阳公转的运动规律时，可将地球视为一个质点。

如果一个质点系由若干个刚体组成，即把式（9-19）代入式（9-20），并交换求导和求和的顺序，得

$$\sum m_i\boldsymbol{a}_{C_i} = \boldsymbol{F}_{\mathrm{R}}^{(\mathrm{e})} \tag{9-28}$$

式中　m_i、$\boldsymbol{a}_{C_i}$——第 i 个刚体的质量与其质心的加速度。

式（9-28）在直角坐标系的投影式为

$$\begin{cases} \sum m_i a_{C_ix} = F_{\mathrm{R}x}^{(\mathrm{e})} \\ \sum m_i a_{C_iy} = F_{\mathrm{R}y}^{(\mathrm{e})} \\ \sum m_i a_{C_iz} = F_{\mathrm{R}z}^{(\mathrm{e})} \end{cases} \tag{9-29}$$

9.2.3　动量守恒和质心运动守恒

在式（9-21）中，若 $\boldsymbol{F}_{\mathrm{R}}^{(\mathrm{e})} \equiv \boldsymbol{0}$，则可得 $\mathrm{d}\boldsymbol{p} = \boldsymbol{0}$，因此有

$$\boldsymbol{p} = \boldsymbol{p}_0 = \text{常矢量} \tag{9-30}$$

式中　$\boldsymbol{p}_0$——初瞬时质点系的动量。

这表明，当质点系的外力系的主矢恒为零时，质点系的动量保持不变。在式（9-23）中，若 $F_{\mathrm{R}x}^{(\mathrm{e})} \equiv 0$，可得 $\mathrm{d}p_x = 0$，因此有

$$p_x = p_{x0} = \text{常值} \tag{9-31}$$

式中　p_{x0}——初瞬时质点系的动量在 x 轴上的投影。

这表明，当质点系的外力系的主矢在某固定轴上的投影恒为零时，质点系的动量在该轴上的投影为常值。

以上结论统称为**质点系的动量守恒定律**。

考虑到质点系的动量可由其质心的速度表示，即 $\boldsymbol{p} = m\boldsymbol{v}_C$ 和 $p_x = mv_{Cx}$［式（9-17）和式（9-18）］，且质点系的总质量不变，则上述性质可表示为：若 $\boldsymbol{F}_{\mathrm{R}}^{(\mathrm{e})} \equiv \boldsymbol{0}$，则 $\boldsymbol{v}_C = \text{常矢量} = \boldsymbol{v}_{C0}$；若 $F_{\mathrm{R}x}^{(\mathrm{e})} \equiv 0$，则 $v_{Cx} = \text{常量} = v_{Cx0}$。

当一个质点系由若干个刚体组成时，若作用于其上的外力系的主矢 $\boldsymbol{F}_{\mathrm{R}}^{(\mathrm{e})}\equiv\boldsymbol{0}$，且初瞬时（$t=0$），又有 $\boldsymbol{v}_C=\boldsymbol{0}$，则质点系的质心的矢径的微分 $\mathrm{d}\boldsymbol{r}_C=\boldsymbol{v}_C\mathrm{d}t=\boldsymbol{0}$，即

$$\boldsymbol{r}_C=\text{常矢量} \tag{9-32}$$

设系统中第 i 个刚体的质心在 $t\to t+\Delta t$ 时间间隔内产生有限位移 $\Delta\boldsymbol{r}_{C_i}$，则由式（9-32）以及质心公式（9-14）可得

$$m\boldsymbol{r}_C=\sum m_i\boldsymbol{r}_{C_i}=\sum m_i(\boldsymbol{r}_{C_i}+\Delta\boldsymbol{r}_{C_i})$$

于是有

$$\sum m_i\Delta\boldsymbol{r}_{C_i}=\boldsymbol{0} \tag{9-33}$$

若外力系的主矢在 x 轴上的投影 $F_{\mathrm{R}x}^{(\mathrm{e})}\equiv 0$，且初瞬时（$t=0$），又有 $v_{Cx}=0$，则质点系的质心的 x 坐标的微分 $\mathrm{d}x_C=v_{Cx}\mathrm{d}t=0$，即

$$x_C=\text{常值} \tag{9-34}$$

设系统中第 i 个刚体的质心的 x 坐标在 $t\to t+\Delta t$ 时间间隔内产生有限位移 Δx_{C_i}，则由式（9-34）以及质心公式（9-15）可得

$$mx_C=\sum m_ix_{C_i}=\sum m_i(x_{C_i}+\Delta x_{C_i})$$

于是有

$$\sum m_i\Delta x_{C_i}=0 \tag{9-35}$$

以上结论［式（9-33）和式（9-35）］统称为**质心运动守恒定律**。

例9-5　如图9-5所示，斜边斜角为 θ 的直角三角形滑块 B 放置于水平面上，另一个斜边倾角相同的直角三角形滑块 A 放置于滑块 B 的斜面上，所有接触面均为光滑。已知两滑块质量分别为 m_A、m_B。若系统无速度释放，试求当滑块 A 沿斜面下滑距离 s 时，滑块 B 的位移 b（注意：图中虚线位置表示初始位置，实线位置表示终了位置）。

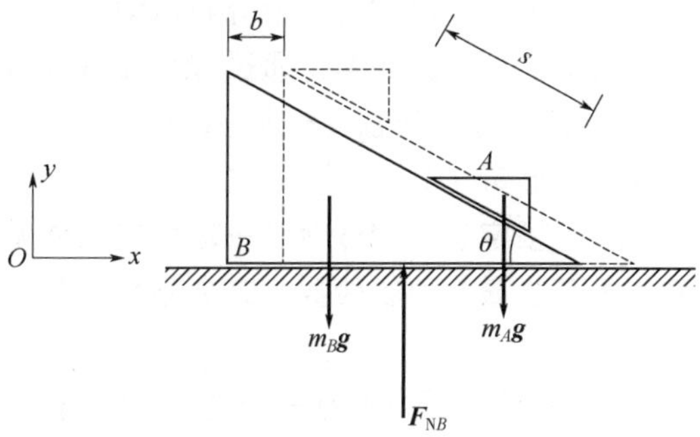

图9-5　例9-5图

解：以系统为研究对象。建立图示 Oxy 坐标系，由题意知，系统的外力在水平方向上投影恒为零，即 $F_{\mathrm{R}x}^{(\mathrm{e})}\equiv 0$，且系统初始静止，当滑块 A 向右下方运动时，滑块 B 将向左运动。故

$$\sum m_i\Delta x_{C_i}=0\Rightarrow m_A\cdot(s\cdot\cos\theta-b)+m_B(-b)=0$$

$$b=\frac{m_A}{m_A+m_B}s\cos\theta$$

9.3　刚体的转动惯量和惯性积

在研究刚体转动的动力学问题时，会涉及刚体的质量分布特征，用转动惯量和惯性积描述，其中转动惯量是刚体绕某轴转动时其惯性之度量。

刚体对某轴的转动惯量的定义为：刚体上各质点之质量与其到某轴 z 的垂直距离的平方

的乘积之和，即

$$J_z = \sum m_i \rho_i^2 \tag{9-36}$$

式中　m_i、ρ_i——刚体上第 i 个质点的质量和其到 z 轴的垂直距离。

转动惯量的单位为千克·米^2（$kg \cdot m^2$）。

从定义上看，和质量一样，转动惯量是一个恒大于零的物理量，且刚体对于与之固连的每一根轴均有一确定的值。

工程中，常将刚体对某轴 z 的转动惯量表示为刚体的总质量与某一长度 ρ_z 的平方之积，即

$$J_z = m\rho_z^2 \tag{9-37}$$

这个长度 ρ_z 称为**刚体对 z 轴的回转半径**。实际问题中，常常通过试验的方法测量刚体的转动惯量和质量，由此可计算得

$$\rho_z = \sqrt{\frac{J_z}{m}} \tag{9-38}$$

需要特别注意的是，回转半径并不等于刚体的质心到 z 轴的距离。

当刚体的质量是连续分布的时，上述转动惯量定义中的求和变为积分，即

$$J_z = \int_m \rho^2 \mathrm{d}m \tag{9-39}$$

式中　ρ——质量微元 $\mathrm{d}m$ 到 z 轴的距离。

积分区域为刚体的质量分布范围。

对于工程实际问题，通过计算或试验方式，通常给出刚体过其质心 C 的 z_C 轴的转动惯量 J_{z_C}，而实际的转轴（z 轴）是与 z_C 轴平行的轴。这时需要用到平行轴定理计算刚体对 z 轴的转动惯量 J_z。

平行轴定理：刚体对任一轴之转动惯量等于其对与该轴平行且过质心的另一轴之转动惯量加上其质量与两轴距离平方之乘积。其表达式为

$$J_z = J_{z_C} + md^2 \tag{9-40}$$

式中　d——这两个平行的轴之间的距离。

证明过程从略。

如图 9-6 所示，建立与刚体固连的直角坐标系 $Oxyz$，设刚体上第 i 个质点的质量 m_i，其坐标为（x_i，y_i，z_i），根据转动惯量的定义，有

$$\begin{cases} J_x = \sum m_i(y_i^2 + z_i^2) \\ J_y = \sum m_i(x_i^2 + z_i^2) \\ J_z = \sum m_i(x_i^2 + y_i^2) \end{cases} \tag{9-41}$$

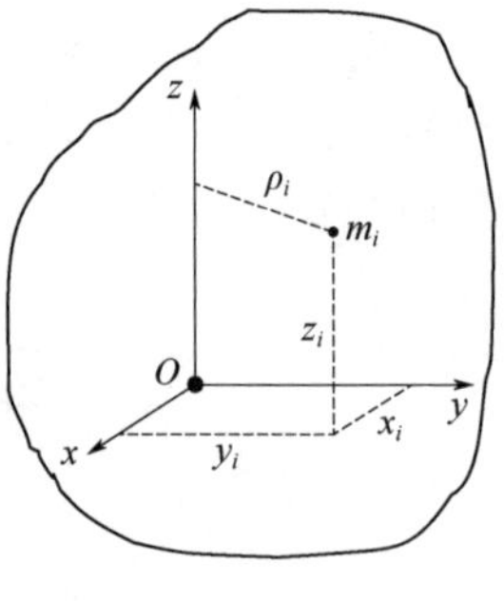

图 9-6　转动惯量的定义

分别称为刚体对 x 轴、y 轴和 z 轴的转动惯量。而

$$\begin{cases} J_{xy} = \sum m_i x_i y_i \\ J_{yz} = \sum m_i y_i z_i \\ J_{xz} = \sum m_i x_i z_i \end{cases} \tag{9-42}$$

分别称为刚体关于 x 和 y 轴、y 和 z 轴以及 x 和 z 轴的惯性积。

若质量连续分布，则 $m_i \to \mathrm{d}m$，$(x_i, y_i, z_i) \to (x, y, z)$，上述求和式变成积分式，即

$$\begin{cases} J_x = \int_m (y^2 + z^2)\mathrm{d}m \\ J_y = \int_m (x^2 + z^2)\mathrm{d}m \\ J_z = \int_m (x^2 + y^2)\mathrm{d}m \end{cases} \text{和} \begin{cases} J_{xy} = \int_m xy\mathrm{d}m \\ J_{yz} = \int_m yz\mathrm{d}m \\ J_{xz} = \int_m xz\mathrm{d}m \end{cases} \tag{9-43}$$

转动惯量和惯性积是刚体惯性的转动度量，会在动力学问题中涉及。限于本教材的研究范围，这里给出它们在特殊情况下的一些性质，以便于将来讨论相应的刚体的动力学规律。

若刚体对某过点 O 的坐标轴 Oz 轴相关的惯性积 J_{xz} 和 J_{yz} 等于零，则该轴称为刚体对点 O 的**惯性主轴**。刚体对惯性主轴的转动惯量称为**主转动惯量**。过刚体质心的惯性主轴称为**中心惯性主轴**，刚体对中心惯量主轴的转动惯量称为**中心主转动惯量**。

一般来说，确定刚体对某点的惯性主轴需要比较复杂的计算，但在下述两种特殊情况下可以容易确定：

定理 1　若刚体存在质量对称面，则与该质量对称面垂直的轴一定是刚体对该轴与质量对称面的交点的一根惯性主轴。

定理 2　若刚体存在质量对称轴，则该对称轴一定是刚体对该轴上任一点的一个惯性主轴，同时也是一根中心惯性主轴。

具体证明过程从略。

对于规则几何形状和均质刚体，可通过积分方法确定其对过质心的轴的转动惯量。附录A给出了简单图形的均质物体的质心位置和对质心主轴转动惯量的计算公式。

9.4　对定点的动量矩定理·定轴转动刚体的运动微分方程

9.4.1　对定点的动量矩

与定义力对点的矩类似，视质点的动量 $\boldsymbol{p} = m\boldsymbol{v}$ 为固结于质点上的一个矢量，设该质点相对于某固定点 O 的矢径为 $\boldsymbol{r}$，则将 $\boldsymbol{r}$ 与 $\boldsymbol{p} = m\boldsymbol{v}$ 的叉积定义为质点动量对定点 O 的矩，称为**质点对定点 O 的动量矩**，记为 $\boldsymbol{L}_O(m\boldsymbol{v})$，即

$$\boldsymbol{L}_O(m\boldsymbol{v}) = \boldsymbol{r} \times m\boldsymbol{v} \tag{9-44}$$

若在固定点 O 处建立直角坐标系 $Oxyz$，则

$$\begin{aligned} \boldsymbol{L}_O(m\boldsymbol{v}) &= \boldsymbol{r} \times m\boldsymbol{v} \\ &= \begin{vmatrix} \boldsymbol{i} & \boldsymbol{j} & \boldsymbol{k} \\ x & y & z \\ mv_x & mv_y & mv_z \end{vmatrix} \\ &= (ymv_z - zmv_y)\boldsymbol{i} + (zmv_x - xmv_z)\boldsymbol{j} + (xmv_y - ymv_x)\boldsymbol{k} \end{aligned} \tag{9-45}$$

式中　$\boldsymbol{i}$、$\boldsymbol{j}$、$\boldsymbol{k}$——x、y、z 轴正向的单位矢量；

x、y、z——质点的坐标；

v_x、v_y、v_z——质点的速度 $\boldsymbol{v}$ 在三个坐标轴上的投影。

与力对轴的矩类似，质点对某轴上任意一点的动量矩在该轴上的投影称为**质点对该轴的动量矩**。设点 A 为某固定轴 l 上任意一点，l 轴正向的单位矢量为 $\boldsymbol{l}^{\circ}$，质点对点 A 的动量矩为 $\boldsymbol{L}_A(m\boldsymbol{v})$，则质点对 l 轴的动量矩为

$$L_l(m\boldsymbol{v}) = \boldsymbol{L}_A(m\boldsymbol{v}) \cdot \boldsymbol{l}^{\circ} \tag{9-46}$$

与力矩完全类似，质点对点的动量矩为定位矢量，对轴的动量矩为代数量。

质点系中每个质点对某一点的动量矩的矢量和称为**质点系对该点的动量矩**。质点系中每个质点对某一轴的动量矩的代数和称为**质点系对该轴的动量矩**。设质点系由 n 个质点组成，第 i 个质点的动量为 $m_i\boldsymbol{v}_i$，从点 O 到该质点的矢径为 $\boldsymbol{r}_i$，则质点系对点 O 的动量矩为

$$\boldsymbol{L}_O = \sum \boldsymbol{L}_O(m_i\boldsymbol{v}_i) = \sum \boldsymbol{r}_i \times (m_i\boldsymbol{v}_i) \tag{9-47}$$

质点系对 l 轴的动量矩为

$$L_l = \sum L_l(m_i\boldsymbol{v}_i) \tag{9-48}$$

下面讨论工程中较为常见的平移刚体对定点的动量矩和定轴转动刚体对定轴的动量矩的计算。

1. 平移刚体对定点的动量矩

刚体平移时，其上各点的速度相等，可用其质心的速度表示，即 $\boldsymbol{v}_i = \boldsymbol{v}_C$，并考虑到刚体的质心公式 $m\boldsymbol{r}_C = \sum m_i\boldsymbol{r}_i$，则平移刚体对某定点 O 的动量矩为

$$\boldsymbol{L}_O = \sum \boldsymbol{r}_i \times (m_i\boldsymbol{v}_i) = \sum \boldsymbol{r}_i \times (m_i\boldsymbol{v}_C) = \left(\sum m_i\boldsymbol{r}_i\right) \times \boldsymbol{v}_C = m\boldsymbol{r}_C \times \boldsymbol{v}_C$$

即

$$\boldsymbol{L}_O = \boldsymbol{r}_C \times (m\boldsymbol{v}_C) \tag{9-49}$$

因此，**平移刚体对某定点的动量矩等价于将平移刚体的动量置于质心处对该点的动量矩**。即计算平移刚体对某定点的动量矩时，可视刚体为一质点，该质点位于质心 C 处并集中了刚体的全部质量。

2. 定轴转动刚体对其转轴的动量矩

首先计算定轴转动刚体对其转轴上某点的动量矩，再根据质点系对轴的动量矩的定义给出定轴转动刚体对其转轴的动量矩。

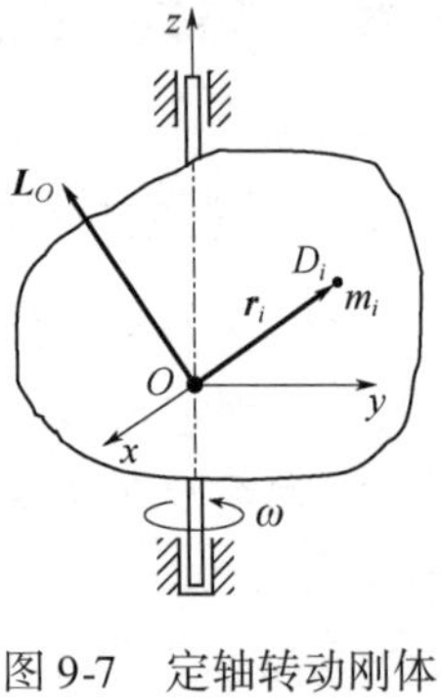

图 9-7　定轴转动刚体对定点的动量矩

如图 9-7 所示的定轴转动刚体，以转轴任意一点 O 为原点建立与刚体固连的直角坐标系 $Oxyz$，其中 z 轴为转轴。设刚体的角速度为 $\boldsymbol{\omega} = \omega\boldsymbol{k}$，刚体上某个质点 D_i 的矢径为 $\boldsymbol{r}_i = x_i\boldsymbol{i} + y_i\boldsymbol{j} + z_i\boldsymbol{k}$，根据运动学知识知，该质点的速度 $\boldsymbol{v}_i = \boldsymbol{\omega} \times \boldsymbol{r}_i = \omega\boldsymbol{k} \times (x_i\boldsymbol{i} + y_i\boldsymbol{j} + z_i\boldsymbol{k}) = -\omega y_i\boldsymbol{i} + \omega x_i\boldsymbol{j}$，于是刚体对点 O 的动量矩为

$$\begin{aligned}\boldsymbol{L}_O &= \sum \boldsymbol{r}_i \times (m_i\boldsymbol{v}_i) = \sum m_i \begin{vmatrix} \boldsymbol{i} & \boldsymbol{j} & \boldsymbol{k} \\ x_i & y_i & z_i \\ -\omega y_i & \omega x_i & 0 \end{vmatrix} \\ &= -\omega\left(\sum m_i x_i z_i\right)\boldsymbol{i} - \omega\left(\sum m_i y_i z_i\right)\boldsymbol{j} + \omega\left[\sum m_i(x_i^2 + y_i^2)\right]\boldsymbol{k} \\ &= -J_{xz}\omega\boldsymbol{i} - J_{yz}\omega\boldsymbol{j} + J_z\omega\boldsymbol{k}\end{aligned}$$

可见对于一般定轴转动刚体，其对转轴上任意一点的动量矩不仅仅只有沿着转轴的分量。这里只关注其在转轴上的分量，即第三项。于是，定轴刚体对其转轴的动量矩为

$$L_z = \boldsymbol{L}_O \cdot \boldsymbol{k} = J_z\omega \tag{9-50}$$

即**定轴转动刚体对其转轴的动量矩等于刚体对其转轴的转动惯量与其角速度之乘积**。只有当转轴 z 为定轴转动刚体的惯性主轴时，即 $J_{xz}=0$，$J_{yz}=0$，才有 $\boldsymbol{L}_z=J_z\boldsymbol{\omega}$。

9.4.2　对定点的动量矩定理

1. 质点对定点的动量矩定理

设质量为 m 的质点 D 对固定点 O 的矢径为 $\boldsymbol{r}$，作用于其上的合力为 $\boldsymbol{F}$，将其对点 O 的动量矩对时间求一阶导数得

$$\frac{\mathrm{d}}{\mathrm{d}t}\boldsymbol{L}_O(m\boldsymbol{v})=\frac{\mathrm{d}}{\mathrm{d}t}(\boldsymbol{r}\times m\boldsymbol{v})=\frac{\mathrm{d}\boldsymbol{r}}{\mathrm{d}t}\times m\boldsymbol{v}+\boldsymbol{r}\times\frac{\mathrm{d}}{\mathrm{d}t}(m\boldsymbol{v})$$

其中$\frac{\mathrm{d}\boldsymbol{r}}{\mathrm{d}t}=\boldsymbol{v}$，故上式右边第一项为零。根据质点的动量定理知，$\frac{\mathrm{d}}{\mathrm{d}t}(m\boldsymbol{v})=\boldsymbol{F}$，故上式右边第二项实为质点所受合力 $\boldsymbol{F}$ 对点 O 的矩，于是得

$$\frac{\mathrm{d}}{\mathrm{d}t}\boldsymbol{L}_O(m\boldsymbol{v})=\boldsymbol{M}_O(\boldsymbol{F})\tag{9-51}$$

此式表明，质点对定点的动量矩对时间的一阶导数等于作用于其上合力对同一点的力矩，称为**质点对定点的动量矩定理**。

2. 质点系对定点的动量矩定理

设质点系由 n 个质点组成，其中第 i 个质点的质量为 m_i，速度为 $\boldsymbol{v}_i$，其所受作用力可分为两部分：一部分为质点系内部其他质点对其的作用力，称为质点系的内力，其合力用 $\boldsymbol{F}_i^{(\mathrm{i})}$ 表示；另一部分为质点系以外的物体对其的作用力，称为质点系的外力，其合力用 $\boldsymbol{F}_i^{(\mathrm{e})}$ 表示。对质点系中每一个质点应用对定点 O 的动量矩定理，有

$$\frac{\mathrm{d}}{\mathrm{d}t}\boldsymbol{L}_O(m_i\boldsymbol{v}_i)=\boldsymbol{M}_O(\boldsymbol{F}_i^{(\mathrm{i})})+\boldsymbol{M}_O(\boldsymbol{F}_i^{(\mathrm{e})})\ (i=1,2,\cdots,n)$$

将这 n 个方程求矢量和，交换等式左边求和与求导的顺序，且考虑到内力系中作用力与反作用力成对出现（大小相等、方向相反、作用线共线），它们对某点的主矩 $\boldsymbol{M}_O^{(\mathrm{i})}=\sum\boldsymbol{M}_O(\boldsymbol{F}_i^{(\mathrm{i})})=\boldsymbol{0}$ 必成立，于是有

$$\frac{\mathrm{d}}{\mathrm{d}t}\sum\boldsymbol{L}_O(m_i\boldsymbol{v}_i)=\sum\boldsymbol{M}_O(\boldsymbol{F}_i^{(\mathrm{e})})$$

该式左边即为质点系对点 O 的动量矩 $\boldsymbol{L}_O$ 对时间的一阶导数，右边为外力系对点 O 的主矩，记为 $\boldsymbol{M}_O^{(\mathrm{e})}=\sum\boldsymbol{M}_O(\boldsymbol{F}_i^{(\mathrm{e})})$，则该式可改写为

$$\frac{\mathrm{d}\boldsymbol{L}_O}{\mathrm{d}t}=\boldsymbol{M}_O^{(\mathrm{e})}=\sum\boldsymbol{M}_O(\boldsymbol{F}_i^{(\mathrm{e})})\tag{9-52}$$

将其向固定直角坐标系 $Oxyz$ 的三个坐标轴上投影，得到相应的投影式：

$$\begin{cases}\dfrac{\mathrm{d}L_x}{\mathrm{d}t}=M_x^{(\mathrm{e})}=\sum M_x(F_i^{(\mathrm{e})})\\[2mm]\dfrac{\mathrm{d}L_y}{\mathrm{d}t}=M_y^{(\mathrm{e})}=\sum M_y(F_i^{(\mathrm{e})})\\[2mm]\dfrac{\mathrm{d}L_z}{\mathrm{d}t}=M_z^{(\mathrm{e})}=\sum M_z(F_i^{(\mathrm{e})})\end{cases}\tag{9-53}$$

式（9-52）和式（9-53）表明，质点系对定点（轴）的动量矩对时间的一阶导数等于作用于其上的外力系的各力对同一点（轴）的矩的矢量（代数）和，称为**质点系对定点（轴）**

的动量矩定理。

与质点系的动量定理类似，只有质点系的外力才能改变系统对某定点（或定轴）的动量矩，质点系的内力并不改变系统对某定点（或定轴）的动量矩。质点系的动量的改变取决于外力系的主矢，而质点系对固定点的动量矩的改变取决于外力系对该固定点的主矩。

3. 质点系对定点、定轴的动量矩守恒定律

当质点系的外力系对固定点 O 的主矩 $\boldsymbol{M}_O^{(e)}\equiv\boldsymbol{0}$ 时，由式（9-52）知$\dfrac{\mathrm{d}\boldsymbol{L}_O}{\mathrm{d}t}\equiv\boldsymbol{0}$，则

$$\boldsymbol{L}_O = \text{常矢量} \tag{9-54}$$

当 $\boldsymbol{M}_O^{(e)}\neq\boldsymbol{0}$ 时，其在过点 O 的某固定轴上的投影恒为零，不妨设该轴为 z 轴，即 $M_z^{(e)}\equiv 0$ 时，由式（9-53）知$\dfrac{\mathrm{d}L_z}{\mathrm{d}t}\equiv 0$，则

$$L_z = \text{常值} \tag{9-55}$$

式（9-54）和式（9-55）分别称为**质点系对定点、定轴的动量矩守恒定律**。

例 9-6　如图 9-8 所示，两重物 A、B 的质量分别为 m_A、m_B，各系在不计质量的张紧不可伸长的绳索上，两绳分别绕于半径为 r_1、r_2 的鼓轮上，鼓轮质量为 m，重心位于鼓轮转轴 O 处，且对定轴（过点 O 的水平轴 z 轴）的回转半径为 ρ。若绳与轮之间无相对滑动，且不计转轴处摩擦，试求系统在重力作用下，鼓轮的角加速度。

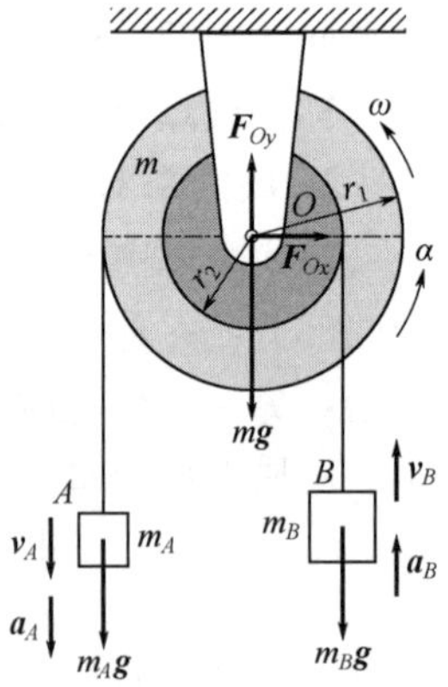

图 9-8　例 9-6 图

解：1）以鼓轮、两重物及两绳索组成的系统为研究对象。

2）运动分析。设系统运动某瞬时，鼓轮的角速度为 ω，角加速度为 α，如图 9-8 所示。则两重物的速度分别为

$$v_A = \omega r_1, v_B = \omega r_2$$

3）受力分析。系统受到三个物体的重力，以及转轴处的约束力，如图 9-8 所示。

4）根据对转轴的动量矩定理，有

$$\frac{\mathrm{d}L_z}{\mathrm{d}t} = M_z^{(e)}$$

$$\frac{\mathrm{d}(m\rho^2\omega + m_A\omega r_1\cdot r_1 + m_B\omega r_2\cdot r_2)}{\mathrm{d}t} = m_Ag\cdot r_1 - m_Bg\cdot r_2$$

$$(m\rho^2 + m_Ar_1^2 + m_Br_2^2)\frac{\mathrm{d}\omega}{\mathrm{d}t} = (m_Ar_1 - m_Br_2)g$$

$$\Rightarrow \alpha = \frac{\mathrm{d}\omega}{\mathrm{d}t} = \frac{(m_Ar_1 - m_Br_2)g}{m\rho^2 + m_Ar_1^2 + m_Br_2^2}$$

当 $m_Ar_1 > m_Br_2$ 时，α 为逆时针转向，当 $m_Ar_1 < m_Br_2$ 时，α 为顺时针转向。

当 α 确定后，且 α 为正时，可由运动学关系确定两重物的加速度分别为 $a_A = r_1\alpha$（↓），$a_B = r_2\alpha$（↑），进而由系统的质心运动定理求出转轴处的约束力：

$$F_{Ox} = 0$$

$$F_{Oy} - (m_A + m_B + m)g = -m_Aa_A + m_Ba_B$$

$$\Rightarrow F_{Oy} = (m_A + m_B + m)g + (m_Br_2 - m_Ar_1)\alpha = (m_A + m_B + m)g - \frac{(m_Br_2 - m_Ar_1)^2 g}{m\rho^2 + m_Ar_1^2 + m_Br_2^2}$$

例 9-7　如图 9-9 所示，摩擦离合器由共轴的主动轴Ⅰ和从动轴Ⅱ组成，合上之前主动轴的角速度为 ω_0，从动轴的角速度为零。设两轴的重心在各自转轴上，相对于转轴的转动惯量分别为 J_1、J_2，且不计轴承的摩擦，试求合上后，当两轴具有相同的角速度时，该角速度的大小。

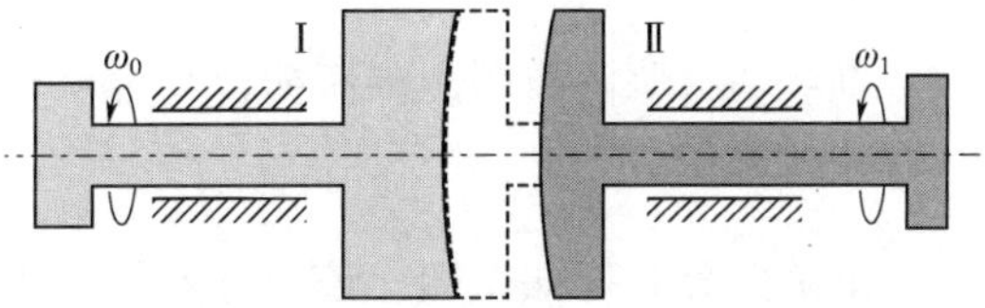

图 9-9　例 9-7 图

解：1）以系统为研究对象。

2）系统所受外力为重力和轴承的约束力，它们对轴的矩为零。故系统对轴的动量矩守恒。即

$$L_{z0} = L_{z1}$$

$$J_1\omega_0 = (J_1 + J_2)\omega_1 \Rightarrow \omega_1 = \frac{J_1}{J_1 + J_2}\omega_0$$

9.4.3　定轴转动刚体的运动微分方程

定轴转动是工程中常见的一种运动形式，在设计和制造定轴转动部件时，常需要对其动力学方程有所了解。这里给出定轴转动刚体的动力学转动微分方程。

将定轴转动刚体对其转轴的动量矩的表达式代入动量矩定理的投影式，并注意到刚体对定轴的转动惯量 J_z 为常量，得到

$$\frac{\mathrm{d}L_z}{\mathrm{d}t} = J_z\frac{\mathrm{d}\omega}{\mathrm{d}t} = M_z^{(e)} = \sum M_z(\boldsymbol{F}_i^{(e)})$$

或改写为

$$J_z\alpha = M_z^{(e)} = \sum M_z(\boldsymbol{F}_i^{(e)}) \tag{9-56}$$

以及

$$J_z\frac{\mathrm{d}^2\varphi}{\mathrm{d}t^2} = M_z^{(e)} = \sum M_z(\boldsymbol{F}_i^{(e)}) \tag{9-57}$$

式（9-57）即为**定轴转动刚体的运动微分方程**。它表明：定轴转动刚体对其转轴的转动惯量与其转角对时间的二阶导数（或角速度对时间的一阶导数，或角加速度）的乘积等于其所受外力系各力对其转轴的矩的代数和。

例 9-8　如图 9-10 所示，在重力作用下绕不通过质心的固定水平轴 O 转动的任何刚体称为复摆（物理摆），这名称是相对于单摆（数学摆）而言的。已知复摆的质量为 m，对固定水平轴 O 的转动惯量为 J_O，其质心 C 到转轴 O 的距离为 r_C，若不计转轴处摩擦，试求该复摆在重力作用下做微小振幅振动时的周期。

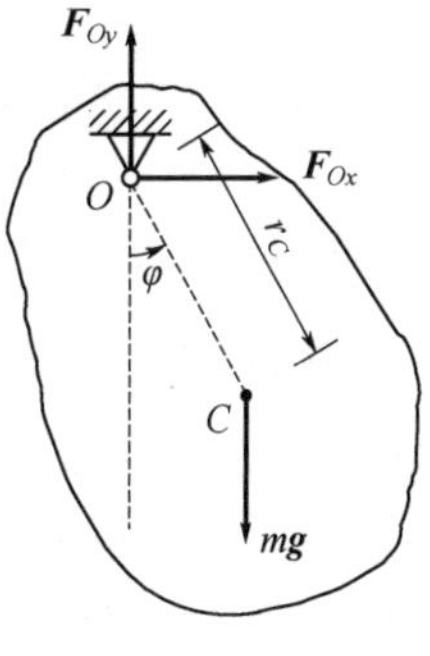

图 9-10　例 9-8 图

解：1）以复摆刚体为研究对象，其绕轴 O 做定轴转动。

2）根据定轴转动微分方程，有

$$J_O\frac{\mathrm{d}^2\varphi}{\mathrm{d}t^2} = M_O^{(e)}$$

$$J_O\ddot{\varphi} = -mgr_C\sin\varphi \tag{a}$$

考虑到复摆做微小振幅摆动，有 $\sin\varphi \approx \varphi$，同时令 $\omega^2 = \frac{mgr_C}{J_O}$，则式（a）可改写为

$$\ddot{\varphi} + \omega^2 \varphi = 0$$

由常微分方程知识知，该微分方程的通解为

$$\varphi = C_1 \sin\omega t + C_2 \cos\omega t$$

其中 C_1、C_2 可由初始条件确定。于是复摆做微小振幅摆动时的周期为

$$T = \frac{2\pi}{\omega} = 2\pi \sqrt{\frac{J_O}{mgr_C}} \tag{b}$$

其中

$$\omega = \sqrt{\frac{mgr_C}{J_O}}$$

即为复摆微小振幅振动的圆频率。

工程中，测量出周期 T 便可根据式（b）计算刚体对某轴的转动惯量。

例 9-9　已知某飞轮对过质心垂直于轮面的定轴的转动惯量为 $J = 18 \times 10^3\ \text{kg} \cdot \text{m}^2$，在常力矩 M 的作用下由静止开始转动，经过 20s，飞轮的转速达到 120r/min。若不计摩擦的影响，试求力矩 M 的值。

解：运动分析。由题意知，飞轮由静止做均角加速度转动，即 α 为常量。则

$$\begin{cases} \frac{\mathrm{d}\omega}{\mathrm{d}t} = \alpha \\ \omega \big|_{t=0} = 0 \end{cases} \Rightarrow \omega = \alpha t$$

代入 $t = 20\text{s}$，$\omega = (120 \cdot 2\pi/60)\text{rad/s}$，得

$$\alpha = \frac{\omega}{t} = \frac{120 \cdot 2\pi/60}{20}\text{rad/s}^2 = 0.2\pi\,\text{rad/s}^2$$

根据定轴转动微分方程：

$$J\alpha = M$$

$$\Rightarrow M = J\alpha = (18 \times 10^3 \times 0.2\pi)\text{N} \cdot \text{m} = 11.3\text{kN} \cdot \text{m}$$

习　　题

9-1　一质量为 15kg 的物块，以 $v_0 = 3\text{m/s}$ 的初速度沿光滑水平面向右运动。若沿速度方向有一力 $\boldsymbol{F}$ 作用，其大小为 $F = \left[40\cos\left(\frac{\pi}{4}t\right)\right]\text{N}$，$t$ 以 s 计。试求 15s 时该物块的速度。

9-2　跳水运动员的体重为 60kg，以速度 $v_0 = 2\text{m/s}$ 跳离跳台，若从开始起跳到跳离跳台的时间为 0.4s，试求跳水运动员对跳台的平均作用力的大小。

9-3　质量为 m 的质点自高度为 h 的地方无初速度地自由下落，其空气阻力的大小与其速度的大小成正比，比例系数为 k，阻力的方向与速度方向相反。试按图 9-11a、b 所示两种不同坐标轴 Ox，写出质点的运动微分方程和运动初始条件。

9-4　如图 9-12 所示，单摆的摆长为 l，摆锤（可视为质点）的质量为 m，摆的摆动方程为

$$\varphi=\left[\varphi_M\sin\left(\sqrt{\frac{g}{l}}t\right)\right]\text{rad}$$

其中 φ_M 为常数，g 为重力加速度的大小，t 以 s 计。试求当 $\varphi=0$ 和 $\varphi=\varphi_M$ 时摆绳的拉力。

9-5　如图 9-13 所示，一质量为 m 的小球置于以匀角速度 ω 转动的水平转台上，小球与转轴之间的最大距离为 r。若小球与转台表面间的静滑动摩擦因数为 f_s，试求不致使小球滑出水平转台的最大角速度 ω_{max}。

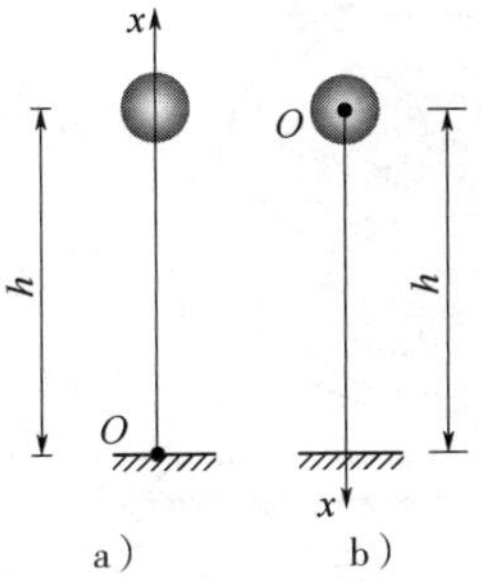

图 9-11　习题 9-3 图

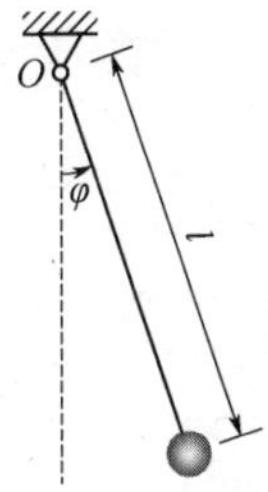

图 9-12　习题 9-4 图

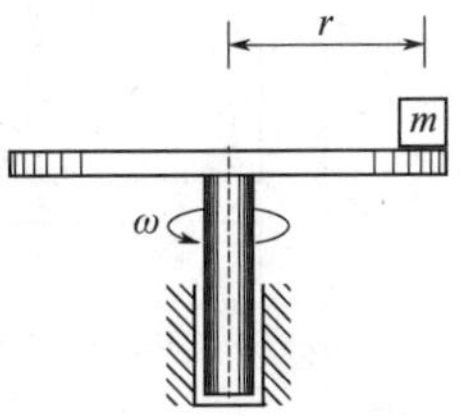

图 9-13　习题 9-5 图

9-6　如图 9-14 所示，汽车转过半径为 R 的圆弧弯道，车道向圆心方向倾斜角为 θ，车胎与道路表面的静滑动摩擦因数 $f_s=0.6$。已知 $R=20\text{m}$，$\tan\theta=0.5$。试求汽车安全（不发生侧滑）通过弯道的最大速度。

9-7　如图 9-15 所示，列车转弯时，为了使列车对铁轨的压力垂直于路基，铁轨外侧轨道要比内侧轨道稍高。如果轨道的曲率半径 $\rho=300\text{m}$，内外轨道间距 $b=1.435\text{m}$，列车的速度为 $v=12\text{m/s}$，试求外轨道高于内轨道的高度 h。

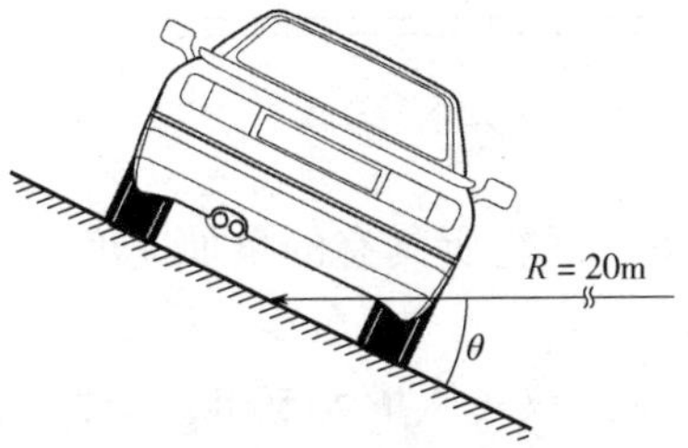

图 9-14　习题 9-6 图

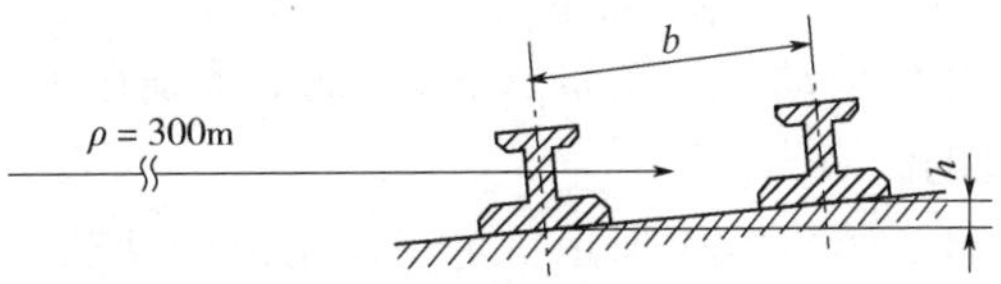

图 9-15　习题 9-7 图

9-8　如图 9-16 所示，一质点的质量为 m，受指向原点 O 的力 $\boldsymbol{F}$ 作用，其大小为 $F=kr$，k 为常量，r 为质点到原点的距离。如果初瞬时，质点的坐标为 $x=x_0$，$y=0$，速度分量 $v_x=0$，$v_y=v_0$，试求质点的轨迹。

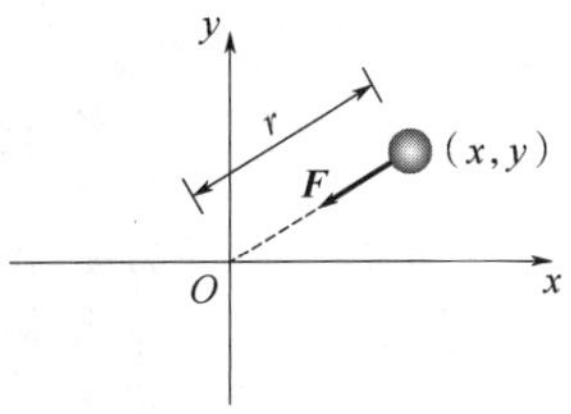

图 9-16　习题 9-8 图

9-9　如图 9-17 所示，质量为 m_A 的长方体 A，其中一顶角 O 光滑铰接于质量为 m_B、边长为 a 和 b 的均质长方形薄板 B。设水平面光滑，初始时系统静止，现作用于 B 上一力偶使其绕轴 O 转动 90°，试求该过程中长方体 A 移动的距离。

9-10　在一重为 100kN 的驳船上，用绞车拉动重为 5kN 的箱子。开始时，船与箱子均处于静止状态，忽略水的阻力，试求：①当箱子相对于船以 $v=3\text{m/s}$ 移动时，驳船移动的速度；②当箱子在船上被拉动了 10m 时，驳船移动的水平距离。

9-11 如图 9-18 所示，重为 P 的电动机，在其转动轴上装有重为 P_1 的偏心轮 A，偏心距为 e。电动机以匀角速度 ω 绕轴 O 转动［其上需作用随位置而改变的主动力偶 $M(t)$］。①设电动机外壳用螺杆固定于基础上，试求作用于螺杆上的最大水平作用力；②若无螺杆固定，试问转速多大时，电动机会跳离基础。

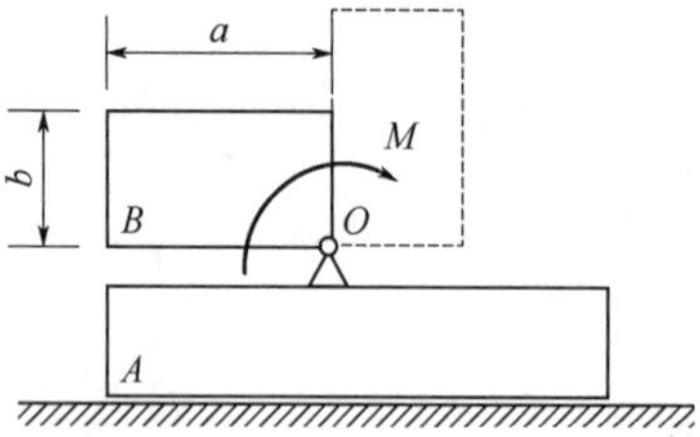

图 9-17 习题 9-9 图

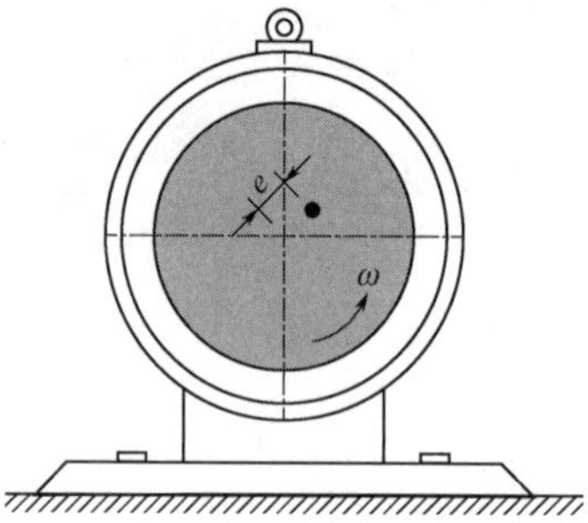

图 9-18 习题 9-11 图

9-12 如图 9-19 所示，质量为 m_1、长为 l 的均质光滑粗管内有一质量为 m_2、长也为 l 的均质细杆。它们两端对齐，在光滑水平面内以角速度 ω 绕通过它们中点 O 的铅垂定轴转动，若其中的细杆由于微小扰动从粗管中开始向外滑动，试求当细杆滑出粗管瞬间，细管的角速度。

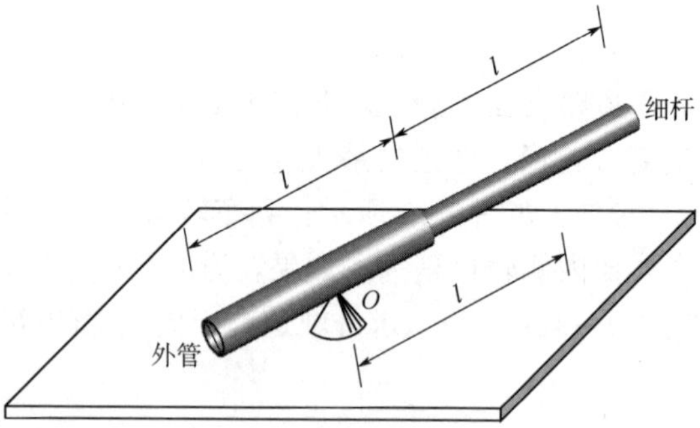

图 9-19 习题 9-12 图

9-13 如图 9-20 所示，物体 A 和 B 的质量分别是 m_A 和 m_B。滑轮 O 质量为 m，可视为匀质圆盘。若不计绳索的质量且绳与滑轮之间无相对滑动。已知 $m_A > m_B$。试求系统在重力作用下，滑轮所具有的角加速度，以及轴承 O 处的约束力。

9-14 如图 9-21 所示，为了求轴承中摩擦力矩，在轴上放一质量为 500kg，对转轴的回转半径为 1.5m 的飞轮，其质心 C 在转轴上。现使飞轮在转速为 120r/min 时开始绕其质心轴自转，飞轮在 10min 后停止。忽略轴的质量，设飞轮所受摩擦力对转轴的力矩为常值，试求此摩擦力矩的大小。

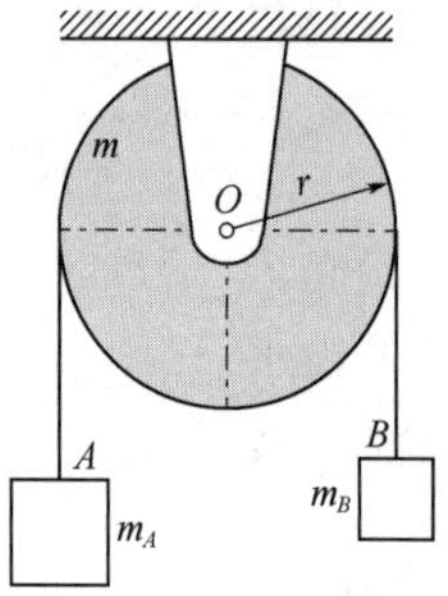

图 9-20 习题 9-13 图

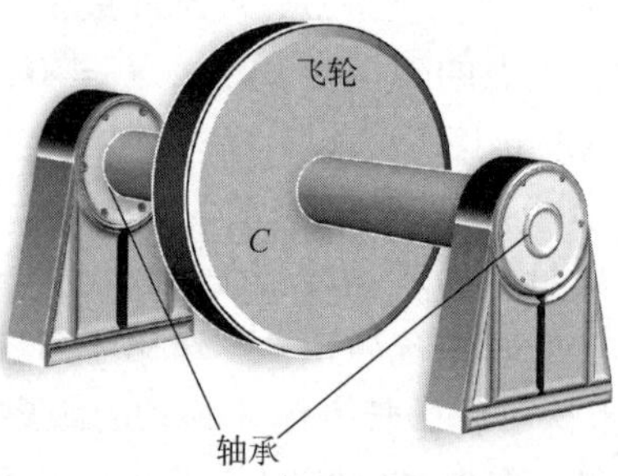

图 9-21 习题 9-14 图

第 10 章　动能定理

物体做机械运动时所具有的能量称为机械能，包括动能和势能。动能作为物体机械运动的一种度量，其变化是通过作用于其上的力所做的功来实现的。本章讨论力的功、物体的动能、有势力的势能，给出质点系的动能定理和机械能守恒定律。

10.1　力的功

力的功是力在一段路程上对物体作用的累积效应。本节首先介绍力在无限小位移上所做的功——元功以及在有限路程上所做的功，然后给出几种常见的作用力所做的功的计算公式。

10.1.1　力的元功

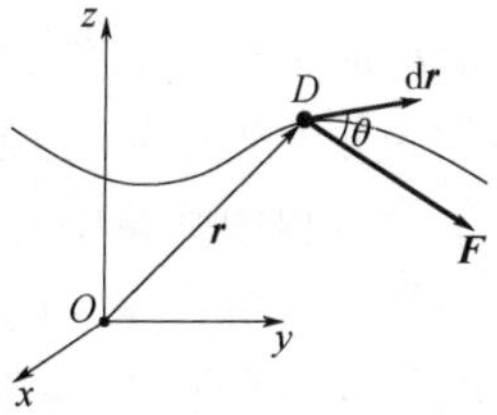

图 10-1　力的元功

如图 10-1 所示，相对于固定点 O 的矢径为 $\boldsymbol{r}$ 的质点 D 在力 $\boldsymbol{F}$ 作用下，沿着某已知曲线运动一段无限小位移 $\mathrm{d}\boldsymbol{r}$，则力 $\boldsymbol{F}$ 在该过程中所做的功称为**元功**，用 $\mathrm{d}'W$ 表示，其定义式为

$$\mathrm{d}'W = \boldsymbol{F} \cdot \mathrm{d}\boldsymbol{r} \tag{10-1}$$

建立直角坐标系 $Oxyz$，则 $\boldsymbol{F} = F_x\boldsymbol{i} + F_y\boldsymbol{j} + F_z\boldsymbol{k}$，$\boldsymbol{r} = x\boldsymbol{i} + y\boldsymbol{j} + z\boldsymbol{k}$，并设力 $\boldsymbol{F}$ 与 $\mathrm{d}\boldsymbol{r}$ 的夹角为 θ，根据点乘的定义，式（10-1）可改写为

$$\mathrm{d}'W = F \cdot \mathrm{d}r \cdot \cos\theta \tag{10-2}$$

$$\mathrm{d}'W = F_x \cdot \mathrm{d}x + F_y \cdot \mathrm{d}y + F_z \cdot \mathrm{d}z \tag{10-3}$$

10.1.2　力在有限路程上的功

在 $t_1 \sim t_2$ 时间间隔内，质点沿其路径 L 由点 D_1 运动至点 D_2，力 $\boldsymbol{F}$ 在该有限路程上所做的功称为有限功，即

$$W = \int_{L_{D_1D_2}} \mathrm{d}'W = \int_{L_{D_1D_2}} \boldsymbol{F} \cdot \mathrm{d}\boldsymbol{r} \tag{10-4}$$

一般情况下，有限功与积分路径相关，不仅仅是起始和终了位置的函数。

10.1.3　几种常见力的功

1. 重力的功

在固定直角坐标系 $Oxyz$ 中，设 z 轴铅垂向上，质点 D 的质量为 m，其矢径 $\boldsymbol{r} = x\boldsymbol{i} + y\boldsymbol{j} + z\boldsymbol{k}$，重力加速度为 $\boldsymbol{g} = -g\boldsymbol{k}$，则质点所受重力为 $m\boldsymbol{g} = -mg\boldsymbol{k}$，因此重力 $m\boldsymbol{g}$ 的元功为

$$\mathrm{d}'W = m\boldsymbol{g} \cdot \mathrm{d}\boldsymbol{r} = -mg\mathrm{d}z \tag{10-5}$$

在 $t_1 \sim t_2$ 时间间隔内，质点沿其路径 L 由点 D_1 运动至点 D_2，此两点的 z 坐标分别为 z_1

和 z_2，其重力的有限功为

$$W_g = \int_{D_1}^{D_2} -mg\mathrm{d}z = mg(z_1 - z_2) \tag{10-6}$$

对于受重力作用的质点系而言，设第 i 个质点的质量为 m_i，其 z 坐标为 z_i，质点系的总质量为 $m = \sum m_i$，质点系的质心 C 的 z 坐标为 z_C，则有 $mz_C = \sum m_i z_i$，则由式（10-5）质点系的重力的元功为

$$\mathrm{d}'W = \sum(-m_i g\mathrm{d}z_i) = \sum(-m_i\mathrm{d}z_i)g = -mg\mathrm{d}z_C \tag{10-7}$$

在 $t_1 \sim t_2$ 时间间隔内，由式（10-6）得到质点系的重力的有限功为

$$W_g = \sum m_i g(z_{i1} - z_{i2}) = (\sum m_i z_{i1} - \sum m_i z_{i2})g = mg(z_{C1} - z_{C2}) \tag{10-8}$$

式（10-8）也可由式（10-7）直接积分得到。下标 1、2 对应于 t_1、t_2 两个时刻。式（10-8）表明，质点系重力所做的功等于其重力与其质心的高度差的乘积，而与路径无关。显然，当质心上升，重力做负功；当质心下降，重力做正功；当质心的高度不变，重力不做功。

2. 弹簧的弹性力的功

仅考虑常见的线性弹簧的情形，即弹簧的弹性力与其变形量成正比。如图 10-2 所示，一根忽略质量的弹簧的刚度系数为 k，原长为 l_0，其一端固定于点 O，一端连接于质点 D，运动过程中弹簧中心线保持为直线状态。矢径 $\boldsymbol{r}$ 的长度即为弹簧的瞬时长度，则弹簧的变形量 $\lambda = r - l_0$。弹簧对质点 D 的作用力的方向与弹簧的变形方向相反，沿着弹簧轴线方向，可表示（由大小和单位方向分别表示）为

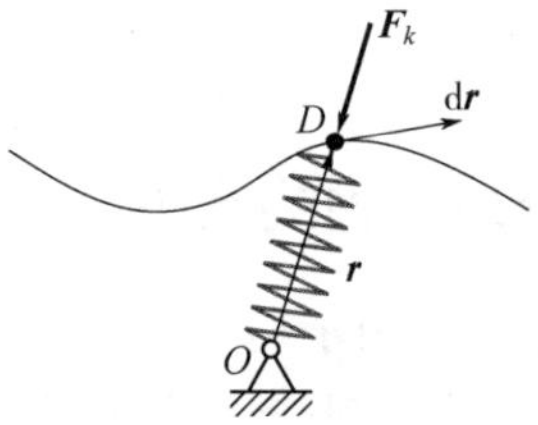

图 10-2　弹簧的弹性力的功

$$\boldsymbol{F}_k = k(r - l_0)\left(-\frac{\boldsymbol{r}}{r}\right) = -k(r - l_0)\frac{\boldsymbol{r}}{r} \tag{10-9}$$

因此，其元功为

$$\mathrm{d}'W_k = \boldsymbol{F}_k \cdot \mathrm{d}\boldsymbol{r} = -k(r - l_0)\frac{\boldsymbol{r}}{r} \cdot \mathrm{d}\boldsymbol{r} \tag{10-10}$$

其中

$$\boldsymbol{r} \cdot \mathrm{d}\boldsymbol{r} = \frac{1}{2}\mathrm{d}(\boldsymbol{r} \cdot \boldsymbol{r}) = \frac{1}{2}\mathrm{d}r^2 = r\mathrm{d}r \tag{10-11}$$

对弹簧变形量两边求微分得

$$\mathrm{d}\lambda = \mathrm{d}(r - l_0) = \mathrm{d}r \tag{10-12}$$

将 $\lambda = r - l_0$、式（10-11）和式（10-12）代入式（10-10），得

$$\mathrm{d}'W_k = -k\lambda\mathrm{d}\lambda \tag{10-13}$$

在 $t_1 \sim t_2$ 时间间隔内，质点由点 D_1 运动至点 D_2，弹簧变形量由 λ_1 变化为 λ_2，弹簧的弹性力所做的有限功为

$$W_k = \int_{D_1}^{D_2} -k\lambda\mathrm{d}\lambda = \frac{1}{2}k(\lambda_1^2 - \lambda_2^2) \tag{10-14}$$

此式表明，弹簧的弹性力的功只与初始和终了位置的弹簧的变形量有关，与路径无关。显然，若初始时弹簧为原长，即 $\lambda_1 = 0$，则 $W_k = -\frac{1}{2}k\lambda_2^2$，说明弹簧无论是伸长（$\lambda_2 > 0$）还

是缩短（$\lambda_2<0$），弹簧的弹性力对质点总是做负功。

须说明的是，当点 O 也运动时，式（10-14）仍然成立。

3. 作用于平面运动刚体上力系的功

如图 10-3 所示，平面运动刚体上相对于惯性参考系原点 O 的矢径为 $\boldsymbol{r}_i$ 的点 D_i 上作用有外力 $\boldsymbol{F}_i$（$i=1, 2, \cdots, n$），刚体的质心速度为 $\boldsymbol{v}_C$，刚体的角速度为 $\boldsymbol{\omega}$，由平面运动两点的速度关系式可知点的速度为

$$\boldsymbol{v}_i=\boldsymbol{v}_C+\boldsymbol{\omega}\times\boldsymbol{r}_i' \tag{10-15}$$

其中 C 为刚体的质心，$\boldsymbol{r}_i'=\overrightarrow{CD}_i$，根据点的速度与其矢径的关系式，式（10-15）两边乘以 $\mathrm{d}t$ 后可改写为

$$\mathrm{d}\boldsymbol{r}_i=\mathrm{d}\boldsymbol{r}_C+\boldsymbol{\omega}\mathrm{d}t\times\boldsymbol{r}_i' \tag{10-16}$$

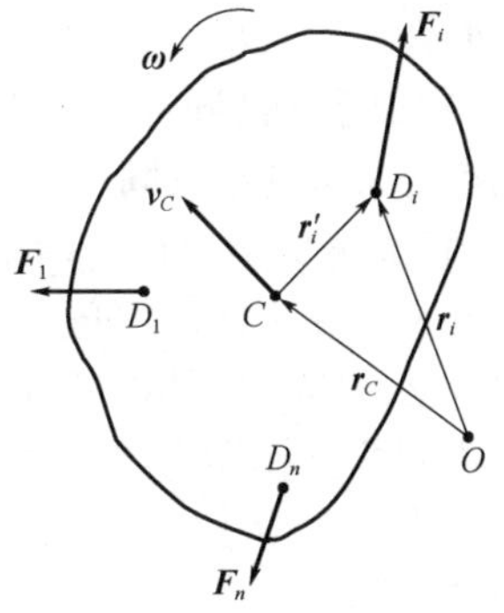

图 10-3　平面运动刚体上力系的功

于是，外力系的总元功为［运算中用到了线性代数中的混合积公式：$\boldsymbol{a}\cdot(\boldsymbol{b}\times\boldsymbol{c})=\boldsymbol{b}\cdot(\boldsymbol{c}\times\boldsymbol{a})$］

$$\begin{aligned}\mathrm{d}'W&=\sum\boldsymbol{F}_i\cdot\mathrm{d}\boldsymbol{r}_i=\sum\boldsymbol{F}_i\cdot(\mathrm{d}\boldsymbol{r}_C+\boldsymbol{\omega}\mathrm{d}t\times\boldsymbol{r}'_i)\\&=(\sum\boldsymbol{F}_i)\cdot\mathrm{d}\boldsymbol{r}_C+\boldsymbol{\omega}\mathrm{d}t\cdot(\sum\boldsymbol{r}'_i\times\boldsymbol{F}_i)\\&=\boldsymbol{F}_\mathrm{R}\cdot\mathrm{d}\boldsymbol{r}_C+\boldsymbol{\omega}\mathrm{d}t\cdot\boldsymbol{M}_C\end{aligned} \tag{10-17}$$

式中　$\boldsymbol{F}_\mathrm{R}$——外力系的主矢；

$\boldsymbol{M}_C$——外力系对刚体质心 C 的主矩。

事实上，将外力系向质心处等效简化，会得到一个力 $\boldsymbol{F}_C$（其矢量等于主矢 $\boldsymbol{F}_\mathrm{R}$）和一个力偶 $\boldsymbol{M}_C$（其力偶矩等于外力系对点 C 的主矩），式（10-17）表明原力系的功等价于力 $\boldsymbol{F}_C$ 在质心位移 $\mathrm{d}\boldsymbol{r}_C$ 的元功与力偶 $\boldsymbol{M}_C$ 在刚体的角位移 $\overrightarrow{\mathrm{d}\varphi}=\boldsymbol{\omega}\mathrm{d}t$ 上的元功之和。

1）当刚体做平移时：

$$\mathrm{d}'W=\boldsymbol{F}_\mathrm{R}\cdot\mathrm{d}\boldsymbol{r}_C \tag{10-18}$$

2）当刚体绕 Oz 轴（与纸面垂直）做定轴转动时［运算中用到了 $\mathrm{d}\boldsymbol{r}_C=\boldsymbol{v}_C\mathrm{d}t=(\boldsymbol{\omega}\times\boldsymbol{r}_C)\mathrm{d}t$、线性代数中混合积公式：$\boldsymbol{a}\cdot(\boldsymbol{b}\times\boldsymbol{c})=\boldsymbol{b}\cdot(\boldsymbol{c}\times\boldsymbol{a})$ 以及力系对 O、C 两点的主矩关系式 $\boldsymbol{M}_O=\boldsymbol{M}_C+\overrightarrow{OC}\times\boldsymbol{F}_\mathrm{R}$］：

$$\begin{aligned}\mathrm{d}'W&=\boldsymbol{F}_\mathrm{R}\cdot\mathrm{d}\boldsymbol{r}_C+\boldsymbol{\omega}\mathrm{d}t\cdot\boldsymbol{M}_C\\&=\boldsymbol{F}_\mathrm{R}\cdot(\boldsymbol{\omega}\times\boldsymbol{r}_C)\mathrm{d}t+\boldsymbol{\omega}\mathrm{d}t\cdot\boldsymbol{M}_C\\&=(\boldsymbol{r}_C\times\boldsymbol{F}_\mathrm{R}+\boldsymbol{M}_C)\cdot\boldsymbol{\omega}\mathrm{d}t\\&=\boldsymbol{M}_O\cdot\boldsymbol{\omega}\mathrm{d}t\\&=M_{Oz}\mathrm{d}\varphi\end{aligned} \tag{10-19}$$

式中　$\boldsymbol{M}_O$、M_{Oz}——外力系对定点 O 的主矩和该主矩在定轴 Oz 上的投影；

$\mathrm{d}\varphi$——定轴转动刚体的瞬时转角。

若刚体上作用了一个力偶，由于力偶对任意一点的矩都为其力偶矩，只需将力偶矩在 Oz 轴上的投影 M_{Oz} 代入即可。

3）当刚体做一般平面运动时，设 Cz' 轴与质心运动所在平面垂直，则

$$\mathrm{d}'W=\boldsymbol{F}_\mathrm{R}\cdot\mathrm{d}\boldsymbol{r}_C+M_{Cz'}\mathrm{d}\varphi \tag{10-20}$$

式中　$M_{Cz'}$——外力系对过质心 C 的主矩在 Cz' 轴上的投影；

$\mathrm{d}\varphi$——平面运动刚体的瞬时转角。

当 M_{Oz} 或 $M_{Cz'}$（包括力偶）与转角 $\mathrm{d}\varphi$ 转向相同时，它们做正功，否则做负功。

4. 约束力的功

约束力可以是质点系的外力，也可以是质点系的内力。由于一些约束的性质，或者约束力系的性质，一些约束力的元功或一对约束力的元功之和为零。

1）由于光滑固定面的约束力总是沿固定面的法向，而物体与固定面的接触点（约束力的作用点）又只能沿其固定面的切向产生位移，故约束力在约束允许的位移上的元功恒为零。

2）光滑铰链连接的两个物体之间的作用力与反作用力的元功之和必为零。原因在于作用力与反作用力之间等值、反向，而它们的作用点的位移则等值、同向，因而这两个力的元功之和必为零；刚体内部任意两个质点之间的无限小位移在它们连线方向上的投影相等，故它们之间相互作用力（一对内力）的元功之和为零；两个刚体之间不计动滑动摩擦力时的相互约束力，由于它们的作用点的无限小相对位移与相互作用力方向垂直，故它们的元功之和也等于零。

3）刚体在固定面上做纯滚动时，固定面的法向约束力和静滑动摩擦力的作用点对刚体而言为速度瞬心，其瞬时无限小位移为零，因而约束力的元功恒为零。

通常，将约束力所做元功之和等于零的约束称为**理想约束**。

例 10-1 如图 10-4 所示，大小不变的力 $\boldsymbol{F}$ 恒垂直于杆 AB 的 B 端，杆 AB 长为 $2l$，其 A 端和中点 C 分别与滑块铰接，两滑块可分别沿铅垂滑道和水平滑道运动，试求杆从图示 $\theta=0$ 至 $\theta=\dfrac{\pi}{3}$ 过程中，力 $\boldsymbol{F}$ 所做的功。

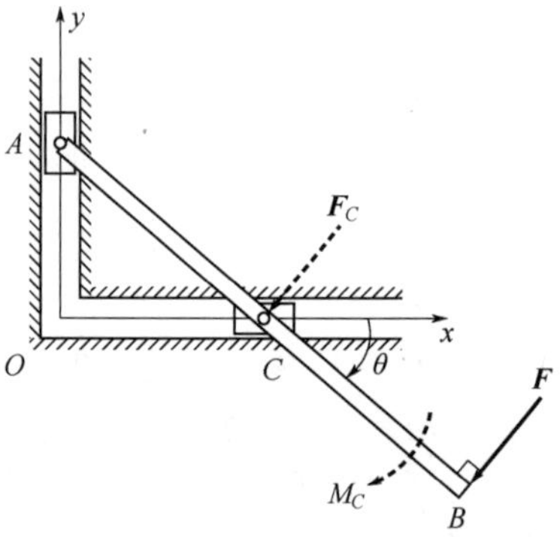

图 10-4　例 10-1 图

解：建立图示直角坐标系 Oxy。将力 $\boldsymbol{F}$ 等效平移至点 C 得到一个力 $\boldsymbol{F}_C$ 和一个常力偶 M_C，其中 $F_C=F$，$M_C=Fl$，从而力 $\boldsymbol{F}$ 所做的功转化为力 $\boldsymbol{F}_C$ 和力偶 M_C 所做的功，即

$$
\begin{aligned}
W(\boldsymbol{F}) &= W(\boldsymbol{F}_C)+W(M_C)\\
&=\int_0^{\frac{\pi}{3}}F_{Cx}\mathrm{d}x_C+M_C\cdot\frac{\pi}{3}\\
&=\int_0^{\frac{\pi}{3}}-F\sin\theta\mathrm{d}(l\cos\theta)+M_C\cdot\frac{\pi}{3}\\
&=\int_0^{\frac{\pi}{3}}Fl\sin^2\theta\mathrm{d}\theta+M_C\cdot\frac{\pi}{3}\\
&=Fl\int_0^{\frac{\pi}{3}}\frac{1-\cos2\theta}{2}\mathrm{d}\theta+Fl\cdot\frac{\pi}{3}\\
&=Fl\cdot\frac{1}{2}\cdot\frac{\pi}{3}-\frac{1}{4}Fl\sin2\theta\bigg|_0^{\frac{\pi}{3}}+Fl\cdot\frac{\pi}{3}\\
&=Fl\left(\frac{3}{2}\cdot\frac{\pi}{3}-\frac{1}{4}\sin\frac{2\pi}{3}\right)\\
&=Fl\left(\frac{\pi}{2}-\frac{1}{4}\frac{\sqrt{3}}{2}\right)\\
&=\frac{(4\pi-\sqrt{3})Fl}{8}
\end{aligned}
$$

本例也可给出 $\boldsymbol{F}$ 及其作用点 B 在直角坐标下的表示，对元功积分得到有限功：

$$W(\boldsymbol{F}) = \int_0^{\frac{\pi}{3}} \boldsymbol{F} \cdot \mathrm{d}\boldsymbol{r}_B = \int_0^{\frac{\pi}{3}} (F_x \cdot \mathrm{d}x_B + F_y \cdot \mathrm{d}y_B) = \int_0^{\frac{\pi}{3}} [-F\sin\theta \cdot \mathrm{d}(2l\cos\theta) - F\cos\theta \cdot \mathrm{d}(-l\sin\theta)]$$

$$= \int_0^{\frac{\pi}{3}} (2Fl\sin^2\theta\mathrm{d}\theta + Fl\cos^2\theta\mathrm{d}\theta) = \left[\int_0^{\frac{\pi}{3}} (1-\cos 2\theta)\mathrm{d}\theta + \int_0^{\frac{\pi}{3}} \frac{1+\cos 2\theta}{2}\mathrm{d}\theta\right]Fl$$

$$= \left(\frac{\pi}{3} - \frac{\sin\frac{2\pi}{3}}{2} + \frac{\pi}{6} + \frac{\sin\frac{2\pi}{3}}{4}\right)Fl = \frac{(4\pi - \sqrt{3})Fl}{8}$$

10.2　质点、质点系及刚体的动能

10.2.1　质点和质点系的动能

由物理学知识，质点的动能等于质点的速度的二次方与其质量乘积的一半，即

$$T = \frac{1}{2}mv^2 \text{ 或 } T = \frac{1}{2}m\boldsymbol{v} \cdot \boldsymbol{v} \tag{10-21}$$

式中　m、$\boldsymbol{v}$——质点的质量和速度。

质点系中各质点的动能之和称为质点系的动能。由 n 个质点组成的质点系中第 i 个质点的质量和速度分别为 m_i 和 $\boldsymbol{v}_i(i=1, 2, \cdots, n)$，则质点系的动能为

$$T = \sum T_i = \sum \frac{1}{2}m_i v_i^2 \text{ 或 } T = \sum T_i = \sum \frac{1}{2}m_i\boldsymbol{v}_i \cdot \boldsymbol{v}_i \tag{10-22}$$

10.2.2　刚体的动能

当刚体做不同的运动时，其动能有更为明确的简便计算公式。

1）**平移**。做平移的刚体的每一质量微元 $\mathrm{d}m$ 的速度都相等，用其质心的速度 $\boldsymbol{v}_C$ 表示，故其动能为

$$T = \int_m \frac{1}{2}(\mathrm{d}m)v_C^2 = \frac{1}{2}\left(\int_m \mathrm{d}m\right)v_C^2 = \frac{1}{2}mv_C^2 \tag{10-23}$$

式中　m——刚体的总质量。

式（10-23）表明，平移刚体的动能与质点的动能计算公式一样，可视刚体的全部质量集中于质心的一个质点来计算其动能。

2）**定轴转动**。设以角速度 ω 绕定轴 z 做转动的刚体上某质量微元的质量为 $\mathrm{d}m$，至 z 轴的距离为 ρ，则该质量微元的速度大小为 $v=\rho\omega$，于是该刚体的动能为

$$T = \int_m \frac{1}{2}(\mathrm{d}m)(\rho\omega)^2 = \frac{1}{2}\left(\int_m \rho^2\mathrm{d}m\right)\omega^2 = \frac{1}{2}J_z\omega^2 \tag{10-24}$$

式（10-24）表明，**定轴转动刚体的动能等于刚体的角速度的二次方与其对转轴的转动惯量的乘积的一半**。

3）**平面运动**。对于以角速度 ω 做平面运动的刚体，设其上某质量微元的质量为 $\mathrm{d}m$，到速度瞬心点 P 的距离为 ρ，则该点的速度大小为 $v=\rho\omega$。类似于定轴转动刚体的情形，得

到平面运动刚体的动能，即

$$T=\int_m \frac{1}{2}(\mathrm{d}m)(\rho\omega)^2=\frac{1}{2}\left(\int_m \rho^2\mathrm{d}m\right)\omega^2=\frac{1}{2}J_P\omega^2 \tag{10-25}$$

式中 J_P——刚体对其速度瞬时转轴的转动惯量。

设某瞬时刚体的质心到速度瞬心的距离为 PC，则质心的速度为 $v_C=PC\cdot\omega$。根据平行轴定理，有 $J_P=J_C+m\cdot(PC)^2$，将其代入式（10-25），得

$$T=\frac{1}{2}[J_C+m\cdot(PC)^2]\omega^2=\frac{1}{2}J_C\omega^2+\frac{1}{2}m(PC\cdot\omega)^2$$

平面运动刚体的动能又可写为

$$T=\frac{1}{2}mv_C^2+\frac{1}{2}J_C\omega^2 \tag{10-26}$$

式中 J_C——对过刚体质心且垂直于运动平面的轴（简称质心轴）的转动惯量。

式（10-25）和式（10-26）均可用来计算平面运动刚体的动能，它们表明，**平面运动刚体的动能等于刚体的角速度的二次方与其对瞬时速度转轴的转动惯量的乘积的一半或等于刚体随其质心的平移动能与绕质心轴转动的转动动能之和**。

显然，若平面运动刚体在某瞬时为瞬时平移，则该瞬时其动能为 $T=\frac{1}{2}mv_C^2$。

10.3 质点和质点系动能定理

动能定理给出的是质点或质点系的动能的改变量与作用力的功之间的数量关系。

10.3.1 质点动能定理

根据牛顿第二定律有

$$m\frac{\mathrm{d}\boldsymbol{v}}{\mathrm{d}t}=\boldsymbol{F}$$

式中 $\boldsymbol{F}$——作用于质点的合力。

上式两边点乘 $\boldsymbol{v}\mathrm{d}t=\mathrm{d}\boldsymbol{r}$，得

$$m\boldsymbol{v}\cdot\mathrm{d}\boldsymbol{v}=\boldsymbol{F}\cdot\mathrm{d}\boldsymbol{r}$$

上式左边 $m\boldsymbol{v}\cdot\mathrm{d}\boldsymbol{v}=\frac{1}{2}\mathrm{d}(m\boldsymbol{v}\cdot\boldsymbol{v})=\mathrm{d}\left(\frac{1}{2}mv^2\right)=\mathrm{d}T$，而右边为 $\boldsymbol{F}$ 的元功 $\mathrm{d}'W$，于是有

$$\mathrm{d}T=\mathrm{d}'W \tag{10-27}$$

式（10-27）表明，质点的动能的微分在某瞬时取值等于该瞬时作用于质点上的合力的元功，称为**质点动能定理的微分形式**。

设在时间间隔 $t_1\sim t_2$ 内，质点由位置 1 沿其运动轨迹的一段路径 L 运动至位置 2，其速度由 $\boldsymbol{v}_1$ 变为 $\boldsymbol{v}_2$，对式（10-27）两边积分，并注意到 $W_{12}=\int_L \boldsymbol{F}\cdot\mathrm{d}\boldsymbol{r}$，则有

$$T_2-T_1=W_{12} \tag{10-28}$$

式（10-28）表明，质点在某一运动过程中动能的改变量等于作用于其上的合力在同一运动过程中所做的有限功，称为**质点动能定理的积分形式**。

10.3.2　质点系动能定理

对质点系中每一个质点均可写出其动能定理的微分形式 $\mathrm{d}T_i = \mathrm{d}'W_i$（$i = 1, 2, \cdots, n$），将这些方程相加，并注意到 $\mathrm{d}T = \mathrm{d}(\sum T_i) = \sum \mathrm{d}T_i$（交换了求微分和求和的顺序），则有

$$\mathrm{d}T = \sum \mathrm{d}'W_i \tag{10-29}$$

式（10-29）表明，质点系的动能的微分在某瞬时取值等于该瞬时作用于质点系上所有力的元功之和，称为**质点系动能定理的微分形式**。

设在时间间隔 $t_1 \sim t_2$ 内，质点系由位置 1 运动至位置 2，在该过程中，各质点沿各自路径 L_i 运动，对式（10-29）两边积分，并记 $W_{i,12} = \int_{L_i} \mathrm{d}'W_i$，则有

$$T_2 - T_1 = \sum W_{i,12} \tag{10-30}$$

式（10-30）表明，质点系在某一运动过程中动能的改变量等于作用于其上所有力的有限功之和，称为**质点系动能定理的积分形式**。

值得注意的是，与动量（矩）定理中只有外力（矩）会使质点系发生改变不同，对质点系做功的可以是外力也可以是内力，即有的内力会做功，从而改变系统的动能。比如，若系统内存在弹簧，且弹簧在运动过程中变形量发生改变，则弹簧的弹性力做功，就会导致与之相连的两个质点或两个刚体的动能之和发生改变，但作为内力，这一对弹簧的弹性力却不能改变两质点或两个刚体的动量之和或对某点的动量矩之和。

作用于质点系上力系若分为主动力和约束力，则对于理想约束的质点系，由于约束力做功之和为零，因此动能定理提供了主动力的功和系统动能的变化的直接关系，用其解决与未知约束力无关的一些动力学问题极为方便。

例 10-2　如图 10-5 所示，物块重 G，悬挂在刚度系数为 k 的铅垂弹簧上。若物块在弹簧为原长位置时无初速度释放，试求弹簧产生的最大伸长量，以及此时弹簧的拉力。

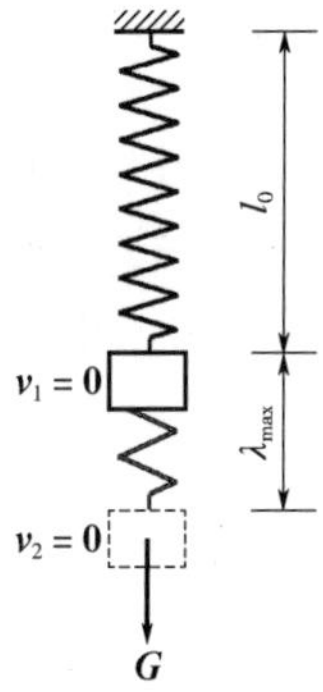

图 10-5　例 10-2 图

解： 1）以物块为研究对象。

2）动能分析。由题意知，初始时，物块静止，初动能 $T_1 = 0$；当物块下落至弹簧最大伸长量时，物块的速度再次变成零，因而，末动能 $T_2 = 0$。

3）做功分析。在上述过程中，对物块做功的有其重力和弹簧的弹性力，弹簧初始无变形，设弹簧的最大伸长量为 λ_{max}，则

$$\sum W_{i,12} = G\lambda_{max} + \frac{1}{2}k(0^2 - \lambda_{max}^2) = G\lambda_{max} - \frac{1}{2}k\lambda_{max}^2$$

4）代入动能定理，得

$$T_2 - T_1 = \sum W_i \Rightarrow 0 - 0 = G\lambda_{max} - \frac{1}{2}k\lambda_{max}^2$$

由于 $\lambda_{max} \neq 0$，所以 $\lambda_{max} = \dfrac{2G}{k}$。

5）弹簧在达到最大伸长量时的拉力为

$$F = k\lambda_{max} = 2G$$

可见，此时弹簧的拉力是物块重力的两倍。

例 10-3 如图 10-6 所示卷扬机，均质鼓轮的半径为 r，质量为 m，绕固定轴 O 转动，通过绕于其上的不计质量的绳索拉动置于倾角为 θ 的斜面上的物块 A，物块质量为 m_A，直线段绳子与斜面平行。现在鼓轮上作用矩为 M 的常力偶，若不计物块与斜面间以及轴 O 处的摩擦。试求系统无初速度释放后物块沿斜面向上运动 s 距离时的速度和加速度。

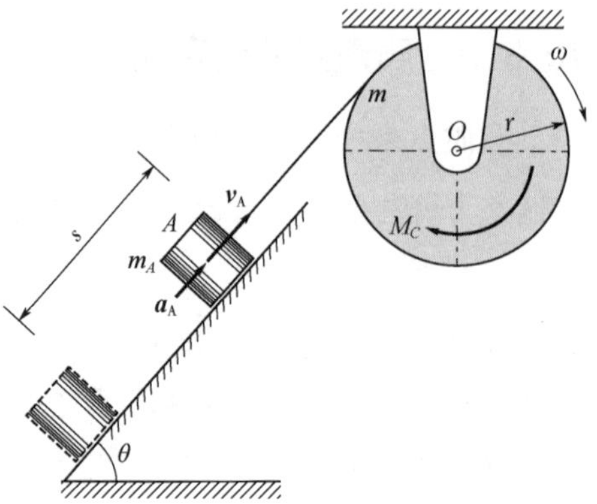

图 10-6 例 10-3 图

解：1）以鼓轮和物块为研究对象。

2）动能分析。初始时，系统静止，初动能 $T_1=0$；物块沿着斜面运动 s 距离时，设物块的速度为 $\boldsymbol{v}_A$、加速度为 a_A，则有 $\omega=v_A/r$。于是末动能为

$$T_2=T_O+T_A=\frac{1}{2}J_O\omega^2+\frac{1}{2}m_Av_A^2=\frac{1}{2}\cdot\frac{1}{2}mr^2\cdot\left(\frac{v_A}{r}\right)^2+\frac{1}{2}m_Av_A^2=\frac{m+2m_A}{4}v_A^2$$

3）做功分析。在上述过程中，只有力偶和物块的重力做功。当物块沿斜面运动 s 距离，鼓轮转动了 s/r 角度，则

$$\sum W_i=M\cdot\frac{s}{r}-mgs\cdot\sin\theta=\left(\frac{M}{r}-mg\sin\theta\right)s$$

4）代入动能定理，得

$$T_2-T_1=\sum W_{i,12}$$

$$\Rightarrow\frac{m+2m_A}{4}v_A^2-0=\left(\frac{M}{r}-mg\sin\theta\right)s \tag{a}$$

$$\Rightarrow v_A=2\sqrt{\frac{(M-mgr\sin\theta)s}{(m+2m_A)r}}$$

显然要实现物块 A 向上运动，必须满足 $M>mgr\sin\theta$。

5）计算物块的加速度。式（a）建立了任意时刻物块的速度大小 v_A 与其沿斜面运动的距离 s 之间的关系，式（a）两边对时间 t 求导，注意到 $v_A=\mathrm{d}s/\mathrm{d}t$，$a_A=\mathrm{d}v_A/\mathrm{d}t$，得

$$\frac{m+2m_A}{4}\cdot 2v_Aa_A-0=\left(\frac{M}{r}-mg\sin\theta\right)v_A$$

$$\Rightarrow a_A=\frac{2(M-mgr\sin\theta)}{(m+2m_A)r}$$

可见，物块的加速度与其运动距离 s 无关，原因在于其运动过程中系统所受主动力并没有发生改变，故加速度为固定值。

此例中，若考虑物块与斜面间的摩擦，则该摩擦力为动滑动摩擦力。首先根据物块在垂直于斜面方向上受力平衡，求得斜面的法向约束力，再由动滑动摩擦力的物理关系求得动滑动摩擦力，动滑动摩擦力的方向与物块运动方向相反，故做负功。

10.4 机械能守恒定律

若质点在某空间的任意位置都受到一个由位置确定的作用力，则称该空间为一个**力场**。

若质点在力场中运动时，力对质点所做的功仅与质点的初始位置和终了位置有关而与运动的路径无关，则称这种力场为**有势力场（或简称为势力场）**或**保守力场**，质点所受到的对应作用力称为**有势力**或**保守力**，如重力场、弹性力场都是势力场。

为了描述势力场对质点做功的能力，引入势能的概念。在势力场中，质点由某一位置 D 运动至任意选定的参考位置 D_0 的过程中，有势力 $\boldsymbol{F}$ 所做的功称为位置 D 相对于位置 D_0 的势能，以 V 表示，即

$$V=\int_{D}^{D_0}\boldsymbol{F}\cdot \mathrm{d}\boldsymbol{r} \tag{10-31}$$

点 D_0 称为零势能点或零势能位置。

重力场的势能称为重力势能，对照重力做功表达式（10-8）和式（10-31），得重力势能为

$$V_g = mg(z_C - z_{C0}) \tag{10-32}$$

式中 z_C——任意位置时质点系质心 C 的 z 坐标；

z_{C0}——零势能位置时质点系质心的 z 坐标，这里 z 坐标轴是垂直向上的。

若取 $z_{C0}=0$，则重力势能可简化为

$$V_g = mgz_C \tag{10-33}$$

弹性力场的势能称为弹性势能，对于线性弹簧的弹性力，对照弹簧的弹性力做功表达式（10-14）和式（10-31），得弹簧的弹性势能为

$$V_k = \frac{1}{2}k(\lambda^2 - \lambda_0^2) \tag{10-34}$$

式中 λ——任意位置时弹簧的变形量（以拉伸为正）；

λ_0——零势能位置时弹簧的变形量。

若取 $\lambda_0=0$，则弹性势能可简化为

$$V_k = \frac{1}{2}k\lambda^2 \tag{10-35}$$

显然，若选择不同点为零势能点，则其势能表达式只差一积分常数。

式（10-31）可写为

$$V=-\int_{D_0}^{D}\boldsymbol{F}\cdot \mathrm{d}\boldsymbol{r}=-\int_{D_0}^{D}\mathrm{d}'W \tag{10-36}$$

故

$$\mathrm{d}V=-\mathrm{d}'W \tag{10-37}$$

即有势力的元功等于对应势能的全微分的负值。对式（10-37）积分知，当有势力做正功时，对应的势能减少；当有势力做负功时，对应的势能增加。

若质点系在运动过程中只有有势力做功，则由式（10-37）和动能定理微分形式可得

$$\mathrm{d}T=-\mathrm{d}V \tag{10-38}$$

改写为

$$d(T+V)=0 \tag{10-39}$$

于是有

$$T+V=C(\text{常量}) \tag{10-40}$$

式（10-40）表明，质点系在运动过程中，若只有有势力做功，质点系的机械能（动能和势

能之和）保持不变，称为**机械能守恒定律**。

机械能守恒定律是普遍的能量守恒定律的一种特殊情况，它表明质点系在势力场（保守力场）中运动时，动能和势能可以相互转换，动能的减小（或增加），必伴随着势能的增加（或减小），且减小和增加的量相等，总机械能保持不变。这样的系统称为**保守系统**。

例 10-4　如图 10-7a 所示铅垂面内系统由两根质量都为 m、长度都为 l 的均质细直杆 AD 和 BD 在 D 端光滑铰接而成，杆端 A、B 与光滑水平地面接触。如果初始时铰链 D 距离水平地面的高度为 h，然后无初速度释放，试求铰链 D 即将着地时的速度。

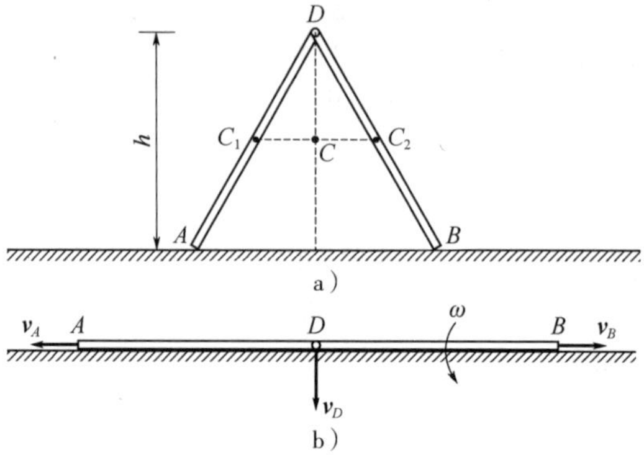

图 10-7　例 10-4 图

解：系统所受的约束力不做功，只有重力做功，因此系统的机械能守恒。取水平地面为重力零势能面，则初始时系统的势能为

$$V_1 = 2\left(mg \cdot \frac{h}{2}\right) = mgh$$

初始时系统由静止进入运动，故

$$T_1 = 0$$

系统开始运动后，杆 AD 和杆 BD 的运动都是平面运动，由于 $F_{Rx}^{(e)} \equiv 0$，且初始静止，由对称性知，杆 AD 的质心 C_1 和杆 BD 的质心 C_2 的连线中点 C 的 x 坐标保持不变，即点 C 做铅垂向下的直线运动，故铰链 D 也做沿铅垂向下的直线运动，而点 A 和点 B 具有相同大小的速度，分别向左、右运动。

当铰链 D 即将着地时，设其速度为 v_D，如图 10-7b 所示。分析杆 BD 知，点 B 为其速度瞬心，则杆 BD 的角速度为

$$\omega_{BD} = \frac{v_D}{l}$$

同理，点 A 为此时杆 AD 的速度瞬心，杆 AD 的角速度与杆 BD 的角速度大小相同，转向相反，设 $\omega_{AD} = \omega_{BD} = \omega$，两杆具有相同的动能，此时系统的动能为

$$T_2 = 2\left(\frac{1}{2}J_B\omega^2\right) = J_B\omega^2 = \frac{1}{3}ml^2\omega^2 = \frac{1}{3}mv_D^2$$

此时，系统的势能为

$$V_2 = 0$$

由机械能守恒定律，有

$$T_1 + V_1 = T_2 + V_2$$

$$0 + mgh = \frac{1}{3}mv_D^2 + 0$$

由此解得

$$v_D = \sqrt{3gh}$$

此即铰链 D 即将着地时的速度的大小，其方向铅垂向下。

习　　题

10-1　如图 10-8 所示铅垂平面系统，质量为 m 的摆锤与不计质量的直杆 OA 固连，摆锤的重心与定轴 O 的距离为 l，试求摆锤由图示 A 位置运动至 B 位置，以及由 A 位置经过 B 再到 C 位置的过程中摆锤重力所做的功。

10-2　如图 10-9 所示，弹簧的原长为 l_0，刚度系数为 $k = 2000\text{N/m}$，一端固定，另一端与滑块的中心 A 连接。试计算下列过程中，弹簧的弹性力所做的功：①滑块中心由 A_1 运动至 A_2；②滑块中心由 A_1 运动至 A_3；③滑块中心由 A_3 运动至 A_1。

10-3　如图 10-10 所示，质量为 m、长度为 $l = 3r$ 的均质细直杆 AB，可绕水平定轴 A 转动，刚度系数为 $k = mg/(4r)$、原长为 $l_0 = 2r$ 的弹簧，一端与杆 AB 的 B 端相连，另一端固定于轴 A 正下方离轴 A 距离为 $h = 4r$ 的不动点 D，在杆 AB 上作用一逆时针转向的主动力偶，其矩为 $M = 8mgr/\pi$，试计算杆 AB 从 $\theta = 0°$ 转到 $\theta = 90°$ 的过程中，主动力偶、弹簧的弹性力和重力所做的功分别为多少？

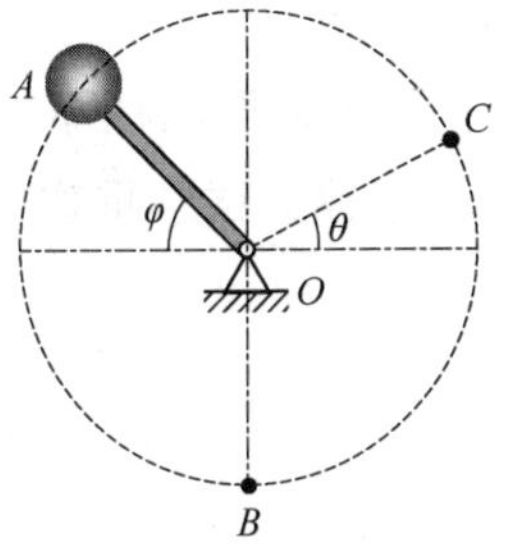

图 10-8　习题 10-1 图

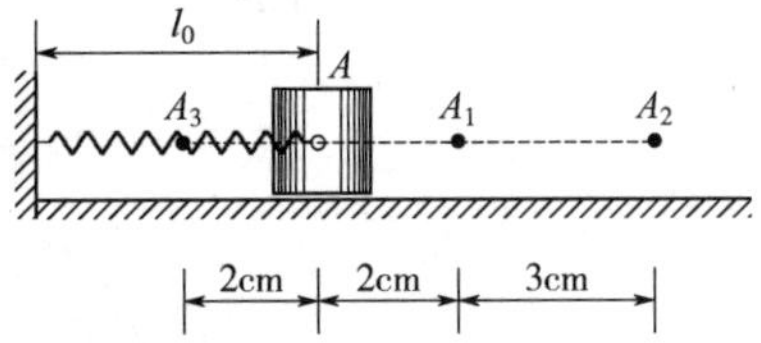

图 10-9　习题 10-2 图

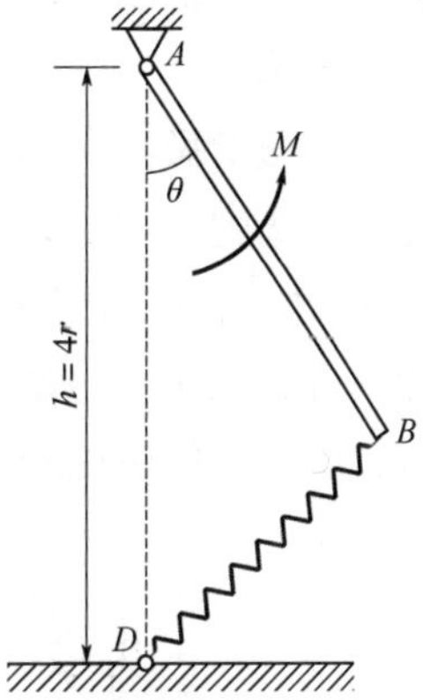

图 10-10　习题 10-3 图

10-4　试写出下列铅垂面内各系统在图示位置的动能。

1）如图 10-11a 所示，质量为 m、长度为 l 的均质细直杆 AB 绕水平轴 O 以角速度 ω 做定轴转动。

2）如图 10-11b 所示，均质细直杆 OA、BD 的质量分别为 m_1，m_2，长度均为 l。两杆在中点 C 用一销钉相连，杆 OA 绕水平轴 O 以匀角速度 ω 转动，杆 BD 的 B 端与沿铅垂滑道滑动的滑块 B 铰接，滑块 B 和销钉 C 的质量不计。

3）如图 10-11c 所示，鼓轮 O 由两个质量均为 m 的均质圆盘固连在一起，并以角速度 ω 绕水平轴 O 做定轴转动，通过不计质量的细绳分别与质量均为 m 的重物 A、B 相连，绳与圆盘之间无相对滑动。

4）如图 10-11d 所示，坦克履带重为 P，两个车轮的重力均为 W。车轮对其中心的回转半径为 $r/2$，两车轮轴间距离为 πr，坦克前进速度为 $\boldsymbol{v}$。

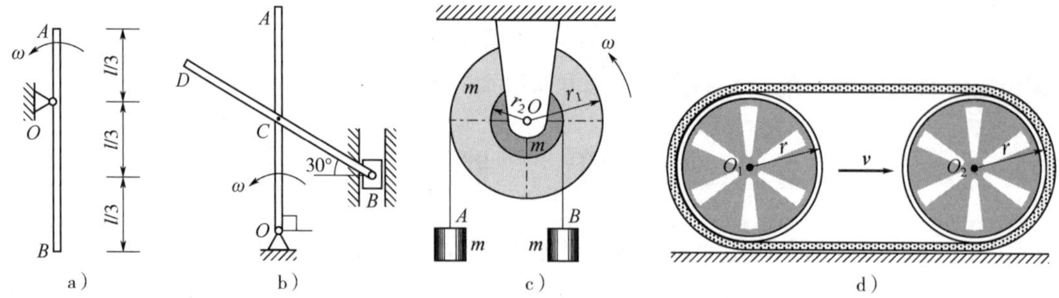

图 10-11　习题 10-4 图

10-5　如图 10-12 所示系统由 $x=0$ 位置静止释放，设定滑轮、动滑轮及绳的质量均不计。重物 A、B 的质量均为 m，试求：①当 $x=0.9\text{m}$ 时，重物 B 的速度；②重物 B 能产生的最大位移 x_{max}。

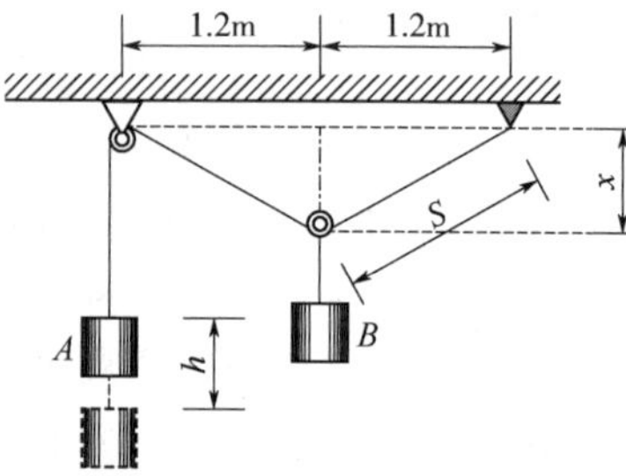

图 10-12　习题 10-5 图

10-6　如图 10-13 所示铅垂平面系统，均质细直杆 AB 的重量为 $G_1=40\text{N}$，长度为 $l=60\text{cm}$；均质圆盘 B 的重量为 $G_2=60\text{N}$，半径 $r=20\text{cm}$，杆 AB 的两端分别与沿光滑固定不动的铅垂杆滑动的套筒 A 光滑铰接和与圆盘中心 B 光滑铰接。系统于图示位置无初速度释放，在运动过程中圆盘在水平地面上做纯滚动。试求：①当套筒碰到弹簧时（此时杆 AB 处于水平位置），杆 AB 的角速度；②弹簧的最大变形量 δ_{max}，设弹簧的刚度系数为 $k=2\text{kN/m}$。

10-7　如图 10-14 所示，提升机构的转轮半径为 r，质量为 m_1，视为匀质圆柱体，若在轮上加一常力偶 M，使吊起一质量为 m_2 的重物由静止上升。若不计摩擦，试求重物上升 h 高度时，所具有的速度和加速度。

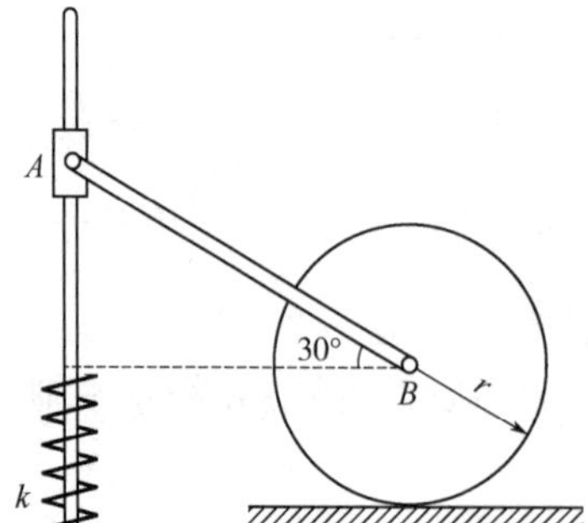

图 10-13　习题 10-6 图

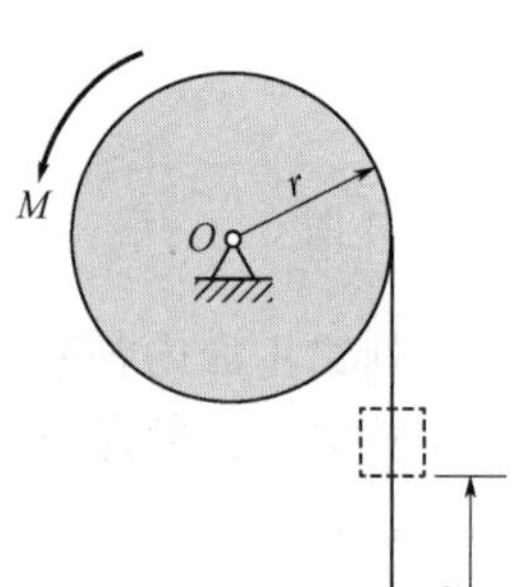

图 10-14　习题 10-7 图

10-8　如图 10-15 所示，放置于倾角为 β 的固定斜面上的质量为 m、半径为 r 的均质圆盘，其中心 A 系有一根一端固定，并与斜面平行的弹簧，同时与一根绕在质量为 m、半径为

r 的鼓轮 B 上不可伸长的张紧绳索相连，直线段绳索与斜面平行。现在鼓轮上作用一常力偶 M，使系统由静止开始运动，且斜面与圆盘之间的摩擦因数足够大，使圆盘 A 沿斜面向上做纯滚动。已知鼓轮的质心在轮心 B 处，且鼓轮对过轮心 B 的水平轴的回转半径为 $\rho = r/2$，弹簧的刚度系数为 k，且初始时弹簧为原长。若不计弹簧、绳索的质量及轴承 B 处摩擦，试求鼓轮转过 $\pi/2$ 时，圆盘的角速度和角加速度的大小。

10-9　如图 10-16 所示铅垂平面系统，半径为 r 的均质滑轮 O 绕其光滑中心轴 O 做定轴转动，张紧不可伸长的绳子绕过滑轮 O 与重物 A 和半径为 r 的均质圆盘 B 的中心相连，滑轮 O、重物 A、圆盘 B 的重力均为 W，柔绳的质量不计且与滑轮无相对滑动，斜段绳子与斜面平行。圆盘 B 相对于倾角为 $\theta = \arctan\dfrac{3}{4}$ 的固定斜面做纯滚动。若系统无初速度释放，试求重物 A 下降 h 高度时重物 A 的速度和加速度。

10-10　如图 10-17 所示，质量为 m、长度为 l 的均质细直杆 AB 的 A 端与光滑水平地面接触，杆初始静止并且处于铅垂位置，现受到微小扰动，杆在自重作用下自由倒下。试求杆即将倒地时杆的角速度和质心的速度。

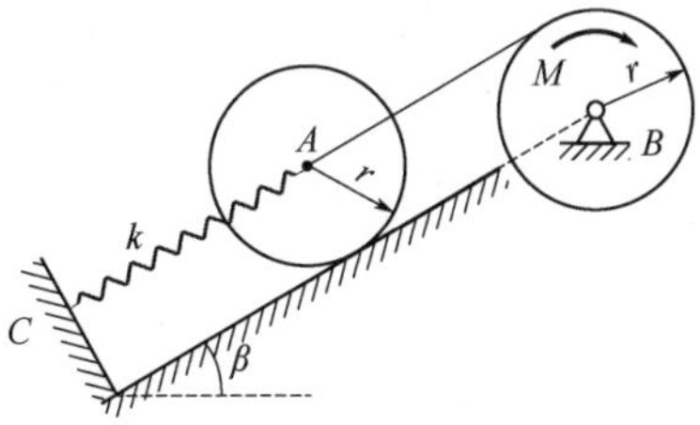

图 10-15　习题 10-8 图

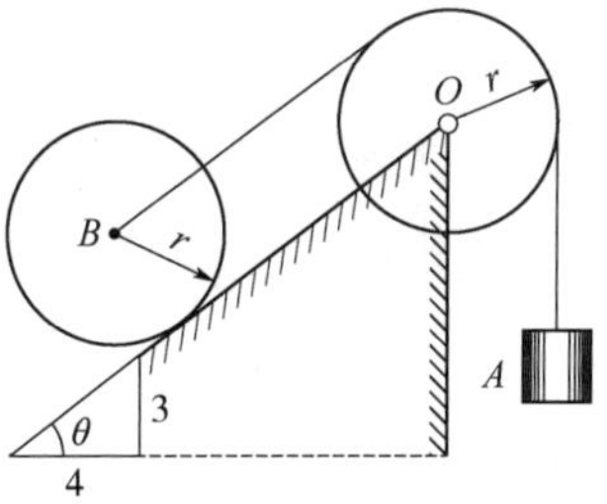

图 10-16　习题 10-9 图

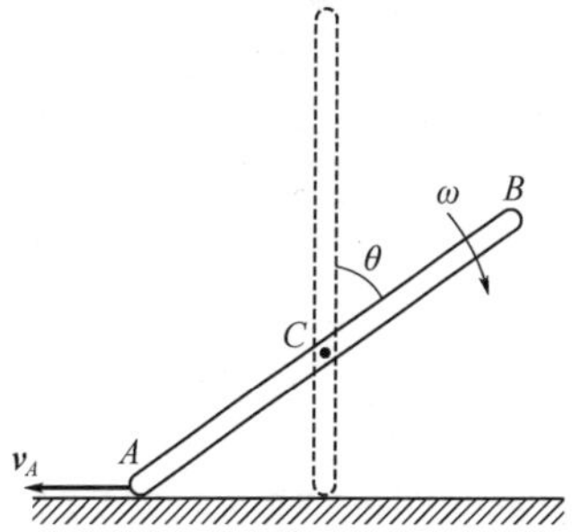

图 10-17　习题 10-10 图

下卷

材 料 力 学

第 11 章　材料力学的基本概念

在工程实际中，人们设计、制造和使用各种各样的工程结构与机械，例如桥梁、水坝、工业和民用建筑、车辆、船舶、飞机等。这些工程结构与机械通常由若干零件或元件组成，这些零件或元件统称为**构件**。根据其使用环境，构件一般由金属及其合金、塑料、陶瓷、混凝土、木材等固体材料制成。在结构与机械工作时，其各构件会受到周围物体施加的力的作用，并相应地发生形状或尺寸的变化。作用于构件上的外部作用力称为外力，构件形状或尺寸的变化称为变形。变形可分为两类：一类是当外力解除后可消失的变形，称为**弹性变形**；另一类是当外力解除后不能消失的变形，称为**塑性变形**。当外力的大小达到一定限度时，构件会发生破坏或不能正常工作。

11.1　材料力学的研究任务

为保证工程结构与机械的正常工作，构件应具有足够的承载能力。它包括以下三个方面的内容：

1）构件应具有足够的抵抗破坏的能力，即具有足够的**强度**。构件在规定的使用条件下不应发生意外的断裂或产生明显的塑性变形。

2）构件应具有足够的抵抗变形的能力，即具有足够的**刚度**。构件在规定的使用条件下其弹性变形也要限制在工程所允许的范围以内。

3）构件应具有维持其原有平衡形式的能力，即具有足够的**稳定性**。有些承受压力作用的细长杆，如千斤顶的螺杆，应始终维持原有的直线平衡状态。若因载荷过大突然变弯，这种现象称为失稳。失稳将导致构件失效，由于这种失效具有突发性，因此常给工程带来灾难性后果。

构件的承载能力与构件的形状和尺寸有关，同时也与组成构件的材料的力学性能有关。一般来说，可以通过加大构件的横截面尺寸或选用优质材料等办法来提高构件的强度、刚度和稳定性，但过分加大构件横截面尺寸或盲目选择更优质的材料，会造成材料的浪费和产品成本的增加。这样就面临经济与安全的矛盾，为解决这一矛盾，使构件既经济又安全，人类从各种生产经验中逐渐总结、归纳和演绎，建立了材料力学这一学科。材料力学作为固体力学的一个分支，主要研究固体材料的宏观力学性能，以及工程结构元件与机械零件的承载能力。材料力学的任务是研究构件在外力作用下的变形与破坏规律，为设计既经济又安全的构件，提供关于强度、刚度和稳定性分析的基本理论和计算方法。固体材料的宏观力学性能需要通过试验方法测定，而材料力学的基本理论和计算方法则需要在必要的、合理的假设前提下，借助数学推导获得。

11.2　材料力学的基本假设

制造构件的材料是多种多样的，其具体组成和微观结构则更是非常复杂。在材料力学中，为了研究构件在外力作用下的变形和破坏规律，需要略去材料的某些次要属性，只关注与问题相关的主要属性，从而将实际构件简化为某种力学模型。

对于构件所用的变形固体材料，通常做如下基本假设：

1）**连续性假设**——认为构件整个体积内毫无空隙地充满了组成该构件的物质。事实上，组成构件的粒子之间存在着空隙而不连续，但这种空隙与构件的几何尺寸相比是极其微小的，通常将它们忽略不计，而认为构件是密实的，这样构件的各种力学量可视为空间点的坐标的连续函数，并可采用数学分析工具研究其规律。

2）**均匀性假设**——认为构件内各点处的材料力学性能与点的位置无关。按此假设，从构件内部任何部位所切取的微元体具有与构件完全相同的力学性能。同样，通过试件所测得的材料力学性能也适用于构件内的任何部位。

3）**各向同性假设**——认为无论沿何方向，构件的力学性能都是相同的，各方向上具有相同力学性能的材料称为各向同性材料。

4）**小变形假设**——工程实际中大多数构件的变形量与构件的原始尺寸相比通常是极其微小的，只有构件原始尺寸的千分之几或万分之几，即属于小变形的情况。因而认为其变形量在研究构件的受力平衡时可以忽略，即以其原始尺寸进行简化计算。在研究弹性变形时，常利用小变形条件，略去高阶小量，将问题按线性对待，避免了求解非线性问题所带来的困难。利用小变形假设，在求解二力直杆的长度变化时，常采用以垂线代替圆弧而使求解变得方便。

上述基本假设为建立材料力学基本理论和计算公式带来了便利，经长期实践检验和试验验证，这些基本理论和计算公式符合工程要求。

11.3　杆件变形的基本形式

基于构件的几何特征，实际的工程构件有不同类型。其中，一个方向的尺度远大于另外两个方向的尺度的一类构件称为**杆件**。杆件广泛地应用于机械与工程结构中。例如，机械中的连杆、传动轴和建筑物中横梁、立柱等都可以简化为杆件。材料力学的研究对象主要是杆件和由杆件组成的简单杆件系统。两个方向的尺度相当并远大于第三个方向的尺度的构件（称为**板、壳**）以及三个方向的尺度相当的构件（称为**体**）是弹性力学的研究对象。复杂的杆件系统则是结构力学的研究对象。

材料力学中研究的杆件可根据其几何特征进行简单的分类。通常将杆件的最大尺度的方向称为轴向，又称为纵向，而与之垂直的方向称为横向。杆件各横截面形心的连线称为杆件轴线。轴线为直线的杆件称为直杆；轴线为曲线的杆件称为曲杆。杆件的各横截面沿着轴向均相同的杆件称为等截面杆；而各横截面变化的杆件称为变截面杆。等截面的直杆简称为等直杆，这是材料力学中最为常见和基本的杆件形式。针对等直杆的结论稍加推广可应用于变截面杆或曲杆。

杆件在外力作用下发生变形，不同形式的外力会使杆件产生不同的变形形式。杆件变形的基本形式有四种，它们的变形特点以及相应的受力特征分别如下：

1）**轴向拉伸或压缩**——作用于杆件上的外力的合力作用线与杆件轴线重合，杆件的变形是沿着轴线方向的伸长或缩短（图 11-1）。工程中的轴向拉伸或压缩变形的实例有支架结构中的二力直杆、房屋的立柱以及螺栓等。

图 11-1　轴向拉伸或压缩变形杆件的受力和变形简图

2）**剪切**——作用于杆件的外力为一对大小相等、方向相反、作用线距离很近与杆件轴线垂直的力，杆件的变形是构件沿这两个平行力的交界面（称为剪切面）发生相对错动（图 11-2）。工程中的剪切变形的实例有各类连接部件，如销钉、铆钉以及键等。

3）**扭转**——作用于杆件上的外力为作用于不同横截面内的外力偶，杆件的变形是不同横截面间的相对转动（图 11-3）。工程中的扭转变形的实例有各类机械中的传动轴、汽车方向盘的转向轴等。

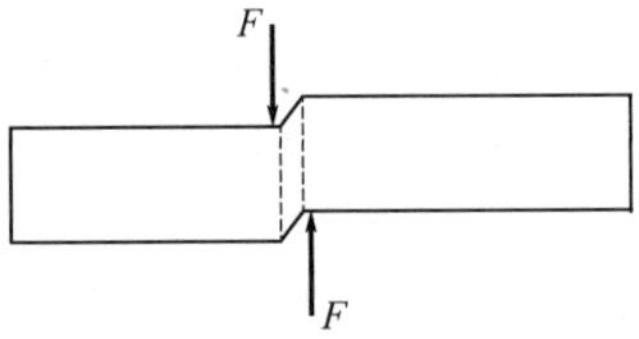

图 11-2　剪切变形杆件的受力及变形简图

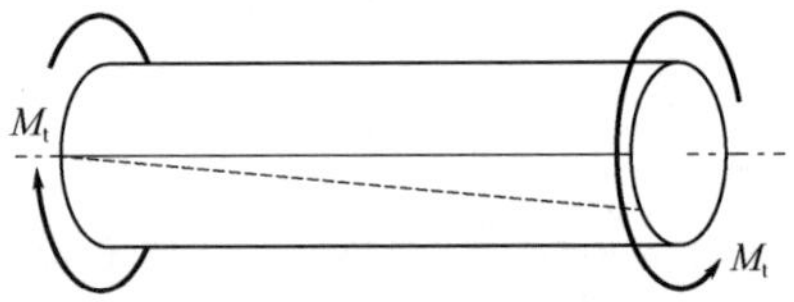

图 11-3　扭转变形杆件的受力和变形简图

4）**弯曲**——作用于杆件上外力系可等效为作用面包含杆件轴线的纵向平面的外力偶（力偶矩垂直于轴线）或横向外力（作用线垂直于轴线），杆件的变形表现为杆件轴线由直线变为曲线（图 11-4）。若为曲杆的话，则轴线的曲率发生变化。工程中的弯曲变形的实例有桥式起重机的大梁、房屋结构中的横梁等。

有时杆件受力比较复杂，可能同时发生不能忽略的几种不同的基本变形，这种情况称为**组合变形**。

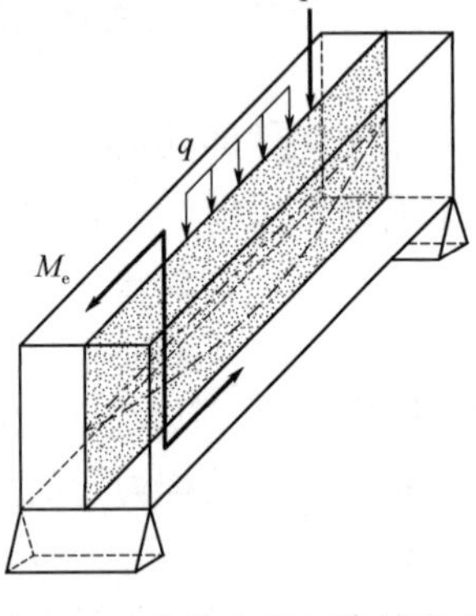

图 11-4　弯曲变形杆件的受力和变形简图

11.4　内力的概念、截面法

变形固体内部相邻部分之间存在着相互作用力，当变形固体受到外力作用而发生变形时，在其内部各部分之间就会产生附加的相互作用力。材料力学中将由于外力作用，而在固体材料内产生的附加的相互作用力称为**内力**。内力会随着外力的增加而增大，当达到一定限度时，会导致材料的破坏，因此内力与强度问题紧密相关。

为了确定在外力作用下的构件是否具有足够的强度，需要计算构件中某些截面上的内力值，可采用截面法，根据静力学平衡关系求解。

设某杆件在外力作用下处于平衡状态，现用截面法求 m—m 横截面上的内力，如图 11-5a

所示。为了显示 $m—m$ 横截面上的内力，假想地将杆件在该截面处分为两部分，暴露出两部分在截面上各点的相互作用力，这就是该截面上的内力系。两部分之间的内力系为作用力与反作用力的关系，因此只需取两部分中的任一部分作为研究对象，其上原有的外力系和 $m—m$ 横截面上的内力系使得这一部分保持平衡，如图 11-5b、c 所示。

根据连续性假设可知，截面上的内力系其实是连续分布的，如图 11-5b 所示，其分布规律与外力系的作用形式有关，需要通过进一步考察构件变形的特征来确定。但根据力系简化的结论可知，该分布内力系作用通常向截面的形心简化，得到一个力 $\boldsymbol{F}_R$ 和一个力偶 $\boldsymbol{M}$，分别取决于内力系的主矢和对形心的主矩，如图 11-5d 所示。截面上的内力系的简化结果中的这个力和这个力偶都是未知矢量，通常将它们沿轴向和横向面内两个正交方向进行正交分解，以便于其中某个分量与某种基本变形相对应。对于空间力系作用下的杆件，杆件某横截面上内力系向其形心简化，得到等效力系中的那个力的三个正交分量分别是一个轴力和两个剪力，得到等效力系中的那个力偶的三个正交分量分别是一个扭矩和两个弯矩。而对于平面系统（外力的等效作用面为包含杆件轴线的某个纵向面），杆件横截面上的内力则对应一个轴力、一个剪力和一个弯矩。

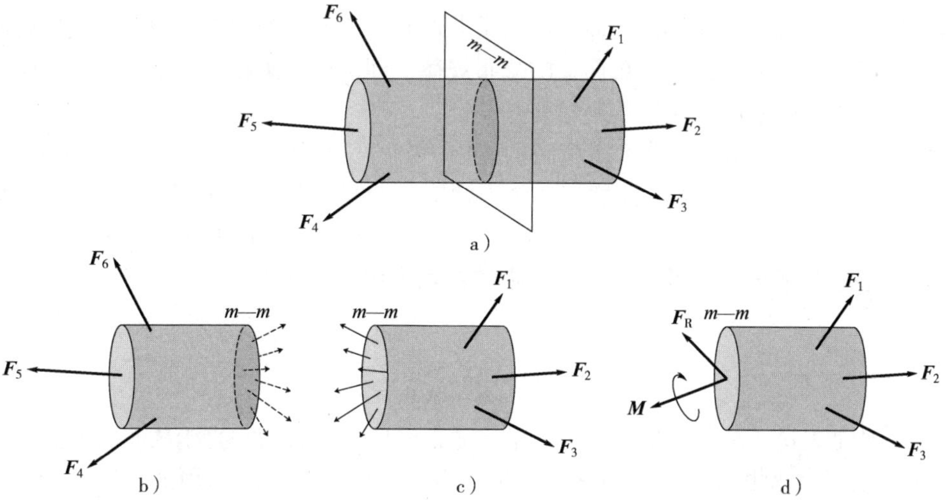

图 11-5　截面法求内力

通过静力学平衡方程由已知的外力系求出某个截面上的内力系的简化结果的过程称为**内力分析**，其方法称为**截面法**，是材料力学中的基本研究方法之一。截面法的步骤如下：

1）用一假想截面将构件在欲求内力处截断，将构件分为两部分。

2）选择其中一部分作为研究对象，保留其上原有的外力系，并将另一部分的对该部分的作用以相应的内力表示。

3）建立静力学平衡方程，求解截面上的内力。

截面法计算得到的是构件的一部分受到的另一部分的作用力，同时这一部分的反作用力也反作用于另一部分。显然，作用力与反作用力对各自所作用的部分的变形效应是相同的，因此，在材料力学中，通常以截面的某些几何属性或杆件的变形形式来定义内力的各分量的符号，而不使用理论力学中常用的矢量符号。外力或外力偶通常也不用矢量表示，而用其值与方向或转向共同标注的图示方式来表示。

例 11-1　如图 11-6a 所示交通信号灯柱，灯箱总重力简化为一个铅垂向下的力 F，不计各杆质量。试确定立柱 1—1 截面上的内力。

解：1）用假想截面将灯柱从 1—1 截面截开，选取 1—1 截面以上部分为研究对象，其受力图如图 11-6b 所示。根据该部分的载荷形式可知，1—1 截面上有一个力 F_N 和一个力偶 M。

2）建立平衡方程并求解。设 1—1 截面的形心为 C，建立 Cxy 坐标系，则有

$$\sum F_x = 0 \Rightarrow F_N + F = 0 \Rightarrow F_N = -F$$

$$\sum M_C = 0 \Rightarrow M - F \cdot l = 0 \Rightarrow M = Fl$$

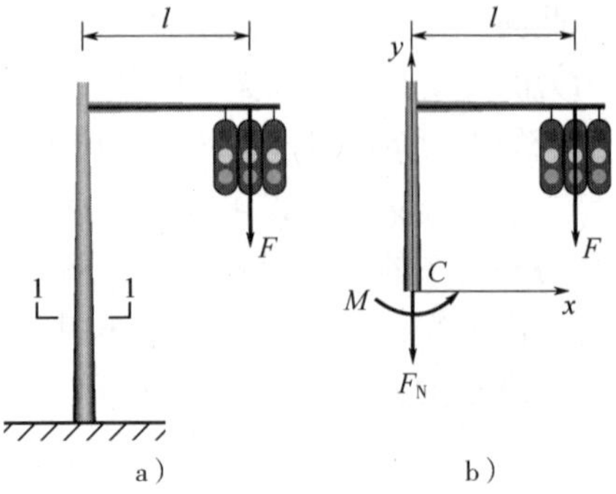

图 11-6　例 11-1 图

11.5　应力的概念

采用截面法可以求得任意横截面上内力系向形心简化的等效内力，但仍不足以判断构件的强度，还必须知道内力系在横截面上的分布规律，即需要了解横截面上各点处单位面积上（微分意义上的）的内力，即内力集度。

考察如图 11-7a 所示的构件某横截面上的内力分布，设该截面上某点 B 处微元面积 ΔA 上的内力系的合力矢量为 $\Delta \boldsymbol{F}$（注意：那个力偶矩大小可忽略），则该微元上的内力分布的平均值为 $\Delta \boldsymbol{F}/\Delta A$，当所取微元面积趋于无限小时，上述平均值趋于一极限值，该极限值即为该截面上该点处的内力集度，称为**构件在该截面上该点处的应力**，用 $\boldsymbol{p}$ 表示，如图 11-7b 所示，即

$$\boldsymbol{p} = \lim_{\Delta A \to 0} \frac{\Delta \boldsymbol{F}}{\Delta A} \tag{11-1}$$

由于 $\Delta \boldsymbol{F}$ 是矢量，故应力也是一个矢量，通常将应力分解为垂直于截面的分量（称为**正应力**，用 σ 表示）和相切于截面的分量［称为**切应力**(或**剪应力**)，用 τ 表示］，如图 11-7b 所示。必须指出：在杆件的某一截面上不同点处的正应力方向一定相互平行，因为正应力方向必与该截面的法线方向平行；而在杆件的某一截面上各点处的切应力虽都作用在该截面内，但方向却不一定平行。正应力和切应力两个分量分别和材料的两类断裂现象（拉断和剪断）相对应。

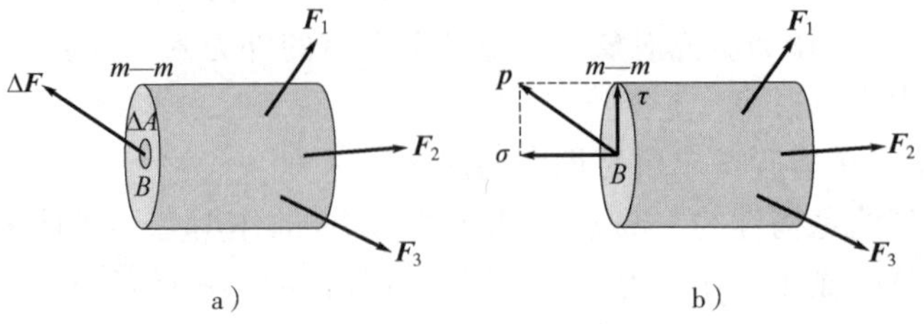

图 11-7　一点处的应力

应力的单位为牛/米^2（N/m^2），符号用 Pa（帕斯卡，简称帕）表示，即

$$1\mathrm{Pa} = 1\mathrm{N/m^2}$$

Pa 的单位非常小，工程中常用的应力单位是 MPa（兆帕），即

$$1\mathrm{MPa} = 10^6\mathrm{Pa} = 1\mathrm{N/mm^2} \tag{11-2}$$

必须注意，应力不仅有大小和方向，而且与哪个截面上的哪个点有关。

习　题

11-1　阐述材料力学要研究的三类基本问题及其具体含义。

11-2　阐述材料力学的四个基本假设及其具体含义。

11-3　空间力系作用下杆件的内力有几个分量？分别与哪种基本变形对应？平面力系作用下杆的内力情况又如何？

11-4　应力除了大小、方向外，还与哪些因素有关？

11-5　应力和压强有何异同？

第 12 章　杆的轴向拉伸与压缩

轴向拉伸与压缩是杆件的四种基本变形形式中最简单的一种，常简称为轴向拉压。本章介绍轴向拉压杆件的外力、内力、应力、变形、强度、刚度的计算，并重点介绍两种典型材料在常温静载下的力学性能。针对杆件的轴向拉伸与压缩的分析和计算所涉及的基本原理和方法是材料力学的普遍研究方法。熟悉这些原理和方法，有助于分析和理解杆件的其他变形形式。另外，剪切和挤压变形常发生于连接件中，本章也会简要介绍对其进行强度设计的假定实用计算方法。

12.1　轴向拉伸与压缩时杆件的受力与变形特征

在工程结构与机械中有很多构件在工作时因承受轴向外力作用而产生轴向拉伸或压缩变形。例如，气缸的紧固螺栓（图 12-1a）和起重吊架中的杆 1（图 12-1b）是承受轴向拉伸的杆件，螺旋千斤顶的螺杆（图 12-1c）和起重吊架中的杆 2（图 12-1b）是承受轴向压缩的杆件。

这些受力杆件的几何形状多种多样，加载方式也不尽相同。若考虑远离杆端的连接或接触部位，将其几何形状与受力情况进行简化，则它们都可以抽象为如图 12-1d（轴向拉伸）或图 12-1e（轴向压缩）所示的计算简图。

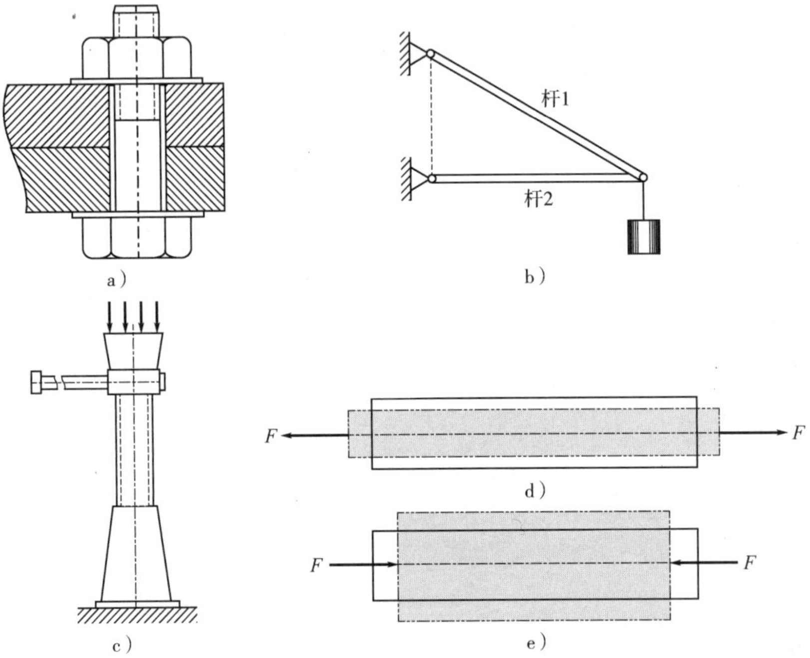

图 12-1　轴向拉伸与压缩杆件及简图

这些杆件在受力与变形方面的共同特征是：杆件是直杆，作用于杆件上的外力合力作用线与杆件轴线重合，这样的外力使杆件产生的变形是沿轴线方向的伸长或缩短。这种变形形式称为轴向拉伸或轴向压缩，这类杆件称为拉杆或压杆。

12.2　轴向拉伸与压缩时杆件横截面上的内力

12.2.1　截面法计算内力

采用截面法即可求得轴向拉伸与压缩时杆件的内力。如图 12-2a 所示，将杆件沿某横截面 $m—m$ 假想地截为两部分。选择左段为研究对象，右段对其的作用力是一个分布内力系，如图 12-2b 所示。由于该段上的外力为一个与杆件轴线重合的力 F，因此，$m—m$ 截面上的分布内力系的合力（或其最简简化结果）必是一个作用线与杆件轴线重合的力，用 F_N 表示，称为**轴力**。其值由平衡方程解出，即

$$\sum F_x = 0 \Rightarrow F_N - F = 0 \Rightarrow F_N = F$$

若选择右段为研究对象，则可以求出上式中的 F_N 的反作用力，如图 12-2c 所示。但是注意，F_N 及其反作用力分别对左段和右段的作用效果是相同的，都是使得相应的杆件产生拉伸变形。因此在材料力学中，虽然它们方向相反，但定义为相同的符号更合理。通常将指向截面外法线方向的轴力定义为正，反之为负，显然，正的轴力对应于杆件的轴向拉伸变形，而负的轴力对应于杆件的轴向压缩变形。

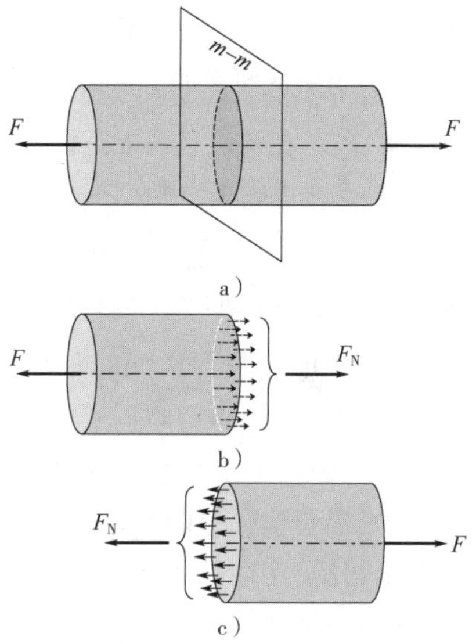

图 12-2　轴向拉伸杆件的内力

12.2.2　轴向拉伸与压缩时杆件的轴力及轴力图

在实际问题中，杆件常常受到两个以上与杆件轴线重合的外力作用，在不同杆段，轴力将发生变化。为了直观地表示轴力沿着杆件轴线的变化情况，通常采用图线表示法。

以沿杆件轴线方向的坐标表示横截面的位置，以垂直于杆件轴线的另一个坐标表示相应截面上的内力值，这样得到的图线称为**内力图**。在本章这样的图线称为**轴力图**。下面通过一个例子来说明轴力图的画法和注意事项。

例 12-1　受如图 12-3a 所示载荷和约束的等截面直杆，其中 $F_1 = 3\text{kN}$，$F_2 = 2\text{kN}$，$F_3 = 10\text{kN}$。试计算杆各段的轴力，并绘制杆的轴力图。

解：1）计算约束力。

设作用于杆 D 端的约束力为 F_D，杆件受力如图 12-3b 所示，则

$$\sum F_x = 0 \Rightarrow -F_1 - F_2 + F_3 + F_D = 0$$

$$\Rightarrow F_D = F_1 + F_2 - F_3 = (3 + 2 - 10)\text{kN} = -5\text{kN}$$

这里 F_D 为负值，表明其实际方向与图示相反。

2）用截面法计算杆各段轴力。

杆件由于外力的存在而分为 *AB*、*BC*、*CD* 三段。各段内的任一截面的内力相同。

AB 段：在该段任一截面 1—1 处将杆件截开，取左段为研究对象，如图 12-3c 所示。在材料力学中，对于未知的内力，均假设其为正方向。因此，F_{N1} 方向按使该段受拉伸作用画出，则

$$\sum F_x = 0 \Rightarrow F_{N1} - F_1 = 0 \Rightarrow F_{N1} = F_1 = 3\text{kN}$$

这里 F_{N1} 为正值，表明其实际方向与图示一致，*AB* 段为受轴向拉伸变形的杆段。

BC 段：在该段任一截面 2—2 处将杆件截开，取左段为研究对象，如图 12-3d 所示。F_{N2} 按假设为正画出，则

$$\sum F_x = 0 \Rightarrow F_{N2} - F_1 - F_2 = 0 \Rightarrow F_{N1} = F_1 + F_2 = 5\text{kN}$$

BC 段为受轴向拉伸变形的杆段。

CD 段：在该段任一截面 3—3 处将杆件截开，取右段为研究对象，如图 12-3e 所示。F_{N3} 按假设为正画出，则

$$\sum F_x = 0 \Rightarrow -F_{N3} + F_D = 0 \Rightarrow F_{N3} = F_D = -5\text{kN}$$

这里 F_{N3} 为负值，表明其实际方向与图示相反，*CD* 段实际为受压缩变形的杆段。

3）绘制杆的轴力图。

根据上述计算结果，用横坐标表示截面位置，纵坐标表示截面处的轴力值，按一定比例及实际正负符号分段画出各段轴力图线，如图 12-3f 所示。绘图时需注意，横坐标和纵坐标的箭头可略去，用 F_N 标明纵坐标的含义；轴力图与杆件原图在各截面处保持上下对齐，以便于直观看出各段与其轴力的对应情况；各段内力的曲线应标明跳跃处内力的绝对值，当内力图与轴线平行，内力的绝对值通常在直线段居中位置标出，而内力的符号以⊕或⊖填充于相应的图形内部；用与杆件轴线垂直的细直线均匀填充于图形内部。

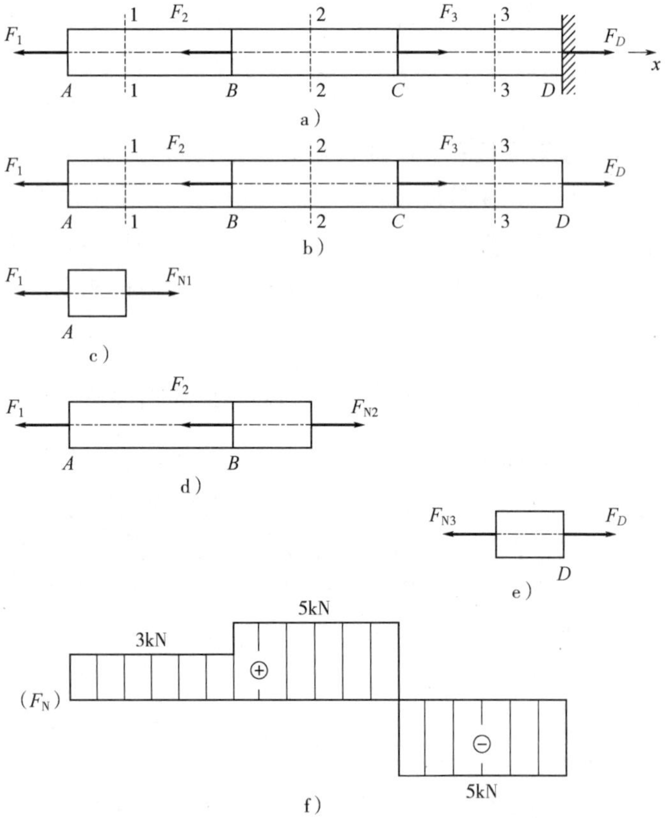

图 12-3　例 12-1 图

12.3　轴向拉伸与压缩时杆件横截面与斜截面上的应力

用截面法可以求得杆件任一横截面上的内力的合力，而仅仅根据内力合力的大小不足以评价杆件的强度。研究内力集度——应力，则具有更为重要的意义。试验表明，杆件在拉伸或压缩时，其破坏面可能是横截面（截面的法向为轴线方向），也可能是斜截面（截面的法向与轴线成一定的夹角）。因此需要了解杆件在拉伸与压缩时横截面上和任意斜截面上的应力。

12.3.1　轴向拉伸与压缩时杆件横截面上的应力

为求得杆件横截面上的任意一点的应力，需要确定应力在截面上的分布规律，后者要求考察杆件的变形现象。

为便于考察等截面直杆在轴向拉伸时的变形现象，事先在杆的表面画出两条由横截面和杆的表面相交的轮廓线，如图 12-4 所示的 ab 和 cd，它们为平面曲线，例如，对于圆截面杆，该轮廓线就是圆周，对于矩形截面杆，该轮廓线是由四条直线所围成的矩形。对杆件施加一对力使得杆件产生拉伸变形，可以观察到杆件由原来实线所示的轮廓变为双点画线所示的轮廓，而 ab 和 cd 分别移动至 a_1b_1 和 c_1d_1，仍保持为平面曲线，且其所在的平面仍与杆件轴线垂直。据此，可以假设变形前为平面的横截面，变形后仍保持为平面，并仍垂直于杆件轴线，变形时任意两个横截面之间发生相对平移，称之为**平截面假设**。

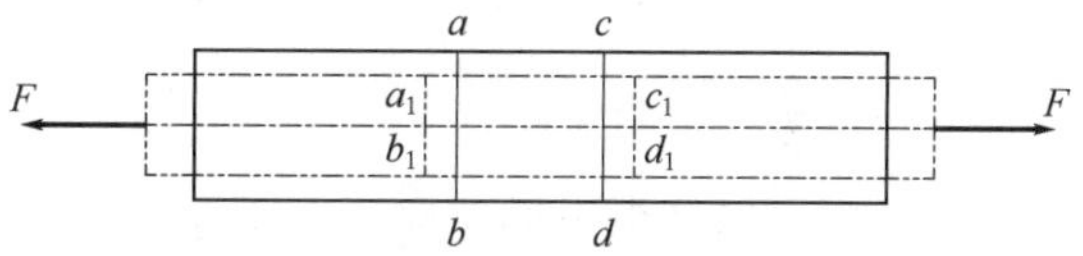

图 12-4　轴向拉伸时杆件的变形

根据平截面假设可以推断，杆件在拉伸变形时，所有纵向纤维全都同样地伸长。再由材料的均匀性假设可知，杆件各处的力学性能都相同。因此，可进一步推断，杆件在拉伸变形时，所有纵向纤维都只受到沿轴线方向作用的大小相同的拉应力作用，或者说在杆件的横截面上只有正应力 σ，而且正应力 σ 在横截面上均匀分布。

若杆件横截面上的轴力为 F_N，并已知该横截面的面积为 A，则根据上述推断，可得轴向拉伸杆件的横截面上正应力的计算式为

$$\sigma = \frac{F_N}{A} \tag{12-1}$$

其符号与该截面上的轴力相同，该式同样适用于杆件受轴向压缩（$F_N<0$）的情况。

需要指出，上述讨论不适用于外力作用点附近，即杆件中邻近连接部位或主动力作用部位的局部区域。在此区域内，应力并非均匀分布，它与外力作用方式有关。然而，只要作用载荷的等效力相同，外力的作用方式只影响载荷作用处附近的局部区域内的应力分布，而对其他大部分区域没有影响。这一思想最早是由法国力学家圣维南（A. J. C. B. de Saint-Venant）在 1855 年提出的，后人推广了这一思想，并称之为**圣维南原理**。试验证明，只要所讨论的横截面离外力作用点稍远（一般约大于杆的横向尺寸），式（12-1）仍然适用。

12.3.2　轴向拉伸与压缩时杆件斜截面上的应力

现考察轴向拉伸杆件中，如图 12-5a 所示 $k—k$ 斜截面上的应力情况，设该截面的外法

向与轴线的夹角为 α，该截面又称为 α 截面。

沿 k—k 斜截面将杆件截开，取左段为研究对象，如图 12-5b 所示。由静力学平衡方程可求得该斜截面上的内力的合力为 $F_{N\alpha}=F$。如果做两个相互平行的斜截面，杆件在发生轴向拉伸后，这两个斜截面的界线仍分别在一个平面内，且所在的两个平面仍保持平行，只是与变形前斜截面的方位发生了变化。这说明斜截面也有平截面假设。再根据各向同性假设，内力在该斜截面上的分布也是均匀的。

若杆件横截面面积为 A，则 k—k 斜截面面积为

$$A_{\alpha}=\frac{A}{\cos\alpha}$$

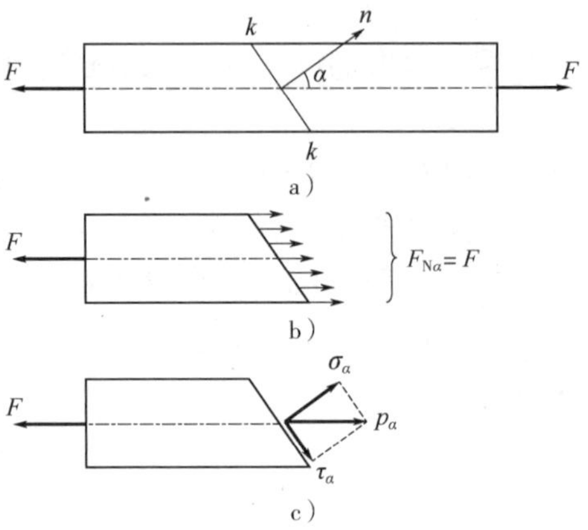

图 12-5　轴向拉伸时杆件斜截面上的应力

因此，k—k 斜截面上的应力为

$$p_{\alpha}=\frac{F_{N\alpha}}{A_{\alpha}}=\frac{F}{A}\cos\alpha=\sigma\cos\alpha$$

式中　σ——横截面上的正应力，$\sigma=F/A$。

将 p_α 沿 k—k 斜截面的法线方向和切线方向分解，如图 12-5c 所示，可得到 k—k 斜截面上的正应力 σ_α 和切应力 τ_α 分别为

$$\sigma_{\alpha}=p_{\alpha}\cos\alpha=\sigma\cos^{2}\alpha \tag{12-2}$$

$$\tau_{\alpha}=p_{\alpha}\sin\alpha=\sigma\cos\alpha\sin\alpha=\frac{\sigma}{2}\sin2\alpha \tag{12-3}$$

式（12-2）和式（12-3）表明，轴向拉伸或压缩杆件任意 α 斜截面上的正应力 σ_α 和切应力 τ_α 均为截面方位角 α 的函数。当 $\alpha=0$ 时，截面上切应力为零，正应力达到最大值，即

$$\sigma_{\alpha\max}=\sigma$$

当 $\alpha=45°$时，斜截面上切应力达到最大值，即

$$\tau_{\alpha\max}=\frac{\sigma}{2}$$

注意最大切应力作用面上的正应力不为零，为 $\sigma_{45°}=\sigma/2$。

以上讨论同样适用于轴向压缩杆件。

正应力与切应力可使材料发生不同形式的变形与破坏。随材料抗拉能力与抗剪能力强弱的不同，轴向拉伸杆件可能沿横截面发生拉断破坏，也可能沿斜截面发生剪切破坏。这一点已被试验所证实。

12.4　材料在轴向拉伸与压缩时的力学性能

为判断构件是否具有足够的强度，除计算构件中的最大工作应力之外，还必须了解构件材料在外力作用下的力学行为，如力与变形之间的关系、破坏特征以及破坏时的应力极限值等，这些称为**材料的力学性能**。这些力学性能必须也只能通过试验方法得到。测定材料的力学性能的基本试验是材料在常温（20℃左右）、静载（载荷由零开始缓慢增加，达到终值后保持不变，称为静载荷）下的拉伸试验及压缩试验。由此可以得到材料在受力时的应力-应变曲线这一重要的力学特征曲线。

在进行材料拉伸试验时，将被测材料做成标准试件，以缓慢平稳的加载方式进行试验。为使试验结果具有可比性，试验按国家标准《金属材料 拉伸试验 第 1 部分：室温试验方法》（GB/T 228.1—2021）进行。

12.4.1　低碳钢在拉伸时的力学性能

图 12-6a、b 所示为常用的圆形截面和矩形截面标准拉伸试件的示意图。试验前，在试件中部标出用于变形测量的工作段，工作段的长度 l 称为标距。对圆形截面，规定可取 $l=10d$ 或 $l=5d$，d 为横截面直径。对矩形截面，规定可取 $l=11.3\sqrt{A}$或 $l=5.65\sqrt{A}$，A 为横截面面积。

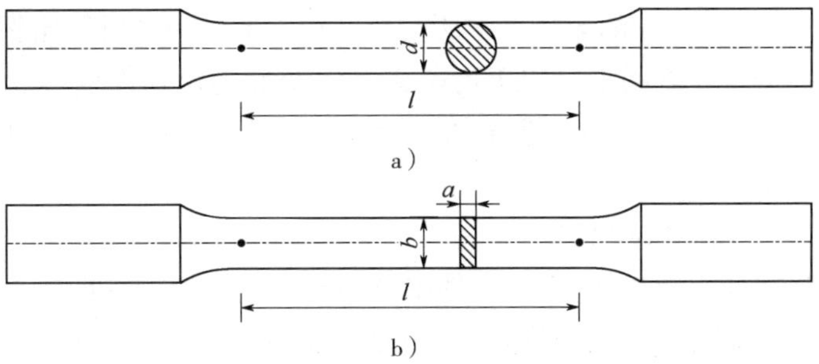

图 12-6　标准拉伸试件

试验时，将试件两端用夹具固定于材料试验机上，并在工作段安装变形测量仪，对试件缓慢施加一对轴向拉力 F，当 F 增加时，试件标距两端产生相对位移，标距由 l 伸长为 $l+\Delta l$，试验进行到试件被拉断为止。试验机可自动测量、记录所加的载荷 F 及相应的伸长量 Δl，并绘出 $F-\Delta l$ 曲线，称为**拉伸曲线**。

$F-\Delta l$ 曲线的定量特征与试件工作段的尺寸（横截面原始面积 A 和工作段的原始长度 l）有关，不能准确表征材料的力学性能。

为了消除横截面原始面积 A 和工作段的原始长度 l 的影响，以横截面上的正应力 $\sigma=F/A$ 来衡量试件的受力程度；以工作段单位长度的伸长变形

$$\varepsilon=\frac{\Delta l}{l} \tag{12-4}$$

来衡量试件的变形程度。这里 ε 称为**线应变**，也称为正应变，是无量纲量。这样以正应力 σ 为纵坐标、以轴向线应变 ε 为横坐标，绘出应力-应变曲线（或 σ-ε 曲线）。

低碳钢是指碳含量在 0.3% 以下的碳钢，广泛应用于工程实际中，是典型的塑性材料。低碳钢拉伸时典型的应力-应变曲线形状如图 12-7 所示。从试件开始受力至试件被拉断，整个拉伸过程可通过 3 个重要的特征点将其分为四个阶段。

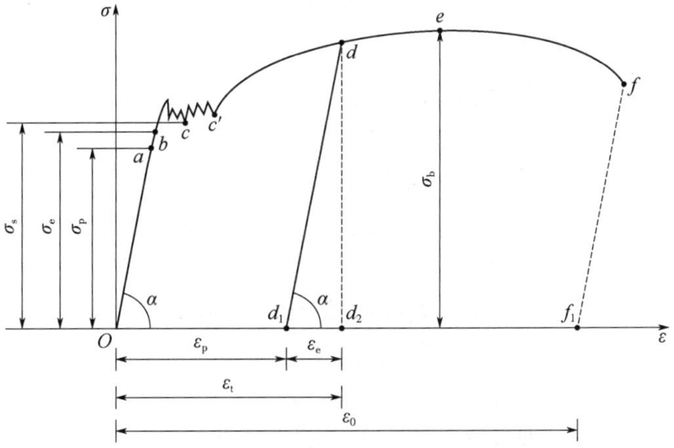

图 12-7　低碳钢拉伸时 σ-ε 曲线

1. 弹性阶段 *Ob* 段

从开始加载的点 O 至点 b。在 Ob 段内材料的变形是完全弹性的、可逆的，即若在 Ob 段

内某一点停止加载并卸载至零，则试件产生的变形将全部消失。该阶段内 Oa 部分是直线段，应力与应变成正比，称为**胡克定律**，即

$$\sigma = \tan\alpha \cdot \varepsilon = E\varepsilon \tag{12-5}$$

直线段的斜率，即 $E=\tan\alpha$，称为材料的**弹性模量**，其单位为 Pa，常用 GPa（$=10^9$Pa）表示。

直线段 Oa 的最高点 a 所对应的应力值称为材料的**比例极限**，用 σ_p 表示。ab 段为曲线，应力与应变之间不再成正比关系，但变形仍是弹性变形。点 b 所对应的应力值称为**弹性极限**，用 σ_e 表示。σ_p 与 σ_e 的数值十分接近，在工程中通常不严格区分。低碳钢的 $\sigma_p \approx$ 200MPa。

2. 屈服阶段 bc' 段

当应力超过 σ_e 时，试件中就会出现塑性变形，即完全卸载后不能完全消失的变形，也称为残余变形。这一阶段，σ-ε 曲线呈现微小波动、近似水平的线段，变形显著增长而应力基本保持不变，材料暂时失去抵抗变形的能力，这种现象称为**屈服**。该阶段的最低应力值（点 c 所对应的应力值，其值比较稳定）称为**屈服极限**，用 σ_s 表示。低碳钢的 $\sigma_s \approx 240$MPa。

当材料发生屈服时，在经过抛光的试件表面上，可以观察到与试件轴线约成 45°的条纹。根据前一节的分析，轴向拉伸杆件在与轴线成 45°的斜截面上，切应力达到最大值。故可推断，材料的屈服与最大切应力有关。该条纹是由于材料内部晶格之间沿最大切应力方向发生相互错动所致，称为**滑移线**(图 12-8)。

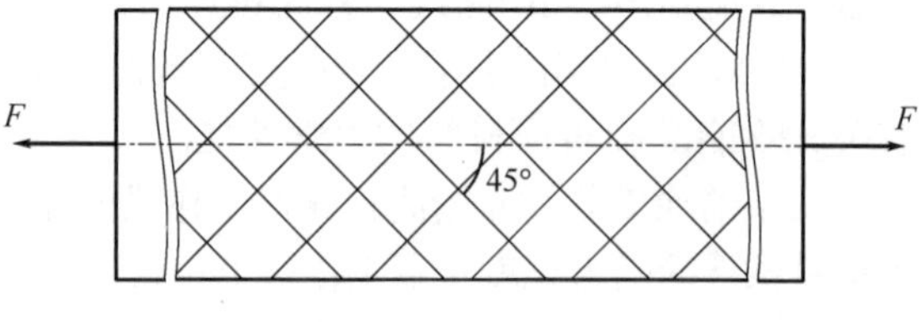

图 12-8　滑移线

3. 强化阶段 $c'e$ 段

屈服阶段之后，曲线从点 c' 又继续上升至最高点 e，说明材料屈服之后又恢复了抵抗变形的能力，必须增加应力才可继续变形。这一现象称为材料的**强化**。最高点 e 所对应的应力值是材料所能承受的最大应力值，称为**强度极限**，用 σ_b 表示。低碳钢的 $\sigma_b \approx 380$MPa。

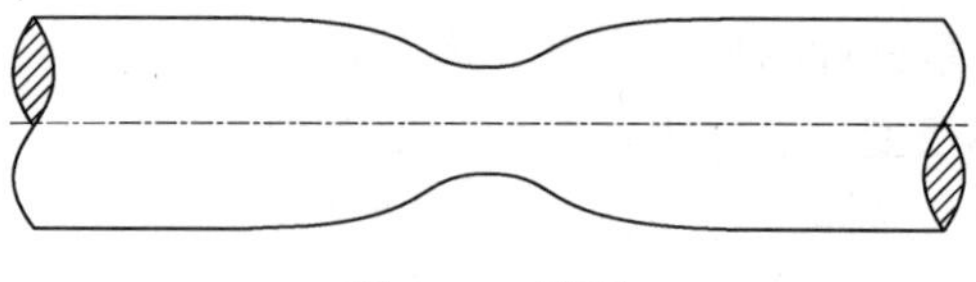
图 12-9　缩颈

4. 局部收缩阶段 ef 段

曲线到达点 e 之前的变形沿轴线方向是均匀的，从点 e 开始往后，变形将集中发生于某一局部长度范围之内。此处横截面面积明显缩小，称为**缩颈现象**（图 12-9）。由于缩颈使得横截面面积变小，试件进一步变形所需的拉力 F 减小，因而使图中纵坐标 $\sigma = F/A$（此处 A 为试件的原始横截面面积）也减小，曲线下降，直至点 f，试件在缩颈处最终被拉力 F 拉断。断口呈杯状，由中心至周边，呈现三个区域：①纤维区，是裂纹起始区，呈暗灰色纤维状；②放射区，为裂纹的扩展区域；③剪切唇区，是断裂的最后区域，与轴线大致成 45°角，即最终是被最大切应力剪断的。

试件拉断后，弹性变形消失，塑性变形仍然保留。试件标距由原长 l 变为 l_1，试件的残余变形量为 $l_1 - l$，残余变形量与原长之比的百分率称为**延伸率**，用 δ 表示，即

$$\delta = \frac{l_1 - l}{l} \times 100\% \tag{12-6}$$

延伸率 δ 是衡量材料塑性性能的指标。工程上通常把 $\delta \geqslant 5\%$ 的材料称为塑性材料，如钢、铜、铝合金等；把 $\delta < 5\%$ 的材料称为脆性材料，如铸铁、陶瓷、石材等。低碳钢是典型的塑性材料，其延伸率 δ 通常为 20% ~30%。

试件拉断后，断口处横截面面积由原来的 A 变为 A_1。$A - A_1$ 与 A 之比的百分率，称为**断面收缩率**，用 ψ 表示：

$$\psi = \frac{A - A_1}{A} \times 100\% \tag{12-7}$$

断面收缩率 ψ 也是衡量材料塑性性能的指标。低碳钢的 ψ 为 60% ~70%。

5. 卸载规律和冷作硬化

如果在试件拉伸超过屈服极限后的某点 d，逐渐卸除拉力，则 σ-ε 关系随之沿一条近似与 Oa 平行的直线 dd_1 下降。拉力完全卸除时，降到点 d_1。横坐标轴上 Od_1 表示塑性应变 ε_p，d_1d_2 表示消失的弹性应变 ε_e，而 $\varepsilon_t = \varepsilon_p + \varepsilon_e$ 为点 d 所对应的总的应变。如果卸载后立即重新加载，则 σ-ε 的关系大体上沿直线 d_1d 上升，到达点 d 之后，仍沿曲线 def 变化，并仍在点 f 处断裂，断裂后总的塑性应变是 ε_0。若将从强化阶段某点 d 处开始卸载至零后已保留塑性变形的试件看作新的试件，则其 σ-ε 曲线的坐标原点应从 O 移至 d_1。可见，在再次加载到达点 d 之前，试件的变形都是弹性的，这相当于提高了材料的比例极限，但拉断后新试件的塑性应变认为是 d_1f_1，即新试件的塑性变形量减少了，这种现象称为**冷作硬化**。冷作硬化后的构件可在更大的弹性范围内承受载荷。

12.4.2　其他塑性材料在拉伸时的特点

低合金结构钢、高强度合金钢、青铜、铝合金等是除低碳钢外工程中常用的塑性材料。这些材料拉伸时的共同特点是具有较高的延伸率，但其 σ-ε 曲线的形状具有各自不同的特点，如图 12-10 所示。其中，某些低合金结构钢与低碳钢相似，也有较为明显的弹性、屈服、强化和局部收缩四个阶段，而青铜、某些铝合金、某些高强度合金钢等没有明显的屈服阶段。对于没有明显屈服阶段的塑性材料，工程中通常以产生 0.2% 塑性应变的应力作为名义屈服极限，并用 $\sigma_{0.2}$ 表示。在 σ-ε 曲线图（图 12-11）的轴上取 $Oc_1 = 0.2\%$，自点 c_1 做直线与比例阶段平行并交曲线于点 c。点 c 对应的应力值即为 $\sigma_{0.2}$。

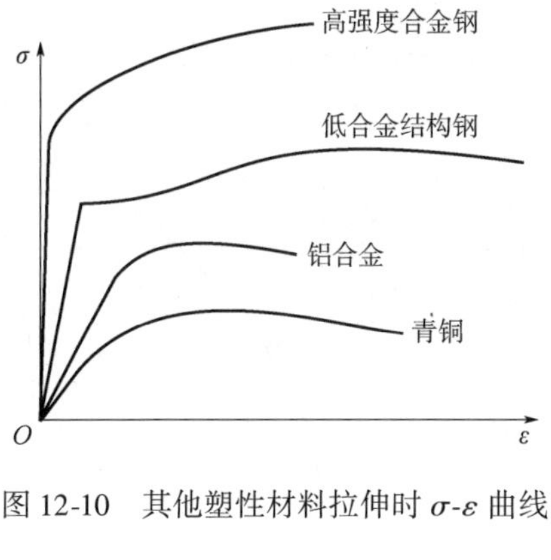

图 12-10　其他塑性材料拉伸时 σ-ε 曲线

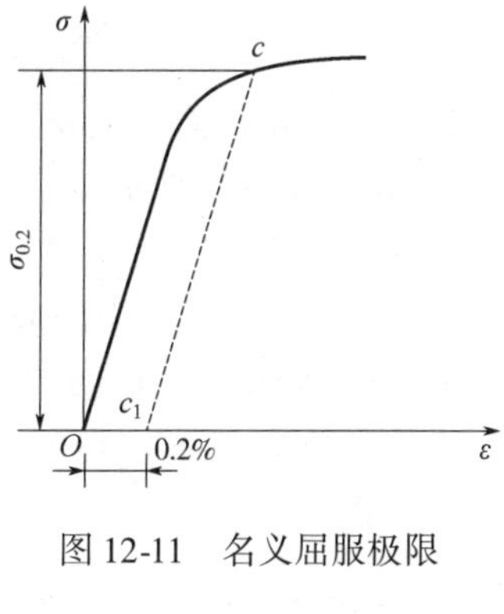

图 12-11　名义屈服极限

12.4.3　铸铁在拉伸时的力学性能

铸铁在拉伸时的 σ-ε 曲线如图 12-12 所示。初期没有明显的直线部分，随后也没有屈服和局部变形现象，在拉应力较小的情况下试件即发生断裂，断口与轴线垂直，说明是被拉应力拉断的。断裂前的应变很小。断裂时的应变仅为0.4%～0.5%，断面收缩率ψ几乎为零。

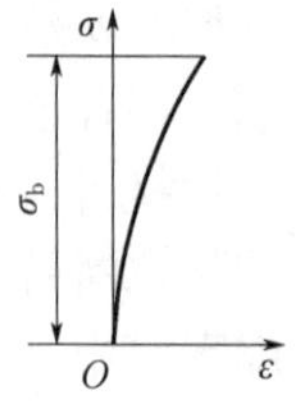

图12-12　铸铁拉伸时σ-ε曲线

在应力不大时，应力与应变之间不成正比关系，在σ-ε曲线中没有明显的直线阶段，但是，在实际使用的应力范围内，σ-ε曲线的曲率很小，故工程中常以割线代替曲线的开始部分，认为材料近似服从胡克定律，其弹性模量通常以总应变为0.1%时的割线的斜率来度量。

铸铁是典型的脆性材料，拉伸断裂时的强度极限σ_b是衡量其强度的唯一指标。

12.4.4　低碳钢和铸铁在压缩时的力学性能

金属材料压缩试件为短圆柱形，其高度为直径的1.5～3倍，以防止受压失稳。低碳钢压缩时的σ-ε曲线（σ、ε都取其大小）如图12-13所示。图中用虚线代表同一材料在拉伸时的曲线。屈服之前的压缩曲线基本与拉伸时重合，屈服极限σ_s值也与拉伸时大致相同。在进入强化阶段之后，两者表现出很大差异，压缩曲线一直上升，不存在压缩强度极限。这是因为压力越来越大，试件先被压成鼓形，最后成为饼状，使横截面不断增大，试件横截面上的真实应力很难达到材料的强度极限。

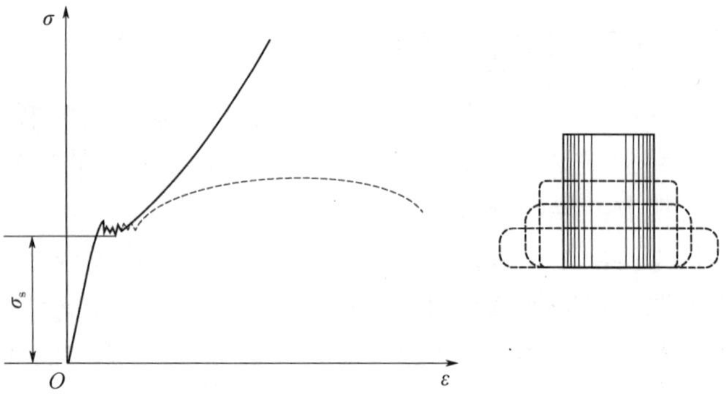

a）　b）

图12-13　低碳钢压缩时σ-ε曲线及变形

铸铁压缩时的σ-ε曲线（σ、ε都取其大小）如图12-14所示。试件在变形较小的情况下发生破裂，断口与轴线约成45°角，表明破坏与最大切应力有关。灰铸铁的压缩强度极限σ_b为拉伸强度极限的3～5倍，其他脆性材料如陶瓷、混凝土、石料等的抗压强度也高于抗拉强度。因此，脆性材料宜用于制作承压构件。

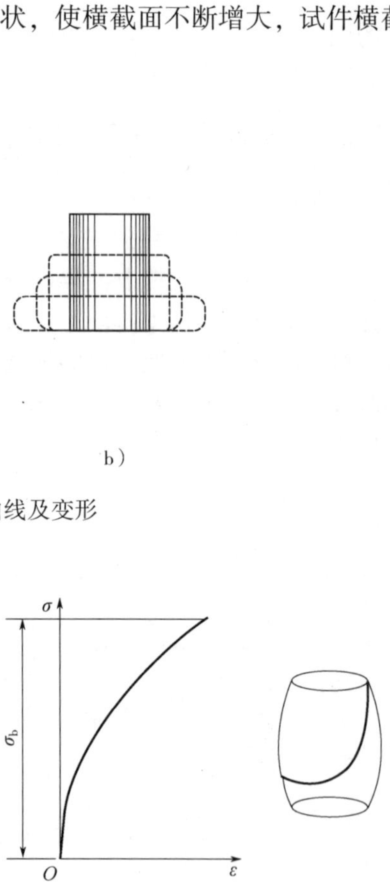

a）　b）

图12-14　铸铁压缩时σ-ε曲线及破坏形式

12.4.5　工程中常用材料的力学性能指标

表12-1列出了工程中常温静载下几种常用材料的主要力学性能以供参考。

表 12-1　常温静载下几种常用材料的主要力学性能

材料名称	牌号	σ_s/MPa	σ_b/MPa	δ_5（%）
普通碳素钢	Q216	186 ~ 216	333 ~ 412	31
	Q235	216 ~ 235	373 ~ 461	25 ~ 27
	Q274	255 ~ 274	490 ~ 608	19 ~ 21
优质碳素结构钢	15	225	373	2
	40	333	569	19
	45	353	598	16
低合金高强度钢	Q355	320 ~ 355	470 ~ 630	≥22
	Q390	335 ~ 390	490 ~ 650	≥20
合金结构钢	40Cr	785	981	9
	50Mn2	785	932	9
碳素铸钢	ZG15	196	392	25
	ZG35	274	490	16
可锻铸铁	KTZA5-5	274	441	5
	KTZ70-2	539	687	2
球墨铸铁	QT40-10	294	392	10
	QT45-5	324	441	5
	QT60-2	412	588	2
灰铸铁	HT15-33		98.1 ~ 274（拉） 637（压）	
	HT20-40		240（拉） 850（压）	

注：表中 δ_5 是指 $l = 5d$ 的标准试件的延伸率。

12.5　轴向拉伸与压缩时杆件的强度

12.5.1　安全因数、许用应力

由低碳钢等塑性材料制成的构件，当应力达到屈服极限 σ_s 时，会由于塑性变形而使构件原有形状或尺寸发生显著改变，不能再正常工作。由铸铁等脆性材料制成的构件，会由于应力达到强度极限 σ_b 而发生断裂。构件失去正常工作能力或发生断裂破坏时的应力，称为**极限应力**，用 σ_u 表示。因此，塑性材料的极限应力是屈服极限 σ_s，脆性材料的极限应力是强度极限 σ_b。

考虑到一定的**安全因数** n（为了确保构件安全且具有规定的强度储备），最终构件中允许达到的最大应力值记为**许用应力** $[\sigma]$，即

$$[\sigma]=\frac{\sigma_s}{n_s}(\text{塑性材料}) \tag{12-8}$$

$$[\sigma]=\frac{\sigma_b}{n_b}(\text{脆性材料}) \tag{12-9}$$

式中　n_s、n_b——塑性材料、脆性材料的安全因数。

安全因数的选定关系到构件的安全性与经济性。过高的安全因数会消耗过多的材料，造成浪费；太小的安全因数则有可能使构件不能安全地工作。因此在设计构件时，选择安全因数应该考虑全面、合理。确定安全因数的值时需考虑的因素有：材料的均匀性、载荷估计的准确性、计算方法的精确程度、构件的重要性以及某些特殊要求等。安全因数的具体数值可在由国家有关业务部门制定的规范中查到，一般静载情况下，对塑性材料可取为 $n_s=1.2\sim2.5$；对脆性材料可取为 $n_b=2.0\sim3.5$，甚至更大。

12.5.2　强度条件

为了保证轴向拉伸或压缩杆件具有足够的强度，限制构件工作应力不超过许用应力的条件，称为**强度条件**，即

$$\sigma=\frac{F_N}{A}\leqslant[\sigma] \tag{12-10}$$

式（12-10）称为轴向拉伸或压缩杆件强度条件的表达式。

对于变截面杆或轴力沿杆长度方向并非均匀分布的情况，应首先确定 $(F_N/A)_{max}$ 所在截面的位置，该截面是强度计算的危险截面。于是杆件的强度条件表达式为

$$\sigma_{max}=\left(\frac{F_N}{A}\right)_{max}\leqslant[\sigma] \tag{12-11}$$

根据强度条件表达式，可进行构件的强度校核、截面设计和确定许用载荷这三类强度问题计算。

在计算时，须注意单位的统一，在工程中通常力以 N 为单位，长度以 mm 为单位，这样得

$$\frac{1\text{N}}{1\text{mm}^2}=\frac{1\text{N}}{1\times10^{-6}\text{m}^2}=10^6\text{Pa}=1\text{MPa}$$

例 12-2　如图 12-15a 所示承载结构，*BCD* 为刚性梁，由直径 $d=2\text{cm}$ 的圆杆 *AC* 悬拉。已知 *D* 端受铅垂的载荷 *F* 的作用。杆 *AC* 的材料的许用应力 $[\sigma]=160\text{MPa}$，不考虑梁和杆的自重，①若 $F=16\text{kN}$，试校核杆 *AC* 的强度；②试求许用载荷 $[F]$；③若 $F=30\text{kN}$，试设计杆 *AC* 的直径。

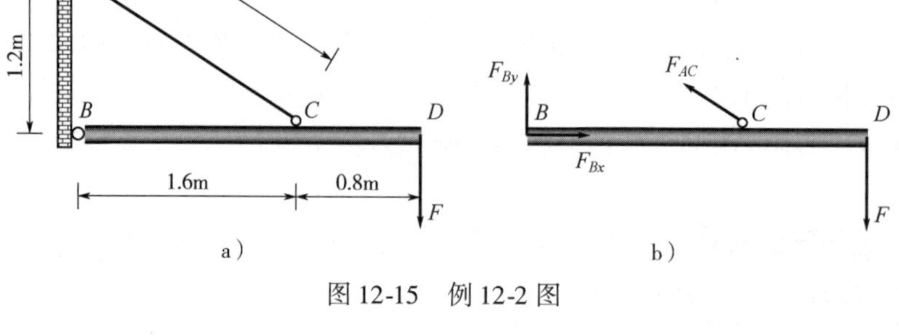

图 12-15　例 12-2 图

解：1）由外力计算杆 AC 的内力。取杆 BD 为研究对象，其受力如图 12-15b 所示。

$$\sum M_B = 0 \Rightarrow -F \times 2.4 + F_{AC} \times \frac{3}{5} \times 1.6 = 0 \Rightarrow F_{AC} = 2.5F$$

2）当 $F=16\text{kN}$ 时，校核杆 AC 的强度。

$$\sigma_{AC} = \frac{F_{AC}}{A} = \frac{2.5F}{\pi d^2/4} = \frac{2.5 \times 16 \times 10^3 \times 4}{\pi \times 20^2}\text{MPa} = 127.32\text{MPa} < [\sigma] = 160\text{MPa}$$

故此时，杆 AC 强度符合要求。

3）计算结构许用载荷 $[F]$。由强度条件

$$\sigma_{AC} = \frac{F_{AC}}{A} = \frac{2.5F}{\pi d^2/4} \leqslant [\sigma] \tag{a}$$

得

$$F \leqslant \frac{\pi d^2[\sigma]}{4 \times 2.5} = \frac{\pi \times 20^2 \times 160}{4 \times 2.5}\text{N} = 20106\text{N} \approx 20.11\text{kN}$$

故结构的许用载荷 $[F]=20.11\text{kN}$。

4）当 $F=30\text{kN}$ 时，设计杆 AC 的直径。由强度条件式（a）得

$$d \geqslant \sqrt{\frac{4 \times 2.5F}{\pi[\sigma]}} = \sqrt{\frac{4 \times 2.5 \times 30 \times 10^3}{\pi \times 160}}\text{mm} = 24.4\text{mm}$$

故此时杆 AC 的直径可取整数为 25mm。

12.6　轴向拉伸与压缩时杆件的变形

12.6.1　轴向拉伸与压缩时杆件的轴向和横向变形

试验表明，在轴向拉伸时，杆件的轴向尺寸增大而横向尺寸缩小；在轴向压缩时，杆件的轴向尺寸缩小而横向尺寸增大。

如图 12-16 所示，轴向拉伸杆件的轴向变形（绝对变形量）为

$$\Delta l = l_1 - l$$

式中　l——杆件原长；

l_1——杆件变形后长度。

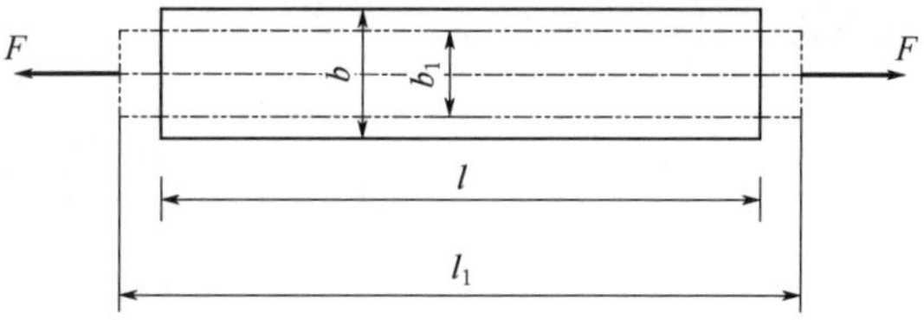

图 12-16　轴向拉伸杆件的轴向变形

杆件的轴向线应变为

$$\varepsilon = \frac{\Delta l}{l}$$

胡克定律表明，当应力不超过材料的比例极限时，正应力与线应变成正比，即

$$\sigma = E\varepsilon$$

因此，杆件的轴向变形可表示为

$$\Delta l = \frac{F_N l}{EA} \tag{12-12}$$

式（12-12）是胡克定律的宏观表达形式。该式表明，在材料的比例极限内，杆件的轴向变形 Δl 与轴力 F_N 及杆件原长 l 成正比，与弹性模量和杆件横截面面积的乘积 EA 成反比。

EA 称为杆件的**拉压刚度**。式（12-12）同样适用于轴向压缩的情况，此时 F_N 为压力，为负值，Δl 也为负值，即杆件缩短。

轴向拉伸杆件的横向变形为

$$\Delta b = b_1 - b$$

式中　b——杆件初始横向尺寸；

b_1——杆件变形后横向尺寸。

杆件的横向线应变为

$$\varepsilon' = \frac{\Delta b}{b}$$

试验结果表明，当应力不超过比例极限时，横向线应变与轴向线应变成正比，但符号相反，即

$$\varepsilon' = -\mu\varepsilon \tag{12-13}$$

式中　μ——泊松比，为无量纲量，它和弹性模量 E 一样，都是材料的固有弹性常数，可通过试验方法确定。

表 12-2 给出了工程中几种常用材料的弹性模量 E 和泊松比 μ 的值。

表 12-2　几种常用材料的 E 和 μ 数值

材料名称	E/GPa	μ
低碳钢	196～216	0.25～0.33
合金钢	186～216	0.24～0.33
灰铸铁	78.5～157	0.23～0.27
铜及其合金	72.6～128	0.31～0.42
铝合金	70	0.33

例 12-3　钢制直杆的各段长度及载荷情况如图 12-17a 所示。各段横截面面积分别为 $A_1 = 300\text{mm}^2$，$A_2 = 200\text{mm}^2$，$A_3 = 300\text{mm}^2$。材料弹性模量 $E = 200\text{GPa}$。试计算杆件各段的轴向变形，并确定截面 D 的位移。

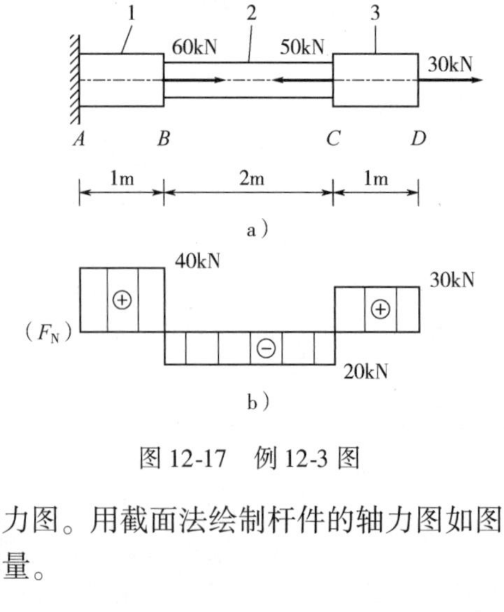

图 12-17　例 12-3 图

解： 1）绘制杆件的轴力图。用截面法绘制杆件的轴力图如图 12-17b 所示。

2）计算各段轴向变形量。

$$\Delta l_{AB}=\frac{F_{NAB}l}{EA}=\frac{40\times10^3\times10^3}{200\times10^3\times300}\text{mm}=0.67\text{mm}(\text{该段伸长})$$

$$\Delta l_{BC}=\frac{F_{NBC}l}{EA}=\frac{-20\times10^3\times2\times10^3}{200\times10^3\times200}\text{mm}=-1\text{mm}(\text{该段缩短})$$

$$\Delta l_{CD}=\frac{F_{NCD}l}{EA}=\frac{30\times10^3\times10^3}{200\times10^3\times300}\text{mm}=0.5\text{mm}(\text{该段伸长})$$

3）截面 D 的位移。杆在左端截面 A 处固定，将上述各段变形量的代数值求和即为截面 D 的位移，即

$$\Delta l_D=\Delta l_{AB}+\Delta l_{BC}+\Delta l_{CD}=(0.67-1+0.5)\text{mm}=0.17\text{mm}(\text{向右})$$

12.6.2　轴向拉伸与压缩的静不定问题

工程实际中有很多结构，仅通过静力学平衡方程不足以解出全部未知约束力或全部内力，即独立静力学平衡方程个数少于未知力所包含未知量的个数，称为**静不定（超静定）结构**。未知力所包含未知量的个数与独立静力学平衡方程个数之差称为**静不定（超静定）次数**。

求解静不定结构，必须在静力学平衡方程之外增加补充方程。对静不定结构来说，考虑到结构中各部分变形的相互协调条件和变形与力之间的物理关系，就可以给出补充方程，从而与静力学平衡方程联立进行求解。本节针对简单的拉压静不定问题，通过例题介绍一种直观的求解方法——变形比较法。

例 12-4　如图 12-18a 所示阶梯杆，两端固定，截面 C 处有轴向外力 F 作用。AC 段横截面面积为 A_1，CB 段横截面面积为 A_2，材料的弹性模量为 E，求两端约束力（假设杆的应力在比例极限范围内）。

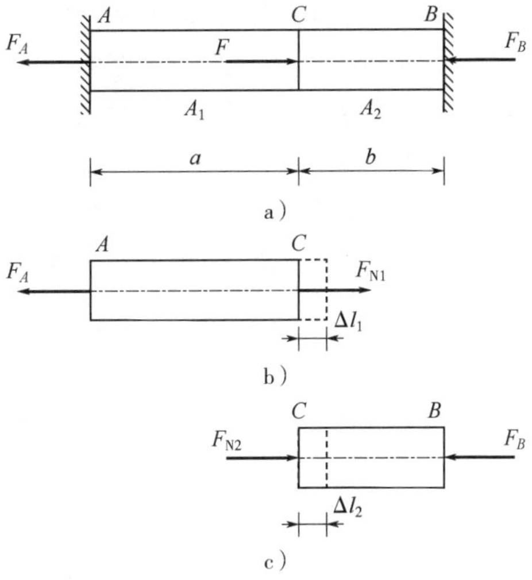

图 12-18　例 12-4 图

解：1）静力学平衡关系。阶梯杆受力如图 12-18a 所示。设两端的约束力均向左。未知力 F_A、F_B 与主动力 F 组成共线力系，静力学平衡方程只有一个，即

$$\sum F_x=0\Rightarrow F-F_A-F_B=0 \tag{a}$$

故为一次静不定问题。

2）变形几何关系。根据图 12-18a 所示受力图，AC 段与 CB 段的受力与变形分别如图 12-18b、c 所示。AC 段受拉，其轴力为 $F_{N1}=F_A$，伸长量为 Δl_1；CB 段受压，其轴力为 $F_{N2}=F_B$，其压缩量为 Δl_2。由于杆件两端为固定端约束，A、B 之间的距离保持不变，因此有

$$\Delta l_1=\Delta l_2 \tag{b}$$

式（b）为杆件变形必须满足的协调条件，称为**变形协调条件或变形协调方程**。

3）物理关系。根据胡克定律，即式（12-12），将各段变形表达式代入式（b），得

$$\frac{F_{N1}a}{EA_1}=\frac{F_{N2}b}{EA_2}\Rightarrow\frac{F_Aa}{EA_1}=\frac{F_Bb}{EA_2} \tag{c}$$

式（c）即为补充方程。

联立式（a）和式（c），即可解得

$$F_A = \frac{FbA_1}{bA_1 + aA_2},\ F_B = \frac{FaA_2}{bA_1 + aA_2}\text{（方向如图 12-18a 所示）}$$

注意，本例较为简单，可直观判断 AC 段与 CB 段的变形形式，故而在考虑变形协调条件时直接用各段变形的绝对值给出。若事先假设各段均受拉，即图 12-18a 中 F_B 向右，则变形协调条件应写为

$$\Delta l_1 + \Delta l_2 = 0$$

静力学平衡方程和补充方程也相应变为

$$\begin{cases} F - F_A + F_B = 0 \\ \dfrac{F_A a}{EA_1} + \dfrac{F_B b}{EA_2} = 0 \end{cases}$$

联立求解则得

$$F_A = \frac{FbA_1}{bA_1 + aA_2},\ F_B = -\frac{FaA_2}{bA_1 + aA_2}$$

即 F_B 真实方向向左，与前述方法结果一致。

由上例求解过程，总结静不定问题的求解步骤如下：

1）根据未知力所含未知量的个数和独立平衡方程的数目，正确判定问题的静不定次数。

2）写出独立的静力学平衡方程。

3）根据结构变形几何关系，建立变形协调条件。

4）将变形与力之间的物理关系代入变形协调条件，得到问题的补充方程。

5）由平衡方程和补充方程联立解出未知力。

根据变形几何关系建立变形协调条件，是求解静不定问题的关键。特别需要注意的是，在受力图中对未知力假设的拉、压性质，应与变形图中相应杆件的伸长或缩短相符合，不得矛盾。

例 12-5 如图 12-19a 所示，三根杆的材料相同，长度均为 0.5m。中间杆（1 杆）横截面面积为 15mm^2，位于两侧的杆（2、3 杆）横截面面积为 25mm^2。三杆平行悬挂于同一水平位置且下端与水平刚性横杆铰接。现作用一图示力 $F = 15\text{kN}$。试求各杆的内力。

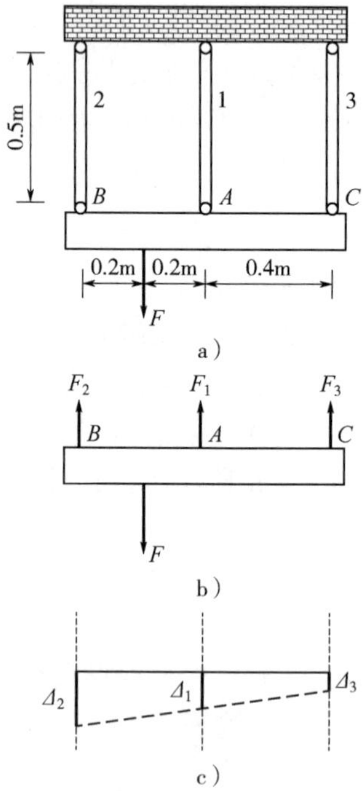

图 12-19 例 12-5 图

解： 1）取刚性杆为研究对象。其受力如图 12-19b 所示，三根杆均假设受拉，轴力分别为 F_1、F_2 和 F_3。刚性杆受到平面平行力系作用，共有两个平衡方程，即

$$\sum F_y = 0 \Rightarrow F_1 + F_2 + F_3 - F = 0 \qquad \text{(a)}$$

$$\sum M_A = 0 \Rightarrow F \times 0.2 + F_3 \times 0.4 - F_2 \times 0.4 = 0 \qquad \text{(b)}$$

共有三个未知量 F_1、F_2 和 F_3，故为一次静不定问题。

2）变形协调条件。刚性杆上 A、B、C 三点保持共线，三

根杆各自伸长 Δ_1、Δ_2 和 Δ_3 后，刚性杆发生倾斜，如图 12-19c 中虚线所示，则由几何关系可得

$$2\Delta_1 = \Delta_2 + \Delta_3 \tag{c}$$

3）补充方程。根据胡克定律，将各杆变形量代入式（c），得

$$2 \times \frac{F_1 l}{EA_1} = \frac{F_2 l}{EA_2} + \frac{F_3 l}{EA_3}$$

将各杆截面面积的数据代入并整理，得补充方程

$$F_1 = 0.3(F_2 + F_3) \tag{d}$$

将 $F = 15\text{kN}$ 代入，并联立式（a）、式（b）和式（d），解得

$$\begin{cases} F_1 = 3.46\text{kN} \\ F_2 = 9.52\text{kN} \quad （三杆均为拉杆） \\ F_3 = 2.02\text{kN} \end{cases}$$

讨论：若三杆的截面面积更改为 1 杆截面面积为 100mm^2，2、3 杆截面面积为 25mm^2，则式（a）、式（b）和式（c）不发生变化，但补充方程变为

$$F_1 = 2(F_2 + F_3) \tag{e}$$

联立式（a）、式（b）和式（e），解得

$$\begin{cases} F_1 = 10\text{kN} \\ F_2 = 6.25\text{kN} \\ F_3 = -1.25\text{kN} \end{cases}$$

即 1、2 杆受拉，3 杆受压。由此可见，静不定结构中各杆的刚度（EA）直接影响各杆的受力，而静定结构中各杆的受力仅决定于平衡方程，与各杆刚度无关。这是静不定结构与静定结构的区别。另外比较以上两种求解结果，在第二种情况下，由于杆 1 拉压刚度增大，而杆 2、杆 3 的拉压刚度不变（相对于杆 1，情况 2 的杆 2、杆 3 的拉压刚度比情况 1 减小），杆 1 受力变大，杆 2 和杆 3 受力变小，体现了静不定结构的“能者多劳”的特性。

12.7　应力集中的概念

对轴向拉伸或压缩等截面直杆，若所考察的横截面距离外力作用点较远，根据圣维南原理就可以认为该截面上的应力均匀分布。然而，由于实际需要，工程中很多构件上存在开孔、切槽、螺纹等，致使截面尺寸发生突然变化。研究表明，在这些构件的截面突然变化处，应力数值显著增大，而在离开这个区域稍远处，应力分布又趋于均匀，这种现象称为**应力集中**。

例如，如图 12-20a 所示为一中部开有小孔的受拉伸的矩形截面直杆。横截面 1—1 通过小孔中心，其上应力分布如图 12-20b 所示。孔边缘处应力很大，离孔边缘稍远处应力就小得多，离孔边缘越远应力分布越趋于均匀。

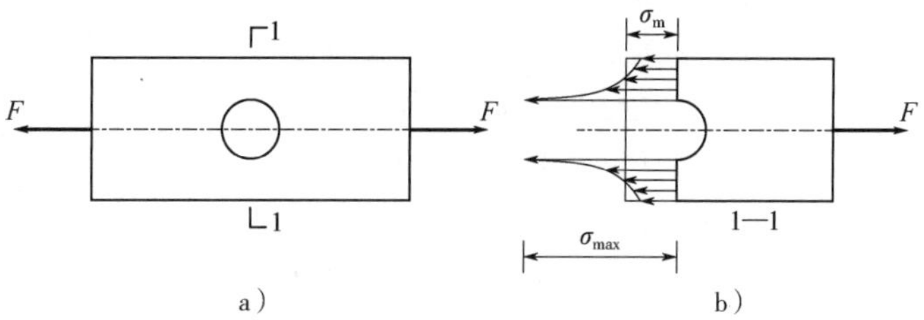

图 12-20　圆孔边缘的应力集中现象

应力集中区域的最大应力 σ_{max} 与同一截面上的平均应力 σ_m（按实际截面面积计算）的比值，称为**理论应力集中因数**，即

$$K = \frac{\sigma_{max}}{\sigma_m}$$

它反映了应力集中的程度，是个大于 1 的因数，各种典型情况下的理论应力集中系数可在有关资料或手册中查到以供强度校核使用。试验结果表明：横截面尺寸改变得越急剧，角越尖，孔越小，应力集中的程度就越严重。因此为避免应力集中造成的危害，可采取的方法有：尽可能避免带尖角的孔、槽；在阶梯轴的轴肩处以圆角过渡（圆角半径越大越好）等。

各种材料对应力集中的敏感程度并不相同。塑性材料有屈服阶段，当局部的最大应力 σ_{max} 达到屈服极限 σ_s 时，该处材料的变形可以继续增大，而应力却不再加大，如果外力继续增加，增加的力就由截面上尚未屈服的材料来承担，使截面上其他点的应力相继增大到屈服极限，这就使截面上的应力逐步趋于平均，降低了应力不均匀程度，也就限制了 σ_{max} 的数值，直至整个横截面上各点处的应力都达到屈服极限时，杆件才因屈服而丧失正常的工作能力。所以，在研究塑性材料构件的静强度问题时，通常可以不考虑应力集中的影响。对于脆性材料，由于脆性材料没有屈服阶段，当载荷增加时，应力集中处的最大应力 σ_{max} 一直领先，首先达到强度极限 σ_b，该处将首先产生裂纹且扩展，很快导致整个构件的破坏，因而应按局部的最大应力来进行强度计算。所以，对于脆性材料制成的构件，应力集中的危害性显得严重，即使在静载荷下，也应考虑应力集中对构件承载能力的削弱。不过，脆性材料中的铸铁是个例外，由于其内部组织很不均匀，本身就存在气孔、杂质等内部缺陷，这些缺陷往往成了产生应力集中的主要因素，而构件的外形改变所引起的应力集中却成了次要因素，对构件的承载能力不一定能造成明显的影响。

12.8 剪切与挤压

工程构件之间常采用各种连接方式来传递载荷或运动，如铆钉、销钉、螺栓、键等。

以铆钉为例，如图 12-21a 所示，可以看出此类连接件的受力和变形特点：作用在铆钉两侧面上分布载荷的合力大小相等、方向相反、作用线垂直于铆钉轴线且相距很近；铆钉沿与力平行的 $m—m$ 截面产生相对错动（图 12-21b）。这种变形形式称为**剪切**。发生相对错动的 $m—m$ 截面称为**剪切面**。剪切面总是与作用力平行，位于两反向作用力的作用线之间，当外力过大时，构件可能沿剪切面被剪断。另外，如果连接件和被连接件的接触面上压力过大，还可能在接触面上产生局部压陷的塑性变形而松

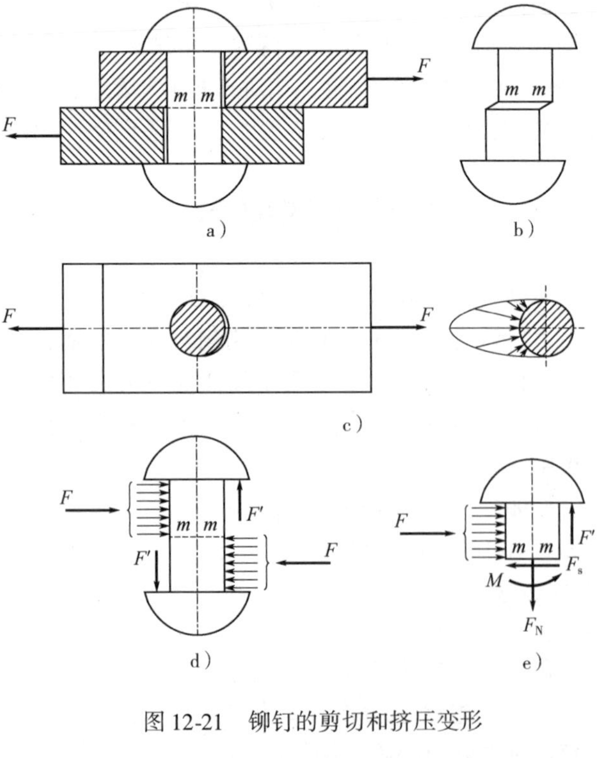

图 12-21　铆钉的剪切和挤压变形

动并导致破坏，如图12-21c所示，这种变形称为**挤压**。对于这类连接件必须进行剪切强度和挤压强度的计算。

构件受外力作用发生剪切变形时，往往还伴随有其他形式的变形发生。例如，在图12-21d中，两个力 F 的作用线并不重合，为保持静力平衡，必然还有一对力 F' 作用在铆钉头部，铆钉相应地要发生拉伸和弯曲变形，如图12-21e所示，但与剪切变形和挤压变形相比，这样的变形一般很小，可不考虑。

剪切与挤压均发生在连接件的局部范围，其应力分布情况十分复杂。工程中通常采用假定的实用计算方法。

1. 剪切的实用计算

仍以铆钉为例，在图12-21d中取截面 $m—m$ 以上部分为研究对象，绘制出其受力图（图12-21e）。F_s 是剪切面 $m—m$ 上的剪力，其值可由静力学平衡方程确定。本例中 $F_s=F$。

在实用计算方法中，假定剪切面上的切应力均匀分布，即认为

$$\tau=\frac{F_s}{A_s} \tag{12-14}$$

式中　A_s——剪切面的面积；

τ——**名义切应力**。

同时，按式（12-14），根据由材料剪切试验测得的剪切破坏极限载荷，计算出相应的名义极限切应力 τ_u。材料的许用切应力为

$$[\tau]=\frac{\tau_u}{n}$$

式中　n——安全因数。

于是，剪切强度条件为

$$\tau=\frac{F_s}{A_s}\leqslant[\tau] \tag{12-15}$$

剪切强度计算的关键在于正确判定构件的危险剪切面，并计算出该剪切面上的剪力 F_s。然后即可根据剪切强度条件进行构件的剪切强度计算。

2. 挤压的实用计算

连接件与被连接件承载时，二者在相互接触面上是压紧的。在两者接触面的局部区域会由于挤压力的合力 F_{bs} 产生较大的接触压力，称为**挤压应力**，用 σ_{bs} 表示。它是垂直于接触面的正应力。如果挤压应力过大，则接触面的局部区域会产生过大的塑性变形，从而影响孔、销间的正常配合，进而导致连接松动而失效。接触应力的分布也是十分复杂的。工程中对挤压应力的计算也是采用假定计算的简化方法，即认为挤压应力在挤压面的计算面积上均匀分布，挤压面的计算面积用 A_{bs} 表示，是指实际相互接触面积在垂直于挤压力方向的平面上的投影面积。

当连接件与被连接件的接触面为圆柱面时，$A_{bs}=td$（图12-22a）；当接触面为平面时，如图12-22b所示的平键，则实际的挤压面积即为计算面积 $A_{bs}=lh/2$。

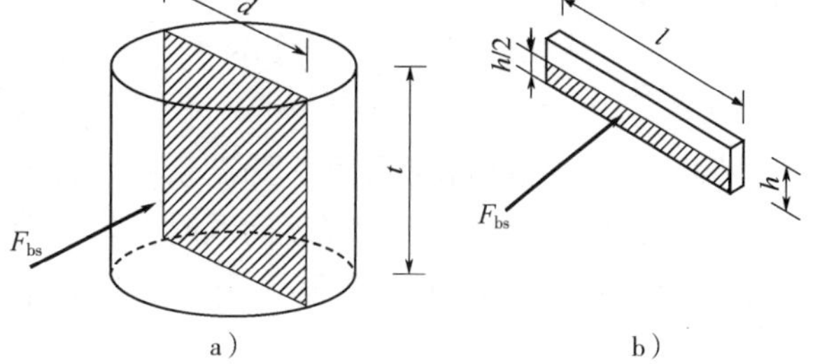

图12-22　挤压面示意图

挤压强度条件为

$$\sigma_{bs} = \frac{F_{bs}}{A_{bs}} \leqslant [\sigma_{bs}] \tag{12-16}$$

式中　$[\sigma_{bs}]$——许用挤压应力，也由与连接件剪切许用应力类似方法通过试验实际测定。

例 12-6　如图 12-23a 所示拖车挂钩用销钉连接，销钉的许用切应力 $[\tau]=60\text{MPa}$，许用挤压应力 $[\sigma_{bs}]=100\text{MPa}$，挂钩部分的钢板厚度 $t=8\text{mm}$，拖车的拉力 $F=18\text{kN}$。试选择销钉的直径。

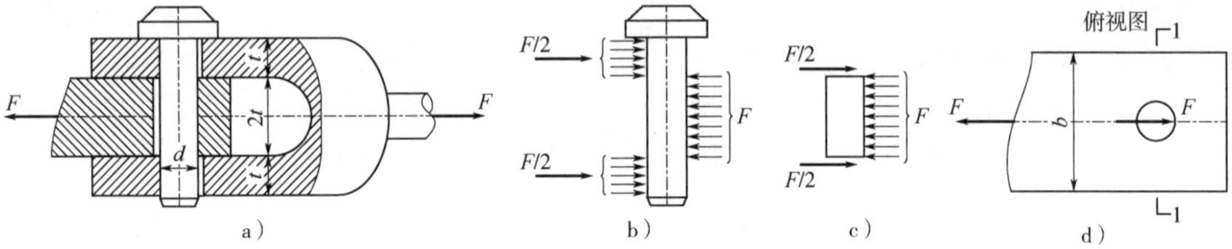

图 12-23　例 12-6 图

解： 1）按剪切强度条件设计。以销钉为研究对象，其受力如图 12-23b 所示。销钉有两个剪切面，称为**双剪切**。用截面法将销钉沿剪切面截开，取中段为研究对象，其受力如图 12-23c 所示。由平衡条件可得剪切面上的剪力为

$$F_s = \frac{F}{2} = \frac{18}{2}\text{kN} = 9\text{kN}$$

销钉剪切面的面积为 $A=\pi d^2/4$，由剪切强度条件，有

$$\tau = \frac{F_s}{A_s} = \frac{F_s}{\pi d^2/4} \leqslant [\tau]$$

故销钉的直径

$$d_1 \geqslant \sqrt{\frac{4F_s}{\pi[\tau]}} = \sqrt{\frac{4\times 9\times 10^3}{\pi\times 60}}\text{mm} = 13.8\text{mm}$$

2）按挤压强度条件设计。销钉中段的尺寸与上下两段尺寸之和相等，受力情形一样，故仍以中段为研究对象。中段挤压面积为 $A_{bs}=2t\cdot d$，挤压力为 $F=18\text{kN}$，由挤压强度条件（12-16），有

$$\sigma_{bs} = \frac{F_{bs}}{A_{bs}} = \frac{F}{2td} \leqslant [\sigma_{bs}]$$

故销钉的直径

$$d_2 \geqslant \frac{F}{2t[\sigma_{bs}]} = \frac{18\times 10^3}{2\times 8\times 100}\text{mm} = 11.3\text{mm}$$

因此，综合剪切和挤压两个强度条件，直径取整数，可选择 $d=14\text{mm}$ 的销钉。

注意，处理此类连接的强度问题时，除了销钉会由于剪切和挤压破坏之外，连接板的截面最小处（图 12-23d 所示截面 1—1）也有可能被拉断。设连接板的许用应力为 $[\sigma]$，则由杆件拉伸强度条件，有 $\sigma=\dfrac{F}{(b-d)\cdot 2t}\leqslant[\sigma]$，据此确定对销钉孔的直径 d 或连接板的宽度 b 的要求。

习　题

12-1　试计算图 12-24 所示各杆截面 1—1、2—2、3—3 上的轴力，并绘制杆的轴力图。

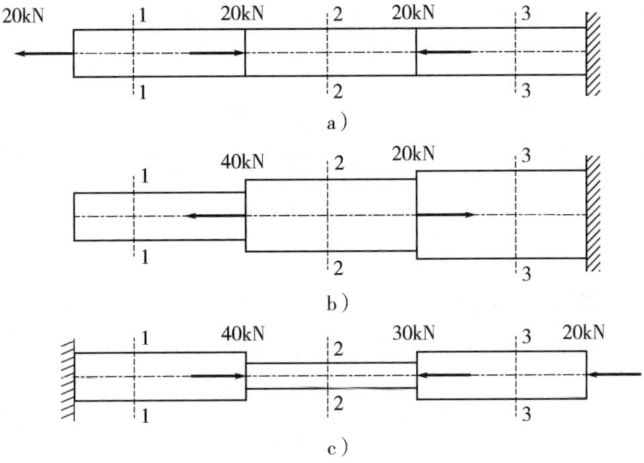

图 12-24　习题 12-1 图

12-2　如图 12-25 所示等截面直杆，横截面面积 $A = 100\ mm^2$，受拉力 $F = 10kN$ 作用。试分别计算 $\alpha = 0°$、30°、60°各截面上的正应力与切应力。

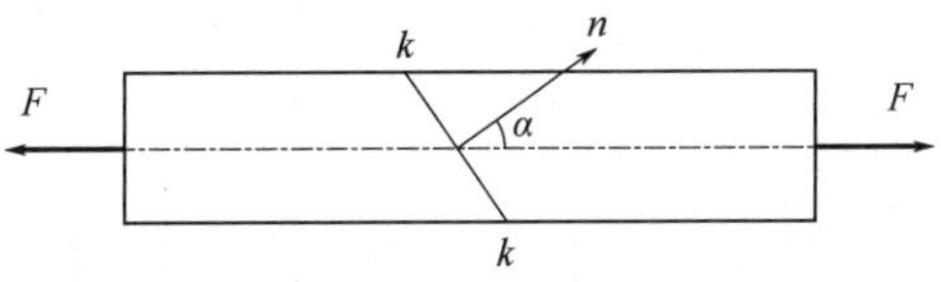

图 12-25　习题 12-2 图

12-3　如图 12-26 所示铅垂平面桁架结构中，杆 AC 为钢杆，其横截面面积为 $10cm^2$，许用应力为 $[\sigma]_1 = 160MPa$；杆 BC 为木杆，其横截面面积为 $200cm^2$，许用应力为 $[\sigma]_2 = 7MPa$；节点 C 受铅垂力 $F = 150kN$ 的作用。试校核该结构的强度。

12-4　如图 12-27 所示托架，节点 A 处受 $F = 50kN$ 的载荷作用。AB 为钢制圆形截面杆，材料许用应力$[\sigma]_{钢} = 160MPa$；BC 为木制正方形截面杆，材料许用应力 $[\sigma]_{木} = 10MPa$。不计各杆自重，试按强度条件确定杆 AB 横截面的直径 d 和杆 BC 横截面的边长 b。

12-5　如图 12-28 所示两杆三角支架，杆 AB 和杆 AC 的材料相同，杆 AB 为圆截面，直径 $d = 20mm$；杆 AC 为矩形截面，边长 $a \times b = 16mm \times 18mm$；材料的许用应力为 $[\sigma] = 140MPa$，试确定结构的许用载荷 $[F]$。

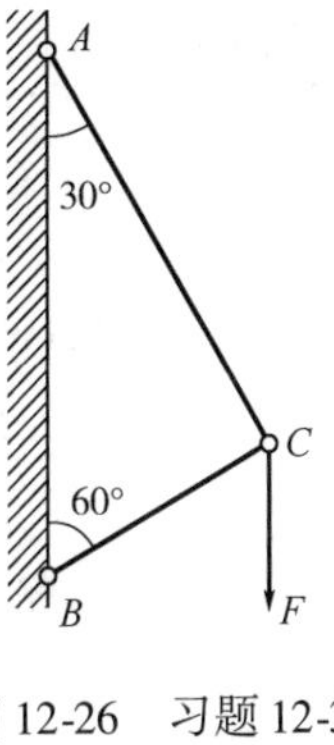

图 12-26　习题 12-3 图

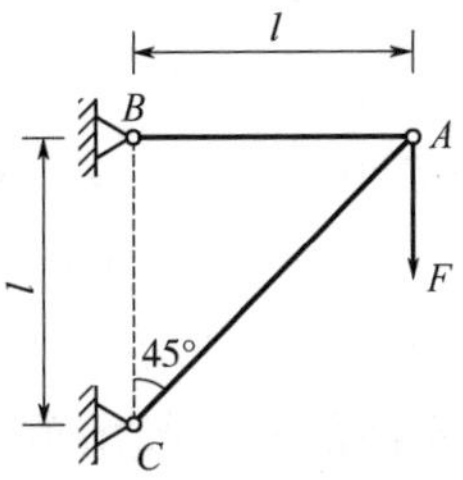

图 12-27　习题 12-4 图

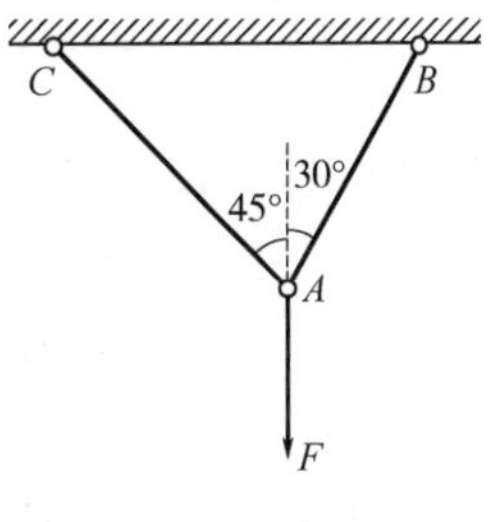

图 12-28　习题 12-5 图

12-6 如图 12-29 所示人字形屋架，已知木杆的横截面面积为 $10 \times 10^3 mm^2$，许用应力为 $[\sigma]_1 = 7MPa$；钢杆的横截面面积为 $600mm^2$，许用应力为 $[\sigma]_2 = 160MPa$；载荷 $F = 80MPa$，求①校核屋架的强度；②试求屋架的许用载荷 $[F]$；③按强度条件重新选择木杆和钢杆合理的横截面面积。

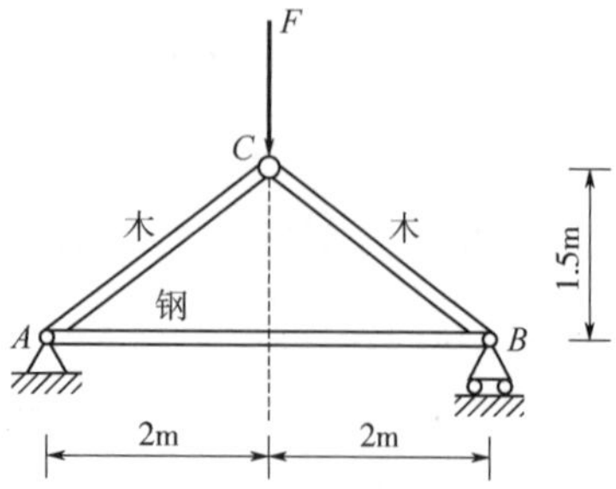

图 12-29 习题 12-6 图

12-7 变截面直杆，长度及受力情况如图 12-30 所示，AB 段横截面面积 $A_1 = 100mm^2$，BC 段横截面面积 $A_2 = 50mm^2$，材料弹性模量 $E = 200GPa$。试计算杆的轴向总变形量。

12-8 铅垂面内桁架如图 12-31 所示，节点 C 受水平向右的力 $F = 100kN$ 的作用，已知各杆横截面面积 $A = 640mm^2$，材料的弹性模量 $E = 200GPa$，试求各杆的变形量。

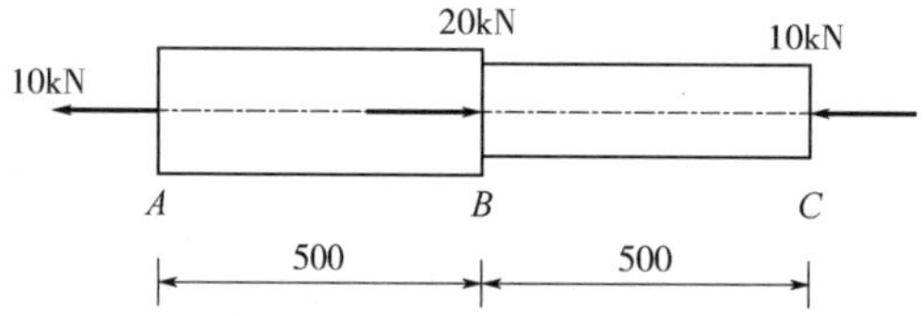

图 12-30 习题 12-7 图

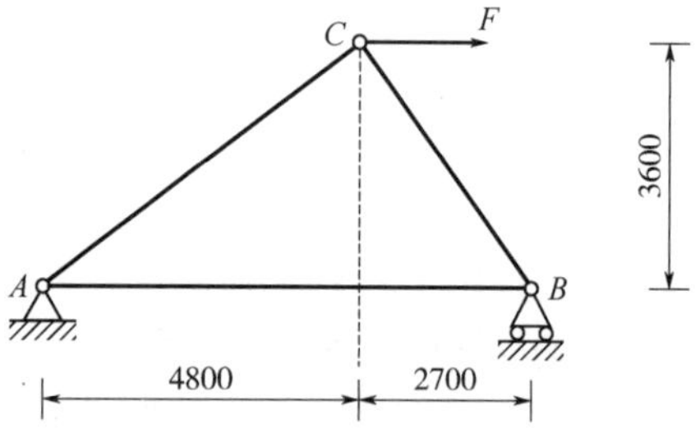

图 12-31 习题 12-8 图

12-9 如图 12-32 所示等截面直杆 AD，两端固定，横截面面积为 A，在截面 B、C 处各受载荷 F 作用，试计算杆各段横截面上的正应力。

12-10 如图 12-33 所示结构，杆 1 和杆 2 的横截面面积相同，材料也相同，横杆 BC 为钢杆，载荷 $F = 20kN$。不计自重，试确定两杆的内力。

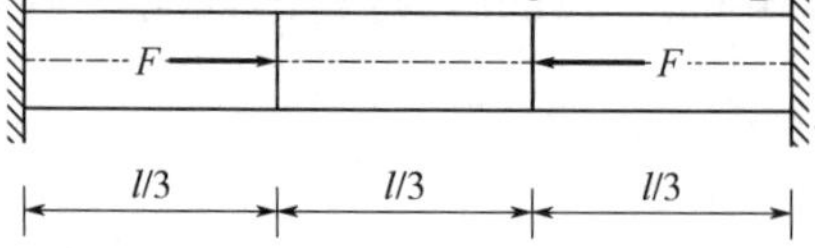

图 12-32 习题 12-9 图

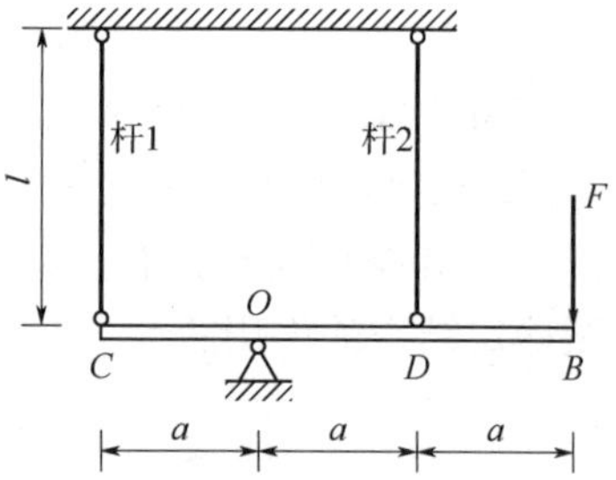

图 12-33 习题 12-10 图

12-11 如图 12-34 所示两根正方形截面的木杆，以木榫接头连接。已知 $a = 12cm$，$c = 4.5cm$，$h = 7cm$，木材顺纹的许用拉应力为 $[\sigma] = 20MPa$，剪切许用应力 $[\tau] = 3.5MPa$，许用挤压应力 $[\sigma_{bs}] = 2MPa$，试确定木杆的允许轴向拉力 $[F]$。

12-12 如图 12-35 所示旋转吊钩的栓柱部分，起吊重量 $F = 170kN$、吊钩栓柱直径 $d = 55mm$，吊钩上端凸耳部分为直径 $D = 80mm$、高度 $h = 20mm$ 的圆柱，材料许用应力 $[\sigma] =$

80MPa，剪切许用应力 $[\tau]=60\text{MPa}$，许用挤压应力 $[\sigma_{bs}]=70\text{MPa}$。试对吊钩进行强度校核。

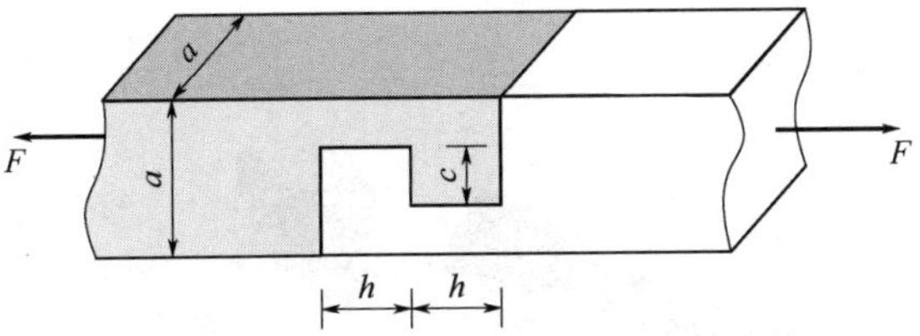

图 12-34　习题 12-11 图

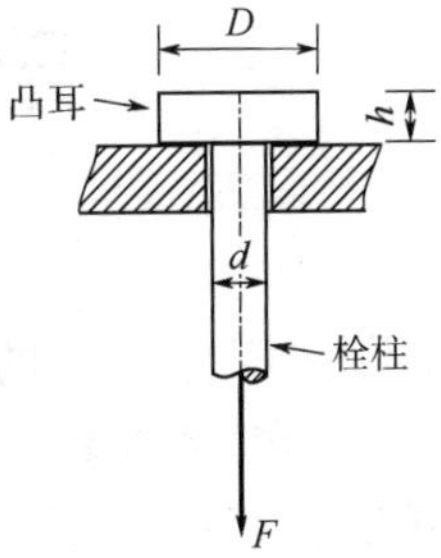

图 12-35　习题 12-12 图

第 13 章　圆轴的扭转

扭转变形是杆件变形的一种基本形式，其特点是外力偶作用在垂直于杆件轴线的平面内，杆件的任意两个横截面之间发生绕轴线的相对转动。工程中以扭转变形为主的杆件很多，图 13-1 给出了两个实例，图 13-1a 是汽车主传动轴，图 13-1b 是搅拌器主轴。以扭转变形为主的杆件通常称为**轴**，最常用的是圆截面轴。本章主要讨论圆轴扭转时的内力、应力、强度与刚度等问题。

图 13-1　扭转实例

13.1　传动轴的外力偶矩、扭矩和扭矩图

13.1.1　传动轴上外力偶矩的计算

横向外力作用于圆轴并使其发生扭转变形的力矩一般可通过横向力及其到转轴的距离的乘积来计算。而对于工程中常见的机器传动轴，使其产生扭转变形的外力偶矩一般可通过轴在某处所传递的功率和轴的转速来计算。

若已知传动轴的转速为 n（单位：r/min），所传递的功率为 P（单位：kW），因 1W = 1N · m/s，而功率 P 为外力偶矩 M_t（单位：N · m）与圆轴角速度 ω（单位：1/s）的乘积，即 $P = M_t\omega$，于是

$$P \times 10^3 = M_t \times \frac{n \cdot 2\pi}{60}$$

由此可得外力偶矩 M_t 的计算公式为

$$M_t = \frac{60 \times 10^3}{2\pi} \cdot \frac{P}{n} = 9549\,\frac{P}{n}$$

13.1.2　杆件扭转时的内力——扭矩和扭矩图

外力偶矩确定之后，现在研究杆件扭转时的内力。以图 13-2a 所示受扭转圆截面直杆为例，已知作用在杆件上的外力偶矩为 M_t，现用截面法确定杆件任一横截面 $m—m$ 上的内力。

用假想截面将杆件在截面 $m—m$ 处截为两段，若取其中左段为研究对象，其受力如图 13-2b 所示。由该段杆件的静力学平衡方程知，扭转时，杆件横截面上的分布内力系必构

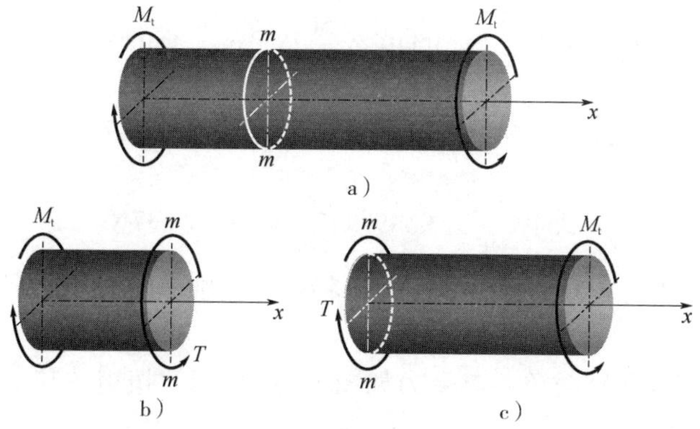

图 13-2　杆件扭转的内力——扭矩

成一个力偶矩矢量方向垂直于杆件横截面的力偶，以与外力偶矩 M_t 平衡。扭转杆件横截面上的内力偶矩称为扭矩，用 T 表示。列写平衡方程即可求之：

$$\sum M_x = 0 \Rightarrow T - M_t = 0 \Rightarrow T = M_t$$

若取右段为研究对象（图 13-2c），同样可以得到截面 m—m 上的扭矩，该扭矩为左段截面 m—m 上扭矩的反作用。二者在受力图中表现出相反的方向。与轴向拉伸或压缩时杆件的轴力类似，无论取左段还是右段求得的扭转对截面 m—m 的作用效果是相同的，因此应定义为相同的符号。为此，规定：按右手螺旋法则，矢量方向离开截面（沿截面外法线方向）的扭矩为正，反之为负。如图 13-2b 和 c 所示扭矩 T 均为正。

当扭转变形杆件上承受较为复杂的外力偶矩时，为了直观地表示扭矩沿杆件轴线的变化情况，以沿杆件轴线方向的坐标表示横截面的位置，以垂直于杆件轴线的坐标表示相应截面上的扭矩，由此得到的图线称为**扭矩图**。扭矩图的画法和要求与轴力图类似。

例 13-1　如图 13-3a 所示传动轴，转速为 $n=300\text{r/min}$，其中主动轮 A 输入功率 $P_A=50\text{kW}$，从动轮 B、C、D 的输出功率分别是 $P_B=P_C=15\text{kW}$，$P_D=20\text{kW}$。试画该轴的扭矩图，并确定最大扭矩值（绝对值）。

解：1）计算外力偶矩。主动轮处外力偶矩的转向与该轴的转向相同，从动轮处外力偶矩与轴的转向相反，故该轴的受力图如图 13-3b 所示，其中

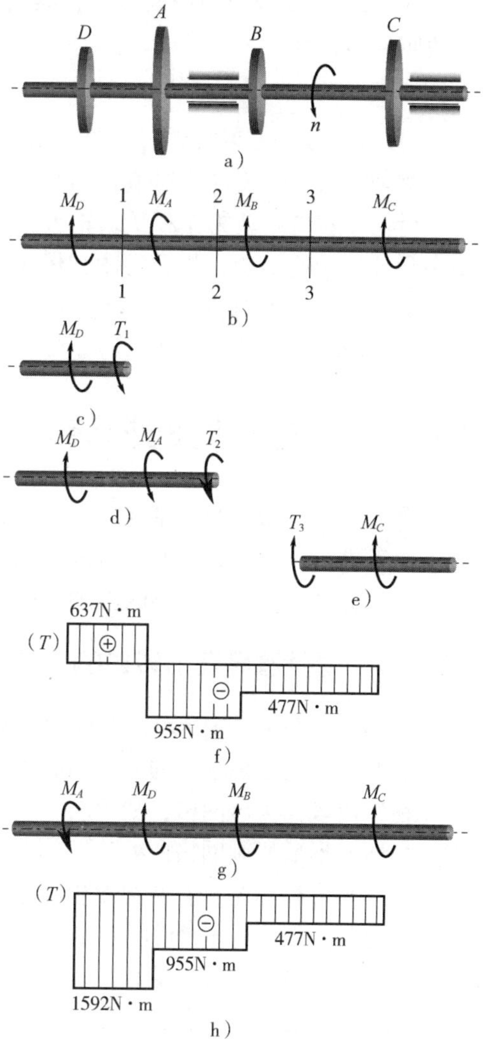

图 13-3　例 13-1 图

$$M_A = 9549\frac{P_A}{n} = 9549 \times \frac{50}{300}\text{N}\cdot\text{m} = 1592\text{N}\cdot\text{m}$$

$$M_B = M_C = 9549\frac{P_B}{n} = 9549 \times \frac{15}{300}\text{N}\cdot\text{m} = 477\text{N}\cdot\text{m}$$

$$M_D = 9549\frac{P_D}{n} = 9549 \times \frac{20}{300}\text{N}\cdot\text{m} = 637\text{N}\cdot\text{m}$$

2）截面法求各截面处扭矩。由题意知，可将杆件分别从图 13-3b 所示 1—1、2—2、3—3 截开分析。

取截面 1—1 左段为研究对象，其受力如图 13-3c 所示，扭矩按其正转向画出，有

$$\sum M_x = 0 \Rightarrow T_1 - M_D = 0 \Rightarrow T_1 = M_D = 637\text{N}\cdot\text{m}$$

取截面 2—2 左段为研究对象，其受力如图 13-3d 所示，扭矩按其正转向画出，有

$$\sum M_x = 0 \Rightarrow T_2 + M_A - M_D = 0 \Rightarrow T_2 = M_D - M_A = (637 - 1592)\text{N}\cdot\text{m} = -955\text{N}\cdot\text{m}$$

取截面 3—3 右段为研究对象，其受力如图 13-3e 所示。注意此时扭矩的画法，仍按其正转向画出，有

$$\sum M_x = 0 \Rightarrow T_3 + M_C = 0 \Rightarrow T_3 = -M_C = -477\text{N}\cdot\text{m}$$

3）根据以上结果绘制扭矩图。该轴扭矩图如图 13-3f 所示。

该轴内最大扭矩（绝对值）为 $|T|_{\max} = 955\text{N}\cdot\text{m}$，在 AB 段。

讨论：若将主动轮 A 和从动轮 D 互换位置，其他两个从动轮位置不变，且各轮传递的功率和轴的转速不变，其受力图如图 13-3g 所示，进一步画出其扭矩图，如图 13-3h 所示。轴内最大扭矩（绝对值）为 $|T|_{\max} = 1592\text{N}\cdot\text{m}$，在 AD 段。

对比两种主动轮和从动轮的分布情况，可以得出前一种较为合理。

13.2　薄壁圆筒的扭转、切应力互等定理与剪切胡克定律

薄壁圆筒是指筒壁的厚度远小于圆筒直径的圆筒，当其发生扭转变形时，其变形易于观察，便于进行试验研究。通过对该问题的分析，可以建立扭转变形中的相关概念，并获得有关结论，为进一步研究复杂的圆轴扭转问题打下一定的基础。

13.2.1　薄壁圆筒在扭转时的变形特点

现研究如图 13-4a 所示的等厚薄壁圆筒（用容易发生变形的材料制成）。为了考察薄壁圆筒的变形，用相距很近的一系列圆周线（代表着横截面）和一系列纵向线（圆筒的母线）事先在圆筒表面画出网格，如图 13-4a 所示。圆筒受一对平衡的外力偶 M_t 作用发生扭转变形。扭转变形后所画网格所处位置如图 13-4b 所示，相邻圆周线绕轴线发生相对转动。网格中的任一小方格的左、右两边发生相对错动，使得圆周线与纵向线的夹角由 90°变为非 90°，角度变化量为图中的 γ，说明发生了剪切变形。这表明，横截面内存在切应力；另外，圆周线沿轴线间距及沿圆周线的长度均无变化。这表明，在圆筒的横截面上不存在正应力，否则各横截面距离会发生变化；含轴线在内的纵向截面上，也不存在正应力。

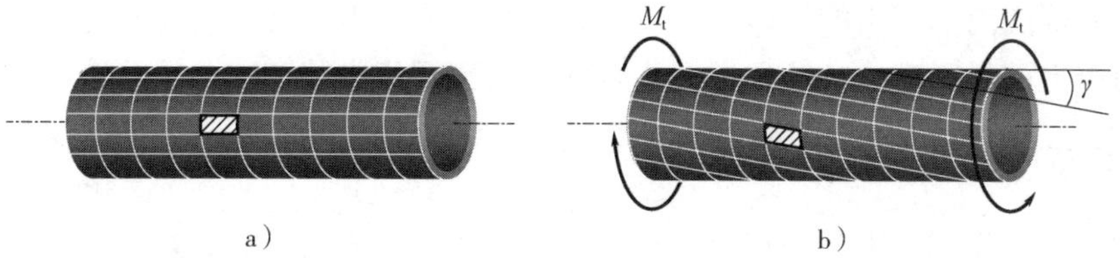

图 13-4　薄壁圆筒的扭转变形

13. 2. 2　薄壁圆筒在扭转时的切应力特点

为确定横截面上的切应力，采用截面法将圆筒从某圆周线处截开，取左段为研究对象，如图 13-5 所示。横截面上的分布内力系与外力偶矩 M_t 相平衡。因圆筒壁厚很小，可认为切应力 τ 沿厚度均匀分布。又因同一圆周上各点的受力情况相同，故切应力 τ 沿圆周方向也均匀分布。设圆筒平均半径为 r，筒壁厚度为 t，横截面的面积 $A=2\pi rt$，则横截面分布内力系对筒轴线（设为 x 轴）的矩为 $2\pi rt\cdot\tau\cdot r$。由平衡方程得

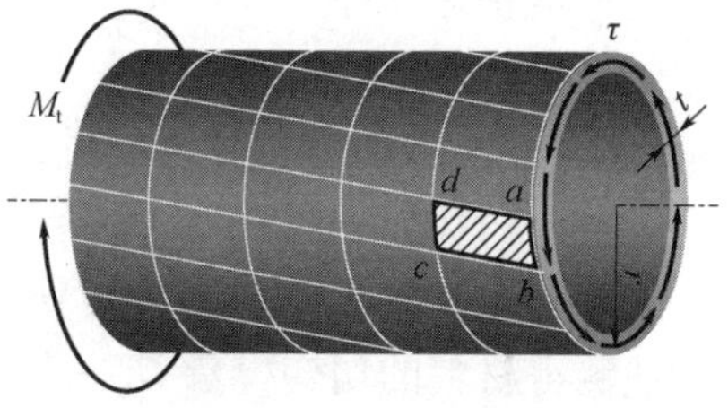

图 13-5　薄壁圆筒扭转时横截面上切应力

$$\sum M_x = 0 \Rightarrow 2\pi rt\cdot\tau\cdot r - M_t = 0 \tag{13-1}$$

于是得到薄壁圆筒扭转时横截面上的切应力为

$$\tau = \frac{M_t}{2\pi r^2 t} \tag{13-2}$$

13. 2. 3　纯剪切、切应力互等定理

如图 13-6 所示，用相距 dx 的两个横截面和相距 dy 的两个过轴线的纵向平面，从薄壁圆筒上切出一微小六面体。微体的边长分别为 dx、dy 和 t。微体的左、右表面是圆筒的横截面的一部分，其上只有切应力 τ，这两个表面上的切应力与各自表面积相乘后组成一个矩为 $(\tau\cdot t\mathrm{d}y)\cdot\mathrm{d}x$ 的力偶。由于微体处于静力平衡状态，而微体前、后表面为薄壁圆筒的外、内壁面的一部分，为自由表面，其上无应力，故知在上、下两个面上，必然存在切应力 τ'，并组成一个矩为 $(\tau'\cdot t\mathrm{d}x)\cdot\mathrm{d}y$ 的反向力偶，以与上述力偶相平衡，即

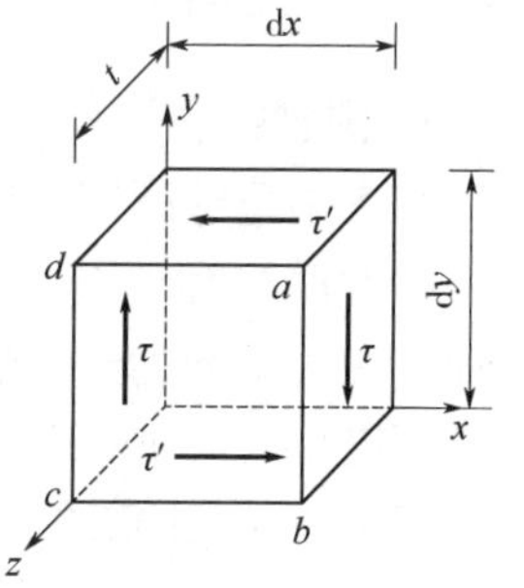

图 13-6　切应力互等定理

$$(\tau\cdot t\mathrm{d}y)\cdot\mathrm{d}x = (\tau'\cdot t\mathrm{d}x)\cdot\mathrm{d}y$$

由此得

$$\tau = \tau' \tag{13-3}$$

式（13-3）称为**切应力互等定理**。它表明，在微体互相垂直的两个表面上，切应力必然成对存在，它们数值相等且垂直于它们的公共棱边（该棱边的边长为 t），其方向共同指向或共同背离该棱边。

上述从薄壁圆筒上切出的微体，其前、后表面上无应力，其左、右、上、下四个表面上只作用有切应力而无正应力，这种应力状态称为**纯剪切应力状态**。

13.2.4　切应变、剪切胡克定律

微体在切应力作用下发生剪切变形，互相垂直的棱边 dx 和 dy 所夹直角发生改变，该直角的改变量称为**切应变**，用符号 γ 表示，如图 13-7 所示。切应变 γ 是无量纲量。

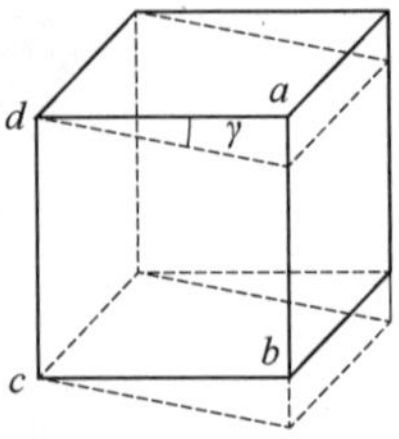

图 13-7　切应变

试验表明，当切应力不超过材料的剪切比例极限时，切应力 τ 与切应变 γ 成正比，即

$$\tau = G\gamma \tag{13-4}$$

式中　G——材料的剪切弹性模量，简称**切变模量**，其量纲与切应力相同，常用单位是 GPa，$1\text{GPa} = 10^9\text{Pa}$。

式（13-4）称为**剪切胡克定律**。因此，可根据薄壁圆筒扭转时的纯剪切应力状态用试验方法测得材料的切变模量 G。

可以证明（从略），对各向同性材料，其弹性模量 E、切变模量 G 和泊松比 μ 三个弹性常数之间有如下关系：

$$G = \frac{E}{2(1+\mu)} \tag{13-5}$$

13.3　圆轴扭转时横截面上的应力与强度条件

圆轴（包括实心轴与空心轴）扭转时的横截面上的应力相对于薄壁圆筒较为复杂，需要从变形几何关系、物理关系以及力系等效关系三个方面考虑。

13.3.1　圆轴扭转时横截面上的应力

1. 圆轴扭转时的变形几何关系

与考察薄壁圆筒扭转时的变形特点类似，在圆轴表面用相距很近的一系列圆周线（代表着横截面）和一系列纵向线（圆筒的母线）事先在圆轴表面画出网格，如图 13-8a 所示。圆筒受一对平衡的外力偶 M_t 作用发生扭转变形。试验发现，扭转时圆轴表面的变形情况与薄壁圆筒相似。即变形后圆周线绕轴线发生相对转动，但仍保持为圆形，且各圆周线间的距离和圆周半径均保持不变，同时，圆轴表面的各纵向线都倾斜了同一角度，如图 13-8b 所示。

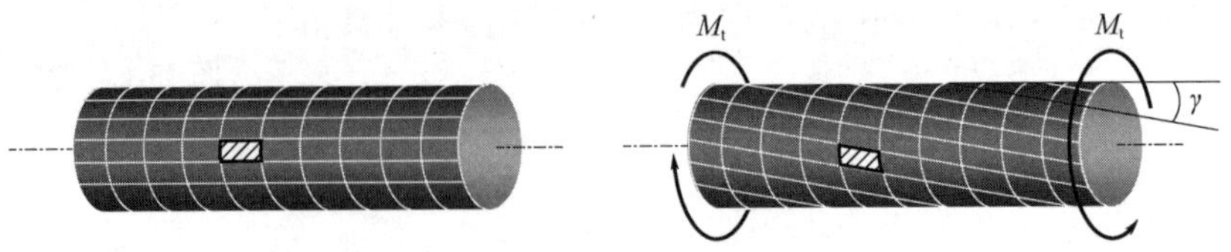

图 13-8　圆轴的扭转变形

圆轴内部的变形情况无法直接观察到，但可根据表面变形现象做出相应假设：变形前为平面的横截面，变形后仍为平面，其形状大小不变，只是绕轴线刚性地转动了一个角度。这

称为**圆轴扭转的平面假设**。根据这一假设导出的应力和变形计算公式符合试验结果，且与弹性力学的结论一致。

为进一步分析直径为 $D=2R$ 的圆轴内部的变形情况，用相距 $\mathrm{d}x$ 的两个横截面 $m—m$ 和 $n—n$，以及两个过轴线的纵向平面，在轴上切取一个如图 13-9 所示的微小楔形体。根据平面假设，楔形体左、右两横截面间绕轴线相对旋转了 $\mathrm{d}\varphi$ 角，从 $m—m$ 截面观察 $n—n$ 截面：半径 O_2B 转到 O_2B'，圆轴表层方格 $ABCD$ 变为 $AB'C'D$，轴内半径为 ρ 的圆柱面上与楔形体相交所成的方格 $abcd$ 和圆轴表层方格 $ABCD$ 一样，也要发生剪切变形，变为 $ab'c'd$，如图 13-10 所示。为求出轴内不同半径的圆柱面处的切应变大小，从图中可以看出，具有以下几何关系：

$$BB' = R\mathrm{d}\varphi$$

$$bb' = \rho\mathrm{d}\varphi$$

根据切应变为直角改变量的定义，并考虑小变形情况，即 $\gamma \approx \tan\gamma$，有

$$\gamma = \frac{BB'}{AB} = R\frac{\mathrm{d}\varphi}{\mathrm{d}x}$$

$$\gamma_\rho = \frac{bb'}{ab} = \rho\frac{\mathrm{d}\varphi}{\mathrm{d}x} \tag{13-6}$$

式中　$\frac{\mathrm{d}\varphi}{\mathrm{d}x}$——扭转角 φ 沿杆件轴线方向的变化率，称为**单位长度扭转角**。

相对于 $m—m$ 截面，$n—n$ 截面上各点的 $\frac{\mathrm{d}\varphi}{\mathrm{d}x}$ 为常数，其值待定。因此，横截面上任一点的切应变与该点到圆心的距离成正比。式（13-6）即为圆轴扭转的变形几何关系。

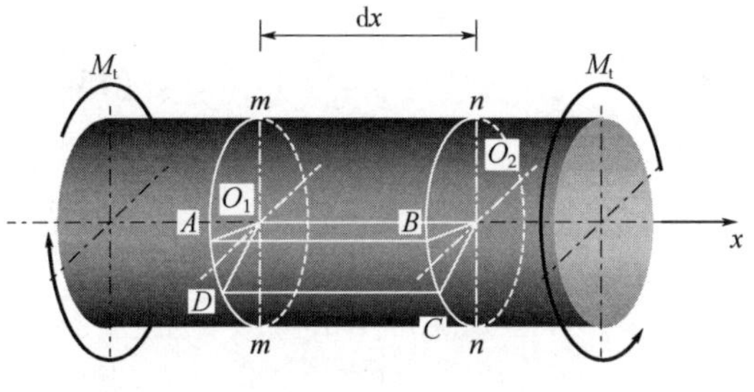

图 13-9　圆轴中的楔形体

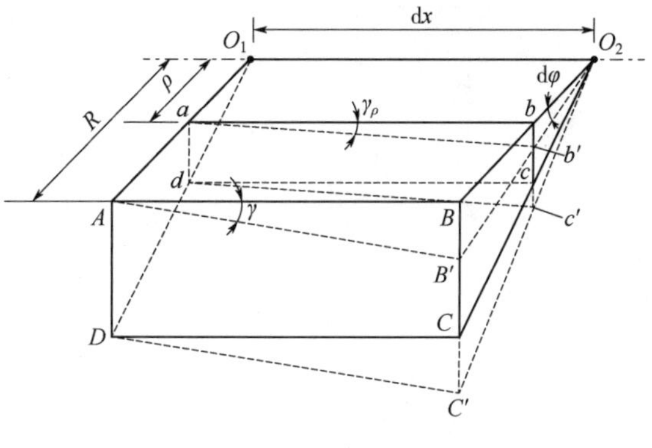

图 13-10　圆轴内楔形体的变形

2. 物理关系

因剪切变形发生在与半径垂直的平面 $abcd$ 内，故切应力的方向垂直于该点所在的半径 O_2B（由于 $\mathrm{d}\varphi$ 无限小，故 O_2C 与 O_2B 几乎平行）。此外，根据平面假设，横截面上不存在正应力。从轴内切出的包含横截面及纵向截面的微小六面体，都处于纯剪切状态。由剪切胡克定律可知，在比例极限范围内

$$\tau_\rho = G\gamma_\rho \tag{13-7}$$

将式（13-6）代入式（13-7），得

$$\tau_\rho = \rho G\frac{\mathrm{d}\varphi}{\mathrm{d}x} \tag{13-8}$$

式（13-8）表明，横截面上任一点的切应力与该点到圆心的距离成正比。切应力大小沿半径方向呈线性分布。圆轴表面处切应力最大，而圆心处切应力为零，如图 13-11 所示。另外，根据切应力互等定理，在与横截面垂直的纵向截面内也存在相同的切应力分布，如图 13-11a 所示。

3. 力系等效关系

作用于横截面上的切应力分布力系是一个力偶系，其合力偶是横截面上的扭矩。在横截面上任取一距圆心为 ρ 的微面积 dA（图 13-12），作用在此面积上的力是 $\tau_\rho dA$，该力对圆心的矩为 $\rho \cdot \tau_\rho dA$。在整个截面上积分，即得横截面上的扭矩 T：

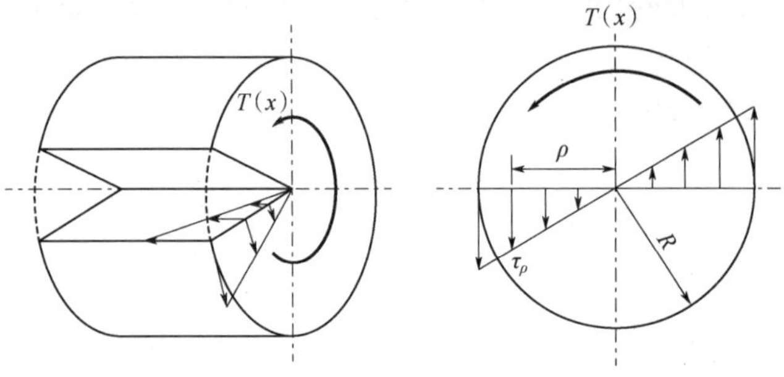

a）　　b）

图 13-11　圆轴扭转时的切应力

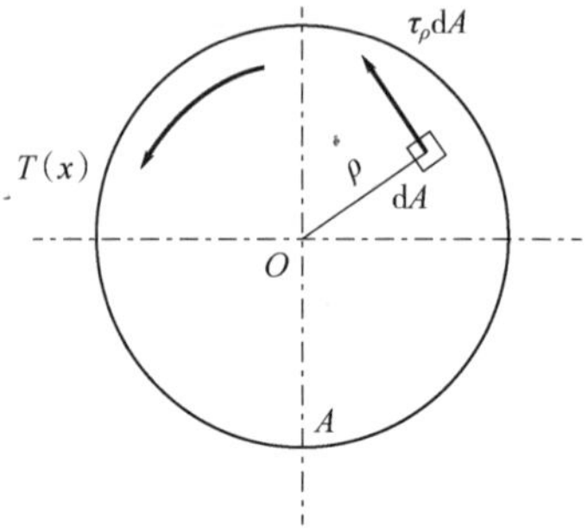

图 13-12　横截面上应力与扭矩的关系

$$T = \int_A \rho \tau_\rho \mathrm{d}A \tag{13-9}$$

将式（13-8）代入式（13-9），得

$$T = G\frac{\mathrm{d}\varphi}{\mathrm{d}x}\int_A \rho^2 \mathrm{d}A$$

令

$$I_\mathrm{p} = \int_A \rho^2 \mathrm{d}A \tag{13-10}$$

则

$$T = GI_\mathrm{p}\frac{\mathrm{d}\varphi}{\mathrm{d}x}$$

于是有

$$\frac{\mathrm{d}\varphi}{\mathrm{d}x} = \frac{T}{GI_\mathrm{p}} \tag{13-11}$$

式中　I_p——横截面对圆心的**极惯性矩**，其只与截面几何尺寸有关，常用单位是 m^4 或 mm^4。

式（13-11）为圆轴扭转变形的基本关系式。

将式（13-11）代入式（13-8），即得圆轴扭转时横截面任一点切应力公式：

$$\tau_\rho = \frac{T\rho}{I_\mathrm{p}} \tag{13-12}$$

当 $\rho = R = D/2$，即在横截面上圆轴表面处切应力最大，该值为

$$\tau_{\max} = \frac{TD/2}{I_\mathrm{p}}$$

令

$$W_{p} = \frac{I_{p}}{D/2} \tag{13-13}$$

式中　W_p——**扭转截面系数**，也是只与截面几何尺寸有关的量，常用单位是 m^3 或 mm^3。

于是，最大切应力的公式可写为

$$\tau_{max} = \frac{T}{W_{p}} \tag{13-14}$$

式（13-14）表明，圆轴扭转时横截面最大切应力与截面扭矩成正比，与扭转截面系数成反比。

必须指出的是，式（13-12）和式（13-14）都是在平面假设的基础上导出的。试验表明，只有圆截面轴的扭转，平面假设才是正确的。故这两个公式仅适用于实心、空心等截面圆轴及直径变化不大，即锥度很小的圆台形轴的扭转，同时要求轴的变形较小，且保证材料处于线弹性范围之内。

13.3.2　极惯性矩和扭转截面系数的计算

下面给出圆截面极惯性矩和扭转截面系数的计算公式，以便于计算圆轴扭转时横截面上的切应力。

图 13-13 所示直径为 D 的实心圆截面，取距离圆心为 ρ、宽度为 $d\rho$ 的狭窄圆环面积作为 dA，

$$dA = 2\pi\rho \cdot d\rho$$

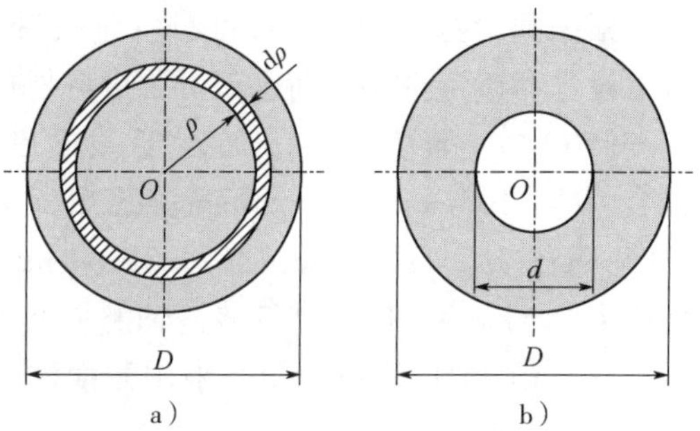

图 13-13　圆截面的极惯性矩的计算示意图

将其代入极惯性矩的定义式，得

$$I_{p} = \int_{A}\rho^{2}dA = \int_{0}^{D/2}2\pi\rho^{3}d\rho = \left.\frac{\pi\rho^{4}}{2}\right|_{0}^{\frac{D}{2}} = \frac{\pi D^{4}}{32} \tag{13-15}$$

扭转截面系数为

$$W_{p} = \frac{I_{p}}{D/2} = \frac{\pi D^{3}}{16} \tag{13-16}$$

由圆轴扭转时横截面上切应力的分布规律可知，圆心附近的切应力很小，材料没有充分发挥作用。若将轴心附近的材料重新配置在周边附近，即采用空心圆截面，则可在保证强度的前提下提高材料的利用率。

对于空心圆截面（外径为 D、内径为 d、$\alpha = d/D$），极惯性矩的计算式为

$$I_{p} = \int_{A}\rho^{2}dA = \int_{d/2}^{D/2}2\pi\rho^{3}d\rho = \left.\frac{\pi\rho^{4}}{2}\right|_{\frac{d}{2}}^{\frac{D}{2}} = \frac{\pi(D^{4}-d^{4})}{32} = \frac{\pi D^{4}}{32}(1-\alpha^{4}) \tag{13-17}$$

扭转截面系数为

$$W_{p} = \frac{I_{p}}{D/2} = \frac{\pi D^{3}}{16}(1-\alpha^{4}) \tag{13-18}$$

13.3.3　圆轴扭转的强度条件

对于等截面圆轴，其内最大扭转切应力 τ_{max} 发生在最大扭矩 $|T|_{max}$ 所在横截面的周边各

点处，这些点是圆轴扭转强度计算的危险点。等截面圆轴扭转的强度条件为

$$\tau_{\max}=\frac{|T|_{\max}}{W_{p}}\leqslant[\tau] \tag{13-19}$$

式中 [τ]——材料的许用切应力。

研究指出，材料的许用切应力 [τ] 和许用拉应力 [σ] 之间有如下关系：

$$[\tau]=(0.5\sim0.577)[\sigma]\text{（塑性材料）}$$

$$[\tau]=(0.8\sim1.0)[\sigma]\text{（脆性材料）}$$

对于非等截面圆轴（阶梯圆轴或锥度很小的圆台形轴），各段或各截面的 W_p 不同，$\tau_{\max}$ 不一定发生在 $|T|_{\max}$ 所在截面上，必须综合考虑 W_p 及 T 两个因数来确定实际最大扭转切应力 $\tau_{\max}$ 及其所在截面（强度计算的危险截面）的位置，然后再应用强度条件 $\tau_{\max}=\left(\frac{|T|}{W_p}\right)_{\max}\leqslant[\tau]$ 进行计算。

根据圆轴扭转的强度条件，可进行轴的强度校核、截面设计和确定许用载荷这三类强度问题的计算。

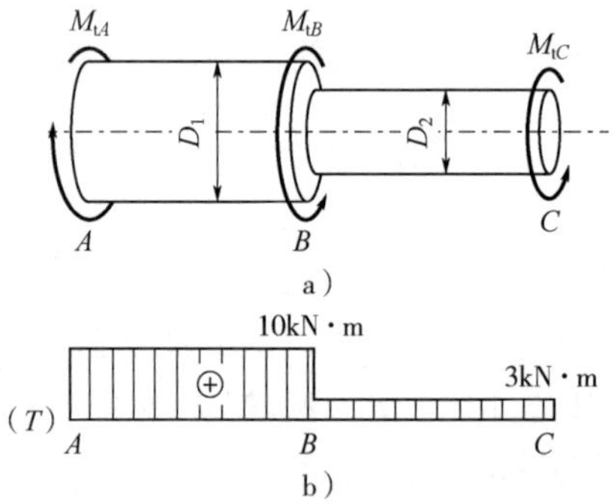

图 13-14 例 13-2 图

例 13-2 如图 13-14a 所示变截面圆轴（阶梯圆轴），$D_1=100\text{mm}$，$D_2=60\text{mm}$。已知外力偶矩 $M_{tA}=10\text{kN}\cdot\text{m}$，$M_{tB}=7\text{kN}\cdot\text{m}$，$M_{tC}=3\text{kN}\cdot\text{m}$，材料的许用切应力 $[\tau]=60\text{MPa}$。试校核该轴的强度。

解：1）画轴的扭矩图。采用截面法，该轴的扭矩图如图 13-14b 所示。

2）确定最大切应力并校核强度。两段圆轴扭矩不同，直径也不同，需要分别计算并比较。

AB 段：
$$\tau_{AB\max}=\frac{T_{AB}}{W_{p,AB}}=\frac{10\times10^3\times10^3}{\pi\times100^3/16}\text{MPa}=50.9\text{MPa}$$

BC 段：
$$\tau_{BC\max}=\frac{T_{BC}}{W_{p,BC}}=\frac{3\times10^3\times10^3}{\pi\times60^3/16}\text{MPa}=70.7\text{MPa}$$

因此，该轴内最大切应力发生在 *BC* 段各截面的外边缘处，且

$$\tau_{\max}=70.7\text{MPa}>[\tau]=60\text{MPa}$$

且 $\frac{\tau_{\max}-[\tau]}{[\tau]}\times100\%=\frac{70.7-60}{60}\times100\%=17.83\%>5\%$，故该轴的强度条件不满足。

注意：工程实际问题简化计算模型以及确定材料的许用应力时，都有偏于安全的近似，故工程中一般规定在校核强度条件时，如果工作应力超过许用应力，只要超过的部分在 5% 之内，则仍可认为强度是安全的，当超过部分大于 5% 才认为强度不安全。今后遇到强度校核问题时，都可按照这一工程原则处理。

例 13-3 某等截面传动圆轴，轴内最大扭矩 $T=1.6\text{kN}\cdot\text{m}$，若许用切应力 $[\tau]=50\text{MPa}$，试按如下两种方案确定圆轴的横截面尺寸，并比较其质量。

1）实心圆截面轴。

2）空心圆截面轴，其内、外径的比值 $\alpha=0.9$。

解：1）确定实心圆截面轴直径 D_1。由式（13-16）和式（13-19）可得

$$\tau_{max} = \frac{T_{max}}{\frac{\pi D_1^3}{16}} \leqslant [\tau]$$

因此

$$D_1 \geqslant \sqrt[3]{\frac{16T_{max}}{\pi[\tau]}} = \sqrt[3]{\frac{16 \times 1.6 \times 10^3 \times 10^3}{\pi \times 50}}\text{mm} = 54.6\text{mm}$$

设计时可取整数，$D_1 = 55\text{mm}$。

2）确定空心轴的外径 D_2。由式（13-16）和式（13-18）可得

$$D_2 \geqslant \sqrt[3]{\frac{16T_{max}}{\pi(1-\alpha^4)[\tau]}} = \sqrt[3]{\frac{16 \times 1.6 \times 10^3 \times 10^3}{\pi \times (1-0.9^4) \times 50}}\text{mm} = 78\text{mm}$$

内径则为

$$d_2 = \alpha D_2 = 0.9 \times 78\text{mm} = 70.2\text{mm}$$

设计时可取整数为

$$D_2 = 78\text{mm}, d_2 = 70\text{mm}$$

3）两种方案的质量比较。

两种方案的圆轴的长度与材料均相同，故二者质量之比 β 等于其横截面面积之比，即

$$\beta = \frac{A_2}{A_1} = \frac{\pi(D_2^2 - d_2^2)/4}{\pi D_1^2/4} = \frac{78^2 - 70^2}{55^2} = 0.391$$

因此，若该传动轴采用内外径之比为 0.9 的空心圆截面设计，则其质量仅约为实心圆轴的 39.1%。

13.4　圆轴扭转时的变形与刚度条件

在一些涉及圆轴扭转的工程问题中，轴类构件对扭转变形有较严格的限制。例如，某些机床轴的扭转角过大会降低其加工精度。因此，轴类构件常需进行刚度计算。

13.4.1　圆轴扭转时的变形

圆轴发生扭转变形时其单位长度扭转角公式，可改写为

$$d\varphi = \frac{T}{GI_p}dx \tag{13-20}$$

此式表明，圆轴的扭转变形与扭矩 T 成正比，与切变模量 G 和截面极惯性矩 I_p 的乘积成反比。乘积 GI_p 称为圆轴的**扭转刚度**。

对式（13-20）积分即可得到轴上相距 l 的两横截面间绕轴线的扭转角，即

$$\varphi = \int_l d\varphi = \int_l \frac{T}{GI_p}dx \tag{13-21}$$

扭转角的单位为弧度，即 rad。

若两横截面间的扭矩 T 为常量，且轴的直径不变，则这两个横截面间的扭转角为

$$\varphi = \frac{Tl}{GI_p} \tag{13-22}$$

13.4.2 圆轴扭转的刚度条件

工程中通常用单位长度扭转角 $\frac{d\varphi}{dx}$ 来衡量轴的扭转变形程度。单位长度扭转角用 φ' 表示，常用单位是弧度/米(rad/m)。

由式（13-11）得

$$\varphi' = \frac{d\varphi}{dx} = \frac{T}{GI_p} \tag{13-23}$$

显然，对于长度为 l、其上扭矩 T 为常量的等截面圆轴，$\varphi' = \varphi/l$，其中 φ 为左右两端端面的相对扭转角。

圆轴扭转的刚度条件为

$$\varphi'_{max} = \left(\frac{T}{GI_p}\right)_{max} \leqslant [\varphi'] \tag{13-24}$$

式中 $[\varphi']$——许用单位长度扭转角，标准单位为 rad/m，而工程中，常用度/米（°/m）为单位给出 $[\varphi']$ 的值，因此需对式（13-24）做弧度至度的换算，即

$$\varphi'_{max} = \left(\frac{T}{GI_p}\right)_{max} \times \frac{180}{\pi} \leqslant [\varphi'] \tag{13-25}$$

工程中，对于一般传动轴取 $[\varphi']$ 为 0.5°~1°/m，精密机械的轴取 $[\varphi']$ 为 0.25°~0.5°/m，对于刚度要求不高的轴可取 $[\varphi']$ 为 1°~2.5°/m。

与强度条件类似，根据圆轴扭转的刚度条件，可进行轴的刚度校核、截面设计和确定许用载荷这三类刚度问题的计算。

例 13-4 某传动圆轴受外力偶作用如图 13-15a 所示，轴直径 $d = 50$mm，$a = 0.5$m，材料切变模量 $G = 80$GPa。试计算该轴右端面 D 相对于左端面 A 之间的扭转角。

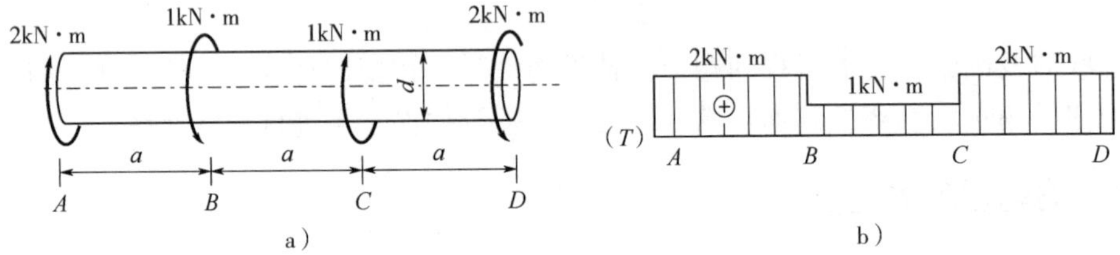

图 13-15 例 13-4 图

解：1）画轴的扭矩图。该轴的扭矩图如图 13-15b 所示。

2）计算轴的变形。

$$I_p = \frac{\pi d^4}{32} = \frac{\pi \times 50^4}{32}\text{mm}^4 = 61.36 \times 10^4 \text{mm}^4$$

逐段计算从左端面 A 至右端面 D 中三段的变形，再相加得 φ_{AD}，即

$$\varphi_{AD} = \varphi_{AB} + \varphi_{BC} + \varphi_{CD} = \frac{(T_{AB} + T_{BC} + T_{CD}) \times a}{GI_p}$$

$$= \frac{(2+1+2) \times 10^3 \times 10^3 \times 500}{80 \times 10^3 \times 61.36 \times 10^4}\text{rad} = 0.051\text{rad}$$

在上式计算中，注意 kN · m→N · mm，GPa→MPa 的单位换算，不要弄错。

例 13-5　在例 13-2 中，若已知材料的切变模量 $G=80\text{GPa}$，许用切应力 $[\tau]=60\text{MPa}$，许用单位长度扭转角 $[\varphi']=1.2°/\text{m}$。试按强度条件和刚度条件的要求设计该轴 BC 段的直径。

解：由例 13-2 已知该轴 BC 段的扭矩为 $T_{BC}=3\text{kN}\cdot\text{m}$。

1）按强度条件考虑设计其直径。

由

$$\tau=\frac{T_{BC}}{\dfrac{\pi D_{2,1}^3}{16}}\leqslant[\tau]$$

得

$$D_{2,1}\geqslant\sqrt[3]{\frac{16T_{BC}}{\pi[\tau]}}=\sqrt[3]{\frac{16\times3\times10^3\times10^3}{\pi\times60}}\text{mm}=63.4\text{mm}$$

2）按刚度条件考虑设计其直径。

由

$$\varphi'_{\max}=\frac{T_{BC}}{GI_{\text{p}}}\times\frac{180}{\pi}=\frac{T_{BC}}{G\cdot\dfrac{\pi D_{2,2}^4}{32}}\times\frac{180}{\pi}\leqslant[\varphi']$$

得

$$D_{2,2}\geqslant\sqrt[4]{\frac{32T_{BC}\times180}{G\pi^2[\varphi']}}=\sqrt[4]{\frac{32\times3\times10^3\times10^3\times180}{80\times10^3\times\pi^2\times1.2\times10^{-3}}}\text{mm}=65.3\text{mm}$$

3）综合强度和刚度条件确定该轴 BC 的直径。

$$D_2\geqslant\max\{63.4\text{mm},65.3\text{mm}\}=65.3\text{mm}$$

设计时可取整为 $D_2=66\text{mm}$。

13.5　圆轴扭转时的静不定问题

圆轴扭转时也存在静不定问题，求解思路与轴向拉伸或压缩的静不定问题相同，下面举例说明。

例 13-6　如图 13-16a 所示，两端 A、B 为固定端的圆轴，其 C 截面处受到外力偶矩 M_0 的作用，AC 段的扭转刚度为 G_1I_{p1}，BC 段的扭转刚度为 G_2I_{p2}，试求 A、B 两处约束力偶矩。

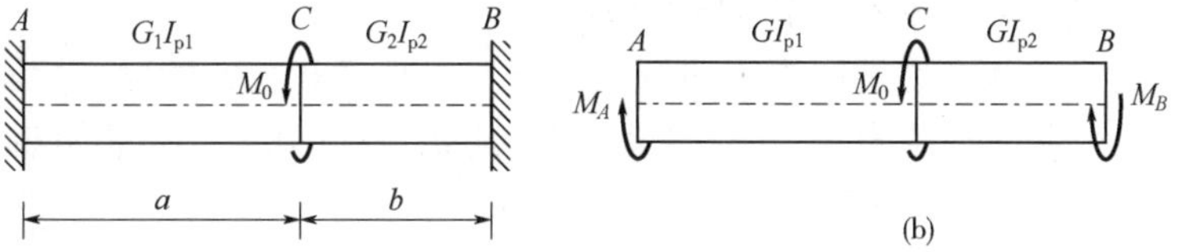

a）　　b）

图 13-16　例 13-6 图

解：1）取圆轴为研究对象。设 A、B 两处约束力偶矩分别为 M_A、M_B，其受力如图 13-16b 所示。列写静力学平衡方程，有

$$\sum M_x=0\Rightarrow M_A+M_B-M_0=0\tag{a}$$

只有一个方程，包含两个未知量，故为一次静不定问题。

2）变形协调条件。圆轴两端固定，则 A 和 B 截面的相对扭转角为零，即

$$\varphi_{AB}=\varphi_{AC}+\varphi_{CB}=0\tag{b}$$

3）物理方程。分析左右两段的扭矩，得 $T_1=M_A$，$T_2=-M_B$，由扭转角公式（13-22）得

$$\varphi_{AC} = \frac{T_1 a}{G_1 I_{p1}} = \frac{M_A a}{G_1 I_{p1}}, \varphi_{CB} = \frac{T_2 a}{G_2 I_{p2}} = -\frac{M_B b}{G_2 I_{p2}} \tag{c}$$

4）补充方程。将式（c）代入式（b），得到补充方程：

$$\frac{M_A a}{G_1 I_{p1}} - \frac{M_B b}{G_2 I_{p2}} = 0 \tag{d}$$

联立式（a）和式（d），求解得

$$M_A = \frac{G_1 I_{p1} b}{G_1 I_{p1} b + G_2 I_{p2} a} M_0, M_B = \frac{G_2 I_{p2} a}{G_1 I_{p1} b + G_2 I_{p2} a} M_0$$

习　题

13-1　如图 13-17 所示，某传动轴，转速 $n = 200\text{r/min}$，轮 2 为主动轮，输入功率 $P_2 = 60\text{kW}$，轮 1、3、4、5 均为从动轮，输出功率分别为 $P_1 = 18\text{kW}$，$P_3 = 12\text{kW}$，$P_4 = 22\text{kW}$，$P_5 = 8\text{kW}$。试绘制该传动轴的扭矩图。

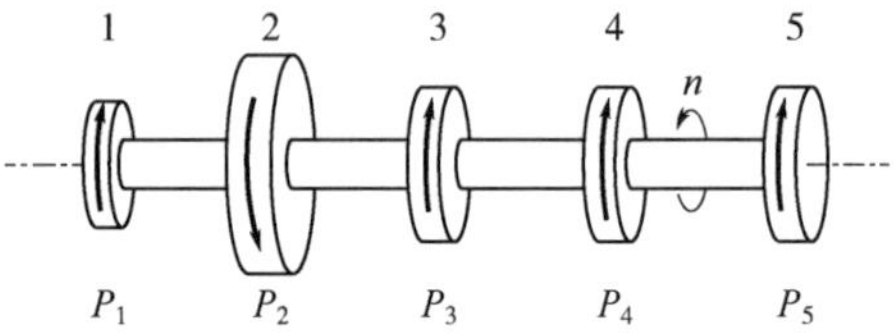

图 13-17　习题 13-1 图

13-2　一受扭薄壁圆管，外径 $D = 42\text{mm}$，内径 $d = 40\text{mm}$，扭矩 $T = 500\text{N·m}$，切变模量 $G = 75\text{GPa}$，试计算圆管表面变形前与轴线平行的纵线产生的倾斜角。

13-3　一受扭薄壁圆管，外径 $D = 32\text{mm}$，内径 $d = 30\text{mm}$，材料的弹性模量 $E = 200\text{GPa}$，泊松比 $\mu = 0.25$，测得圆管表面变形前与轴线平行的纵向线产生的倾斜角为 $\gamma = 1.25 \times 10^{-3}\text{rad}$，试求圆管两端所受外力偶矩。

13-4　已知汽车主传动轴外径 $D = 100\text{mm}$，壁厚 $\delta = 2.5\text{mm}$，材料的许用切应力 $[\tau] = 70\text{MPa}$，传递的最大扭矩 $T = 2\text{kN·m}$，试校核此轴的强度。

13-5　如图 13-18 所示，实心轴与空心轴通过牙嵌式离合器连接在一起。已知轴的转速 $n = 98\text{r/min}$，传递功率 $P = 7.35\text{kW}$，材料的许用切应力 $[\tau] = 40\text{MPa}$。试选择实心轴直径 D_1，以及内外径比值为 0.5 的空心轴的外径 D_2。

13-6　截面为实心和空心的两根受扭圆轴，材料、长度和受力情况均相同，实心圆轴的直径为 D_1，空心圆轴的外径为 D_2，内径为 d_2，且 $d_2/D_2 = 0.8$，试求两轴具有相同强度（$\tau_{\max,实} = \tau_{\max,空}$）时的质量比和刚度比。

13-7　如图 13-19 所示 A 端为固定端的阶梯形圆轴受扭转变形，已知 $M_{tB} = 1.8\text{kN·m}$，$M_{tC} = 1.2\text{kN·m}$，$l_1 = 750\text{mm}$，$l_2 = 500\text{mm}$，$D_1 = 75\text{mm}$，$D_2 = 50\text{mm}$，$G = 80\text{GPa}$。试求端面 C 的扭转角和圆轴最大单位长度扭转角 $\varphi'_{\max}$。

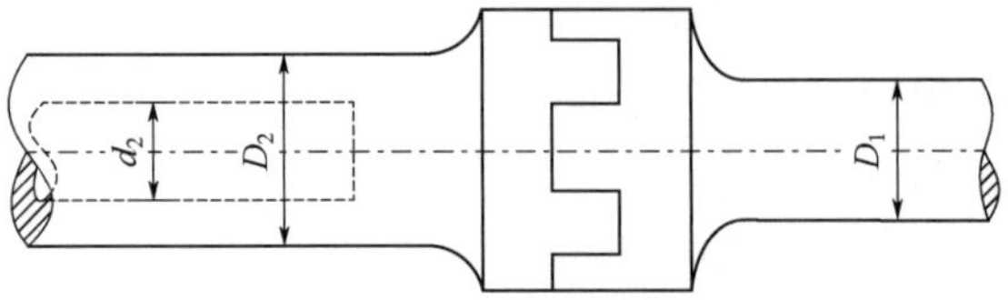

图 13-18　习题 13-5 图

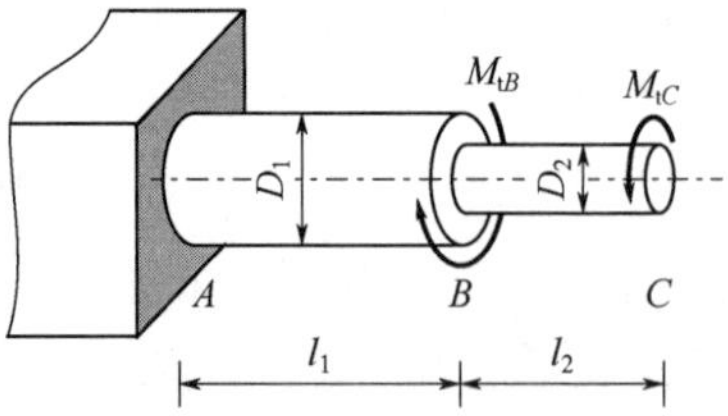

图 13-19　习题 13-7 图

13-8　如图 13-20 所示，阶梯轴直径分别为 $d_1 = 40\text{mm}$，$d_2 = 70\text{mm}$，轴上装有三个轮盘，主动轮 B 处的输入功率 $P_B = 30\text{kW}$，从动轮 A 和 D 处输出功率分别为 $P_A = 13\text{kW}$、$P_D = 17\text{kW}$，轴做匀速转动，转速 $n = 200\text{r/min}$，已知材料切变模量 $G = 80\text{GPa}$，许用切应力 $[\tau] = 60\text{MPa}$，许用单位长度扭转角 $[\varphi'] = 2°/\text{m}$，试校核该轴的强度和刚度。

13-9　如图 13-21 所示两端固定的阶梯圆轴用同一种材料制成，C 截面处受外力偶矩 M_C 的作用。已知 $D_1 = 70\text{mm}$，$D_2 = 50\text{mm}$，材料的许用切应力 $[\tau] = 60\text{MPa}$，试求许用的外力偶矩 $[M_C]$。

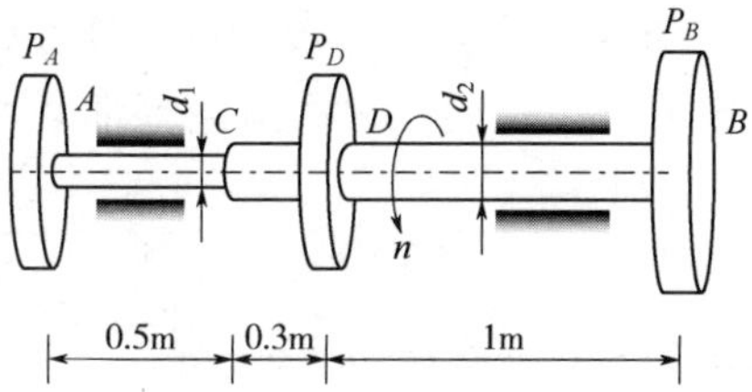

图 13-20　习题 13-8 图

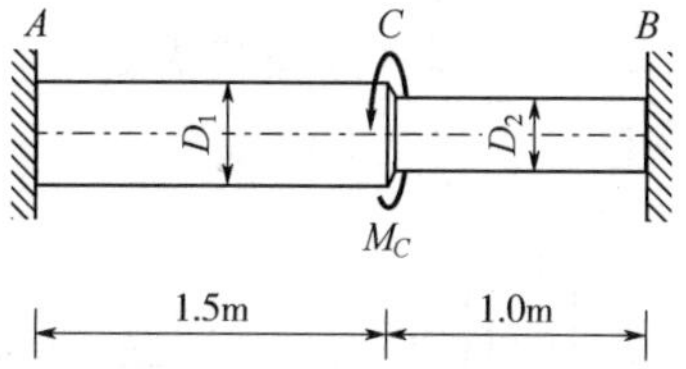

图 13-21　习题 13-9 图

13-10　如图 13-22 所示，圆管 1 和圆轴 2 两端焊接于两个刚性平板 3 和 4，圆管 1 材料的切变模量为 $G_1 = 40\text{GPa}$，圆轴 2 材料的切变模量为 $G_2 = 80\text{GPa}$。现通过两端平板对组合轴施加外力偶矩 $M_t = 2\text{kN} \cdot \text{m}$，试计算圆管 1 和圆轴 2 的扭矩及横截面上的最大扭转切应力。

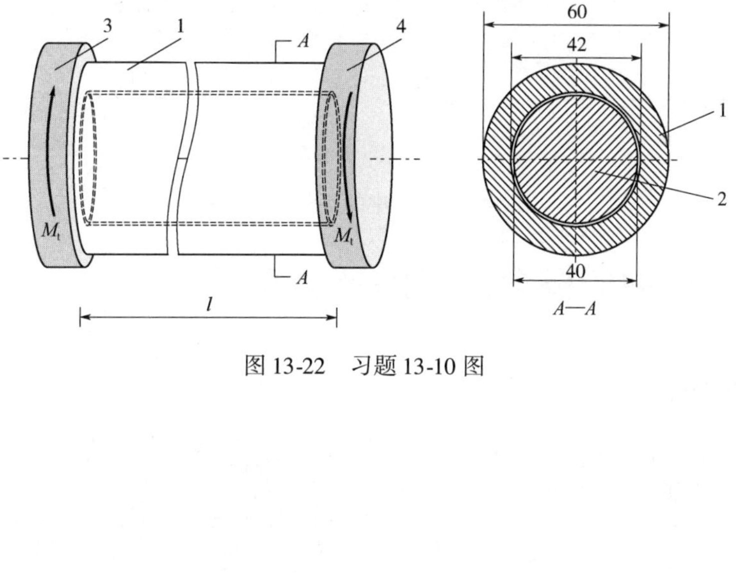

图 13-22　习题 13-10 图

第 14 章　梁的弯曲内力

杆件轴线在受外力系作用后发生形状的改变，这种变形称为**弯曲变形**，发生弯曲变形的杆件常称为梁。弯曲变形是工程中最常见且最重要的一种基本变形，工程中许多构件如火车轮轴（图 14-1a）、桥式起重机大梁（图 14-1b）、镗床刀杆、桥梁、挑檐雨篷等都处于弯曲变形状态或包含弯曲变形的成分。

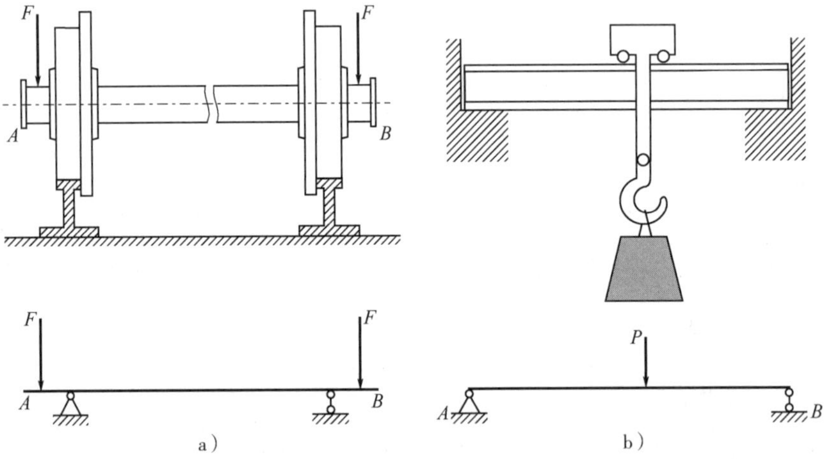

图 14-1　工程中的弯曲变形实例

14.1　对称弯曲的概念及梁的计算简图

14.1.1　对称弯曲

工程上常见的大部分梁在横截面内都有一根对称轴，整个梁有一个包含梁轴线的纵向对称面。当梁在其纵向对称平面内作用了力偶及垂直于轴线的外力时，梁的轴线由直线变为曲线或轴线的曲率发生变化，且变形后的轴线是该纵向对称面内的平面曲线，这种弯曲变形就称为**对称弯曲**（图 14-2）。对称弯曲是工程中最常见的一种弯曲，本教材主要讨论对称弯曲。

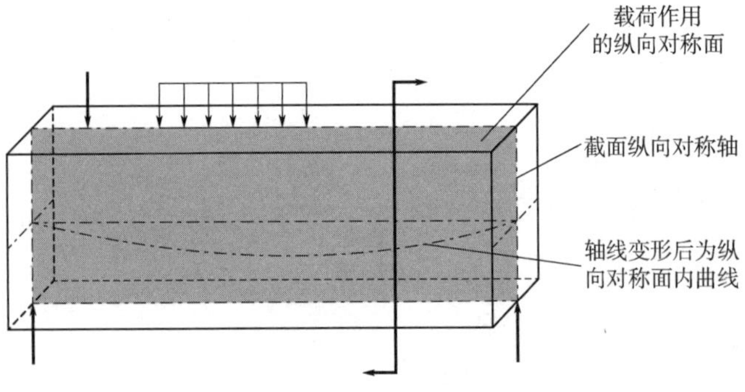

图 14-2　对称弯曲

14.1.2　梁的计算简图

工程实际中的梁，有各种不同的结构几何形式、支承约束情况和载荷作用方式，为便于分析和计算，需要将其真实情形适当加以简化得到**梁的计算简图**。计算简图要求能够反映真实结构的本质特征，且依此进行计算的结果能够满足工程实际的精度要求。

梁的计算简图应包括以下要素：

1. 梁的结构几何形式

工程中的梁轴线在变形前，多为直线或折线，无论其横截面为何种形状，计算简图都应明确绘出其轴线形式（可用单线描绘）。

2. 梁的支座约束特点

对工程实际结构的支座，应仔细分析支承条件的主要特点，以确定其在载荷作用平面内对梁的约束类型及约束力个数（约定一个约束力含一个未知量）。常见的支座可根据其特点简化为以下三种典型支座：

1）**可动铰支座**（图 14-3a）——仅限制梁在载荷平面内垂直于支座支承面方向的位移，即仅提供垂直于支座支承面方向的约束力，为第 1 章中光滑活动铰支座和链杆支座的统称。例如桥梁的滚轴支承、传动轴的径向滚动轴承等都可以简化为可动铰支座。

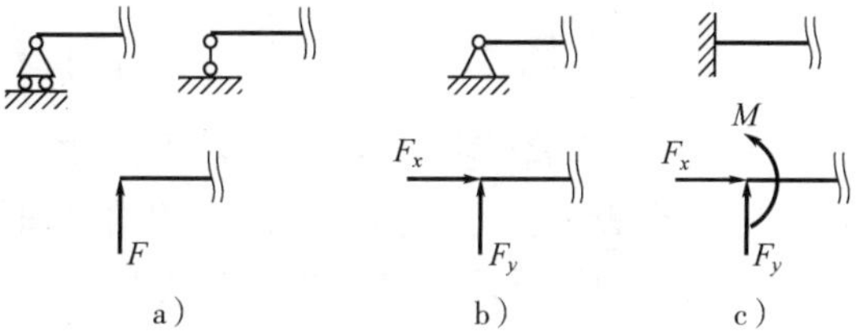

图 14-3 典型支座简化图示及约束力

2）**固定铰支座**（图 14-3b）——限制梁在载荷平面内任意方向的位移，故可提供任意两个正交方向的约束力。例如传动轴一端的止推轴承就可简化为固定铰支座，火车轮轴放置在钢轨上时，车轮的凸缘与钢轨接触就限制了轮轴轴向移动，但同一时刻只有一端的凸缘与钢轨接触，故火车轮轴的一端可简化为固定铰支座，另一端则简化为可动铰支座。

3）**固定端支座**（图 14-3c）——除了限制梁在载荷平面内任意方向的位移，还限制梁在载荷平面内的转动，故可提供任意两个正交方向的约束力和作用于载荷平面内的约束力偶。例如车床固定车刀的夹紧端、建筑结构的悬挑檐等，都是固定端支座的实例。

3. 梁所受载荷的基本形式

作用于梁上的实际载荷，根据其作用特点可简化为以下三种基本类型：

1）**集中力**（图 14-4）——因为外力在梁轴线方向上的作用范围远小于梁轴线方向长度的量级，所以可将该外力简化为作用于梁轴线上某一点处的合力，即作用于该点的集中力。常用单位为 N、kN。例如，火车车厢作用于火车轮轴上的压力（图 14-4a），滚珠轴承支座对轴的约束力（图 14-4b）等都可简化为集中力。

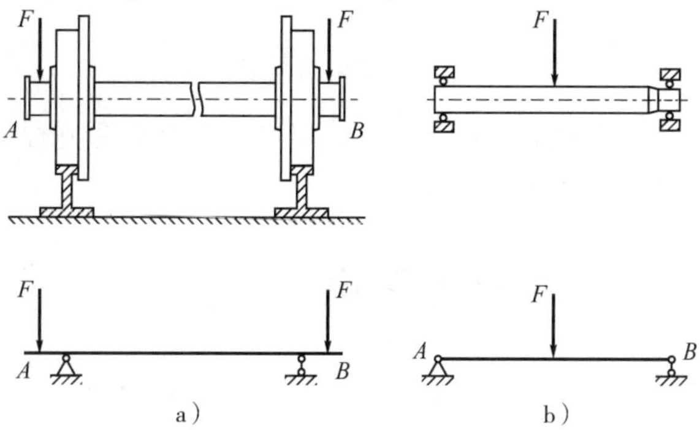

图 14-4 集中力

2）**分布载荷**（图 14-5）——连续作用于梁轴线一段长度范围内的外力可简化为分布载荷。描述分布载荷的大小可用作用于梁单位长度（微分意义上）轴线上的外力表示，称为**线分布集度**q，单位为 N/m、kN/m 等。若沿轴线建立 x 坐标轴，则 $q(x)$ 称为线分布集度函数，如图 14-5a 所示。当 $q(x)$ 为常数时称为**均布载荷**（图 14-5b）。例如，均质材料的横梁的自重可简化为沿轴线分布的均布载荷。挡水堤坝受到的水压力，沿水深方向为线性分布，可简化为**三角形分布载荷**（图 14-5c）。

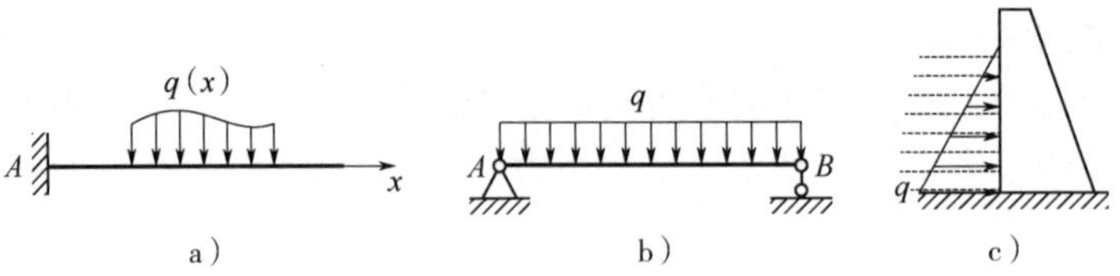

图 14-5　分布载荷

3）**集中力偶**（图 14-6）——与梁固连垂直于杆轴的刚性连接件上作用了平行于梁轴线的一对大小相等、方向相反的外力 F 和 F'时，需要将这对外力向梁的轴线简化，得到一个作用于载荷和轴线所在平面内的外力偶 M_e，该外力偶作用于梁与连接件固连处，即集中力偶。常用单位为 N · m、kN · m 等。

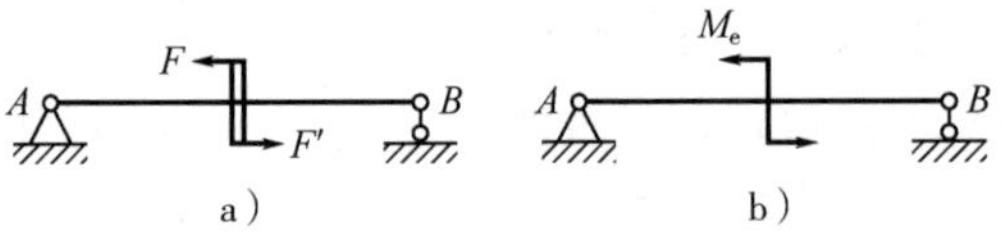

图 14-6　集中力偶

4. 静定梁的基本形式

对称弯曲的梁仅受平面力系作用，独立的平衡方程个数为三个，若梁的全部未知约束力个数也为三个，则可通过平衡方程求出全部未知约束力，这类梁称为**静定梁**。静定梁的基本形式有**简支梁**（一端为固定铰支座，另一端为可动铰支座，如图 14-7a 所示）、**悬臂梁**（仅在某一端有固定端支座，如图 14-7b 所示）和**外伸梁**（简支梁的一端或两端有跨出支座的外伸部分），如图 14-7c 所示。

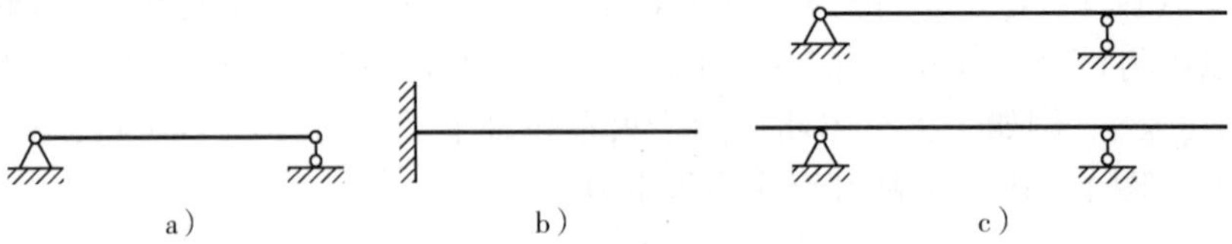

图 14-7　静定梁的基本形式

此外，工程中还有一些梁的未知约束力个数超过独立的平衡方程个数，这类梁称为**静不定梁**，需要结合梁的变形协调条件综合求解。

14.2　梁的内力——剪力与弯矩

分析梁在外力作用下的内力，仍然可用截面法。下面以图 14-8a 的简支梁为例进行分析。

首先根据梁整体的平衡方程，求出梁的支座约束力：

$$\sum M_B = 0 \Rightarrow F_A = \frac{b}{a+b}F(\uparrow),\sum M_A = 0 \text{ 或 } \sum F_y = 0 \Rightarrow F_B = \frac{a}{a+b}F(\uparrow)$$

按照截面法的步骤，若求梁 $m—m$ 截面上的内力，则取一假想平面在 $m—m$ 截面处将梁切为两部分，任取其中一部分作为分离体，画出其受力图（左半部分受力图如图 14-8b 所示，右半部分受力图如图 14-8c 所示）。被切开的 $m—m$ 截面上，作用有分布内力系，由梁的分离体平衡条件可以判断，该分布内力系可以简化为一个与横截面相切的内力 F_S 和一个作用在梁的纵向对称平面内的内力偶 M。前者称为**剪力**，是与横截面相切的分布内力系的合力；后者称为**弯矩**，是与横截面垂直的分布内力系的合力偶矩。

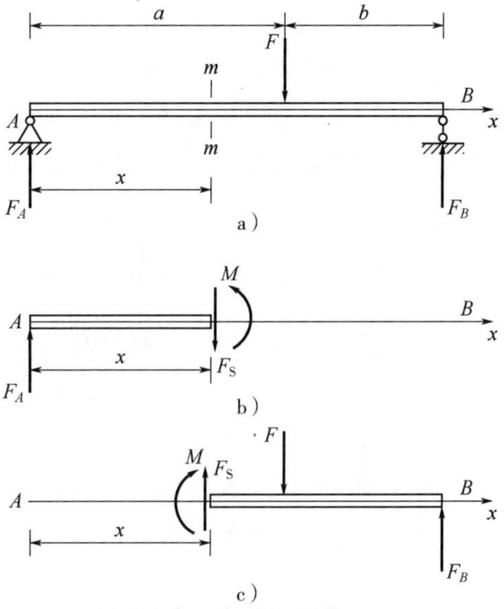

图 14-8　梁的内力

由于切开 $m—m$ 截面后，左、右两侧截面上作用的内力分量互为作用力与反作用力，为使其具有相同的符号，剪力 F_S 和弯矩 M 这两个内力分量的符号有如下规定：无论取哪一部分作为分离体，剪力使横截面所在的水平梁微段发生顺时针转动趋势时为正，反之为负；弯矩 M 使横截面所在的水平梁微段发生凹面朝上（或使水平梁微段上侧的轴向纤维受压）的弯曲变形时为正，反之为负（图 14-9）。

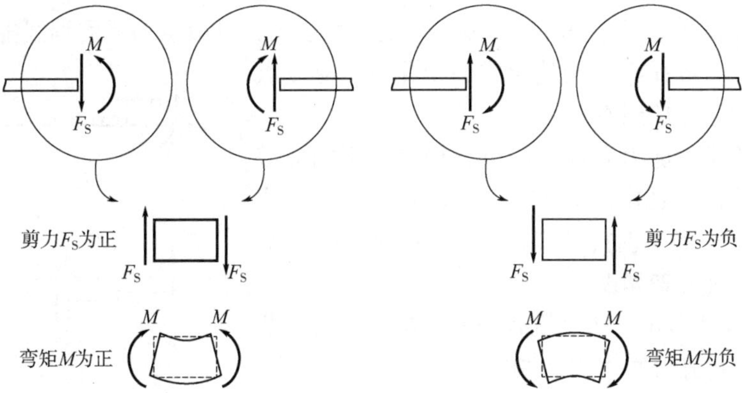

图 14-9　剪力和弯矩的符号规定

根据梁的左半部分分离体的平衡方程，可求出 $m—m$ 截面的剪力 F_S 和弯矩 M 的数值：

$$\sum F_y = 0 \Rightarrow F_S = F_A = \frac{b}{a+b}F$$

设 $m—m$ 截面的形心为 C，则

$$\sum M_C = 0 \Rightarrow M = F_A x = \frac{b}{a+b}Fx$$

根据梁的右半部分分离体的平衡方程，可得出相同的结果。

例 14-1　一悬臂梁 AB 受力如图 14-10a 所示，试求截面 n—n 的剪力和弯矩。

解：对悬臂梁可直接用截面法，在 n—n 截面切开，取右半部分为分离体，设截面上剪力和弯矩为正（常称为设正法），受力图如图 14-10b 所示，列平衡方程可得

$$\sum F_y = 0 \Rightarrow F_S - q \cdot \frac{l}{2} = 0 \Rightarrow F_S = \frac{ql}{2}$$

$$\sum M_D = 0 \Rightarrow ql^2 - M - \frac{ql}{2} \cdot \frac{l}{2} = 0$$

$$\Rightarrow M = ql^2 - \frac{ql}{2} \cdot \frac{l}{2} = \frac{3}{4}ql^2$$

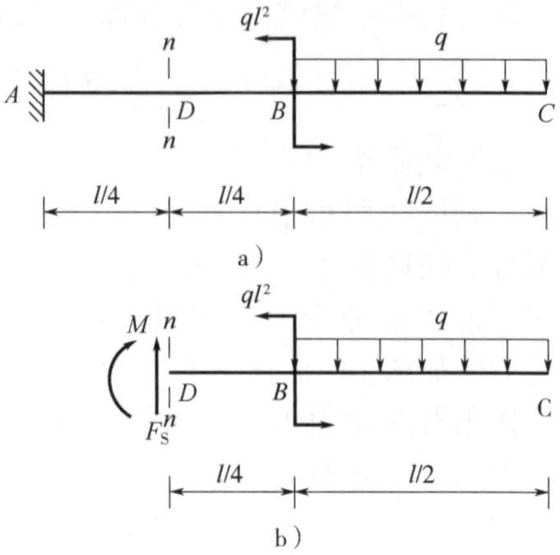

图 14-10　例 14-1 图

若先利用整体平衡条件求出固定支座端 A 的约束力，则也可在 n—n 截面切开后取左半部分为分离体，列平衡方程，得出相同结果，读者可自行验证。

14.3　剪力方程与弯矩方程、剪力图和弯矩图

一般情形下，梁的不同横截面上有不同的剪力和弯矩。若取梁的轴线为 x 轴，则不同横截面上的内力可以表示为坐标 x 的函数，称为**剪力方程**和**弯矩方程**，即

$$F_S = F_S(x)\text{，}M = M(x) \tag{14-1}$$

梁的剪力方程和弯矩方程可分段用不同的函数表示，分段点为梁的轴线上集中力、集中力偶作用处及分布载荷集度函数形式的变化点。分段点对应的横截面也称为控制面。

工程上，除了用剪力方程和弯矩方程表示不同横截面上内力的变化情况之外，还可以 x 为横坐标，以 F_S 或 M 为纵坐标（取向上为正），绘制出 $F_S(x)$ 或 $M(x)$ 的图线，称为**剪力图**和**弯矩图**。

例 14-2　如图 14-11a 所示的简支梁 AB 受均布载荷 q 作用，试建立其剪力方程和弯矩方程，并绘制剪力图和弯矩图。

解：1）求支座约束力。

根据平衡方程可求得支座约束力为

$$F_A = F_B = \frac{1}{2}ql(\uparrow)$$

2）建立剪力方程和弯矩方程。

选取梁上任意截面 x，用截面法切开取左半部分为分离体（图 14-11b），对其列平衡方程可得

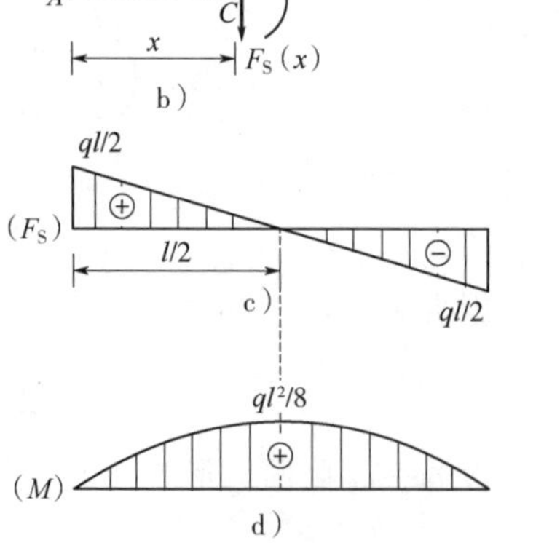

图 14-11　例 14-2 图

$$F_S(x) = F_A - qx = \frac{ql}{2} - qx \quad (0 < x < l)$$

$$M(x) = F_A x - qx \cdot \frac{x}{2} = \frac{ql}{2}x - \frac{qx^2}{2} \quad (0 \leqslant x \leqslant l)$$

3）绘制梁的剪力图和弯矩图。

根据剪力方程和弯矩方程可知：剪力沿 x 轴呈线性变化，只要计算 $x=0$、$x=l$ 两个端点的剪力值就可以画出剪力图；而弯矩是二次抛物线，令 $\frac{dM(x)}{dx} = \frac{ql}{2} - qx = 0$，求得 $x = \frac{l}{2}$，说明 $x = \frac{l}{2}$ 时弯矩图有极值点，又 $\frac{d^2M(x)}{dx^2} = -q < 0$，说明弯矩图上凸，只要计算 $x=0$、$x=l$ 两个端点的弯矩值和 $x = \frac{l}{2}$ 时弯矩的极值，就可画出弯矩图。画出的剪力图和弯矩图如图 14-11c、d 所示。

从图中可以看出，该梁上剪力为零的截面为跨度中点截面，该截面恰好为弯矩绝对值最大的截面。

例 14-3　如图 14-12a 所示的悬臂梁 AB 在自由端和跨度中点分别受集中力 F 和 $F/2$ 作用，试建立其剪力方程和弯矩方程，并绘制剪力图和弯矩图。

解：该悬臂梁若采用截面法计算，则取左半部分为分离体，可不必求右端固定支座端的约束力。

由于梁的中点作用了集中力，因此列内力方程时需要分 AB 和 BD 两段，分别用截面法。

1）建立剪力方程和弯矩方程。

对 AB 段用截面法，选取梁上任意截面 x_1 切开，取左半部分为分离体（图 14-12b），对其列平衡方程可得

$$F_S(x_1) = -F \quad \left(0 < x_1 < \frac{a}{2}\right)$$

$$M(x_1) = -Fx_1 \quad \left(0 \leqslant x_1 \leqslant \frac{a}{2}\right)$$

对 BD 段用截面法，选取梁上任意截面 x_2 切开，取左半部分为分离体（图 14-12c），对其列平衡方程可得

$$F_S(x_2) = -F - \frac{F}{2} = -\frac{3}{2}F \quad \left(\frac{a}{2} < x_2 < a\right)$$

$$M(x_2) = -Fx_2 - \frac{F}{2}\left(x_2 - \frac{a}{2}\right) = \frac{Fa}{4} - \frac{3}{2}Fx_2 \quad \left(\frac{a}{2} \leqslant x_2 < a\right)$$

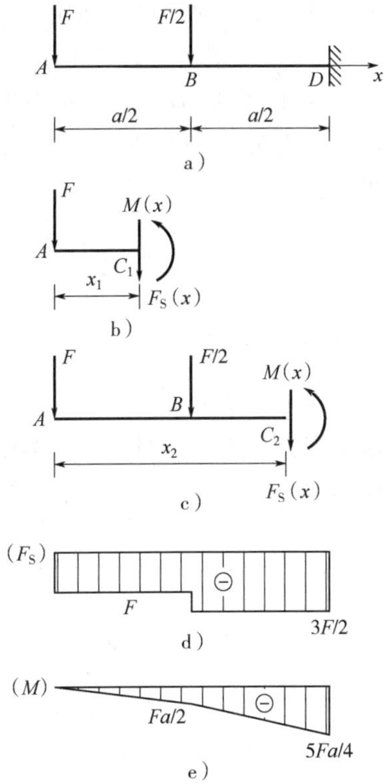

图 14-12　例 14-3 图

注意到在 $x=a/2$ 处，梁受到集中载荷的作用，剪力在 AB 和 BD 两段不连续，所以两段的剪力方程 $F_S(x_1)$、$F_S(x_2)$ 定义区间在 $x=a/2$ 处为开区间。但 AB 和 BD 两段的弯矩在 $x=a/2$ 处是连续的，所以两段的弯矩方程 $M(x_1)$、$M(x_2)$ 在 $x=a/2$ 处都适用，它们的定义区间在此处为均为闭区间。

2）绘制梁的剪力图和弯矩图。

根据剪力方程和弯矩方程可知，剪力沿 x 轴为分段水平直线，各段剪力值已算出；弯矩则是分段直线，计算每段起点和终点的弯矩值便可画出弯矩图。画出的剪力图和弯矩图如图 14-12d、e 所示。从剪力图可知，梁上作用了集中力 $F/2$ 的 B 截面，剪力图有一跳跃，跳跃值为该集中力的大小，跳跃的方向从左至右看与该集中力方向相同，而弯矩图在该截面处出现了一个曲线不光滑的“尖点”。

例 14-4　如图 14-13a 所示的简支梁 AB 在跨度中点 C 受集中力偶 M_e 作用，试建立其剪力方程和弯矩方程，并绘制剪力图和弯矩图。

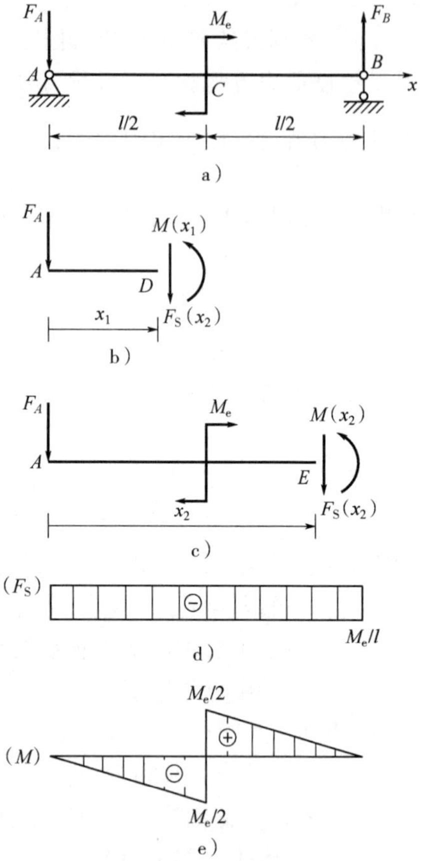

图 14-13　例 14-4 图

解：1）求支座约束力。

根据平衡方程可求得支座约束力为

$$F_A = \frac{M_e}{l}(\downarrow),\ F_B = \frac{M_e}{l}(\uparrow)$$

由于梁的中点作用了集中力偶，列内力方程时需要分 AC 和 CB 两段，分别用截面法。

2）建立剪力方程和弯矩方程。

对 AC 段用截面法，选取梁上任意截面 x_1 切开，取左半部分为分离体（图 14-13b），对其列平衡方程可得

$$F_S(x_1) = -F_{Ay} = -\frac{M_e}{l} \quad \left(0 < x_1 \leqslant \frac{l}{2}\right)$$

$$M(x_1) = -F_{Ay}x_1 = -\frac{M_e}{l}x_1 \quad \left(0 \leqslant x_1 < \frac{l}{2}\right)$$

对 CB 段用截面法，选取梁上任意截面 x_2 切开，取左半部分为分离体（图 14-13c），对其列平衡方程可得

$$F_S(x_2) = -F_{Ay} = -\frac{M_e}{l} \quad \left(\frac{l}{2} \leqslant x_2 < l\right)$$

$$M(x_2) = M_e - F_{Ay} \cdot x_2 = M_e - \frac{M_e}{l} \cdot x_2 = M_e\left(1 - \frac{x_2}{l}\right) \quad \left(\frac{l}{2} < x_2 \leqslant l\right)$$

注意到在 $x = l/2$ 处，梁受到集中力偶的作用，弯矩在 AC 和 CB 两段不连续，所以两段的弯矩方程 $M(x_1)$、$M(x_2)$ 定义区间在 $x = l/2$ 处为开区间。但 AC 和 CB 两段的剪力在 $x = l/2$ 处是连续的，所以两段的剪力方程 $F_S(x_1)$、$F_S(x_2)$ 在 $x = l/2$ 处都适用，它们的定义区间在此处为均为闭区间。

3）绘制梁的剪力图和弯矩图。

根据剪力方程和弯矩方程可知：剪力沿 x 轴为一常数，弯矩则是分段直线，只要计算出每段起点和终点的弯矩值，就可以画出弯矩图。画出的剪力图和弯矩图如图 14-13d、e 所示。从弯矩图可知，梁上作用了集中力偶 M_e 的 C 截面，弯矩图有一跳跃，跳跃值为该集中力偶的大小，跳跃方向向上，而剪力图在该截面处不受影响。

例 14-5 直梁 *ABCD* 受力如图 14-14a 所示，试写出其剪力方程和弯矩方程。

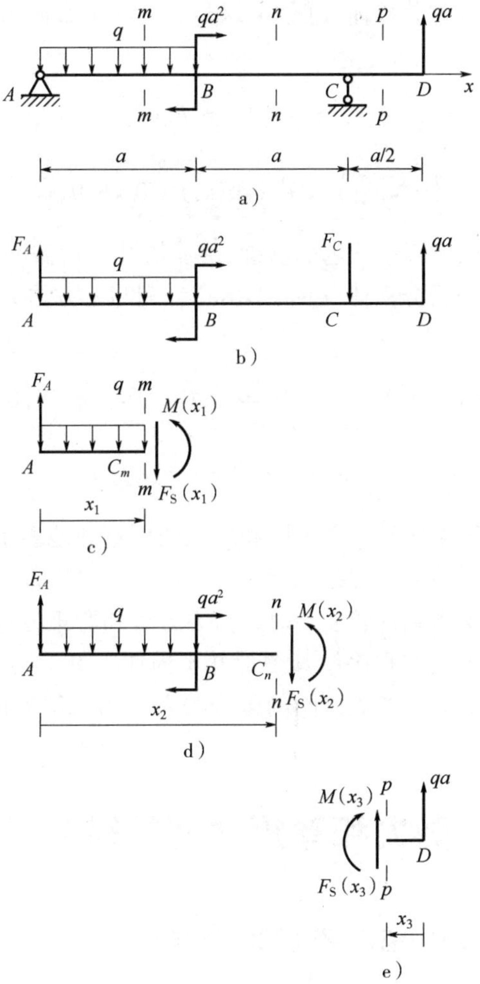

图 14-14 例 14-5 图

解：对直梁 *ABCD*，取整体为分离体，画出受力图（图 14-14b），列出平衡方程，求出支座 *A*、*C* 处的约束力。

$$\sum M_C = 0 \Rightarrow -F_A \cdot 2a - qa^2 + qa \cdot \frac{3}{2}a + qa \cdot \frac{1}{2}a = 0 \Rightarrow F_A = \frac{qa}{2}(\uparrow)$$

$$\sum F_y = 0 \Rightarrow F_A - F_C + qa - qa = 0 \Rightarrow F_C = \frac{qa}{2}(\downarrow)$$

根据梁的受力特点可知，其内力方程应分为三段表示。

AB 段：在 *AB* 段任取距 *A* 端 x_1 远的截面 *m*—*m* 切开，设截面 *m*—*m* 上的剪力为 $F_S(x_1)$、弯矩为 $M(x_1)$，取左半部分为分离体（图 14-14c），列写 *y* 方向力的平衡方程及对截面 *m*—*m* 形心 C_m 的弯矩平衡方程，有

$$\sum F_y = 0 \Rightarrow \frac{qa}{2} - qx_1 - F_S(x_1) = 0 \Rightarrow F_S(x_1) = \frac{qa}{2} - qx_1 \quad (0 < x_1 \leqslant a)$$

$$\sum M_{C_m} = 0 \Rightarrow -\frac{qa}{2}x_1 + qx_1\frac{x_1}{2} + M(x_1) = 0 \Rightarrow M(x_1) = \frac{qa}{2}x_1 - \frac{q}{2}x_1^2 \quad (0 \leqslant x_1 < a)$$

BC 段：在 BC 段任取距 A 端 x_2 远的截面 $n—n$ 切开，设截面 $n—n$ 上的剪力为 $F_S(x_2)$、弯矩为 $M(x_2)$，取左半部分为分离体（图 14-14d），列写 y 方向力的平衡方程及对截面 $n—n$ 形心 C_n 的弯矩平衡方程，有

$$\sum F_y = 0 \Rightarrow \frac{qa}{2} - qa - F_S(x_2) = 0 \Rightarrow F_S(x_2) = -\frac{qa}{2} \quad (a \leqslant x_2 < 2a)$$

$$\sum M_{C_n} = 0 \Rightarrow -\frac{qa}{2} \cdot x_2 + qa \cdot \left(x_2 - \frac{a}{2}\right) - qa^2 + M(x_2) = 0 \Rightarrow M(x_2) = \frac{3}{2}qa^2 - \frac{qa}{2}x_2 \quad (a < x_2 \leqslant 2a)$$

CD 段：在 CD 段任取距 D 端 x_3 远的截面 $p—p$ 切开，设截面 $p—p$ 上的剪力为 $F_S(x_3)$、弯矩为 $M(x_3)$，取右半部分为分离体（图 14-14e），列写 y 方向力的平衡方程及对截面 $p—p$ 形心 C_p 的弯矩平衡方程，有

$$\sum F_y = 0 \Rightarrow F_S(x_3) + qa = 0 \Rightarrow F_S(x_3) = -qa \quad \left(0 < x_3 < \frac{1}{2}a\right)$$

$$\sum M_{C_p} = 0 \Rightarrow -M(x_3) + qa \cdot x_3 = 0 \Rightarrow M(x_3) = qax_3 \quad \left(0 < x_3 < \frac{1}{2}a\right)$$

与剪力方程和弯矩方程相比较，剪力图和弯矩图更直观地表示出了内力沿梁轴线的变化规律。从理论上讲，列出梁的剪力方程和弯矩方程后就可以依据函数关系描绘出剪力图和弯矩图，但是在梁的受力或支承条件较复杂时，剪力方程和弯矩方程的函数数量比较多，有的还是二次函数方程，根据内力方程手绘其图形并不简便，例 14-5 就是这种情况。但如果利用下面介绍的载荷集度、剪力和弯矩之间的微分关系，则可很方便地从梁所受的外力出发，直接绘制其剪力图和弯矩图。

14.4　载荷集度、剪力和弯矩之间的微分关系及其应用

14.4.1　载荷集度、剪力和弯矩之间的微分关系

梁各横截面上的内力与梁所受到的外力有关，利用静力学平衡方程可推导出直梁的剪力、弯矩与其上分布载荷集度之间的关系。下面以平面弯曲情形为例，推导直梁横截面上的剪力、弯矩与分布载荷集度之间的微分关系。

考虑一受到任意平面力系作用的静定直梁 AB（图 14-15a），建立如图所示的 x 坐标轴（原点在最左端，向右为正），设直梁上作用了集中力、集中力偶及集度为 $q(x)$ 的分布载荷，且规定 $q(x)$ 的方向向上为正（反之则为负）。

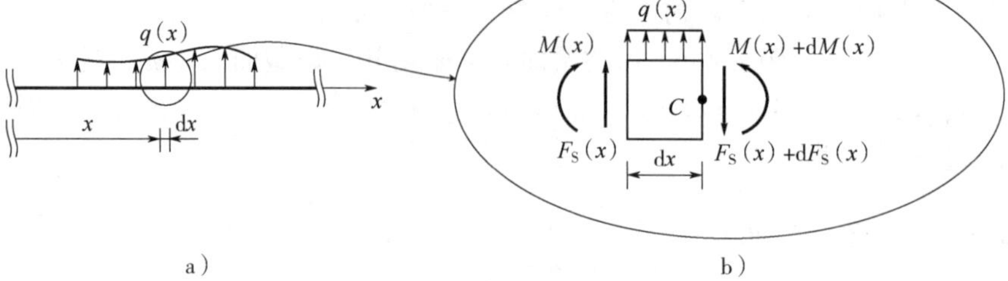

图 14-15　剪力、弯矩与载荷集度之间的微分关系

在杆件 x 截面及 $x+dx$ 截面处切开，取出杆件一个微段 dx 为分离体，$q(x)$ 在 dx 段上可看成均匀分布，画出微段的受力图（图 14-15b），设 x 面的内力分量为 $F_S(x)$、$M(x)$，$x+dx$ 面的内力分量为 $F_S(x)+dF_S(x)$、$M(x)+dM(x)$，对微段列出平衡方程：

$$\sum F_y=0 \Rightarrow F_S(x)+q(x)dx-F_S(x)-dF_S(x)=0 \Rightarrow dF_S(x)=q(x)dx$$

即

$$\frac{dF_S(x)}{dx}=q(x) \tag{14-2}$$

式(14-2)表明，剪力 $F_S(x)$ 对横截面位置坐标 x 的导数等于该横截面处线分布载荷的载荷集度 $q(x)$。

设 $x+dx$ 截面的形心为 C，则

$$\sum M_C=0 \Rightarrow -M(x)-F_S(x)\cdot dx-q(x)\cdot dx\cdot\frac{dx}{2}+M(x)+dM(x)=0$$

在上式中可略去二阶小量，故有 $dM(x)=F_S(x)dx$

即

$$\frac{dM(x)}{dx}=F_S(x) \tag{14-3}$$

式（14-3）表明，弯矩 $M(x)$ 对横截面位置坐标 x 的导数等于该横截面的剪力 $F_S(x)$。

若对式（14-3）求导并利用式（14-2），有

$$\frac{d^2M(x)}{dx^2}=q(x)$$

式（14-4）表明，弯矩对横截面位置坐标 x 的二阶导数等于该横截面处线分布载荷的集度 $q(x)$。

式（14-2）~式（14-4）表达了平面力系作用下梁弯曲时的剪力 $F_S(x)$ 与弯矩 $M(x)$ 之间及二者与分布载荷集度 $q(x)$ 之间的**微分关系**，称为**梁的平衡微分方程**。

注意以上结论是以 $q(x)$ 向上为正，x 坐标轴向右为正而得到的，且剪力 F_S 和弯矩 M 的符号按 14.2 节中的规定选取。如果这些正负号的选择改变，则式（14-2）~式（14-4）可能会发生正负号的改变。

14.4.2　基于微分关系的弯曲内力图特征分析及应用

根据导数的几何意义，函数的一阶导数表示函数图形在该点处切线的斜率，函数的二阶导数的正负决定了函数图形的凸凹方向。因此直梁的内力与载荷集度之间的平衡微分关系式（14-2）~式（14-4）从数学上分别表示了剪力图在某点处切线的斜率等于相应横截面处载荷集度、弯矩图在某点处切线的斜率等于相应横截面上的剪力，以及弯矩图在某点处的二阶导数等于相应横截面处载荷集度。根据这些关系，可以从已知的外力出发，分段确定各段的剪力图曲线和弯矩图曲线的线形和弯曲的凸凹方向，同时利用截面法确定各段的两端即控制面上的内力数值，即可把整个直梁各段剪力和弯矩图形完全确定下来，具体分析如下：

1）在某段梁上，若无均布载荷，即该段上处处有 $q(x)=0$，则由 $\frac{d^2M(x)}{dx^2}=\frac{dF_S(x)}{dx}=$

$q(x)=0$可知，在该段内：剪力 F_S 为常数，故剪力图为平行于轴线的直线；弯矩 $M(x)$ 为 x 的一次函数，故弯矩图为一条斜直线，且斜率为剪力值；如果该段剪力值恰好处处为零，则弯矩图变为平行于轴线的直线（图 14-16a）。

2）在某段梁上，若作用了均布载荷，即 $q(x)=q_0=$常数，则由$\frac{d^2M(x)}{dx^2}=\frac{dF_S(x)}{dx}=q_0$ 可知：该段内剪力 $F_S(x)$ 为 x 的一次函数，故剪力图为斜率是 q_0 的斜直线；弯矩 $M(x)$ 为 x 的二次函数，故弯矩图为抛物线，且当 $q_0>0$（即均布载荷方向向上）时，$\frac{d^2M(x)}{dx^2}=q_0>0$，弯矩图曲线向下凸，当 $q_0<0$（即均布载荷方向向下）时，$\frac{d^2M(x)}{dx^2}=q_0<0$，弯矩图曲线向上凸（图 14-16b）。

3）在均布载荷作用的梁段的某一截面上，若恰好 $F_S(x)=0$，则该截面上 $\frac{dM(x)}{dx}=F_S(x)=0$，故剪力为零的截面上，弯矩 M 为极值，当该截面处的均布载荷方向向上时，有$\frac{d^2M(x)}{dx^2}=q(x)>0$，弯矩在该截面为极小值；当该截面处的均布载荷方向向下时，有$\frac{d^2M(x)}{dx^2}=q(x)<0$，弯矩在该截面为极大值（图 14-16c）。

4）梁上集中力的作用截面左右两侧，剪力 F_S 不连续，有一跳跃，且跳跃值等于作用于该截面的集中力数值，同时该截面处弯矩值是连续的，但弯矩图的斜率不连续，即弯矩图在该点会出现“尖点”（图 14-16d）。

5）梁上集中力偶作用截面左右两侧，弯矩 M 不连续，有一跳跃，且跳跃值等于

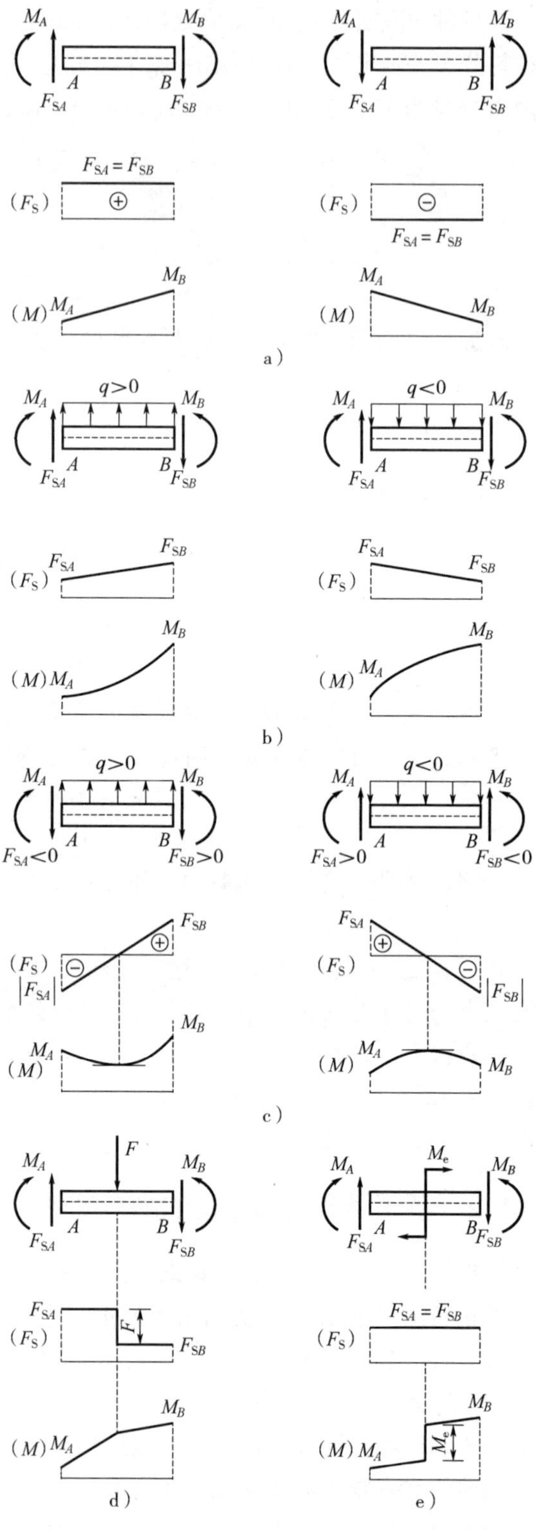

图 14-16　利用微分关系绘制梁的剪力图和弯矩图规律图

作用于该截面的集中力偶矩数值，但是该截面处剪力图的连续性不受影响（图 14-16e）。

6）梁在两端面处作用的集中力和集中力偶可以看成是该端面上的剪力和弯矩，且所取的正负号按剪力和弯矩的符号规定选取。

7）对整个梁来说，弯矩绝对值的最大值可能发生在梁中剪力为零、集中力或集中力偶的作用点这几处截面上。

以上几点分析结果，有助于快速绘制直梁的剪力图和弯矩图。首先根据直梁上载荷及支座约束力的分布方式确定 F_S 及 M 曲线的分段点；利用以上分析结果判断各段内力图的形状，并利用截面法给出各分段点处剪力值和弯矩值及跳跃情况，就可完整绘出直梁的剪力图和弯矩图。

例 14-6　外伸梁所受载荷和各段长度如图 14-17a 所示，试绘出该梁的剪力图和弯矩图。

解：1）求支座约束力。

以梁整体为研究对象画出受力图（图 14-17b），设支座 A 和 C 两处的约束力方向均为向上，利用整体平衡方程，有

$$\sum M_C = 0 \Rightarrow F_A \cdot 2a - qa^2 + qa \cdot \frac{1}{2}a = 0$$

$$\Rightarrow F_A = \frac{qa}{4}(\uparrow)$$

$$\sum F_y = 0 \Rightarrow F_A + F_C - qa = 0$$

$$\Rightarrow F_C = \frac{3qa}{4}(\uparrow)$$

2）绘制内力图。

绘制内力图时，可以从梁的任意一端开始依次向另一端连续画过去，也可以分别从两端开始向中间画。先对梁分段，注意利用载荷集度与剪力和弯矩之间的微分关系推出的结论，对各段内力图的形状做出判断，并利用截面法求出分段点处的内力数值，将各段曲线完全确定下来。

先绘制剪力图。该梁的剪力图应分为 AC、CD 两段，从左端 A 端开始绘制剪力图。

①AC 段剪力图。支座 A 处的约束力 $F_A = \frac{1}{4}qa$，可以看成是 A 端端面上的剪力，且剪力符号为正；AC 段梁上无均布载荷，即 $q(x) \equiv 0$，而 B 截面上的集中力偶不会影响剪力图，故 AC 段剪力为水平直线 $F_S = \frac{qa}{4}$。

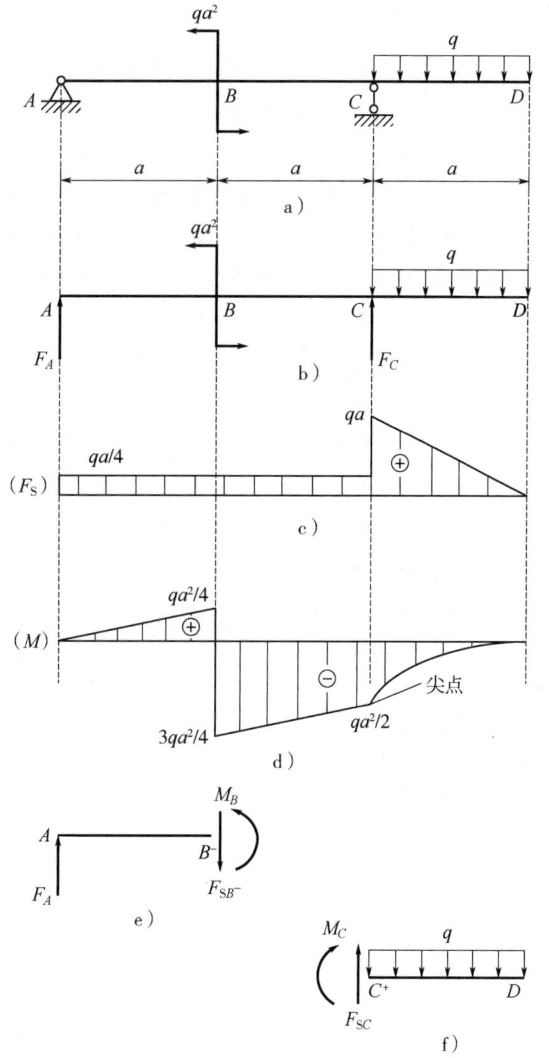

图 14-17　例 14-6 图

②C 截面剪力图的跳跃。由于 C 截面有集中力（C 支座处方向向上的约束力 $F_C=\frac{3}{4}qa$），故剪力图从 A 端画到 C 截面时在此处有一跳跃值$\frac{3}{4}qa$，但如何判断这一跳跃是向上跳跃还是向下跳跃呢？一个简单的判断方法是：内力的跳跃方向视该集中力的方向对未画梁段的作用效果而定，即只要该集中力方向对未画梁段的作用是使之有顺时针转动趋势（正作用），则剪力图在此处应向上跳跃；反之，若集中力方向对未画梁段的作用是使之有逆时针转动趋势（负作用），则剪力图在此处应向下跳跃，且无论向上还是向下跳跃，跳跃的绝对值即该集中力的大小。此题 C 截面作用了向上的集中力 $F_C=\frac{3}{4}qa$，使 C 截面右侧的未画部分梁段有顺时针转动趋势，故剪力在 C 截面处有一向上的跳跃，跳跃值为$\frac{3}{4}qa$，即 C 截面左侧剪力为$\frac{1}{4}qa$，右侧剪力为 qa。

③CD 段剪力图。由于 CD 段梁上作用了方向向下的均布载荷 q，故此段剪力图应为斜直线，且斜率为负，又因 D 截面上无集中力，故 D 截面上的剪力为零。至此，可连接 CD 段两个端点画出斜直线。

填上⊕号并画上竖直线（与轴线垂直），剪力图即可完成（图 14-17c）。

下面绘制弯矩图。该梁的弯矩图应分为三段，从左端 A 端开始绘制弯矩图。

①AB 段弯矩图。A 端截面上无集中力偶作用，故 A 点的弯矩值为零；AB 段梁上无均布载荷，故 AB 段弯矩图应为斜直线；B 截面左侧处的弯矩值可利用截面法求得（图 14-17e）：

$$\sum M_{B-}=0 \Rightarrow -F_A\cdot a+M_{B-}=0 \Rightarrow M_{B-}=F_A\cdot a=\frac{1}{4}qa^2$$

②B 截面处弯矩图的跳跃。由于 B 截面上作用了一转向为逆时针的集中力偶，因此从 A 端向右画的弯矩图在经过 B 截面时应有一跳跃。同理，判断这一跳跃是向上跳跃还是向下跳跃的方法是根据该集中力偶的转向对未画梁段的作用效果确定，即该集中力偶的转向对未画梁段的作用是使之弯曲向下凸，则弯矩图在此处向上跳跃，若该集中力偶的转向对未画梁段的作用是使之弯曲向上凸，则弯矩图在此处向下跳跃。B 截面处作用的集中力偶 qa^2 转向为逆时针，对 B 截面右侧未画梁段的作用效果是使之弯曲向上凸，故弯矩图在此处有一向下的跳跃，且跳跃值为 qa^2。因为 B 截面左侧的弯矩值为$\frac{1}{4}qa^2$，所以 B 截面右侧的弯矩值为$-\frac{3}{4}qa^2$。

③BC 段弯矩图。BC 段梁上无均布载荷，弯矩图应为斜直线，C 截面上的弯矩值可用截面法求出（图 14-17f）：

$$\sum M_C=0 \Rightarrow -M_C-qa\cdot\frac{a}{2}=0 \Rightarrow M_C=-\frac{1}{2}qa^2$$

④CD 段弯矩图。CD 段梁上作用了方向向下的均布载荷 q，故此段弯矩图应为向上凸的抛物线。D 截面上无集中力偶作用，故 D 截面弯矩值为零，该梁段剪力均不等于零，以向上凸的抛物线连接 C、D 两截面弯矩所对应的点。

填入⊕⊖号，画上竖直线（与轴线垂直），弯矩图即可完成（图 14-17d）。

为了更直观地给出内力沿梁的轴线的变化，在绘制剪力图和弯矩图时，一般要求将梁的受力图（图 14-17b）、剪力图（图 14-17c）和弯矩图（图 14-17d）上下对齐，即三张图中相同的横截面位置处于同一条铅垂线上，这样便于观察比较各段的载荷集度、剪力和弯矩的微分关系及曲线的跳跃情况，及时发现问题。

例 14-7　绘制例 14-5 的内力图。

解：利用微分关系可快速绘制该例题的剪力图和弯矩图，如图 14-18c、d 所示。

实际上，把绘制内力图的工作交给计算机完成并非难事，但是手工绘制梁的剪力图、弯矩图的过程，是一个把理论付诸实践的过程，是一个熟悉和了解杆件所受外力对内力分布的影响的过程，绘图的同时也加深了对工程结构的力学特性的直观理解。这些基本力学概念是将来学习工科各专业课程以及走上工作岗位后宝贵的专业基础素养。

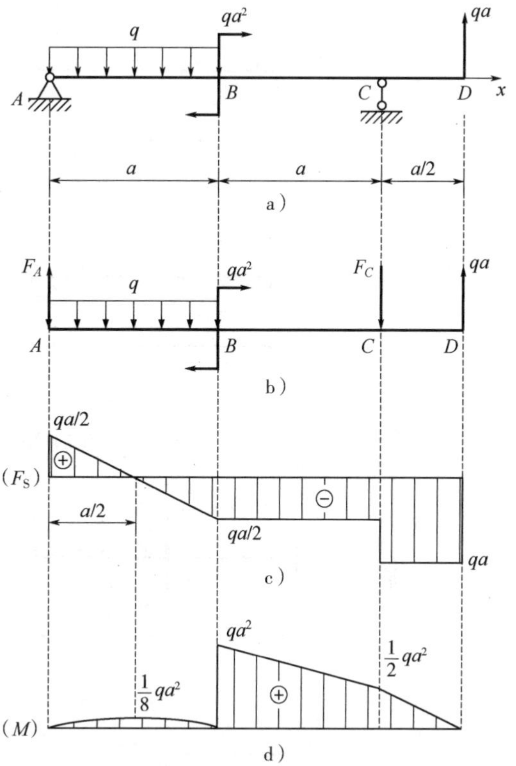

图 14-18　例 14-5 的剪力图和弯矩图

习　　题

14-1　试用截面法计算图 14-19 所示各梁指定截面 1—1、2—2、3—3 上的剪力和弯矩。

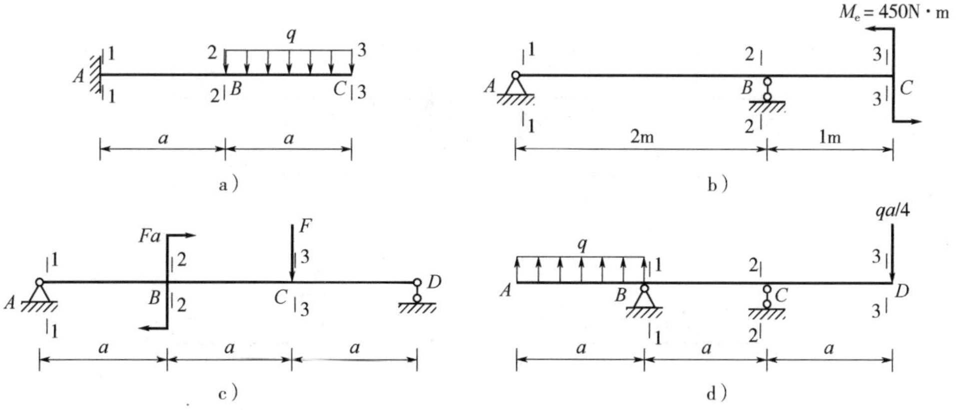

图 14-19　习题 14-1 图

14-2　试建立图 14-20 所示各梁的剪力方程和弯矩方程，并绘制剪力图和弯矩图。

14-3　试建立图 14-21 所示各梁的剪力方程和弯矩方程，并绘制剪力图和弯矩图。

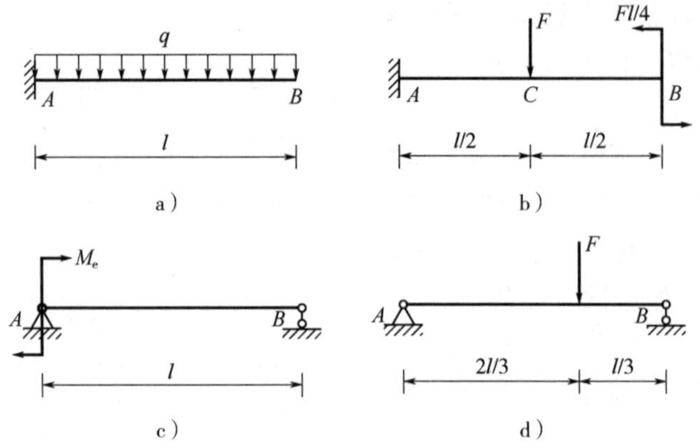

图 14-20　习题 14-2 图

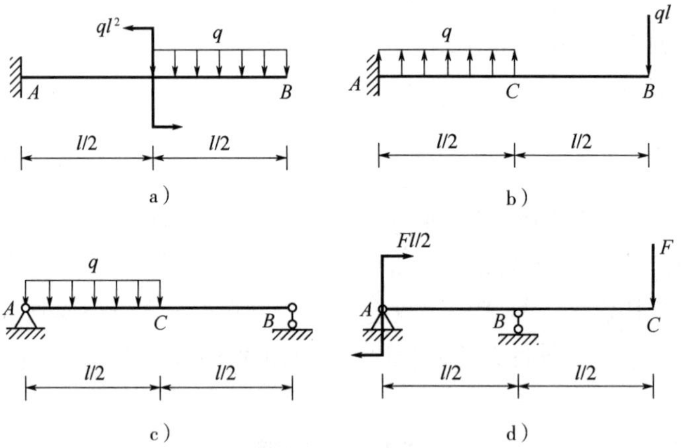

图 14-21　习题 14-3 图

14-4　试利用剪力、弯矩与载荷集度之间的微分关系绘制图 14-22 所示各梁的剪力图和弯矩图。

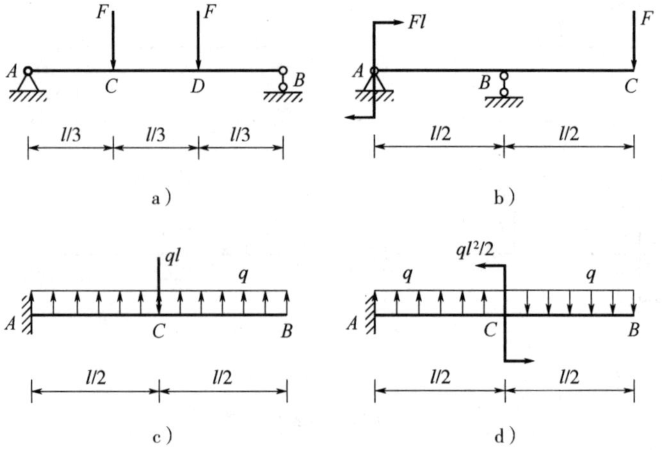

图 14-22　习题 14-4 图

14-5　试利用剪力、弯矩与载荷集度之间的微分关系绘制图 14-23 所示各梁的剪力图和弯矩图。

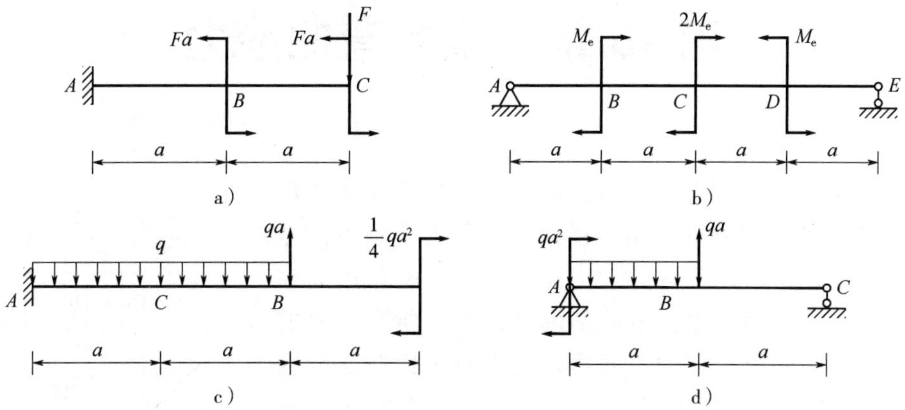

图 14-23　习题 14-5 图

第 15 章　梁的弯曲应力

由第 14 章可知，梁在弯曲时横截面上一般只有剪力 F_S 和弯矩 M 这两种内力分量。由于横截面上的内力是由横截面上的分布内力系简化后的等效力系，即剪力是作用线在横截面内的内力系的合力，也就是说横截面上所有微元的切向内力 τdA 的合力为剪力；而弯矩是垂直于横截面的内力系的合力偶矩，即横截面上所有微元的法向内力 σdA 的合力偶矩为弯矩 M（图 15-1）。因此弯曲正应力只与弯矩有关，而弯曲切应力只与剪力有关。为方便研究，可分别对其进行讨论。

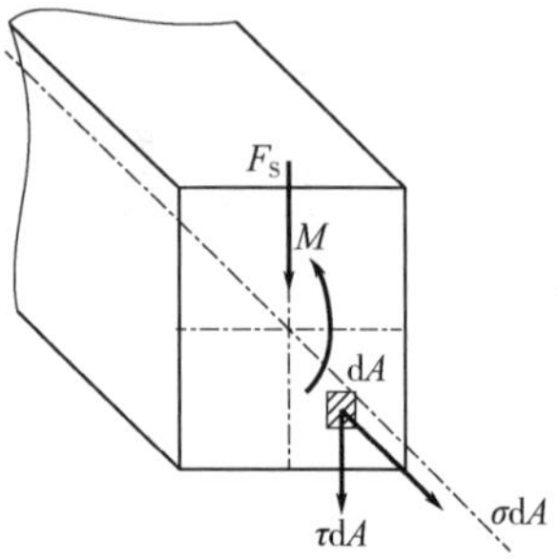

图 15-1　弯曲时横截面上的内力和应力

15.1　梁横截面上的正应力

梁在发生弯曲变形时，最一般的情形是横截面上既有剪力也有弯矩，称为**剪切弯曲**（或**横力弯曲**），特殊情形下，梁某段（或整个长度范围内）的各横截面上弯矩都相同（此时剪力都为零），这段梁的变形称为**纯弯曲**。图 15-2 所示梁的 BC 段就是纯弯曲，而梁的其余部分为剪切弯曲。研究横截面上的正应力时，可以先讨论纯弯曲这种比较简单的情形。

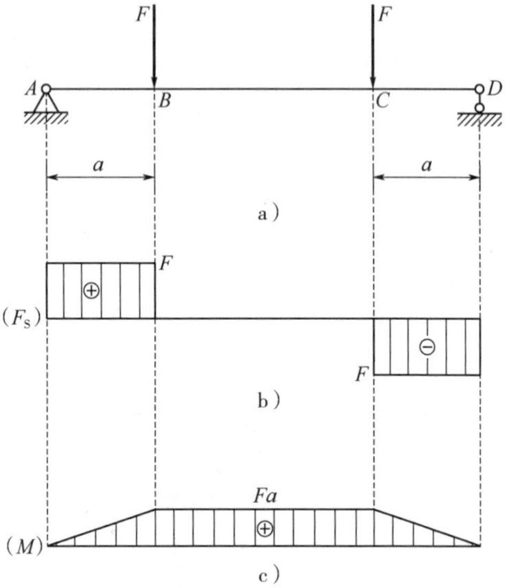

图 15-2　纯弯曲与剪切弯曲

15.1.1　纯弯曲变形的基本假设

以图 15-3 所示矩形截面水平梁为例，当两端承受集中力偶作用时，通过内力分析可知该梁的各横截面均只有弯矩，没有剪力，属于纯弯曲。

为确定横截面上的正应力分布，先观察一下纯弯曲梁变形的特点。在变形前的梁侧面画上纵向和横向直线，四周的横向线为横截面的轮廓线，如图 15-3a 所示，变形后（图 15-3b），可观察到：

1）垂直于梁轴线的横线仍为直线，横线之间有相对转动，但仍与变形后的轴线正交；横截面的轮廓线各位于一倾斜的平面内。

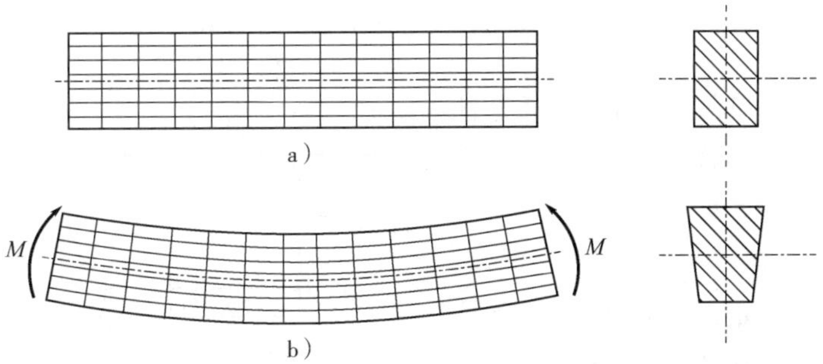

图 15-3　纯弯曲的变形特点

2）纵向线变形后变为圆弧线，且凹面那侧的纵线长度缩短，凸面那侧的纵线长度伸长。

3）在纵线伸长区，梁横截面的宽度减小；在纵线缩短区，梁横截面的宽度增大，情况与轴向拉、压时的变形相似。

根据以上现象，可对纯弯曲的梁给出如下假定：

1）变形后梁的横截面仍保持平面且与梁轴线正交，这称为梁弯曲的**平面假定**。

2）梁中与轴线平行的各纵向纤维之间无相互挤压，这称为**单向受力假定**。

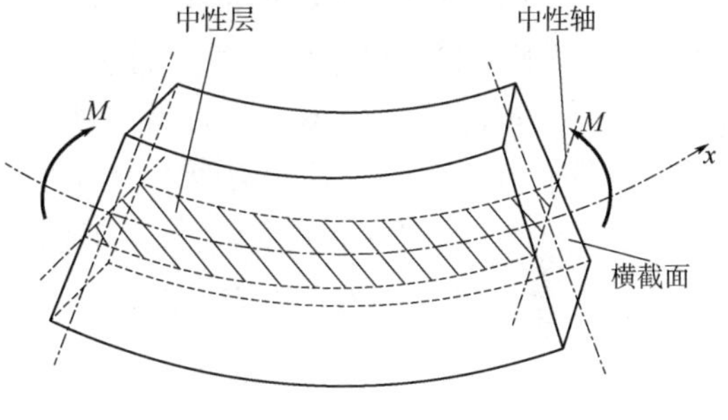

图 15-4　纯弯曲时的中性层与中性轴

梁在弯曲变形时，上部纵向纤维缩短，下部纵向纤维伸长，考虑到变形的连续性，从缩短区到伸长区，中间必有一层纵向纤维既没有伸长也没有缩短，这一长度不变的纵向过渡层就称为梁的**中性层**。中性层与横截面的交线称为横截面的**中性轴**。在对称弯曲的情况下，中性轴必垂直于截面的铅垂方向的对称轴（图 15-4）。弯曲变形时梁的横截面只是绕平行于其中性轴的某个轴（瞬时转轴）转动了一个角度，必须注意：中性轴是有平移的，不是定轴。

15.1.2　弯曲正应力的计算公式

有了以上的平面假定和单向受力假定，就可分析得出弯曲时的变形几何关系并结合应力与应变之间的物理关系和横截面上力系的等效关系，得出弯曲正应力的计算公式。

1. 变形几何关系

用 $m—m$ 和 $n—n$ 两个横截面从梁中切取长度为 $\mathrm{d}x$ 的微段（图 15-5a），取横截面铅垂向下的对称轴为 y 轴，中性轴为 z 轴（其位置待定）。根据平面假定，设梁发生弯曲变形后 $m—m$ 和 $n—n$ 两截面的相对夹角为 $\mathrm{d}\theta$，距中性轴 z 轴为 y 的线段 aa 变为圆弧 $\widehat{a'a'}$。由于中性层上的线段 O_1O_2 长度不变，只是由直线变为曲率半径为 ρ 的圆弧 $\widehat{O_1O_2}$，故有 $\mathrm{d}x=\rho\mathrm{d}\theta$，而圆弧 $\widehat{a'a'}$ 的长度为 $(\rho+y)\mathrm{d}\theta$，如图 15-5b 所示，根据正应变的定义可知线段 aa 的正应变为

$$\varepsilon=\frac{(\rho+y)\mathrm{d}\theta-\mathrm{d}x}{\mathrm{d}x}=\frac{(\rho+y)\mathrm{d}\theta-\rho\mathrm{d}\theta}{\rho\mathrm{d}\theta}=\frac{y}{\rho} \tag{15-1}$$

从式（15-1）可知，梁的横截面上任意一点处的线应变 ε 与该点距中性层的距离 y 成正比。

2. 物理关系

根据单向受力假定，横截面上各点均处于单向应力状态，在线弹性范围内，各点的应力与应变满足胡克定律，即

$$\sigma=E\varepsilon=E\frac{y}{\rho} \tag{15-2}$$

式（15-2）表明，横截面上的正应力沿横截面高度方向线性变化，中性轴上各点（$y=0$）的正应力 σ 应为零（图 15-5c）。

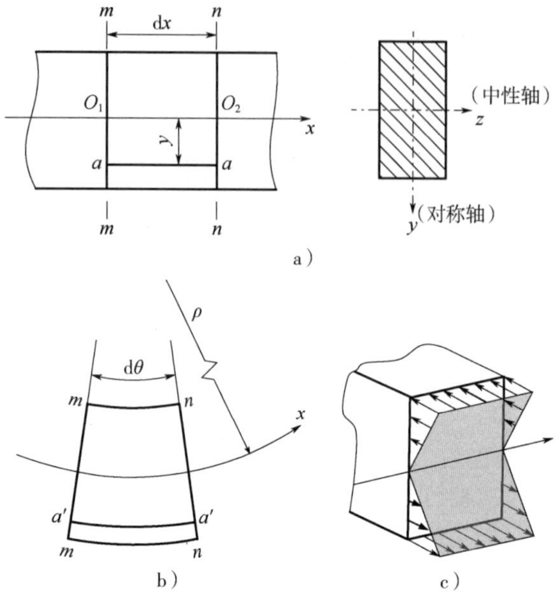

图 15-5　纯弯曲时的变形几何关系及正应力分布

3. 力系等效关系

如图 15-6 所示，坐标为（y，z）的截面微元 dA 上作用了垂直于截面的微小内力 σdA，分布于整个横截面上所有微元的微小内力构成一个空间平行力系，其合力只能构成三个内力分量，即沿 x 轴的轴力 F_{N}、对 y 轴的力偶矩 M_y 和对 z 轴的力偶矩 M_z。而梁发生对称弯曲后，梁的轴线在 x-y 平面内，横截面上的内力分量只有 M_z，其大小为弯矩 M，故有

$$F_{\mathrm{N}}=\int_A\sigma\mathrm{d}A=0 \tag{15-3}$$

$$M_y=\int_A z\sigma\mathrm{d}A=0 \tag{15-4}$$

$$M_z=-\int_A y\sigma\mathrm{d}A=-M \tag{15-5}$$

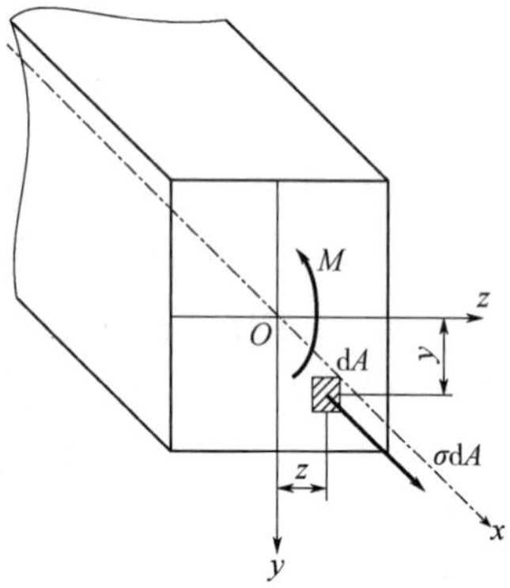

图 15-6　纯弯曲时横截面上的正应力

式（15-3）~式（15-5）为横截面上的力系的等效关系。若将式（15-2）代入式（15-3）并在截面上进行积分，有

$$F_{\mathrm{N}}=\int_A E\frac{y}{\rho}\mathrm{d}A=\frac{E}{\rho}\int_A y\mathrm{d}A=\frac{E}{\rho}S_z=0 \tag{15-6}$$

式中　S_z——横截面对中性轴 z 的静矩，$S_z=\int_A y\mathrm{d}A$。

因为 E、ρ 不可能为零，要满足式（15-6）只有 $S_z=0$。根据横截面形心 C 的 y 坐标为 $y_C=\dfrac{\int_A y\mathrm{d}A}{A}=\dfrac{S_z}{A}$，即 $S_z=Ay_C$，由 $S_z=0$ 知，$y_C=0$，即中性轴必过截面形心，由此就确定了中性轴的位置。

若将式（15-2）代入式（15-4），可得

$$M_y = \int_A \frac{Ey}{\rho} z\mathrm{d}A = \frac{E}{\rho}\int_A yz\mathrm{d}A = \frac{E}{\rho}I_{yz} = 0 \tag{15-7}$$

式中　I_{yz}——横截面图形对 y、z 轴的惯性积，$I_{yz} = \int_A yz\mathrm{d}A$。

式（15-7）要求 $I_{yz}=0$，因为 y 轴是对称轴，因此此条件自动满足。满足 $I_{yz}=0$ 的这对直角坐标轴 y、z 轴称为截面的惯性主轴。

以上两个结论表明，y、z 坐标轴必是该截面的形心惯性主轴（过形心 C 的惯性主轴）。

最后，式（15-2）再代入式（15-5），得

$$M_z = \int_A \frac{Ey^2}{\rho}\mathrm{d}A = \frac{E}{\rho}\int_A y^2\mathrm{d}A = \frac{E}{\rho}I_z \tag{15-8}$$

式中　I_z——横截面对中性轴 z 轴的惯性矩，$I_z = \int_A y^2\mathrm{d}A$。

由此得出梁纯弯曲变形与横截面上的弯矩的关系为

$$\frac{1}{\rho} = \frac{M}{EI_z} \tag{15-9}$$

式中　$\frac{1}{\rho}$——中性层的曲率，表明了梁弯曲的程度，可见，梁弯曲的程度与横截面的弯矩 M 成正比，与 EI_z 成反比；

EI_z——梁的弯曲刚度，是梁所具有的抵抗弯曲变形的能力。

式（15-10）是梁弯曲变形的基本关系式，在第 16 章中也有重要的应用。

将式（15-10）代入式（15-2），可得梁纯弯曲时横截面上的**弯曲正应力公式**：

$$\sigma = \frac{My}{I_z} \tag{15-10}$$

若弯矩 M 为正值，利用式（15-10）计算横截面上某点的弯曲正应力时，以中性轴为界，y 值为正时为拉应力，y 值为负时为压应力。为避免符号错误，M 和 y 通常都取绝对值进行计算，至于该点的应力是拉应力还是压应力，可通过观察梁的变形直接判断，以中性层为界，弯曲后凸出的一侧为拉应力区，凹入的一侧为压应力区。

当 $y=y_{\max}$，即截面上距中性轴最远处，正应力达到最大值时，有

$$\sigma_{\max} = \frac{My_{\max}}{I_z} \tag{15-11}$$

令

$$W_z = \frac{I_z}{y_{\max}} \tag{15-12}$$

则截面最大正应力为

$$\sigma_{\max} = \frac{M}{W_z} \tag{15-13}$$

式中　W_z——**弯曲截面系数**，也是横截面的几何性质参数之一，单位为 mm^3 或 m^3。

显然，对于矩形截面梁，横截面形状关于中性轴 z 上下对称，最大拉应力和最大压应力绝对值相同，有 $\sigma_{\max}^{+} = \sigma_{\max}^{-} = \frac{M}{W_z}$，如果截面形状关于 z 轴上下不对称，如 T 形截面，则有 $\sigma_{\max}^{+} \neq \sigma_{\max}^{-}$，此时应分别计算最大拉应力和最大压应力的绝对值：

$$\sigma_{\max}^{+} = \frac{M}{W_{z1}},\ \sigma_{\max}^{-} = \frac{M}{W_{z2}}$$

其中

$$W_{z1}=\frac{I_z}{y_{\max}^{+}},\ W_{z2}=\frac{I_z}{y_{\max}^{-}}$$

常见几种形状截面（图 15-7）的几何参数 I_z 和 W_z 如下：

1）矩形截面，宽为 b，高为 h；中性轴为 z 轴，并沿宽度方向

$$I_z=\int_A y^2\mathrm{d}A=\int_{-\frac{h}{2}}^{\frac{h}{2}}y^2 b\mathrm{d}y=\frac{bh^3}{12},\ W_z=\frac{I_z}{\frac{h}{2}}=\frac{bh^2}{6} \tag{15-14}$$

2）实心圆截面，直径为 D，因

$$I_\mathrm{p}=\int_A\rho^2\mathrm{d}A=\int_A(y^2+z^2)\mathrm{d}A=\int_A y^2\mathrm{d}A+\int_A z^2\mathrm{d}A=I_z+I_y=\frac{\pi D^4}{32}$$

而 $I_z=I_y$，故

$$I_z=\frac{\pi D^4}{64},\ W_z=\frac{I_z}{\frac{D}{2}}=\frac{\pi D^3}{32} \tag{15-15}$$

3）空心圆截面，外径为 D，内径为 d，$\alpha=\frac{d}{D}$，与 2）的推导类似：

$$I_z=\frac{I_\mathrm{p}}{2}=\frac{\pi(D^4-d^4)}{64}=\frac{\pi D^4}{64}(1-\alpha^4),\ W_z=\frac{I_z}{\frac{D}{2}}=\frac{\pi D^3}{32}(1-\alpha^4) \tag{15-16}$$

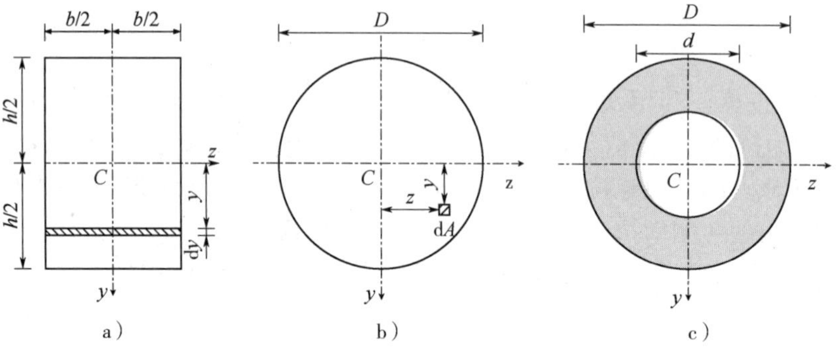

图 15-7　纯弯曲梁常见形状横截面及大小

从式（15-10）的推导过程可知，因为用到胡克定律，故该公式只适用于应力不超过材料比例极限的情形。此外，平面假定是该公式成立的前提条件。如果梁是剪切弯曲，横截面上存在剪力（即存在切应力），就一定存在剪应变，造成变形后的横截面不可能再保持为平面，故从理论上讲，式（15-10）不适用于剪切弯曲。通过更精确的理论分析及试验研究，式（15-10）用于计算剪切弯曲的弯曲正应力时会产生一定的误差，但多数情况下这一误差并不大，能够满足一般工程问题的精度要求，因此剪切弯曲时也可用式（15-10）计算弯曲正应力。

不过，剪切弯曲不同的横截面上的弯矩各不相同，计算不同的横截面上正应力分布时，应取对应截面上的弯矩值，即

$$\sigma(x)=\frac{M(x)y}{I_z} \tag{15-17}$$

$$\sigma_{\max}(x)=\frac{M(x)}{W_z} \tag{15-18}$$

对等截面的梁来说，整个梁的最大正应力发生于弯矩绝对值最大的截面上（称为**危险截面**）与中性轴距离最远处，即

$$\sigma_{\max}=\frac{M_{\max}y_{\max}}{I_z}=\frac{M_{\max}}{W_z} \tag{15-19}$$

例 15-1　长度为 $l=2\text{m}$ 的外伸梁受图 15-8a 所示集中力 F 的作用，已知 $F=25\text{kN}$，梁选用 No. 28a 工字钢（图 15-8b），试计算：①梁的危险截面上最大弯曲正应力；②危险截面对称轴上腹板（中间的矩形板）与翼缘（上、下的矩形板）的下交界处点 K 的弯曲正应力。

解：1）求梁的危险截面上的最大弯曲正应力。

首先根据平衡方程求得支座约束力（图 15-8c）：

$$F_A=F=25\text{kN}(\downarrow)$$

$$F_C=2F=50\text{kN}(\uparrow)$$

绘制梁的弯矩图（图 15-8d），由图可见，危险截面为梁的跨度中点 C 截面，最大弯矩的绝对值为 $|M|_{\max}=|M_C|=\dfrac{Fl}{2}=25\text{kN}\cdot\text{m}$。

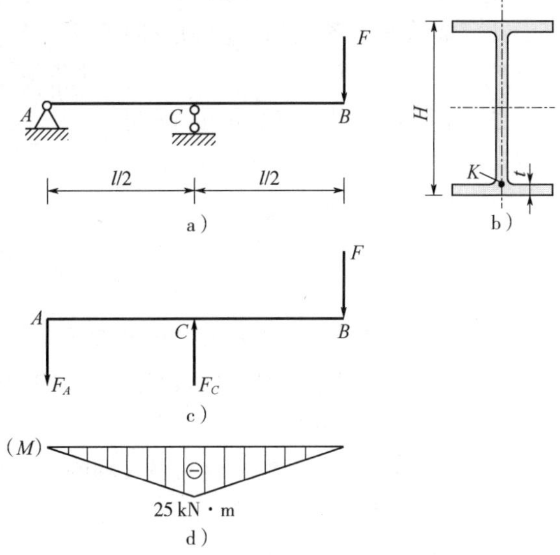

图 15-8　例 15-1 图

查附录 B No. 28a 工字钢截面几何参数为：$H=280\text{mm}$，$t=13.7\text{mm}$，惯性矩 $I_z=7110\text{cm}^4$，弯曲截面系数 $W_z=508\text{cm}^3$。故由弯曲正应力公式可得危险截面上的最大正应力为

$$\sigma_{\max}=\frac{|M|_{\max}}{W_z}=\frac{25\times10^6}{508\times10^3}\text{MPa}=49.2\text{MPa}$$

2）求危险截面对称轴上腹板与翼缘交界处 K 点的弯曲正应力。

腹板与翼缘的下交界处 K 点距中性轴的距离为 $y_K=\dfrac{H}{2}-t=\left(\dfrac{280}{2}-13.7\right)\text{mm}=126.3\text{mm}$，且该截面弯矩为负，故 K 点的正应力应为负值，即压应力为

$$\sigma_K=-\frac{|M|_{\max}}{I_z}\cdot y_K=-\frac{25\times10^6\times126.3}{7110\times10^4}\text{MPa}=-44.41\text{MPa}$$

15.2　梁横截面上的切应力

在剪切弯曲情况下，横截面上除了弯矩，还有剪力，因而横截面上必然存在切应力。但

切应力的分布比较复杂，横截面的形状不同，切应力的分布特点也不同。对于形状简单的横截面，通过对切应力的分布做出合理的假设，再利用力系等效关系就可以得到切应力的计算公式。而形状复杂的截面，很难对切应力分布做出合理假设，需要借助于弹性力学及试验方法加以研究来得出可靠的结论。本教材不做具体推导，仅给出几种常见截面切应力分布的结论。

15.2.1　矩形截面上的切应力

矩形截面梁在剪切弯曲的情形下，任意横截面上的 F_S 作用线与截面对称轴 y 轴重合。横截面上的切应力分布，有以下结论（图 15-9）：

1）横截面上各点的切应力方向都与剪力 F_S 方向平行。

2）切应力沿截面宽度均匀分布。

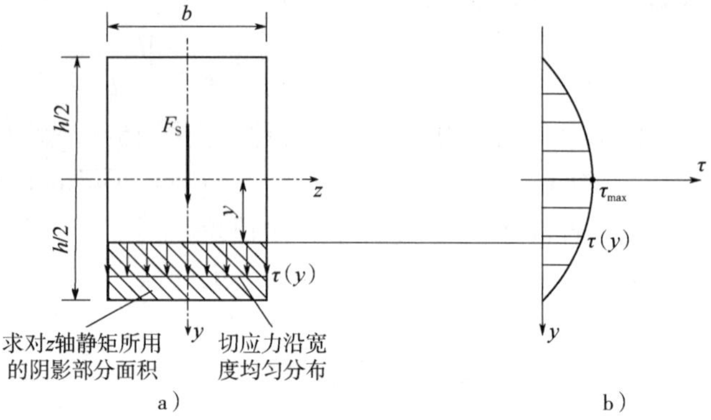

图 15-9　矩形截面的弯曲切应力

3）切应力计算公式：

$$\tau = \frac{F_S S_z^*}{I_z b} \tag{15-20}$$

式中　F_S——横截面上的剪力，由截面法求得。

S_z^*——横截面相对中性轴坐标为 y 的横线以外的面积（图 15-9a 中阴影部分）对中性轴的静矩。

I_z——整个截面对中性轴的 z 轴的惯性矩。

b——横截面的宽度。

对图 15-9a 的矩形截面，有

$$S_z^* = b\left(\frac{h}{2} - y\right)\cdot\frac{y + h/2}{2} = \frac{b}{2}\left(\frac{h^2}{4} - y^2\right)$$

$$\tau(y) = \frac{F_S}{\dfrac{bh^3}{12}\cdot b}\cdot\frac{b}{2}\left(\frac{h^2}{4} - y^2\right) = \frac{3F_S}{2bh}\left(1 - \frac{4y^2}{h^2}\right)$$

显然，弯曲切应力沿截面高度呈抛物线规律变化，在截面上、下缘 $\left(y = \pm\dfrac{h}{2}\right)$，切应力 $\tau = 0$，在截面中性轴处（$y = 0$），切应力数值最大，$\tau_{max} = \dfrac{3F_S}{2bh} = \dfrac{3}{2}\bar{\tau}$，即最大切应力为横截面平均切应力 $\bar{\tau} = \dfrac{F_S}{bh}$ 的 $\dfrac{3}{2}$ 倍。

15.2.2　工字形截面上的切应力

工字形截面由中间的腹板和上、下的翼缘构成，腹板和翼缘都可视为矩形。由于翼缘上的切应力基本上沿水平方向，如图 15-10a 所示，其切应力数值与腹板相比较小，故一般不必计算。而腹板部分为狭长矩形，切应力分布特点与矩形截面相同，仍可利用式（15-20）计算。需要注意，此时公式中的 S_z^* 应为图 15-10a 中阴影部分的面积对中性轴的静矩，应把翼缘部分的面积计入；式中的 I_z 是整个横截面对中性轴 z 的惯性矩；b 是腹板部分的宽度。如图 15-10b 所示，在工字形截面的腹板上，切应力也按抛物线规律变化，在中性轴上切应力最大，为

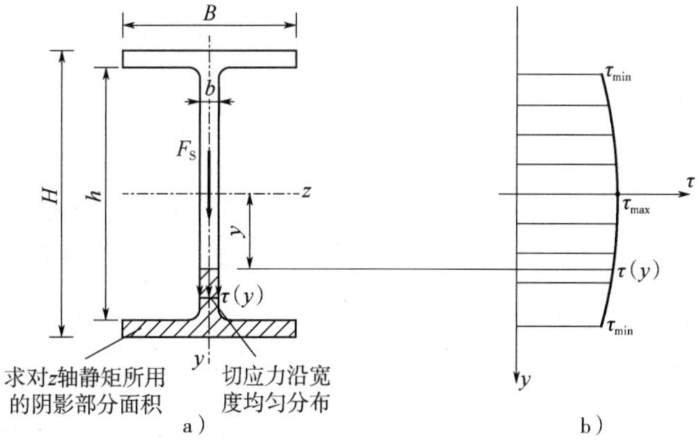

图 15-10　工字形截面的弯曲切应力

$$\tau_{\max}=\frac{F_{\mathrm{S}}}{b\cdot(I_z:S_z)} \tag{15-21}$$

式中　$I_z: S_z$——工字形截面的惯性矩与工字形半个截面对中性轴静矩之比。

由于 S_z^* 中翼缘部分静矩贡献较大，故当 y 变化时腹板切应力的曲线是较平缓的抛物线。腹板上的切应力的合力为 F_{S} 的 95% ~97%，工程上在精度要求不高时也可近似计算为

$$\tau=\frac{F_{\mathrm{S}}}{bh} \tag{15-22}$$

计算结果表明，工字钢截面的上、下翼缘主要承担弯矩，而腹板主要承担剪力。

15.2.3　圆截面和薄壁圆环截面上的切应力

半径为 R 的圆形截面上的切应力分布有如下特点：

1）除了中性轴上各点切应力与剪力 F_{S} 平行外，其他各点的切应力并不平行于 F_{S}。

2）由于圆轴表面为自由表面，其上无应力，在截面边缘各点处，依据切应力互等定理的要求，与圆周垂直的切应力必为零，其切应力方向必与圆周相切，如图 15-11a 所示。考虑到对称性，截面的铅垂对称轴上各点切应力为铅垂方向，因而可设任意一弦 KK' 上各点的切应力作用线相交于 y 轴上点 P（K、K' 两点处切线的交点）。

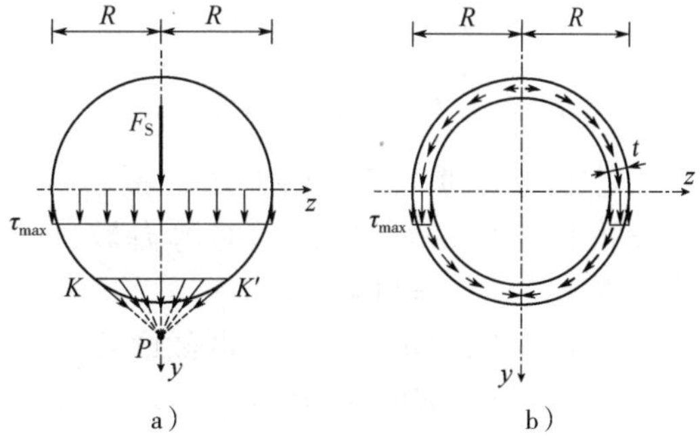

图 15-11　圆截面的弯曲切应力

3）假定弦 KK' 上各点切应力的 y 分量 τ_y 是相等的，则 τ_y 可以直接利用式（15-20）计算，即

$$\tau_y=\frac{F_{\mathrm{S}}S_z^*}{I_z b}$$

该式中 b 取为弦 KK' 的长度，S_z^* 取为弦以外的横截面面积对 z 轴的静矩。在中性轴上，切应

力方向都为铅垂方向，且切应力数值最大，此时 $b=2R$，$S_z^*=\dfrac{\pi R^2}{2}\cdot\dfrac{4R}{3\pi}=\dfrac{2R^3}{3}$，$I_z=\dfrac{\pi\cdot(2R)^4}{64}=\dfrac{\pi R^4}{4}$，故有

$$\tau_{max}=\frac{F_S\cdot\dfrac{2R^3}{3}}{\dfrac{\pi R^4}{4}\cdot 2R}=\frac{4F_S}{3\pi R^2}=\frac{4F_S}{3A}=\frac{4}{3}\bar{\tau} \tag{15-23}$$

式中　$\bar{\tau}$——横截面上的平均切应力，$\bar{\tau}=\dfrac{F_S}{A}$。

可见圆截面上的最大切应力为平均切应力的 $\dfrac{4}{3}$ 倍。

平均半径为 R、厚度为 t 的薄壁圆环截面的切应力认为沿厚度方向均匀分布，其最大切应力也发生在中性轴处，如图 15-11b 所示，其值为

$$\tau_{max}=\frac{2F_S}{A}=2\bar{\tau}$$

式中　A——圆环横截面的面积，$A=2\pi Rt$。

可见薄壁圆环截面最大切应力为平均切应力的 2 倍。

例 15-2　简支梁受图 15-12a 所示集中力 F 作用，已知 $F=100\text{kN}$，梁选用 No. 28a 工字钢（图 15-12b），试计算梁的最大弯曲切应力。

解：计算梁的约束力并画剪力图。

根据平衡方程求得支座约束力（图 15-12c）：

$$F_A=\frac{1}{5}F=20\text{kN}(\uparrow)$$

$$F_B=\frac{4}{5}F=80\text{kN}(\uparrow)$$

绘制梁的剪力图（图 15-12d），由图可见，梁 CB 段各截面的剪力最大绝对值为 $F_{Smax}=80\text{kN}$。

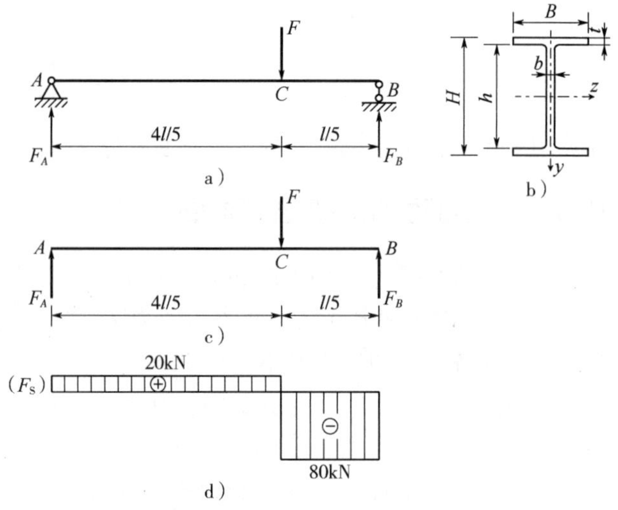

图 15-12　例 15-2 图

查附录 B，No. 28a 工字钢截面几何参数为：$H=280\text{mm}$，$t=13.7\text{mm}$，$b=8.5\text{mm}$。惯性矩与半截面静矩之比 $I_z:S_z=24.6\text{cm}$㊀，最大弯曲切应力应发生于 CB 段各截面的中性轴上，按照式（15-21）计算，其大小为

$$\tau_{max}=\frac{F_{Smax}}{b\cdot(I_z:S_z)}=\frac{80\times10^3}{8.5\times246}\text{MPa}=38.26\text{MPa}$$

若按式（15-22）近似估算腹板上的切应力大小，有

$$\tau=\frac{F_S}{bh}=\frac{80\times10^3}{8.5\times(280-13.7\times2)}\text{MPa}=37.26\text{MPa}$$

近似计算的结果仅稍低于 τ_{max}，误差大约 2.6%，可满足一般工程的精度要求。

㊀ 该数据在新版本标准型钢表并未出现。——作者注

15.3　梁的弯曲强度计算

在剪切弯曲情况下，梁的横截面上同时存在着弯曲正应力和弯曲切应力。对于塑性材料梁的最大弯曲正应力发生在危险截面离中性轴最远的各点；最大弯曲切应力则一般发生在中性轴处。因此，针对上述这两种危险点可建立相应的强度条件。

15.3.1　弯曲正应力强度条件

最大弯曲正应力所在的危险点通常切应力为零或很小，此外，分布载荷作用所引起的纵向纤维的挤压应力与横截面上最大正应力相比很小，可以忽略不计，因而最大弯曲正应力作用点可近似为单向应力状态，故梁的弯曲正应力强度条件为

$$\sigma_{\max}=\left(\frac{M}{W_z}\right)_{\max}\leqslant[\sigma] \tag{15-24}$$

式中　$\sigma_{\max}$——梁中的最大弯曲正应力，塑性材料梁发生在危险截面上距中性轴最远的点；

$[\sigma]$——材料的许用应力。

对等截面梁，式（15-24）写为

$$\sigma_{\max}=\frac{M_{\max}}{W_z}\leqslant[\sigma] \tag{15-25}$$

对于塑性材料，因其抗拉和抗压的许用应力相等，为了使横截面上的最大拉应力和最大压应力同时达到许用应力，通常将梁的横截面做成关于中性轴对称的形状，如矩形、工字形、圆形等。对于脆性材料，因其抗拉和抗压的许用应力不相等，为了充分利用材料，通常将横截面做成关于中性轴不对称的形状，如 T 形、U 形等，并使中性轴靠近最大拉应力一侧，截面上的最大拉应力和最大压应力数值是不相等的。

对于许用拉应力和许用压应力相同的材料，强度计算时最大弯曲正应力应取绝对值最大的。而脆性材料的许用压应力高于许用拉应力，强度计算时则应分别校核拉伸强度与压缩强度，即要求

$$\sigma_{\max}^{+}\leqslant[\sigma_t],\sigma_{\max}^{-}\leqslant[\sigma_c] \tag{15-26}$$

式中　$\sigma_{\max}^{+}$、$\sigma_{\max}^{-}$——梁的最大弯曲拉应力和最大弯曲压应力。

15.3.2　弯曲切应力强度条件

最大弯曲切应力所在的危险点通常在中性轴上，而该处的正应力为零，故弯曲切应力强度条件为

$$\tau_{\max}=\left(\frac{F_S S_z^*}{I_z b}\right)_{\max}\leqslant[\tau] \tag{15-27}$$

式中　$\tau_{\max}$——梁的最大弯曲切应力；

$[\tau]$——材料的许用切应力。

对等截面梁，式（15-27）写为

$$\tau_{\max}=\frac{F_{S\max}S_{z\max}^*}{I_z b}\leqslant[\tau] \tag{15-28}$$

先看一例子，有一长度为 l 的矩形截面（宽度为 b、高度为 h）悬臂梁，在自由端承受集中横向力 F 的作用，则其 $\sigma_{\max}=\dfrac{M_{\max}}{W_z}=\dfrac{Fl}{\frac{bh^2}{6}}=\dfrac{6Fl}{bh^2}$，$\tau_{\max}=\dfrac{3F_S}{2A}=\dfrac{3F}{2bh}$，两者之比为 $\dfrac{\tau_{\max}}{\sigma_{\max}}=\dfrac{h}{4l}$，对于材料力学公式能使用的梁有 $l>5h$，则 $\dfrac{\tau_{\max}}{\sigma_{\max}}<5\%$。

再看一例子，截面直径为 D、长度为 l 的悬臂梁，受横向均布载荷 q 的作用，有

$$\sigma_{\max}=\frac{M_{\max}}{W_z}=\frac{\frac{1}{2}ql^2}{\frac{\pi D^3}{32}}=\frac{16ql^2}{\pi D^3},\tau_{\max}=\frac{4F_{S,\max}}{3A}=\frac{4ql}{3\cdot\frac{\pi D^2}{4}}=\frac{16ql}{3\pi D^2}$$

两者之比为 $\dfrac{\tau_{\max}}{\sigma_{\max}}=\dfrac{D}{3l}$，若 $l>5D$，则 $\dfrac{\tau_{\max}}{\sigma_{\max}}<6.67\%$。

因此，在一般受力状态的细长（即梁的跨度远大于横截面方向的尺寸）且非薄壁开口截面梁（也称为实体梁）中，最大弯曲正应力远大于最大弯曲切应力，因此进行强度校核时，只需按正应力强度条件进行计算即可，弯曲切应力强度条件可自动满足。但是，对于薄壁开口截面梁或某些受力形式较特殊的梁，如跨度小而梁较高、集中力作用点距支座很近（造成支座附近截面上剪力较大）等情形，则有必要同时用弯曲正应力强度条件和弯曲切应力强度条件加以校核，某些经焊接、铆接或胶合而成的组合梁，对其焊缝、铆钉连接面及胶接面一般还要进行剪切强度校核。

此外，在某些薄壁截面梁的特殊点上（如工字形截面的腹板和翼缘交界处），弯曲正应力和弯曲切应力同时存在，且均有相当大数值。此类危险点比较复杂，其强度条件将在第 17 章的强度理论中讨论。

梁的强度计算包括三类问题：强度校核、截面设计及确定许用载荷。首先应正确画出梁的剪力图、弯矩图；然后根据梁的受力、结构形式、截面形状及材料的力学性能来确定可能的危险截面和危险点，先选择用弯曲正应力强度条件进行计算，若有必要，还需进一步用弯曲切应力强度条件进行计算。

例 15-3　如图 15-13a 所示，外伸梁 ABC 在 BC 段受均布载荷 $q=4\text{kN/m}$ 的作用，$a=1\text{m}$，梁的横截面是直径为 d 的圆形（图 15-13b），材料的许用应力 $[\sigma]=80\text{MPa}$，试设计该梁的横截面直径。

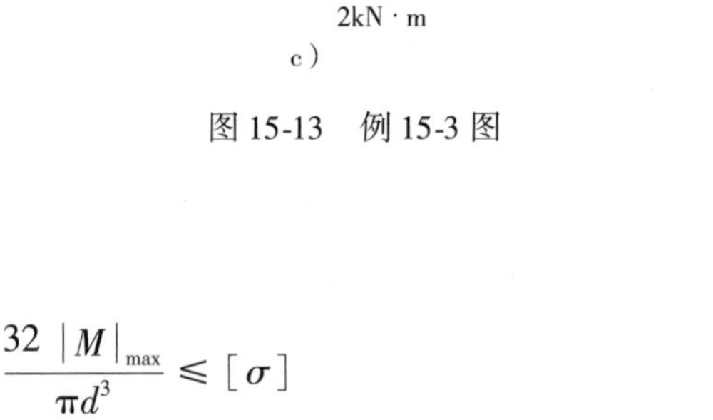

图 15-13　例 15-3 图

解：本题的圆截面梁属于一般实体梁，主要考虑弯曲正应力强度条件。首先利用平衡方程求出支座约束力，绘制梁的弯矩图（图 15-13c），由图可见，梁的危险截面为 B 截面，弯矩的最大绝对值为 $|M|_{\max}=\dfrac{1}{2}qa^2=2\text{kN}\cdot\text{m}$，根据弯曲正应力强度条件，有

$$\sigma_{\max}=\frac{|M|_{\max}}{W}=\frac{|M|_{\max}}{\frac{\pi d^3}{32}}=\frac{32|M|_{\max}}{\pi d^3}\leqslant[\sigma]$$

$$d \geqslant \sqrt[3]{\frac{32\ |M|_{max}}{\pi[\sigma]}} = \sqrt[3]{\frac{32 \times 2 \times 10^6}{\pi \times 80}}\text{mm} = 63.4\text{mm}$$

故梁的直径取整为 $d = 64\text{mm}$ 即可满足要求。

例15-4　如图15-14a所示的移动送料结构，送料小车 K 可在横梁 BD 上移动，梁为矩形截面，横截面尺寸为 $b \times h$，杆 OB 是直径为 d 的圆截面杆。杆与梁的材料相同，许用应力 $[\sigma] = 80\text{MPa}$。已知 $d = 12\text{mm}$，$b = 50\text{mm}$，$h = 75\text{mm}$，$l = 1.7\text{m}$，试求结构允许的料车重力 P。

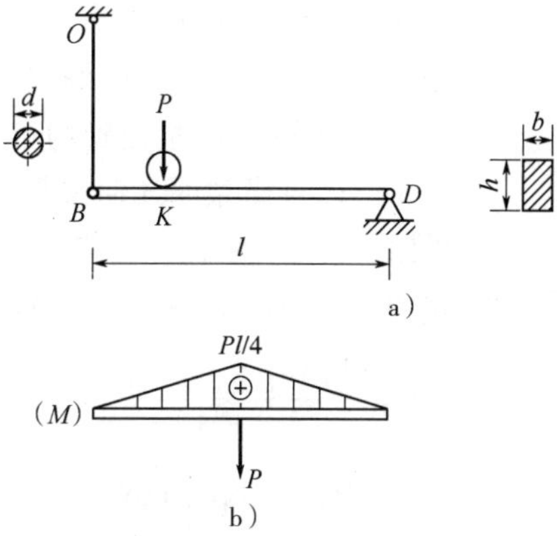

图15-14　例15-4图

解：1）结构的受力分析。

杆 OB 为轴向拉伸的二力杆，梁 BD 相当于受到集中力作用的简支梁。料车在梁上移动时，杆中轴力和梁中的最大弯矩都是变化的。显然，当料车移动至梁的最左端接近点 B 时，杆 OB 中的轴力最大，为 $F_{Nmax} = P$；当料车移动至梁的跨度中点时，梁中产生最大弯矩 $M_{max} = \dfrac{Pl}{4}$（图15-14b）。

2）确定结构的允许载荷 $[P]$。

由梁 BD 的弯曲正应力强度条件

$$\sigma_{max} = \frac{M_{max}}{W_z} = \frac{Pl/4}{bh^2/6} = \frac{3Pl}{2bh^2} \leqslant [\sigma]$$

得

$$P \leqslant \frac{2bh^2[\sigma]}{3l} = \frac{2 \times 50 \times 75^2 \times 80}{3 \times 1700}\text{N} = 8.824\text{kN}$$

由杆 OB 的轴向拉伸强度条件 $\sigma = \dfrac{F_{Nmax}}{A} = \dfrac{4P}{\pi d^2} \leqslant [\sigma]$ 得

$$P \leqslant \frac{\pi d^2[\sigma]}{4} = \frac{\pi \times 12^2 \times 80}{4}\text{N} = 9.048\text{kN}$$

综上应取 $[P] = 8.824\text{kN}$。

当横截面由多个图形组成时，需确定其中性轴的位置和其对中性轴的惯性矩。下面推导同一截面图形对两根相互平行的坐标轴（其中一根过截面形心）的惯性矩关系的平行移轴公式。如图15-15所示，宽为 b、高为 h 的矩形，z_C 轴为过其形心 C 沿宽度方向的对称轴，为形心惯性主轴，设 z 轴平行于 z_C 轴，y 轴与 y_C 轴重合，坐标系 Oyz 的坐标原点 O 在坐标系 Cy_Cz_C 中的坐标为 $(a, 0)$，现计算矩形对 z 轴惯性矩和对 z_C 轴惯性矩的关系。设微小面积 dA 在 Oyz 坐标系中的坐标为 (y, z)，在 Cy_Cz_C 坐标系中的坐标为 (y_C, z_C)，则 $y = y_C - a$，根据图形对轴的惯性矩的定义，$I_z = \int_A y^2\,dA = \int_A (y_C - a)^2\,dA = \int_A y_C^2 dA - 2a\int_A y_C dA + a^2 A$，而 $I_{z_C} = \int_A y_C^2 dA$ 为矩形对 z_C 轴的惯性矩；$S_{z_C} = \int_A y_C dA$ 为矩形对其形心轴 z_C 的静

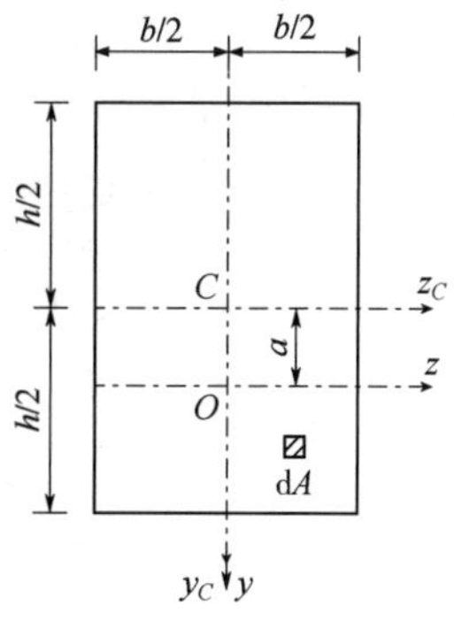

图15-15　矩形截面对与形心惯性主轴平行轴的惯性矩

矩，等于零。于是 $I_z = I_{z_C} + Aa^2$，称为**惯性矩的平行移轴公式**，该公式表明：矩形对平行于形心对称轴 z_C 的 z 轴的惯性矩，等于它对 z_C 轴的惯性矩加上矩形面积与两轴间距离平方的乘积。

例 15-5　如图 15-16a 所示槽形截面外伸梁，横截面形状尺寸如图 15-16b 所示，梁的材料为拉压不同性的铸铁，许用拉应力 $[\sigma_t] = 60\text{MPa}$，许用压应力 $[\sigma_c] = 120\text{MPa}$，许用切应力 $[\tau] = 30\text{MPa}$，该梁受到均布载荷 $q = 2.5\text{kN/m}$ 的作用，试校核该梁的强度。

解： 1）计算横截面几何参数。

如图 15-16b 所示建立参考坐标系 yz'，设形心坐标为 C（y_C，0），槽形截面可视为大矩形Ⅰ内挖去小矩形Ⅱ，采用负面积法，则有

$$y_C = \frac{A_{\text{I}} y_{C_{\text{I}}} + A_{\text{II}} y_{C_{\text{II}}}}{A_{\text{I}} + A_{\text{II}}} = \frac{100 \times 150 \times 75 - 60 \times 130 \times (20 + 65)}{100 \times 150 - 60 \times 130}\text{mm} = 64.2\text{mm}$$

$$I_z = \left\{\frac{100 \times 150^3}{12} + (100 \times 150) \times (75 - 64.2)^2 - \left[\frac{60 \times 130^3}{12} + (60 \times 130) \times (20 + 65 - 64.2)^2\right]\right\}\text{mm}^4$$
$$= 1.55 \times 10^7\text{mm}^4$$

2）绘制内力图。

由梁的平衡条件（图 15-16c），可求出支座约束力：

$$F_A = 7.14\text{kN}(\uparrow),\ F_B = 17.86\text{kN}(\uparrow)$$

画出梁的内力图（图 15-16d、e），从图中可知，梁中最大剪力和最大正、负弯矩分别为

$$F_{\text{Smax}} = 10.36\text{kN},\ M^+_{\max} = M_D = 10.20\text{kN}\cdot\text{m},\ M^-_{\max} = |M_B| = 11.25\text{kN}\cdot\text{m}$$

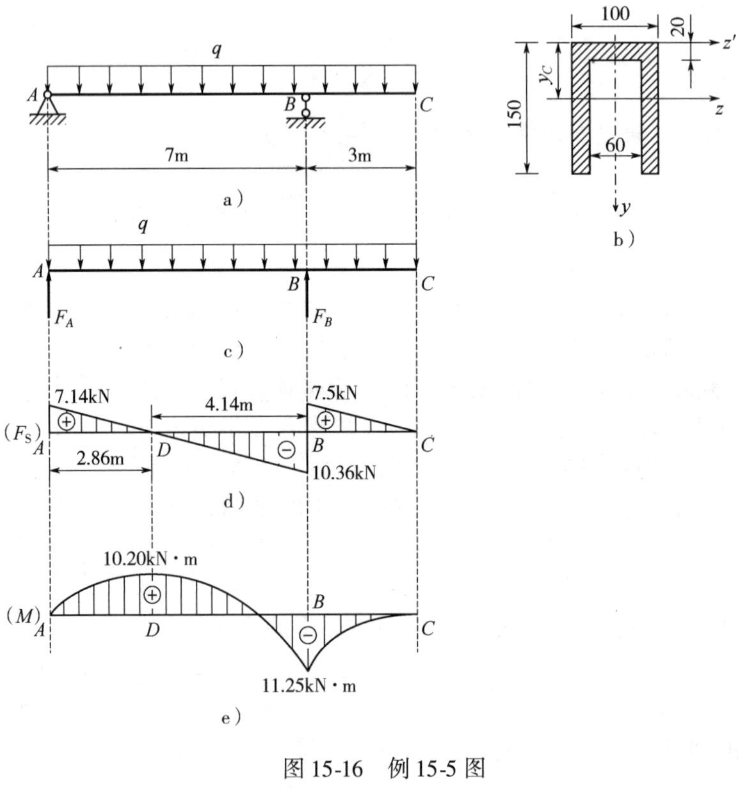

图 15-16　例 15-5 图

3）校核正应力强度条件。

首先计算弯矩绝对值最大的截面即 B 截面上的应力，由 $|M_B|=11.25\text{kN}\cdot\text{m}$，得

上缘处为拉应力：$\sigma_B^+=\dfrac{|M_B|y_C}{I_z}=\dfrac{11.25\times10^6\times64.2}{1.55\times10^7}\text{MPa}=46.6\text{MPa}$

下缘处为压应力：$\sigma_B^-=\dfrac{|M_B|\cdot(150-y_C)}{I_z}=\dfrac{11.25\times10^6\times85.8}{1.55\times10^7}\text{MPa}=62.3\text{MPa}$

再计算绝对值也较大的 D 截面，由于 M_D 为正弯矩，故上缘为压应力、下缘为拉应力，显然，D 截面上缘的压应力不会超过 B 截面下缘的压应力，但要计算一下 D 截面下缘的拉应力：

$$\sigma_D^+=\frac{M_D\cdot(150-y_C)}{I_z}=\frac{10.20\times10^6\times85.8}{1.55\times10^7}\text{MPa}=56.5\text{MPa}$$

经比较可知，整个梁中的最大拉应力应为 $\sigma_{\max}^+=\sigma_D^+=56.5\text{MPa}$，在 D 截面下缘达到，整个梁中的最大压应力应为 $\sigma_{\max}^-=\sigma_B^-=62.3\text{MPa}$，在 B 截面下缘达到。

代入弯曲正应力强度条件进行校核：

$$\sigma_{\max}^+=56.5\text{MPa}<[\sigma_t]=60\text{MPa},\sigma_{\max}^-=62.3\text{MPa}<[\sigma_c]=120\text{MPa}$$

故梁的正应力强度能够满足。

4）校核切应力强度条件。

该梁属于开口薄壁结构梁，应考虑弯曲切应力强度条件是否满足。计算中性轴下侧截面对中性轴的静矩，有

$$S_{z\max}^*=[2\times20\times(150-64.2)]\times\frac{(150-64.2)}{2}\text{mm}^3=1.47\times10^5\text{mm}^3$$

$$\tau_{\max}=\frac{F_{S\max}S_{z\max}^*}{I_zb}=\frac{10.36\times10^3\times1.47\times10^5}{1.55\times10^7\times40}\text{MPa}=2.46\text{MPa}$$

故 $\tau_{\max}=2.46\text{MPa}<[\tau]=30\text{MPa}$，可见切应力强度也是能够满足的。

本例题梁的材料为拉压不同性的脆性材料，故拉应力强度条件与压应力强度条件应分别校核。同时，梁的横截面关于中性轴不对称，且弯矩分布存在正、负两个极值点。因而应正确找出整个梁中拉应力和压应力的最大值并分别进行校核，注意不要遗漏可能的危险点。一般情况下，此类题目应找到正、负弯矩极大值所在的两个截面，分别计算上、下缘至少三个弯曲正应力后进行比较，准确找出拉、压正应力的最大绝对值。此外，本题属于开口薄壁截面的梁，也应校核一下切应力强度条件。

15.4　梁的合理截面形状

梁在正常工作状态下必须保证具有足够的强度。根据弯曲应力分布的特点，采取一定的措施，可以在不增加或少增加材料成本的前提下使梁承受更大的载荷而不导致强度失效。

梁的强度主要依据正应力强度条件来控制，即 $\sigma_{\max}=\dfrac{M_{\max}}{W_z}\leqslant[\sigma]$。采用合理的截面形状，提高 W_z 的数值，就可以更合理地利用材料。比较理想的截面形状应该是使用较小的截面面积 A，就能获得较大的弯曲截面系数 W_z，即比值 $\dfrac{W_z}{A}$ 越大，截面形状越合理。例如，矩

形截面梁，截面高度 h 大于宽度 b，立放时（加载沿长边 h 的方向），则$\frac{W_z}{A}=\frac{h}{6}$；若平放（加载沿短边 b 的方向），则$\frac{W_z}{A}=\frac{b}{6}<\frac{h}{6}$，故立放更为合理。圆形截面$\frac{W_z}{A}=\frac{D}{8}$，空心圆形截面的内外径之比 $\alpha=\frac{d}{D}$，$\frac{W_z}{A}=(1+\alpha^2)\frac{D}{8}$，当 $\alpha=0.8$ 时，$\frac{W_z}{A}=1.64\times\frac{D}{8}$，即空心圆形截面比实心圆形截面更合理。工程中常用的工字钢、槽钢等型钢的截面形状也是如此。常见几种截面形状的$\frac{W_z}{A}$值列于表 15-1 中。

表 15-1　常见几种截面形状的 W_z/A 值

截面形状	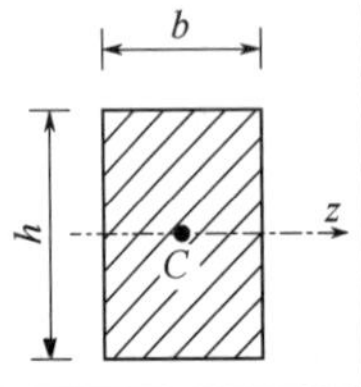	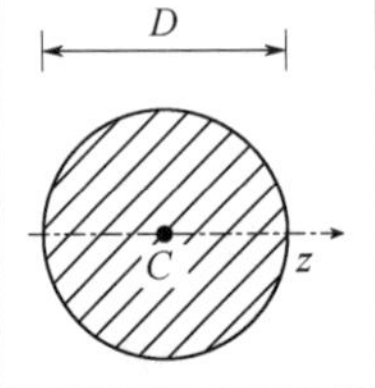	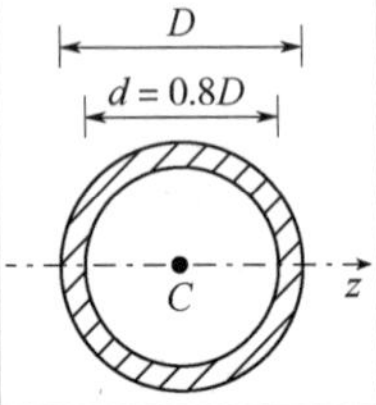	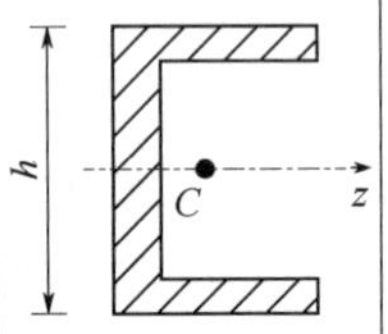	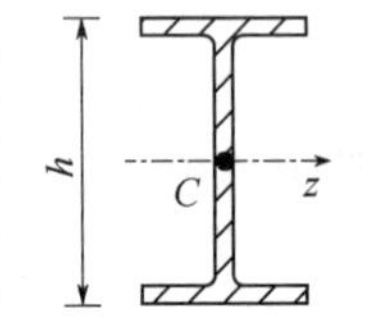
	矩形	实心圆形	空心圆形	槽钢	工字钢
$\frac{W_z}{A}$	$0.167h$	$0.125D$	$0.205D$	$(0.27\sim0.31)h$	$(0.27\sim0.31)h$

表 15-1 说明，实心圆形截面梁最不经济，槽钢和工字钢最好。这可从弯曲正应力的分布规律得到解释，由于弯曲正应力沿截面高度线性分布，中性轴附近弯曲正应力很小，在截面的上、下边缘处弯曲正应力最大，因此，在截面面积一定时，宜将较多材料放置在远离中性轴的部位可充分发挥材料的强度。工程中大量采用的工字钢和箱形截面梁，例如钢轨、起重机大梁就是运用了这一原理。而实心圆形截面梁的上、下边缘处的材料较多，中性轴附近的材料较多，因而不能做到材尽其用。对于需做成圆形截面的轴类构件，宜采用空心圆形截面。

此外，抗拉、抗压许用应力相等的材料（如低碳钢），宜采用关于中性轴对称的截面形状，以使得载荷增大时截面上、下缘处同时达到拉、压许用应力。而拉、压许用应力不等的材料（如铸铁），宜采用中性轴偏于一侧的截面（如 T 形截面），以使得截面上的最大拉应力与最大压应力尽量同时接近各自的许用应力。这样使得材料性能得以充分利用。

前面讨论的是等截面梁的情况。但按照最大弯矩设计的截面尺寸，除了最大弯矩所在截面之外，其余截面上的材料都未充分利用。为了节约材料，减轻自重，可以改变截面尺寸，使 W_z 随弯矩变化，在弯矩较大处 W_z 较大，在弯矩较小处 W_z 也较小。若使梁在所有截面上的最大正应力都相等且都达到许用应力，即 $\sigma_{\max}=\frac{M(x)}{W(x)}=[\sigma]$，$W(x)=\frac{M(x)}{[\sigma]}$，这样设计出的变截面梁称为**等强度梁**。

以上条件是基于弯曲正应力的强度条件提出的，当某些截面上的弯矩很小但剪力很大时，应根据切应力强度条件进行设计，而像工字形或 T 形截面这类开口薄壁构件，其腹板应有足够的宽度，以承担截面上的最大切应力。

除了截面形状，载荷的施加方式也是影响梁的强度的因素之一，例如，图 15-17a 所示的集中力作用下的简支梁，最大弯矩为 $M_{\max}=\dfrac{Fl}{4}$；若在主梁上增加一个副梁（图 15-17b），则主梁上的加力点发生变化，此时 $M_{\max}=\dfrac{Fl}{6}$；若将集中力分散为均布载荷 $q=\dfrac{F}{l}$（图 15-17c），则 $M_{\max}=\dfrac{ql^2}{8}=\dfrac{Fl}{8}$。这样就降低了梁中最大弯矩。若将图 15-17c 中两个铰支座向中间移动 1/5 跨度的距离（图 15-17d 所示的支座位置），则最大弯矩可降至 $M_{\max}=\dfrac{ql^2}{40}=\dfrac{Fl}{40}$，这时支座处截面上弯矩与中间截面上的弯矩的绝对值数值已经十分接近。读者可进一步思考，图 15-17d 中两个支座移动至何处时，可使梁中的弯矩最大值达到极小？

这些实例说明，在条件允许的情况下，合理安排加载方式和约束位置，将显著减小梁内的最大弯矩。

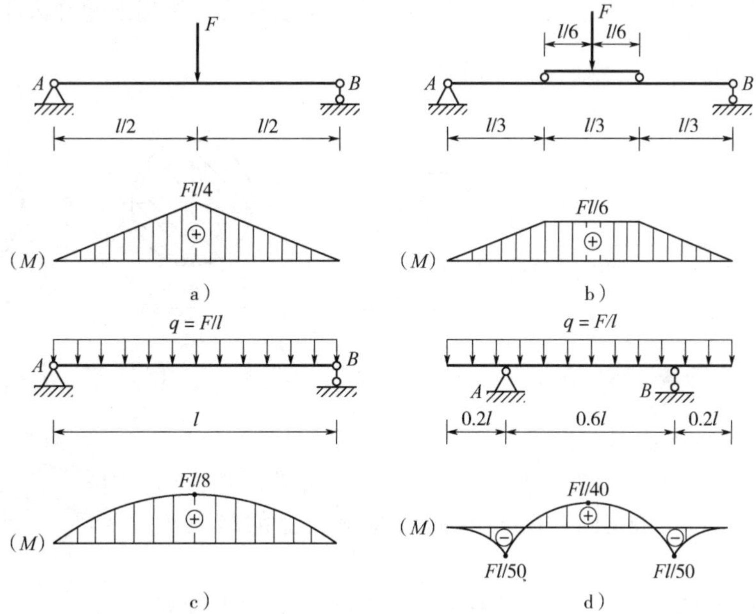

图 15-17　提高梁的承载能力的措施

习　题

15-1　长度 $l=1\text{m}$ 的悬臂梁受到 $q=1\text{kN/m}$ 的均布载荷作用，梁的横截面形状有如图 15-18 所示的正方形和矩形两种情况，已知 $a=40\text{mm}$，试计算它们的最大弯曲正应力，比较后能得出何结论？

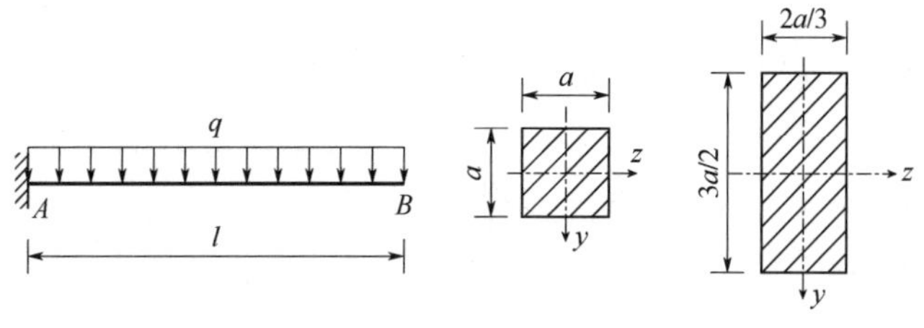

图 15-18　习题 15-1 图

15-2　直径为 d 的悬臂梁受如图 15-19 所示的集中力 F 和集中力偶 M_e 作用，已知 $F=6\text{kN}$，$M_e=10\text{kN}\cdot\text{m}$，$l=0.5\text{m}$，$d=80\text{mm}$，试求梁的截面 1—1 和 2—2 上 k_1、k_2、k_3、k_4 各点的弯曲正应力。

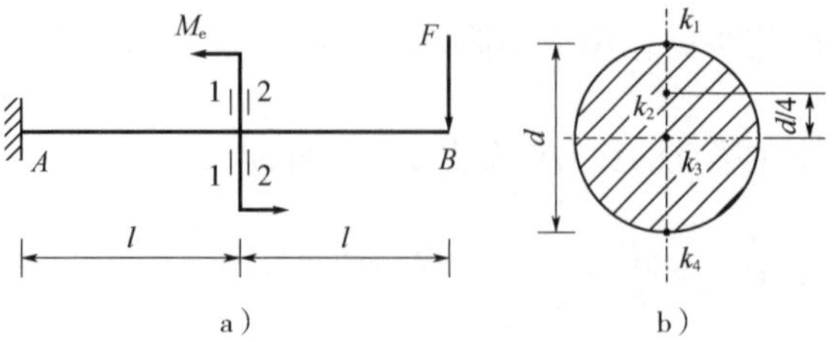

图 15-19　习题 15-2 图

15-3　如图 15-20 所示矩形截面简支梁，受到集中力偶 M_e 的作用，已知 $M_e=120\text{kN}\cdot\text{m}$，$l=1.2\text{m}$，试求梁的危险截面上 k_1、k_2、k_3、k_4 各点的弯曲正应力和弯曲切应力。

15-4　如图 15-21 所示，承受弯曲的梁横截面初始设计为直径 $D_1=50\text{mm}$ 的实心圆，某人建议，不改变梁的其他条件，仅将横截面改为内、外径之比 $\dfrac{d_2}{D_2}=0.6$ 的空心圆，且横截面面积不变，可减小梁中应力，提高承载能力。你能通过计算，给出这两种截面的最大弯曲正应力之比 $\dfrac{\sigma_{2\max}}{\sigma_{1\max}}$，用数据支持某人的建议吗？

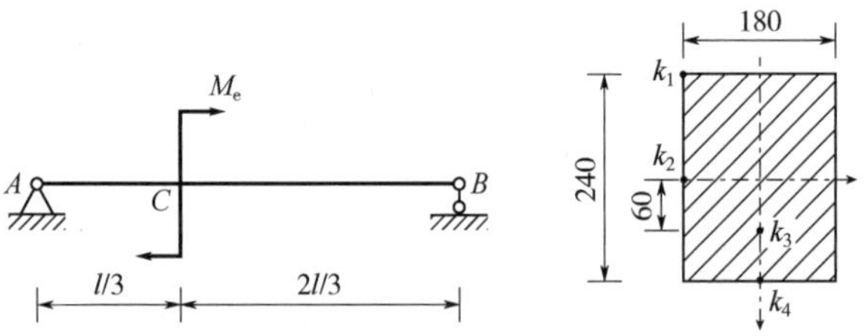

图 15-20　习题 15-3 图

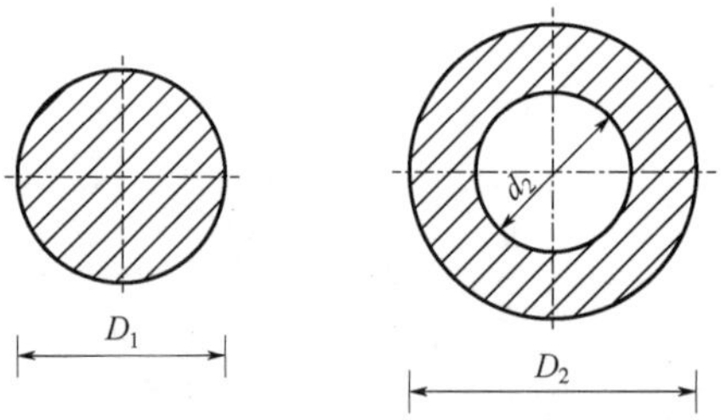

图 15-21　习题 15-4 图

15-5　如图 15-22 所示，长度为 $l=250\text{mm}$、截面尺寸 $b\times h=0.8\text{mm}\times25\text{mm}$ 的钢板尺由两端外力偶作用弯成 60°的圆弧，已知钢的弹性模量 $E=200\text{GPa}$，试求钢板尺横截面上的最大正应力。

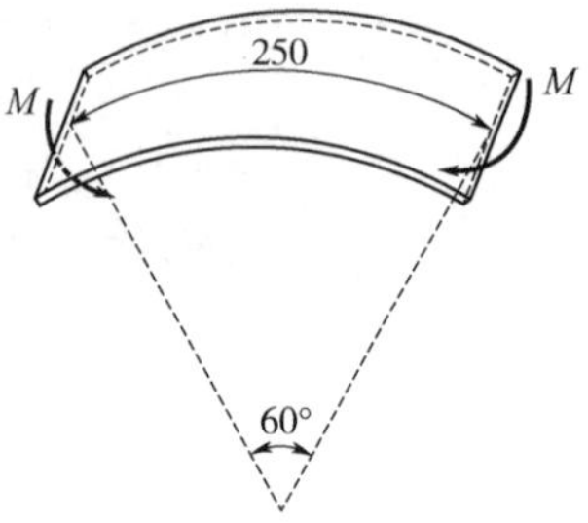

图 15-22　习题 15-5 图

15-6　如图 15-23 所示，在直径 $D=2.5\text{m}$ 的刚性圆轮上绕有直径 $d=3\text{mm}$ 的钢缆，已知钢缆材料的弹性模量 $E=210\text{GPa}$，屈服极限 $\sigma_S=275\text{MPa}$，试求钢缆中的最大弯曲正应力，并确定能使盘绕在圆轮上的钢缆不发生塑性变形的最小圆轮直径 $D_{\min}$。

15-7　直径 $d=30\text{mm}$ 的圆截面简支梁，受如图 15-24 所示的两个相同的集中力 F 作用，现需要使梁中间的 BC 段轴线弯曲成为曲率半径 $\rho=40\text{m}$ 的圆弧，已知材料的弹性模量 $E=200\text{GPa}$，$a=0.5\text{m}$，试求施加的两个集中力 F 的大小。此时梁中的最大弯曲正应力为多少？

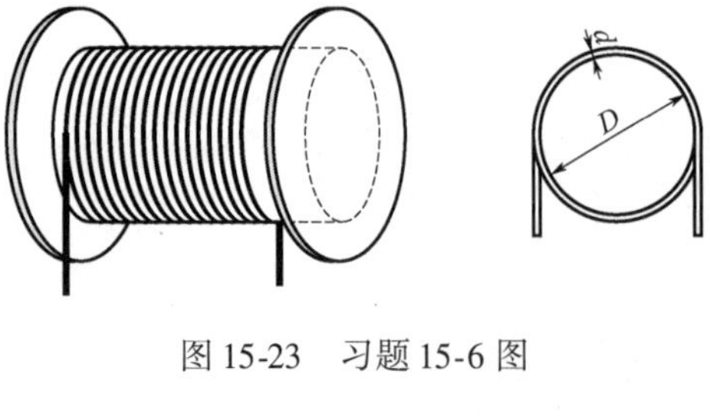

图 15-23　习题 15-6 图

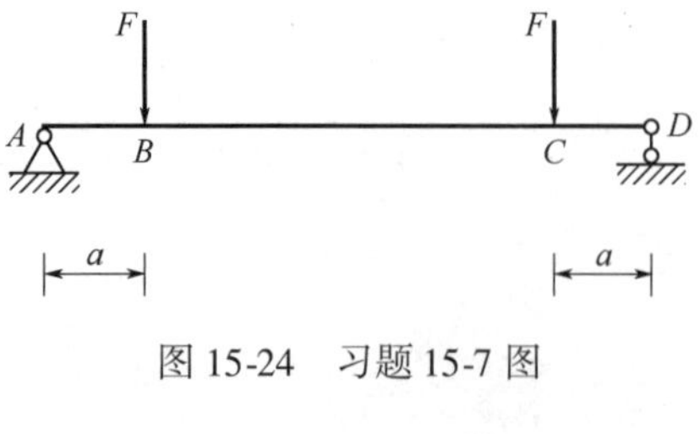

图 15-24　习题 15-7 图

15-8　试求在常弯矩 M 作用下，图 15-25 所示的对称倒置 T 形截面梁内的最大弯曲拉应力和最大弯曲压应力。

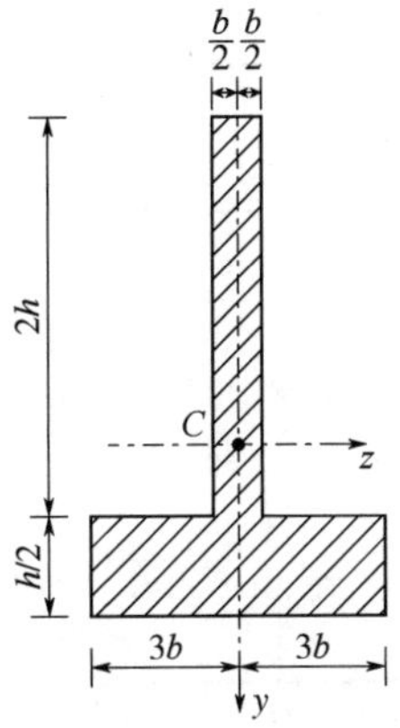

图 15-25　习题 15-8 图

15-9　由脆性材料制成的外伸梁受均布载荷 q 作用，梁的横截面为倒 U 形，尺寸如图 15-26 所示，C 为截面形心，已知 $q=8\text{kN/m}$，$a=1\text{m}$，$h=100\text{mm}$，$t=8\text{mm}$，横截面对中性轴的惯性矩 $I_z=4.0\times10^6\text{mm}^4$，试计算梁中最大弯曲拉应力、最大弯曲压应力及最大弯曲切应力。

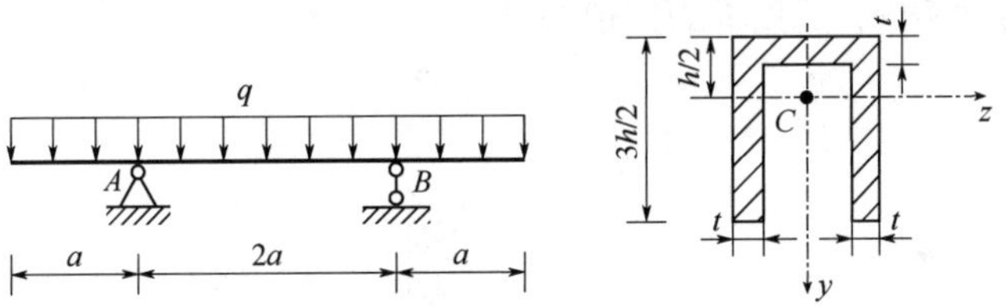

图 15-26　习题 15-9 图

15-10　外伸梁受集中力 F 和均布载荷 q 作用，梁的横截面为 T 形，尺寸如图 15-27 所示，已知 $F=20\text{kN}$，$q=10\text{kN/m}$，$a=1\text{m}$，截面对中性轴的惯性矩 $I_z=6.0\times10^7\text{mm}^4$，梁的材料为铸铁，许用拉应力 $[\sigma_t]=30\text{MPa}$，许用压应力 $[\sigma_c]=60\text{MPa}$，试校核该梁的强度。

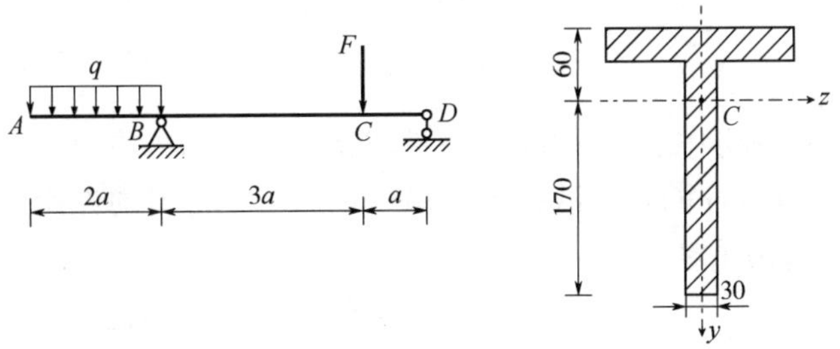

图 15-27　习题 15-10 图

15-11　矩形截面简支梁受如图 15-28 所示的集中力 F 作用，现在梁的跨度中点截面的下表面点 K 测得纵向线应变为 $\varepsilon_K=150\times10^{-6}$，已知材料的弹性模量 $E=200\text{GPa}$，$l=2\text{m}$，$a=0.5\text{m}$，试求集中力 F 的大小。

15-12　矩形截面梁受力如图 15-29 所示，已知 $F=10\text{kN}$，$q=5\text{kN/m}$，$a=1\text{m}$，材料的许用应力 $[\sigma]=160\text{MPa}$，试确定截面尺寸 b。

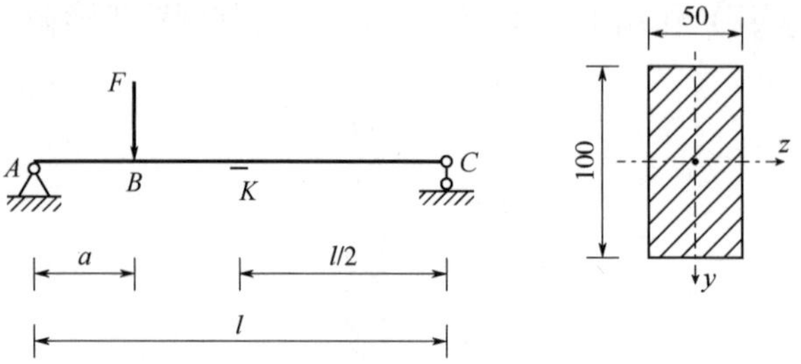

图 15-28　习题 15-11 图

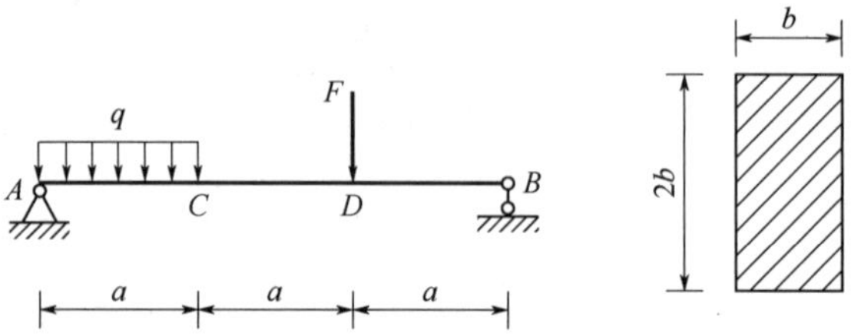

图 15-29　习题 15-12 图

15-13　如图 15-30 所示截面铸铁梁，已知许用压应力为许用拉应力的四倍，即 $[\sigma^-]=4[\sigma^+]$，试从强度方面考虑，宽度 b 为何值最佳。

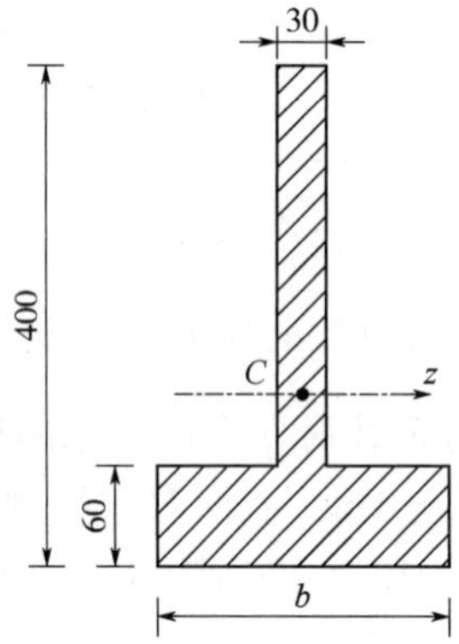

图 15-30　习题 15-13 图

15-14　如图 15-31 所示长度 $l=9\text{m}$ 的简易起重机横梁 AB 是型号为 No. 45a 的工字钢，梁的自重可视为 $q=804\text{N/m}$ 的均布载荷，起吊重量为 P，材料的许用应力 $[\sigma]=140\text{MPa}$，试确定起重机的最大起吊重量。

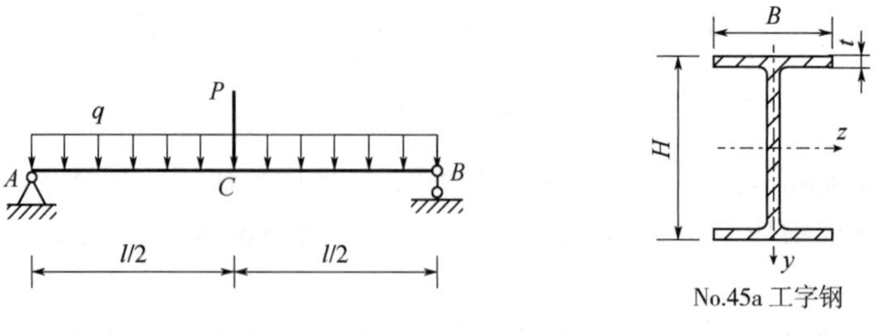

图 15-31　习题 15-14 图

15-15　如图 15-32 所示简支梁是由三块相同的矩形截面木板黏接而成，已知木板的许用正应力 [σ] = 12MPa，黏接胶的许用切应力 [τ] = 1.5MPa，l = 1m，b = 100mm，h = 50mm，试确定梁的最大允许载荷 [F]。

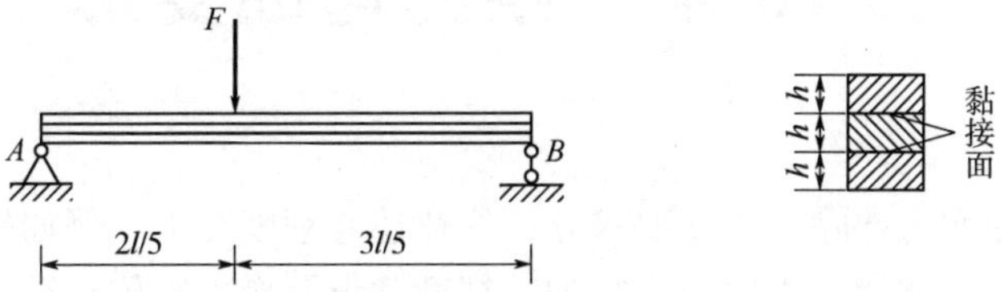

图 15-32　习题 15-15 图

15-16　如图 15-33 所示，简支梁 AB 中点受集中力 F 作用，为提高承载能力，在其跨度中间增加了一根辅梁 CD，将集中力 F 施加于辅梁中点。已知主梁 AB 的弯曲截面系数为 W_1，辅梁 CD 的弯曲截面系数为 W_2，且 $W_2 = W_1/2$，l = 1.3m，a = 0.3m，主辅梁的材料相同，试求增加辅梁后，承载能力比没有辅梁时提高的百分比。

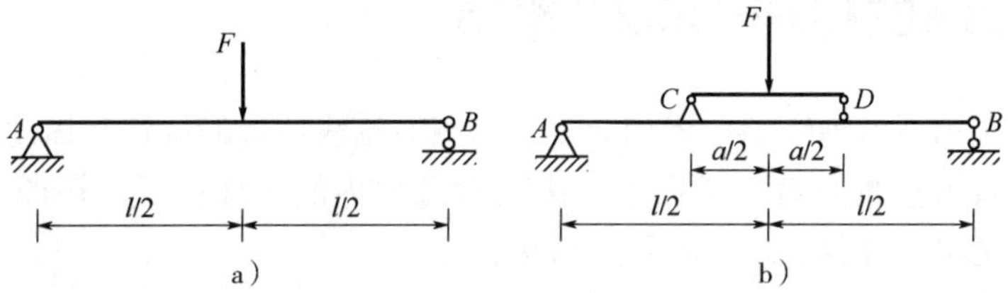

图 15-33　习题 15-16 图

第 16 章　梁的弯曲变形

工程实际中的受弯构件除了强度要求外，往往还有刚度要求。例如机床的主轴在工作状态下的弯曲变形就不能过大，否则会影响加工精度；齿轮变速箱传动轴的弯曲变形过大，会引起轴颈与轴承的磨损，从而使齿轮啮合状况变坏；某些用于减振、储能或用于测量的受弯构件，要求有足够大的变形才能正常工作。为解决这些问题必须研究梁的变形。

此外，在处理静不定梁问题时，根据弯曲变形的几何关系建立补充方程是问题求解的关键所在。

16.1　梁的挠度和横截面的转角

梁的变形是用加载后轴线的位置相对于未加载时轴线位置的位移来描述的。直梁对称弯曲时，梁的轴线将由直线变为一条在梁的纵向对称面内的平面曲线，该曲线称为梁的**挠曲线**。它是一条连续的光滑曲线。对于细长梁，剪力对其弯曲变形的影响一般可忽略不计，剪力引起的横截面的翘曲极其微小，也可忽略不计。因此，当梁发生弯曲变形时，各横截面可认为仍保持平面，仍与变形后梁的轴线垂直。由此可见梁的变形可用梁横截面形心沿与轴线垂直方向的线位移 w 和各横截面相对其原来的位置转过的角度 θ 进行描述，这里 w 称为梁在该横截面处的**挠度**，其单位为长度单位，常用 cm、mm 等；而 θ 称为该横截面的**转角**，其单位为角度单位，常用弧度（rad）或度（°），如图 16-1 所示。另外，梁的横截面的形心也会沿轴线方向发生位移，在小变形情况下，梁的挠曲线形状平缓，曲率很小，形心沿轴线方向的线位移与其挠度相比为高阶小量，故通常忽略不计。于是，挠度和转角统称为**梁的位移**。

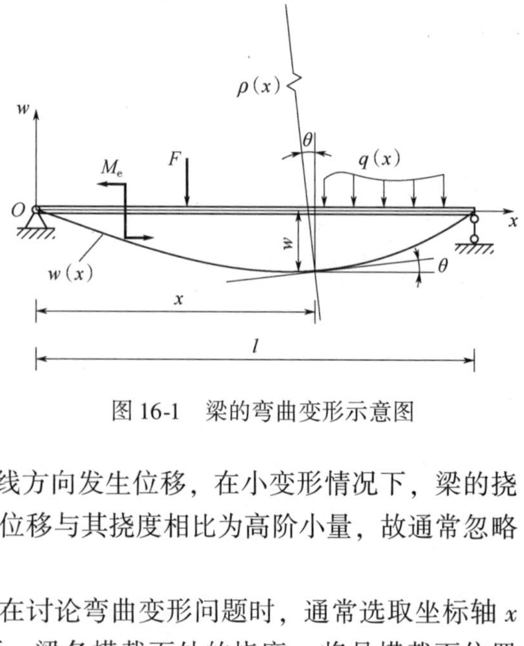

图 16-1　梁的弯曲变形示意图

挠度和转角的值都是随截面位置而变化的。在讨论弯曲变形问题时，通常选取坐标轴 x 向右为正，坐标轴 w 向上为正。选定坐标轴之后，梁各横截面处的挠度 w 将是横截面位置坐标 x 的函数，其表达式称为梁的**挠曲线方程**，即

$$w = w(x) \tag{16-1}$$

根据微积分知识，挠曲线的斜率为

$$\tan\theta = \frac{dw}{dx}$$

因大多数工程实际中梁的横截面的转角 θ 之值十分微小，可近似认为

$$\tan\theta = \theta$$

于是

$$\theta = \frac{\mathrm{d}w(x)}{\mathrm{d}x} = w'(x) \tag{16-2}$$

可见，挠曲线在截面位置坐标 x 处切线的斜率，或挠度 w 对坐标 x 的一阶导数，即为该截面的转角。可见，转角与挠度相互关联，式（16-2）称为**梁的转角方程**。

关于挠度和转角正负符号的规定：在图 16-1 选定的坐标系中，向上的挠度为正，逆时针转向的转角为正。由此可见，只要知道挠曲线方程，就能确定梁任一横截面的挠度的大小和指向，同时也能确定任一横截面的转角的数值及转向。因此计算梁的位移关键在于确定梁的挠曲线方程。

16.2 梁的挠曲线近似微分方程

在弯曲应力一节中已经得到纯弯曲情况下弯曲变形的基本关系式为

$$\frac{1}{\rho} = \frac{M}{EI} \tag{16-3}$$

式中 M——梁横截面上的弯矩；

E——材料的弹性模量；

I——横截面对中性轴的惯性矩；

$1/\rho$——挠曲线的曲率。

纯弯曲时，挠曲线为圆弧线。

在对称弯曲中的横力弯曲情况下，剪力对横截面的挠度和转角影响很小，可以忽略。但这时横截面的弯矩和挠曲线的曲率都是截面位置坐标 x 的函数，挠曲线为平面曲线。式（16-3）应写为

$$\frac{1}{\rho(x)} = \frac{M(x)}{EI} \tag{16-4}$$

由微积分知识可知，平面曲线 $w = w(x)$ 上任一点的曲率表达式为

$$\frac{1}{\rho(x)} = \pm \frac{\frac{\mathrm{d}^2w}{\mathrm{d}x^2}}{\left[1 + \left(\frac{\mathrm{d}w}{\mathrm{d}x}\right)^2\right]^{\frac{3}{2}}} \tag{16-5}$$

由式（16-4）与式（16-5）可得

$$\pm \frac{\frac{\mathrm{d}^2w}{\mathrm{d}x^2}}{\left[1 + \left(\frac{\mathrm{d}w}{\mathrm{d}x}\right)^2\right]^{\frac{3}{2}}} = \frac{M(x)}{EI} \tag{16-6}$$

式（16-6）即为挠曲线的微分方程。

工程实际中，$\frac{\mathrm{d}w}{\mathrm{d}x}$即梁的转角之值十分微小，$\left(\frac{\mathrm{d}w}{\mathrm{d}x}\right)^2 \ll 1$，$1 + \left(\frac{\mathrm{d}w}{\mathrm{d}x}\right)^2 \approx 1$，故式（16-6）近似为

$$\pm \frac{\mathrm{d}^2 w}{\mathrm{d}x^2} = \frac{M(x)}{EI} \tag{16-7}$$

式（16-7）称为**挠曲线的近似微分方程**。EI 为梁的**弯曲刚度**。对等截面梁，EI 为常数，对变截面梁，EI 沿轴线 x 为分段常数或为 x 的函数。

注意，式（16-7）或式（16-6）中有“+”与“-”两个符号，须根据坐标轴的正方向及弯矩正负符号的规定，确定性地选用其中一个。若坐标轴方向按图 16-1 所示选取，则由微积分中二阶导数与曲线凹凸性的关系得知，凹曲线的 $\frac{\mathrm{d}^2 w}{\mathrm{d}x^2}$ 为正，凸曲线的 $\frac{\mathrm{d}^2 w}{\mathrm{d}x^2}$ 为负，分别如图 16-2a、b 所示。结合本教材中对弯矩所做正负符号的规定，与图 16-2a、b 所示变形相应的弯矩 $M(x)$ 恰好与 $\frac{\mathrm{d}^2 w}{\mathrm{d}x^2}$ 一致的正负符号。因此，挠曲线的近似微分方程应写为

$$\frac{\mathrm{d}^2 w}{\mathrm{d}x^2} = \frac{M(x)}{EI} \tag{16-8}$$

式（16-8）是线弹性小变形条件下梁的弯曲变形计算的基本微分方程。

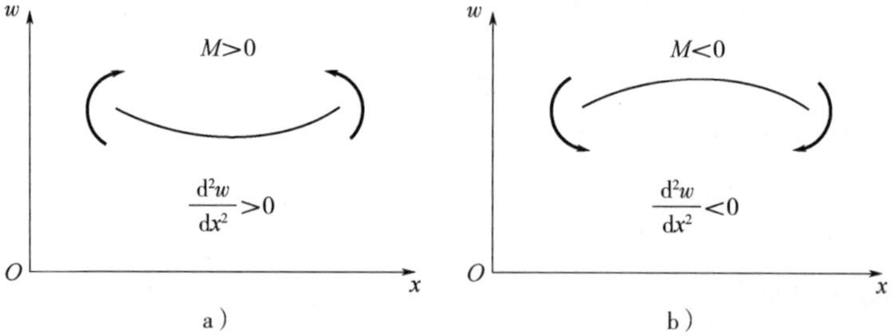

图 16-2　挠曲线曲率与弯矩之间的符号关系

16.3　用积分法求弯曲变形

将挠曲线近似微分方程进行一次、两次积分，即可得梁的转角和挠度方程

$$\theta(x) = \frac{\mathrm{d}w(x)}{\mathrm{d}x} = \int \frac{M(x)}{EI}\mathrm{d}x + C \tag{16-9}$$

$$w(x) = \int\left(\int \frac{M(x)}{EI}\mathrm{d}x\right)\mathrm{d}x + Cx + D \tag{16-10}$$

式中　C、D——积分常数。

对于梁上载荷无突变的情形，梁上的弯矩 $M(x)$ 为连续函数，则式（16-9）、式（16-10）中仅有两个积分常数，它们可由梁支承处的**约束条件**——支承对挠度、转角的限制条件——而定。对于梁上载荷有突变的情形（如集中力、集中力偶、分布载荷不连续等），梁上弯矩 $M(x)$ 为分段连续函数，对各段分别按式（16-9）、式（16-10）积分，每一段都有两个积分常数。若将梁分为 n 段积分，则有 $2n$ 个积分常数。在弹性变形范围内，梁的挠曲线为一连续光滑曲线，在梁中 $n-1$ 个分段点处，相邻两段积分后的挠度和转角必须分别相等，因而每个分段点提供两个确定积分常数的条件，称为**连续条件**。共有 $2(n-1)$ 个连续条件，再加上梁在支承处的 2 个约束条件，可以完全确定 $2n$ 个积分常数。梁在支承处的约束条件和

分段点上的连续条件统称为**定解条件**。

常见的支座的约束条件有：

1）铰支座——挠度为零。如图 16-3a 所示简支梁，A 和 B 两处的约束条件分别为

$$x=0:\ w_A=0$$
$$x=l:\ w_B=0$$

2）固定端——挠度为零、转角为零。如图 16-3b 所示悬臂梁，只有 A 处的约束条件，为

$$x=0:\ w_A=0,\ \theta_A=\left.\frac{\mathrm{d}w}{\mathrm{d}x}\right|_{x=0}=0$$

常见的分段点是指在梁中间的集中力作用点、集中力偶作用处或分布载荷不连续点处的分段点，由于同一根梁的挠曲轴是一条光滑连续的截面曲线，任意一截面都只有唯一的挠度和转角。如图 16-3c 所示，某一段梁由于集中力 F 的存在，分为①、②两段，两段的挠曲线方程分别为 $w_1(x)$、$w_2(x)$，截面 C 处的连续条件为挠度连续和转角连续，即

$$x=x_C:\ w_{1C}=w_{2C},\ \theta_{1C}=\left.\frac{\mathrm{d}w_1}{\mathrm{d}x}\right|_{x=x_C}=\theta_{2C}=\left.\frac{\mathrm{d}w_2}{\mathrm{d}x}\right|_{x=x_C}$$

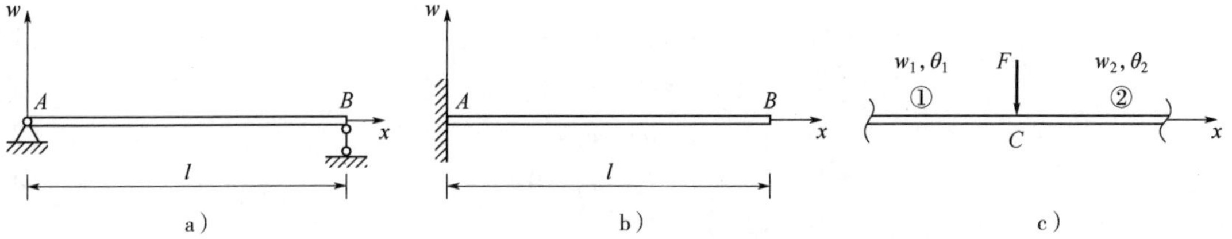

图 16-3　约束条件与连续条件

例 16-1　简支梁受力如图 16-4 所示，已知梁的弯曲刚度为 EI，试求梁的挠曲线方程和转角方程，并找出梁的最大转角 $|\theta|_{max}$ 和最大挠度 $|w|_{max}$ 及所在位置（设 $a>b$）。

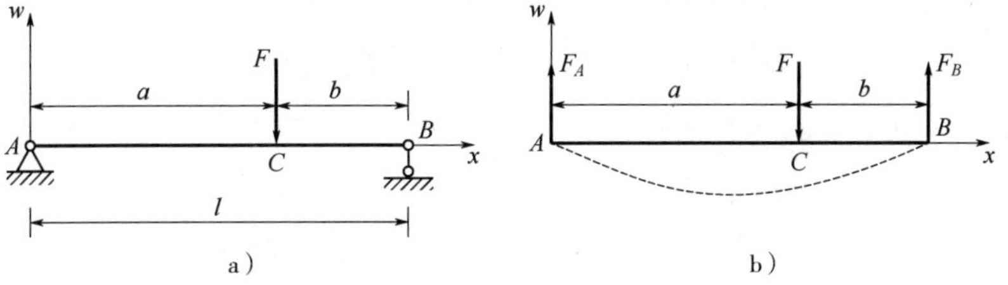

图 16-4　例 16-1 图

解：1）列弯矩方程。

根据梁 AB 的受力图，列静力学平衡方程，求得支座 A、B 的约束力为

$$F_A=\frac{b}{l}F,\ F_B=\frac{a}{l}F$$

式中 $l=a+b$。

由于集中力 F 的存在，该梁分为两段，应用截面法得到两段的弯矩方程

AC 段：　　$M_1(x)=\dfrac{b}{l}Fx$　　$(0\leqslant x\leqslant a)$

CB 段：　　$M_2(x) = \dfrac{b}{l}Fx - F(x-a) \qquad (a \leqslant x \leqslant l)$

2）分段积分求挠度方程和转角方程。

AC 段：　$EI\dfrac{\mathrm{d}^2 w_1}{\mathrm{d}x^2} = M_1(x) = \dfrac{b}{l}Fx$

故
$$EI\theta_1 = EI\frac{\mathrm{d}w_1}{\mathrm{d}x} = \int \frac{b}{l}Fx\mathrm{d}x = \frac{b}{2l}Fx^2 + C_1 \tag{a}$$

$$EIw_1 = \int\left(\frac{b}{2l}Fx^2 + C_1\right)\mathrm{d}x = \frac{b}{6l}Fx^3 + C_1x + D_1 \tag{b}$$

CB 段：　$EI\dfrac{\mathrm{d}^2 w_2}{\mathrm{d}x^2} = M_2(x) = \dfrac{b}{l}Fx - F(x-a)$

故
$$EI\theta_2 = EI\frac{\mathrm{d}w_2}{\mathrm{d}x} = \int\left[\frac{b}{l}Fx - F(x-a)\right]\mathrm{d}x = \frac{b}{2l}Fx^2 - \frac{1}{2}F(x-a)^2 + C_2 \tag{c}$$

$$EIw_2 = \int\left[\frac{b}{2l}Fx^2 - \frac{1}{2}F(x-a)^2 + C_2\right]\mathrm{d}x = \frac{b}{6l}Fx^3 - \frac{1}{6}F(x-a)^3 + C_2x + D_2 \tag{d}$$

3）定解条件。

$$x=0:\ w_1=0 \tag{1}$$
$$x=a:\ \theta_1=\theta_2 \tag{2}$$
$$x=a:\ w_1=w_2 \tag{3}$$
$$x=l:\ w_2=0 \tag{4}$$

由条件（2）与式（a）、式（c），得

$$C_1 = C_2$$

由条件（3）与式（b）、式（d），得

$$D_1 = D_2$$

再将条件（1）与条件（4）分别代入式（b）与式（d），得

$$D_1 = D_2 = 0, C_1 = C_2 = -\frac{b}{6l}F(l^2 - b^2)$$

故梁的挠度方程和转角方程为

AC 段：
$$\begin{cases} w_1 = -\dfrac{Fbx}{6EIl}(l^2 - b^2 - x^2) \\ \theta_1 = -\dfrac{Fb}{6EIl}(l^2 - b^2 - 3x^2) \end{cases} \qquad (0 \leqslant x \leqslant a)$$

CB 段：
$$\begin{cases} w_2 = -\dfrac{Fbx}{6EIl}(l^2 - b^2 - x^2) - \dfrac{F}{6EI}(x-a)^3 \\ \theta_2 = -\dfrac{Fb}{6EIl}(l^2 - b^2 - 3x^2) - \dfrac{F}{2EI}(x-a)^2 \end{cases} \qquad (0 \leqslant x \leqslant a)$$

4）求最大转角 $|\theta|_{\max}$ 和最大挠度 $|w|_{\max}$。

根据梁的约束和受力条件画出其挠曲线大致形状，如图 16-4b 中虚线所示。从图上可以看出，左端和右端分别是两段中转角最大的截面，即

$$x=0:\ \theta_A = \theta_1(0) = -\frac{Fb}{6EIl}(l^2 - b^2) = -\frac{Fab}{6EIl}(l+b) \qquad \text{（顺时针转向）}$$

$$x = l：\theta_B = \theta_2(l) = \frac{Fa}{6EIl}(l^2 - a^2) = \frac{Fab}{6EIl}(l + a) \qquad （逆时针转向）$$

当 $a > b$ 时，则最大转角出现在截面 B，为 $|\theta|_{\max} = \theta_B = \frac{Fab}{6EIl}(l + a)$。

当 $a > b$，在两段挠曲线各自定义域内，令 $\frac{\mathrm{d}w_1}{\mathrm{d}x} = 0$ 或 $\frac{\mathrm{d}w_2}{\mathrm{d}x} = 0$，可求得最大挠度的绝对值出现在 AC 段内，设其截面距离 A 端为 x_0，则

$$\frac{\mathrm{d}w_1}{\mathrm{d}x} = 0 \Rightarrow x_0 = \frac{\sqrt{l^2 - b^2}}{3} \tag{e}$$

最大挠度为

$$|w|_{\max} = |w(x_0)| = \frac{Fb(l^2 - b^2)^{3/2}}{9\sqrt{3}EIl}(\downarrow) \tag{f}$$

另外，梁跨度中点处的挠度为

$$w\left(\frac{l}{2}\right) = w_1\left(\frac{l}{2}\right) = -\frac{Fb(3l^2 - 4b^2)}{48EI}(\downarrow) \tag{g}$$

当 b 在 $0 \sim l/2$ 之间变化时，可以比较 $w_{\max}$ 与 $w(l/2)$ 之间的相对大小，如图 16-5 所示，可见二者之间的最大相对误差小于 3%，因此用梁跨度中点的挠度代替最大挠度可满足一般工程要求。

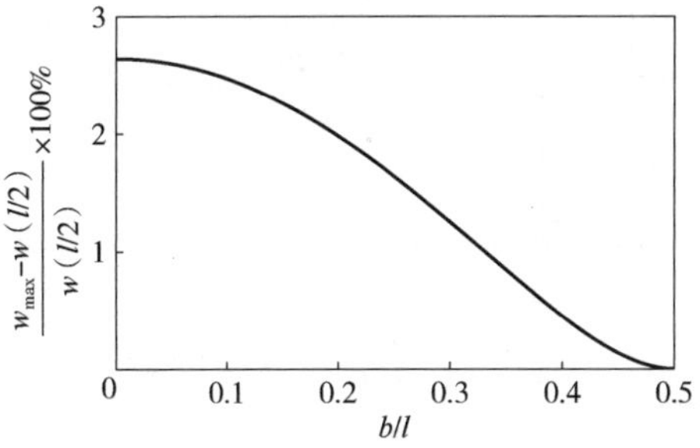

图 16-5　例图 16-1 所示集中力作用的简支梁最大挠度与中点挠度的对比

若集中力作用于梁跨度中点，即 $a = b = l/2$，则由式（e）、式（g）可知，梁的最大挠度出现在梁跨度中点，其值为

$$|w|_{\max} = \frac{Fl^3}{48EI}(\downarrow)$$

而最大转角发生在两端支座处，即

$$\theta_B = -\theta_A = \frac{Fl^2}{16EI}$$

注意事项：用积分法计算梁的位移时，应特别注意正确列出梁各段的弯矩方程，并正确给出约束条件和连续光滑条件。本题在计算时，梁中任意截面都以梁的左端点 A 为原点计算其坐标，都以所切截面左半部分为分离体列平衡方程，以建立各段弯矩方程。同时在积分运算中，凡遇（$x - a$）的因子均不将括号打开而是直接对（$x - a$）积分。这样运算的优点在于利用连续条件时可得到 $C_1 = C_2$，$D_1 = D_2$ 的简单结果，不易出错。

用积分法求解梁的转角和挠度是最基本的求解方法，该方法的优点是可以得到转角和挠

度方程。但在工程问题中，梁的载荷情况一般比较复杂，而通常只需求解梁上某些特定截面上的转角或挠度，这时，积分法就显得过于烦琐。为此，将常见的梁在某些典型载荷作用下的变形结果列入表 16-1 中，以便直接查用。同时，利用表 16-1 中的结果，采取下节介绍的叠加法，还可方便地求解一些复杂载荷作用和不同约束情况下梁的弯曲变形问题。

表 16-1　梁在简单载荷作用下的变形

序号	梁的简图	挠曲线方程	挠度和转角
1	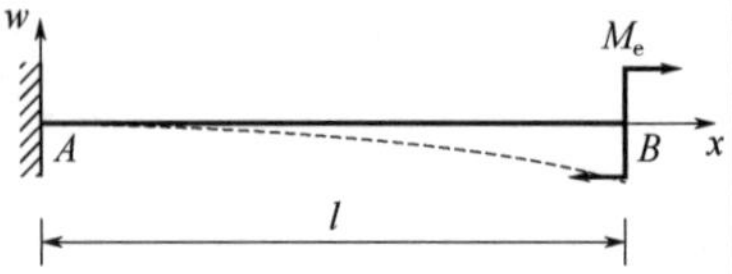	$w=-\dfrac{M_e x^2}{2EI}$	$w_B=-\dfrac{M_e l^2}{2EI}$ $\theta_B=-\dfrac{M_e l}{EI}$
2	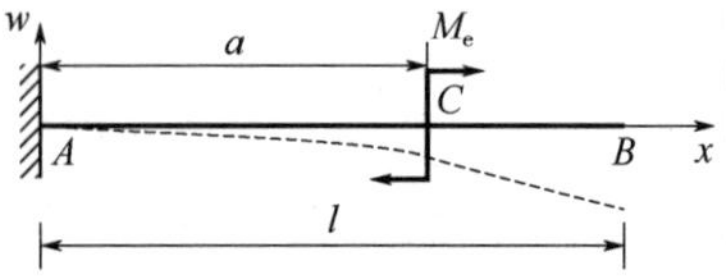	$w=-\dfrac{M_e x}{2EI}\ (0\leqslant x\leqslant a)$ $w=-\dfrac{M_e a}{EI}\left(\dfrac{a}{2}-x\right)\ (a\leqslant x\leqslant l)$	$w_B=-\dfrac{M_e a}{EI}\left(l-\dfrac{a}{2}\right)$ $\theta_B=-\theta_C=-\dfrac{M_e a}{EI}$
3	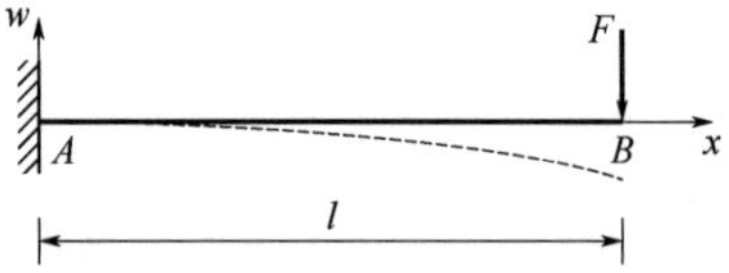	$w=-\dfrac{Fx^2}{6EI}(3l-x)$	$w_B=-\dfrac{Fl^3}{3EI}$ $\theta_B=-\dfrac{Fl^2}{2EI}$
4	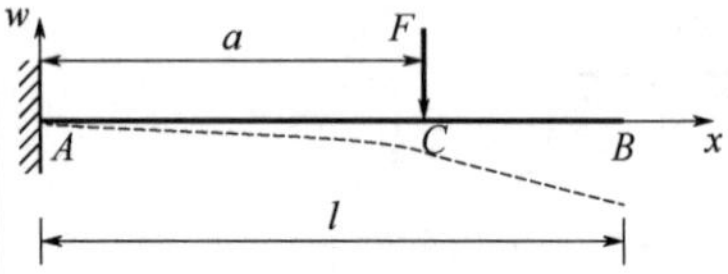	$w=\dfrac{Fx^2}{6EI}(x-3a)\ (0\leqslant x\leqslant a)$ $w=\dfrac{Fa^2}{6EI}(a-3x)\ (a\leqslant x\leqslant l)$	$w_B=-\dfrac{Fa^2}{6EI}(3l-a)$ $\theta_B=\theta_C=-\dfrac{Fa^2}{2EI}$
5	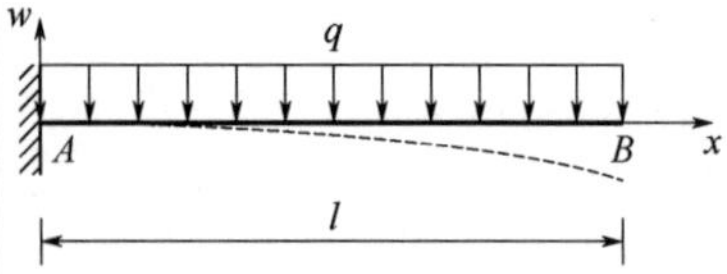	$w=\dfrac{qx^2}{24EI}(4lx-6l^2-x^2)$	$w_B=-\dfrac{ql^4}{8EI}$ $\theta_B=-\dfrac{ql^3}{6EI}$
6	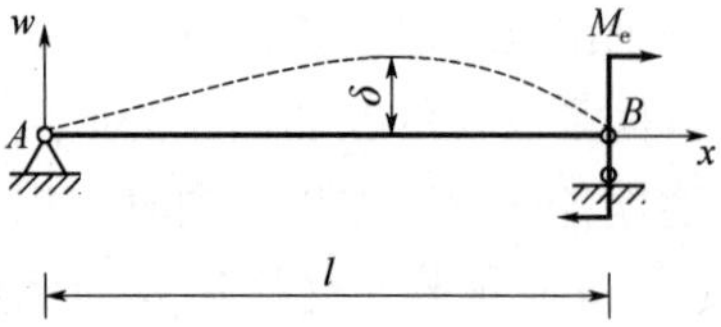	$w=\dfrac{M_e x}{6EIl}(l^2-x^2)$	$\delta=-\dfrac{M_e l^2}{9\sqrt{3}EI}$ （位于 $x=\dfrac{l}{\sqrt{3}}$处） $\theta_A=\dfrac{M_e l}{6EI}$，$\theta_B=-\dfrac{M_e l}{3EI}$ $x=\dfrac{l}{2}$处，$w=\dfrac{M_e l^2}{16EI}$

（续）

序号	梁的简图	挠曲线方程	挠度和转角
7	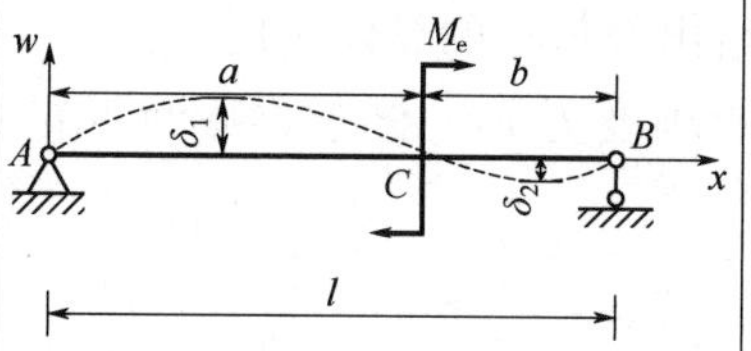	$w=\frac{M_e x}{6EIl}(l^2-3b^2-x^2)\ (0\leqslant x\leqslant a)$ $w=\frac{M_e(l-x)}{6EIl}(3a^2-2lx+x^2)\ (a\leqslant x\leqslant l)$	$\delta_1=\frac{M_e(l^2-3b^2)^{3/2}}{9\sqrt{3}EIl}$ （位于 $x=\frac{\sqrt{l^2-3b^2}}{\sqrt{3}}$处） $\delta_2=-\frac{M_e(l^2-3a^2)^{3/2}}{9\sqrt{3}EIl}$ （位于距离 B 端 $x'=\frac{\sqrt{l^2-3a^2}}{\sqrt{3}}$处） $\theta_A=\frac{M_e(l^2-3b^2)}{6EIl}$ $\theta_B=\frac{M_e(l^2-3a^2)}{6EIl}$ $\theta_C=\frac{M_e(l^2-3a^2-3b^2)}{6EIl}$
8	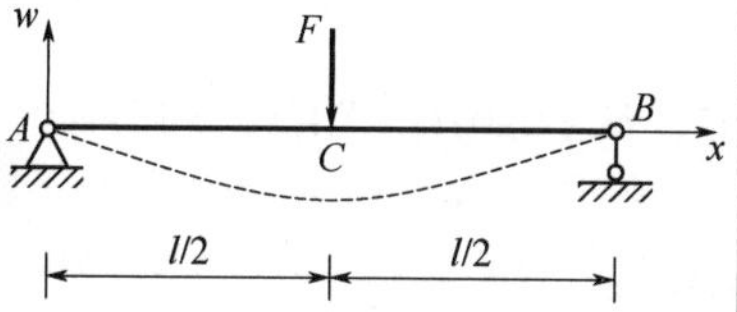	$w=\frac{Fx}{12EI}\left(x^2-\frac{3l^2}{4}\right)\left(0\leqslant x\leqslant\frac{l}{2}\right)$	$w_C=-\frac{Fl^3}{48EI}$ $\theta_A=-\theta_B=-\frac{Fl^2}{16EI}$
9	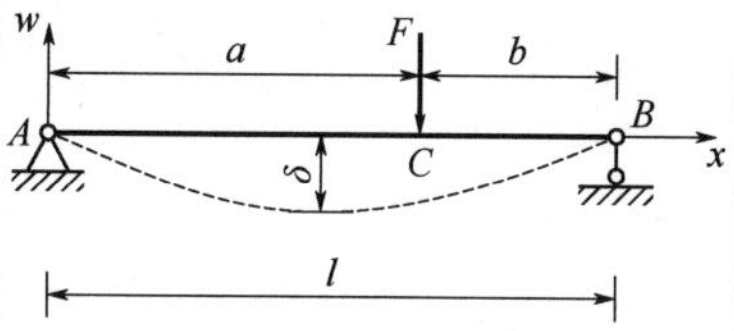	$w=\frac{Fbx}{6EIl}(x^2-l^2+b^2)\ (0\leqslant x\leqslant a)$ $w=\frac{Fa(l-x)}{6EIl}(x^2+a^2-2lx)\ (a\leqslant x\leqslant l)$	$\delta=-\frac{Fb(l^2-a^2)^{3/2}}{9\sqrt{3}EIl}$ （位于 $x=\frac{\sqrt{l^2-b^2}}{\sqrt{3}}$处） $\theta_A=-\frac{Fab}{6EIl}(l+b)$ $\theta_B=\frac{Fab}{6EIl}(l+a)$
10	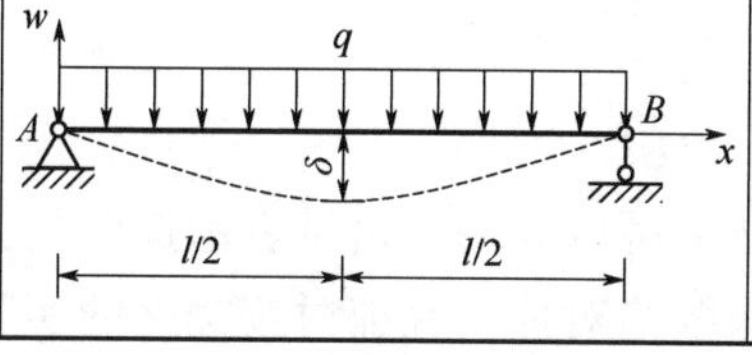	$w=\frac{qx}{24EI}(2lx^2-x^3-l^3)$	$\delta=-\frac{5ql^4}{384EI}$ $\theta_A=-\theta_B=-\frac{ql^3}{24EI}$

16.4　用叠加法求弯曲变形

在前面几章的讨论中可以看到，若梁内应力不超过材料的比例极限，且符合小变形条件，则梁的支座约束力、剪力和弯矩、正应力和切应力以及挠度和转角等量，都与梁的载荷成正比。因此，在线弹性小变形前提条件下，当梁受有几个载荷同时作用时，其中每个载荷单独作用所产生的上述各量，都不受其他载荷作用的影响，即梁在几个载荷同时作用时所产生的上述各量，等于各个载荷分别单独作用所产生相应各量的代数和或矢量和。这就是**叠加原理**，又称为**力作用的独立性原理**。

基于上述原理，可用叠加法计算梁的变形。在几个载荷同时作用下，梁的某一截面产生的挠度或转角，等于各个载荷分别单独作用时，同一截面产生的挠度或转角的代数和。如果有简单载荷作用下梁的变形计算结果可利用，叠加法的确是一种简便快捷的方法，不过，与积分法相比，它只是一种辅助的方法。能够把多个载荷分开并直接利用表 16-1 中的基本变形结果进行叠加的方法，称为**载荷叠加法**。若梁不是表 16-1 中的简支梁或悬臂梁，或者单个载荷的作用方式不是表 16-1 中所列出的，则需进行变形叠加，称为**逐段变形效果叠加法**（杆件分为两段时，也称为**逐段刚化法**）。下面通过例题给出叠加法的具体应用。

例 16-2 悬臂梁受力如图 16-6a 所示，已知梁的弯曲刚度为 EI，试求梁截面 B 的挠度及转角。

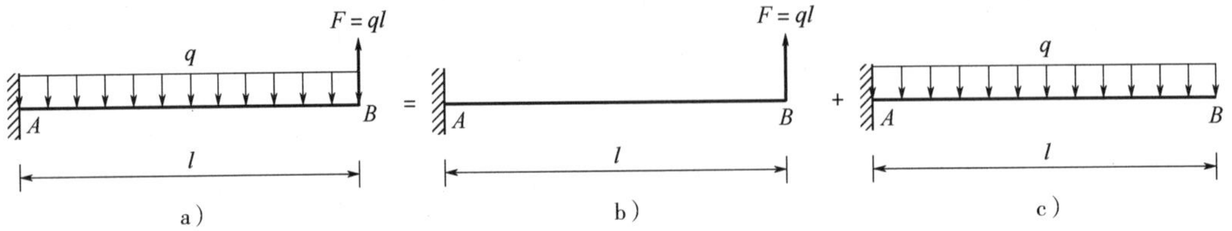

图 16-6 例 16-2 图

解： 将均布载荷与集中力分开后，如图 16-6b、c 所示，从表 16-1 中第 3、5 两项查得两种载荷情况下的结果。

集中力 $F=ql$ 作用下：

$$w_{B1}=\frac{ql\cdot l^3}{3EI},\theta_{B1}=\frac{ql\cdot l^2}{2EI}$$

均布载荷 q 作用下：

$$w_{B2}=-\frac{ql^4}{8EI},\theta_{B2}=-\frac{ql^3}{6EI}$$

叠加后得

$$w_B=w_{B1}+w_{B2}=\frac{ql^4}{3EI}-\frac{ql^4}{8EI}=\frac{5ql^4}{24EI}$$

$$\theta_B=\theta_{B1}+\theta_{B2}=\frac{ql^3}{2EI}-\frac{ql^3}{6EI}=\frac{ql^3}{3EI}$$

叠加时，注意所涉及的各项挠度的方向和转角的转向。可以利用正负号表示挠度的方向及转角的转向进行代数叠加，如本例所示。也可以各项均取绝对值，叠加时按挠度的实际方向和转角的实际转向代入正负号进行叠加。

例 16-3 如图 16-7a 所示外伸梁，在外伸端 C 处受集中力 F 作用，梁的 EI、l、a 均为已知。试用叠加法计算截面 C 处的挠度与转角。

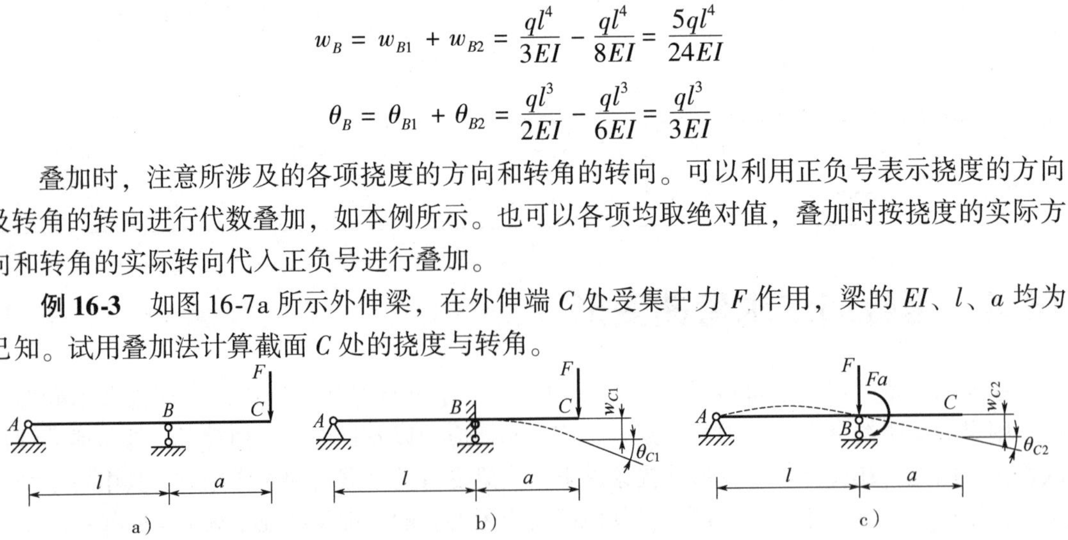

图 16-7 例 16-3 图

解：该梁由 AB 和 BC 两段组成，梁在任一截面的总挠度或总转角，等于梁各段单独产生弹性小变形时在该截面引起的挠度或转角的总和。

1）令 AB 段不变形，只考虑 BC 段的变形，如图 16-7b 所示，这相当于将截面 B 视为固定端，BC 段为悬臂梁。由表 16-1 可查得

$$w_{C1} = -\frac{Fa^3}{3EI}, \theta_{C1} = -\frac{Fa^2}{2EI}$$

2）令 BC 段不变形，只考虑 AB 段的变形，如图 16-7c 所示，这相当于将 BC 段视为刚体，故可将载荷 F 向截面 B 处简化，得一力 F 和一力偶 Fa。其中作用于 B 处支座的载荷 F 不会使梁的 AB 段产生变形（因为由 $\sum M_A = 0$ 知，此时支座 B 处会产生一个约束力 $F_B = F$，方向向上；再由 $\sum F_y = 0$ 知，支座 A 处的约束力 $F_A = 0$，于是 AB 段各横截面都没有剪力和弯矩，也就没有变形），故只需考虑力偶 Fa 的作用。由表 16-1 可查得此情况下截面 B 的转角为

$$\theta_B = -\frac{(Fa) \cdot l}{3EI}$$

在 AB 段变形的同时，BC 段作为刚体发生转动，转动角度即为 θ_B。则由此而引起截面 C 的转角及挠度分别为

$$\theta_{C2} = \theta_B = -\frac{(Fa) \cdot l}{3EI}$$

$$w_{C2} = a\tan\theta_B \approx a\theta_B = -\frac{Fa^2 l}{3EI}$$

3）计算截面 C 处的总挠度与总转角。

梁截面 C 处的总挠度：

$$w_C = w_{C1} + w_{C2} = -\frac{Fa^3}{3EI} - \frac{Fa^2 l}{3EI} = -\frac{Fa^2}{3EI}(a + l) \quad \text{（真实方向向下）}$$

梁截面 C 处的总转角：

$$\theta_C = \theta_{C1} + \theta_{C2} = -\frac{Fa^2}{2EI} - \frac{(Fa) \cdot l}{3EI} = -\frac{Fa^2}{2EI}\left(1 + \frac{2l}{3a}\right) \quad \text{（真实转向为顺时针转向）}$$

本例采用的是逐段变形效果叠加法。在应用这一方法时需注意，将结构分为几部分，每一部分均考虑在所有载荷作用下的变形产生的效果，且每一部分仅考虑一次变形。当某一段杆件被刚化时，作用在此段上的载荷可在此段上向变形段端面利用力偶的平移和力的平移定理等效成一个力和一个力偶。

16.5　梁的刚度条件

为保证梁的正常工作，工程中常常对梁在某个或某些截面处的挠度和转角加以限制，称为梁的刚度条件。若这些截面处挠度与转角的绝对值分别为 w 和 θ，则梁的刚度条件表达式为

$$|w| \leqslant [w] \tag{16-11}$$

$$|\theta| \leqslant [\theta] \tag{16-12}$$

式中　$[w]$、$[\theta]$——规定的许用挠度、许用转角。

利用弯曲刚度条件，可以进行梁的刚度校核、截面尺寸设计或确定许用载荷的计算。处理工程中梁的弯曲问题，通常须同时考虑强度条件与刚度条件。

例 16-4　一简支梁，跨度中点受集中力 F 作用。已知 $F=35\text{kN}$，跨度 $l=4\text{m}$，许用应力 $[\sigma]=160\text{MPa}$，许用挠度 $[w]=l/500$，材料的弹性模量 $E=200\text{GPa}$，试选择工字钢型号。

解： 1）按强度条件设计。

梁内最大弯矩为

$$M_{\max}=\frac{Fl}{4}=\frac{35\times10^{3}\times4}{4}\text{N}\cdot\text{m}=3.5\times10^{4}\text{N}\cdot\text{m}$$

弯曲正应力强度条件要求

$$W_z\geqslant\frac{M_{\max}}{[\sigma]}=\frac{3.5\times10^{4}\times10^{3}}{160}\text{mm}^3=218750\text{mm}^3\approx219\text{cm}^3$$

2）按刚度条件设计。

由表 16-1 与式（16-11）知，该梁的刚度条件为

$$\frac{Fl^3}{48EI_z}\leqslant\frac{l}{500}$$

于是

$$I_z\geqslant\frac{500Fl^2}{48E}=\frac{500\times(3.5\times10^{4})\times(4\times10^{3})^2}{48\times200\times10^{3}}\text{mm}^4=2.91667\times10^{7}\text{mm}^4=2916.67\text{cm}^4$$

3）选择工字钢型号。

查附录 B 得，No. 22a 工字钢的抗弯截面系数和惯性矩分别为

$$W_z=309\text{cm}^3,\ I_z=3400\text{cm}^4$$

因此，选择 No. 22a 工字钢可满足该梁的强度条件和刚度条件要求。

16.6　简单的静不定梁问题

在工程中，有时为了提高梁的刚度、强度，或满足构造上的需要，往往在维持平衡所必需的约束之外，还要再增加若干约束。这样，梁的未知约束力的数目（一个约束力只含一个未知量）将多于独立静力学平衡方程的数目，因而仅凭静力学平衡方程就不能确定全部未知约束力。这种梁称为**静不定梁**。未知约束力数目与独立静力学平衡方程数目之差，称为**静不定次数**。

在维持平衡必需约束的基础上额外增加的约束，习惯上称为**多余约束**。每个多余约束，都限制了梁在某一截面处的某个位移（挠度或转角），即提供了一个变形限制条件，或称为变形协调条件。根据这个条件，即可建立一个补充方程。所以补充方程的数目等于多余约束的数目，即梁的静不定次数。这样补充方程与独立静力学平衡方程联立，梁未知约束力即可全部解出。

现以图 16-8a 所示弯曲刚度 EI 为常量的梁为例，说明简单静不定梁的具体分析方法。

该梁具有一个多余约束，即有一个多余支座约束力。如果设想将静不定梁的多余约束撤除，并代之以相应的未知约束力，则可得到一个在原有外载荷及未知约束力共同作用下的静定梁，通常将撤除多余约束的系统称为原静不定梁的**基本静定系统**，将基本静定系统在原有

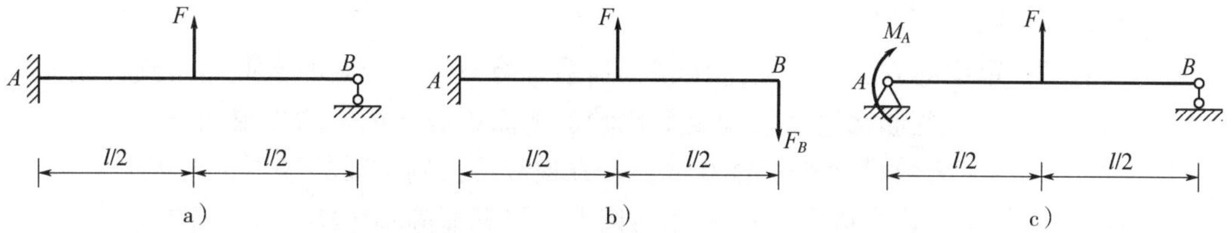

图 16-8 简单静不定梁的分析

外载荷及多余约束处对应的约束力共同作用的系统称为**相当系统**。若视 B 处链杆为多余约束，将其撤除，代之以一个力 F_B，则该静不定梁的相当系统如图 16-8b 所示。

现在考察相当系统的变形情况，并根据支座 B 处的变形协调条件，建立求解静不定问题所必需的补充方程。

为使相当系统的变形与原静不定梁相同，要求在多余约束处必须符合静不定梁的变形协调条件。本例中，B 处的挠度应为零，即变形协调条件为

$$w_B = 0 \tag{16-13}$$

根据叠加法或积分法，相当系统的 B 截面的挠度应为

$$w_B = w_B(F) + w_B(F_B) = \left[\frac{F(l/2)^3}{3EI} + \frac{F(l/2)^2}{2EI}\cdot\frac{l}{2}\right] - \frac{F_B l^3}{3EI} = \frac{5Fl^3}{48EI} - \frac{F_B l^3}{3EI}$$

将该物理条件其代入式（16-13），得到补充方程为

$$\frac{5Fl^3}{48EI} - \frac{F_B l^3}{3EI} = 0$$

由此解得

$$F_B = \frac{5F}{16}$$

结果为正，说明图中所示方向即为 F_B 的正确方向。

多余支座约束力确定之后，便可根据静力学平衡方程 $\sum M_A = 0$ 和 $\sum F_y = 0$，得到固定端 A 处的约束力偶 M_A 和约束力 F_A，分别为

$$F_A = \frac{11F}{16}(\downarrow),\ M_A = \frac{3Fl}{16}(\circlearrowleft)$$

应该指出，在求解过程中，多余约束的选取并不是唯一的，只要不是维持梁平衡所必需的约束，均可作为多余约束，即基本静定系统或相当系统可以有不同的选择。对本例，也可取固定端 A 处限制截面转动的约束为多余约束。于是将 A 处限制转动的约束撤除，代之以约束力偶 M_A，则得到原静不定梁的相当系统，如图 16-8c 所示，而相应的变形协调条件为

$$\theta_A = 0$$

由 $\theta_A = \theta_A(F) + \theta_A(M_A) = \dfrac{Fl^2}{16EI} - \dfrac{M_A l}{3EI} = 0$，求得 $M_A = \dfrac{3}{16}Fl$，并进一步根据静力学平衡方程

$$\sum M_B = 0 \Rightarrow F_A l - M_A - F\cdot\frac{1}{2}l = 0 \Rightarrow F_A = \frac{11}{16}F(\downarrow)$$

$$\sum F_y = 0 \Rightarrow -F_A - F_B + F = 0 \Rightarrow F_B = -F_A + F = \frac{5}{16}F(\downarrow)$$

与上述解答完全相同。

上述求解静不定梁的方法，是通过比较相当系统与原静不定梁的变形而得到补充方程并求得解答的，通常称为**变形比较法**。用变形比较法解简单静不定梁的步骤如下：

1）根据未知约束力数目和独立静力学平衡方程数目，判定梁的静不定次数。

2）解除多余约束，代之以相应的未知约束力，得到原静不定梁的相当系统。

3）根据多余约束的性质与特点，建立变形协调条件的位移表达式。

4）在相当系统的多余约束处，分别计算由已知外载荷和未知约束力产生的相应位移，并根据变形协调条件建立补充方程。

5）由补充方程解出未知约束力，并由静力学平衡方程确定其他约束力。

6）按要求进行其他计算，诸如内力、应力与位移等。

例 16-5 如图 16-9a 所示两端固定梁，受集中力 F 作用，已知梁的弯曲刚度 EI 为常量，试计算梁的支座约束力。

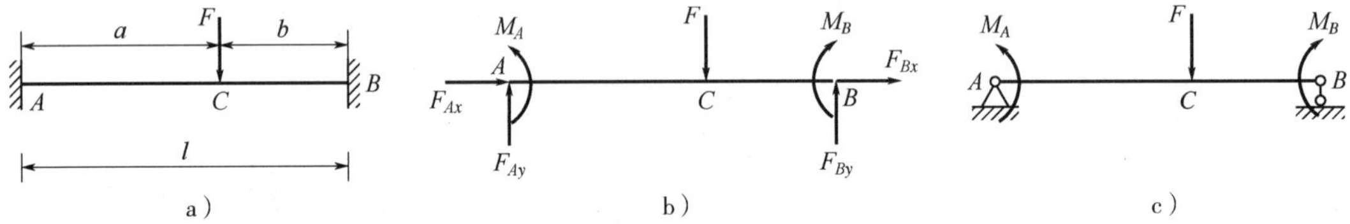

图 16-9 例 16-5 图

解：1）问题分析。

该梁受力如图 16-9b 所示，共有六个未知约束力，而只有三个有效平衡方程，故为三次静不定问题。但是在小变形条件下，横截面的形心的轴向位移极小，因而两固定端处的轴向约束力 F_{Ax} 和 F_{Bx} 也极小，一般可忽略不计。于是剩下四个未知约束力、两个有效平衡方程，另外建立两个补充方程即可求解。

2）相当系统。

根据上述分析，撤除两端限制转动的约束，代之以相应的约束力偶 M_A 和 M_B，得该静不定梁的相当系统，如图 16-9c 所示。变形协调条件为两个端面 A 和 B 的转角为零，即

$$\theta_A = 0 \tag{a}$$

$$\theta_B = 0 \tag{b}$$

利用叠加法，得到相当系统截面 A 和 B 的转角分别为

$$\theta_A = -\frac{Fab(l+b)}{6EIl} + \frac{M_A l}{3EI} + \frac{M_B l}{6EI} \tag{c}$$

$$\theta_B = \frac{Fab(l+a)}{6EIl} - \frac{M_A l}{6EI} - \frac{M_B l}{3EI} \tag{d}$$

由式（a）~式（d）得补充方程：

$$-\frac{Fab(l+b)}{6EIl} + \frac{M_A l}{3EI} + \frac{M_B l}{6EI} = 0$$

$$\frac{Fab(l+a)}{6EIl} - \frac{M_A l}{6EI} - \frac{M_B l}{3EI} = 0$$

联立解得

$$M_A = \frac{Fab^2}{l^2}, M_B = \frac{Fa^2 b}{l^2}$$

最后，由静力学平衡方程求得 A 与 B 端的铅垂方向约束力分别为

$$F_{Ay} = \frac{Fb^2(l + 2a)}{l^3}, F_{By} = \frac{Fa^2(l + 2b)}{l^3}$$

16.7　提高梁刚度的措施

提高梁的弯曲刚度，主要是减小其弹性位移。由挠曲线微分方程及其积分可见，弯曲变形与弯矩大小、跨度大小、支座约束条件、截面惯性矩 I 和材料弹性模量 E 有关。

首先可以从减小弯矩入手，这与前面所述提高弯曲强度的措施类似。

其次由挠曲线微分方程的形式可以看出，跨度 l 的大小对弯曲位移影响较大，如集中力作用下，挠度与 l 的三次方成正比，转角与 l 的平方成正比。所以在条件许可时，尽量减小跨度或者增加中间支座，都可以显著提高刚度。当然增加支座的结果可能会使静定梁变为静不定梁。

此外，截面形状是否合理对截面惯性矩 I 影响较大，在横截面面积相同时选取工字形或箱形（塑性材料梁）、槽（U）型或 T 型（脆性材料梁）等截面形状，比矩形截面有更大的截面惯性矩。一般来说，提高 I 的同时，也增加了弯曲强度。但是从刚度问题的角度来考虑，由于弯曲变形与梁的全长范围内各部分的刚度都有关，提高弯曲刚度就不仅仅是某个截面局部的问题而是整个梁都应增加截面惯性矩 I 的整体问题。

最后，弹性模量 E 对弯曲变形也有影响，选用 E 值较高的材料也可提高弯曲刚度。但是，对于工程中常用的各种钢材来说，其弹性模量数值相差很小，因此从这一角度出发，选择高强度钢材来提高弯曲刚度收效甚微。

习　　题

16-1　试用积分法建立图 16-10 所示各梁的转角方程与挠曲线方程，并计算梁的绝对值最大的转角与绝对值最大的挠度。已知梁的 EI 为常量。

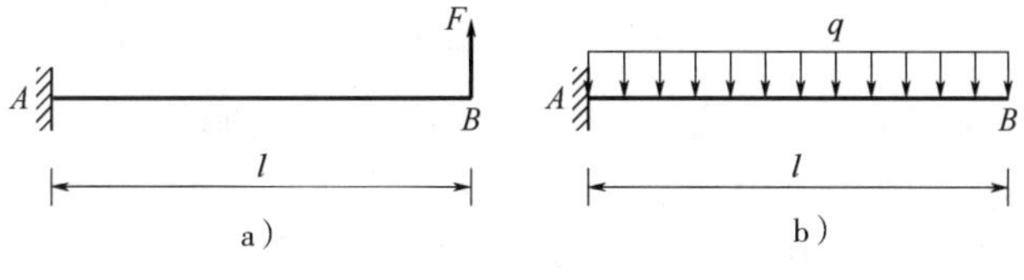

图 16-10　习题 16-1 图

16-2　试用积分法建立图 16-11 所示各梁的转角方程与挠曲线方程，并计算截面 B 的转角与挠度。已知梁的 EI 为常量。

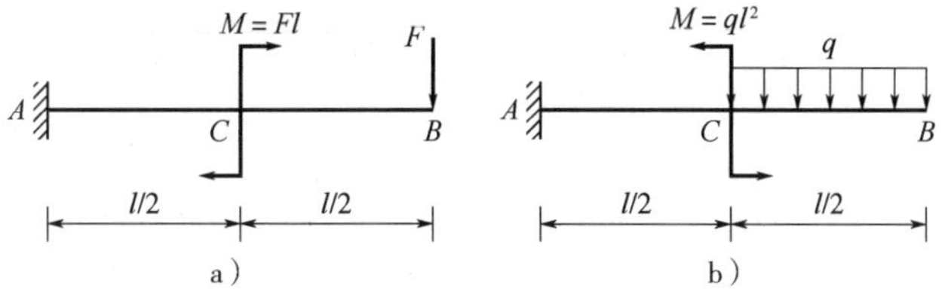

图 16-11　习题 16-2 图

16-3 试用叠加法计算图 16-12 所示各梁截面 B 的转角与截面 C 的挠度。已知梁的 EI 为常量。

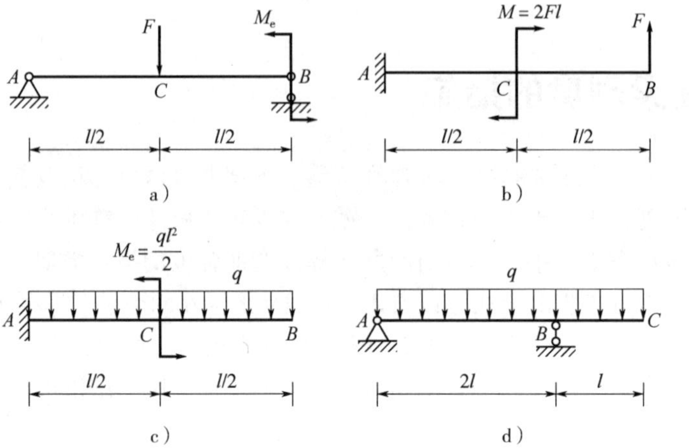

图 16-12 习题 16-3 图

16-4 试用叠加法求图 16-13 所示各梁 C 截面的转角和挠度。梁的弯曲刚度 EI 为已知。

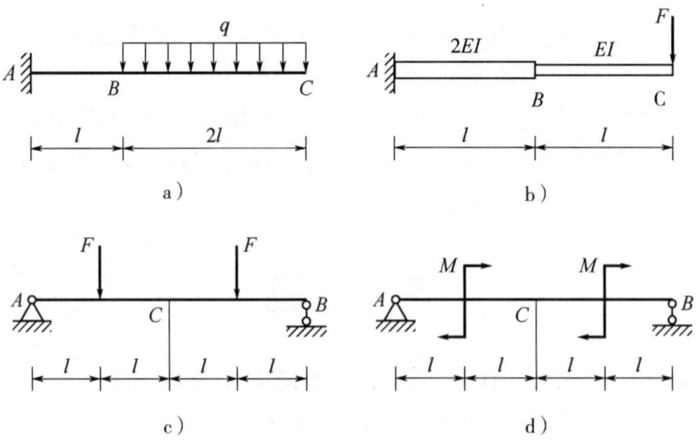

图 16-13 习题 16-4 图

16-5 图 16-14 所示圆截面简支梁，材料弹性模量 $E=200\text{GPa}$，工作时要求两端截面处的转角不大于 0.05rad，试按刚度条件设计直径 d。

16-6 图 16-15 所示工字钢简支梁，外载荷 $M_{e1}=5\text{kN}\cdot\text{m}$，$M_{e2}=10\text{kN}\cdot\text{m}$。梁材料弹性模量 $E=200\text{GPa}$。工作时要求梁的最大挠度不大于跨度的 1/500，试按刚度条件选择工字钢的型号。

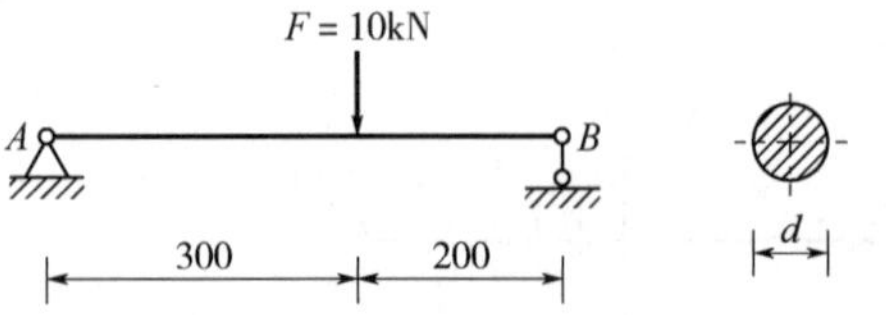

图 16-14 习题 16-5 图

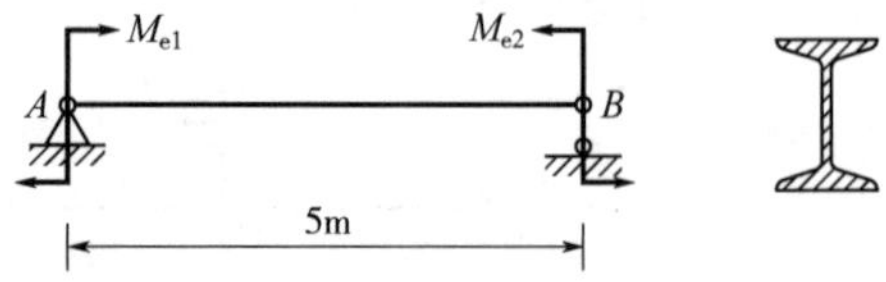

图 16-15 习题 16-6 图

16-7　试计算图 16-16 所示梁的支座约束力，并绘制梁的弯矩图。

16-8　试计算图 16-17 所示梁的支座约束力，并绘制梁的弯矩图。

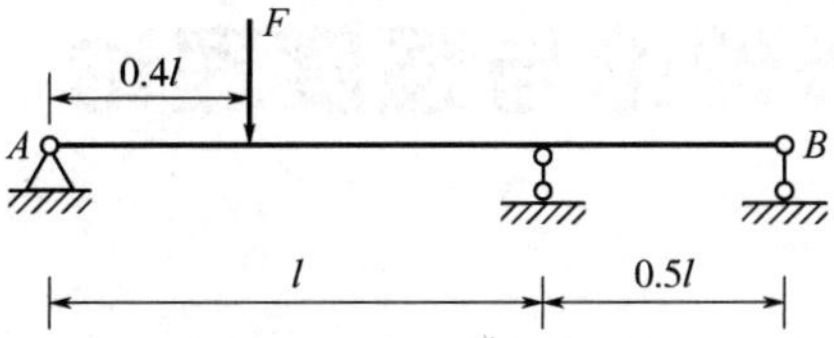

图 16-16　习题 16-7 图

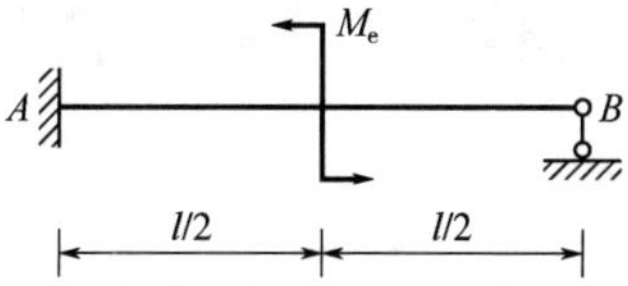

图 16-17　习题 16-8 图

第 17 章　应力状态理论与强度理论

由前面几章基本变形杆件的应力分析可知，杆件内的应力情况一般随截面的位置不同而不同。由应力的定义还可知，在构件的同一截面上的不同点处的应力一般是不相同的，在通过同一点的不同方位的截面上该点处的应力一般也是不相同的。因此为了研究一般受力构件的强度问题，必须搞清楚在构件中哪些点沿哪个截面的哪个应力达到最大值，若这个应力是造成构件强度破坏（断裂或过大塑性变形）的原因，则将这个应力达到最大值的点称为危险点，将危险点所处的截面称为危险截面。

17.1　应力状态及其分类

受力构件中，某一点处各个不同方位的截面上的应力情况，称为**一点处的应力状态**。

为了研究一点处的应力状态，在某点处围绕该点用三对相互正交的平面截取一个微小的六面体，该微小六面体称为**单元体**，如图 17-1 所示。图 17-1 给出了在直角坐标系中用微元体表示一点的应力状态的方法：微元体三对表面的外法向分别与坐标轴方向平行，棱长分别为 dx、dy 和 dz，三对面上的正应力用 σ_x、σ_y 和 σ_z 表示，切应力则采用双下标，第一个下标指出应力所在面的外法向，第二个下标指出切应力的方向（例如 τ_{xy} 表示外法向沿 x 方向的截面上沿 y 轴方向的切应力分量），每个表面上的切应力显然有两个正交分量。由于单元体的三维尺度极其微小，可认为单元体六个表面上的应力是均匀分布的，并且相互平行的两个表面上的应力大小相同，方向相反。因此受力构件的一点处的应力状态可由该点处的单元体的相互正交的三个表面上的应力情况所描述，再由切应力互等定律知，图 17-1 中 $\tau_{xy}=\tau_{yx}$，$\tau_{yz}=\tau_{zy}$，$\tau_{zx}=\tau_{xz}$，由此确定一点处的应力状态的独立分量只有六个，即 σ_x、σ_y、σ_z、τ_{xy}、τ_{yz}、τ_{zx}。研究表明，由已知单元体表面上的应力可以计算出其他不同方位截面上的应力，称为一点处的应力状态分析。

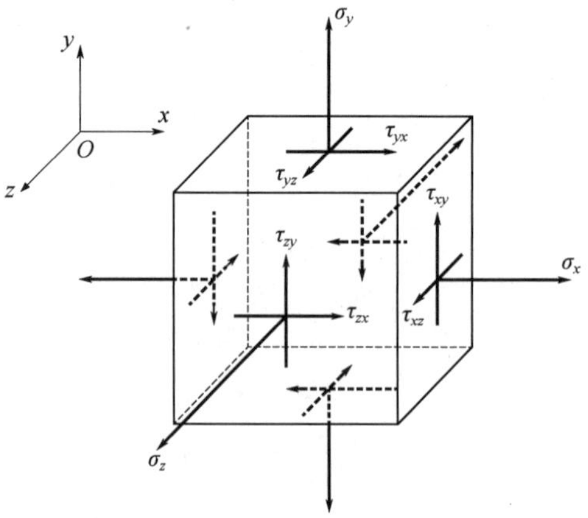

图 17-1　单元体

在受力构件的某点处可截取不同方位的单元体，各单元体截面上的应力也各不相同。其中必有切应力为零的截面，该截面称为单元体的**主平面**，主平面上的正应力，称为**主应力**。分析表明，在受力构件上任一点，总可以找到一个由三个相互正交的主平面组成的单元体，称为**主单元体**，如图 17-2 所示，并且在主单元体上的三个主应力中，必有一个是过该点的所有截面中正应力最大的一个和正应力最小的一个。将主单元体上的三个主应力按其代数值由大到小顺序排列，分别用 σ_1、σ_2 和 σ_3 来表示，即 $\sigma_1 \geqslant \sigma_2 \geqslant \sigma_3$。

在实际工程中，某构件主单元体的三个主应力通常会有某个主应力为零的情况，按三个主应力中等于零的数目将一点处的应力状态分为三类：若某点的三个主应力中只有一个不为零，则该点的应力状态称为**单向应力状态**；若某点的三个主应力中只有两个不为零，则该点的应力状态称为**二向应力状态（平面应力状态）**；若某点的三个主应力都不为零，则该点的应力状态称为**三向应力状态（空间应力状态）**。单向应力状态又称为**简单应力状态**，二向应力状态（平面应力状态）和三向应力状态（空间应力状态）又统称为**复杂应力状态**。例如，轴向拉伸或压缩杆件及纯弯曲梁内的各点均处于单向应力状态，受扭转圆轴及横力弯曲梁内的各点（离中性轴最远的各点除外）均处于二向应力状态。

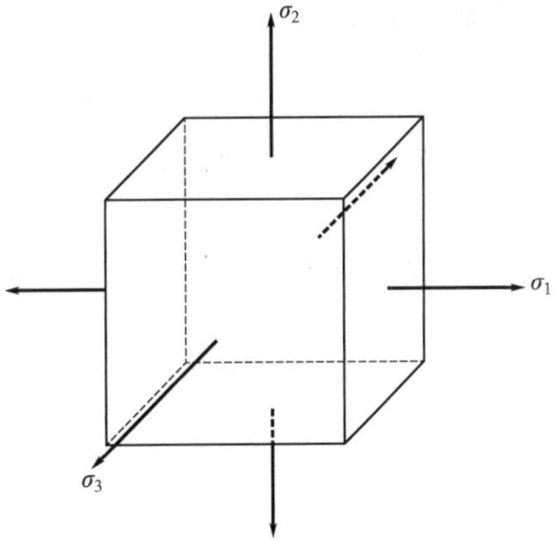

图 17-2　主单元体

17.2　二向应力状态的应力分析

工程实际中，构件中某点经常处于二向应力状态，下面对这一问题进行分析研究。

17.2.1　二向应力状态应力分析的解析法

与 z 轴垂直的平面（称为 z 面）上没有应力，即其上正应力和切应力都等于零，说明 z 面是主平面，其上主应力为零。根据切应力互等定理，$\tau_{xz}=\tau_{zx}=0$，$\tau_{yz}=\tau_{zy}=0$。如图 17-3a 所示为二向应力状态（平面应力状态）的一般形式的单元体，在单元体中，与 x 轴垂直的平面（称为 x 面）和与 y 轴垂直的平面（称为 y 面）上均有正应力和切应力，分别记为 σ_x、τ_{xy} 和 σ_y、τ_{yx}，τ_{xy} 和 τ_{yx} 的数值相等且垂直于 x 面与 y 面的交线，其方向共同指向或共同背离该交线；为了方便，将二向应力状态（平面应力状态）用平面图形来表示，如图 17-3b 所示，为图 17-3a 的前视图。设正应力以拉为正（即正应力以与截面外法线方向相同为正），切应力以使平面单元体顺时针旋转趋势为正（使得 x 截面上剪力的正负号规定与 x 截面上切应力的正负号规定相一致）。由此图中的 σ_x、σ_y 和 τ_x 为正值。

在单元体内任取一平行于 z 轴的斜截面，如图 17-3b 所示，其斜截面的外法线 n 与 x 轴的夹角为 α，该斜截面称为 α 面。规定 α 角由 x 轴逆时针转到该斜截面外法线 n 的正向时为正。采用截面法，斜截面将单元体切分成两部分，取左下半部分（直三棱柱体）为研究对象，如图 17-3c 所示（图 17-3d 为图 17-3c 的前视图），将 α 面上的正应力和切应力分别记为 σ_α 和 τ_α，其正负符号的规定与前述的正应力和切应力的符号规定相同。设斜截面 α 的面积为 dA，则研究对象的单元体中垂直于 x 轴和垂直于 y 轴的面的面积分别为 $dA\cos\alpha$ 和 $dA\sin\alpha$。由研究对象的单元体（直三棱柱体）上力系（注意不是应力！）平衡条件可列写如下平衡方程：

$\sum F_N = 0$：

$$\sigma_\alpha dA - (\sigma_x dA\cdot\cos\alpha)\cos\alpha + (\tau_x dA\cdot\cos\alpha)\sin\alpha - (\sigma_y dA\cdot\sin\alpha)\sin\alpha + (\tau_y dA\cdot\sin\alpha)\cos\alpha = 0$$

$\sum F_t = 0$：

$$-\tau_\alpha dA + (\sigma_x dA \cdot \cos\alpha)\sin\alpha + (\tau_x dA \cdot \cos\alpha)\cos\alpha - (\sigma_y dA \cdot \sin\alpha)\cos\alpha - (\tau_y dA \cdot \sin\alpha)\sin\alpha = 0$$

注意由切应力互等定理知 $\tau_x = \tau_y$，并利用三角函数公式 $\cos^2\alpha = \dfrac{1+\cos2\alpha}{2}$，$\sin^2\alpha = \dfrac{1-\cos2\alpha}{2}$ 及 $2\sin\alpha\cos\alpha = \sin2\alpha$，可将上两式简化，最后得

$$\sigma_\alpha = \frac{\sigma_x + \sigma_y}{2} + \frac{\sigma_x - \sigma_y}{2}\cos2\alpha - \tau_x \sin2\alpha \tag{17-1}$$

$$\tau_\alpha = \frac{\sigma_x - \sigma_y}{2}\sin2\alpha + \tau_x \cos2\alpha \tag{17-2}$$

利用式（17-1）和式（17-2）可求得二向应力状态（平面应力状态）的单元体上平行于 z 轴的任意 α 斜截面上的正应力 σ_α 和切应力 τ_α，式（17-1）和式（17-2）分别称为平面应力状态下**斜截面上的正应力和切应力的计算公式**，具体计算时 σ_x、σ_y、τ_x 和 α 均以代数值代入。

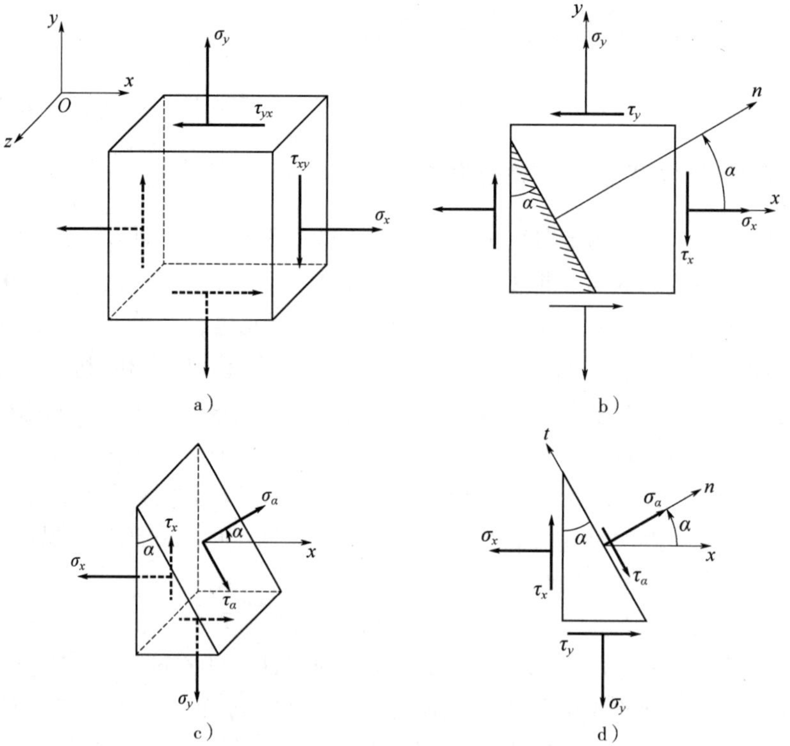

图 17-3　二向应力状态的单元体

17.2.2　二向应力状态应力分析的图解法

由式（17-1）和式（17-2）可以看出，若单元体的 σ_x、σ_y 和 τ_x 均为已知，则该单元体平行于 z 轴任意斜截面上的正应力 σ_α 和切应力 τ_α 都是截面方位角两倍 2α 的参数方程，消去参数 2α 就可以得到斜截面上正应力 σ_α 和切应力 τ_α 之间的关系式。先将式（17-1）中

右端第一项 $\frac{\sigma_x+\sigma_y}{2}$ 移至方程左端，然后将该式与式（17-2）各自平方后相加，得

$$\left(\sigma_\alpha-\frac{\sigma_x+\sigma_y}{2}\right)^2+\tau_\alpha^2=\left(\frac{\sigma_x-\sigma_y}{2}\right)^2+\tau_x^2 \tag{17-3}$$

式（17-3）是以 σ_α 和 τ_α 为变量的方程，若取横坐标为 σ、纵坐标为 τ，则式（17-3）所表示的图形是一个圆，其圆心坐标为 $\left(\frac{\sigma_x+\sigma_y}{2},\ 0\right)$，圆半径为 $R=\sqrt{\left(\frac{\sigma_x-\sigma_y}{2}\right)^2+\tau_x^2}$。该圆周上一点的坐标就对应于单元体上某一个斜截面 α 上的应力（σ_α，τ_α），这个圆称为**应力圆或莫尔（Mohr）圆**。

对如图 17-4a 所示的单元体，可按下列步骤做出其相应的应力圆。以 σ 为横坐标轴，τ 为纵坐标轴，建立直角坐标系 $O\sigma\tau$，设单元体的应力 σ_x、σ_y 和 τ_x 均为已知，且 $\sigma_x>\sigma_y>0$，$\tau_x>0$，则以坐标（σ_x，τ_x）确定点 D_x 的位置，以坐标（σ_y，τ_y）确定点 D_y 的位置（注意 y 面上的切应力按切应力符号规定是负的），连接点 D_x 和点 D_y，交横轴 σ 于点 C（即为应力圆的圆心），以 CD_x 为半径画圆，即得到应力圆，如图 17-4b 所示。需要指出，在应力圆中，点 D_x 和点 D_y 之间形成的圆弧所对应的圆心角为 180°，而在单元体中 x 面与 y 面之间的夹角为 90°。若要确定斜截面 α 上的正应力 σ_α 和切应力 τ_α，可以从点 D_x 开始，按照单元体上 α 角的转向，沿着圆周转过 2α 圆心角，得到点 D_α，点 D_α 的坐标对应于斜截面 α 上的正应力 σ_α 和切应力 τ_α。证明如下：在图 17-4b 中分别过点 D_x、D_y、D_α 做 σ 轴的垂线，分别交 σ 轴于 B_x、B_y、B_α 三点，则 $OC=\frac{OB_x+OB_y}{2}=\frac{\sigma_x+\sigma_y}{2}$，设半径 CD_x 与 σ 轴的夹角为 $2\alpha_p$，则

$$CB_x=CD_x\cdot\cos2\alpha_p=\frac{OB_x-OB_y}{2}=\frac{\sigma_x-\sigma_y}{2}$$

$$B_xD_x=CD_x\cdot\sin2\alpha_p=\tau_x$$

$$CD_\alpha=CD_x=\sqrt{(CB_x)^2+(B_xD_x)^2}=\sqrt{\left(\frac{\sigma_x-\sigma_y}{2}\right)^2+\tau_x^2}$$

点 D_α 的横坐标为

$$OB_\alpha=OC+CB_\alpha=OC+CD_\alpha\cdot\cos(2\alpha_p+2\alpha)$$

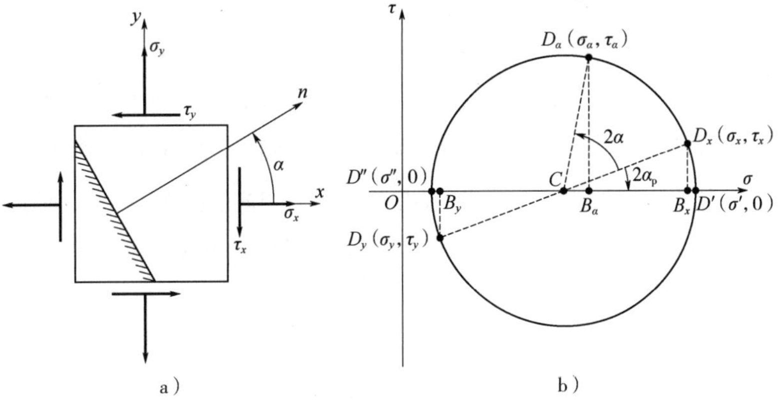

图 17-4　应力圆

$$
\begin{aligned}
&= OC + CD_x \cdot \cos(2\alpha_p + 2\alpha) \\
&= OC + CD_x \cdot \cos2\alpha_p \cos2\alpha - CD_x \cdot \sin2\alpha_p \sin2\alpha \\
&= \frac{\sigma_x + \sigma_y}{2} + \frac{\sigma_x - \sigma_y}{2}\cos2\alpha - \tau_x \sin2\alpha
\end{aligned}
$$

该式与式（17-1）比较可知 $OB_\alpha = \sigma_\alpha$。

点 D_α 的纵坐标为

$$
\begin{aligned}
B_\alpha D_\alpha &= CD_\alpha \cdot \sin(2\alpha_p + 2\alpha) = CD_x \cdot \sin(2\alpha_p + 2\alpha) \\
&= CD_x \cdot \sin2\alpha_p \cos2\alpha + CD_x \cdot \cos2\alpha_p \sin2\alpha \\
&= CD_x \cdot \cos2\alpha_p \sin2\alpha + CD_x \cdot \sin2\alpha_p \cos2\alpha \\
&= \frac{\sigma_x - \sigma_y}{2}\sin2\alpha + \tau_x \cos2\alpha
\end{aligned}
$$

该式与式（17-2）比较可知 $B_\alpha D_\alpha = \tau_\alpha$。

应力圆与单元体之间存在对应的关系：①应力圆圆周上的每一个点的坐标分别对应于单元体的某一斜截面上的正应力和切应力；②应力圆圆周上两点之间的圆弧所对圆心角，是相应单元体上两截面外法线之间的夹角的两倍，且该圆心角与两截面的夹角的转向相同。上述两点可简单总结为点面对应，转向一致，两倍夹角。

17.2.3　主应力与最大切应力

由图 17-4b 所示的应力圆可知，应力圆与横轴 σ 有两个相交点分别为 $D'(\sigma', 0)$ 和 $D''(\sigma'', 0)$，其纵坐标都为零，由主平面和主应力的定义知道，点 D' 和点 D'' 分别对应于单元体上的两个主平面，其横坐标分别为两个相应主应力的数值 σ' 和 σ''，也是单元体上所有截面的正应力的极值，其值分别为

$$
\begin{cases}
\sigma' = OC + CD' = OC + R = \dfrac{\sigma_x + \sigma_y}{2} + \sqrt{\left(\dfrac{\sigma_x - \sigma_y}{2}\right)^2 + \tau_x^2} \\
\sigma'' = OC - CD'' = OC - R = \dfrac{\sigma_x + \sigma_y}{2} - \sqrt{\left(\dfrac{\sigma_x - \sigma_y}{2}\right)^2 + \tau_x^2}
\end{cases}
\tag{17-4}
$$

具体解题时将极值正应力 σ'、σ'' 和 $\sigma_z = 0$ 按照代数值排序即得到三个主应力 σ_1、σ_2 和 σ_3。

如图 17-5a 所示，在应力圆上，从 x 截面所对应的点 $D_x(\sigma_x, \tau_x)$ 至主平面所对应的点 $D'(\sigma', 0)$，圆弧 $\overset{\frown}{D_xD'}$ 所对应的圆心角为顺时针转过 $2\alpha_p$ 角度，则在单元体上，x 截面外法线（即 x 轴）顺时针转过 α_p 角度，即可得到主应力 σ' 所在主平面外法线的方位，如图 17-5b 所示。在应力圆上从点 D' 至点 D''，半圆弧 $\overset{\frown}{D'D''}$ 所对应的圆心角为 180°，则在单元体上，主应力 σ' 和主应力 σ'' 所在主平面的夹角为 90°，即**主平面相互垂直**。α_p 角度按图 17-5a 的几何关系计算，为

$$
\tan2\alpha_p = -\frac{B_xD_x}{CB_x} = -\frac{\tau_x}{\dfrac{\sigma_x - \sigma_y}{2}} = -\frac{2\tau_x}{\sigma_x - \sigma_y}
\tag{17-5}
$$

式（17-5）中负号表示从 x 截面至主应力 σ' 的作用面（主平面）为顺时针转向。习惯上将

α_p 的值在 [-90°, 90°] 范围内表示出来。

由图 17-5a 知，应力圆圆周上点 G_1 和点 G_2 的纵坐标分别为切应力极值，它们分别对应单元体的最大切应力 τ_{max} 和最小切应力 τ_{min}，其大小都与应力圆的半径相等，即

$$\begin{cases}\tau_{max} = \sqrt{\left(\dfrac{\sigma_x - \sigma_y}{2}\right)^2 + \tau_x^2} \\ \tau_{min} = -\sqrt{\left(\dfrac{\sigma_x - \sigma_y}{2}\right)^2 + \tau_x^2}\end{cases} \tag{17-6}$$

两个极值切应力所在平面相互垂直，并且都与主平面成 45°夹角。

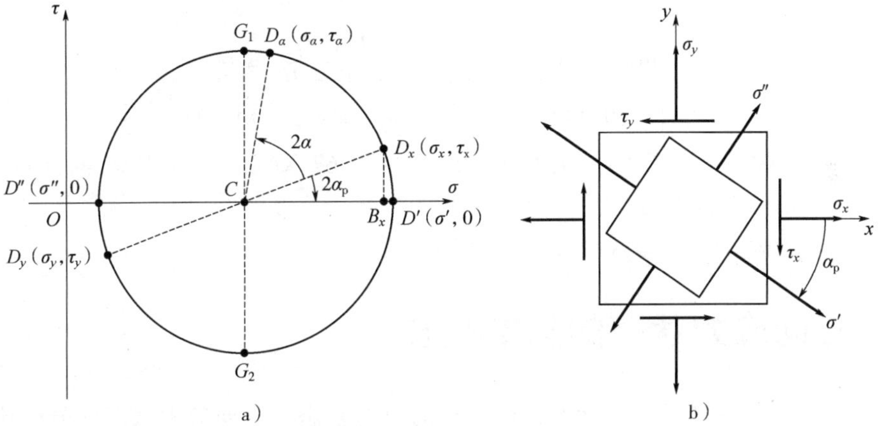

图 17-5　主应力和主方向

例 17-1　已知受力构件中某点为如图 17-6a 所示的平面应力状态，①求该点单元体的三个主应力；②画出该点主单元体的方位，并标出各面上的应力；③画出该点的应力圆（莫尔圆）。

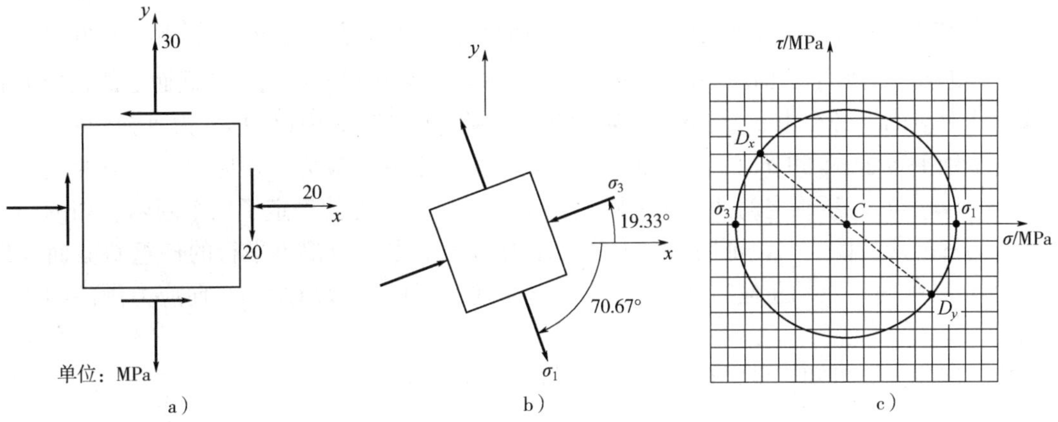

图 17-6　例 17-1 图

解：1）求主应力。

已知：$\sigma_x = -20\text{MPa}$，$\tau_x = 20\text{MPa}$，$\sigma_y = 30\text{MPa}$。

由主应力公式

$$\sigma' = \frac{\sigma_x + \sigma_y}{2} + \sqrt{\left(\frac{\sigma_x - \sigma_y}{2}\right)^2 + \tau_x^2} = \left[\frac{-20+30}{2} + \sqrt{\left(\frac{-20-30}{2}\right)^2 + 20^2}\right]\text{MPa}$$

$$= (5 + \sqrt{25^2 + 20^2})\text{MPa} = 5 \times (1 + \sqrt{41})\text{MPa} = 37.02\text{MPa}$$

$$\sigma'' = \frac{\sigma_x + \sigma_y}{2} - \sqrt{\left(\frac{\sigma_x - \sigma_y}{2}\right)^2 + \tau_x^2} = \left[\frac{-20+30}{2} - \sqrt{\left(\frac{-20-30}{2}\right)^2 + 20^2}\right]\text{MPa}$$

$$= (5 - \sqrt{25^2 + 20^2})\text{MPa} = 5 \times (1 - \sqrt{41})\text{MPa} = -27.02\text{MPa}$$

得 $\sigma_1 = 37.02\text{MPa}$，$\sigma_2 = 0$，$\sigma_3 = -27.02\text{MPa}$。

2）求主方向，画主单元体。

$$\tan 2\alpha_p = -\frac{2\tau_x}{\sigma_x - \sigma_y} = -\frac{2 \times 20}{-20-30} = \frac{4}{5}$$

得

$$\alpha_{p1} = 19.33°，\alpha_{p2} = 19.33° - 90° = -70.67°$$

其中 $\alpha_{p1} = 19.33°$对应于主应力 σ_3 的方向，$\alpha_{p2} = -70.67°$对应于主应力 σ_1 的方向。

主单元体如图 17-6b 所示。

3）画该点的应力圆（莫尔圆），如图 17-6c 所示。

17.3　三向应力状态的基本概念

三个主应力都不为零的应力状态，称为**三向应力状态**。三向应力状态的分析比较复杂，本节先介绍用已知三个主应力的主方向构成的单元体（称为**主单元体**，如图 17-7a 所示）求最大应力。

17.3.1　三向应力状态单元体的最大应力

如图 17-7c 所示，平行于主应力 σ_3 的斜截面的应力不受主应力 σ_3 的影响，只取决于主应力 σ_1 和 σ_2。类似于二向应力状态（平面应力状态）分析可知，与该斜截面上的正应力和切应力所对应的点必在由 σ_1 与 σ_2 所确定的应力圆（图 17-7b 中以 D_1D_2 为直径的圆）上。同理，分别平行于 σ_1 和 σ_2 的斜截面（图 17-7d、e）上的正应力和切应力所对应的点必在 σ_2 与 σ_3、σ_1 与 σ_3 所确定的两个应力圆上，于是三个主应力就确定了三个两两相切的应力圆，称为**三向应力圆**。可以证明，对于单元体内与三个主应力都不平行的任意斜截面（图 17-7f 所示斜截面）上的正应力和切应力所对应的点在图 17-7b 所示的三向应力圆的阴影范围内。

由三向应力圆可知，最大正应力和最小正应力分别为

$$\sigma_{max} = \sigma_1, \sigma_{min} = \sigma_3$$

切应力有三个极值，分别为

$$\tau_{12} = \frac{\sigma_1 - \sigma_2}{2}, \tau_{23} = \frac{\sigma_2 - \sigma_3}{2}, \tau_{13} = \frac{\sigma_1 - \sigma_3}{2} \tag{17-7}$$

其中最大的切应力为

$$\tau_{max} = \tau_{13} = \frac{\sigma_1 - \sigma_3}{2} \tag{17-8}$$

最大切应力 $\tau_{\max}$ 所在平面与主应力 σ_2 平行，而与 σ_1、σ_3 所在主平面各成 45°夹角。

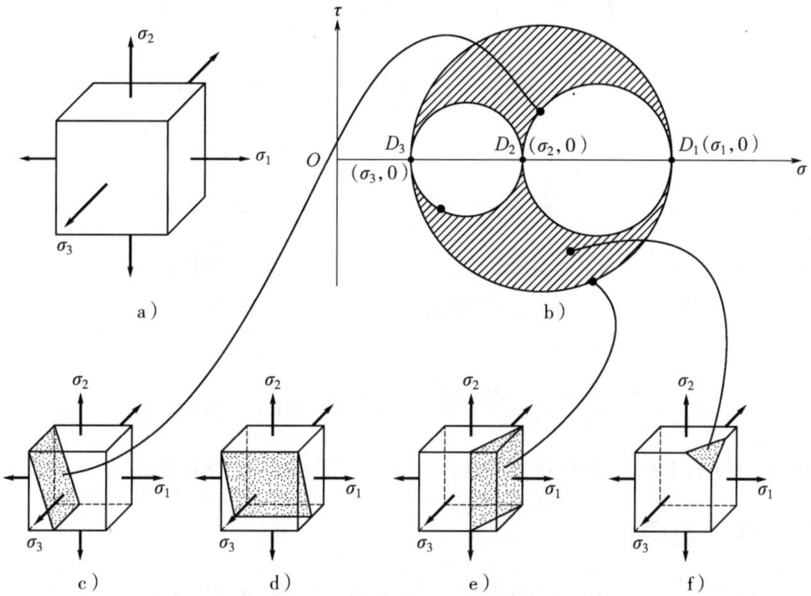

图 17-7　三向应力状态的主单元体和三向应力圆

例 17-2　某三向应力状态单元体，各面上不为零的应力分量如图 17-8a 所示，已知它们的大小分别为 $\sigma_x=10\text{MPa}$，$\sigma_y=25\text{MPa}$，$\sigma_z=30\text{MPa}$，$\tau_x=30\text{MPa}$，试求该单元体的三个主应力和相对应的主方向，以及最大切应力，并画出该单元体 xy 平面内应力状态所对应的应力圆示意图。

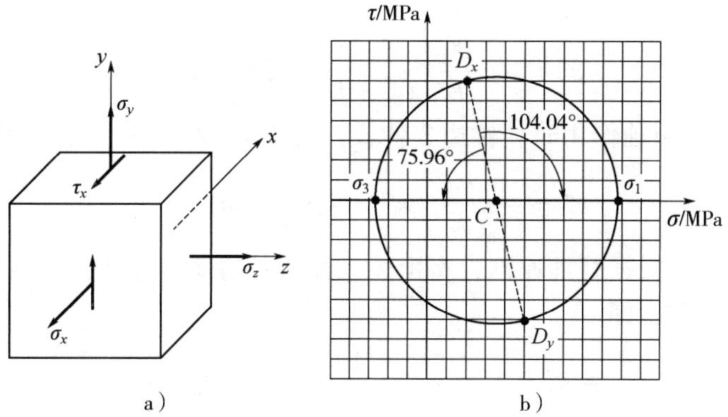

图 17-8　例 17-2 图

解： 显然，$\sigma_z=30\text{MPa}$ 为一个主应力。

xy 平面内的两个主应力分别为

$$\sigma'=\frac{\sigma_x+\sigma_y}{2}+\sqrt{\left(\frac{\sigma_x-\sigma_y}{2}\right)^2+\tau_x^2}=\left[\frac{10+25}{2}+\sqrt{\left(\frac{10-25}{2}\right)^2+30^2}\right]\text{MPa}=\left(\frac{35}{2}+\frac{15\sqrt{17}}{2}\right)\text{MPa}$$

$$=\frac{35+15\sqrt{17}}{2}\text{MPa}=(17.5+30.92)\text{MPa}=48.42\text{MPa}$$

$$\sigma''=\frac{\sigma_x+\sigma_y}{2}-\sqrt{\left(\frac{\sigma_x-\sigma_y}{2}\right)^2+\tau_x^2}=\left[\frac{10+25}{2}-\sqrt{\left(\frac{10-25}{2}\right)^2+30^2}\right]\text{MPa}=\left(\frac{35}{2}-\frac{15\sqrt{17}}{2}\right)\text{MPa}$$

$$=\frac{35-15\sqrt{17}}{2}\text{MPa}=(17.5-30.92)\text{MPa}=-13.42\text{MPa}$$

确定主平面位置：

$$\tan 2\alpha_{\text{p}}=-\frac{2\tau_x}{\sigma_x-\sigma_y}=-\frac{2\times 30}{10-25}=4\Rightarrow 2\alpha_{\text{p}}=75.96°$$

得 $\alpha_{\text{p1}}=37.98°$，$\alpha_{\text{p2}}=\alpha_{\text{p1}}-90°=-52.02°$。所以 $\sigma_1=48.42\text{MPa}$，对应于 $\alpha_{\text{p2}}=-52.02°$；$\sigma_3=30\text{MPa}$，对应于 z 方向；$\sigma_3=-13.42\text{MPa}$，对应于 $\alpha_{\text{p1}}=37.98°$。

最大切应力为

$$\tau_{\max}=\frac{\sigma_1-\sigma_3}{2}=\frac{48.42-(13.42)}{2}\text{MPa}=30.92\text{MPa}$$

该单元体 xy 平面内平面应力状态所对应的应力圆如图 17-8b 所示。

17.3.2　广义胡克定律

已知三个主应力 σ_1、σ_2 和 σ_3 的主单元体如图 17-9a 所示，棱边 1、2 和 3 分别平行于主应力 σ_1、σ_2 和 σ_3。当单元体只受 σ_1 单独作用时，棱边 1 伸长，棱边 2、3 缩短，它们的线应变分别为

$$\varepsilon_1'=\frac{\sigma_1}{E},\quad \varepsilon_2'=-\mu\frac{\sigma_1}{E},\quad \varepsilon_3'=-\mu\frac{\sigma_1}{E}$$

同理，当单元体只受 σ_2 单独作用时，棱边 2 伸长，棱边 1、3 缩短，它们的线应变分别为

$$\varepsilon_1''=-\mu\frac{\sigma_2}{E},\quad \varepsilon_2''=\frac{\sigma_2}{E},\quad \varepsilon_3''=-\mu\frac{\sigma_2}{E}$$

当单元体只受 σ_3 单独作用时，棱边 3 伸长，棱边 1、2 缩短，它们的线应变分别为

$$\varepsilon_1'''=-\mu\frac{\sigma_3}{E},\quad \varepsilon_2'''=-\mu\frac{\sigma_3}{E},\quad \varepsilon_3'''=\frac{\sigma_3}{E}$$

在小变形条件下，根据叠加原理，将上述三种情况的变形叠加，得到三个主应力同时作用的相应变形的代数和，即

$$\begin{cases}\varepsilon_1=\varepsilon_1'+\varepsilon_1''+\varepsilon_1'''=\dfrac{1}{E}[\sigma_1-\mu(\sigma_2+\sigma_3)]\\[2ex]\varepsilon_2=\varepsilon_2'+\varepsilon_2''+\varepsilon_2'''=\dfrac{1}{E}[\sigma_2-\mu(\sigma_3+\sigma_1)]\\[2ex]\varepsilon_3=\varepsilon_3'+\varepsilon_3''+\varepsilon_3'''=\dfrac{1}{E}[\sigma_3-\mu(\sigma_1+\sigma_2)]\end{cases}\tag{17-9}$$

式中　ε_1、ε_2、ε_3——沿三个主应力方向的线应变，称为**主应变**。

式（17-9）表示三向应力状态的主应力与主应变之间的关系，称为**广义胡克定律**。在复杂应力状态下，沿某一主应力方向的线应变，不仅与该主应力有关，还与另外两个主应力有关。广义胡克定律只限于线弹性小变形的各向同性材料，其线应变只与正应力有关，不受切应力的影响。式（17-9）中的三个式子可依次改写为

$$\varepsilon_1=\frac{1}{E}[(1+\mu)\sigma_1-\mu(\sigma_1+\sigma_2+\sigma_3)]$$

$$\varepsilon_2=\frac{1}{E}[(1+\mu)\sigma_2-\mu(\sigma_1+\sigma_2+\sigma_3)]$$

$$\varepsilon_3=\frac{1}{E}[(1+\mu)\sigma_3-\mu(\sigma_1+\sigma_2+\sigma_3)]$$

在规定主应力 $\sigma_1\geqslant\sigma_2\geqslant\sigma_3$ 的排序下，各主应变代数值之间也相应地有 $\varepsilon_1\geqslant\varepsilon_2\geqslant\varepsilon_3$。

如果单元体各面上既有正应力也有切应力，如图 17-9b 所示，对于各向同性材料，当变形很小且应力不超过比例极限时，切应力不引起单元体棱边长度的变化，切应力只能引起切应变，则 σ_x、σ_y 和 σ_z 方向的线应变可改写成

$$\begin{cases}\varepsilon_x=\dfrac{1}{E}[\sigma_x-\mu(\sigma_y+\sigma_z)]\\ \varepsilon_y=\dfrac{1}{E}[\sigma_y-\mu(\sigma_z+\sigma_x)]\\ \varepsilon_z=\dfrac{1}{E}[\sigma_z-\mu(\sigma_x+\sigma_y)]\end{cases}\quad(17\text{-}10)$$

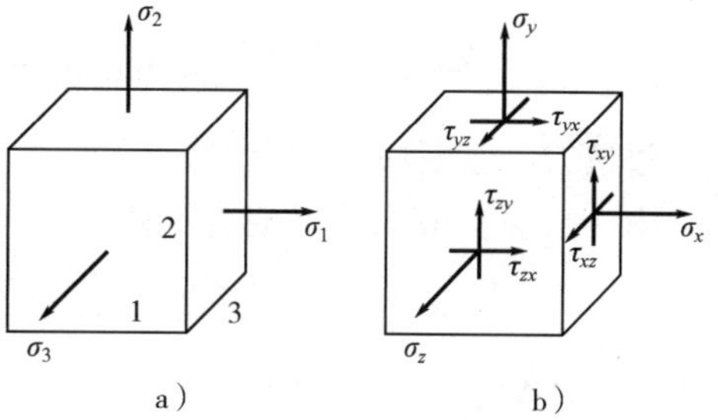

图 17-9　三向应力状态下主单元体和任意单元体

例 17-3　如图 17-10a 所示，在某受力构件自由表面一点处测得沿 x 方向的正应变 $\varepsilon_x=2.6\times10^{-4}$，沿与 x 方向成 30°夹角的 x'方向及与 x'方向垂直的 y'方向的正应变 $\varepsilon_{x'}=\varepsilon_{y'}=0$，已知材料的弹性模量 $E=200\text{GPa}$，$\mu=0.3$，试求该点与 x 轴垂直的截面上的正应力 σ_x 及切应力 τ_x。

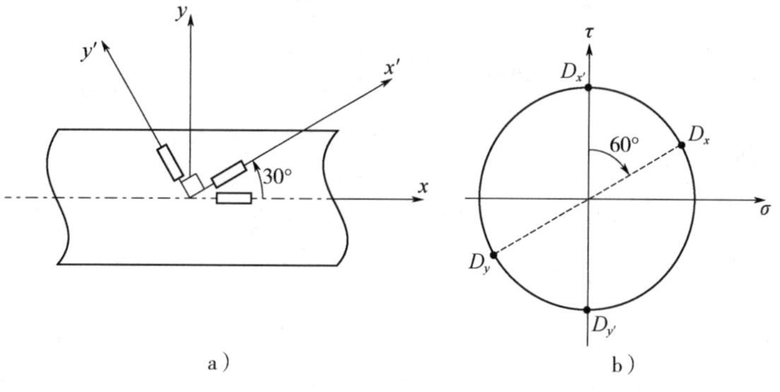

图 17-10　例 17-3 图

解法一： 几何法。

由 $\varepsilon_{x'}=\varepsilon_{y'}=0$ 及广义胡克定律

$$\begin{cases}\varepsilon_{x'}=\dfrac{1}{E}(\sigma_{x'}-\mu\sigma_{y'})\\ \varepsilon_{y'}=\dfrac{1}{E}(\sigma_{y'}-\mu\sigma_{x'})\end{cases}$$

得到 $\sigma_{x'}=\sigma_{y'}=0$，则该点为纯剪切应力状态，应力圆如图 17-10b 所示。

由于 x'面、y'面在应力圆上的点位于铅垂直径上，而 x 面、y 面在应力圆上的点也位于某同一直径上，所以有 $\sigma_x=-\sigma_y$。

由广义胡克定律

$$\varepsilon_x = \frac{1}{E}(\sigma_x - \mu\sigma_y) = \frac{1+\mu}{E}\sigma_x$$

得

$$\sigma_x = \frac{E}{1+\mu}\varepsilon_x = \frac{200\times10^3}{1+0.3}\times2.6\times10^{-4}\text{MPa} = 40\text{MPa}$$

又在 $x'y'$ 坐标系下，x 面的 α_x 角为 $\alpha_x = -30°$，且 $\sigma_x > 0$，故 D_x' 点位于应力圆的铅垂直径上端点，由应力圆上的几何关系得

$$\tau_x = \sigma_x \tan30° = 40\times\frac{\sqrt{3}}{3}\text{MPa} = 23.09\text{MPa}$$

解法二： 解析法。

由 $\varepsilon_{x'} = \varepsilon_{y'} = 0$ 及广义胡克定律

$$\begin{cases}\varepsilon_{x'} = \dfrac{1}{E}(\sigma_{x'} - \mu\sigma_{y'}) \\ \varepsilon_{y'} = \dfrac{1}{E}(\sigma_{y'} - \mu\sigma_{x'})\end{cases}$$

得到 $\sigma_{x'} = \sigma_{y'} = 0$。

从 x' 轴到 x 轴、y 轴夹角分别为 $\alpha_x = -30°$、$\alpha_y = 60°$，利用斜截面应力公式得

$$\sigma_x = \frac{\sigma_{x'}+\sigma_{y'}}{2} + \frac{\sigma_{x'}-\sigma_{y'}}{2}\cos[2\times(-30°)] - \tau_{x'}\sin[2\times(-30°)] = \frac{\sqrt{3}}{2}\tau_{x'} \qquad \text{(a)}$$

$$\sigma_y = \frac{\sigma_{x'}+\sigma_{y'}}{2} + \frac{\sigma_{x'}-\sigma_{y'}}{2}\cos(2\times60°) - \tau_{x'}\sin(2\times60°) = -\frac{\sqrt{3}}{2}\tau_{x'} = -\sigma_x$$

由广义胡克定律 $\varepsilon_x = \dfrac{1}{E}(\sigma_x - \mu\sigma_y) = \dfrac{1+\mu}{E}\sigma_x$ 得

$$\sigma_x = \frac{E}{1+\mu}\varepsilon_x = \frac{200\times10^3}{1+0.3}\times2.6\times10^{-4}\text{MPa} = 40\text{MPa}$$

再利用斜截面应力公式得

$$\tau_x = \frac{\sigma_{x'}-\sigma_{y'}}{2}\sin[2\times(-30°)] + \tau_{x'}\cos[2\times(-30°)] = \frac{1}{2}\tau_{x'}$$

又根据式（a）知 $\tau_{x'} = \dfrac{2}{\sqrt{3}}\sigma_x$，故

$$\tau_x = \frac{1}{2}\tau_{x'} = \frac{1}{2}\cdot\frac{2}{\sqrt{3}}\sigma_x = \frac{\sqrt{3}}{3}\sigma_x = \frac{\sqrt{3}}{3}\times40\text{MPa} = 23.09\text{MPa}$$

17.4 强度理论

17.4.1 强度理论的概念

实践表明，材料常见的破坏形式有**塑性屈服**和**脆性断裂**两种，不同的破坏形式总是和一定的破坏原因有关。在实际工程中许多构件的危险点处于复杂应力状态，材料的破坏形式与三个主应力的大小及它们之间的比值相关。由于三个主应力之间有无数多种不同的组合，要想通过试验来确定每一种应力组合的破坏应力，实际上是不可行的。能否利用简单应力状态

的试验结果，建立复杂应力状态下的强度条件，成为人们研究材料破坏形式的重要途径。长期以来，人们根据试验和理论分析，提出了一些材料破坏原因的假说，认为在不同应力状态下材料某种破坏形式是缘于某种同一主要因素而引起的。这些假说经过实践证明是正确的，进而形成了一种理论，称为**强度理论**。欧美教材将其称为强度设计准则。

17.4.2　常用的四种强度理论及其强度条件表达式

1. 最大拉应力理论（第一强度理论）

该理论认为最大拉应力是引起材料脆性断裂的主要因素，即无论材料处于何种应力状态，只要其最大拉应力 σ_1 达到单向拉伸时材料的强度极限 σ_b，就导致断裂发生。断裂准则为 $\sigma_1=\sigma_b$，强度条件为

$$\sigma_1 \leqslant [\sigma]=\frac{\sigma_b}{n} \tag{17-11}$$

式中　$[\sigma]$——许用应力（许可应力）；

n——安全因数。

第一强度理论的相当应力为

$$\sigma_{r1}=\sigma_1 \tag{17-12}$$

最大拉应力理论最早是在17世纪由意大利科学家伽利略提出的。这一理论能较好地解释砖石、玻璃、铸铁等脆性材料的破坏现象，比较符合试验结果，至今仍在广泛应用。使用条件是 $\sigma_1>0$，且 $\sigma_1 \geqslant |\sigma_3|$（当 $\sigma_3<0$ 时）。

2. 最大拉应变理论（第二强度理论）

该理论认为最大拉应变是引起材料脆性断裂的主要因素，即无论材料处于何种应力状态，只要其最大拉应变 ε_1 达到单向拉伸断裂时的极限应变 ε_b，就导致断裂发生。若存在最大拉应变，根据广义胡克定律，其断裂准则为 $\varepsilon_1=\frac{1}{E}[\sigma_1-\mu(\sigma_2+\sigma_3)]=\varepsilon_b=\frac{\sigma_b}{E}$，进一步可写成 $\sigma_1-\mu(\sigma_2+\sigma_3)=\sigma_b$，强度条件为

$$\sigma_1-\mu(\sigma_2+\sigma_3) \leqslant [\sigma]=\frac{\sigma_b}{n} \tag{17-13}$$

第二强度理论的相当应力为

$$\sigma_{r2}=\sigma_1-\mu(\sigma_2+\sigma_3) \tag{17-14}$$

最大拉应变理论最早是由法国科学家马里奥特在17世纪后期提出的。这一理论能较好地解释石料、混凝土等脆性材料受轴向压缩时沿纵向截面开裂的现象。使用条件是 $\varepsilon_1>0$，且 $\sigma_1<|\sigma_3|$（当 $\sigma_3<0$ 时）。

3. 最大切应力理论（第三强度理论）

该理论认为最大切应力是引起材料塑性屈服的主要因素，即无论材料处于何种应力状态，只要其最大切应力 τ_{max} 达到单向拉伸屈服时的最大切应力极限值 τ_s，材料就出现屈服失效。其屈服准则为 $\tau_{max}=\frac{\sigma_1-\sigma_3}{2}=\tau_s=\frac{\sigma_s}{2}$，强度条件为

$$\sigma_1-\sigma_3 \leqslant [\sigma]=\frac{\sigma_s}{n} \tag{17-15}$$

式中　σ_s——单向拉伸时材料的屈服极限值。

第三强度理论的相当应力为

$$\sigma_{r3} = \sigma_1 - \sigma_3 \tag{17-16}$$

最大切应力理论最早由法国科学家库伦于 1733 年提出，并由法国工程师特雷斯卡于 1864 年加以完善，比较圆满地解释了塑性材料的屈服现象，与许多塑性材料发生屈服的试验结果相符合。但它没有考虑中间主应力 σ_2 的影响，在二向应力状态下，与试验结果比较，理论计算偏于安全。

4. 畸变能密度理论（第四强度理论）

弹性体在静载荷作用下发生弹性变形，载荷在相应位移上做功，根据能量守恒定律，静载荷所做之功全部转化为储存在弹性体内的势能，称之为变形能。对弹性体内任一微元体来说，外力的作用一般会使其形状与体积均发生改变，与之对应，变形能又可分为形状改变能和体积改变能。单位体积内的形状改变能称为畸变能密度，在一般应力状态下，其表达式为（推导从略）

$$u_d = \frac{1+\mu}{6E}[(\sigma_1 - \sigma_2)^2 + (\sigma_2 - \sigma_3)^2 + (\sigma_3 - \sigma_1)^2]$$

该理论认为畸变能密度是引起材料屈服而出现塑性变形的主要因素，即无论材料处于何种应力状态，只要其畸变能密度 u_d 达到材料单向拉伸屈服时的畸变能密度极限值 $u_{ds}\left\{u_{ds} = \frac{1+\mu}{6E}[(\sigma_s - 0)^2 + (0-0)^2 + (0-\sigma_s)^2] = \frac{1+\mu}{3E}\sigma_s^2\right\}$，材料就出现屈服失效。其屈服准则为 $\sqrt{\frac{1}{2}[(\sigma_1-\sigma_2)^2 + (\sigma_2-\sigma_3)^2 + (\sigma_3-\sigma_1)^2]} = \sigma_s$，强度条件为

$$\sqrt{\frac{1}{2}[(\sigma_1 - \sigma_2)^2 + (\sigma_2 - \sigma_3)^2 + (\sigma_3 - \sigma_1)^2]} \leqslant [\sigma] = \frac{\sigma_s}{n} \tag{17-17}$$

第四强度理论的相当应力为

$$\sigma_{r4} = \sqrt{\frac{1}{2}[(\sigma_1 - \sigma_2)^2 + (\sigma_2 - \sigma_3)^2 + (\sigma_3 - \sigma_1)^2]} \tag{17-18}$$

畸变能密度理论由德国科学家米泽斯于 1913 年提出，但只是作为特雷斯卡条件的一种近似（数学上的光滑化），1924 年德国科学家亨奇从畸变能密度出发对这一理论做出了物理解释。第四强度理论比第三强度理论更符合试验结果，且节省材料，所以在工程上得到广泛应用。

利用强度理论解决工程问题时应当注意其适用范围，脆性材料一般发生脆性断裂，适用于第一或第二强度理论，而塑性材料的失效形式大多数是塑性屈服，适用于第三或第四强度理论。另外，材料的破坏形式不仅取决于材料本身的性能，还与其所处的应力状态、温度、加载速度等因素有关。例如，塑性材料在低温或三向均匀拉伸时会发生脆性断裂，而脆性材料在三向均匀压缩时会发生塑性屈服。因此在具体应用时，要根据材料可能发生的失效形式选用合适的强度理论。

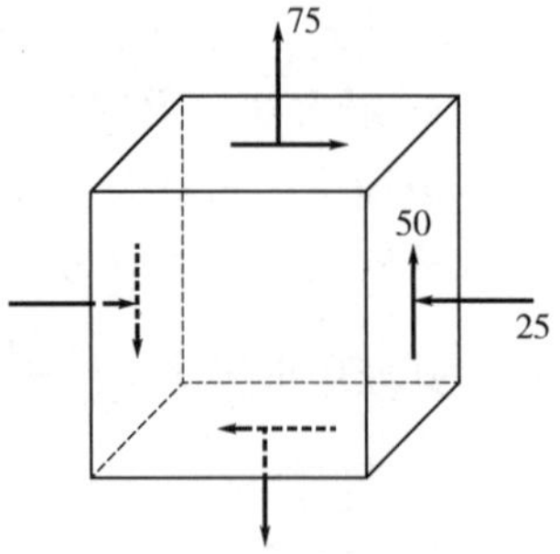

图 17-11　例 17-4 图

例 17-4　某钢制构件的危险点单元体的应力状态如图 17-11 所示，材料的许用应力 $[\sigma] = 120\text{MPa}$。试按第四强度理论校核其强度（图中应力单位为 MPa）。

解： 1）计算危险点的主应力。

已知 $\sigma_x = -25\text{MPa}$，$\tau_x = -50\text{MPa}$，$\sigma_y = 75\text{MPa}$，则

$$\sigma_{\max} = \frac{\sigma_x + \sigma_y}{2} + \sqrt{\left(\frac{\sigma_x - \sigma_y}{2}\right)^2 + \tau_x^2} = \left[\frac{-25+75}{2} + \sqrt{\left(\frac{-25-75}{2}\right)^2 + (-50)^2}\right]\text{MPa}$$

$$= (25 + 50\sqrt{2})\text{MPa} = (25 + 70.71)\text{MPa} = 95.71\text{MPa}$$

$$\sigma_{\min} = \frac{\sigma_x + \sigma_y}{2} - \sqrt{\left(\frac{\sigma_x - \sigma_y}{2}\right)^2 + \tau_x^2} = \left[\frac{-25+75}{2} - \sqrt{\left(\frac{-25-75}{2}\right)^2 + (-50)^2}\right]\text{MPa}$$

$$= (25 - 50\sqrt{2})\text{MPa} = (25 - 70.71)\text{MPa} = -45.71\text{MPa}$$

故 $\sigma_1 = 95.71\text{MPa}$，$\sigma_2 = 0$，$\sigma_3 = -45.71\text{MPa}$

2）强度校核。

第四强度理论相当应力

$$\sigma_{r4} = \sqrt{\frac{1}{2}[(\sigma_1 - \sigma_2)^2 + (\sigma_2 - \sigma_3)^2 + (\sigma_3 - \sigma_1)^2]}$$

$$= \sqrt{\frac{1}{2}[(95.71 - 0)^2 + (0 + 45.71)^2 + (-45.71 - 95.71)^2]}\text{MPa}$$

$$\approx 125\text{MPa} > [\sigma] = 120\text{MPa}$$

但

$$\frac{\sigma_{r4} - [\sigma]}{[\sigma]} \times 100\% = \frac{125 - 120}{120} \times 100\% = 4.17\% < 5\%$$

结论：该构件的强度满足要求。

在工程中，许多塑性材料制成的构件，其危险点处于图 17-12 所示的平面应力状态（单向应力状态与纯剪切应力状态的叠加），经常利用第三强度理论或第四强度理论进行强度计算。将其 $\sigma_x = \sigma$，$\sigma_y = 0$，$\tau_x = \tau$ 代入式（17-4）得到三个主应力：

$$\sigma_1 = \frac{\sigma}{2} + \sqrt{\left(\frac{\sigma}{2}\right)^2 + \tau^2}, \sigma_2 = 0, \sigma_3 = \frac{\sigma}{2} - \sqrt{\left(\frac{\sigma}{2}\right)^2 + \tau^2}$$

代入式（17-16）、式（17-18）得到第三强度理论、第四强度理论的强度条件分别为

$$\sigma_{r3} = \sqrt{\sigma^2 + 4\tau^2} \leqslant [\sigma] \tag{17-19}$$

$$\sigma_{r4} = \sqrt{\sigma^2 + 3\tau^2} \leqslant [\sigma] \tag{17-20}$$

这两个式子在下一章组合变形杆件的强度问题中会经常使用。

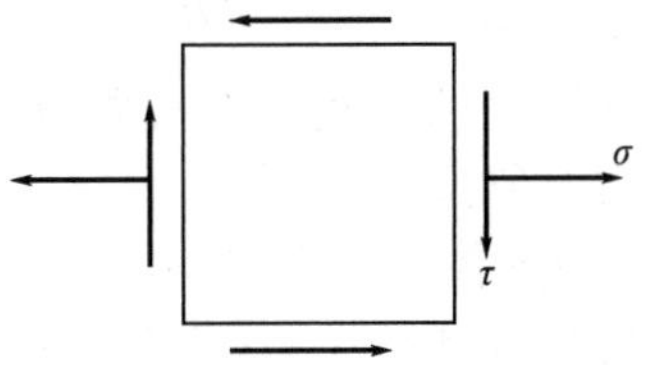

图 17-12　单向应力叠加纯剪切后的应力状态

习　题

17-1　如图 17-13 所示，各单元体为平面应力状态，试用解析法求出指定斜截面上的应力分量、单元体的主应力和相应主方向及最大切应力（图中应力单位为 MPa）。

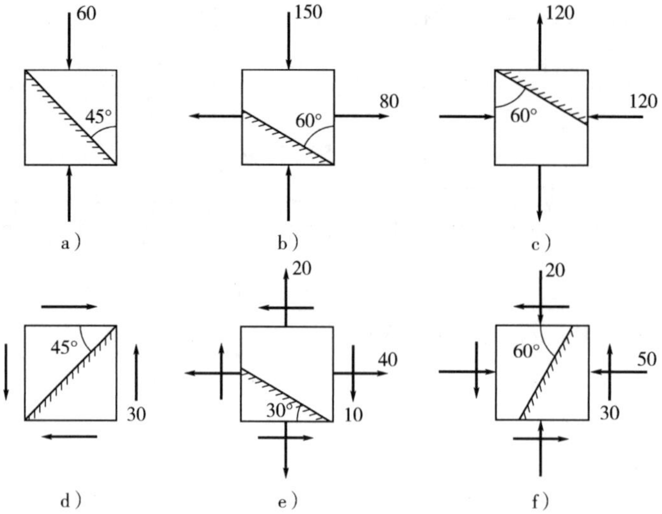

图 17-13　习题 17-1 图

17-2　如图 17-14 所示各单元体为平面应力状态，试画出各单元体对应的应力圆，并标出单元体上的 x 面、y 面及指定斜截面在应力圆上的位置点（图中应力单位为 MPa）。

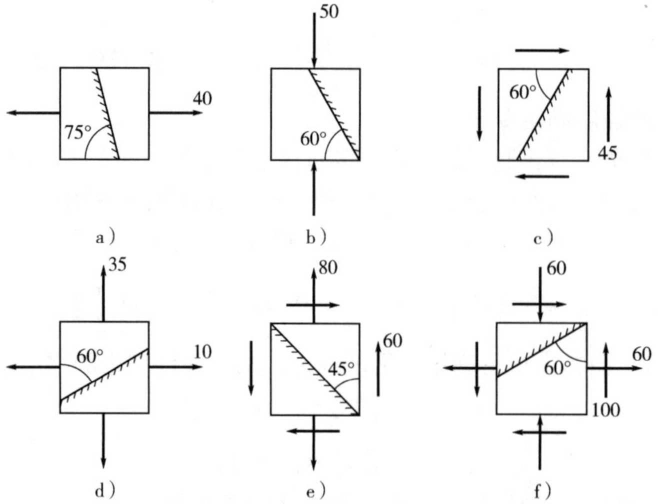

图 17-14　习题 17-2 图

17-3　从受力构件边界处某点切取的三角形单元体如图 17-15 所示，设其斜面上无应力，试求该点的主应力（图中应力单位为 MPa）。

17-4　从某受力构件中切取一单元体，应力状态如图 17-16 所示，若要求该点处的最大切应力为 80MPa，则该点处应力状态的切应力分量 τ 应为多大（图中应力单位为 MPa）？

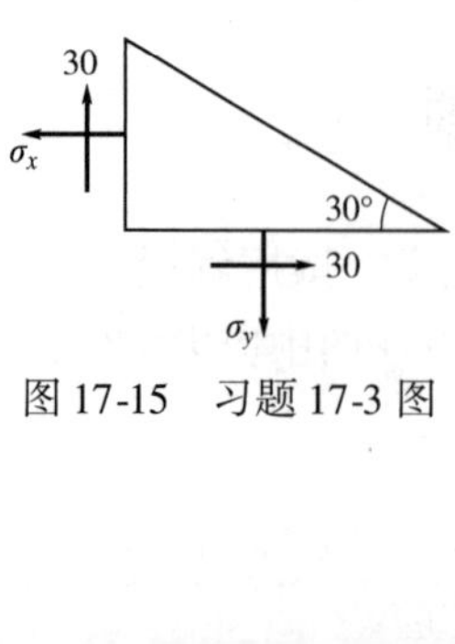

图 17-15　习题 17-3 图

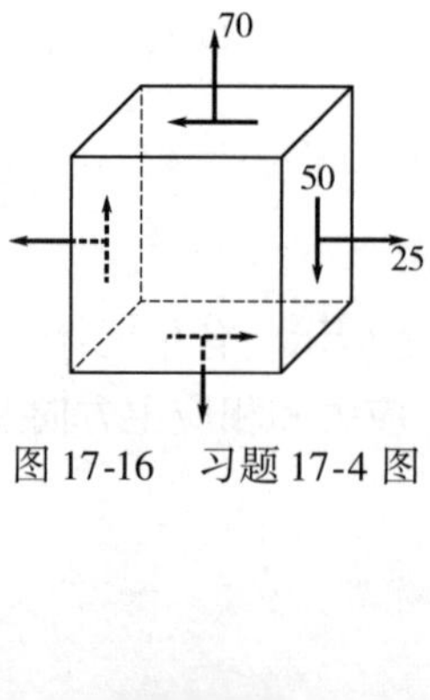

图 17-16　习题 17-4 图

17-5　试求图 17-17 所示各单元体的主应力、主方向及最大切应力，并画出相应的应力圆（图中应力单位为 MPa）。

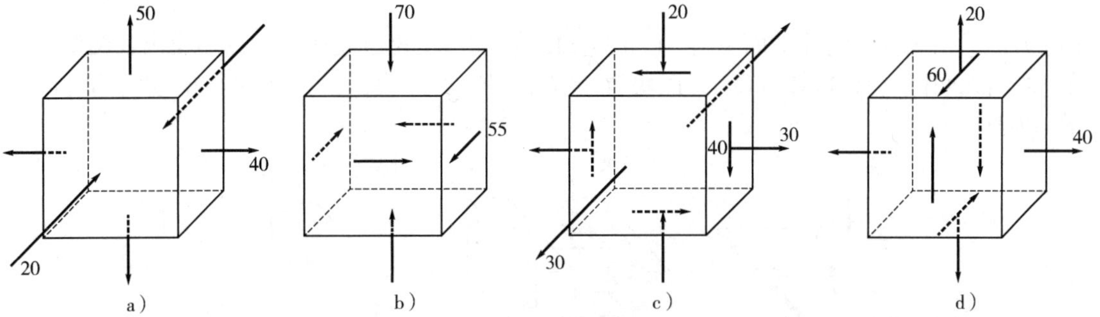

图 17-17　习题 17-5 图

17-6　受力构件中某点单元体的应力状态如图 17-18 所示，试判断该点属于单向、二向还是三向应力状态（图中应力单位为 MPa）。

17-7　从受力构件中切取出的直角楔形单元体如图 17-19 所示，试求斜面上的应力 σ 和 τ 及该点主应力（图中应力单位为 MPa）。

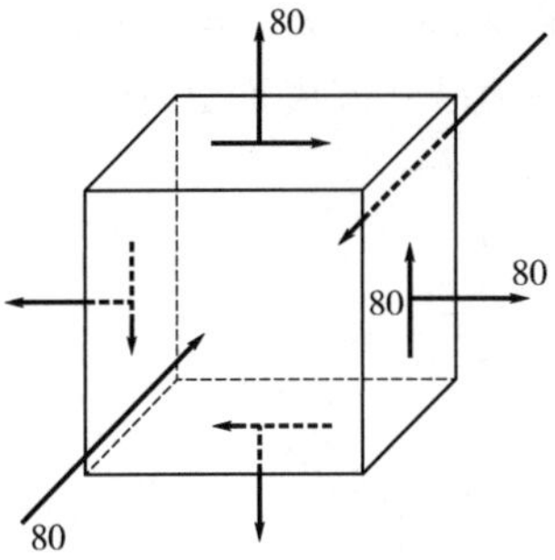

图 17-18　习题 17-6 图

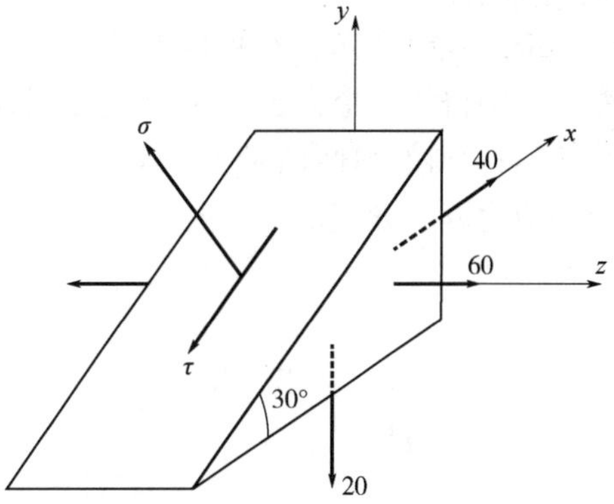

图 17-19　习题 17-7 图

17-8　如图 17-20 所示，一厚度为 $t=10\text{mm}$ 的钢板，在板平面 xy 面内的两个垂直方向均匀受拉，已知钢板中一点处的应力 $\sigma_x=150\text{MPa}$，$\sigma_y=50\text{MPa}$，材料的弹性模量 $E=200\text{GPa}$，泊松比 $\mu=0.25$，试求钢板厚度 z 方向的减小值。

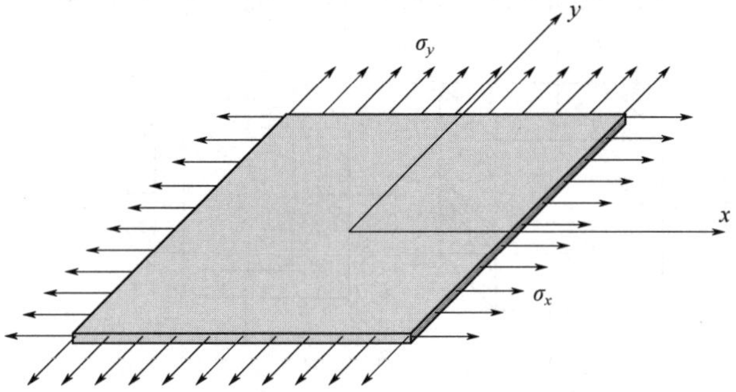

图 17-20　习题 17-8 图

17-9　如图 17-21 所示，一边长为 10mm 的正立方体钢块，顶面受均布载荷，其合力 $F=10\text{kN}$，材料的弹性模量 $E=200$ GPa，泊松比 $\mu=\dfrac{1}{3}$，试分别就下列情况，求钢块内任意点的主应力：①钢块置于刚性平面 xz 上（图 17-21a）；②钢块置于光滑刚性槽形模内，两侧面与槽壁之间无间隙（图 17-21b）；③钢块置于光滑刚性方形模内，四侧面与槽壁之间无间隙（图 17-21c）。

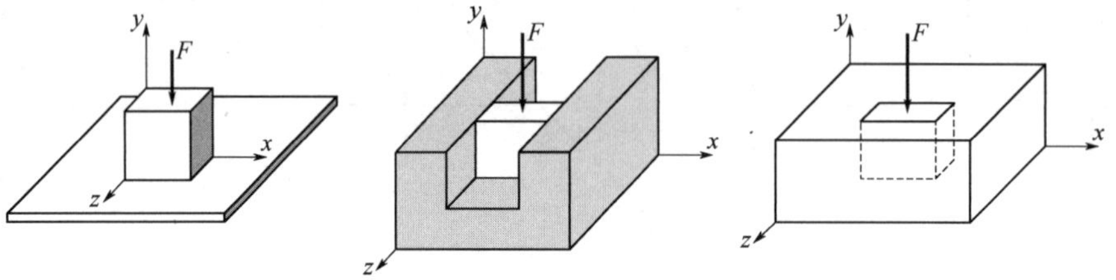

图 17-21　习题 17-9 图

17-10　从钢构件中某一点的周围取出一单元体 $ABCD$，如图 17-22 所示，根据理论计算已经求得 $\sigma=30\text{MPa}$，$\tau=15\text{MPa}$，材料的弹性模量 $E=200\text{GPa}$，泊松比 $\mu=0.3$，试求对角线 AC 的长度改变量 Δl。

17-11　如图 17-23 所示，在构件表面某点 O 处，沿 0°、45°与 90°方位粘贴三个测量正应变的应变片，测得该三个方位的正应变分别为 $\varepsilon_{0^\circ}=450\times10^{-6}$，$\varepsilon_{45^\circ}=350\times10^{-6}$，$\varepsilon_{90^\circ}=100\times10^{-6}$，已知材料的弹性模量 $E=200\text{GPa}$，泊松比 $\mu=0.3$，该表面处于平面应力状态，试求该点处的应力 σ_x、σ_y 和 τ_x。

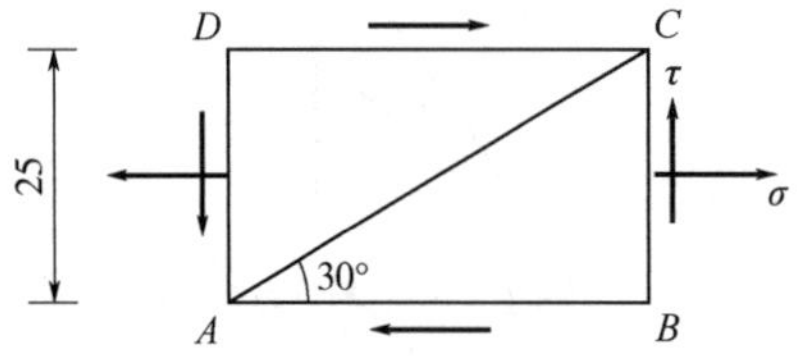

图 17-22　习题 17-10 图

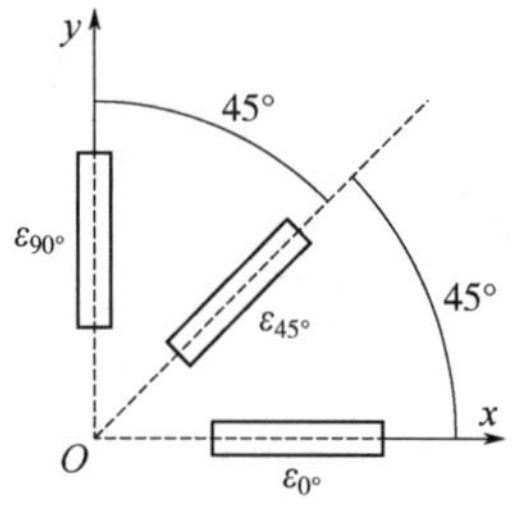

图 17-23　习题 17-11 图

17-12　各点的单元体应力状态如图 17-24 所示，已知材料的泊松比 $\mu=0.25$，试给出各点的第一强度理论和第二强度理论的相当应力（图中应力单位为 MPa）。

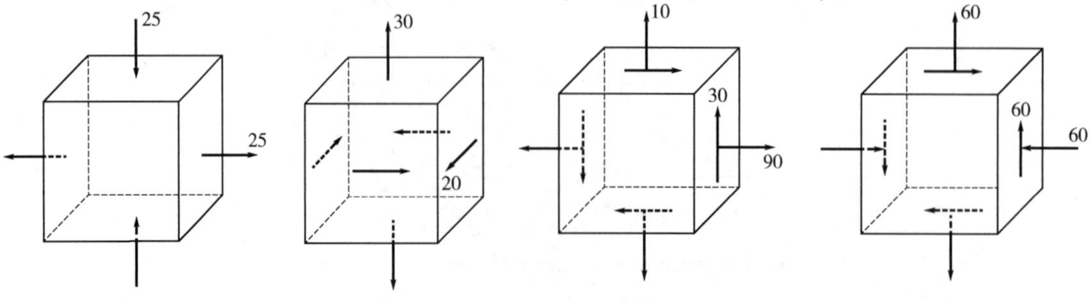

图 17-24　习题 17-12 图

17-13　各点的单元体应力状态如图 17-25 所示，试给出各点的第三强度理论和第四强度理论的相当应力（图中应力单位为 MPa）。

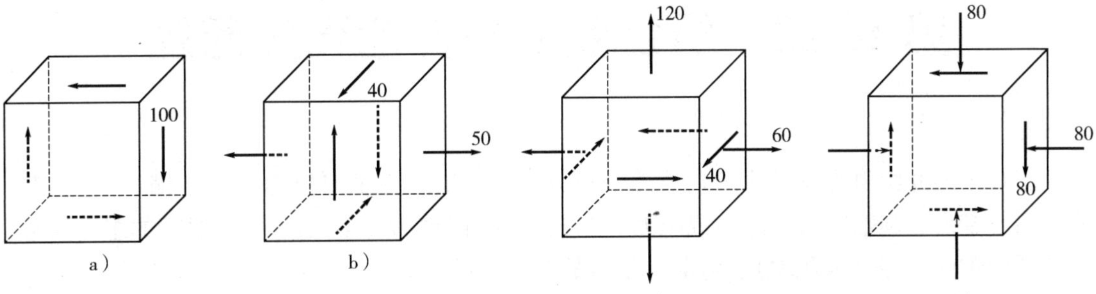

图 17-25　习题 17-13 图

17-14　某钢制构件危险点单元体的应力状态如图 17-26 所示，材料的许用应力 $[\sigma]=160\text{MPa}$。试按第三强度理论和第四强度理论进行强度校核（图中应力单位为 MPa）。

17-15　单元体的两种应力状态如图 17-27 所示，二者 σ 和 τ 分别相等，且 $|\sigma|>|\tau|$。试分别按第三强度理论与第四强度理论计算各单元体的相当应力，并加以比较。

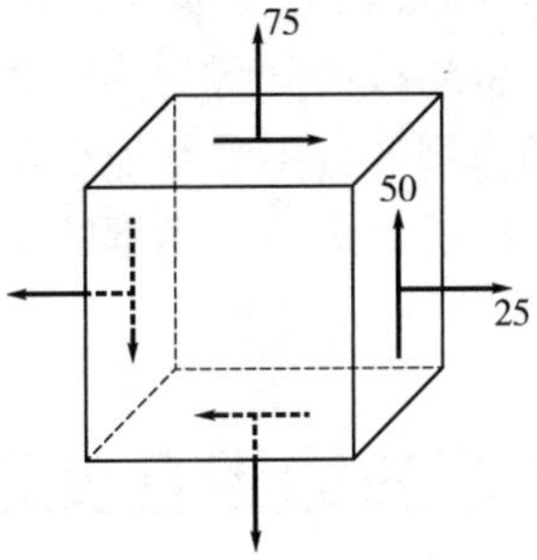

图 17-26　习题 17-14 图

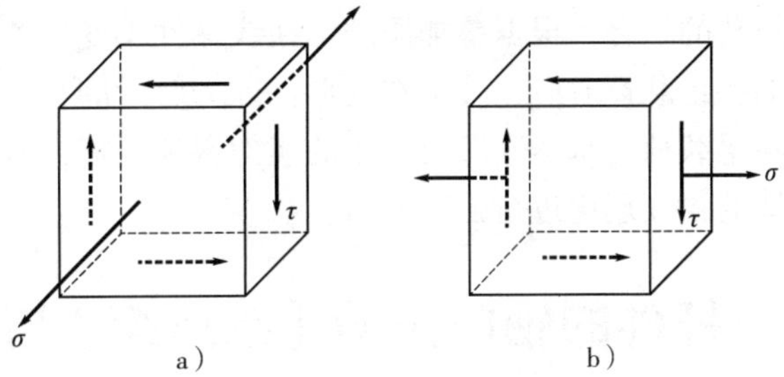

图 17-27　习题 17-15 图

第 18 章　组合变形杆件的强度问题

本章主要介绍组合变形的概念及其分析方法，解决杆件轴向拉伸（或压缩）与对称弯曲的组合变形、圆轴轴向拉伸（或压缩）与扭转的组合变形、圆轴弯曲与扭转的组合变形，以及圆轴轴向拉伸（或压缩）、弯曲、扭转的组合变形的强度计算问题。

18.1　组合变形的概念

在前面几章中分别讨论了杆件的轴向拉伸（或压缩）、圆轴扭转和杆件的对称弯曲等基本变形以及它们的强度和刚度分析，在实际工程问题中杆件受力作用下会产生两种或两种以上的基本变形，称为**组合变形**，例如杆件的轴向拉伸（或压缩）与对称弯曲的组合、圆轴轴向拉伸（或压缩）与扭转的组合、圆轴弯曲与扭转的组合、圆轴轴向拉伸（或压缩）与弯曲及扭转的组合。根据**叠加原理**，在线弹性小变形条件下，将外载荷分解为几组载荷，使分解后的各组载荷对应一种基本变形，即分解后的每组载荷的作用效应不受其他组载荷的影响，将各组载荷的基本变形所产生的应力逐项叠加，从而得到杆件总载荷作用下的应力，并采用合适的强度理论进行强度分析。

18.2　杆件的轴向拉伸（或压缩）与对称弯曲的组合变形

下面通过实例来说明组合变形杆件强度问题的一般分析方法与步骤。

如图 18-1a 所示矩形截面悬臂梁，左端固定，右端受沿 x 轴的集中力 F，沿杆件长度方向受到作用面位于纵向对称面、集度为 q 的横向均布载荷的作用。在距固定端为 x 处的横截面上的内力分量有轴力和弯矩（剪力的影响忽略不计），分别为

$$F_{\mathrm{N}} = F$$

$$M = -\frac{1}{2}q\ (l-x)^2$$

其中负号表示梁的上侧纵向纤维受拉、下侧纵向纤维受压。

这是一个拉伸与横力弯曲的组合变形，如图 18-1b 所示。在 x 横截面处与轴力 F_{N} 和弯矩 M 相应的正应力分别为

$$\sigma_{F_{\mathrm{N}}} = \frac{F_{\mathrm{N}}}{A} = \frac{F}{A}$$

$$\sigma_M = \frac{My}{I_z} = -\frac{q\ (l-x)^2 y}{2I_z}$$

式中　A——横截面面积；

　　I_z——横截面对中性轴 z 的惯性矩。

σ_{F_N}和σ_M沿横截面高度的分布情况分别如图 18-1c 和图 18-1d 所示。由叠加原理，横截面上任一点的正应力等于上述两种正应力的代数和，即

$$\sigma = \sigma_{F_N} + \sigma_M = \frac{F_N}{A} + \frac{My}{I_z}$$

应力σ沿横截面高度的分布情况如图 18-1e 所示。绝对值最大的正应力位于横截面上边缘处，此处弯曲切应力为零，横截面上边缘处各点可以近似为单向应力状态，如图 18-1f 所示。

危险截面上的危险点的最大正应力为

$$\sigma_{max} = \left|\frac{F_N}{A}\right| + \left|\frac{M_{max}}{W_z}\right|$$

式中　M_{max}——危险截面的最大弯矩，$|M|_{max} = \frac{1}{2}ql^2$；

W_z——横截面对中性轴 z 的弯曲截面系数，$W_z = \frac{bh^2}{6}$。

强度条件为

$$\sigma_{max} = \left|\frac{F_N}{A}\right| + \left|\frac{M_{max}}{W_z}\right| \leqslant [\sigma] \tag{18-1}$$

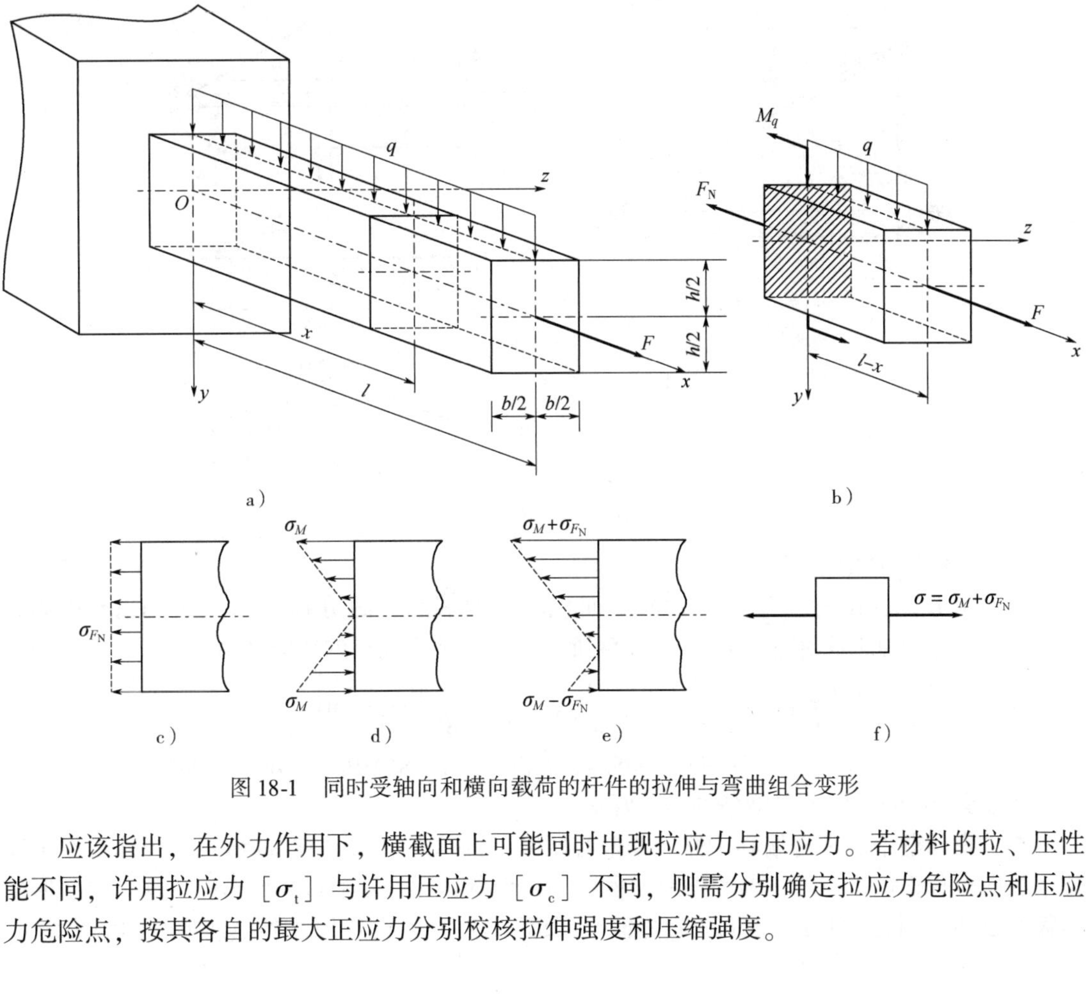

图 18-1　同时受轴向和横向载荷的杆件的拉伸与弯曲组合变形

应该指出，在外力作用下，横截面上可能同时出现拉应力与压应力。若材料的拉、压性能不同，许用拉应力$[\sigma_t]$与许用压应力$[\sigma_c]$不同，则需分别确定拉应力危险点和压应力危险点，按其各自的最大正应力分别校核拉伸强度和压缩强度。

例 18-1 如图 18-2a 所示起重吊架，拉杆 CB 为钢杆，横梁 AB 由两根 18 号工字钢并列放置组成，梁材料的许用应力 $[\sigma]=120\text{MPa}$，梁的长度 $l=2.6\text{m}$。起重滑轮可在梁 AB 上移动，起吊重量 $F=60\text{kN}$。试按正应力校核梁 AB 的强度。

解：1）梁 AB 的受力分析。

当重物移至梁的中点时是梁强度计算的危险情况。以梁 AB 为研究对象，受力分析如图 18-2b 所示。

$$\sum M_B=0 \Rightarrow -F_{Ay}\cdot l+F\cdot\frac{1}{2}l=0 \Rightarrow F_{Ay}=\frac{1}{2}F=30\text{kN}$$

$$\sum F_y=0 \Rightarrow F_{Ay}-F+F_{BC}\sin 30^\circ=0 \Rightarrow F_{BC}=2(F-F_{Ay})=F=60\text{kN}$$

$$\sum F_x=0 \Rightarrow F_{Ax}-F_{BC}\cos 30^\circ=0 \Rightarrow F_{Ax}=\frac{\sqrt{3}}{2}F_{BC}=\frac{\sqrt{3}}{2}F=51.96\text{kN}$$

梁 AB 的轴力图和弯矩图如图 18-2c 所示。由此可见，梁 AB 为压缩与横力弯曲的组合变形，危险截面为梁 AB 的正中间截面，其上内力分量分别为

$$F_{\text{N}}=-F_{Ax}=-51.96\text{kN}(\text{负号表示受压})$$

$$M_{\max}=\frac{1}{4}Fl=\frac{1}{4}\times 60\times 2.6\text{kN}\cdot\text{m}=39\text{kN}\cdot\text{m}$$

危险点位于危险截面的上边缘点（其正应力为压应力）。

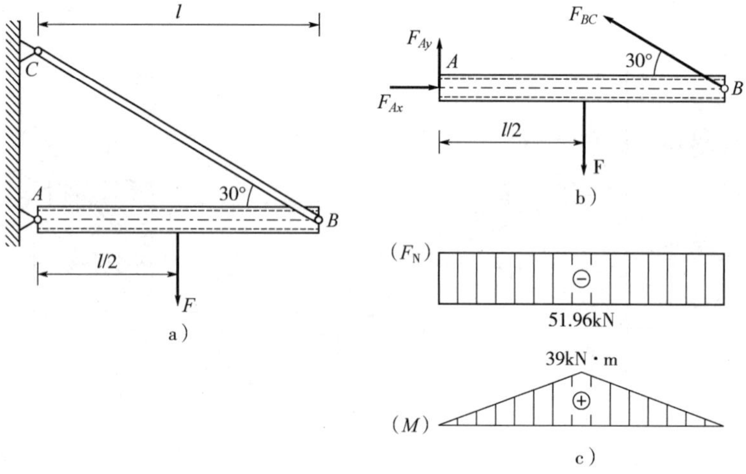

图 18-2 例 18-1 图

2）校核梁 AB 的强度。

查附录 B 知，18 号工字钢的横截面面积和弯曲截面系数分别为 $A=30.74\text{cm}^2$ 和 $W=185\text{cm}^3$，注意梁 AB 是由两根 18 号工字钢所组成的，则危险点的正应力为

$$\sigma=\left|\frac{F_{\text{N}}}{2A}\right|+\left|\frac{M_{\max}}{2W}\right|=\left(\frac{51.96\times 10^3}{2\times 30.74\times 10^2}+\frac{39\times 10^6}{2\times 185\times 10^3}\right)\text{MPa}$$

$$=(8.45+105.41)\text{MPa}=113.86\text{MPa}<[\sigma]=120\text{MPa}$$

所以梁 AB 的正应力强度条件满足要求。

在工程问题中经常有偏心拉伸（或偏心压缩）的情况。如图 18-3a 所示，杆件受作用线位于纵向对称面内平行于 x 轴的外力 F 的作用，但其作用线不通过截面形心，这样的变形称为**偏心拉伸**(若将作用力 F 反向，则称**偏心压缩**)。外力 F 的作用线到截面形心的距离为 e，

称为**偏心矩**。如将外力 F 向截面形心简化，如图 18-3b 所示，则可得到一作用线与杆轴线重合的力 F 和一作用在杆的纵向对称面内的力偶 $M_e = Fe$。显然，前者使杆产生拉伸变形，后者使杆产生对称弯曲变形，可将该杆看作图 18-3c 和图 18-3d 两种情况的叠加。因此，偏心拉伸（或偏心压缩）也是拉伸（或压缩）与弯曲的组合变形，其应力分析及强度计算方法与上面所述完全一样。

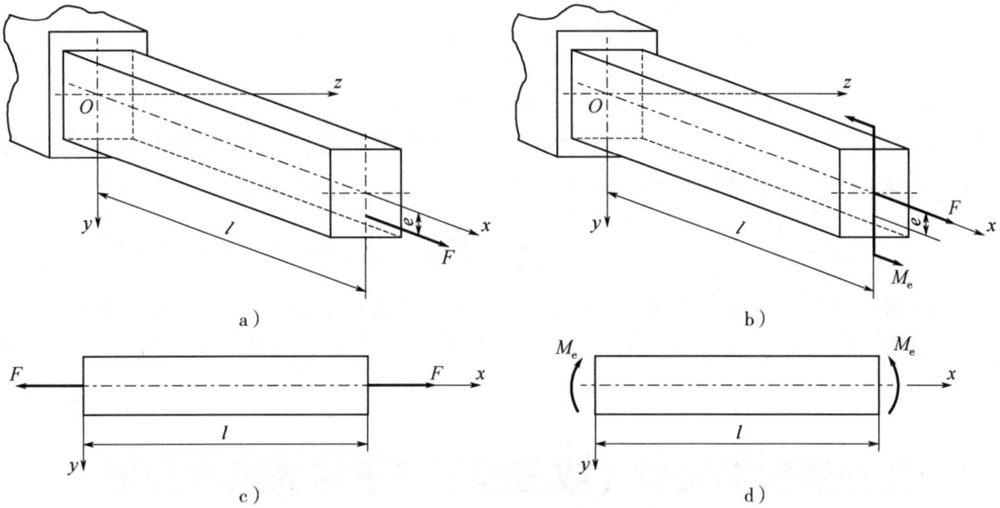

图 18-3　偏心拉伸

例 18-2　两种带缺口的矩形截面钢板分别如图 18-4a、b 所示，拉力 $F = 80\text{kN}$，缺口宽 $t = 10\text{mm}$，钢板矩形截面的高 $h = 80$ mm，宽 $b = 20\text{mm}$ 。试求钢板的最大应力。

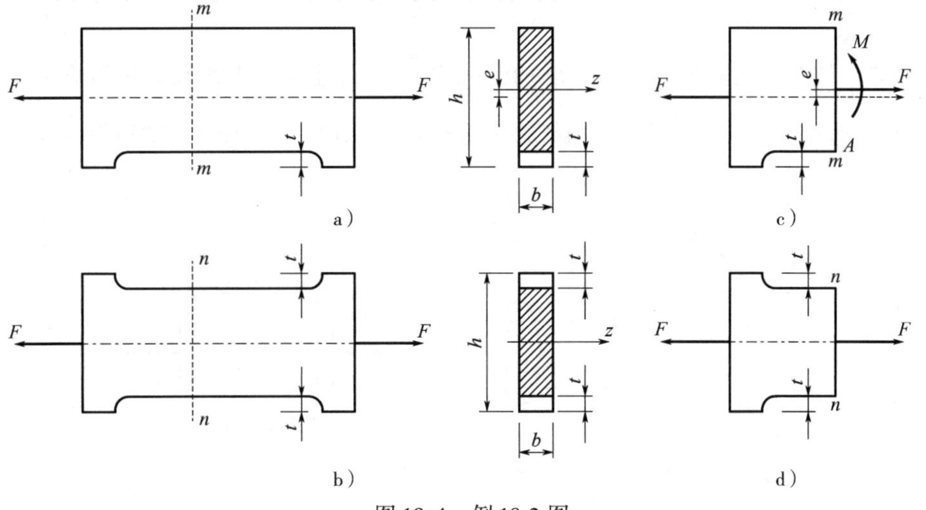

图 18-4　例 18-2 图

解：1）若钢板带有一个缺口，钢板的最大应力位于缺口段的横截面上，假想用 m—m 截面将钢板截断，取左侧部分为研究对象，如图 18-4c 所示，m—m 截面上内力 F 不通过截面形心，钢板受偏心拉伸，偏心距 $e = \dfrac{1}{2}t$。将力 F 向截面形心简化，得到轴力 F 和弯矩 M，而 $M = Fe = \dfrac{1}{2}Ft$，最大应力发生在下边缘点 A 处，其值为

$$\sigma_{\max} = \frac{F}{A} + \frac{M}{W} = \frac{F}{b(h-t)} + \frac{\frac{1}{2}Ft}{\frac{1}{6}b(h-t)^2}$$

$$= \left(\frac{80 \times 10^3}{20 \times (80-10)} + \frac{\frac{1}{2} \times 80 \times 10^3 \times 10}{\frac{1}{6} \times 20 \times (80-10)^2}\right)\text{MPa}$$

$$= (57.14 + 24.49)\text{MPa} = 81.63\text{MPa}$$

2）若钢板的上下都有缺口，假想用 n—n 截面将钢板截断，取左侧部分为研究对象，如图 18-4d 所示，钢板受轴向拉伸，最大应力发生在缺口段的横截面上，其值为

$$\sigma_{\max} = \frac{F}{A_1} = \frac{F}{b(h-2t)} = \frac{80 \times 10^3}{20 \times (80 - 2 \times 10)}\text{MPa} = 66.67\text{MPa}$$

由计算结果可知，上下都有缺口的钢板，尽管其横截面面积比一侧有缺口钢板小，但最大应力反而小。这说明，由于载荷偏心引起的弯曲应力对承受拉伸（或压缩）的构件的强度影响是比较大的。

18.3　圆轴的轴向拉伸（或压缩）与扭转的组合变形

当圆轴所受外力使圆轴产生轴向拉伸（或压缩）和扭转的组合变形时，由于圆轴的轴向拉伸（或压缩）为单向应力状态，圆轴的扭转为纯剪切的应力状态，它们的叠加即为图 17-12 所示应力状态。若其材料为塑性材料，则可以按照式（17-19）或式（17-20）进行强度计算。

例 18-3　如图 18-5a 所示，直径 $D = 10\text{mm}$ 的实心圆轴受作用线与轴线重合的外力 F 和外力偶 M_t 的作用，且 $M_t = \frac{FD}{10}$。已知材料为低碳钢，$[\sigma] = 160\text{MPa}$。试用第三强度理论求许用载荷 $[F]$。

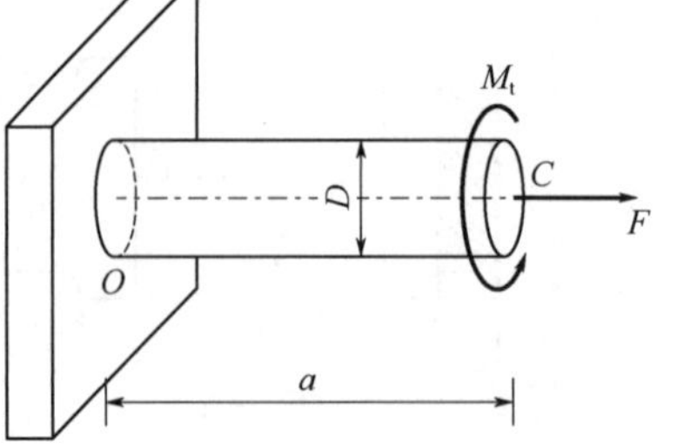

a）

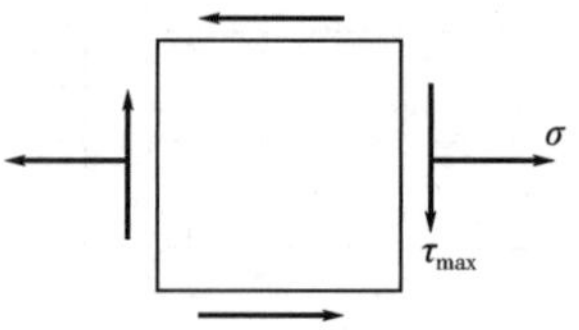

b）

图 18-5　例 18-3 图

解：当圆轴仅受作用线与轴线重合的外力 F 作用时，圆轴发生轴向拉伸变形，其横截面上的正应力为

$$\sigma = \frac{F}{A} = \frac{4F}{\pi D^2}$$

当圆轴仅受外力偶 M_t 作用时，圆轴发生扭转变形，其横截面上圆周各点处最大切应力为

$$\tau_{max}=\frac{T}{W_p}=\frac{M_t}{\frac{\pi D^3}{16}}=\frac{16M_t}{\pi D^3}=\frac{8F}{5\pi D^2}$$

当以上两种载荷同时作用时，其横截面上圆周各点处的单元体上的应力状态如图 18-5b 所示，为危险点的应力状态。

由第三强度理论的计算式（17-19）得

$$\sqrt{\sigma^2+4\tau_{max}^2}\leqslant[\sigma]\Rightarrow\left(\frac{4F}{\pi D^2}\right)^2+4\left(\frac{8F}{5\pi D^2}\right)^2\leqslant[\sigma]^2\Rightarrow\frac{16F^2}{\pi^2D^4}\left(1+4\times\frac{4}{25}\right)\leqslant[\sigma]^2$$

$$\Rightarrow F\leqslant\sqrt{\frac{25\pi^2D^4[\sigma]^2}{16\times41}}=\frac{5}{4\sqrt{41}}\pi D^2[\sigma]=\frac{5\pi\times(10\times10^{-3})^2\times160\times10^6}{4\sqrt{41}}\text{N}=9.81\text{kN}$$

于是许用载荷 $[F]=9.81\text{kN}$。

18.4　圆轴弯曲与扭转的组合变形

圆轴弯曲与扭转的组合变形是机械工程中常见的情况，通常传动轴在传送扭矩的同时还产生弯曲变形。在工程结构中，有些构件同时承受横向载荷、作用面过轴线所在平面内的外力偶及作用面位于横截面内的外力偶的共同作用，此构件将产生**弯曲与扭转的组合变形**。在小变形条件下，此类问题仍可按叠加原理来处理，即弯曲与扭转分别计算应力，再将它们的结果叠加，进而可进行相关的强度计算。下面举例说明。

如图 18-6a 所示水平圆轴，圆轴左端 A 固定，右端轮缘处受一铅垂向下的集中力 F 的作用，圆轴长度和直径分别为 l 和 d，右端圆轮直径为 D。将外力 F 向右端截面形心简化，如图 18-6b 所示，得到一个横向力 F 和一个力偶矩 $M_t=\frac{1}{2}FD$，横向力 F 使轴产生弯曲变形，力偶矩 M_t 使轴产生扭转变形，其扭矩图和弯矩图分别如图 18-6c、d 所示。显然固定端截面 A 的弯矩达到最大值，而轴的扭矩为常值，故固定端截面 A 为危险截面。该危险截面 A 上的

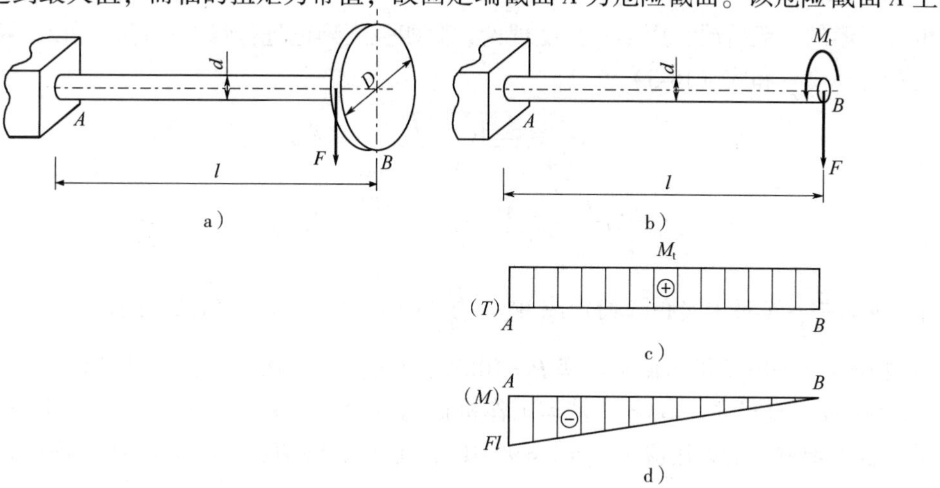

图 18-6　圆轴的弯扭组合变形

弯矩为 $M_{max}=Fl$，其在铅垂直径的上、下边缘点 K_1、K_2 处产生最大弯曲正应力 σ_{max}；该危险截面 A 上的扭矩为 $T=M_t=\frac{1}{2}FD$，其在该截面外边缘处产生的最大扭转切应力 τ_{max}，且

$$\sigma_{max}=\frac{M_{max}}{W},\tau_{max}=\frac{T}{W_p}$$

式中　W、W_p——圆轴的弯曲截面系数和扭转截面系数。

危险截面 A 在铅垂直径的上、下边缘点 K_1、K_2 处同时存在最大弯曲正应力和最大扭转切应力，故 K_1 和 K_2 两点为危险点。A 截面右视图直径 K_1K_1 上的正应力和切应力的分布情况如图 18-7a 所示，危险点 K_1、K_2 属于二向应力状态，如图 18-7b、c 所示。

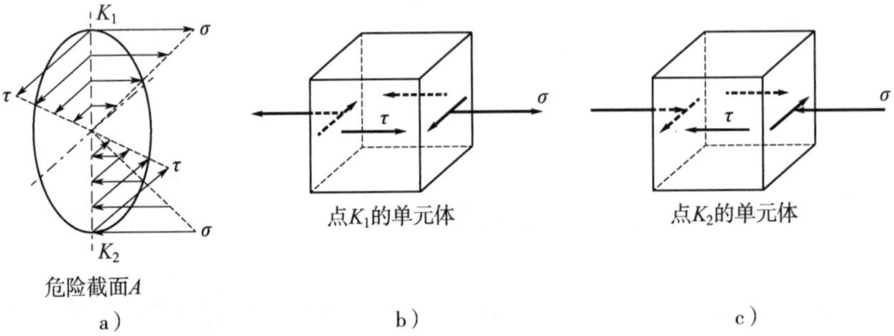

图 18-7　圆轴弯扭组合变形危险点的应力状态

对于塑性材料制成的轴，一般用第三强度理论或第四强度理论的强度条件进行强度校核。对于圆截面有 $W_p=2W$，则式（17-19）和式（17-20）可表示为

$$\sigma_{r3}=\frac{\sqrt{M_{max}^2+T^2}}{W}\leqslant[\sigma] \tag{18-2}$$

$$\sigma_{r4}=\frac{\sqrt{M_{max}^2+0.75T^2}}{W}\leqslant[\sigma] \tag{18-3}$$

对于直径为 D 的实心圆轴或外径为 D、内径为 d、内外径之比 $\alpha=\frac{d}{D}$ 的空心圆轴，其弯扭组合变形的一般情况，用第三强度理论、第四强度理论进行强度计算，用以下两个式子来替代式（18-2）和式（18-3）：

$$\sigma_{r3}=\left.\frac{\sqrt{M^2+T^2}}{W}\right|_{max}\leqslant[\sigma] \tag{18-4}$$

$$\sigma_{r4}=\left.\frac{\sqrt{M^2+0.75T^2}}{W}\right|_{max}\leqslant[\sigma] \tag{18-5}$$

其中，$W=\frac{\pi D^3}{32}$（对于实心圆轴）或 $W=\frac{\pi D^3}{32}(1-\alpha^4)$（对于空心圆轴）。

例 18-4　一电动机的输出功率 $P=10\text{kW}$，转速 $n=900\text{r/min}$，主轴外伸部分 AB 段的长度 $l=200\text{mm}$，直径 $d=40\text{mm}$，带动工作机械的带轮直径 $D=240\text{mm}$，胶带张力如图 18-8a 所示。若主轴材料的许用应力 $[\sigma]=90\text{MPa}$，①求 F 的值；②按第四强度理论校核该轴的强度。

解：电动机主轴简化为悬臂梁，受力如图 18-8b 所示，其内力图如图 18-8c、d 所示，

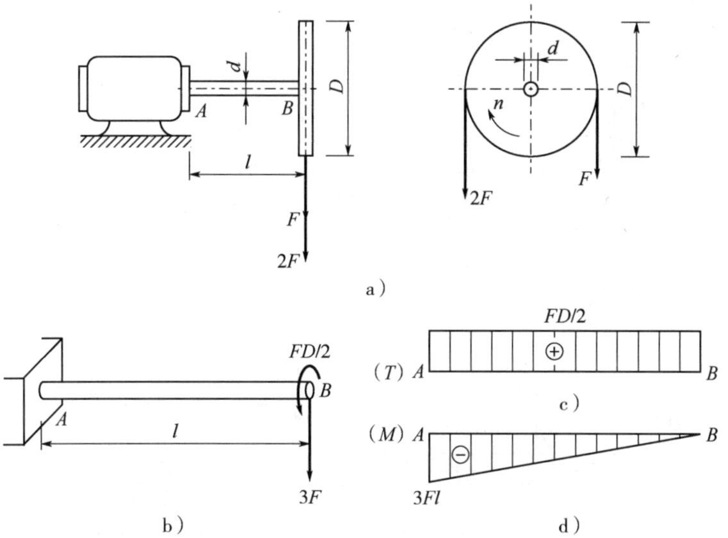

图 18-8　例 18-4 图

为弯扭组合变形，其危险截面为截面 A。

$$T_A = M_t = 9549\frac{P}{n} = 9549 \times \frac{10}{900}\text{N}\cdot\text{m} = 106.1\text{N}\cdot\text{m}$$

$$\frac{1}{2}FD = M_t \Rightarrow F = \frac{2M_t}{D} = \frac{2\times 106.1}{0.24}\text{N} = 884.17\text{N}$$

$$M_A = 3Fl = 3\times 884.17\times 0.2\text{N}\cdot\text{m} = 530.5\text{N}\cdot\text{m}$$

$$\sigma_{r4} = \frac{\sqrt{M_A^2 + 0.75T_A^2}}{W} = \frac{32\times\sqrt{M_A^2+0.75T_A^2}}{\pi d^3}$$

$$= \frac{32\times\sqrt{530.5^2 + 0.75\times 106.1^2}}{\pi\times(40\times 10^{-3})^3}\text{Pa}$$

$$= 85.69\text{MPa} < [\sigma] = 90\text{MPa}$$

可见主轴的强度安全。

例 18-5　手摇绞车尺寸如图 18-9a 所示，已知圆截面轴 AB 的直径 $d=20\text{mm}$，绞盘 C 的直径 $D=240\text{mm}$，$l=320\text{mm}$。轴的材料的许用应力 $[\sigma]=80\text{MPa}$，试根据第三强度理论求绞车匀速转动时最大允许起吊重量 $[P]$。

解：轴 AB 的受力如图 18-9b 所示。

圆轴的内力图如图 18-9c、d 所示，为弯扭组合变形，危险截面为 C 左侧截面，其内力为 $M_{C-}=\frac{1}{2}Pl$，$T_{C-}=\frac{1}{2}PD$，由第三强度理论的强度条件

$$\sigma_{r3} = \frac{\sqrt{M_{C-}^2 + T_{C-}^2}}{W} = \frac{\frac{1}{2}P\sqrt{l^2+D^2}}{\frac{\pi d^3}{32}} = \frac{16P\sqrt{l^2+D^2}}{\pi d^3} \leqslant [\sigma]$$

得

$$P \leqslant \frac{\pi d^3[\sigma]}{16\sqrt{l^2+D^2}} = \frac{\pi\times 20^3\times 80}{16\times\sqrt{320^2+240^2}}\text{N} = 100\pi\text{N} = 314.16\text{N}$$

所以 $[P]=314.16\mathrm{N}$。

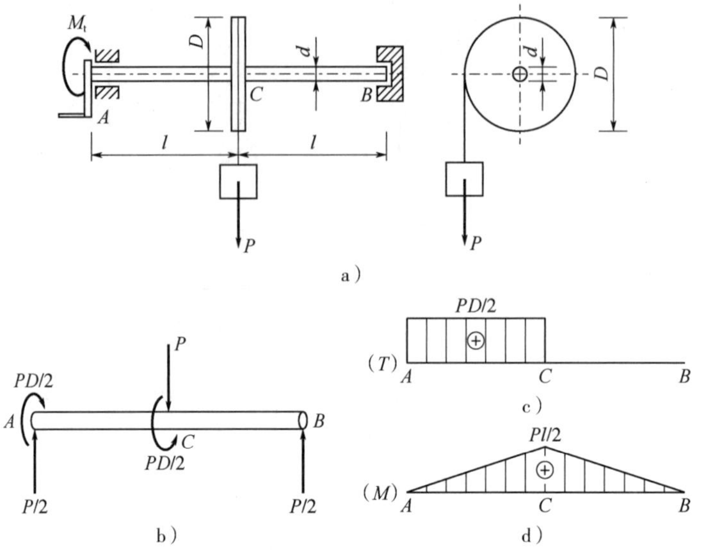

图 18-9　例 18-5 图

例 18-6　如图 18-10a 所示皮带轮传动轴，转速 $n=200\mathrm{r/min}$，左端 A 截面由电动机输入功率 $P=7\mathrm{kW}$，皮带轮 C 自重 $G=1.8\mathrm{kN}$，皮带张力 $F_1=2F_2$，皮带轮直径 $D=400\mathrm{mm}$，圆轴材料的许用应力 $[\sigma]=100\mathrm{MPa}$，试按照第三强度理论确定轴的直径 d。

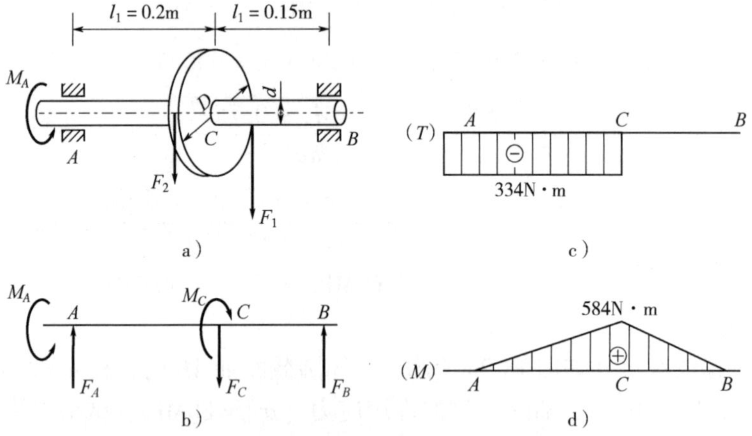

图 18-10　例 18-6 图

解：1）计算外力，画出圆轴的计算简图。

将载荷向轴线上点 C 简化，力 G、F_1 和 F_2 简化为作用在轴线上点 C 的横向力 F_C 和力矩 M_C，圆轴 AB 的计算简图如图 18-10b 所示。

电动机在 A 端输入的力偶矩为

$$M_A=9549\,\frac{P}{n}=9549\times\frac{7}{200}\mathrm{N\cdot m}=334\mathrm{N\cdot m}$$

由 $\sum M_x=0$ 知，$M_C=(F_1-F_2)\cdot\dfrac{D}{2}=\dfrac{F_2D}{2}=M_A$，于是

$$F_2=\frac{2M_A}{D}=\frac{2\times334}{0.4}\mathrm{N}=1670\mathrm{N},\ F_1=2F_2=3340\mathrm{N},\ F_C=G+F_1+F_2=6810\mathrm{N}$$

由力系平衡方程求得两段的轴承约束力为

$$F_A = \frac{F_C l_2}{l_1 + l_2} = \frac{6810 \times 0.15}{0.2 + 0.15}\text{N} = 2919\text{N}, F_B = F_C - F_A = 3891\text{N}$$

2）画内力图，确定危险截面。

轴在 AC 段发生弯扭组合变形，轴 AB 的扭矩图和弯矩图分别如图 18-10c、d 所示，截面 C^- 是危险截面，其扭矩和弯矩分别为

$$T_{C^-} = 334\text{N} \cdot \text{m},\ M_{C^-} = 584\text{N} \cdot \text{m}$$

3）设计轴的直径。

$$\sigma_{r3} = \frac{\sqrt{M_{C^-}^2 + T_{C^-}^2}}{W} = \frac{32\sqrt{M_{C^-}^2 + T_{C^-}^2}}{\pi d^3} = \frac{32 \times \sqrt{(584\text{N} \cdot \text{m})^2 + (334\text{N} \cdot \text{m})^2}}{\pi d^3} \leqslant [\sigma] = 100 \times 10^6\text{Pa}$$

解得 $d \geqslant 40.9\text{mm}$，可取整数为 $d = 41\text{mm}$。

例 18-7　钢制水平圆轴在齿轮 B、C 上受力如图 18-11a 所示，$F_1 = 5\text{kN}$，铅垂向下方向；$F_2 = 10\text{kN}$，水平朝外方向。轴的直径 $d = 50\text{mm}$，齿轮 B 直径 $D_1 = 300\text{mm}$，齿轮 C 直径 $D_2 = 150\text{mm}$，$l_1 = 150\text{mm}$，$l_2 = 300\text{mm}$，圆轴材料的许用应力 $[\sigma] = 120\text{MPa}$，试按照第四强度理论校核轴的强度。

解：1）计算外力，画出圆轴的计算简图 。

将齿轮 B、C 上的力分别向轮 B、C 的轴线简化得到圆轴的计算简图，如图 18-11b 所示，其中

$$M_{t1} = F_1 \cdot \frac{D_1}{2} = 5 \times 10^3 \times \frac{300 \times 10^{-3}}{2}\text{N} \cdot \text{m} = 750\text{N} \cdot \text{m}$$

$$M_{t2} = F_2 \cdot \frac{D_2}{2} = 10 \times 10^3 \times \frac{150 \times 10^{-3}}{2}\text{N} \cdot \text{m} = 750\text{N} \cdot \text{m}$$

由静力学平衡方程求得轴承 A、E 两处的约束力为

$$\sum M_{Ay} = 0 \Rightarrow -F_2 \cdot (l_1 + l_2) + F_{Ez} \cdot (2l_1 + l_2) = 0$$

$$\Rightarrow F_{Ez} = \frac{F_2 \cdot (l_1 + l_2)}{(2l_1 + l_2)} = \frac{10 \times (150 + 300)}{(2 \times 150 + 300)}\text{kN} = 7.5\text{kN}$$

$$\sum F_z = 0 \Rightarrow -F_{Az} - F_{Ez} + F_2 = 0 \Rightarrow F_{Az} = F_2 - F_{Ez} = (10 - 7.5)\text{kN} = 2.5\text{kN}$$

$$\sum M_{Az} = 0 \Rightarrow -F_1 \cdot l_1 + F_{Ey} \cdot (2l_1 + l_2) = 0 \Rightarrow F_{Ey} = \frac{F_1 \cdot l_1}{(2l_1 + l_2)} = \frac{5 \times 150}{(2 \times 150 + 300)}\text{kN} = 1.25\text{kN}$$

$$\sum F_y = 0 \Rightarrow F_{Ay} + F_{Ey} - F_1 = 0 \Rightarrow F_{Ay} = F_1 - F_{Ey} = (5 - 1.25)\text{kN} = 3.75\text{kN}$$

2）画圆轴的内力图，确定危险截面。

圆轴的扭矩图、弯矩图 M_y、弯矩图 M_z 分别如图 18-11c、d、e 所示，圆轴在两个过轴线的水平面内和过轴线的铅垂面内都有弯矩。对于任一横截面，其总弯矩为 $M = \sqrt{M_y^2 + M_z^2}$，截面 B、C 处的总弯矩分别为

$$M_B = \sqrt{M_{By}^2 + M_{Bz}^2} = \sqrt{375^2 + 562.5^2}\text{N} \cdot \text{m} = 676\text{N} \cdot \text{m}$$

$$M_C = \sqrt{M_{Cy}^2 + M_{Cz}^2} = \sqrt{1125^2 + 187.5^2}\text{N} \cdot \text{m} = 1141\text{N} \cdot \text{m}$$

故截面 C^- 是危险截面。

3）校核圆轴的强度。

$$\sigma_{r4}=\frac{\sqrt{M_{C-}^2+0.75T_{C-}^2}}{W}=\frac{32\sqrt{M_{C-}^2+0.75T_{C-}^2}}{\pi d^3}$$

$$=\frac{32\times\sqrt{1141^2+0.75\times750^2}}{\pi\times(50\times10^{-3})^3}\text{Pa}=107\text{MPa}<[\sigma]=120\text{MPa}$$

故圆轴的强度足够。

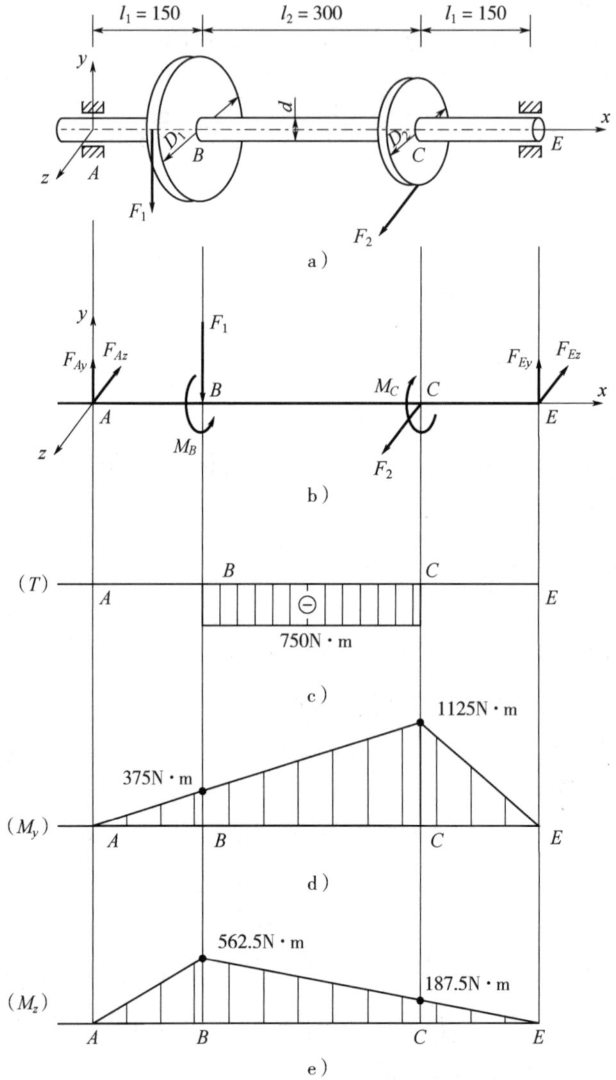

图 18-11　例 18-7 图

18.5　圆轴的轴向拉伸（或压缩）、弯曲与扭转的组合变形

在工程实际中，圆轴除了发生弯扭组合变形外，有时还承受轴向拉伸（或压缩）的作用，即处于拉（压）弯扭组合变形状态，若圆轴是用塑性材料制成的，这时式（18-4）、式（18-5）不再适用，而应该采用以下两式之一进行强度计算：

$$\sigma_{r3}=\sqrt{(\sigma_M+\sigma_{F_N})^2+4\tau_T^2}\Big|_{\max}\leqslant[\sigma] \tag{18-6}$$

$$\sigma_{r4}=\sqrt{(\sigma_M+\sigma_{F_N})^2+3\tau_T^2}\Big|_{\max}\leqslant[\sigma] \tag{18-7}$$

式中　σ_M——由弯矩 M 引起的横截面上的弯曲正应力；

σ_{F_N}——由轴力 F_N 引起的横截面上的轴向正应力；

τ_T——由扭矩 T 引起的横截面上的切应力。

例 18-8　水平放置的钢制圆轴的直径 $d=10\text{cm}$，杆长 $l=1\text{m}$，A 端固定，所受载荷如图 18-12a所示，已知铅垂集中力 $F_1=\pi\text{kN}$，水平集中力 $F_2=20\pi\text{kN}$，外扭转力偶矩 $M_t=3\pi\text{kN}\cdot\text{m}$，材料的 $\sigma_s=300\text{MPa}$、$\sigma_b=400\text{MPa}$，安全因数 $n=2.5$，①指出危险点所在位置并用单元体表示出危险点的应力状态；②按第四强度理论对该轴进行强度校核。

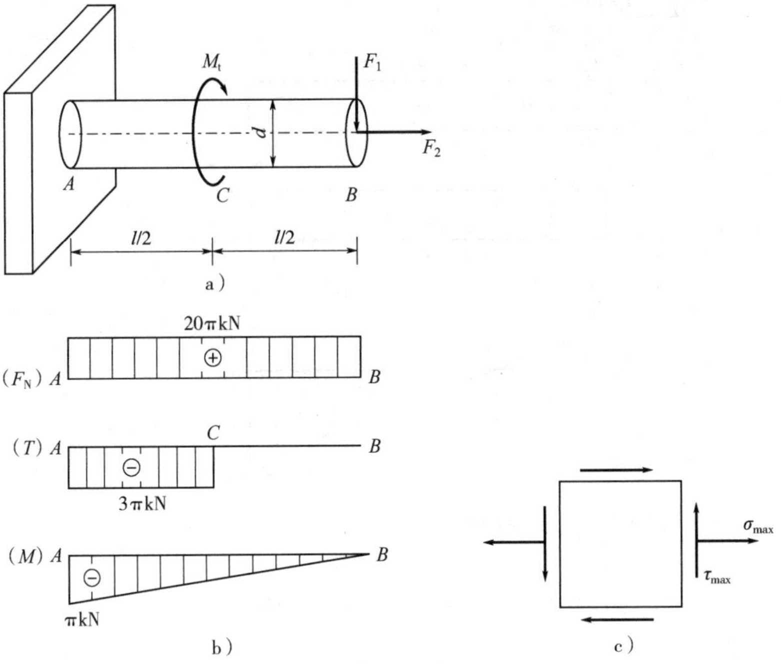

图 18-12　例 18-8 图

解：1）该圆轴的 AC 段为拉、弯、扭组合变形；CB 段为拉、弯组合变形，其内力如图 18-12b 所示，截面 A 为危险截面，危险点在截面 A 的上边缘点处，其单元体的应力状态如图 18-12c 所示。

$$\sigma_{\max}=\frac{M_A}{W}+\frac{F_N}{A}=\frac{M_A}{\frac{\pi d^3}{32}}+\frac{F_N}{\frac{\pi d^2}{4}}=\left[\frac{32\times\pi\times10^3}{\pi\times(10\times10^{-2})^3}+\frac{4\times20\pi\times10^3}{\pi\times(10\times10^{-2})^2}\right]\text{Pa}=40\text{MPa}$$

$$\tau_{\max}=\frac{T}{W_p}=\frac{T}{\frac{\pi d^3}{16}}=\frac{16\times3\pi\times10^3}{\pi\times(10\times10^{-2})^3}\text{Pa}=48\text{MPa}$$

2）对圆轴进行强度校核。

$$\sigma_{r4}=\sqrt{\sigma_{\max}^2+3\tau_{\max}^2}=\sqrt{40^2+3\times48^2}\text{MPa}=92.26\text{MPa}<[\sigma]=\frac{\sigma_s}{n}=\frac{300}{2.5}\text{MPa}=120\text{MPa}$$

故该圆轴满足强度要求。

例 18-9 横截面直径为 $d=10\text{cm}$ 的水平放置的钢制圆杆如图 18-13a 所示，长度为 $l_1=3\text{m}$ 的 AB 段与长度为 $l_2=0.5\ \text{m}$ 的 BC 段垂直，已知 $q=\pi\text{kN/m}$，$F_1=3\pi\text{kN}$，$F_2=2\pi\text{kN}$，$F_3=37\pi\text{kN}$，$[\sigma]=120\text{MPa}$，试按第三强度理论校核该杆的强度。

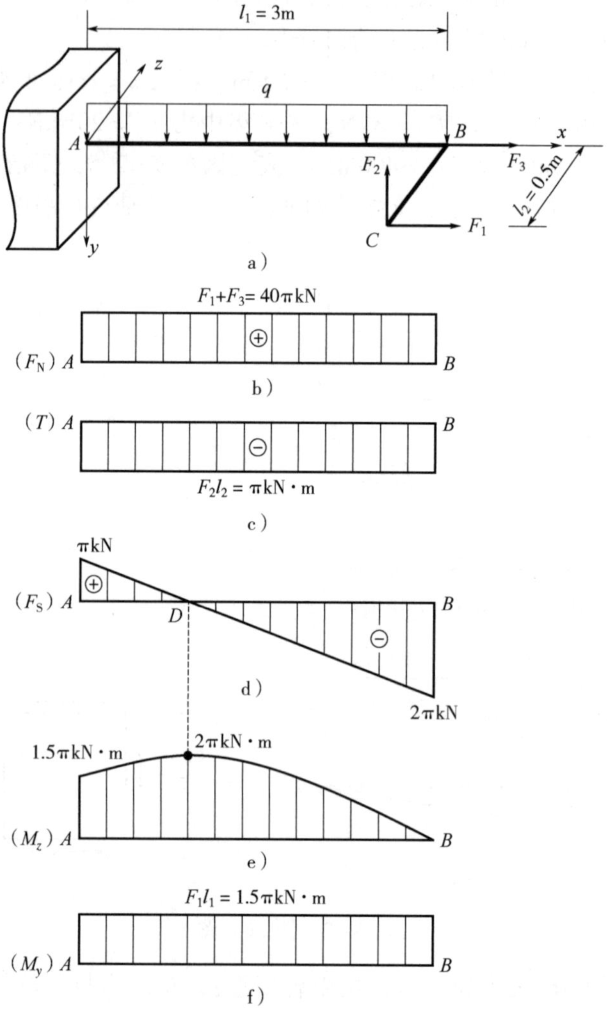

图 18-13 例 18-9 图

解：1）BC 段为互垂剪切对称弯曲，截面 B 为该段的危险截面。

$$M_B=\sqrt{(F_1l_2)^2+(F_2l_2)^2}=\sqrt{(3\pi\times0.5)^2+(2\pi\times0.5)^2}\ \text{kN}\cdot\text{m}=\frac{\sqrt{13}}{2}\pi\text{kN}\cdot\text{m}$$

$$\sigma_{r3}^B=\frac{M_B}{W}=\frac{32M_B}{\pi d^3}=\frac{32\times\frac{\sqrt{13}}{2}\pi\times10^3}{\pi\times(10\times10^{-2})^3}\text{Pa}$$

$$=\frac{16\sqrt{13}\times10^3}{(10\times10^{-2})^3}\text{Pa}=16\sqrt{13}\text{MPa}=57.69\text{MPa}<[\sigma]=120\text{MPa}$$

BC 段强度足够。

2）AB 段为拉弯扭组合变形，其内力图如图 18-13b ~ f 所示，其危险截面 D 与 A 端距离为 1m，因此有

$$\sigma_{\max}^{D}=\frac{F_{\mathrm{N}}}{A}+\frac{M_D}{W}=\frac{4F_{\mathrm{N}}}{\pi d^2}+\frac{32\sqrt{(M_z^D)^2+M_y^2}}{\pi d^3}$$

$$=\left[\frac{4\times 40\pi\times 10^3}{\pi\times(10\times 10^{-2})^2}+\frac{32\sqrt{(2\pi)^2+(1.5\pi)^2}\times 10^3}{\pi\times(10\times 10^{-2})^3}\right]\mathrm{Pa}=(16+80)\mathrm{MPa}=96\mathrm{MPa}$$

$$\tau_{\max}=\frac{T}{W_{\mathrm{p}}}=\frac{16T}{\pi d^3}=\frac{16\times\pi\times 10^3}{\pi\times(10\times 10^{-2})^3}\mathrm{Pa}=16\mathrm{MPa}$$

$$\sigma_{\mathrm{r3}}^{D}=\sqrt{(\sigma_{\max}^{D})^2+4\tau_{\max}^2}=\sqrt{96^2+4\times 16^2}\mathrm{MPa}=32\sqrt{10}\mathrm{MPa}=101.19\mathrm{MPa}<[\sigma]=120\mathrm{MPa}$$

AB 段强度足够。综上该圆杆的强度安全。

习　题

18-1　如图 18-14 所示结构中，横梁 BD 为 16 号工字钢，材料的许用应力 $[\sigma]=120\mathrm{MPa}$，已知 $F=12\mathrm{kN}$，试校核横梁 BD 的强度。

18-2　如图 18-15 所示结构中，杆 BC 为矩形截面，已知 $a=1\mathrm{m}$，$b=120\mathrm{mm}$，$h=160\mathrm{mm}$，$F=6\mathrm{kN}$。试求杆 BC 横截面上最大拉应力和最大压应力。

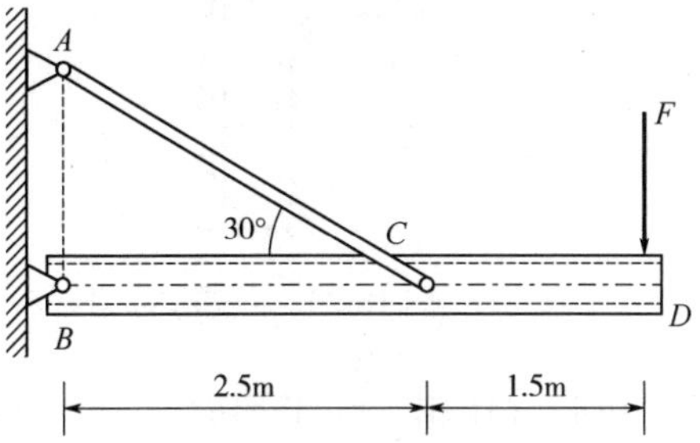

图 18-14　习题 18-1 图

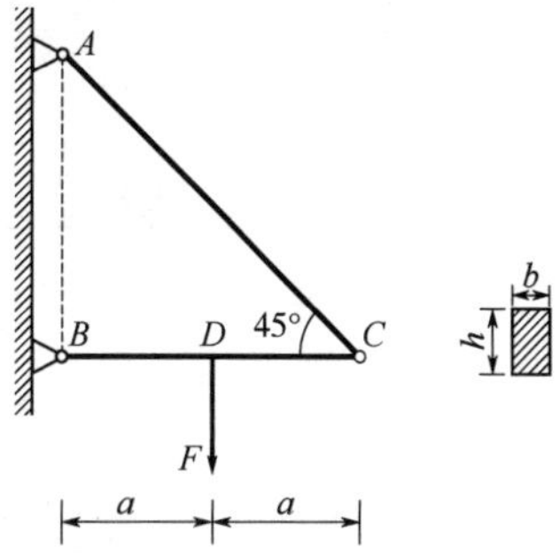

图 18-15　习题 18-2 图

18-3　如图 18-16 所示带有缺口的正方形截面杆，材料的许用应力 $[\sigma]=10\mathrm{MPa}$，$F=12\mathrm{kN}$，试确定截面最小边长 $a_{\min}$。

18-4　如图 18-17 所示受偏心压缩的矩形截面杆，压力 F 的作用点位于对称轴 y 上，偏心距为 e，已知 F、b、h，试求杆的横截面上不出现拉应力时的最大偏心距。

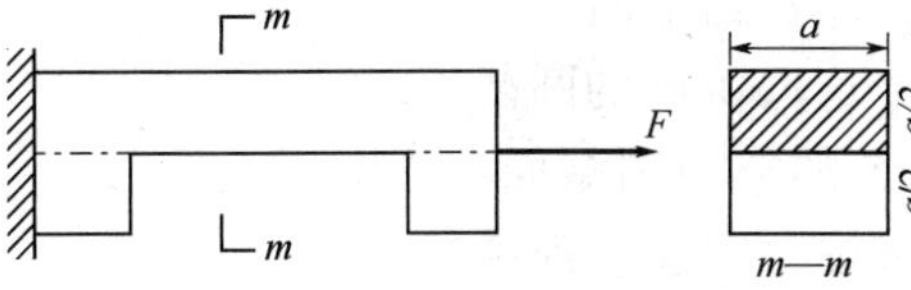

图 18-16　习题 18-3 图

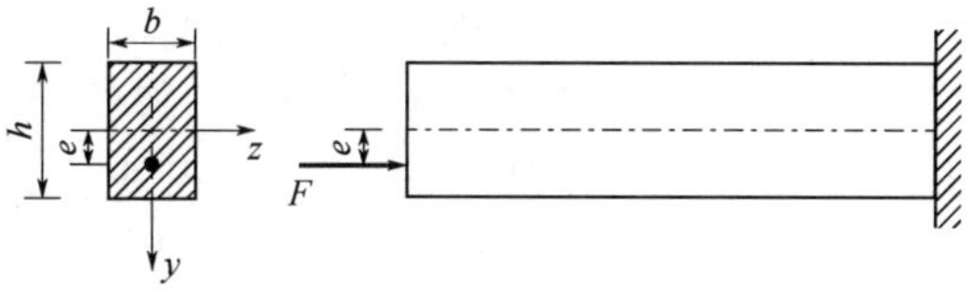

图 18-17　习题 18-4 图

18-5　如图 18-18 所示矩形截面杆，用应变仪测得杆件上、下两表面的轴向正应变分别为 $\varepsilon_1=2\times 10^{-3}$，$\varepsilon_2=-0.4\times 10^{-3}$。已知矩形截面的高和宽分别为 $h=25\mathrm{mm}$，$b=10\mathrm{mm}$，材

料的弹性模量 $E=210\text{GPa}$。①绘出截面上正应力分布图；②求拉力 F 及偏心距 e 的值。

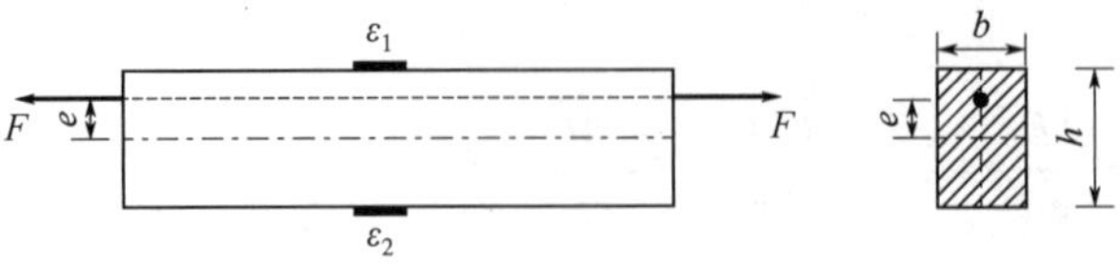

图 18-18　习题 18-5 图

18-6　如图 18-19 所示，U 形平面直角框架由 O_1B、O_2D 及 BD 三杆固连构成，杆 O_1B、O_2D 的横截面均为空心圆形，外径 $D=60\text{mm}$，内径 $d=30\text{mm}$，材料的许用应力 $[\sigma]=125\text{MPa}$；杆 BD 为直径 $d_1=80\text{mm}$ 的实心圆形，材料的许用应力 $[\sigma_1]=60\text{MPa}$。已知 $F_1=5\text{kN}$，$F_2=20\text{kN}$，$l=0.5\text{m}$。不计剪力对变形的影响，且实心截面杆 BD 也可不计轴力的影响，试校核该结构的强度。

18-7　如图 18-20 所示，牙轮钻机钻杆为无缝钢管，外径 $D=152\text{mm}$，内径 $d=120\text{mm}$，材料的许用应力 $[\sigma]=100\text{MPa}$，钻进压力 $F=180\text{kN}$，转矩 $M_t=17.3\text{kN}\cdot\text{m}$，试用第四强度理论校核钻杆的强度。

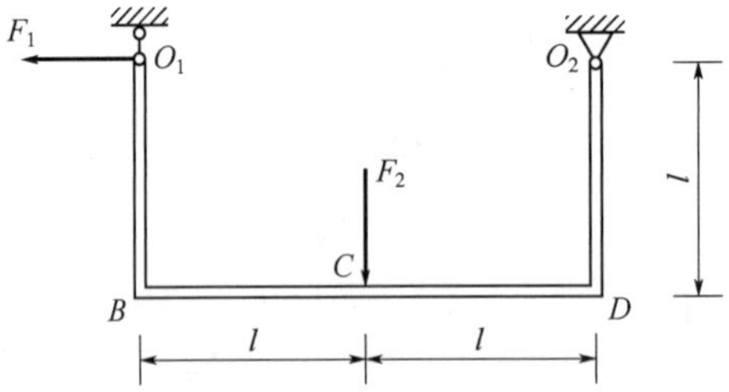

图 18-19　习题 18-6 图

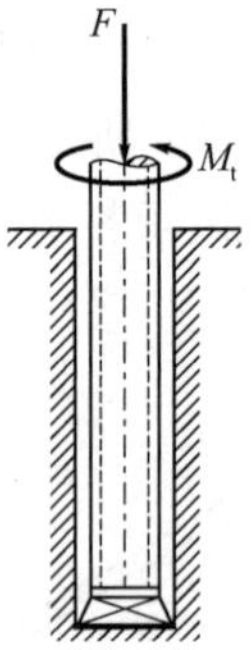

图 18-20　习题 18-7 图

18-8　如图 18-21 所示，一水轮机主轴受拉扭联合作用，在主轴沿轴向方向、与轴向夹角 45°方向各贴一应变片，现测得轴等角速度转动时轴向应变 $\varepsilon_x=26\times10^{-6}$，$-45°$方向应变 $\varepsilon_{-45°}=140\times10^{-6}$。已知轴的直径 $D=300\text{mm}$，材料的弹性模量 $E=210\text{GPa}$，泊松比 $\mu=0.28$，试求拉力 F 和外扭转力矩 M_t。若材料的许用应力 $[\sigma]=120\text{MPa}$，试用第三强度理论校核该轴的强度。

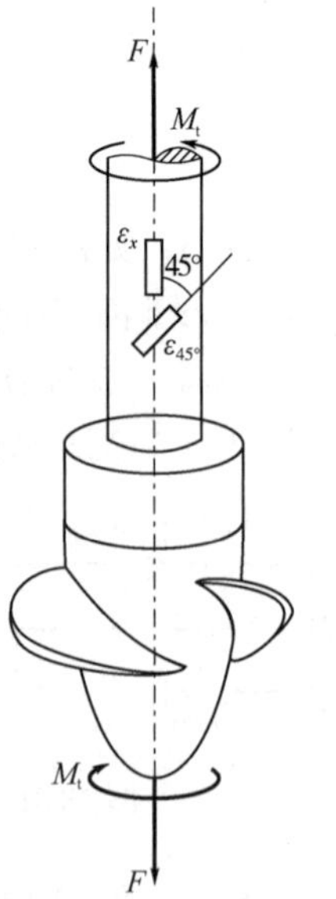

图 18-21　习题 18-8 图

18-9　如图 18-22 所示，位于水平面内的悬臂梁 AB 的长度 $l=3\text{m}$，A 端固支，在其 B 端面内作用了转向如图的集中力偶 M_0 及铅垂向下的集中力 F，且力偶矩的大小 $M_0=Fl$。梁的 AC 段为直径 $D=30\text{cm}$ 的圆截面，CB 段的外径为 D、内径为 d、内外径之比 $\alpha=0.5$ 的空心圆截面，材料的许用应力 $[\sigma]=100\text{MPa}$，若已知 $F=30\text{kN}$，试按第四强度理论校核梁的强度。

18-10　如图 18-23 所示，位于水平面内的悬臂梁 A 端固支，长度 $l=2\text{m}$，横截面直径 $d=20\text{cm}$，在其 B 端水平直径后端点作用一铅垂向下的集中力 F，截面 C 处作用一转向如图的集中力偶 M_0，已知 $F=30\text{kN}$，

$M_0=20\text{kN}\cdot\text{m}$，材料的许用应力 $[\sigma]=90\text{MPa}$，忽略剪力引起的切应力，①画出其受力图、弯矩图和扭矩图；②指出梁的危险截面及危险截面上的内力；③根据第三强度理论校核梁的强度。

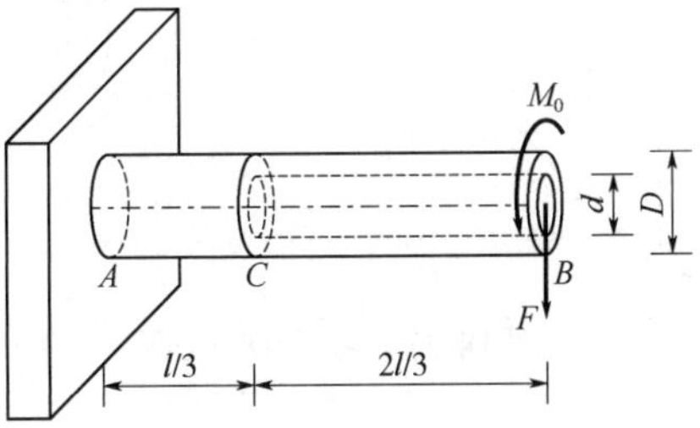

图 18-22　习题 18-9 图

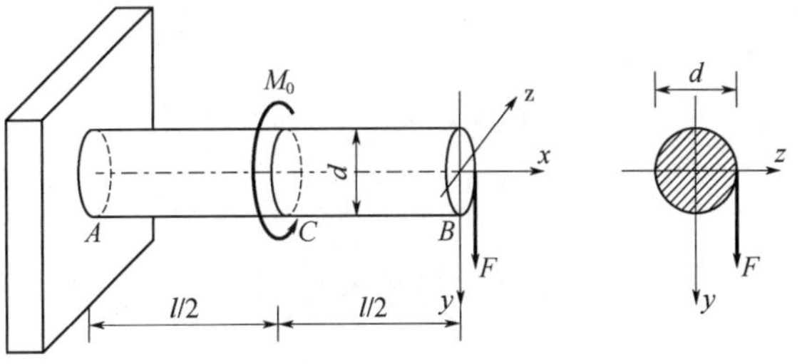

图 18-23　习题 18-10 图

18-11　如图 18-24 所示，横截面直径为 $D=30\text{cm}$ 的悬臂梁 ABC 位于水平面内，A 端固支，$AB=BC=l=1\text{m}$，梁的端面 C 内作用了转向如图的集中力偶 M_0 及铅垂向下的集中力 F，且 $M_0=Fl$，梁的材料为低碳钢，许用应力 $[\sigma]=110\text{MPa}$，试用第三强度理论分析计算：①为了减轻梁的自重，现将 BC 段中心挖空成为内径为 d 的空心圆截面，若使挖空后的梁承载能力不降低，空心段的内外径之比 $\alpha=\dfrac{d}{D}$ 最大可取多少？②该梁的最大允许载荷 $[F]$ 为多少？

18-12　如图 18-25 所示皮带轮圆轴 AB，轮 O 承受有铅垂皮带拉力 F_1 和 F_2（$F_1>F_2$），圆轴处于平衡状态。已知皮带轮直径 $D=300\text{mm}$，圆轴直径 $d=60\text{mm}$，轴材料的弹性模量 $E=200\text{GPa}$，泊松比 $\mu=0.3$。现在圆轴截面 C 的顶点处测得轴向应变 $\varepsilon_x=-169.1\times10^{-6}$，在截面 C 的最前端处测得与轴向成 $-45°$ 方向的应变 $\varepsilon_{-45°}=-76.61\times10^{-6}$，试求皮带拉力 F_1 和 F_2 的大小。

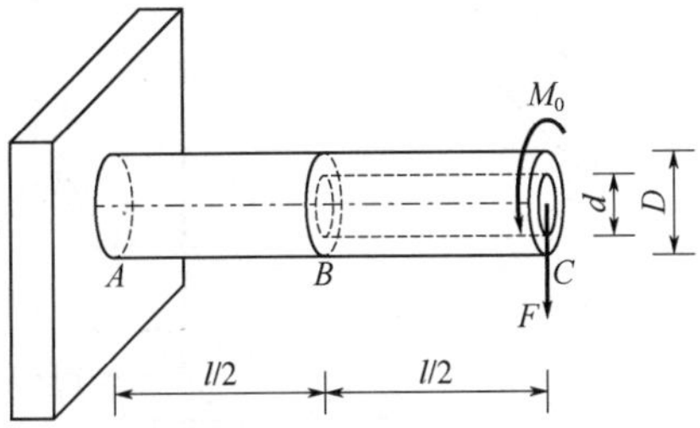

图 18-24　习题 18-11 图

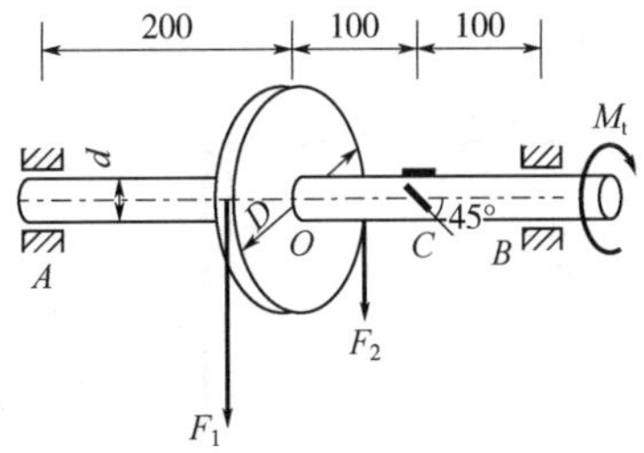

图 18-25　习题 18-12 图

18-13　如图 18-26 所示圆轴 AB 上安装有两个轮子，两轮上分别作用有 $F=3\text{kN}$ 及重物重力 W，圆轴处于平衡状态。两轮直径分别为 $D_1=2\text{m}$，$D_2=1\text{m}$，若圆轴材料的许用应力 $[\sigma]=60\text{MPa}$，试用第三强度理论设计轴的直径 d。

18-14　如图 18-27 所示，A 端固定、直径为 d 的水平钢制圆轴 AB，受铅垂线均布载荷的集度 $q=3\pi\text{kN/m}$，杆长 $l=10d$，铅垂力 $F_1=\dfrac{1}{2}ql$，水平力 $F_2=ql$，外扭转力偶矩 $M_t=\dfrac{1}{2}ql^2$，材料的许用应力 $[\sigma]=160\text{MPa}$，若不计剪力引起的切应力，试指出危险点所在位置，并按第三强度理论设计其最小直径。

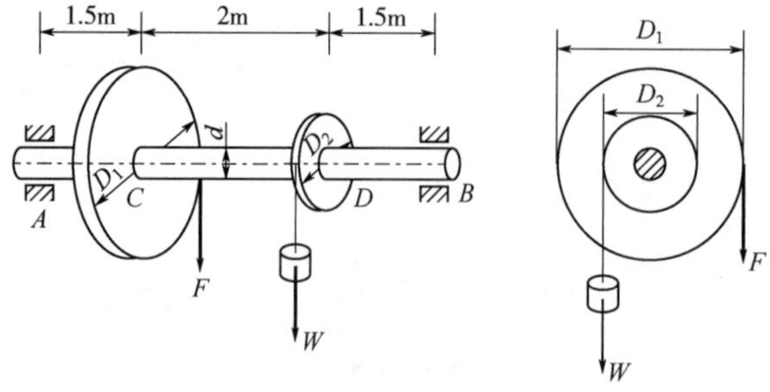

图 18-26　习题 18-13 图

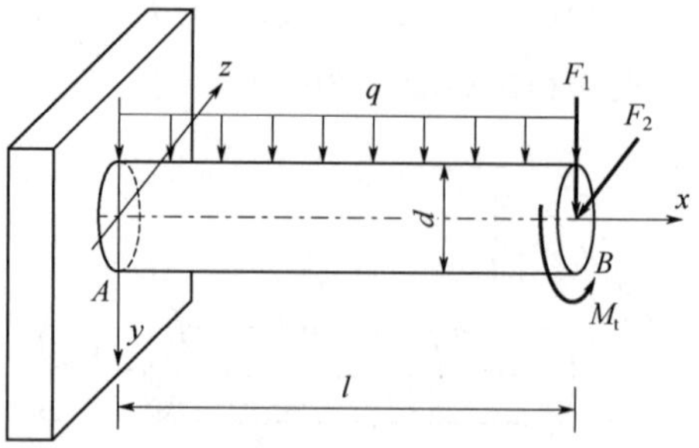

图 18-27　习题 18-14 图

18-15　如图 18-28 所示，直角折杆 *ABC* 位于铅垂面内，*A* 端固支，*AB* 段的截面 *B* 内作用了其矩方向沿 *AB* 轴向的力偶 M_0 及沿 *AB* 段轴线的力 F_1，*C* 端作用了与 *AB* 方向平行的图示集中力 F_2，已知 $a=1\text{m}$，$F_1=90\text{kN}$，$F_2=10\text{kN}$，$M_0=10\text{kN}\cdot\text{m}$，折杆的横截面为直径 $d=100\text{mm}$ 的圆形，材料的许用应力 $[\sigma]=150\text{MPa}$，不计剪力的影响，①确定结构的危险截面及危险截面上的内力；②按第三强度理论校核结构的强度。

18-16　如图 18-29 所示，直径 $d=100\text{mm}$ 的圆截面直角折杆位于铅垂平面内，*A* 端固支，在 *AB* 段的截面 *B* 上作用沿 *AB* 段轴线的力 F_1，在其自由端面 *C* 上作用了其矩方向沿 *CB* 轴的力偶 M_0；方向与 *AB* 段平行的图示集中力 F_2；方向平行于 *z* 轴的力 F_3，已知 $M_0=8\text{kN}\cdot\text{m}$，$F_1=90\text{kN}$，$F_2=F_3=10\text{kN}$，$a=0.8\text{m}$，$b=1\text{m}$，材料的许用应力 $[\sigma]=160\text{MPa}$，不计剪力的影响，① 确定该结构可能的危险截面及其上的内力分量；②用第四强度理论校核该结构的强度。

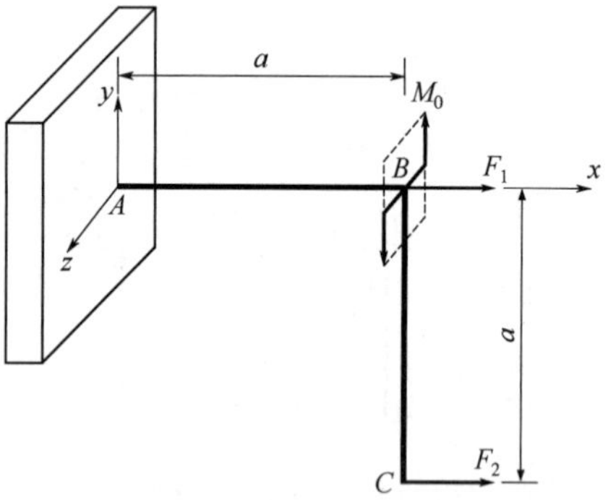

图 18-28　习题 18-15 图

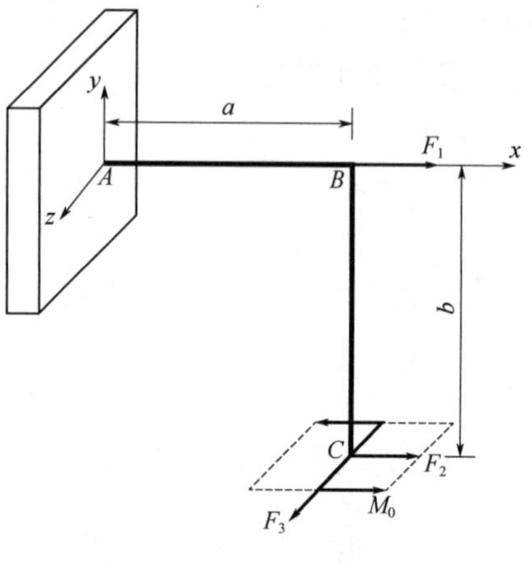

图 18-29　习题 18-16 图

第 19 章　压杆稳定

在理论力学部分的静力学中，物体或物系的平衡是重要的研究内容，但物体的平衡状态还存在稳定与不稳定问题。对于工程中的各种结构，保证其稳定的平衡状态是重要的安全条件之一。本章介绍构件稳定性问题中最简单的情形，即轴向压缩杆件稳定性的基本概念及研究方法，讨论常见的几种支承条件下压杆的临界载荷公式，以及压杆的稳定性条件和压杆稳定性计算方法。

19.1　压杆稳定的概念

构件在外载荷作用下，可能因工作应力过大而发生强度破坏，也可能因变形过大而不满足刚度要求，还可能因不能保持其原有平衡形式而发生稳定性破坏。

前面我们讨论直杆轴向压缩问题时，认为杆在直线状态下保持平衡，其破坏的原因是强度失效。实际上，这一结论对受压的短粗杆件是正确的，而对于细长压杆或中长度压杆，由于不能保持其初始直线状态下的平衡，发生弯曲而丧失承载能力，并非强度不足所致。例如，长为 300mm 的钢直尺，其横截面为 20mm × 1mm，钢的屈服应力为 $\sigma_s = 196\text{MPa}$，按强度条件计算，$F_{max} = \sigma_s A = 3.92\text{kN}$，但若将其竖立在桌面上，用手掌压其上端，当压力还不到 40N 时，就可以明显将它压弯，由于出现横向大变形，钢直尺无法承受更高的载荷，即它承受轴向压力的实际能力比按强度条件计算得到的数值要小两个数量级。**理想压杆**是理论研究中一种抽象的理想模型，满足“轴心受压、均质、等截面的直杆”假设。在没有横向微小扰动时，理想压杆将只产生轴向压缩变形，而且能保持直线平衡状态。但是实际的压杆在受轴向压力时之所以会变弯，其原因在于实际压杆并非绝对直杆，在制造时其轴线不可避免地存在初弯曲，这样的压杆称为初弯曲压杆；所受轴向压力的作用线，实际上也不可能毫无偏差地与杆件轴线相重合，这样的压杆称为小偏心压杆；压杆的材料本身也不可避免地存在不均匀性。这些因素都可能使压杆在压力作用下除了发生轴向压缩变形外，还发生附加的弯曲变形，压杆的这一次要的弯曲变形随着压力的增大会逐渐转化为主要变形，从而导致压杆内产生过大弯曲变形而不能正常承载，甚至最终压杆被弯断而丧失承载能力。

如图 19-1a 所示，设有细长直杆受轴向压力 F 作用。当载荷 F 小于某一极限值时，若沿杆横向施加一微小干扰，则杆件将发生微小弯曲，如图 19-1b 所示，但若随之将干扰撤除，杆件将恢复其原有直线形状的平衡，如图 19-1c 所示。这表明，此时压杆直线形状的平衡是**稳定**的。但当载荷增大到超过该极限值时，若同样受到横向干扰，则杆件的弯曲变形会继续下去而产生显著的弯曲变形，并在某一弯曲变形下达到新的平衡，即使在撤除干扰之后，杆件也不能恢复其原有直线形状的平衡。这表明，此时压杆直线形状的平衡是**不稳定**的。而当载荷刚好等于该极限值，即系统处于临界状态时，去除对压杆的微小干扰后，压杆仍处于微弯平衡状态，不能自动恢复原来的直线平衡，如图 19-1d 所示，如果用外力将它扶正，则它仍能保持原有的直线平衡状态。

压杆稳定性就是研究压杆保持初始平衡状态的能力。压杆不能保持其初始直线状态的平衡，称为**丧失稳定性**，简称**失稳**，也称为**屈曲**。

失稳问题早在 17 世纪就已提出，但未引起工程界的重视，随着高强度材料，如钢材和铝合金的出现，构件的截面设计得越来越小，稳定性问题才开始引起人们的重视，在 1881 至 1897 年，世界各地共有 24 座大桥倒塌，造成巨大生命财产损失。经事后调查，它们都不是因为强度不够，而是由于某些压杆的失稳造成的。

在工程实际中，除了受轴向压缩的直杆，某些受横向力作用的薄壁结构的梁（图 19-2a）和受径向外压的薄壁圆管（图 19-2b）等，都可能出现不同形式的失稳问题，结构的失稳往往产生很大的变形，甚至造成结构整体的完全破坏，与强度或刚度不足造成的失效相比，其突然性及危害性更严重，是工程设计中应该特别注意避免的问题。

对于图 19-1a 所示的受压细长直杆，在载荷 F 由小到大的增长过程中，使压杆的直线形状平衡由稳定转变为不稳定的载荷值，称为压杆的**临界载荷**，记为 F_{cr}。

在工程实际中，有的受压杆件需要满足强度条件，而有的受压杆件需要满足稳定性条件，才能保证其正常工作。为了保证压杆的稳定性，必须使压杆所承受的轴向压力 F 小于临界载荷 F_{cr}，所以研究压杆稳定性关键在于确定临界载荷的大小。

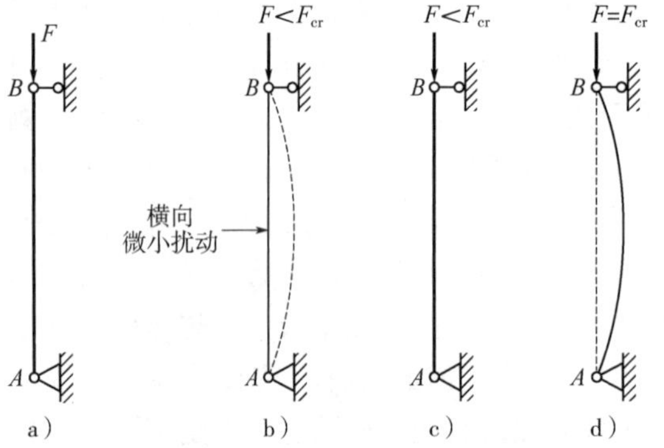

图 19-1　压杆的稳定性

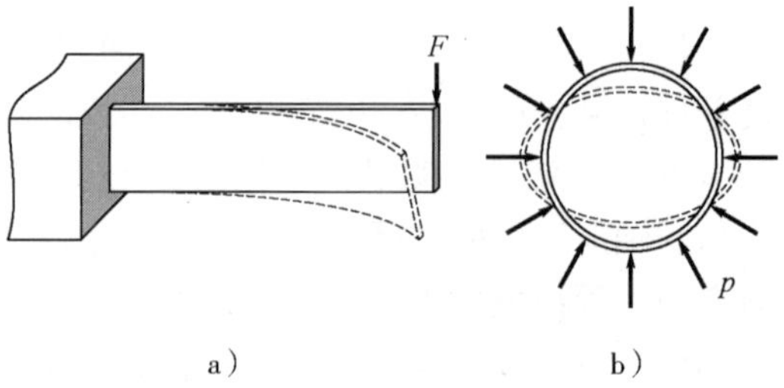

图 19-2　工程中其他失稳现象

19.2　细长压杆临界载荷的求法

压杆的临界载荷与压杆所受约束形式有关，下面讨论两端铰支（球铰链支座）的压杆的临界载荷的确定办法，随后给出其他形式约束下临界载荷的公式，并讨论有关压杆稳定性的一些概念。

19.2.1　两端铰支压杆临界载荷的欧拉公式

根据前述压杆失稳过程可知，使压杆在微小弯曲状态下保持平衡的最小载荷就是压杆的临界载荷。在应力不超过材料比例极限 σ_p 范围内，只要建立压杆在微弯平衡状态时的挠曲线微分方程，并在杆端约束条件下对此方程求解，即可得到压杆的临界载荷。

图 19-3a 所示为等截面两端铰支细长压杆，当 $F=F_{cr}$时，杆件可处于微弯曲的平衡状态

（图19-3b），其挠曲线方程为 $w(x)$。取杆的任意 x 截面切开取分离体（图19-3c），列出平衡方程求得该截面上的弯矩为

$$M(x) = -F_{cr}w(x) \tag{19-1}$$

对于图中所取坐标系，实际弯矩 M 和挠度 w 的正负号相反，当 $F = F_{cr}$ 取绝对值时，式（19-1）中负号始终存在。

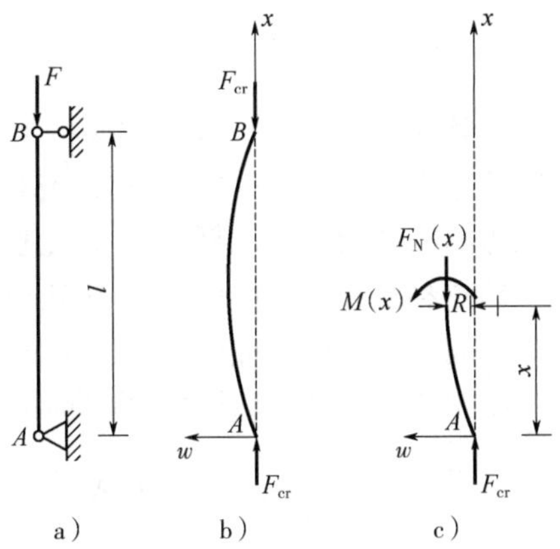

图19-3　两端铰支细长压杆

图19-3b 的变形可由弯曲时的挠曲线近似微分方程描述，即

$$EI\frac{d^2w}{dx^2} = M(x) \tag{19-2}$$

将式（19-1）代入式（19-2），并令

$$k^2 = \frac{F_{cr}}{EI} \tag{19-3}$$

则得

$$\frac{d^2w}{dx^2} + k^2w = 0 \tag{19-4}$$

此微分方程的通解，即挠曲线方程，为

$$w = A\sin kx + B\cos kx \tag{19-5}$$

式中　A、B——待定的积分常数，可由压杆两端支座提供的边界条件来确定。

又因临界载荷 F_{cr} 目前尚属未知，故 k 值也待定。

两端铰支的杆端的边界条件为

$$x = 0,\ w = 0 \tag{a}$$

$$x = l,\ w = 0 \tag{b}$$

将边界条件（a）代入式（19-5）可得 $B = 0$，则式（19-5）变为

$$w = A\sin kx \tag{19-6}$$

再由边界条件（b），得

$$A\sin kl = 0$$

因要求压杆保持微弯状态，即 $w \neq 0$，故必有 $A \neq 0$，因而

$$\sin kl = 0 \tag{19-7}$$

由此解得

$$kl = n\pi$$

或

$$k = \frac{n\pi}{l}\quad (n = 0,\ 1,\ 2,\ \cdots) \tag{19-8}$$

将式（19-8）代入式（19-3），得

$$F = \frac{n^2\pi^2 EI}{l^2} \tag{19-9}$$

满足式（19-9）的 F 是使压杆在微弯状态下保持平衡的载荷，由式（19-9）分析可知，临界载荷是使压杆失稳的最小压力，若取 $n = 0$，则 $F = 0$，与讨论情况不符，因此 $n = 1$ 对应的才是最小非零解，也就是压杆的临界载荷。故压杆临界载荷的表达式为

$$F_{cr}=\frac{\pi^2 EI}{l^2} \tag{19-10}$$

式（19-10）是欧拉（E. Euler）在 1774 年首先提出的，称为**两端铰支压杆临界载荷的欧拉公式**。它表明，压杆临界载荷与杆的弯曲刚度 EI 成正比，与杆长度 l 的平方成反比，即杆的弯曲刚度越大，压杆的临界载荷就越大，越不容易失稳；杆的长度越大，临界载荷越小，压杆越容易失稳。因压杆两端均为铰支（球铰支座），允许杆的端面绕任一方向转动，若杆在不同平面内的弯曲刚度 EI 不等，则压杆总是在弯曲刚度最小的平面内发生弯曲，因此，在应用式（19-10）计算压杆的临界载荷时，截面的惯性矩 I 应为横截面的最小惯性矩 I_{min}。

当 $n=1$ 时，$k=\frac{\pi}{l}$，由式（19-6）可知，挠曲线为

$$w=A\sin\frac{\pi}{l}x$$

即压杆临界状态的微弯变形挠曲线是正弦曲线的半个波形。

当压杆受临界载荷作用，且保持直线平衡时，压杆横截面上的应力称为**压杆的临界应力**，记为 σ_{cr}，即

$$\sigma_{cr}=\frac{F_{cr}}{A} \tag{19-11}$$

式中　A——压杆的横截面面积。

例 19-1　用钢制成的细长压杆，长度为 $l=1\text{m}$，截面为矩形，高 $h=30\text{mm}$，宽 $b=10\text{mm}$，两端为球铰支座。材料的屈服极限为 $\sigma_s=240\text{MPa}$，弹性模量 $E=210\text{GPa}$，试按强度和压杆稳定性分别计算其屈服载荷 F_s 和临界载荷 F_{cr}，并加以比较。

解： 杆的横截面面积为

$$A=bh=30\times10\text{mm}^2=300\text{mm}^2$$

杆横截面的最小惯性矩为

$$I_{min}=\frac{hb^3}{12}=\frac{30\times10^3}{12}\text{mm}^4=2500\text{mm}^4$$

屈服载荷为

$$F_s=A\sigma_s=300\times240\text{N}=72\text{kN}$$

临界载荷为

$$F_{cr}=\frac{\pi^2 EI}{l^2}=\frac{\pi^2\times210\times10^3\times2500}{(1\times10^3)^2}\text{N}=5.18\text{kN}$$

$F_{cr}:F_s=5.18:72=0.071966$

可见，受压细长杆件的承载能力取决于稳定性，并非强度。

例 19-2　两端为球形铰支座的细长矩形截面压杆，如图 19-4 所示，杆的长度为 $l=2\text{m}$，截面的宽度 $b=30\text{mm}$，材料的弹性模量 $E=210\text{GPa}$，试确定其临界载荷 F_{cr} 和临界应力 σ_{cr}。

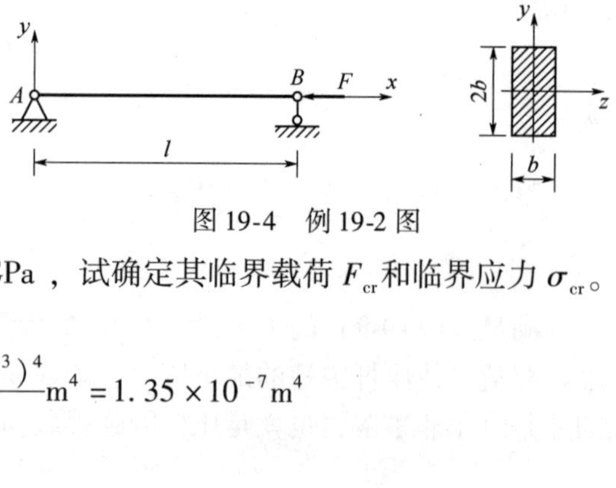

图 19-4　例 19-2 图

解： 杆横截面对 y、z 轴的惯性矩分别为

$$I_y=\frac{2b\cdot b^3}{12}=\frac{b^4}{6}=\frac{(30\times10^{-3})^4}{6}\text{m}^4=1.35\times10^{-7}\text{m}^4$$

$$I_z=\frac{b\cdot(2b)^3}{12}=\frac{2b^4}{3}=\frac{2\times(30\times10^{-3})^4}{3}\text{m}^4=5.4\times10^{-7}\text{m}^4$$

可见 $I_y<I_z$，杆横截面对 y、z 轴的惯性矩不等，而压杆总是在抗弯能力最小的纵向平面内弯曲，应选用最小的惯性矩来计算临界载荷。所以临界载荷和临界应力分别为

$$F_{cr}=\frac{\pi^2EI_y}{l^2}=\frac{\pi^2\times210\times10^9\times1.35\times10^{-7}}{2^2}\text{N}=69.95\text{kN}$$

$$\sigma_{cr}=\frac{F_{cr}}{A}=\frac{F_{cr}}{2b^2}=\frac{69.95\times10^3}{2\times(30\times10^{-3})^2}\text{Pa}=38.86\text{MPa}$$

此时压杆的应力远低于一般钢材的屈服极限 $\sigma_s=240\text{MPa}$ 和比例极限 $\sigma_p=200\text{MPa}$，所以细长压杆不是因强度不足，而是由于稳定性不够而丧失承载能力的。

19.2.2　不同杆端约束情况下压杆临界载荷的欧拉公式

用与上述相同的方法，可以导出在其他杆端约束情况下压杆临界载荷的欧拉公式。通常将这些结果表示为如下的细长压杆**欧拉公式的普遍形式**：

$$F_{cr}=\frac{\pi^2EI}{(\mu l)^2}\tag{19-12}$$

式中　μ——长度因数，它反映了杆端的约束条件对临界载荷的影响；

μl——压杆的相当长度，它已被证明是压杆在临界载荷作用下挠曲轴上零弯矩点（铰链处或挠曲线的拐点处）之间的距离。

两相邻零弯矩点之间的杆就相当于一根两端铰支压杆，原压杆的临界载荷也就等于它所能承受的临界载荷。

上文已指出，压杆两端不同的支承条件对临界载荷 F_{cr} 的影响体现在长度因数 μ 值的不同上，四种典型支承条件压杆的 μ 值如图 19-5 所示。由此可见，两端支承条件对位移的约束越严格，μ 值就越小，临界载荷 F_{cr} 就越大，也就越不容易发生失稳。比较图 19-5 中不同约束情况下的微弯变形挠曲线可以看出，若以挠曲线为半个正弦曲线的两端铰支情况为基准，则长度为 l 的一端固支（固定端约束）另一端自由的压杆，与长度为 $2l$ 的两端铰支压杆相当；长度为 l 的两端固支的压杆，与长度为 $0.5l$ 的两端铰支压杆相当；长度为 l 的一端固支另一端铰支的压杆，与长度为 $0.7l$

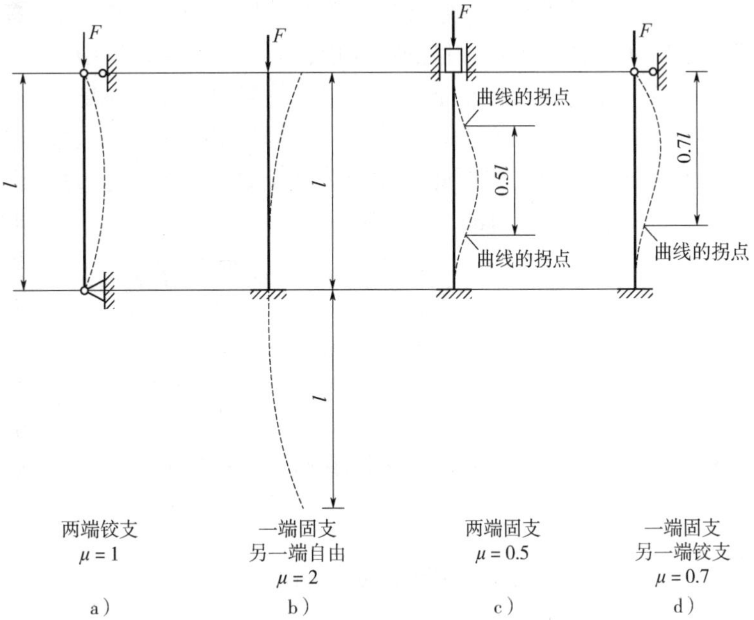

图 19-5　四种典型支承条件的压杆及其长度因数

的两端铰支压杆相当。在相当长度上微弯变形的挠曲线都是正弦曲线的半个波形。

铰支（球铰链约束）和固支（固定端约束，有的教材也称固定）都是各向同性约束，也都是理想的约束情形。除图 19-5 中的四种典型支承条件外，工程中还有各种各样的其他支承形式，不同的支承条件也可用不同的长度因数 μ 来描述，针对具体支承条件，经过理论计算及经验判断并综合各种因素后得的 μ 值，可具体查阅相关工程设计手册。

19.3 临界应力总图

19.3.1 欧拉公式的适用范围

将式（19-12）代入式（19-11）得压杆的临界应力为

$$\sigma_{cr}=\frac{\pi^2EI}{(\mu l)^2A} \tag{19-13}$$

令

$$i=\sqrt{\frac{I}{A}} \tag{19-14}$$

以及

$$\lambda=\frac{\mu l}{i} \tag{19-15}$$

则式（19-13）可写为

$$\sigma_{cr}=\frac{\pi^2E}{\lambda^2} \tag{19-16}$$

式（19-16）称为**计算压杆临界应力的欧拉公式**。式（19-14）中 i 称为**横截面的惯性半径**，其量纲是［长度］。式（19-15）中 λ 称为压杆的**柔度**或**长细比**，是无量纲量。压杆的柔度 λ 综合反映了杆端约束情况、杆的长度和横截面几何性质对临界应力的影响。由式（19-16）可见，压杆的柔度越大，临界应力越低，压杆越容易失稳；柔度越小，压杆越不容易失稳。所以，柔度是压杆抵抗失稳的特征量，是压杆稳定计算中的一个重要参数。临界应力与柔度的二次方成反比，压杆总是在柔度较大的弯曲平面内失稳。

对于细长压杆临界应力的欧拉公式是利用挠曲线近似微分方程推导出来的，而该微分方程是基于胡克定律的，因此，欧拉公式只适用于杆内应力不超过材料比例极限 σ_p 的情况。于是，欧拉公式（19-16）的适用范围为

$$\sigma_{cr}=\frac{\pi^2E}{\lambda^2}\leqslant\sigma_p$$

或者

$$\lambda\geqslant\pi\sqrt{\frac{E}{\sigma_p}}$$

上式的右端项为仅与材料的力学性能相关的材料常数，记为 λ_p，即

$$\lambda_p=\pi\sqrt{\frac{E}{\sigma_p}} \tag{19-17}$$

式中　λ_p——与材料的比例极限相应的柔度。

于是压杆临界载荷及临界应力的欧拉公式（19-3）和式（19-16）的适用范围应为

$$\lambda\geqslant\lambda_p \tag{19-18}$$

对满足 $\lambda \geqslant \lambda_p$ 的压杆，称为**大柔度压杆**，也称为**细长压杆**。大柔度压杆在失稳时仍处于弹性范围，即为弹性压杆，其稳定性计算时采用欧拉公式。不同的材料，λ_p 的数值不同。以工程中常用的 Q235A 钢为例，$E = 206\text{GPa}$，$\sigma_p = 200\text{MPa}$，则 $\lambda_p \approx 100$，因此，由 Q235A 钢制成的压杆，只有当 $\lambda \geqslant \lambda_p = 100$ 时，才可使用欧拉公式计算其临界载荷和临界应力。

19.3.2　经验公式

工程实际中，经常会遇到柔度小于 λ_p 的压杆，这类压杆的临界应力超过了材料的比例极限，将发生弹塑性失稳，欧拉公式已不再适用。对于这类压杆临界应力的计算，通常采用建立在试验基础上的经验公式，工程中常用直线型的经验公式，即

$$\sigma_{cr} = a - b\lambda \tag{19-19}$$

式中　a、b——材料常数，单位为 MPa。

对于塑性材料制成的压杆，采用直线型经验公式计算临界应力 σ_{cr}时，应保证计算出来的应力 σ_{cr}应小于材料的屈服应力 σ_s，即

$$\sigma_{cr} = a - b\lambda < \sigma_s$$

故有

$$\lambda > \frac{a - \sigma_s}{b}$$

令

$$\lambda_s = \frac{a - \sigma_s}{b} \tag{19-20}$$

λ_s 为能够应用直线经验公式的压杆柔度的最小值，是与屈服应力相对应的柔度，只与材料的性质有关。于是中柔度压杆的直线经验公式的适用范围为

$$\lambda_s < \lambda < \lambda_p \tag{19-21}$$

通常将柔度满足式（19-21）的压杆称为**中柔度压杆**，也称**中长压杆**。

而对于脆性材料则以强度极限 σ_b 代替 σ_s，用符号 λ_0 代替 λ_s。柔度满足 $\lambda \leqslant \lambda_s$（或 λ_0）的压杆称为**小柔度压杆**，也称**短粗压杆**。对于短粗压杆，应按强度问题处理。

表 19-1 列出了几种常见材料的 a、b、λ_p 和 λ_s（或 λ_0）的数值。

表 19-1　常见材料的 a、b、λ_p、λ_s 值

材料（σ_s/MPa，σ_b/MPa）	a/MPa	b/MPa	λ_p	λ_s
Q235A 钢 $\begin{cases}\sigma_s = 235 \\ \sigma_b \geqslant 372\end{cases}$	304	1.12	≈100	≈60
优质碳钢 $\begin{cases}\sigma_s = 306 \\ \sigma_b \geqslant 470\end{cases}$	461	2.57		
硅钢 $\begin{cases}\sigma_s = 353 \\ \sigma_b \geqslant 510\end{cases}$	578	3.74		
铬钼钢	980	5.29	55	
硬铝	373	2.15	50	
铸铁	332	1.45	80	
松木	39.2	0.199	59	

19.3.3 临界应力总图

综上所述，压杆临界应力的计算公式可归纳如下：

1）当 $\lambda \geqslant \lambda_p$ 时，压杆为大柔度压杆（细长压杆），用欧拉公式计算临界应力 $\sigma_{cr}=\frac{\pi^2 E}{\lambda^2}$。

2）当 λ_s（或 λ_0）$<\lambda<\lambda_p$ 时，压杆为中柔度压杆（中长压杆），用直线经验公式计算临界应力 $\sigma_{cr}=a-b\lambda$。

3）当 $\lambda \leqslant \lambda_s$（或 λ_0）时，压杆为小柔度压杆（短粗压杆），用强度公式计算临界应力 $\sigma_{cr}=\sigma_s$（或 σ_b）。

若以柔度 λ 为横轴，临界应力 σ_{cr} 为纵轴，将以上压杆的临界应力与柔度之间的关系在 $\lambda-\sigma_{cr}$ 坐标系中绘出，得到的曲线称为**压杆的临界应力总图**，即图 19-6，适用于铸铁、合金钢、铝合金和木材制成的压杆和机械中的钢压杆。

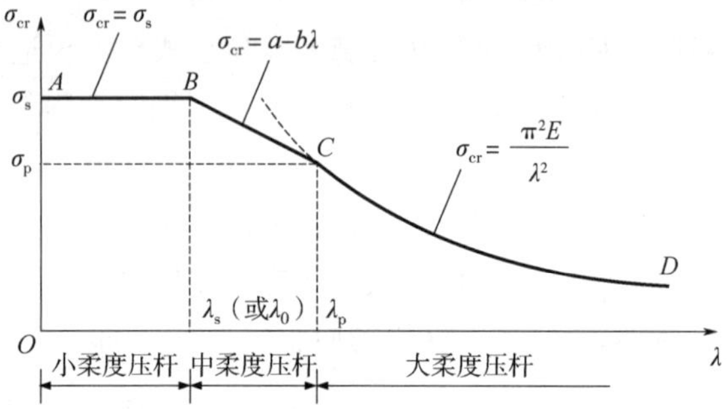

图 19-6 临界应力总图

从临界应力总图可以看出，对于由稳定性控制承载能力的细长压杆和中长压杆，其临界应力均随柔度的增加而减小；对于由强度控制承载能力的短粗压杆，则不必考虑其柔度的影响。

19.4 压杆的稳定性计算

以上的讨论已给出了压杆柔度的计算公式及大、中、小柔度压杆的临界应力和临界载荷的计算公式。本节将建立压杆的稳定性条件，并利用其校核结构的稳定性、计算许用载荷及设计压杆安全工作所必须具有的尺寸。

临界载荷 F_{cr} 相当于压杆稳定性的破坏载荷或极限载荷。为了保证压杆不会丧失稳定性必须使其具有足够的稳定安全储备，压杆所能承受的工作压力 F 不仅要小于临界载荷 F_{cr}，而且要小于压杆稳定许用载荷 F_{er}，即

$$F \leqslant [F_{er}]=\frac{F_{cr}}{[n_{st}]} \tag{19-22}$$

式中 $[n_{st}]$——规定的稳定安全因数。

由于失稳是突然发生的，稳定安全因数一般要比强度安全因数大。实际压杆不是理想压杆，难免存在初曲率、载荷偏心、材料不均匀及支座缺陷等因素，它们都会使压杆的临界载荷降低。而且柔度越大，上述因素影响也越大，所以 $[n_{st}]$ 的值也将随着 λ 的增大而增大。一般情况下，对于钢材，取 $[n_{st}]=1.8\sim3.0$；对于铸铁，取 $[n_{st}]=5.0\sim5.5$；对于木材，取 $[n_{st}]=2.8\sim3.2$，稳定安全因数还随压杆的工作条件变化而变化，例如钢制的磨床油缸活塞杆，取 $[n_{st}]=4\sim6$。不同情况可查相关专业的设计手册。

工程实际中，常把稳定条件公式（19-22）改写为如下形式：

$$n_{st}=\frac{F_{cr}}{F} \geqslant [n_{st}] \tag{19-23}$$

式中　n_{st}——临界载荷与实际工作压力的比值，称为**工作安全因数**，它表示压杆实际具备的安全因数。

式（19-23）的含义是：压杆的工作安全因数必须不小于规定的稳定安全因数。利用式（19-23）进行稳定计算的方法称为**安全因数法**。

必须指出，压杆的稳定性是对压杆的整体而言的，截面的局部削弱（如油孔、螺钉孔等）对杆件的整体弯曲变形影响很小，因而计算临界力时可不必考虑，仍采用未经削弱的横截面面积 A 和惯性矩 I。

例 19-3　如图 19-7a 所示两端固支的压杆，材料为 Q235A 钢，横截面面积 $A=32\times10^2\text{mm}^2$，$E=210\text{GPa}$，$\sigma_s=235\text{MPa}$，$\lambda_p=100$，$\lambda_s=61.6$，中柔度压杆临界应力 $\sigma_{cr}=(304-1.12\lambda)\text{MPa}$，试分别计算图 19-7b ~ e 所示四种截面压杆的临界载荷。

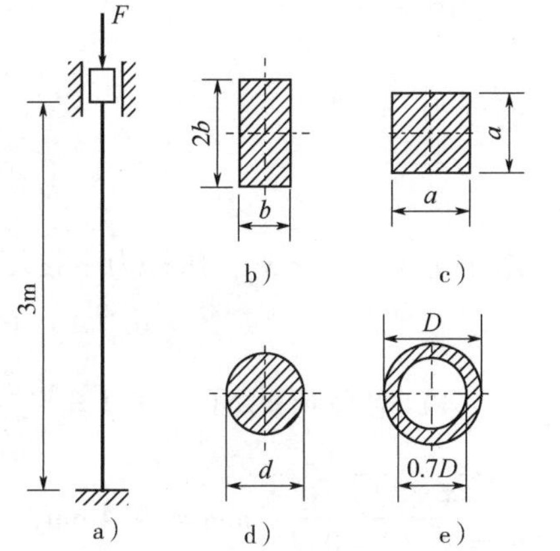

图 19-7　例 19-3 图

解：由于压杆两端固支，其长度因数 $\mu=0.5$。

1）矩形截面。由 $A=b\times2b$ 可得 $b=\sqrt{\dfrac{A}{2}}=\sqrt{\dfrac{32\times10^2}{2}}\text{mm}=40\text{mm}$。

对于矩形截面，压杆总是在最小弯曲刚度平面内发生弯曲，应取截面最小惯性矩来计算临界载荷，其截面最小惯性半径为

$$i_{\min}^{(b)}=\sqrt{\frac{I_{\min}^{(b)}}{A}}=\sqrt{\frac{\frac{1}{12}\times2b\times b^3}{b\times2b}}=\frac{\sqrt{3}}{6}b=\frac{\sqrt{3}}{6}\times40\text{mm}=11.55\text{mm}$$

最大柔度为

$$\lambda_{\max}^{(b)}=\frac{\mu l}{i_{\max}^{(b)}}=\frac{0.5\times3\times10^3}{11.55}=130>\lambda_p=100$$

压杆为细长压杆，临界应力用欧拉公式计算，于是

$$F_{cr}^{(b)}=\sigma_{cr}^{(b)}A=\frac{\pi^2E}{(\lambda_{\max}^{(b)})^2}\cdot A=\frac{\pi^2\times210\times10^9}{130^2}\times32\times10^{-4}\text{N}=392\text{kN}$$

2）正方形截面。由 $A=a^2$ 可得 $a=\sqrt{A}=\sqrt{32\times10^2}\text{mm}=40\sqrt{2}\text{mm}$，截面惯性半径为

$$i^{(c)}=\sqrt{\frac{I^{(c)}}{A}}=\sqrt{\frac{\frac{1}{12}a^4}{a^2}}=\frac{\sqrt{3}}{6}a=\frac{\sqrt{3}}{6}\times40\sqrt{2}\text{mm}=16.33\text{mm}$$

柔度为

$$\lambda^{(c)}=\frac{\mu l}{i^{(c)}}=\frac{0.5\times3\times10^3}{16.33}=91.8$$

由于 $\lambda_s<\lambda^{(c)}<\lambda_p$，压杆为中长压杆，临界应力用直线经验公式计算，于是

$$F_{cr}^{(c)}=\sigma_{cr}^{(c)}A=(304-1.12\times91.8)\times10^6\times32\times10^{-4}\text{N}=644\text{kN}$$

3）实心圆截面。由 $A=\dfrac{\pi d^2}{4}$ 可得 $d=\sqrt{\dfrac{4A}{\pi}}=\sqrt{\dfrac{4\times32\times10^2}{\pi}}\text{mm}=63.8\text{mm}$，截面惯性半径为

$$i^{(d)}=\sqrt{\frac{I^{(d)}}{A}}=\sqrt{\frac{\frac{\pi d^4}{64}}{\frac{\pi d^2}{4}}}=\frac{d}{4}=15.95\text{mm}$$

柔度为

$$\lambda^{(d)}=\frac{\mu l}{i^{(d)}}=\frac{0.5\times3\times10^3}{15.95}=94$$

由于 $\lambda_s<\lambda^{(d)}<\lambda_p$，压杆为中长压杆，临界应力用直线经验公式计算，于是

$$F_{cr}^{(d)}=\sigma_{cr}^{(d)}A=(304-1.12\times94)\times32\times10^{-4}\text{N}=636\text{kN}$$

4）空心圆截面。由 $d=\frac{0.7D}{D}=0.7$，$A=\frac{\pi D^2}{4}(1-\alpha^2)$ 可得 $D=\sqrt{\frac{4A}{\pi(1-\alpha^2)}}=\sqrt{\frac{4\times32\times10^2}{\pi\times(1-0.7^2)}}\text{mm}=89.4\text{mm}$，截面惯性半径为

$$i^{(e)}=\sqrt{\frac{I^{(e)}}{A}}=\sqrt{\frac{\frac{\pi D^4(1-\alpha^4)}{64}}{\frac{\pi D^2(1-\alpha^2)}{4}}}=\frac{D}{4}\sqrt{(1+\alpha^2)}=\frac{89.4}{4}\times\sqrt{(1+0.7^2)}\text{mm}=27.3\text{mm}$$

柔度为

$$\lambda^{(e)}=\frac{\mu l}{i^{(e)}}=\frac{0.5\times3\times10^3}{27.3}=55<\lambda_s=61.6$$

压杆为短粗压杆，临界应力按强度条件计算，于是

$$F_{cr}^{(e)}=\sigma_{cr}^{(e)}A=\sigma_sA=235\times10^6\times32\times10^{-4}\text{N}=752\text{kN}$$

例 19-4 一简易起重机的托架如图 19-8a 所示，最大起重力 $F=18\text{kN}$，已知杆 JK 的横截面为外径 $D=6\text{cm}$、内径 $d=4.5\text{cm}$ 的空心圆截面，材料为 Q235 钢（弹性模量 $E=206\text{GPa}$，$\sigma_p=200\text{MPa}$，$\sigma_s=235\text{MPa}$，$a=304\text{MPa}$，$b=1.12\text{MPa}$），规定稳定安全因数 $[n_{st}]=3.5$，试校核此压杆是否稳定。

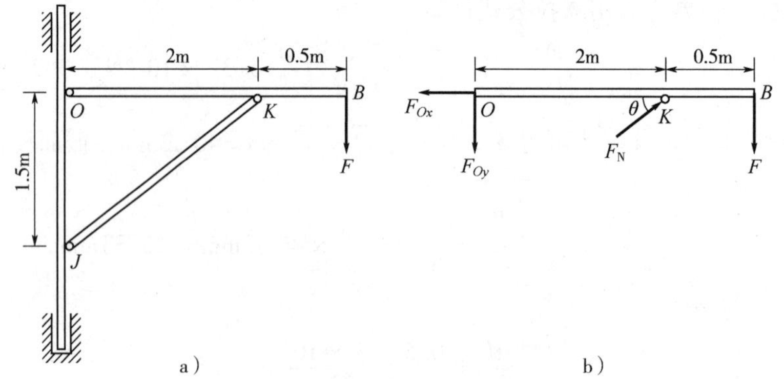

图 19-8 例 19-4 图

解：1）求杆 JK 的轴力。以杆 OB 为研究对象，受力如图 19-8b 所示。

$$\sum M_O=0\Rightarrow F_N\sin\theta\times2-F\times2.5=0$$

$$\Rightarrow F_N=\frac{2.5F}{2\sin\theta}=\frac{5F}{4\sin\theta}=\frac{5F}{4\times\frac{3}{5}}=\frac{25}{12}F=\frac{25}{12}\times18\text{kN}=37.5\text{kN}$$

2）压杆 JK 的类型判断。

惯性半径

$$i=\sqrt{\frac{I}{A}}=\sqrt{\frac{\frac{\pi D^4}{64}\ (1-\alpha^4)}{\frac{\pi D^2}{4}\ (1-\alpha^2)}}=\frac{D}{4}\sqrt{(1+\alpha^2)}=\frac{6}{4}\times\sqrt{\left[1+\left(\frac{4.5}{6}\right)^2\right]}\text{cm}=\frac{3}{2}\times\frac{5}{4}\text{cm}=1.875\text{cm}$$

柔度为

$$\lambda=\frac{\mu l}{i}=\frac{1\times 2.5\times 10^2}{1.875}=\frac{400}{3}=133.33$$

$$\lambda_p=\pi\sqrt{\frac{E}{\sigma_p}}=\pi\sqrt{\frac{206\times 10^3}{200}}\approx 100.83<\lambda=133.33$$

故压杆 JK 为大柔度压杆。

3）压杆 JK 的稳定性校核。

压杆 JK 的临界应力为

$$\sigma_{cr}=\frac{\pi^2 E}{\lambda^2}=\frac{\pi^2\times 206\times 10^3}{\left(\frac{400}{3}\right)^2}\text{MPa}=114.36\text{MPa}$$

压杆 JK 的工作应力为

$$\sigma=\frac{F_N}{A}=\frac{F_N}{\frac{\pi D^2}{4}(1-\alpha^2)}=\frac{37.5\times 10^3}{\frac{\pi\times 0.06^2}{4}\times\left[1-\left(\frac{4.5}{6}\right)^2\right]}\text{Pa}=30.32\text{MPa}$$

$$n_{st}=\frac{F_{cr}}{F_N}=\frac{\sigma_{cr}}{\sigma}=\frac{114.36}{30.32}=3.77>[n_{st}]=3.5$$

故压杆 JK 的稳定性安全。

例 19-5 平面桁架受力如图 19-9a 所示，各杆以球铰连接，横截面尺寸均为 $b\times h=$ 20mm×30mm 的矩形，材料为 Q235 钢，$E=200\text{GPa}$，$\sigma_p=220\text{MPa}$，$\sigma_s=240\text{MPa}$，中柔度压杆的临界应力经验公式为 $\sigma_{cr}=(304-1.12\lambda)\text{MPa}$，规定的稳定安全因数 $[n_{st}]=3$，试根据结构的稳定性确定许用载荷 $[F]$。

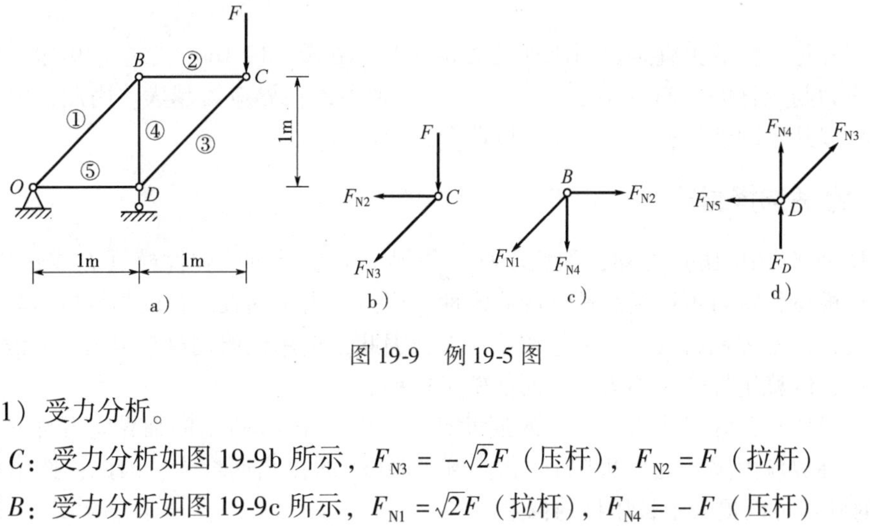

图 19-9 例 19-5 图

解： 1）受力分析。

节点 C：受力分析如图 19-9b 所示，$F_{N3}=-\sqrt{2}F$（压杆），$F_{N2}=F$（拉杆）

节点 B：受力分析如图 19-9c 所示，$F_{N1}=\sqrt{2}F$（拉杆），$F_{N4}=-F$（压杆）

节点 D：受力分析如图 19-9d 所示，$F_{N5}=-F$（压杆）

由于杆③受压，轴力最大，且杆③长度最长，故应校核杆③的稳定性。

2）杆③的柔度计算。

$$i_{\min}=\sqrt{\frac{I}{A}}=\sqrt{\frac{\frac{hb^3}{12}}{bh}}=\frac{\sqrt{3}}{6}b$$

$$\lambda=\frac{\mu l}{i_{\min}}=\frac{1\times\sqrt{2}\times 1000}{\frac{\sqrt{3}}{6}\times 20}=100\sqrt{6}=244.95$$

$$\lambda_p=\pi\sqrt{\frac{E}{\sigma_p}}=\pi\sqrt{\frac{200\times 10^3}{220}}=94.72$$

则 $\lambda>\lambda_p$ 为大柔度压杆，适用于欧拉公式。

$$\sigma_{cr}=\frac{\pi^2 E}{\lambda^2}$$

$$F_{cr}=\sigma_{cr}A$$

所以

$$[F_{cr}]=\frac{F_{cr}}{[n_{st}]}=\frac{\frac{\pi^2 E}{\lambda^2}\cdot A}{[n_{st}]}=\frac{\pi^2 EA}{\lambda^2[n_{st}]}$$

$$=\frac{\pi^2\times(200\times 10^3)\times(20\times 30)}{(100\sqrt{6})^2\times 3}\text{N}=\frac{2\pi^2}{3}\text{kN}$$

3）确定许用载荷。

$$[F]=\frac{[F_{cr}]}{\sqrt{2}}=\frac{\frac{2\pi^2}{3}}{\sqrt{2}}\text{kN}=\frac{\sqrt{2}\pi^2}{3}\text{kN}=4.65\text{kN}$$

19.5 提高压杆稳定性的措施

提高压杆稳定性的关键是提高压杆的临界应力。由式（19-16）或式（19-19）可知，压杆的临界应力与压杆的材料和柔度 λ 有关，柔度越小，临界应力越大。因此，提高压杆的稳定性，可以从合理选择材料和减小柔度两个方面进行。

19.5.1 合理选择材料

由欧拉公式（19-16）可知，细长压杆的临界应力与材料的弹性模量 E 成正比，因此，选用高弹性模量的材料可以提高压杆的稳定性。但是，由于细长压杆的临界应力与材料的强度指标无关，而各种钢材的弹性模量相差不大，因此，选用优质钢材与选用普通钢材相比对提高细长压杆的稳定性作用不大，反而浪费了材料。

对于中长压杆，临界应力与材料的强度有关，由图 19-6 所示的临界应力总图可知，对塑性材料，临界应力随着屈服极限 σ_s 和比例极限 σ_p 的提高而增大，因此，选用优质钢材（高强度钢材）可以提高中长压杆的稳定性。

19.5.2　减小柔度

由压杆的柔度计算公式（19-15）可知，减小柔度可采取下列措施：

1. 减小压杆的长度

压杆的柔度与压杆的长度成正比，因此在结构允许的情况下，尽量减小压杆的长度，或增加中间支座，可明显提高压杆的稳定性。

2. 改善杆端约束，即支承情况，减小长度因数 μ

压杆两端的约束越强，长度因数 μ 的值就越小，柔度也就越小，其临界压力（临界载荷）也就越大。

3. 选择合理的截面形状

截面的惯性半径 $i=\sqrt{\frac{I}{A}}$ 越大，压杆的柔度 λ 越小。因此，当横截面面积一定时，尽可能地提高截面的惯性矩 I。例如，对于横截面面积相同的截面形状，图 19-10a 所示中空截面就比图 19-10b 所示实心截面的稳定性好。

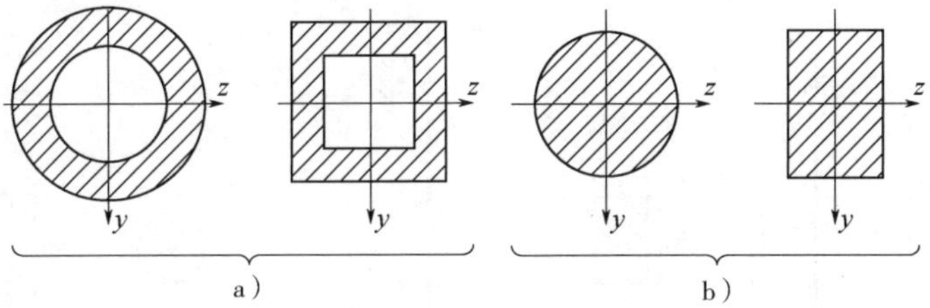

图 19-10　相同截面面积的图形的惯性矩比较

柔度与压杆的长度、约束条件、截面形状和尺寸等因素有关，当压杆可能在不同的纵向平面内弯曲时，应综合考虑这些因素，使得压杆在各个纵向弯曲平面内的柔度尽可能相等，这样压杆在各个方向就尽可能具有相同的稳定性，从而充分发挥压杆失稳的能力，这种结构称为等稳定性结构。对于工程中常用的型钢，可以通过组合使压杆在各弯曲纵向平面内具有相同的稳定性，当压杆两端在各弯曲纵向平面内具有相同的约束（也就是各向同性约束，如球铰约束、固定端约束）时，图 19-11a 用两根槽钢组合的截面就比图 19-11b 组合的截面的稳定性好。如果压杆在两个互相垂直的主平面（由各横截面同一惯性主轴组成）内支承不同，例如压杆两端的光滑圆柱铰链（图 19-12）在垂直于轴销轴线的平面（xz 平面）内，轴销对杆的约束相当于铰支；而在平行于轴销轴线的平面（xy 平面）内，轴销对杆的约束接近于固定端。压杆在这两个平面内的长度因数 μ 不同，截面的惯性矩 I_y 和 I_z 也不同，理想的设计是使压杆在上述两个方向（分别与 xz、xy 平面垂直）的柔度相等，即

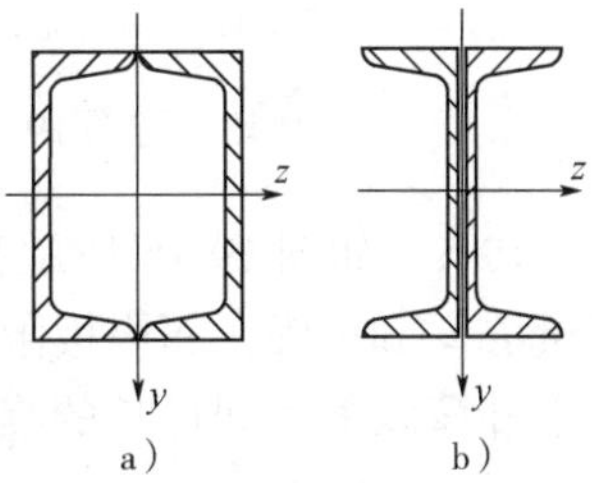

图 19-11　槽钢的两种组合方式的比较

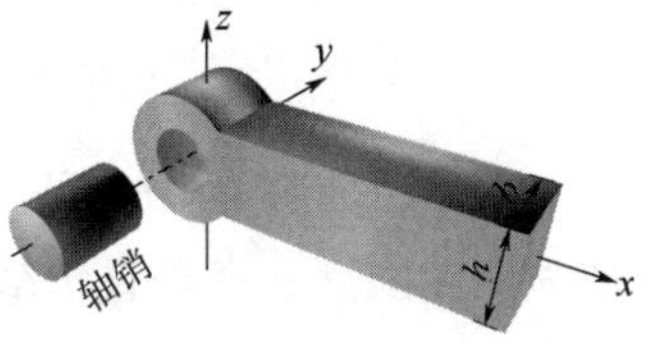

图 19-12　光滑圆柱铰链示意图

$$\frac{(\mu l)_{xz}}{\sqrt{\frac{I_y}{A}}}=\frac{(\mu l)_{xy}}{\sqrt{\frac{I_z}{A}}}\Rightarrow\frac{l}{\frac{\sqrt{3}}{6}h}=\frac{0.5l}{\frac{\sqrt{3}}{6}b}\Rightarrow b=0.5h$$

习　　题

19-1　一根用钢制成的圆截面细长压杆，两端铰支，杆的长度为 $l=1.5\text{m}$，横截面直径为 $d=50\text{mm}$，材料的弹性模量为 $E=200\text{GPa}$，试求压杆的临界载荷。

19-2　四根钢制圆截面细长压杆，横截面直径均为 $d=25\text{mm}$，材料的弹性模量为 $E=200\text{GPa}$。各杆两端约束情况和杆长 l 不同，试求各杆的临界载荷：①两端铰支，杆长 $l=600\text{mm}$；②两端固支，杆长 $l=1500\text{mm}$；③一端固支，一端自由，杆长 $l=400\text{mm}$；④一端固支，一端铰支，杆长 $l=1000\text{mm}$。

19-3　如图 19-13a ~ c 所示，三根压杆的长度均为 $l=30\text{cm}$，横截面尺寸如图 19-13d 所示，材料为 Q235A 钢，$E=210\text{GPa}$，试求各杆的临界载荷。

19-4　如图 19-14 所示两端球形铰支细长压杆，长度为 $l=100\text{cm}$，材料为 A3 钢，弹性模量 $E=210\text{GPa}$，屈服极限 $\sigma_s=240\text{MPa}$。试求杆为以下截面时的临界载荷：①圆形截面，$d=25\text{mm}$；②矩形截面，$h=2b=40\text{mm}$；③16 号工字钢。

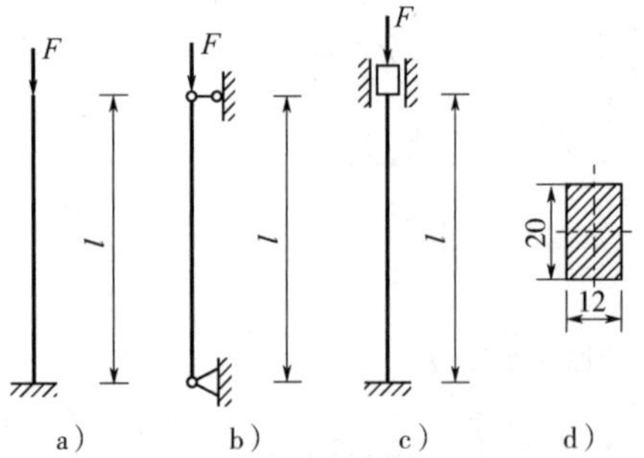

图 19-13　习题 19-3 图

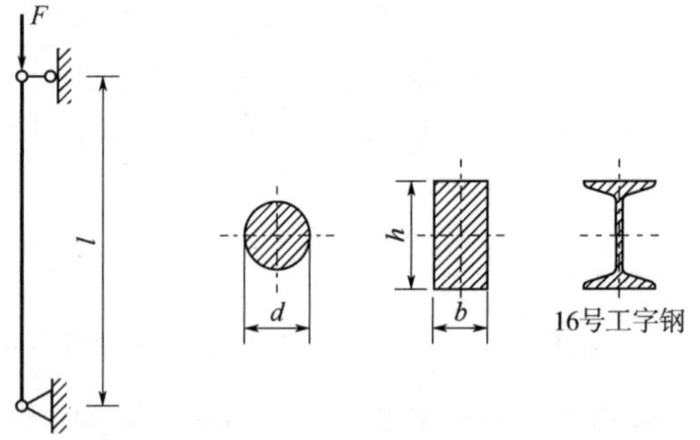

图 19-14　习题 19-4 图

19-5　如图 19-15 所示直径 $d=160\text{mm}$ 的圆截面压杆，两端均为球形铰支，材料的弹性模量 $E=200\text{GPa}$，屈服极限 $\sigma_s=240\text{MPa}$，$\lambda_p=100$，$\lambda_s=60$，$a=304\text{MPa}$，$b=1.12\text{MPa}$。试分别计算以下不同杆长的临界载荷：①$l=5\text{m}$；②$l=2.5\text{m}$；③$l=1.25\text{m}$。

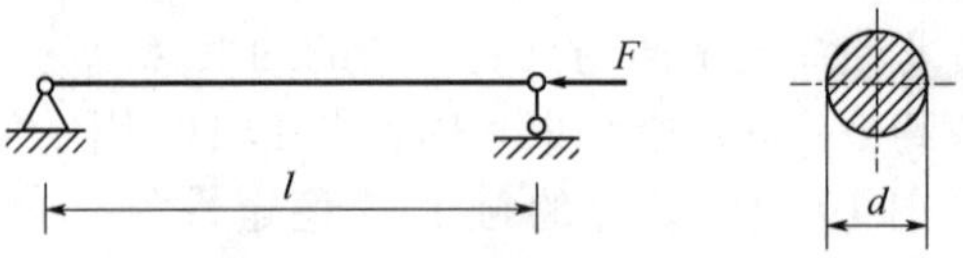

图 19-15　习题 19-5 图

19-6　如图 19-16 所示矩形截面松木柱，其两端约束情况为：在纸平面 xy 内失稳时，可视为两端固支；在垂直于纸平面 xz 内失稳时，可视为上端自由、下端固支，已知材料的弹性模量 $E=10\text{GPa}$，$\lambda_p=60$，试求该松木柱的临界载荷。

19-7　如图 19-17 所示钢管柱，上端铰支，下端固支，外径 $D=76\text{mm}$，内径 $d=64\text{mm}$，长度 $l=2.5\text{m}$，材料为铬锰合金钢，比例极限 $\sigma_p=540\text{MPa}$，弹性模量 $E=215\text{GPa}$，承受压力 $F=150\text{kN}$，规定的稳定安全因数 $[n_{st}]=3.5$，试校核此钢管柱的稳定性。

19-8　结构受力如图 19-18 所示，O 端为固定铰支的刚性杆 OB 位于铅垂方向，在其中点 C 与直径为 d 的圆截面直杆 CD 铰接，D 为固定铰支座，各铰均为光滑球铰；杆 CD 所用材料的参数为：$E=200\text{GPa}$，$\lambda_p=96$，$\lambda_s=60$，中柔度压杆临界应力经验公式为 $\sigma_{cr}=(304-1.12\lambda)\text{MPa}$；已知 $d=40\text{mm}$，$a=500\text{mm}$，若取稳定安全因数 $[n_{st}]=4$，试确定结构不失稳的最大允许载荷 $[F]$。

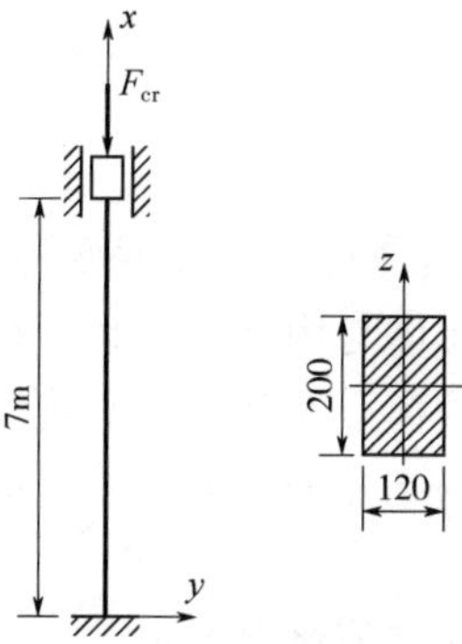

图 19-16　习题 19-6 图

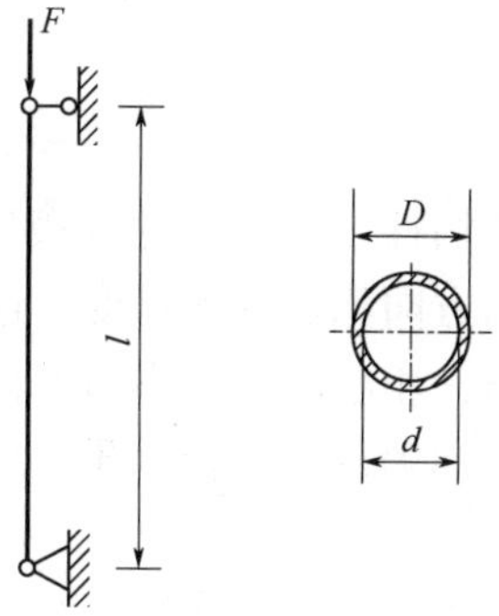

图 19-17　习题 19-7 图

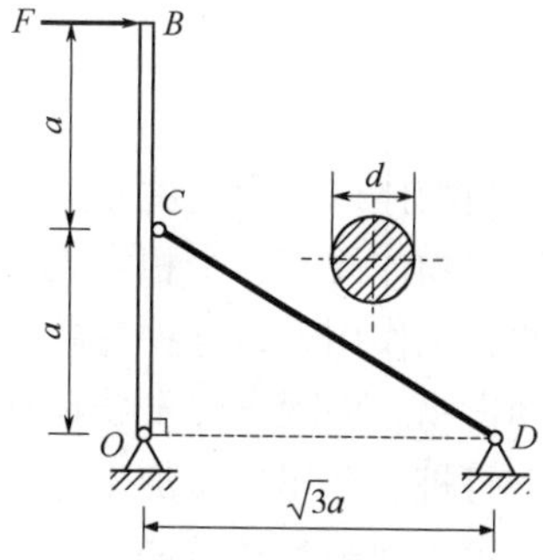

图 19-18　习题 19-8 图

19-9　如图 19-19 所示结构位于 xy 平面内，OC、CG 均为刚性梁，水平梁 CG 在斜杆 BD 的支承下受到均布载荷 q 的作用。斜杆 BD 横截面为 $b\times h$ 的矩形，$b=20\text{mm}$，$h=30\text{mm}$，两端为柱铰，在 xy 平面内弯曲可视为两端铰支，在 xz 平面内弯曲可视为两端固支。已知杆 BD 的弹性模量 $E=200\text{GPa}$，$\lambda_p=100$，$\lambda_s=60$，中柔度压杆临界应力经验公式 $\sigma_{cr}=(304-1.12\lambda)\text{MPa}$。若取稳定安全因数 $[n_{st}]=2.5$，$a=1\text{m}$，试确定许用的最大分布载荷集度 $[q]$。

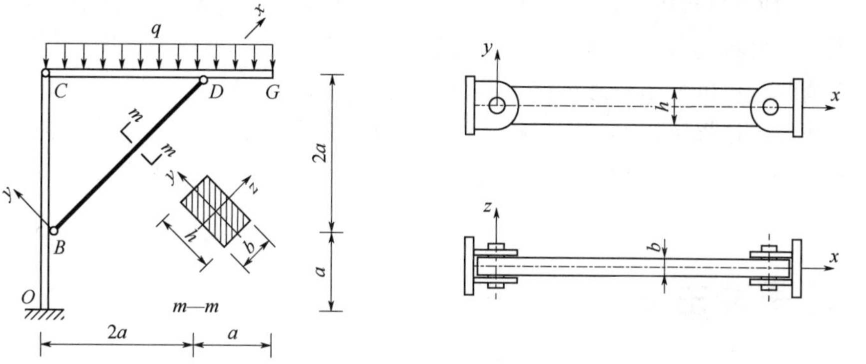

图 19-19　习题 19-9 图

19-10　如图 19-20a 所示一端固定、一端铰支的圆截面杆 OB，横截面直径 $d=100\text{mm}$，已知杆材料为 Q235A 钢，$E=200\text{GPa}$，规定的稳定安全因数 $[n_{st}]=3$。①杆 OB 的许用载荷为多少；②为提高压杆的承载能力，在杆 OB 的 C 处增加中间球铰链支承，将 OB 分成 OC、CB 两段，如图 19-20b 所示，此时的许用载荷是多少？

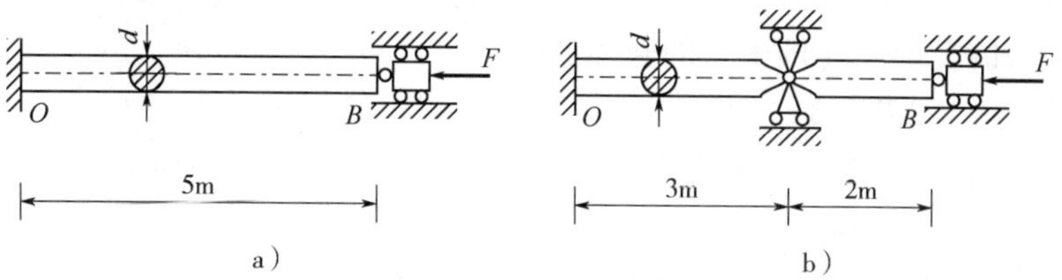

图 19-20　习题 19-10 图

第 20 章　冲击载荷

当物体以一定速度碰撞到结构的构件上时，构件在极短的时间内使物体的速度变为零。这样，物体便有一个相当大的与运动方向相反的加速度，这时，在物体与构件之间必存在很大的相互作用力，这种现象称为**冲击**，相应的相互作用力称为**冲击载荷**。通常运动的物体称为冲击物，而阻止冲击物运动的构件称为被冲击物。在工程中经常遇到冲击现象，如汽锤锻造、打桩、金属冲压加工等。

由于冲击物和被冲击物之间的冲击过程时间很短，冲击物的加速度值难以测定，且在冲击过程中加速度值也是变化的，因此冲击载荷不能通过对冲击物应用动力学方程计算得到，必须寻求别的途径。工程上一般采用偏于安全的能量法。为简化计算，分析时假设：①冲击物为刚体，其变形忽略不计，即不计冲击物本身变形引起的变形能；②不计被冲击物的质量，即不考虑冲击过程中被冲击物的动能；③忽略其他形式的能量损失，即不计冲击过程中发声、发光、发热以及局部塑性变形等消耗的能量；④冲击物与被冲击物构件一经接触，就相互附着共同运动，直至构件上被冲击处的位移达到最大值（此时，冲击物的速度变为零）；⑤在整个冲击过程中，构件始终处于线弹性范围内，且忽略材料性能的变化，即在冲击载荷作用下，材料仍服从胡克定律，且弹性模量的数值也与静载荷作用时相等。计算受冲击构件的强度时，仍可采用静载情况下的强度指标。

显然，在冲击过程中，不计能量损耗得到的构件的最大变形大于实际构件的变形，计算所得最大冲击载荷也大于构件实际所受到的最大载荷，因此，按此计算所得结果是偏安全的。

20.1　铅垂冲击

如图 20-1 所示，假设被冲击物是一个刚度系数为 k 的弹簧，重力为 P 的物体从高度 h 处自由下落到铅垂放置的弹簧顶端而发生冲击。冲击物与弹簧接触后，速度大小很快改变，在冲击速度减为零的瞬时，弹簧受到最大的冲击力 F_d，产生最大的动变形 δ_d。根据系统机械能守恒定律，冲击物在冲击过程中的动能减少量 ΔT 和重力势能减少量 ΔV 之和等于弹簧的变形能（即弹簧的弹性势能）V_ε，即

$$\Delta T + \Delta V = V_\varepsilon \tag{20-1}$$

由于冲击物的初始和终了的速度都等于零，故

$$\Delta T = 0$$

冲击物从初始位置到终了位置的重力势能减小量为

$$\Delta V = P(h + \delta_d)$$

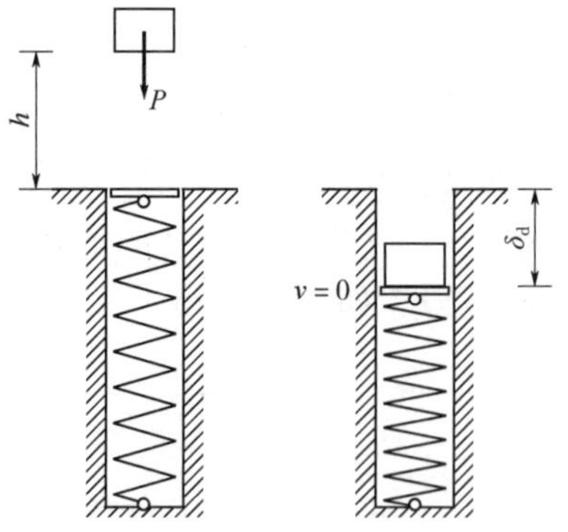

图 20-1　重力为 P 的重物从高度为 h 处自由下落冲击铅垂弹簧

在材料服从胡克定律的情况下，冲击力和弹簧的变形成正比，考虑到 $F_d = k\delta_d$，弹簧的变形能（弹性势能）为

$$V_\varepsilon = \frac{1}{2}k\delta_d^2 = \frac{1}{2}F_d\delta_d$$

将 ΔT、ΔV 和 V_ε 代入式（20-1）得

$$P(h+\delta_d) = \frac{1}{2}F_d\delta_d \tag{20-2}$$

如图20-2所示，若冲击物重力以静载荷的方式作用于弹簧顶端，弹簧所产生的静变形为 δ_{st}，则 $P = k\delta_{st}$，令

$$\frac{F_d}{P} = \frac{\delta_d}{\delta_{st}} = K_d \tag{20-3}$$

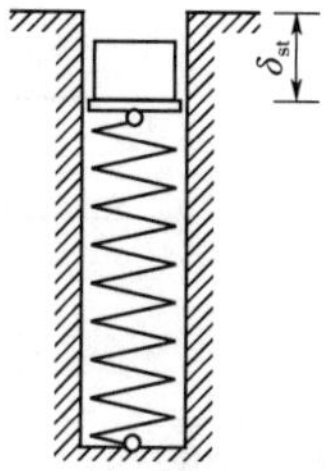

图20-2 冲击物以静载荷方式作用于铅垂弹簧

式中 K_d——自由落体冲击时的**动荷因数**，是动载荷与静载荷、动变形与静变形的比值。

由式（20-3）得

$$F_d = K_dP, \delta_d = K_d\delta_{st} \tag{20-4}$$

将式（20-3）代入式（20-2）得

$$(h+\delta_d) = \frac{1}{2}\frac{F_d}{P}\delta_d$$

进一步地写为

$$2(h+K_d\delta_{st}) = K_d^2\delta_{st}$$

于是有

$$K_d^2 - 2K_d - \frac{2h}{\delta_{st}} = 0$$

解此关于 K_d 的一元二次方程得

$$K_d = \frac{-(-2) \pm \sqrt{(-2)^2 - 4\times1\times\left(-\frac{2h}{\delta_{st}}\right)^2}}{2\times1} = 1 \pm \sqrt{1+\frac{2h}{\delta_{st}}}$$

显然 K_d 不能为负，于是舍去负根，得

$$K_d = 1 + \sqrt{1+\frac{2h}{\delta_{st}}} \tag{20-5}$$

现在回到重物沿铅垂方向冲击一弹性结构，一般来说，该弹性结构可简化为刚度系数为 k 的广义弹簧模型。于是，式（20-5）中 δ_{st} 为冲击物重力 P 以静载荷方式沿铅垂方向作用于被冲击物上时，冲击点沿冲击方向的静位移，h 是初速度为零的冲击物自由下落的高度。

对于冲击过程中刚度不变的线弹性结构，在最大冲击载荷 F_d 作用下所产生的内力、应力、位移、应变都是静载（冲击物的重力以静载荷方式沿冲击方向作用于被冲击物上）时所对应的内力、应力、位移、应变的 K_d 倍。也就是说，虽然动荷因数 K_d 由冲击点的静位移求得，但适用于整个冲击系统，即冲击系统的动荷因数只有一个，构件上所有点的动应力、动位移都是静载时对应点的静应力、静位移的 K_d 倍。由式（20-5）知，当 $h=0$ 时，$K_d=2$，相当于将冲击物重力 P 突然加到被冲击物上，此时被冲击物上各点的动应力、动线位移和各截面的动转角都是静载荷作用下对应值的两倍，此种情况称为突加载荷；当冲击物自由下落的高

度 h 较大时，即 $\frac{2h}{\delta_{st}} \gg 1$ 时，可近似取 $K_d = 1 + \sqrt{\frac{2h}{\delta_{st}}}$；当 h 很大时，可再近似取 $K_d = \sqrt{\frac{2h}{\delta_{st}}}$。

例 20-1　如图 20-3a 所示一长度为 l 的等截面水平悬臂梁 AB，其弯曲刚度为 EI，弯曲截面系数为 W，重力为 P 的冲击物自高度为 h 处自由下落冲击梁的自由端点 B，试求梁的动荷因数、最大冲击应力 $\sigma_{d,max}$ 和自由端面 B 的动转角 $\theta_{B,d}$。

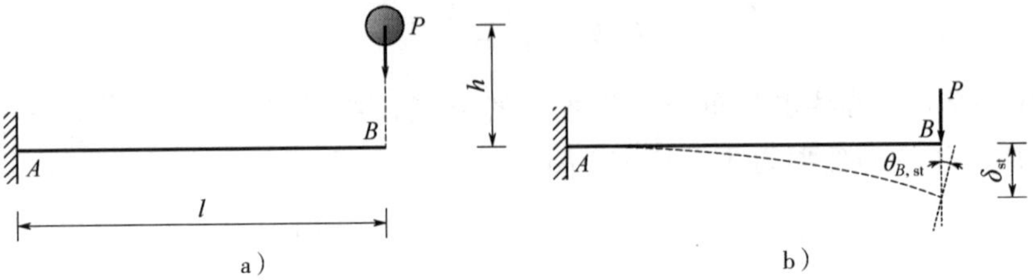

图 20-3　例 20-1 图

解：如图 20-3b 所示，当重物的重力 P 以静载方式作用于自由端 B 时，由表 16-1 查得 B 点的静挠度和静转角分别为

$$\delta_{B,st} = \frac{Pl^3}{3EI}(\downarrow), \theta_{B,st} = \frac{Pl^2}{2EI}(\circlearrowright)$$

梁的动荷因数为

$$K_d = 1 + \sqrt{1 + \frac{2h}{\delta_{st}}} = 1 + \sqrt{1 + \frac{6EIh}{Pl^3}}$$

在静载荷作用下，梁的最大弯曲正应力发生在 A 截面上，其大小为

$$\sigma_{st,max} = \frac{M_{max}}{W} = \frac{Pl}{W}$$

所以梁的最大冲击应力为

$$\sigma_{d,max} = K_d\sigma_{st,max} = \left(1 + \sqrt{1 + \frac{6EIh}{Pl^3}}\right)\frac{Pl}{W}$$

梁的端面 B 的动转角为

$$\theta_{B,d} = K_d\theta_{B,st} = \left(1 + \sqrt{1 + \frac{6EIh}{Pl^3}}\right)\frac{Pl^3}{2EI}(\circlearrowright)$$

例 20-2　如图 20-4 所示两个相同的钢梁受相同的自由落体的冲击，一个支于刚性支座上，另一个支于刚度系数 $k = 100\text{N/m}$ 的两个弹簧上，已知 $l = 3\text{m}$，$h = 50\text{mm}$，$P = 1\text{kN}$，钢梁的 $I = 34 \times 10^6\text{mm}^4$，$W_z = 309 \times 10^3\text{mm}^3$，$E = 200\text{GPa}$，试比较二者的动应力。

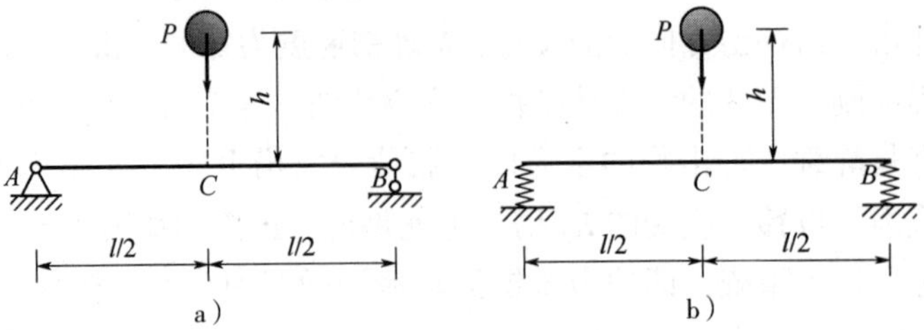

图 20-4　例 20-2 图

解：1）计算图 20-4a 所示梁的最大冲击应力。

查表16-1知梁的冲击点 C 的静挠度为

$$\delta_{st}^{(a)}=\frac{Pl^3}{48EI}=\frac{(1\times10^3)\times3^3}{48\times(200\times10^9)\times(34\times10^6\times10^{-12})}\text{m}=8.27\times10^{-5}\text{m}=0.0827\text{mm}$$

$$K_d^{(a)}=1+\sqrt{1+\frac{2h}{\delta_{st}^{(a)}}}=1+\sqrt{1+\frac{2\times50}{0.0827}}=35.8$$

在静载荷作用下，梁的最大弯矩发生在截面 C 处，其值为 $M_{max}=\frac{1}{4}Pl$，梁的最大静应力为

$$\sigma_{st,max}=\frac{M_{max}}{W_z}=\frac{\frac{1}{4}Pl}{W_z}=\frac{(1\times10^3)\times3}{4\times(309\times10^3\times10^{-9})}\text{Pa}=2.43\times10^6\text{Pa}=2.43\text{MPa}$$

所以梁的最大动应力为

$$\sigma_{d,max}^{(a)}=K_d^{(a)}\sigma_{st,max}=35.8\times2.43\text{MPa}=87\text{MPa}$$

2）计算图20-4b所示梁的最大冲击应力。

在静载荷作用下，梁的支座约束力 $F_A=F_B=\frac{P}{2}$，由弹簧变形进一步引起 C 截面的静挠度为

$$\delta_{st}^{(k)}=\frac{F_A}{k}=\frac{P}{2k}=\frac{1\times10^3}{2\times(100\times10^3)}\text{m}=5\times10^{-3}\text{m}$$

所以

$$\delta_{st}^{(b)}=\delta_{st}^{(a)}+\delta_{st}^{(k)}=(8.27\times10^{-2}+5)\times10^{-3}\text{m}=5.0827\text{mm}$$

$$K_d^{(b)}=1+\sqrt{1+\frac{2h}{\delta_{st}^{(b)}}}=1+\sqrt{1+\frac{2\times50}{5.0827}}=5.55$$

所以梁的最大动应力为

$$\sigma_{d,max}^{(b)}=K_d^{(b)}\sigma_{st,max}=5.55\times2.43\text{MPa}=13.5\text{MPa}$$

由上述结果可以看出，两端为弹性支座梁的冲击应力比两端为刚性支座梁的冲击应力明显下降，这是由于弹簧吸收了能量，起到了缓解冲击的作用。

例20-3　如图20-5所示上端固支的铅垂圆截面钢杆，其下端固连一圆盘，盘上放置一插入钢杆的弹簧。已知弹簧在1kN的静载荷作用下缩短了0.0625cm。钢杆的直径 $d=4$cm。长度 $l=4$m。许用应力 $[\sigma]=120$MPa，$E=200$GPa。若有重力为 $P=15$kN的重物自由下落，试求其许用高度 $[h_1]$；又若没有弹簧，则许用高度 $[h_2]$ 将变为多大？并做一比较。

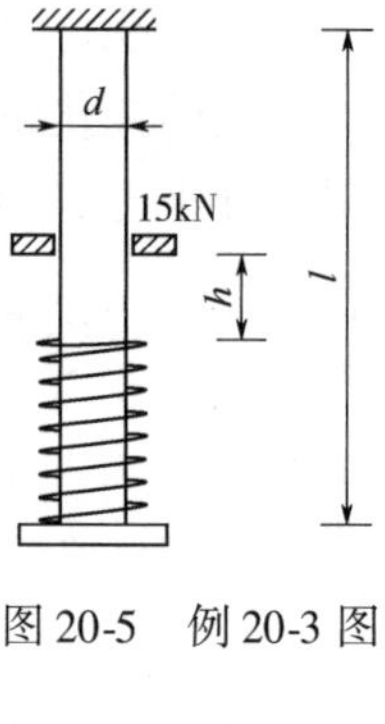

图20-5　例20-3图

解： 1）弹簧的刚度系数：

$$k=\frac{1000}{0.0625}\text{N/cm}=16000\text{N/cm}=1.6\times10^6\text{N/m}$$

将重力为 P=15kN 的静载荷作用于弹簧的上端，弹簧上端的静位移为

$$\delta_{st}^{(1)}=\frac{P}{k}+\frac{Pl}{EA}=\left[\frac{15000}{1.6\times10^6}+\frac{15000\times4}{200\times10^9\times\frac{\pi}{4}\times(4\times10^{-2})^2}\right]\text{m}$$

$$=(9.38\times10^{-3}+0.24\times10^{-3})\text{m}=9.62\times10^{-3}\text{m}$$

钢杆横截面上的静应力为

$$\sigma_{st}=\frac{P}{A}=\frac{15000}{\frac{\pi}{4}\times(4\times10^{-2})^2}\text{Pa}=11.94\times10^{6}\text{Pa}=11.94\text{MPa}$$

动荷因数 $$K_d^{(1)}=1+\sqrt{1+\frac{2h_1}{\delta_{st}^{(1)}}}=1+\sqrt{1+\frac{2h_1}{9.62\times10^{-3}}}$$

由强度条件 $$\sigma_d^{(1)}=K_d^{(1)}\sigma_{st}\leqslant[\sigma]$$

即 $$\left(1+\sqrt{1+\frac{2h_1}{9.62\times10^{-3}}}\right)\times11.94\leqslant120$$

可解得 $h_1\leqslant0.389\text{m}$，于是 $[h_1]=0.389\text{m}$。

2）若无弹簧，则静位移仅为钢杆的静伸长量，即

$$\delta_{st}^{(2)}=\frac{Pl}{EA}=0.24\times10^{-3}\text{m}$$

动荷因数 $$K_d^{(2)}=1+\sqrt{1+\frac{2h_2}{\delta_{st}^{(2)}}}=1+\sqrt{1+\frac{2h_2}{0.24\times10^{-3}}}$$

由强度条件 $$\sigma_d^{(2)}=K_d^{(2)}\sigma_{st}\leqslant[\sigma]$$

即 $$\left(1+\sqrt{1+\frac{2h_2}{0.24\times10^{-3}}}\right)\times11.94\leqslant120$$

可解得 $h_2\leqslant0.0097\text{m}$，于是 $[h_2]=0.0097\text{m}$。

可见增加一弹簧，可大大提高钢杆在受到自由落体冲击时自由落体下落的许用高度。

20.2　水平冲击

当自重为 P 的重物以速度 v 沿水平方向冲击弹性结构时，该弹性结构可简化等效为一水平放置的刚度系数为 k 的弹簧，如图 20-6 所示，由于冲击物在冲击过程中高度不变，所以其重力势能的变化量 $\Delta V=0$；当冲击物速度变为零时，弹簧受到最大冲击力 F_d 的作用，冲击开始至弹簧最大变形 δ_d 时，冲击物动能的变化量为 $\Delta T=\frac{1}{2}\frac{P}{g}v^2$，此时弹簧的变形能（即弹性势能）仍为 $V_\varepsilon=\frac{1}{2}k\delta_d^2=\frac{1}{2}F_d\delta_d$，代入式（20-1）得

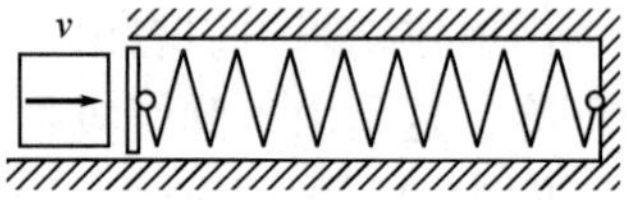

图 20-6　自重为 P 的物体以速度 v 水平冲击水平弹簧

$$\frac{1}{2}\frac{P}{g}v^2=\frac{1}{2}F_d\delta_d$$

将式（20-4）代入，有

$$\frac{1}{2}\frac{P}{g}v^2=\frac{1}{2}K_d^2\cdot P\cdot\delta_{st}$$

故

$$K_d=\sqrt{\frac{v^2}{g\delta_{st}}}\tag{20-6}$$

式中　K_d——结构受水平冲击时结构的动荷因数；

g——重力加速度的大小；

δ_{st}——冲击物的自重以静载荷的方式沿水平方向作用于结构的冲击点，冲击点沿水平方向的位移。

例20-4　如图20-7a、b所示，两直杆的材料相同，弹性模量 $E=200\text{GPa}$，$a=20\text{cm}$，等截面杆的横截面面积 $A=1\text{cm}^2$，变截面杆三段的横截面面积分别为 $4A$、A、$4A$。自重为 $P=10\text{N}$ 的物块以相同的速度 $v=1\text{m/s}$ 水平冲击两杆的自由端使两杆发生压缩变形，试求两杆的最大冲击应力。

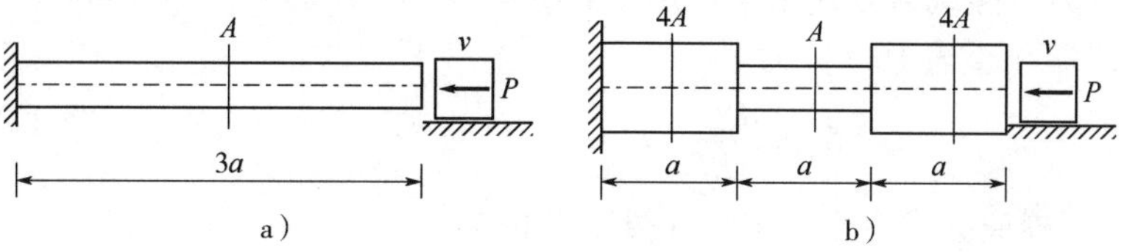

图20-7　例20-4图

解：当自重为 P 的冲击物以静载荷方式沿两杆轴线作用于杆端时，两杆的静变形分别为

$$\delta_{st}^{(a)}=\frac{P\times 3a}{EA}=\frac{10\times 3\times 0.2}{200\times 10^9\times 1\times 10^{-4}}\text{m}=0.3\times 10^{-6}\text{m}$$

$$\delta_{st}^{(b)}=\frac{P\times a}{EA}+\frac{P\times 2a}{E\times 4A}=\frac{10\times 0.2}{200\times 10^9\times 1\times 10^{-4}}\times\left(1+\frac{1}{2}\right)\text{m}=0.15\times 10^{-6}\text{m}$$

两杆的最大静应力都为

$$\sigma_{st,max}=\frac{P}{A}=\frac{10}{1\times 10^{-4}}\text{Pa}=0.1\text{MPa}$$

两杆的动荷因数分别为

$$K_d^{(a)}=\sqrt{\frac{v^2}{g\delta_{st}^{(a)}}}=\sqrt{\frac{1^2}{9.8\times 0.3\times 10^{-6}}}=583.2$$

$$K_d^{(b)}=\sqrt{\frac{v^2}{g\delta_{st}^{(b)}}}=\sqrt{\frac{1^2}{9.8\times 0.15\times 10^{-6}}}=824.8$$

两杆的最大冲击应力为

$$\sigma_{d,max}^{(a)}=K_d^{(a)}\sigma_{st,max}=58.32\text{MPa}$$

$$\sigma_{d,max}^{(b)}=K_d^{(b)}\sigma_{st,max}=82.48\text{MPa}$$

由上述结果可以看出，两杆的最大静应力相同，但图20-7b中的杆的静变形小，其动荷因数大，最大冲击应力大，多用了材料反而增大了最大冲击应力。因此，对于承受拉压冲击的杆件，应尽可能做成等截面，以减小动荷因数和动应力。基于上述理由，对于抗冲击的螺钉，如汽缸螺钉，使光杆部分的直径大于螺纹的内径（图20-8a）不如使光杆部分的直径与螺纹的内径接近相等（图20-8b），这样螺钉接近于等截面杆，静变形 δ_{st} 增大，而静应力未变，从而降低了动应力。

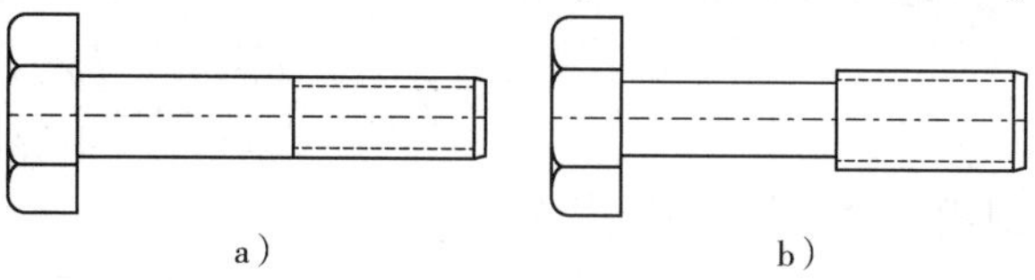

图20-8　承受拉压冲击的螺钉式样

例 20-5 如图 20-9 所示铅垂悬臂梁 AB 的长度为 l，弯曲刚度 EI 为常量，弯曲截面系数为 W，杆 CD 是长度为 l 的刚性轻杆，C 为光滑固定铰支座，D 端固连一个重力为 P 的小球，在图示水平位置无初速度释放后，水平冲击梁 AB 的 B 端，试求梁 AB 的最大冲击正应力。

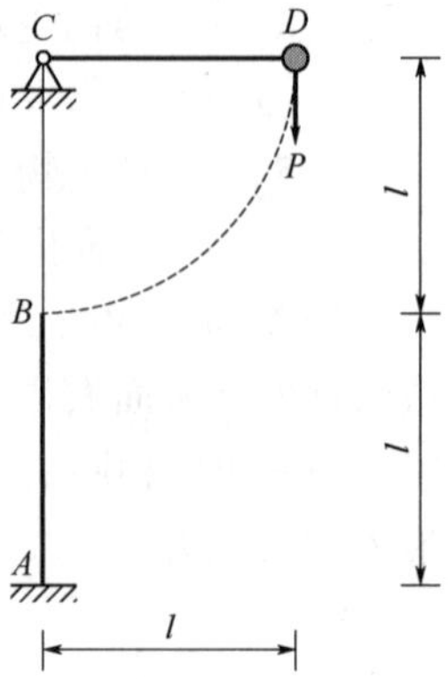

图 20-9 例 20-5 图

解：当刚杆 CD 绕定轴 C 转至铅垂位置时，设小球 D 的速度为 v，由动能定理得

$$\frac{1}{2}\frac{P}{g}v^2 - 0 = P \cdot l \Rightarrow v^2 = 2gl$$

当小球的重力以静载荷方式水平作用于悬臂梁 AB 的 B 端时，冲击点的水平静位移（查表 16-1）为

$$\delta_{st} = \frac{Pl^3}{3EI}$$

梁 AB 的最大静应力发生于固定端 A 处，其值为

$$\sigma_{st,max} = \frac{M_{max}}{W} = \frac{Pl}{W}$$

悬臂梁 AB 的动荷因数为

$$K_d = \sqrt{\frac{v^2}{g\delta_{st}}} = \sqrt{\frac{2gl}{g \times \frac{Pl^3}{3EI}}} = \sqrt{\frac{6EI}{Pl^2}}$$

最大冲击正应力为

$$\sigma_{d,max} = K_d\sigma_{st,max} = \sqrt{\frac{6EI}{Pl^2}} \cdot \frac{Pl}{W} = \frac{\sqrt{6PEI}}{W}$$

例 20-6 如图 20-10 所示，边长为 b 的正方形截面铅垂悬臂梁 AB。其长度为 $2a$，一重力为 P 的小球以速度 v 水平冲击梁的中点 C，已知杆材料的弹性模量为 E，试求梁 AB 的最大动挠度。若悬臂梁的许用应力为 $[\sigma]$，试求杆能承受该小球水平冲击的许用速度 $[v]$。

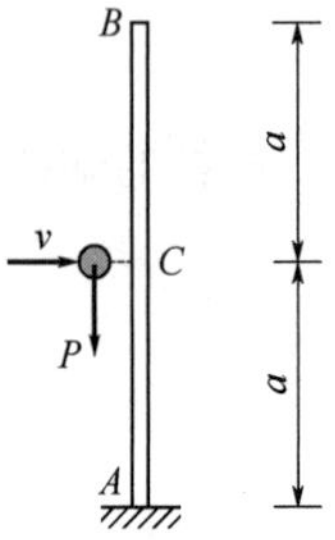

图 20-10 例 20-6 图

解：当重力为 P 的小球以静载荷方式水平作用于悬臂梁 AB 的中点 C 处，查表 16-1 可知，其冲击点 C 的水平静位移为

$$\delta_{st}^C = \frac{Pa^3}{3EI} = \frac{Pa^3}{3E \times \frac{1}{12}b^4} = \frac{4Pa^3}{Eb^4}$$

最大静挠度发生在 B 端，查表 16-1 以及由逐段变形效果叠加法，其值为

$$\delta_{st,max} = \delta_{st}^C + \theta_{st}^C \cdot a = \frac{Pa^3}{3EI} + \frac{Pa^2}{2EI} \cdot a = \frac{5Pa^3}{6EI} = \frac{5Pa^3}{6E \times \frac{1}{12}b^4} = \frac{10Pa^3}{Eb^4}$$

悬臂梁的动荷因数为

$$K_d = \sqrt{\frac{v^2}{g\delta_{st}}} = \sqrt{\frac{Eb^4v^2}{4Pga^3}} = \frac{vb^2}{2a}\sqrt{\frac{E}{Pga}}$$

则梁 AB 的最大动挠度为

$$\delta_{d,max} = K_d\delta_{st,max} = \frac{vb^2}{2a}\sqrt{\frac{E}{Pga}} \cdot \frac{10Pa^3}{Eb^4} = \frac{5a^2v}{b^2}\sqrt{\frac{P}{Ega}}$$

最大静应力发生于固定端 A，其值为

$$\sigma_{st,max} = \frac{Pa}{W} = \frac{Pa}{\frac{1}{6}b^3} = \frac{6Pa}{b^3}$$

则由强度条件

$$\sigma_{d,max} = K_d\sigma_{st,max} \leqslant [\sigma]$$

即
$$\frac{vb^2}{2a}\sqrt{\frac{E}{Pga}} \cdot \frac{6Pa}{b^3} = \frac{3v}{b}\sqrt{\frac{EP}{ga}} \leqslant [\sigma]$$

可得水平冲击许用速度为 $[v] = \frac{b[\sigma]}{3}\sqrt{\frac{ga}{EP}}$。

20.3　提高构件抗冲击的措施

在工程实际中，人们有时利用冲击载荷完成静载荷下难以进行的工作，如锻造、破碎、冲压、打桩等。但在更多的情况下，则要求减小冲击载荷，提高构件的抗冲击能力。由式(12-5) 或式 (12-6) 可知，若构件的静应力保持不变，受冲击构件冲击点的静位移 δ_{st} 越大，动荷因数 K_d 就越小，构件受到的冲击应力就越小。由于冲击点的静位移与结构的刚度成反比，因此工程中常利用降低结构刚度的方法来提高构件的承受冲击的能力。工程上往往在受冲击构件上增设缓冲装置，如缓冲弹簧、橡胶垫，将构件的刚性支承改为弹性支承等。

习　　题

20-1　如图 20-11 所示，长度为 $l = 6\text{m}$、直径 $d = 30\text{cm}$ 的圆木桩，下端固定，上端重物的重力 $P = 5\text{kN}$，木材的弹性模量 $E_1 = 10\text{GPa}$，试求下列三种情况下木桩内的最大正应力：①重物以静载荷的方式作用于木桩上；②重物从离桩顶 $h = 1\text{m}$ 的高度自由下落；③在桩顶放置直径为 $d_1 = 15\text{cm}$、厚度为 $t = 20\text{mm}$ 的橡胶垫，其弹性模量 $E_2 = 8\text{MPa}$，重物仍从高度 $h = 1\text{m}$ 处自由下落。

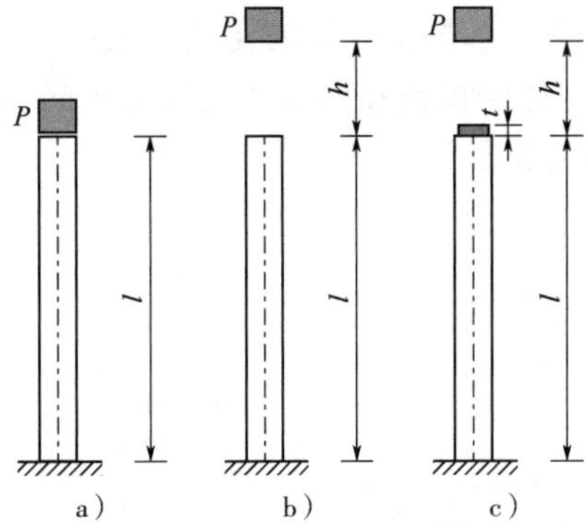

图 20-11　习题 20-1 图

20-2　如图 20-12 所示一矩形截面悬臂梁，其长度 $l = 2\text{m}$，材料的许用应力 $[\sigma] = 160\text{MPa}$，弹性模量 $E = 200\text{GPa}$。若重力为 $P = 10\text{kN}$ 的重物自高度 $h = 4\text{cm}$ 处自由下落在梁的

自由端点 A。试校核梁的强度，并求梁跨度中央的动挠度。

20-3　如图 20-13 所示，矩形截面梁 AB，B 端为弹簧支承，弹簧刚度为 k，梁材料的弹性模量为 E，若重力为 P 的重物自高度 H 处自由下落在梁的中截面 C 处，试求梁的最大冲击应力。

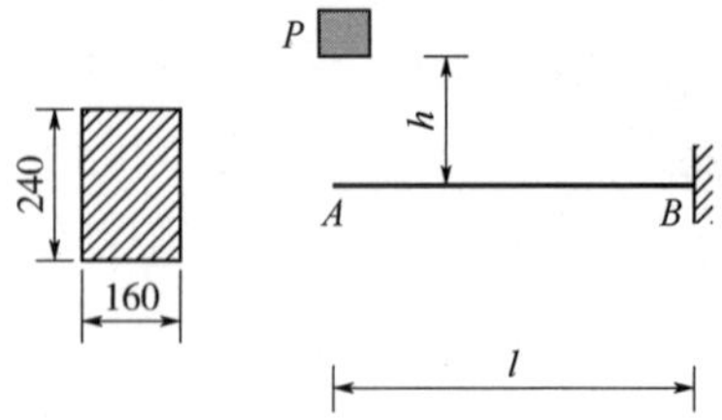

图 20-12　习题 20-2 图

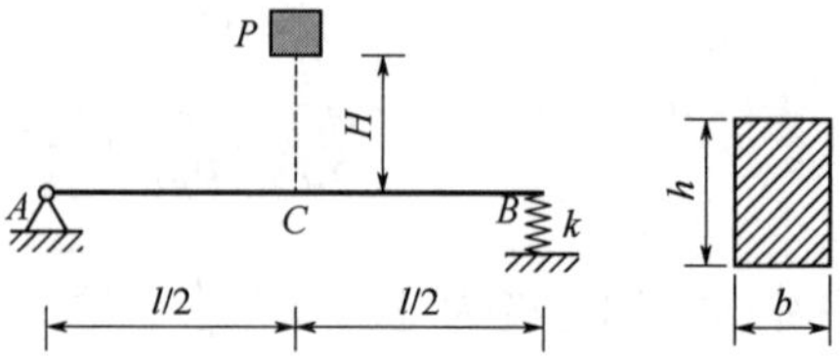

图 20-13　习题 20-3 图

20-4　如图 20-14 所示，设跳水运动员的重力为 $P=800\text{N}$，跳板尺寸如图所示，跳板材料的弹性模量为 $E=10\text{GPa}$，许用应力 $[\sigma]=45\text{MPa}$，运动员起跳到高度 $h=2\text{m}$ 后自由下落到点 B，假设跳水运动员姿态在自由下落过程中保持不变，试校核跳板的强度。

20-5　如图 20-15 所示等截面刚架，重力为 $P=300\text{N}$ 的重物自高度 $h=50\text{mm}$ 处自由下落冲击刚架点 C 处，已知刚架材料的弹性模量 $E=200\text{GPa}$，试求刚架的最大冲击正应力（不计刚架的轴力、剪力对刚架变形的影响）。

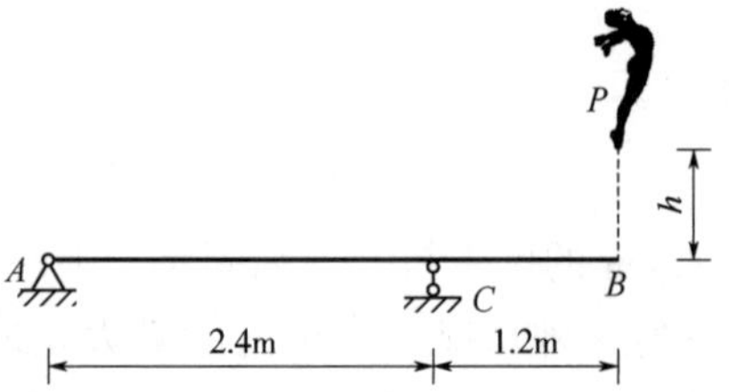

图 20-14　习题 20-4 图

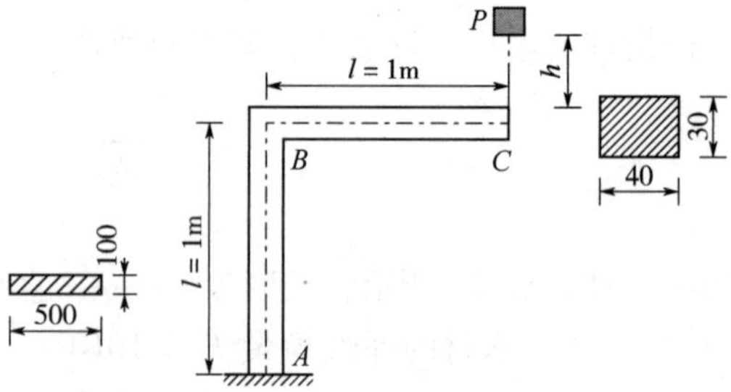

图 20-15　习题 20-5 图

20-6　对于图 20-16 所示水平冲击情况，当杆长由 l 变为 $2l$，横截面面积由 A 变为 $0.5A$ 时，试求杆的动荷因数、冲击应力和冲击变形的变化情况。

20-7　如图 20-17 所示两立柱的材料和横截面面积均相同，欲使其抗水平冲击的强度也相同，试求两立柱长度之间的关系。

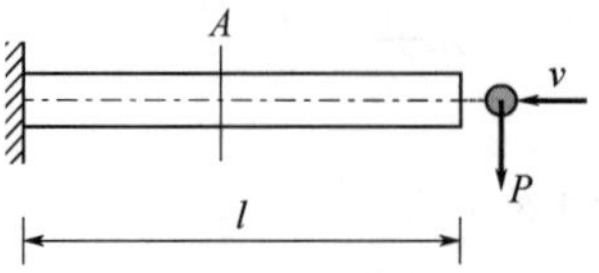

图 20-16　习题 20-6 图

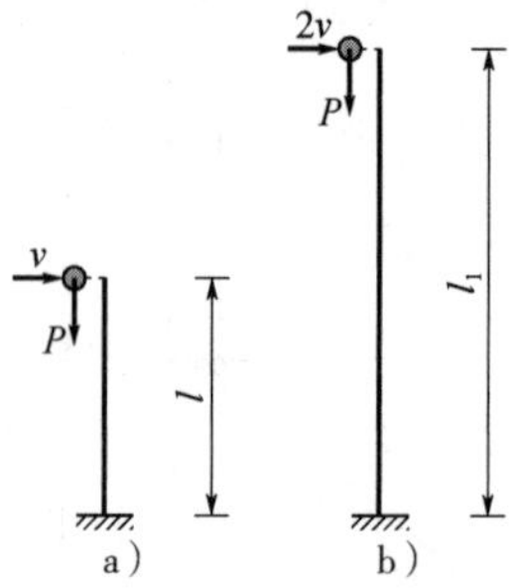

图 20-17　习题 20-7 图

20-8　如图 20-18 所示，重力为 $P=2\text{kN}$ 的物块以 $v=1\text{m/s}$ 的速度冲击长度为 $l=3\text{m}$、横截面直径 $d=20\text{cm}$ 的木桩顶部，已知木材的弹性模量 $E=11\text{GPa}$，试求木桩内的最大动应力和最大动转角。

20-9　如图 20-19 所示，梁 AB 的弯曲刚度为 EI，弯曲截面系数为 W，B 端由拉压刚度为 EA 的杆 BD 连接，已知 $I=\frac{1}{3}Aa^2$，若重力为 P 的重物以水平速度 v 冲击在梁的中点 C 处，试求：①结构的动荷因数；②杆 BD 和梁 AB 内的最大冲击动应力。

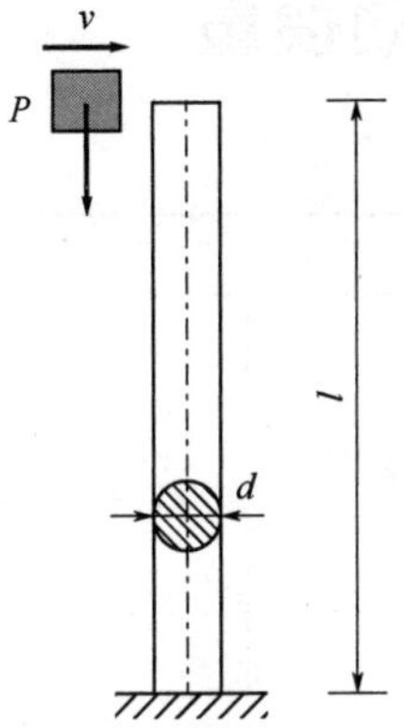

图 20-18　习题 20-8 图

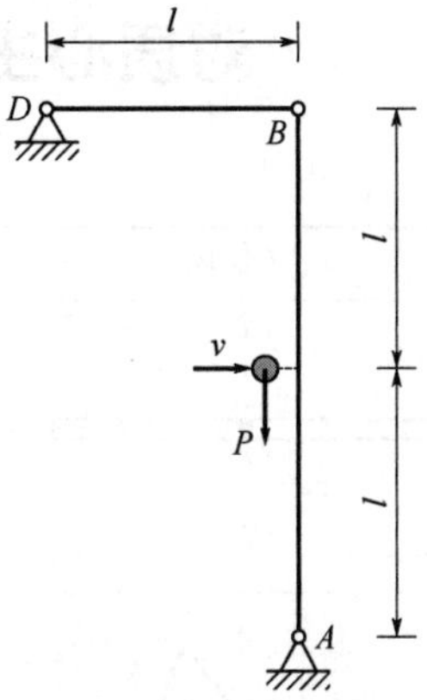

图 20-19　习题 20-9 图

20-10　如图 20-20 所示直径为 d 的等圆截面直角刚架，材料的弹性模量为 E，两段长度分别为 a、$3a$，一重力为 P 的小球以速度 v 水平冲击到刚架的自由端面 C 处，试求刚架的最大动应力（不计轴力、剪力对刚架变形的影响）。

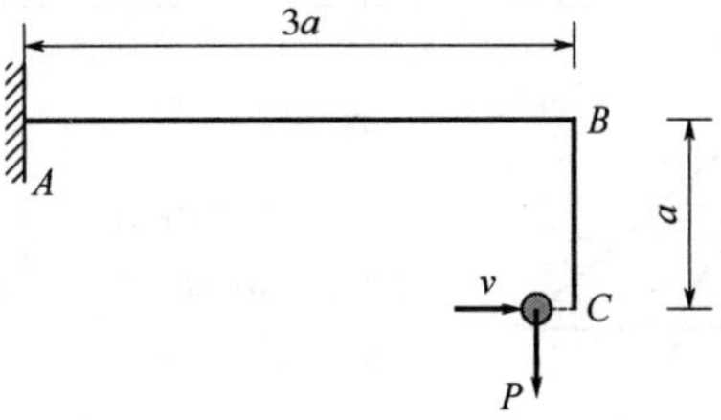

图 20-20　习题 20-10 图

附　　录

附录 A　简单图形的均质物体的质心位置和对质心主轴的转动惯量

物体	简图	质心位置	转动惯量
细直杆	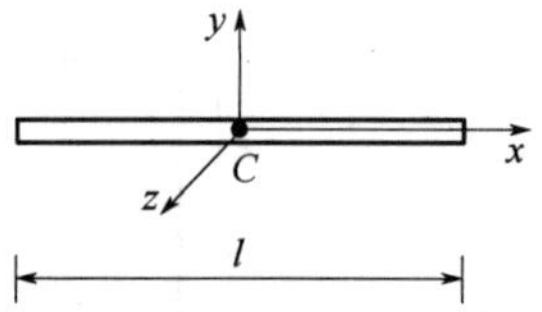	C 为杆的中点	$J_x = 0$ $J_y = J_z = \frac{1}{12}ml^2$
任意三角板	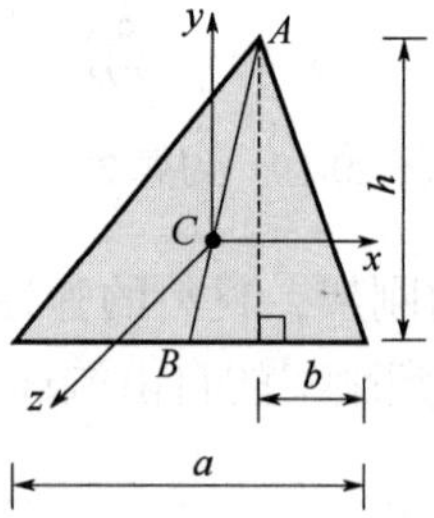	AC 为中线 AB 的 2/3	$J_x = \frac{1}{18}mh^2$ $J_y = \frac{1}{18}m(a^2 + b^2 - ab)$ $J_z = \frac{1}{18}m(a^2 + b^2 + h^2 - ab)$
直角三角板	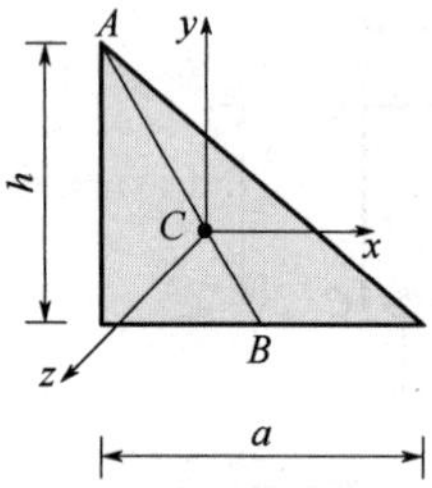	AC 为中线 AB 的 2/3	$J_x = \frac{1}{18}mh^2$ $J_x = \frac{1}{18}ma^2$ $J_z = \frac{1}{18}m(a^2 + h^2)$
矩形板	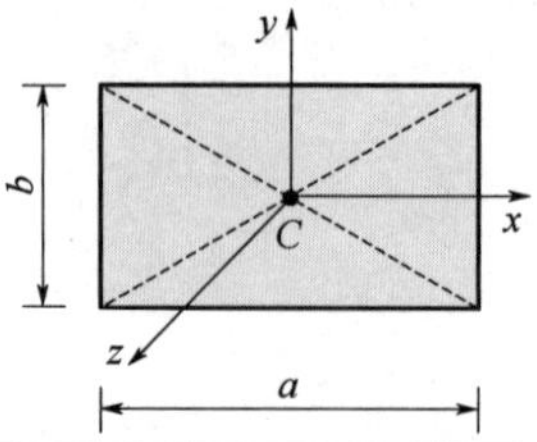	C 为对角 线的中点	$J_x = \frac{1}{12}mb^2$ $J_y = \frac{1}{12}ma^2$ $J_z = \frac{1}{12}m(a^2 + b^2)$
圆板	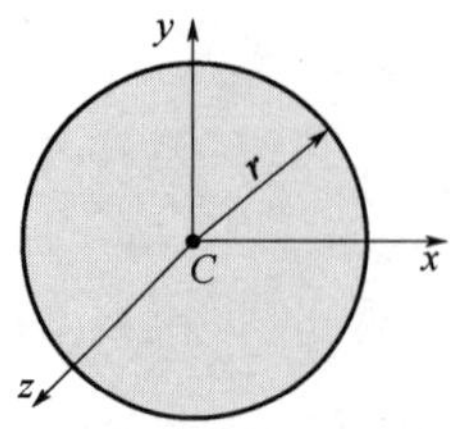	C 为圆心	$J_x = J_y = \frac{1}{4}mr^2$ $J_z = \frac{1}{2}mr^2$

（续）

物体	简图	质心位置	转动惯量
半圆板	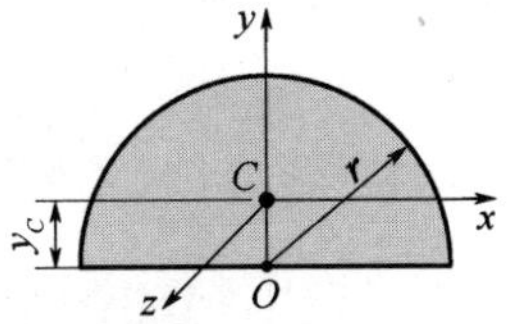	$y_C=\frac{4r}{3\pi}$	$J_x=\frac{9\pi^2-64}{36\pi^2}mr^2$ $J_y=\frac{1}{4}mr^2$ $J_z=\frac{9\pi^2-32}{18\pi^2}mr^2$
四分之一圆板	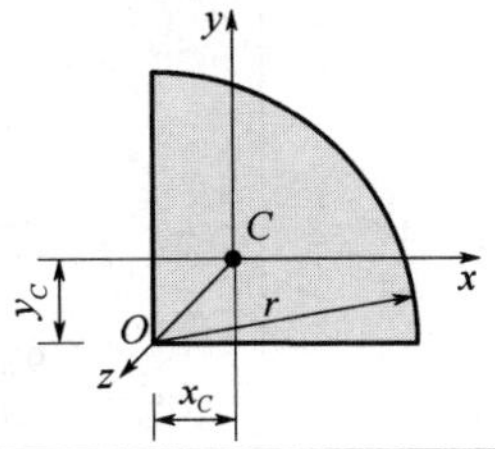	$y_C=x_C=\frac{4r}{3\pi}$	$J_x=\frac{9\pi^2-64}{36\pi^2}mr^2$ $J_y=\frac{9\pi^2-64}{36\pi^2}mr^2$ $J_z=\frac{9\pi^2-64}{18\pi^2}mr^2$
椭圆板	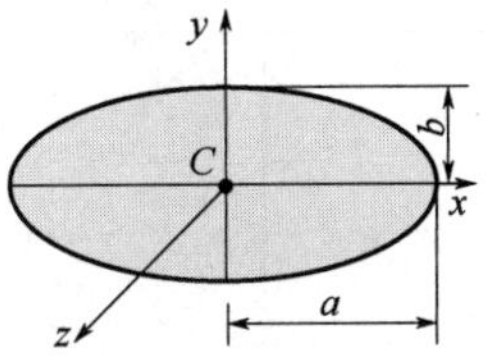	C 为椭圆中心	$J_x=\frac{1}{4}mb^2$ $J_y=\frac{1}{4}ma^2$ $J_z=\frac{1}{4}m(a^2+b^2)$
四分之一椭圆板	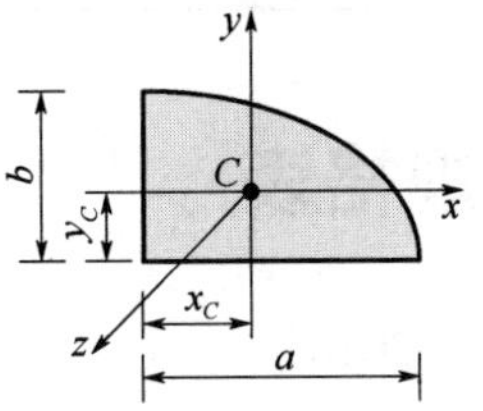	$x_C=\frac{4a}{3\pi}$ $y_C=\frac{4b}{3\pi}$	$J_x=\frac{9\pi^2-64}{36\pi^2}mb^2$ $J_y=\frac{9\pi^2-64}{36\pi^2}ma^2$ $J_z=\frac{9\pi^2-64}{36\pi^2}m(a^2+b^2)$
长方体	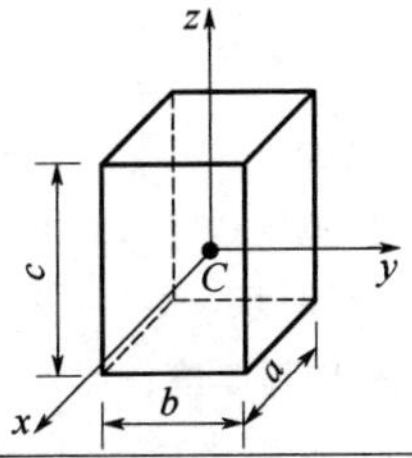	C 为对角线交点	$J_x=\frac{1}{12}m(b^2+c^2)$ $J_y=\frac{1}{12}m(a^2+c^2)$ $J_z=\frac{1}{12}m(a^2+b^2)$
圆柱体	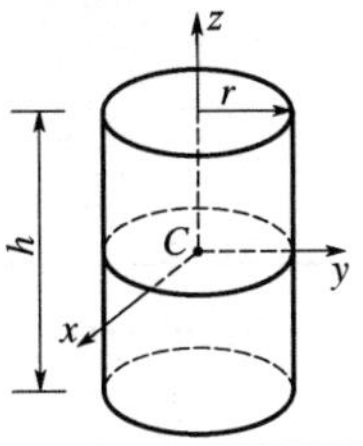	C 为上、下底圆的圆心连线的中点	$J_x=J_y=\frac{1}{12}m(3r^2+h^2)$ $J_z=\frac{1}{2}mr^2$
细圆环（$r\gg a$）	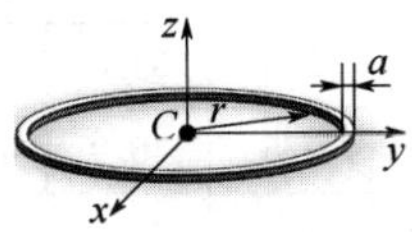	C 为圆环中心线的圆心	$J_x=J_y=\frac{1}{2}mr^2$ $J_z=mr^2$

（续）

物体	简图	质心位置	转动惯量
球形体	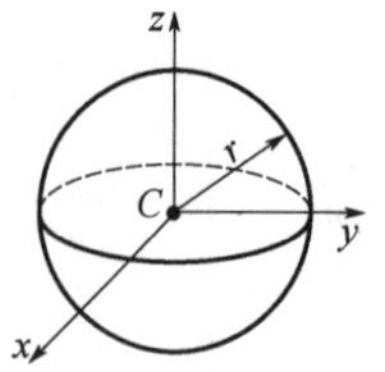	C 为球心	$J_x = J_y = J_z = \dfrac{2}{5}mr^2$
半圆柱体	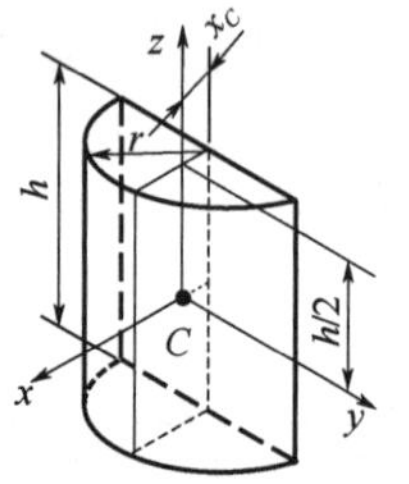	$x_C = \dfrac{4r}{3\pi}$	$J_x = \dfrac{1}{12}m(3r^2 + h^2)$ $J_y = \dfrac{9\pi^2 - 64}{36\pi^2}mr^2 + \dfrac{1}{12}mh^2$ $J_z = \dfrac{9\pi^2 - 32}{18\pi^2}mr^2 + \dfrac{1}{12}mh^2$
半球体	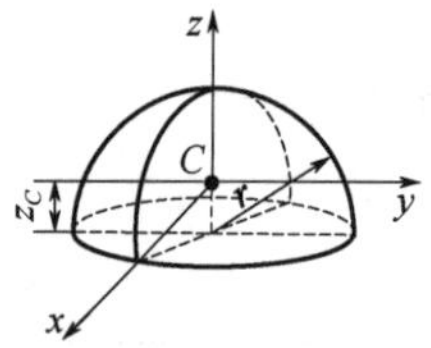	$z_C = \dfrac{3}{8}r$	$J_x = J_y = \dfrac{83}{320}mr^2$ $J_z = \dfrac{2}{5}mr^2$

附录 B　型钢规格表

热轧型钢（GB/T 706—2016）

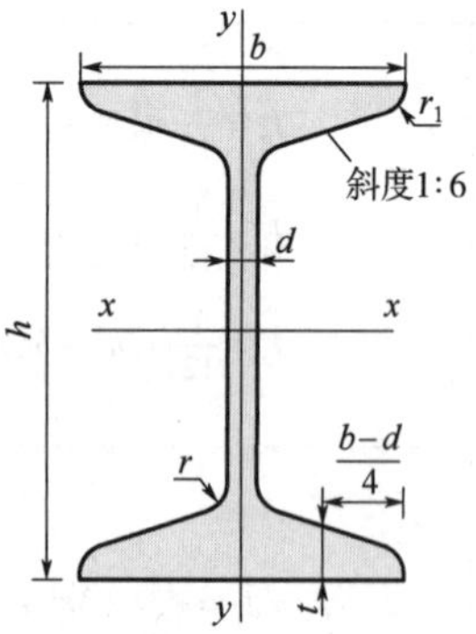

符号意义：h—高度；　r_1—腿端圆弧半径；
b—腿宽度；　I—惯性矩；
d—腰厚度；　W—弯曲截面系数；
t—平均腿厚度；　i—惯性半径。
r —内圆弧半径；

型号	截面尺寸/mm						截面面积/cm^2	理论重量/(kg/m)	外表面积/(m^2/m)	惯性矩/cm^4		惯性半径/cm		弯曲截面系数/cm^3	
	h	b	d	t	r	r_1				I_x	I_y	i_x	i_y	W_x	W_y
10	100	68	4.5	7.6	6.5	3.3	14.33	11.3	0.432	245	33.0	4.14	1.52	49.0	9.72
12	120	74	5.0	8.4	7.0	3.5	17.80	14.0	0.493	436	46.9	4.95	1.62	72.7	12.7
12.6	126	74	5.0	8.4	7.0	3.5	18.10	14.2	0.505	488	46.9	5.20	1.61	77.5	12.7

（续）

型号	截面尺寸/mm						截面面积/cm^2	理论重量/(kg/m)	外表面积/(m^2/m)	惯性矩/cm^4		惯性半径/cm		弯曲截面系数/cm^3	
	h	b	d	t	r	r_1				I_x	I_y	i_x	i_y	W_x	W_y
14	140	80	5.5	9.1	7.5	3.8	21.50	16.9	0.553	712	64.4	5.76	1.73	102	16.1
16	160	88	6.0	9.9	8.0	4.0	26.11	20.5	0.621	1130	93.1	6.58	1.89	141	21.2
18	180	94	6.5	10.7	8.5	4.3	30.74	24.1	0.681	1660	122	7.36	2.00	185	26.0
20a	200	100	7.0	11.4	9.0	4.5	35.55	27.9	0.742	2370	158	8.15	2.12	237	31.5
20b		102	9.0				39.55	31.1	0.746	2500	169	7.96	2.06	250	33.1
22a	220	110	7.5	12.3	9.5	4.8	42.10	33.1	0.817	3400	225	8.99	2.31	309	40.9
22b		112	9.5				46.50	36.5	0.821	3570	239	8.78	2.27	325	42.7
24a	240	116	8.0	13.0	10.0	5.0	47.71	37.5	0.878	4570	280	9.77	2.42	381	48.4
24b		118	10.0				52.51	41.2	0.882	4800	297	9.57	2.38	400	50.4
25a	250	116	8.0				48.51	38.1	0.898	5020	280	10.2	2.40	402	48.3
25b		118	10.0				53.51	42.0	0.902	5280	309	9.94	2.40	423	52.4
27a	270	122	8.5	13.7	10.5	5.3	54.52	42.8	0.958	6550	345	10.9	2.51	485	56.6
27b		124	10.5				59.92	47.0	0.962	6870	366	10.7	2.47	509	58.9
28a	280	122	8.5				55.37	43.5	0.978	7110	345	11.3	2.50	508	56.6
28b		124	10.5				60.97	47.9	0.982	7480	379	11.1	2.49	534	61.2
30a	300	126	9.0	14.4	11.0	5.5	61.22	48.1	1.031	8950	400	12.1	2.55	597	63.5
30b		128	11.0				67.22	52.8	1.035	9400	422	11.8	2.50	627	65.9
30c		130	13.0				73.22	57.5	1.039	9850	445	11.6	2.46	657	68.5
32a	320	130	9.5	15.0	11.5	5.8	67.12	52.7	1.084	11100	460	12.8	2.62	692	70.8
32b		132	11.5				73.52	57.7	1.088	11600	502	12.6	2.61	726	76.0
32c		134	13.5				79.92	62.7	1.092	12200	544	12.3	2.61	760	81.2
36a	360	136	10.0	15.8	12.0	6.0	76.44	60.0	1.185	15800	552	14.4	2.69	875	81.2
36b		138	12.0				83.64	65.7	1.189	16500	582	14.1	2.64	919	84.3
36c		140	14.0				90.84	71.3	1.193	17300	612	13.8	2.60	962	87.4
40a	400	142	10.5	16.5	12.5	6.3	86.07	67.6	1.285	21700	660	15.9	2.77	1090	93.2
40b		144	12.5				94.07	73.8	1.289	22800	692	15.6	2.71	1140	96.2
40c		146	14.5				102.1	80.1	1.293	23900	727	15.2	2.65	1190	99.6
45a	450	150	11.5	18.0	13.5	6.8	102.4	80.4	1.411	32200	855	17.7	2.89	1430	114
45b		152	13.5				111.4	87.4	1.415	33800	894	17.4	2.84	1500	118
45c		154	15.5				120.4	94.5	1.419	35300	938	17.1	2.79	1570	122
50a	500	158	12.0	20.0	14.0	7.0	119.2	93.6	1.539	46500	1120	19.7	3.07	1860	142
50b		160	14.0				129.2	101	1.543	48600	1170	19.4	3.01	1940	146
50c		162	16.0				139.2	109	1.547	50600	1220	19.0	2.96	2080	151

（续）

型号	截面尺寸/mm						截面面积/cm²	理论重量/(kg/m)	外表面积/(m²/m)	惯性矩/cm⁴		惯性半径/cm		弯曲截面系数/cm³	
	h	b	d	t	r	r_1				I_x	I_y	i_x	i_y	W_x	W_y
55a	550	166	12.5	21.0	14.5	7.3	134.1	105	1.667	62900	1370	21.6	3.19	2290	164
55b		168	14.5				145.1	114	1.671	65600	1420	21.2	3.14	2390	170
55c		170	16.5				156.1	123	1.675	68400	1480	20.9	3.08	2490	175
56a	560	166	12.5				135.4	106	1.687	65600	1370	22.0	3.18	2340	165
56b		168	14.5				146.6	115	1.691	68500	1490	21.6	3.16	2450	174
56c		170	16.5				157.8	124	1.695	71400	1560	21.3	3.16	2550	183
63a	630	176	13.0	22.0	15.0	7.5	154.6	121	1.862	93900	1700	24.5	3.31	2980	193
63b		178	15.0				167.2	131	1.866	98100	1810	24.2	3.29	3160	204
63c		180	17.0				179.8	141	1.870	102000	1920	23.8	3.27	3300	214

注：表中 r、r_1 的数据用于孔型设计，不作为交货条件。

参 考 文 献

[1] 水小平，白若阳，刘海燕．理论力学教程［M］. 北京：电子工业出版社，2013.

[2] 白若阳，水小平，刘海燕．理论力学学习指导与题解［M］. 北京：电子工业出版社，2014.

[3] 韩斌，刘海燕，水小平．材料力学教程［M］. 北京：电子工业出版社，2013.

[4] 刘海燕，韩斌，水小平．材料力学学习指导与题解［M］. 北京：电子工业出版社，2014.

[5] 戴泽墩．工程力学基础：Ⅰ 理论力学［M］. 北京：北京理工大学出版社，2004.

[6] 刘耀乙．工程力学基础：Ⅱ 材料力学［M］. 北京：北京理工大学出版社，2004.

[7] 水小平，张强．工程力学［M］. 北京：国家开放大学出版社，2019.

[8] 张德润，董文夫．工程力学：机［M］. 北京：机械工业出版社，2000.

[9] 蔡怀崇，张克猛．工程力学：一 2008年版［M］. 北京：机械工业出版社，2008.

[10] 范钦珊．工程力学：静力学和材料力学［M］. 2版．北京：高等教育出版社，2007.

[11] 哈尔滨工业大学理论力学教研室．理论力学：Ⅰ［M］. 8版．北京：高等教育出版社，2016.

[12] 谢传锋，王琪．理论力学［M］. 北京：高等教育出版社，2005.

[13] 武清玺，冯奇．理论力学［M］. 北京：高等教育出版社，2003.

[14] 王铎，程靳．理论力学解题指导及习题集［M］. 3版．北京：高等教育出版社，2005.

[15] 沈火明，张明，古滨．理论力学基本训练［M］. 2版．北京：国防工业出版社，2008.

[16] 单辉祖．材料力学：Ⅰ［M］. 3版．北京：高等教育出版社，2009.

[17] 闵行，刘书静，诸文俊．材料力学［M］. 西安：西安交通大学出版社，2009.

[18] 邱棣华．材料力学［M］. 北京：高等教育出版社，2004.

[19] 卞步喜．材料力学精讲与强化训练［M］. 合肥：合肥工业大学出版社，2009.

[20] 郭应征．材料力学学习指导［M］. 北京：中国电力出版社，2013.

后　记

经全国高等教育自学考试指导委员会同意，由机械及轻纺化工类专业委员会负责高等教育自学考试《工程力学（机械）》教材的审稿工作。

本教材由北京理工大学水小平教授、张强副教授主编，白若阳副教授参加编写。全书由水小平教授统稿。

机械及轻纺化工类专业委员会组织了本教材的审稿工作。西安交通大学张克猛教授担任主审，西安理工大学何望云教授参审，提出了具体的修改意见，谨向他们表示诚挚谢意。

机械及轻纺化工类专业委员会最后审定通过了本教材。

全国高等教育自学考试指导委员会
机械及轻纺化工类专业委员会
2023 年 5 月